U0189835

"十一五"国家重点规划图书

"985工程"哲学社会科学创新基地
教育部人文社会科学重点研究基地
中国海洋大学海洋发展研究院
资　助

中国海洋文化史长编

宋元卷

主　　编　曲金良

本卷主编　赵成国

中国海洋大学出版社
·青岛·

图书在版编目(CIP)数据

中国海洋文化史长编.宋元卷 / 曲金良主编;赵成
国分册主编.—青岛:中国海洋大学出版社,2011.12
　ISBN 978-7-81125-156-2

　Ⅰ.①中… Ⅱ.①曲…②赵… Ⅲ.①海洋一文化史
一中国一宋元时期　Ⅳ.①K203②P7-05

中国版本图书馆 CIP 数据核字(2011)第 227039 号

出版发行	中国海洋大学出版社			
社　　址	青岛市香港东路 23 号		邮政编码	266071
出 版 人	杨立敏			
网　　址	http://www.ouc-press.com			
电子信箱	appletjp@yahoo.com.cn			
订购电话	0532—82032573(传真)			
责任编辑	滕俊平		电　　话	0532—85902342
印　　制	日照日报印务中心			
版　　次	2013 年 1 月第 1 版			
印　　次	2013 年 1 月第 1 次印刷			
成品尺寸	170 mm×230 mm　1/16			
印　　张	30			
字　　数	600 千字			
定　　价	66.80 元			

海洋文化的历史视野

——《中国海洋文化史长编》序

  海洋文化是一门新兴的交叉性、综合性学科，它既包含了人文科学、社会科学学科与自然科学、工程技术学科，又包含了基础理论学科与应用科学学科，具有重要的学术价值、现实意义和发展潜力。

  海洋文化史体现了海洋文化的历史视角，或是历史研究的海洋史观，既涉及海洋文化的各个层面，如精神文化、制度文化、物质文化，也涉及历史学的各种专门史领域，如政治史、经济史、外交史、军事史、文化史、思想史、科技史、艺术史、文学史、民俗史等等。更细的当然还有海疆史、海岛史、海防史、海军史、海战史、航海史、造船史、海关史、海产史、海港史、海洋文学史、海洋艺术史等，还包括海洋意识、海防观念、海权观念、海洋政策、海路交通、海上贸易、海洋社会、海外移民等等，可见涵盖面极其广泛，内容极其丰富。

  从中国海洋文化史的视角来看，中国也是一个海洋大国，有着18000多千米长的大陆海岸线，6500多个岛屿和300多万平方千米的海域（按《联合国海洋法公约》，领海加上大陆架和专属经济区）。而这片广阔的海洋国土却常常为国人所忽略或误解。甚至有人把中华文明简单归结为与海洋脱离以至对立的"黄土文明"，这是必须加以纠正的。回顾中国历史，大量史料证明中华民族是世界上最早走向海洋的民族之一。浙江河姆渡遗址发现的独木舟的桨距今已有7000多年的历史。文字记载中，《竹书纪年》有夏代的航海活动记录，"东狩于海，获大鱼。"甲骨文中也有殷商人扬帆出海的记载。《史记》写春秋战国时，吴国水军曾从海上发兵进攻齐国。而齐景公曾游于海上，乐而不思归。《论语》中说连孔子也表示过想"乘桴浮于海"呢！秦始皇多次东巡山东沿海，命方士徐福率童男童女和百工出海寻找长生不老药,而徐福船队出海东行后竟一去不复返。后人遂有徐福东渡日本的种种传说。以上这些都是发生在公元前的事例,难道能说我们的老祖宗不知道海洋吗?我们应该从考古遗址文物和上古史料文献研究中,发掘出更多中华民族先人从事有关海洋活动的事迹,并加以考订、阐述。

中国在古代还曾经是海上贸易十分发达,航海和造船技术领先于世界水平的国家,这是值得炎黄子孙们自豪的历史。《汉书·地理志》记载汉代中国船队从广东徐闻或广西合浦出海,经东南亚、马六甲海峡直至印度马德拉斯沿海"黄支国"和"已程不国"(斯里兰卡),被后人称为汉代的"海上丝绸之路"。汉武帝时已与欧洲的"大秦国"(即东罗马帝国)有了交往。东晋僧人法显从长安出发经西域到印度(当时称天竺),学梵文抄佛经。公元411年,又从"狮子国"(斯里兰卡)坐船经印度洋和南海回国。唐代,中国国力强盛,经济繁荣,海上交通十分发达,开辟了多条海外航线。如赴日本的东亚航线,还分为经朝鲜半岛沿海的北路与直接横渡东海的南路。另有赴库页岛、堪察加的东北亚航线。特别是通往西方的唐代海上丝绸之路。据唐朝宰相贾耽所著《广州通海夷道》记载,这条航线从广州出发,越海南岛,沿印度半岛东岸航行,顺马来半岛南下。经苏门答腊、爪哇,出马六甲海峡,横渡孟加拉湾至狮子国,沿印度半岛西岸航行,过阿拉伯海,抵波斯湾。再沿阿拉伯半岛南岸西航经巴林、阿曼、也门至红海海口,最后南下直至东非沿岸。唐代远洋海船把中国丝绸、瓷器、茶叶运销亚非各国,并收购象牙、珍珠、香料等物品,盛况空前。唐代重要海港如广州、泉州、福州、明州(宁波)、扬州、登州等都已成为世界贸易大港。而宋代的海上贸易更超过唐代,政府设立市舶司,给商人发放出海贸易的"公凭"(许可证),对进港商船征收关税,鼓励发展对外贸易。据《岭外代答》、《诸藩志》等宋朝书籍记载,通商的国家和地区就有50多个,包括阇婆(爪哇)、三佛齐(苏门答腊)、大食(阿拉伯)、层拔(东非)等。尤其是宋代中国海船首先用指南针和罗盘针导航,开创航海技术的重大革命,后经阿拉伯人传到欧洲,才有欧洲人的大航海时代。当时中国的海船建造水平及航海技术水平都达到了世界前列。宋代远洋航船依靠罗盘导航甚至可以横渡印度洋,直达红海和东非。元代航海事业又有进一步发展,元代的四桅远洋海船在印度洋一带居于航海船舶的首位,压倒阿拉伯商船。元代运用海船进行南粮北运的海上漕运。意大利威尼斯旅行家马可·波罗曾见到中国港口有船舶15000多艘。而摩洛哥旅行家伊本·白图泰更赞扬泉州是当时世界上最大的海港,甚至他在印度旅行还见到不少来自泉州的中国商船。元人汪大渊在其《岛夷志略》中记载与泉州港有海上往来的国家和地区近百个,泉州港口还竖有指示航行的大灯塔。

明代初年郑和舰队七次下西洋,是中国古代海洋及造船、航海事业的顶峰,也是世界航海史上极其伟大辉煌的一页。郑和舰队规模之大,造船、航海水平之高,所到国家地区之多,都可谓当时世界之最。郑和舰队在1405～1433年的28年中先后七次远洋航行,到达东南亚、南亚、伊朗、阿拉伯直至红海沿岸和非洲东海岸的30多个国家和地区。在所到之处进行和平外交与经济文化交流,谱写中外友好的篇章。他们开拓的航路、总结的航海经验、记录的见闻、绘制的海图都是留给后人的极其珍贵的海洋文化遗产。我们应该把郑和航海史作为中国海洋文化历史研究最重要最典型的课题进行全方位、多角度、多学科的深入研究。例如,郑和的海洋观、海权观、海防观、海洋外交思想、外贸思想、航海技术、海战战略战术、造船技术、航海路线、海图测绘、通讯导航、舰队组织、人才培养、海洋见闻、海洋文学、海洋民俗信仰,以及郑和下西洋的目的动机、效果作用,所到之处的活动影响、遗址文物、民间传说等;不仅要搞清楚郑和舰队究竟到了哪些地方,还要与当时欧洲的航海家如哥伦布、达伽马、麦哲伦等人的航行作具体实证的比较;更要科学总结郑和下西洋的历史经验教训,深刻分析郑和航行为什么不能达到哥伦布航行的效果,没能推动中国航海事业更大的发展。

郑和航海史是我们中华民族的辉煌和骄傲,但郑和以后中国航海事业的衰退和萎缩,又是我们民族的遗憾和教训。我们应该认真研究和反思郑和以后明清两代的海洋政策和统治集团、知识分子以至民众的海洋意识。为什么明初鼎盛的航海事业会中断?为什么明清政府要实行海禁政策,其历史背景、直接动因以及更深层的政治、经济、文化、思想原因是什么?禁海政策与日本倭寇海盗骚扰、郑成功反清斗争、西方殖民者入侵等的关系如何?闭关锁国政策是

海洋文化的历史视野

《中国海洋文化史长编》序

怎样形成的,其具体措施规定又是什么? 其实我们也不要把明清的海禁政策、闭关政策绝对化,似乎始终不许片板下海,一直紧闭所有国门。实际上,海禁在不同时期曾有松弛,民间商船仍不断东渡日本长崎进行信牌贸易。即使实行闭关之后,也并非完全封闭,仍留广州一地,允许各国商船前来贸易。但这种消极保守的外交及海洋政策,确实给中国经济发展带来严重的影响和阻碍。尤其在18~19世纪,西方进行工业革命和资产阶级革命,生产力和综合国力突飞猛进之时,中国却不求进取甚至停滞倒退,这一进一退形成东西方力量消长的悬殊变化,以致出现近代中国落后挨打的局面。这说明海洋意识与国家发展、民族兴衰有多么重大的关系,这个历史的教训实在太深刻了。

进入近代,中华民族的命运与海洋更是息息相关。一方面,西方列强加上日本侵略中国大多是从海上入侵。从第一次鸦片战争、第二次鸦片战争到中法战争、甲午战争、八国联军侵华战争,无不如此。中国万里海疆,狼烟四起。帝国主义依仗船坚炮利,烧杀抢掠,横行霸道,迫使中国割地赔款,许多港口、海湾被割占、租借,海疆藩篱尽撤,中国陷入半殖民地的深渊。我们应该好好研究一下这些不平等条约中关于海港、海湾、海岛、海域、海关、海运等等有关海洋权益的条款,看看我们究竟在近代丧失了多少海洋方面的主权和利益,以史为鉴。

另一方面,近代中国军民曾经为反抗外国从海上入侵,保卫祖国海疆进行过前仆后继、艰苦卓绝的斗争,涌现过林则徐、关天培、陈化成、邓世昌等许多民族英雄。但历次对外战争却都以失败告终。其原因归根结底是当时统治阶级的愚昧、腐败以及政治、经济、军事制度和综合国力的落后。中国封建统治者长期以为中国是世界的中心,其他国家都是蛮夷,应向"天朝"朝拜进贡。直到18世纪末清代乾隆年间纂修的《皇朝文献通考》对世界地理的描述,仍是"中土居大地之中,瀛海四环"。1840年英国舰队已经打进国门,道光皇帝才急忙打听:英国究竟在哪里,有多大,与中国有没有陆路可通,与俄罗斯是否接壤? 连英国是大西洋中一岛国这样起码的地理知识都没有,可见对世界形势愚昧无知到什么地步! 在鸦片战争刺激下,一批爱国开明知识分子开始睁眼看世界,了解国际形势,研究外国史地,寻找救国道路和抵御外敌的方法。如林则徐编译《四洲志》,魏源编撰《海国图志》,徐继畬编著《瀛环志略》,梁廷枏写作《海国四说》等。这些著作达到了当时东亚对世界和海洋史地认识的最高水平,可是却不受统治集团重视,反被斥为"多事"。皇帝和权贵们依然迷信和议,苟且偷安。

由于清朝统治集团缺乏海洋意识、危机意识和海防意识,不仅在西方列强从海上入侵的两次鸦片战争中遭到失败,而且对新兴的日本从海上侵犯,也缺乏警惕和对策。1874年,日本出兵侵略台湾南部高山族地区,清政府竟视为"海外偏隅",听之任之。最后签订《台事专约》,反给日本50万两银子,以"息事宁人"。这种妥协退让态度助长了日本和西方列强侵略中国海疆的野心。日本侵台事件后,经过海防与塞防之争,李鸿章等清政府官僚认识到东南海疆万里,已经门户洞开,再不加强海防和建立海军,前景"不堪设想"!于是分别建设北洋海军和福建水师。福建水师的军舰和人员都是由法国人作顾问的福州船政局制造和培训出来的。不料在1883年8月23日中法战争的马江海战中,几小时内就被法国舰队全部消灭。这真是对清政府依靠外国进行洋务运动和海军建设的一个绝大的讽刺,值得好好研究,总结、吸取历史教训。

甲午海战可以作为近代海军史、海战史以至海洋文化研究的一个重要典型事例。李鸿章花了中国人民大量血汗钱,用了十多年时间建立起来的北洋舰队,在1888年成军时的确是当时亚洲最强大的一支海军舰队,拥有"定远"号和"镇远"号两艘从德国买来的7000多吨的主力铁甲舰。1891年北洋舰队访问日本时,曾威震东瀛,吓得日本赶紧全力以赴拼命发展海军。而与此相反,清政府却满足现状,不仅不再添置战舰,反而压缩海军军费,甚至挪用海军经费给慈禧太后修颐和园和"三海工程"(北京北海、中海、南海)。一进一退,中日海军建设又拉开了差距。三年后中日甲午战争双方海军大决战时,便见分晓。甲午战争中北洋海军全军覆没,有着多种原因。仅从海洋史观或海洋文化历史研究的角度,也有许多问题值得研究。如清政府特别是李鸿章等权贵的海洋意识、海权观念、制海权观念、海洋国际法观念、海防指导思想、海军建设思想、海军战略战术思想、海陆协防思想,以及具体的海军组织、指挥体系、后勤供应、

海防炮台、船舰性能、武器装备、海军人才教育、官兵素质、海战经过、战略战术得失、海上通讯情报、气象水文、海战新闻、海战文学诗词等许多方面内容。甲午海战和北洋海军留下的历史经验教训是值得我们深刻总结、认真反思的,失败和教训同样也是宝贵的历史遗产。

中国近代海洋文化历史研究还有一个方面值得注意,就是近代中国人如何通过海洋走向世界,如出使、游历、贸易、留学、华工、移民等等。他们在海外的见闻、观感及其思想观念、心理的变化十分有趣,并留下大量著作、游记、日记、笔记。例如,1876 年前往美国费城参观世界博览会的浙海关委员李圭,原来不太相信地圆说,后来亲自从上海乘轮船出发一直向东航行,经太平洋到美洲,再经大西洋、印度洋,又回到中国上海。他这才恍然大悟:原来地球真是圆的。同文馆学生出身一直做到出使大臣的张德彝八次出国,每次都写下一部以"航海述奇"为名的闻见录,自称要把这些见所未见、闻所未闻、奇奇怪怪甚至骇人听闻的海外奇闻告诉国人。还如 1887年出访日本、美洲的游历使傅云龙在其著述《游历图经余纪》中详细记载了自己横渡太平洋,特别是经过南美洲海峡,与惊涛骇浪搏斗的经历。凡此种种,都是海洋文化研究的极好素材。

可以说,海洋文化研究离不开历史研究,而历史学也应通过海洋文化研究扩大视野,开拓领域。海洋文化史研究有着广阔天地,大有作为。相信有志于海洋文化研究的学者和青年学生们,在这块尚未开垦的园地里辛勤耕耘,必将获得丰硕的成果。

中国海洋大学海洋文化研究所编纂的《中国海洋文化史长编》,从浩如烟海的学术界研究文献中,汇集、梳理并编辑、概述了涉及中国海洋文化史各个时期、各个方面的研究成果资料,为海洋文化学习者、研究者及广大干部群众,提供了一套内容丰富、很有价值的参考书,也为中国海洋文化学科的建设发展,做了一项很重要的基础性工作。因此应主编曲金良先生之邀,欣然为之作序。

全国政协委员
北京大学历史系教授、博士生导师、中外关系史研究所所长　王晓秋

二〇〇六年八月

于北大蓝旗营公寓遨游史海斋

弁 言

我国既是内陆大国，又是海洋大国，海洋文化历史悠久，蕴涵丰厚，独具东方特色，在世界海洋文化史上占有重要地位。对此，我国许多学者已在各自学科中，从不同视角、不同领域作了多年专深的研究。有鉴于长期以来国人海洋文化意识观念的淡薄和对我国海洋文化历史的无视，中国海洋大学海洋文化研究所集全所同仁之力，经长时间的酝酿、准备，在中国海洋大学立项支持下，在"中国海洋文化史"的框架下，汇总辑录了国内主要相关学者的研究成果，梳理、编纂成了一部大型五卷本《中国海洋文化史长编》，较为集中、系统、全面地展示出了中国海洋文化历史悠久、内涵丰富的基本面貌，同时展示了中国学术界不同学科、视角对海洋文化史相关领域、相关问题的已有研究成果，既可作为培养海洋文化研究人才的工具书性质的基本文献，也可供社会各界读者阅读参考。

本书分"先秦秦汉卷"、"魏晋南北朝隋唐卷"、"宋元卷"、"明清卷"、"近代卷"凡 5 卷，近 300 万字。每卷分章、节、小节、目等，系统钩稽阐述了中国海洋文化发展史的精神文化、制度文化、经济文化、社会文化及其海外影响与中外文化海路传播等层面。

本书作为中国海洋大学海洋文化研究所的集体编纂项目，得到了学校领导的高度重视和支持，由学校 211 工程建设项目支持启动，后成为教育部人文社科重点研究基地、国家 985 哲学社科创新基地——中国海洋发展研究院海洋历史文化学科基础建设项目，由所长曲金良博士主编，修斌博士、赵成国博士、闵锐武博士、朱建君博士、马树华博士以及本所聘请的北京师范大学陈智勇博士担任各卷主编，自 2002 年开始，至 2004 年初成，后不断梳理修改，2006 年统编校订，前后历时 5 年。

本书力图承继中国古代图书编纂"汇天下书为一书"的"集成"传统，在"中国海洋文化史"的体例框架下，广泛搜集汇总、梳理参阅、编选辑纳学术界有关中国海洋历史文化的主要研究成果,得到了全国 100 多位主要相关学者的热情慨允和大力支持。著名学者、全国政协委员、厦门大学杨国桢教授给予多方面的指导,著名学者、全国政协委员、北京大学王晓秋教授为本书作序,对本书的学术性、资料性价值给予了高度重视和肯定。特此鸣谢。

本书被国家新闻出版总署列为"十一五"国家重点规划图书,由中国海洋大学出版社出版。相信本书会成为国内外相关学界尤其是年轻学子关注中国海洋文化历史、了解学术界相关研究成果、探求中国海洋文化问题的基础性参考书,从而通过这些研究成果进一步扩大影响,促进中国海洋文化史研究的进一步发展繁荣。

关于本书的编纂宗旨与体例,说明如次:

——本书的编纂目的,是基于中国海洋大学海洋文化学科建设和人才培养的基础性教学和研究的参考用书,也适用于社会各界读者阅读参考。

——本书力图通过对国内海洋人文历史学相关学者研究成果的汇总性梳理、集纳,较为全面、系统展示中国海洋文化悠久、丰厚的历史面貌和发展演变轨迹,以期有利于读者在学界相关著述的浩瀚书海中,通过这样一部书的集中介绍,同时通过对各部分内容的出处的介绍,既能够对中国海洋文化史的基本面貌和丰富蕴涵有一个大致的把握,又在一定程度上对我国海洋文化相关研究的学术状况、学者成就有一个大体的了解。

——本书涵括和展示的"中国海洋文化史",上自先秦、下迄近代,涉及中国海洋精神文化、制度文化、物质文化的方方面面,以及中国人所赖以生存、繁衍和创造、发展海洋文化的历史地理环境。大凡中国历代沿海疆域、岛屿的开发管理与更迭变迁,历代王朝和民间海洋思想、海洋观念,国家海洋政策与制度管理,海上航线与海路交通、造船、海上丝绸之路与海洋贸易,中外海路文化交流,海港与港口城市,海洋天文水文、海况地貌等自然现象的科学探索,海洋渔业及其他生物资源的评价与开发利用,历代海洋信仰的产生与传播,海洋文学艺术的创造,海洋社会与海外移民,历代海关、海防、海军、海战等国家海洋意志的体现等,都是本书作为"中国海洋文化史"的学术视阈与展示内容。

——本书以中国海洋文化发展的历史时期为序,分"先秦秦汉卷"、"魏晋南北朝隋唐卷"、"宋元卷"、"明清卷"、"近代卷"凡 5 卷;全书设弁言,各卷设概述,卷下各章设节、目;各章节目的具体内容,凡是编者已经搜检研读过的学界研究成果中适于本书体例和内容需求的,均予选编引用,或者加以综述;对于学界尚无研究的问题,凡是编者认为重要且能够补充介绍的,则加以补充介绍。

——所有引用于本书中的学界已有研究文献,均对作者、书名或篇名、出处、时间、页码等一一注明，并列入参考文献；所引用成果的原有注释，依序一一列于页下，并对原注按现行出版要求尽可能作统一处理，包括补充或调整部分信息内容。

——本书出于叙述结构体例、各内容所占篇幅大小以及叙述角度转换等需要，对选编引用的成果，必要时作适当节略和调整，力求做到叙述角度的统一性和行文的贯通性。

——本书主编负责设计全书体例与内容体系，各卷主编具体负责本卷概述的撰写和各章节目的编纂；最后由主编统编、定稿。

——本书书后附录包括本书主要引用及参考文献在内的"中国海洋文化史相关研究主要论著论文索引"，以利于读者更为广泛的研究参考。

目 次

目
次

本卷概述

从 10 世纪末叶的 980 年开始到 14 世纪中叶的 1368 年,我国在历史上处在宋元时期。这一时期,我国的海疆进一步拓展,沿海地区特别是东南沿海地区的经济发展迅速,大大超过了隋唐时期,尤其是海上交通、造船、海外贸易方面的发展,直接带动了沿海地区港口的扩张和繁荣。

北宋统一了从今天津大沽至广西的辽阔海疆,并进一步强化了对沿海地区的行政管辖,一方面在沿海设置并完善了州、郡建制,一方面在少数民族聚居区设置州、县并辅之以土官制度。北宋时期,由于国家尚未面临严重的海上入侵威胁,王朝维持一定数量的水军的目的主要是为了防备辽国从海上的袭扰,以及镇压沿海地区的农民起义和防御海盗。

与北宋相比,南宋由于政治中心南移以及为保卫半壁江山而加强了水军力量的建设,给南宋沿海一带带来不小的变化:沿海经济更加繁荣,海外贸易进一步发展。在海防方面,南宋政权主要凭依淮河、长江抵御金兵及蒙古军队,同时严防敌人来自海上的进攻,所以其水军发展最快,对海防的重视和加强也远远超过了北宋。

元朝统一中国后,中国的海疆空前扩大,北起库页岛,南至台湾和澎湖列岛、海南和南海诸岛,都得到了进一步的开发。继宋朝之后,元朝进一步加强了在库页岛、澎湖列岛的建制和卫戍,对这些地区实施了有效的管理。

从宋、元两代的海防特点来看,比较突出的是海上方向成为国防的重要方向。从宋、元开始,国内民族战争不再仅仅以陆地为战场,海上战场的重要性也凸显起来。元朝与日本、爪哇等国的海上战争,尽管没有取得像样的胜利,但却标志着中华民族利用海洋从事军事活动的能力已有大幅度的提高。

与唐朝相比,宋元时期海外贸易有了更进一步的发展。其不可或缺的支撑条件,一是社会经济繁荣;二是航海技术巨大发展;三是当时世界范围内经济普遍增长,为宋代贸易的发展提供了更为良好的市场;四是宋元时期的对外政策和海外贸易政策与制度对海外贸易的发展有很大的促进作用。宋元时期的海外贸易范围及其数量都有了很大的扩张。与元朝有海外贸易关系的国家和地区遍及欧、亚、非三大洲,达到140多个。例如,欧洲的威尼斯,非洲的利比亚,亚洲的伊朗、阿曼、也门、印度、占城(今越南)、爪哇和日本、朝鲜等国家和地区,都与元朝建立了海上贸易关系。

宋元时期的海外贸易,概括起来看,有如下几个显著的特点。

第一,宋元时期的贸易港不仅数量增加很多,而且扩张迅速;进出口的规模扩大,贸易范围拓展,海上贸易取代西北陆路贸易成为对外贸易的重心。

第二,国家采取了相对开放、宽松的海外贸易政策。宋元两朝都实行了海外贸易管理的市舶制度,鼓励民间商人出海贸易,对重点海商给予减税、授官等奖励,对管理海外贸易的官员也制定了相应的奖惩措施。这些政策和措施为海外贸易的发展创造了有利条件。

第三,民间海商成为海外贸易的主导力量。由于宋、元两代皆实行鼓励政策,中国从事海外贸易的海商数量急剧增多,在贸易中的作用远远超过外国商人,成为中外贸易的主角。元代更是停止了对舶货的"禁榷"和"舶买",只限于对舶商抽取货物税和舶税两项税款,政府不再经营统购和专卖舶货的业务,使市舶司摆脱了商业经营,成为专一掌管海关和航政的机构,所以元代的航海贸易是以民间航商活动占主体优势为特色的。

第四,海外贸易的社会影响显著增强。这突出体现在海外贸易对东南沿海地区社会经济发展的显著影响上。海外贸易对东南沿海地区的交通、市场、农业、手工业、产业结构等方面的发展变化起到了十分显著的促进作用。海外贸易还与宋元时期的政治生活有着比较密切的关系,不仅海外贸易的管理机构被纳入正式的官僚体制之中,而且政治斗争、政治局势的变动都直接影响到贸易的发展。

宋元时期,与海外贸易的发展相辅相成的是沿海地区港口的增加和迅速扩张。宋朝政权建立之后,北方仍然战乱频发,外患甚为严重,故两宋三百年中,对西亚的陆路交通几乎陷于停顿,中西交通和对外贸易只好完全依靠海舶,因而广州港也就成了全国对外交通的主要门户和对外贸易的一大中心。

宋元时期,福建的对外贸易进入一个新的阶段,泉州港超过了广州,一跃成为世界上最大的贸易港之一。泉州港内商船云集,外商众多,对外贸易的国家与地区、进出口商品的数量等远远超过前代,达到了新的海外交通贸易高峰,因而举世闻名。

明州港也是宋元时期重要的海外贸易港口。尤其是在南宋时期,由于全国经济中心的南移,更由于紧靠首都临安,明州港的重要性超过了其他港口。

明州港的发展,主要表现在造船技术的发展、船舶数量的增加、航海业的发达、内外贸易的规模日益扩大等方面。

登州港是宋元时期北方的重要港口。北宋历朝继承了唐以来注重港航贸易的传统,继续鼓励发展海上交通。国家的统一,经济的发展,以及对港航贸易的重视,均使登州港在宋代北方港口中占有最为重要的地位。同时,宋代的登州港也面临诸多不利因素。北宋与辽、西夏和女真的对峙甚至战争不断爆发的局势,使登州港也经常处在发展的危机之中。在这样的历史环境中,宋代的登州港难以发挥应有的作用。元朝统一中国后,一方面注重海外贸易,一方面大兴南北海运,使登州港的地理优势得到了充分的体现。尤其是登州港为南北海漕的必经之地,处在中枢地位,"终元之世,海运不废",注定了它因海运而复兴的前景。因此,元代的登州始终呈现一派内外贸易、交通运输以及文化交流的繁荣局面。

宋元时期航海业的发展与航海技术的巨大进步密不可分,最突出的莫过于指南针被应用于航海。这是航海史上划时代的进步,对世界的贡献很大,以至于马克思认为它"打开了世界市场并建立了殖民地"①。其他相关的航海技术和航海知识在这一时期也有了很大进步。例如,宋朝徐兢的《宣和奉使高丽图经》、赵汝适的《诸蕃志》等,记载了很多海下地貌的内容。元初开展的黄、渤海大规模的漕运,带动了我国对海洋地貌认识的丰富和提高。宋元时期的天文航海技术出现了重大进步,其主要的标志是与远洋横渡航行至关密切的天文定位导航技术的问世和逐渐得到广泛应用。

在中国古代造船史上,宋元时期达到了一个新的高度。包括船型、船体构造、船舶属具和造船工艺等造船技术,宋代更臻成熟。宋代造船业的成就表现在诸多方面:指南针在宋代实际应用于航海,宋代出现了以载客为主的客船,出使海外有了专门建造的神舟和客舟。北宋时期航行南北的漕运船(也称纲船)种类繁多、技术先进。到了南宋,因海防的任务变得突出起来,战船的产量逐渐增多。宋代的造船工场遍布内陆各州和沿海各主要港埠地区。

船舶业的发展极大地推动了海上航运的发展。在整个宋代的 300 多年间,由于与西域的陆路交通严重受阻,中国与外部世界的交往主要依赖海上交通,尤其是在南宋偏安时期,海上交通有了长足的发展。

元朝的国祚虽然不长,但却是当时世界上最强大、最富庶的国家,它的声威遍及亚洲并远震欧、非。由于中外交往的频繁,中国人发明的罗盘、火药、印刷术经过阿拉伯传入欧洲,中国所造的巨大海船由于马可·波罗的宣传已闻名于世。经过元代较短的一段时间的承前启后,我国古代造船技术到明代初

---

① 《马克思恩格斯全集》第 47 卷,人民出版社 1965 年版,第 427 页。

年即达到了鼎盛阶段。元代在海上交通方面，无论是在航行的规模、所达的地域范围、航海的技术上，还是在沿海和远洋航路上，都超过了宋代。元代后期曾两次附商舶游历东西洋的汪大渊，根据亲身经历写成的《岛夷志略》一书，记载海外诸国 96 条，海外国名、地名达 220 余个。

宋元时期高度发达的中国文化，吸引了世界各国的目光。宋元时期海上交通和海外贸易发达，频繁的贸易和人员往来，极大地促进了宋、元与亚非各国乃至欧洲各国的经济文化交流。指南针、火药、印刷术三大发明是我国劳动人民勤劳智慧的结晶，其中指南针和火药就是通过海外贸易经阿拉伯商人西传到欧洲的。世界众多国家的文化使节、民间人士、旅行家等纷至沓来，到中国学习宗教、语言、绘画、医药、生产技术等，或者以其仰慕的眼光与心态向世界介绍灿烂辉煌的中国文化。从中国文明的对外传播方面看，如果说汉、唐以来丝织品的输出和丝绸文化的外流曾在很长的历史时期占据主要地位，那么宋、元以来，这种情况即被陶瓷品的输出以及陶瓷文化的远播所逐渐取代。为此，学者们常常把海上丝绸之路称为丝瓷之路。

尤其需要指出的是，元朝极其发达的中外交通为东西方之间的文化交流创造了极好的条件。高度发达的航海技术使中外贸易急速增长，许多中国人随元朝远征军移居海外把中国的文化带到了遥远的异域；与此同时，大量海外东亚人、西域人入元为官、经商、传教、游历，他们中的许多人在中国落地生根定居下来，带来了异域奇物和文明。元帝国区别于中国历朝历代的一个显著特征即它是一个世界性帝国，这一时期的东西方文化交流也带有这个时代的特点。中国印刷术的西传欧洲，对于日后欧洲文艺复兴和资产阶级启蒙等文化活动具有极大的意义。

宋元时期的涉海群体中，值得我们特别注意的是民间海商。宋朝以后，中国海商势力有了很大发展，并且在贸易中发挥了主导作用。宋元时期的海商贸易以其民间性质为主要特征。就海商队伍的构成而言，人数最多的是沿海农户和渔户，宗族、官吏、军将在海商中也占一定比例，不时还有僧道人员被诱出净土加入海商队伍。

宋、元政府鼓励外商来华贸易，保护他们在华的商业利益和财产权利，给予外商学习、入仕等机会，因而来华的外商人数众多、贸易规模巨大。据《诸蕃志》等书记载，与宋朝有贸易关系的海外国家有五六十个之多。

宋元时期海外贸易和海上交通运输的发展，是海神信仰产生并迅速传播的重要原因。妈祖信仰产生于宋朝，由莆仙和福建沿海的地方性民间神升格为全国性的航海保护神，被不断敕封神号，进而过海越洋，传播到海外，成为闪耀着中华传统文化光辉的世界性海洋信仰现象。这反映了宋、元封建朝廷对发展航海贸易的关切和重视，也反映了宋代以来航海事业的发展、中国海商和海外移民在世界上的活动范围,以及中华文化在世界上的传播与扩散状况。尤其是到了元代,由于舟师远征海外和大规模的海漕运粮,以及妈祖作为海神天妃屡被国家加封,妈祖信仰愈发普遍,凡属于航海平安的祝愿,皆祈祷天妃庇佑,后来逐渐把祈风、祭海的仪式都奉祀于天妃一身。

宋元时期,海盗活动也有所发展:活动频繁,活动规模和范围扩大,并出现了不同于前代的新动向。不少海盗集团在进行海上抢劫与反抗官府的同时,也大量从事海上及国外经济商贸活动,或兼营海洋产业,从而使海盗社会也成了海洋经济社会的一个方面。

宋元时期的海洋文学是中国海洋文学繁荣的一个高峰期,这是与其特定的社会历史背景分不开的。尤其是宋元海洋文学中对海洋贸易繁荣景象的展示,对充满开拓精神和冒险精神的海商形象的塑造,对在大海中航行的情景的描绘,对广泛信仰的妈祖女神的盛赞,如此等等,充分显示了宋元海洋文学最为突出的写实性特征。其中最为直接的原因,是这一时期的海洋文学创作者大都直接接触、融入了与海洋有关的社会生活。

第一章

宋元时期的中国海疆、海防与对外关系①

后周显德七年(960年),掌管禁军主力的后周殿前都点检赵匡胤发动"陈桥兵变",建立了宋朝政权,中国持续数十年的军阀割据局面由此发生改变。宋朝次第削平南汉、南唐、吴越、平海等沿海地区的地方割据政权,统一了从今天津大沽至广西的辽阔海疆,与拥有辽东及今俄罗斯滨海地区海疆的辽朝沿保定至泥姑海口一线对峙。其后,女真人崛起于白山黑水之间,建立金朝政权,以数年之力推翻北方强邻辽朝,领有故辽全部海疆。宋徽宗靖康二年(1127年),金兵南下推翻北宋王朝,随后将与南宋政权海疆的分界线推进到淮河一线;后崛起于蒙古草原的元朝灭亡金朝,最终推翻南宋,统一了中国全部海疆。这期间,库页岛、台湾和澎湖列岛以及海南和南海诸岛得到进一步开发,人们对这些岛屿及其周围水域所拥有的丰富海洋资源、农业资源有了更深刻的认识和初步利用。金、宋、元诸朝在库页岛、澎湖设立军事机构,并将其纳入海疆行政管理体制之中;宋朝水军在西沙群岛海域的巡逻,元代对南海诸岛地理位置的天文测量等,都是我国古代对其实施有效管辖的明证。

宋、金、元朝之间的多年征战,加速了中国早已开始的经济重心南移的历史进程。特别是江南沿海地区,农业生产水平有较大提高,商品性农业和手工业发展迅速,不仅大、中城市成为商品交流的中心并带动了周围地区经济的发展,还涌现出一大批因商品贸易繁荣或具有特色农业、手工业产品而驰名的中小城镇。尽管南、北方的长期军事对峙,一度造成渤海水域航运业的萧条,以及沿海的碣石、登州诸北方港口的衰落,但与此同时,南方的泉州、庆元(今浙江宁波市)、太仓等口岸却迅速崛起,成为国际闻名的东方大港,与东南亚、南亚、西亚、非洲乃至欧洲各国保持着广泛的贸易往来。宋朝对海外诸国始终奉行和平友好政策,以维护海路畅通,增进与各国的政治、经济交往为宗旨。元

---

① 本章引见张炜、方堃:《中国海疆通史》,中州古籍出版社2002年版,第173-252页。

朝在建立初期曾发生了一系列海外战争,但随着战争硝烟的散去,其与海外各国都恢复了正常关系和经济贸易往来。宋元时期封建王朝所实行的积极的海外贸易政策,对加速这一时期中国航海技术的进步、推动造船和航海业的发展、进一步繁荣海外贸易都起到了积极的作用。

第一节　北宋的海疆

一、北宋的统一及北宋对海疆的治理

北宋建立后,长期与西夏、辽国对峙。其中,辽国据有今辽东半岛和远东滨海地区,北宋据有从今河北至广西漫长的海岸线及其所毗连的辽阔海疆。北宋与辽国对峙的战略态势,宋代沿海经济的发达,使中国的海疆出现了与以往不同的较大变迁。

后周显德七年(960年),赵匡胤在陈桥驿(今河南封丘东南陈桥村)发动兵变,夺取帝位,建立宋朝。后周本是个只拥有今山东、河北部分海疆的地方政权,辖境以内陆地区为主,但赵匡胤在中原地区实现了统一之后,即着手向南方沿海地区扩张,次第平定南汉、南唐、吴越、平海等地方割据政权,拥有了海岸线绵长的辽阔海疆。

南汉是刘隐创建的地方割据政权,定都番禺(今广州市),据有岭南60州。后梁贞明三年(917年),刘隐之弟刘岩(后改刘龚)称帝,最初国号为越,不久又改称汉,史称南汉,其疆域包括今广东、广西沿海一带。这里气候温和、物产丰富,早在唐五代时期,当地的蚕丝、木材、矿产、陶瓷、蔗糖、水果等物产就已相当有名,造船、航运、捕鱼、采珠等海洋经济产业也十分兴盛。但南汉统治者十分残暴,任用贪官酷吏在国内搜刮聚敛,经常派兵入海掠夺商人财物;生活骄奢淫逸,大造离宫别苑,曾"令入海五百尺采珠,所居宫殿,以珠、玳瑁饰之"[①];统治集团内部长期自相残杀,冲突激烈。就在宋军大兵压境的危急之时,当时的南汉主刘铱杀死担当防御重任的招讨使邵廷琄,先后举兵侵占潭州、道州。宋开宝三年(970年),赵匡胤派大将潘美为贺州道行营都部署,尹崇珂为副,率10州兵,避开著名的五岭险道向贺州进兵,在击败南汉都统李承渥部10余万人之后,进占广州的北大门韶州,兵锋直逼广州。刘铱见大势已去,一度打算用10余只满载金宝、嫔妃的大船逃亡海上,后因宦官和卫兵将船劫走而未果。次年二月,刘铱举城投降。

---

① 陈邦瞻:《宋史纪事本末》卷五。

南唐是吴将李昪所建立的地方割据政权,建都金陵(今江苏南京市),据有江、淮、闽、楚36州,后来被周世宗柴荣所击败,失去江北土地,国势一蹶不振。后主李煜即位后,酷爱诗文,手下大臣多用文士,军队疲弱而不能战。面对宋军咄咄逼人的攻势,李煜曾主动派使臣到汴梁,提出削去南唐国号,改称江南国主,以表示屈服。但南唐的这个举动并没有止住宋军的进攻步伐。李煜又派人联络吴越王钱俶,企图依托长江天险联合抗宋,但遭到拒绝。宋开宝七年(974年)十月,宋军大将曹彬率部渡江。十一月,宋军大将潘美在采石搭设浮桥过江。随后,宋军隔断驻守湖口一带的唐军主力与都城的联系,在拔除金陵外围的大部分城邑后,调转部分兵力歼灭了来自湖口的南唐援军,最终攻占金陵,迫降南唐。南唐平定后,还遗留有地处沿海的漳、泉二州没有归附。这两个州名义上归属南唐,实际上却由平海节度使陈洪进统治,处于拥兵割据状态。赵匡胤的弟弟赵光义继位后,陈洪进眼见各割据政权相继被推翻,自己势小力孤,也不得不献出漳、泉二州俯首称臣,史称"陈洪进纳"。

　　吴越是唐末钱镠所建,定都杭州,据有两浙13州。因其偏安东南一隅,国势较弱,多年来一直小心奉事中原王朝,宋军与南唐军作战时还出兵帮助过宋军。但这些举动并未能改变宋朝统治者夺取两浙沿海富庶之地的意图。宋太平兴国三年(978年),宋太宗赵光义将吴越王钱俶扣留在在京师汴梁,迫使其献出两浙13州土地,史称"吴越归地"。

　　至此,从今河北至广西的沿海地区全部归入宋朝版图。

　　上述沿海地区在民族、人口、经济发展水平和地理环境上多有不同。大体上说来可分为两类:一是以汉民族为主、人口较稠密、农业和渔盐业较发达的地区;二是以少数民族为主、人口比较少、农业和渔盐业欠发达的地区。北宋王朝奉行"因俗而治"的原则,在沿海地区采取了两套不同的行政管理模式。

　　对以汉民族为主、农业和渔盐业较发达的沿海地区,北宋沿用了与中原内地相同的行政体制。宋初沿袭唐制,其最大一级行政区划为"道"。宋太宗时"道"改称为"路",但路的数目时有变动,最少时为宋初的13路,最多时为元丰年间(1078—1085年)的23路。路下设州,与州同级的还有府、军(有的军隶属于府、州)、监等。州下设县。据《宋史·地理志》记载,北宋时期沿海的州郡有:

　　(1)河北东路:濒临渤海海域,沿海州郡2。

　　沧州,治所在清池(今河北沧州东南)。

　　滨海,治所在渤海(今山东利津西)。

　　(2)京东东路:濒临渤海、黄海,沿海州郡5。

　　青州,治所在益都(今山东益都),辖千乘(今山东博兴境内)、寿光、博兴等县。

潍州,治所在北海(今山东潍坊),辖北海(今山东昌乐县东南)、昌乐等县。宋建隆三年(962年)北海县置北海军,宋乾德三年(965年)升为州。

莱州,治所在掖(今山东莱州),辖掖县、莱阳、即墨等县。

登州,治所在蓬莱(今山东蓬莱),辖蓬莱、文登、黄县、牟平等。

密州,治所在诸城(今山东诸城),辖胶西(今山东胶州)、诸城、莒县等。

(3)淮南东路:濒临东海,沿海州郡5。

海州,治所在朐山(今江苏连云港),后迁东海县,属县有朐山、东海等。

楚州,治所在山阳(今江苏淮安),属县盐城近海。

涟水军,治所在涟水(今属江苏)。

泰州,治所在海陵(今江苏泰州),后移治泰兴沙上,属县如皋近海。

通州,治所在静海(今江苏南通),属县静海、海门近海。

(4)两浙路:濒临东海,沿海州郡6。

秀州,治所在嘉兴(今属浙江),属县海盐、华亭近海。

杭州,治所在钱塘(今浙江杭州),属县钱塘、仁和、盐官近海。

越州,治所在会稽(今浙江绍兴),属县萧山、会稽、山阴、上虞、余姚近海。

明州,治所在鄞(今浙江宁波),属县鄞、慈溪、定海、象山、昌国临海。

台州,治所在临海(今属浙江),属县临海、黄岩、宁海近海。

温州,治所在永嘉(今浙江温州),属县乐清、永嘉、瑞安、平阳近海。

(5)福建路:濒临东海,沿海州郡4。

福州,治所在闽县(今福建福州),属县闽、侯官、长溪、宁德、连江、福清近海。

兴化军,治所在莆田(今属福建),属县莆田近海。

泉州,治所在晋江(今福建泉州),属县惠安、同安、晋江、南安近海。

漳州,治所在龙溪(今福建漳州),属县龙溪、漳浦近海。

(6)广南东路:濒临南海,沿海州郡4。

潮州,治所在海阳(今广东潮州),属县潮阳、海阳近海。

惠州,治所在归善(今广东惠州),属县海丰近海。

广州,治所在番禺(今广东广州),属县南海、番禺、东莞、新会、信安近海。

南恩州:治所在阳江(今广东仰江)。

(7)广南西路:濒临南海,沿海州郡有9。

高州,治所在电白(今广东茂名北)。

化州,治所在石龙(今广东化州)。

雷州,治所在海康(今属广东),辖县海康、徐闻近海。

廉州,治所在合浦(今属广西),后移海门镇。

钦州,治所在灵山(今属广西)。

琼州,治所在琼山(今海南海口)。

万安军,隶琼州。

吉阳军,治所在朱崖(今海南崖城)。

南宁军,治所在宜伦(今海南儋县西北)。

对沿海那些经济不太发达的少数民族聚居区,北宋王朝与管理其他边疆民族地区一样,在中央由礼部、兵部和鸿胪寺等机构负责礼待边疆少数民族朝贡方物、对少数民族首领授官加恩等事宜;在地方上,则于福建路、广南西路之下设有羁縻州、县、洞,"树其酋长,使自镇抚",其职官有宋朝职官和少数民族职官两种,如王、大将军、将军、郎将、司阶、司戈、司侯,或是刺史、蕃落使、知军、都鬼使①等,但这些羁縻机构的设置远比唐代严密得多。例如,宋朝分广西少数民族种落,大者为州,其次为县,再次为洞;推其雄长为首领,籍其民为壮丁,其田计口给民,不得典卖。

对少数民族贵族掠来的"生獠"和买卖的"生口",规定要"给田使耕,教以武技,世世隶属,谓之家奴,亦曰家丁"②,确定了羁縻州地区封建主对农奴的隶辖关系。生活在福建路的畲族,很早就与当地汉民族一起垦山造田,开发闽地。其内部分为"有恒产之民"与"无恒产之民",要向官府缴纳蜜蜡、虎革、猿皮等土特产。

总之,宋朝对沿海地区的行政管辖以设置州、郡为主,而在少数民族聚居区则在设置州、县的同时辅以土官制度。

二、"强干弱枝、内外相维"的军事方针与沿海防御

赵匡胤靠"兵变"建立宋朝后,为防止唐末五代时期兵骄将奢、藩镇割据情况的出现,确立了一套以加强中央军事集权为宗旨的统兵制度,由枢密院掌军政、军令,由三衙统兵;在兵力部署上则奉行"强干弱枝,内外相维"的方针,除了将禁军中战斗力最强的部队驻在都城汴梁附近外,还派禁军在边疆和内陆广大地区与厢军共同驻防,各部轮番更戍,以便互相牵制。由于当时辽国、西夏等北方少数民族政权与宋朝对峙多年,宋朝将其兵力的 90% 都集中在北方地区。如北宋仁宗时,在北方驻兵 1732 指挥,在南方驻兵仅有 195 指挥;其中,滨海的淮南路 58 指挥,两浙路 18 指挥,福建路 10 指挥,广南路 8 指挥,总计 94 指挥,绝大部分为步兵,水军只占很少一部分。

---

① 《宋史》卷四九三《蛮夷一》。
② 范成大:《桂海虞衡志·志蛮》。

（一）北宋水军的建置和战船兵器

北宋时期水军数量有限，分为禁军水军和厢军水军两种。

禁军系统水军有 5 支。这些水军最初是由宋太祖为平定江南所建立的，后来宋真宗时又有增建，但规模都不大，如殿前司虎翼水军、侍卫步军司虎翼水军、归圣水军、新立归化水军都只有一指挥。真正用于海疆防御的是驻于登州的平海水军两指挥，它原属于厢军系统，后来才升为禁军。康定元年（1040年），登州增置澄海弩手水军两指挥，主要负责陆岸防御。

厢军系统水军比禁军水军人数要多一些。宋朝在大中祥符六年（1013年）和庆历年间（1041—1048 年）曾两度大力招收习水之士进行训练。这些水军主要部署在河东、陕西、淮南、江南、两浙、荆湖、福建、广南等路，每支水军人数有限，但分布地域较广。例如，江南、淮南的厢军水师分驻江宁府、扬州、海州、泰州、楚州、泗州、涟水军、高邮军、苏州、润州、常州各地，其维护附近沿海及江河水网地带治安的任务还是相当重的。

据史料记载，北宋水军战船除了汉、唐时代已普遍使用的楼船、蒙冲、斗舰、走舸、海鹘之外，还增加了以下几种新型战船。

车船，即在船体两侧装上可以划水的转轮，用人力踏动进退的木船。车船虽然在南齐、唐代就发明出来了，但大规模使用还是在宋代。北宋末年，抗金名将李纲曾主持制造了数十艘大型车船，"上下三层，挟以车轮，鼓滔而进"[①]。

纫鱼船，一种小型海上战船，由浙江的海上渔船改装而成。头方而小，尾阔，面敞，底尖，适于近海航行。北宋时山东、两浙等地水军海上出巡大都使用这种船。

海船，专门适用于东海和南海海域的战船，分大、中、小三种，吃水较深，能行驶于风浪较大的海面。建炎四年（1130 年）抗金名将韩世忠率水军 8000 人在镇江金山、焦山附近江面截击北归的金军宗弼部，所使用的当是这种海船。

北宋水军所使用的兵器，既有传统的刀、枪、弓、弩、长斧等冷兵器，也有因火药应用于战争而创制的火器。史载，咸平三年（1002 年），神卫水军队长唐福献火箭、火球、火蒺藜等，可见当时北宋个别水军已拥有了火器。而根据庆历年间（1041—1048 年）官方编修的军事类书籍《武经总要》记载，当时宋人已经能够制造火箭、火炮、火药鞭箭、引火球、蒺藜火球、铁嘴火鸡、竹火鸡、霹雳火球、烟球、毒药烟球等 10 余种火器，水陆作战通用。

---

① 李纲（1083—1140），《宋史》有传，著有《梁溪全集》。

（二）北宋水军的屯驻与巡逻

北宋时期,中国沿海尚未面临严重的海上入侵威胁,宋朝统治者最初建立水军,只是为了平定南方诸地方政权统一中国。后来宋朝维持一定数量的水军,目的仍是为了防备辽国从海上袭扰以及镇压沿海地区的农民起义,防御海盗,所以水军的屯驻、巡逻和军队规模的扩充、削减与当时的沿海形势有十分密切的关系。

北宋时用于防备辽国水军的主要是登州的平海水军。庆历二年(1042年),宋朝在用于陆岸防御的弩手部队的基础上,于登州画河入海处小海增设刉鱼巡检。巡检领水兵 300 人,驾肋鱼战棹巡护附近海面,教习水战,日暮传烽,以通警急。这年四月,该巡检还遣兵戍卫马迤岛,至八月返还登州军营。

至于南方沿海各地水军,主要是用来维持治安、缉捕海盗的。由于宋代地主土地兼并十分严重,官府横征赋税及各种苛捐杂税,百姓不堪重负,纷纷逃亡甚至揭竿而起。浙江爆发了方腊起义,福建爆发了范汝为起义,广东南雄及英、韶、循、梅、惠等州也爆发了农民起义。沿江沿海地区也颇有人啸聚为盗。浙江"郡皆边江湖,莞蒲聚啸,盖常有之"①;在长江下游及江口洋面,泰州、通州海面上,则有海盗反抗官兵之事;福建"长溪、罗源、连江、长乐、福清六县皆边海,盗贼乘船没"②。为此,沿海各地官府加紧扩充、训练水军,设置海防哨所水寨,加强海上巡逻。嘉祐四年(1059 年),知福州守蔡襄曾上书朝廷:"奏请沿海地方教习舟船,备海盗。"③蔡襄又严督各路修葺刉鱼船,教习沿海巡检士兵划桨使帆。元丰二年(1079 年),福建沿海的晋江、南安、惠安、同安等地都增驻禁军巡檄,又调整了起先分布不合理的水军驻防点,在沿海要害之地增加驻军。例如,蔡襄于嘉祐四年(1059 年)将福州海口的巡检移于钟门,以掌握海上往来的风樯船舶。嘉祐八年(1063 年),提刑司又奏请在福建的长溪、罗源、宁德、连江、长乐、福清各增置巡检一名,长溪造刉鱼船。北宋熙宁年间(1068—1077 年),在闽南设石湖、石井、小兜寨;又设置连江县西洋巡检,管连江、罗源海道;置南日巡检,管福清县海道。在南东、西路,宋朝也曾"命王师出戍,置巡海水师营垒",并"治肋鱼入海战舰","屯门山用东风西南行,七日至九乳螺洲"④。九乳螺洲即今西沙群岛。

---

① 苏颂:《论东南不可弛备》,收入《苏魏公文集》。

② 《淳熙三山志》卷一九《兵防二》。

③ 《重纂福建通志》卷八六《历代守御》。

④ 曾公亮:《武经总要》前集卷二一。

三、与北宋对峙的北方海疆

与北宋在今河北白沟一带画线对峙的辽国,是由崛起于大漠、草原深处的契丹民族建立的政权。契丹人最初生活于今西拉木伦河流域。唐朝末年,耶律阿保机被推为可汗以后,征服东北地区各部族,并屡次出兵河北,力量不断壮大。神册七年(916年),他在汉族士大夫的协助下,以临潢为都城,建立契丹政权。大同元年(947年),耶律德光又改称为辽。

《辽史·地理志·序》记载辽代疆域:"东至于海,西至金山,暨于流沙,北至胪朐河,南至白沟,幅员万里。"其行政序列大体为道、府、节度(刺史、军)州、县(州、城)4级。地处沿海的有东京道、中京道和南京道下辖的一些府、州、城。

(1)东京道:其辖区西至今康平以西及大凌河下游以东,北从今松花江、嫩江交汇点起到黑龙江下游,东滨海,东南至今鸭绿江下游南岸;其中,滨海的有以下诸府、州、城。

辰州,治所在建安县(今辽宁盖县),即原渤海国盖州,下属建安县。

卢州,治所在熊岳,下属熊岳县。

海州,治所在临溟(今辽宁海城),下属临溟县、耀州(海城西南60里岳州城)、嫔州(辽河东新昌镇)。

显州,治所在奉先县(今辽宁北镇),下属奉先县、山东县、归义县、嘉州、辽西州、康州。

乾州,治所奉陵县(在今辽宁北镇西南),下属奉陵、延昌、灵山、司农等县和海北州(治所在开义,即今辽宁义县)。

铜州,治所在折木县(今辽宁海城东南40里折木城)。

顺化城响义军,在今辽宁复县、金县之间。

宁州,治所在新安(今辽宁复州城北)。

归州,治所在归胜(今辽宁盖县西南90里)。

苏州,治所在来苏(今辽宁金州),下属苏县、怀化县。

来远城,在今鸭绿江口中江岛上。

保州,治所在今朝鲜义州。

镇海府,治所在乎南(今辽宁庄河一带)。

率宾府,在今俄罗斯乌苏里斯克。

定理府,在今俄罗斯伯力南乌苏里江左右地。

铁利府,在今俄罗斯伯力。

安定府(一称安边府),在定理府北。

(2)中京道:其辖区西至今丰宁县以东,西南抵今山海关,东达今大凌河下游,北与上京道相接。

其中,滨海州有:

锦州,治所在永乐(今辽宁锦州)。

严州,治所在兴城(今辽宁兴城菊花岛)。

隰州,治所在海滨(今辽宁绥中东北)。

来州,治所在来宾(今辽宁绥中南)。

迁州,治所在迁民(今山海关)。

润州,治所在海阳(今山海关西海阳镇)。

(3)南京道:其辖区滨海州、府有:

平州,治所在卢龙(今属河北)。

营州,治所在广宁(今河北昌黎)。

滦州,治所在义丰(今河北滦县)。

析津府,治所在燕京,下属武清、香河县。

除了设置府、州、军、城以外,辽朝还设立过大王府等机构,管辖其他少数民族聚居之地。

东海女真,也被辽称为"濒海女真"。其居地在"极边远而近东海者"①。这个东海就是日本海,濒海女真就是分布在今天俄罗斯滨海地区的女真诸部。辽朝在此设置濒海女真大王府以镇辖。

五国部。《契丹国志》等书皆记载,五国部东接大海,出名鹰"海东青"。该鸟主要产于今黑龙江口的奴儿干地方。所以,五国部所接大海,即黑龙江口附近的鄂霍次克海,辽朝为此设置了五国部节度。

阿里眉,即当时居于黑龙江下游的少数民族,后来也被称为吉里雅克人。其地北邻鄂霍次克海,东临鞑靼海峡。

辽国在沿海地区设置了不少军事据点,以资守卫,也与山东半岛发展海上贸易。但作为一个由游牧民族贵族建立的政权,他们与中亚地区的交往更加频繁,海上活动相对较少。

第二节　南宋时期的海疆

12世纪20年代,北宋在金军的大举入侵下灭亡。宋徽宗之子赵构以临安(今浙江杭州市)为都城,建立了一个与金朝南北对峙的政权——南宋。南宋只拥有东起淮水、西至大散关一线以南的中国疆土,与北宋相比,土地、人

---

① 徐梦莘:《三朝北盟会编》。

口、国力都大为削弱。但战争造成的北方人口大规模南迁、政治中心南移以及为保卫半壁江山而加强建设的水军力量，却给南宋海疆带来不小的变化：沿海经济更加繁荣，海外贸易进一步发展，海防建设也出现了崭新的局面。

一、宋、金"划淮而治"战略格局的形成

宋徽宗宣和七年(1125年)十月，金军10余万人分两路长驱直入中原，拔城克邑，先后击败数十万北宋大军。第二年十二月攻陷北宋都城汴梁(今河南开封市)，掳宋徽宗、钦宗二帝北归，北宋亡。但此时黄河以南及陕西等广大地区依然处于宋朝的控制之下，金军占领的河东、河北地区也有许多州、县的军民坚守城邑，抗击金军。靖康二年(1127年)，金人立曾经担任过北宋宰相的张邦昌为"大楚皇帝"，以汴梁为都城，然后退兵北归。但张邦昌这个傀儡一开始就遭到人们的强烈反对，只好退位。五月初一，宋徽宗的第九个儿子、时任河北兵马大元帅的赵构在南京(今河南商丘市)即位称帝，重建赵宋王朝，这就是历史上的南宋。

尽管宋高宗赵构即位时仍控制着山东、河南、陕西等广大北方地区，但他并无坚决抗金的决心，力求与金和议，保住以黄河为界的半壁江山。宋高宗建炎元年(1127年)十月，他更以金兵南逼为借口，从南京逃到扬州(今属江苏)，原先由力主抗金的大臣李纲所坚持的"沿河、江、淮措置控御，以扼其冲"的战略防线，至此不得不南移至淮、汉、长江一线。随着南宋战略防御空间的大幅度压缩，东南沿海地区也加紧了战备，"淮、浙沿海诸州增修城壁，招训民兵，以备海道"。

面对南宋朝廷妥协退让的举动，金军以咄咄逼人的进攻态势，三次挥兵南下。第一次是在建炎元年(1127年)十二月，兵分三路，在不到3个月的时间里，便迅速占领了西自秦州、东至青州一线的许多州县。次年七月，金军又分兵两路，一路进攻陕西；另一路又连下山东、河南、江苏各地军事重镇，穷追宋高宗至瓜洲渡(今江苏江都南)，迫使宋高宗逃到杭州。建炎三年(1129年)十月，也就是宋高宗和南宋文武官员们放弃淮河防线退守长江南岸以后，金军分兵三路，东路由大将完颜昌率领，攻取山东境内仍为抗金义军守卫的州县；西路由大将完颜娄室率领，在陕西战场继续发动进攻；最重要的一路是由完颜宗弼(又称兀术)率领的中路10万大军，由归德南下渡江，进占江南战略重镇建康(今江苏南京市)，目的是追击宋高宗，乘南宋朝廷在江南立足未稳之机予以摧毁。同时，金军也想到从海路进行战略配合，派人在山东梁山泊(今山东梁山东南)督造战船，打算由海道南下攻宋。

十月末至十一月初，中路金军先后在黄州(今属湖北)和马家渡(今江苏南京西南)渡江，直逼建康城下。宋高宗和朝中大臣们无计退敌，只能向金人苦苦乞怜,加上所任命的江防统帅杜充残暴无能、不受统兵将领的拥戴,致使江防全线溃败,建康城失陷,负责防守江州(今江西九江)的宋将刘光世弃城南逃,负责防守镇江(今属江苏)的宋将韩世忠也把军资器械装入海船退走江阴(今属江苏)。金军过江后,统帅完颜宗弼一心打算追获宋高宗,因而攻下建康之后,又马不停蹄进攻南宋朝廷所在地临安(今浙江杭州),迫使宋高宗跑到定海(今浙江镇海)。

此时的宋高宗和手下大多数文臣武将,虽因多年生活在北方对海上航行生活并不熟悉,但面对金军的穷追猛打已乱了方寸,认为只有逃到海上才能躲过追袭。所以宋高宗一到定海,就急忙派人募集海船,并从募集到的 20 艘海船中挑选一只作为御舟,其余各船装载文臣武将、随驾护卫等,并规定卫士所带家属不得超过两口。当时跟随高宗逃难的卫士们多带有父母妻子,不忍抛下其余家属受金兵蹂躏,因而“人情纷纷,不欲入海”①。以张宝为首的百余名卫士拦住宰相吕颐浩,质问他入海到何处去。高宗假意安抚,以伏兵镇压了反叛卫士,才得以上船。建炎四年(1130 年)正月,负责“搜山检海”追袭宋高宗的金军 4000 人攻破明州(今浙江宁波)进至定海(今浙江镇海)后,得知高宗已入海,便利用搜集到的海船进攻昌国县(今浙江定海)。但金军本不擅长航海,船行至琦头又遇上风雨大作的恶劣天气,宋将张公裕以吨位较大的海船击散乘坐较小海船的金军,迫使其退回明州。高宗逃脱了金军船队的追击,一时也不敢上岸,遂在台州(今浙江临海)、温州(今属浙江)附近的海面上漂泊,直到金军北返。

建炎四年(1130 年)二月,金军中路统帅完颜宗弼因追捕宋高宗未果,准备从镇江渡江北返。这时韩世忠已率水军 8000 人、海船 100 余艘屯兵镇江焦山,截断了金兵的退路。三月十五日,金、宋两军在镇江的金山、焦山附近水面相遇。韩部船身高大,将士娴于操船,“乘风使篷,往来如飞”②,激战很久,金军始终无法渡江。完颜宗弼见硬攻无法得逞,于是写信给韩世忠,情愿将在江南劫掠的财富归还,换取一条过江通道,但遭到拒绝。此后,金军乘船逆水西上,韩世忠也率船队沿北岸溯行拦截,两军且战且行,最后将金军逼入建康东北 70 余里的一处死港——黄天荡之中。韩世忠将黄天荡出口牢牢封锁,围困金军 40 余天。后来金军得到当地人献计,连夜挖通老鹳河故道,顷秦淮河逃至建康。四月二十五日,金军乘风平浪静宋军大型帆篷海船无法航行的机会渡江,并用火箭齐射宋军帆篷,焚烧了韩世忠的大部分战船,这才得以渡江北归。经此一役,原先所向无敌的金军备受打击,也知道自己在南方江河湖海的

① 王应麟:《玉海》卷一四七。
② 《宋史》卷一八七《兵志一》。

水面上作战占不了上风。金军的这几次正面进攻没有达到灭亡南宋的目的，便集中力量进攻川陕地区，打算控制长江上游，徐图长江中下游地区。于是，宗弼部主力调至陕西战场，江淮一带的战火暂时停息下来。

二、南宋政权对海防的重视和加强

南宋政权主要凭依淮河、长江抵御金兵及蒙古军队，同时严防敌人来自海上的进攻，所以其水军发展最快，对海防的重视和加强也远远超过北宋政权。

（一）南宋水军的建设

北宋军队以步兵为主体，水军建设一向薄弱。到宋高宗偏安江南之初，淮河、长江成为抵抗金军南下的主要防线，急需发展水军。但宰相李纲关于"沿江、淮、河帅府置水兵二军，要郡别置水兵一军，次要郡别置中军，招善舟楫者充，立军号曰凌波、楼船军"的提议，却没有得到高宗的允准和其他大臣的响应。后来高宗为躲避金军的追捕，逃到明州海边，打算入海避难，却苦于缺少适用船只和水军护卫；直到监察御史林之平从福建募来千艘海船，才护送高宗逃离明州，摆脱金军的陆上穷追。不久，韩世忠利用大型海舶拦阻北归金军，将所向皆捷的金军围困在黄天荡中达 40 日之久。宋朝统治者这才认识到，在江南水网纵横的沿海地区，水军具有举足轻重的作用，加紧水军建设实为当务之急。

在南宋初年的几支驻屯大军中，抗金名将岳飞部水军最强。绍兴五年（1135 年），岳飞所部奉命镇压洞庭湖地区的农民起义军。该起义军出没于洞庭湖区汊湾水巷之间，所制车船大者可载千人，上装巨炮（抛石机），往来如飞，屡次将前来镇压的官军打败。岳飞采取剿抚兼施之策，招降纳叛，不断削弱起义军力量，最终将起义镇压下去。随后，他将缴获的 1000 余艘战船和大批起义军水兵编入自己的部队，因而"鄂渚水军之盛，遂为沿江之冠"[①]。大将刘光世拥有李进彦部水军 5100 余人；张俊所部虽然没有专设水军，却也拥有大小战船 380 多艘；韩世忠部所操海舟数量也不少，就连南宋朝廷创立的御前忠锐军也有水军建制。

宋高宗绍兴四年（1134 年），大概是考虑到江防地段绵长、水军战船数量有限，宋廷下令："临安、平江、镇江府，秀、常州，江阴军，太平、池、江、洪州，兴国军，鄂、岳、潭州各置水军，以五百人为额，并以横江为名。"[②]可惜，这个气魄并不大的水军建设计划并没有付诸实施。直到第二年，大将张俊以现有湖南

① 岳珂：《金佗粹编》卷六。
② 《咸淳毗陵志》卷四。

水军及原洞庭湖起义军周伦等部为基础,才拼凑成横江水军10个指挥,总人数约5000人。此外,大将张浚也有一支屯驻于镇江的小规模水军,杨沂中的神武中军亦有水军部队驻扎在平江府许浦镇。

鉴于沿海水道已成为宋、金双方都十分关注的战略方向,宋朝廷特意在庆元府定海县设置了沿海制置使司,专门负责海防;受其管辖的士卒多达万人,舟船也有数百,由曾在中原地区五马山寨抗金的沿海制置使司副使马扩负责阅习之事。绍兴十年(1140年)张浚被贬官到福建去做安抚使时,曾建造海舟上千条,准备配合陆路抗金之战,由海道直指山东。

南宋中后期,在沿江、沿淮、沿海各重要府、州、军,大都设有规模不等的水军。例如,在原岳飞部水军基础上建立的鄂州都统司水军有兵数千人;兴国军御前防江水步军,编额3000人;江州水军和防江军,人数最多时有数千人;池州水军和防江军有8000人;驻建康府靖安镇和唐湾的御前水军有5700多人;建康府龙湾游击水军有2000人;江阴水军有4000人;平江府许浦御前水军,最多时人数达14000人;淮阴水军有5000人;两淮水军有2000人;嘉兴府金山水军有1000人;嘉兴府澉浦水军有1500人;驻临安的殿前司浙江水军,人数最多时达1万人;沿海制置使司水军南宋初年达1万人,南宋末年编制为6500人;沿海水军有1000人;泉州水军有2000人;广南东路经略安抚司水军有2000人。这些水军大都归属所在防区将领指挥,相互之间缺少战略上的配合。宋孝宗时一度想以"知建康府史正志兼沿江水军制置使,自盐官至鄂州,沿江南北及沿海十五州水军悉隶之"[1],但在当时的历史条件下,要对从长江中游到杭州湾如此辽阔地段的全部水军进行统一指挥,实际上是不可能的。

(二)南宋水军的战船与兵器

长江以北楚、泗、真、扬和江南的苏、润、江宁等州府,都是重要的造船基地,其中官办船场自然要承建相当数量的战船。南宋建炎三年(1129年),平江造船场曾建造过长8丈、载重400料(石)的战船,又造了长4丈5尺的海鹘船;绍兴年间(1131—1162年),江东、两浙路的船场建造了24艘9车车船、8艘13车车船;宋乾道四年(1168年),建康府船场又造出一种1车两桨、载重400料的战船。这些战船在抗击金军南下的采石之战和平时江防时发挥了巨大作用。但是,要想在海上航行,还需要泉州、广州等地船场制造的大型海舶;就连南宋初年韩世忠在镇江拦截金军北归、宋高宗逃往海上避难,也多赖于闽、广巨舶的帮助。对当时不断出现的新型战舰和日益发展的造船技术,南宋末年文人王应麟称赞说:"战舰之制,近世大精,昔人智巧殆不能及。胡虏望

---

① 《宋史》卷三四《孝宗本纪》。

之,惊若鬼神。限以际天之水,驾似如山之浪,彼虽虎狼莫敢前也。"各地官办船场还建造座船、马船和渡船,供官员或行旅客商旅差、运输马匹和渡口使用。南方各地还有许多私家船场建造江河航船、近海远洋客货船,一来南宋海外贸易离不开大量的巨舰海舶,二来沿海航行和江南地区的江湖河道行船仍很频繁,甚至有船家商户冒着宋廷禁令从闽粤沿岸载货到金朝管辖的山东沿海贸易,以致南宋朝廷不得不多次重申禁令,这些走私活动同样需要数量可观的航海船只。

南宋水军在沿用北宋时就一直在使用的车船、海船、刿鱼船等各类战船的基础上,又创制了一些较有特点的新型战船。

多桨船,宋乾道四年(1168年)由水军统制冯湛创制。这种船结合几种战船的长处,具有湖船底、战船盖、海船头尾的特点,长8丈3尺,阔2丈,载重800料(石),用桨42支,上装甲可载200人,江河、湖、海水域皆可行驶。

铁壁铧嘴船,由秦世辅在池州设计制造。这种船长9丈2尺,宽1丈5尺,载重400料(石),船两侧各设3桨2车;船首装有防护铁板,船首水线下装有尖利的铁制"铧嘴",可以在作战时以冲角撞击敌船。

马船,宋淳熙六年(1179年)由马定远在江西创制。船上安装有女墙、轮桨,可用来作战,也可以用来运送马匹和渡人。

无底战船,宋咸淳八年(1272年)由张贵创制。这种船船中间无底,以旗帜伪装,两舷有站板;作战时引诱敌人跳邦,落入船中溺死。

南宋水军装备的兵器种类颇多,有传统的各种冷兵器,还有火球、火箭等火器。尤其是在宋、金采石水战中使用过的霹雳炮,宋、元崖山海战中使用过的毒药烟球,代表了当时火器的先进水平。霹雳炮是用纸筒装生石灰和硫黄而成,点着后升入空中;落入水中之后硫黄和石灰发生反应起火,从水中跳出,纸筒裂开,烟雾、石灰弥漫而迷盲敌人。毒药烟球是将硝石、硫黄、狼毒、砒霜等13种毒物混合成球,水战时用烧红的铁椎插入球中发火,顺风投向敌船,令敌人中毒而口鼻流血。这些火器虽然已经开始应用于实战之中,但其发展尚处于初始阶段,威力也有限,它们的作用远不如后来的水战火器那样明显。

(三)南宋时期的农民起义与统治阶级的镇压

南宋初年,江南各地百姓饱受兵燹之灾。在北宋溃兵基础上建立起来的南宋军队,大多军纪涣散、鱼肉百姓;许多打着抗金名义的游寇集团,也四处抄掠粮食、蹂躏黎民,使广大民众的生活陷入极其困难的境地,终于引发了大规模农民起义。

南宋农民起义中,规模最大的要数钟相、杨幺领导的洞庭湖地区农民起义。宋高宗建炎四年(1130年),鼎州武陵(今湖南常德)人钟相利用秘密宗教和乡社形式组织民众举义，提出政治上"等贵贱"、经济上"均贫富"的斗争口号，其队伍迅速扩大至40万，占领了洞庭湖区附近19个县。钟相被杀后，这支起义军在另一领袖杨幺的领导下，扬长避短，尽量避免陆地作战，发挥新型车船战舰的水上优势，先后击败了程昌寓、王躞各部，坚持斗争达6年之久，最后被岳飞采用"剿抚兼施"之计所镇压。在这前后，江西吉州、虔州爆发了由乡兵首领陈新、彭友、李满领导的数万人的大起义；福建建州（今建瓯）爆发了私盐贩范汝为领导的起义；湖南、湖北爆发了李金、赖文政、陈峒、李元砺等领导的起义；广西藤州、陆川爆发了王宣、钟玉、李接领导的起义。各地农民起义军所到之处，对当地官府和地主阶级的统治给予沉重的打击。南宋朝廷为镇压四处蔓延的起义活动，耗费了巨大的人力物力，军队也是疲于奔命。

在陆上农民起义掀起高潮的同时，以往少见的海上起义也十分频繁且范围日渐扩大。宋高宗绍兴二年（1132年），以柳聪为首的起义军，有海船数十只、勇士数百人，出没于福建、广东、广西的沿海岛屿和海域。绍兴三年（1133年），黎盛领导的一支起义军从海上进攻广东潮州城。绍兴五年（1135年），陈感领导的起义军，分乘数十只战船猛攻广东雷州，几次击败官军，打死宋军统领余铸。随后，福建、广东沿海又相继爆发了朱职、郑广、林元等领导的8次大的海上起义，参加者有沿海农民、渔民、盐户、小商贩及篙工等。他们多次击败前来镇压的南宋官军，切断了沿海运送粮食、进行海外贸易的通道，有时甚至深入内陆州郡，与陆上农民起义相互配合。其斗争虽然旋起旋灭，却从来没有间断过。宋孝宗继位后，进一步巩固其统治，南宋陆上农民起义进入低潮。但是，海上起义队伍却改变了以往的斗争方式，不再依靠船队在海上游动转移，而是在两广、福建、浙江诸海湾和沿海岛屿上建立起小块根据地，取得当地民众的支持，用物资、商品与当地民众"交易"，抓住有利时机控制航海要道，进袭中外贸易的"要会之地"。例如，在广州南面海域的大奚山，岛上山多伏莽、林深菁密，岛上居民以渔盐为命，不断发生反抗南宋官府之事，许多人在福建兴化、漳州、泉州等地起义失败后，也聚集到大奚山来，贩运私盐，交易海货。宋宁宗庆元三年（1197年）夏，南宋官府派人到岛上搜捕私盐，被岛上居民扣住来人。岛民派出了由40余艘海船组成的船队，驶至广州城下，杀死土豪、巨商130余人。同年八月，宋朝廷派重兵血洗大奚山，将留在岛上的居民全部杀光，大奚山成为一片废墟。对其他以沿海地区为根据地的起义军，宋朝廷千方百计割断他们与当地民众的联系。比如，为了对付淳熙十二年（1185年）在浙江余姚、上虞一带起事的一支起义军，当地官府以"停藏"起义军为罪名，把27户居民的住房"尽行拆毁，仍将妻属出界，不令并海县分居住"①。南宋朝廷为

---

① 《宋会要辑稿·兵一》。

了镇压海上起义军而实行的"迁海"政策,给沿海地区民众的生活带来了深重的灾难。

第三节　金朝海疆及海上活动

建立金朝的女真人是中国东北的古老民族之一。他们自古以来就生活在长白山区及松花江、黑龙江流域,秦以前称"肃慎",两汉时称"挹娄",南北朝时称"勿吉",隋唐时称"靺鞨",到辽代才改叫"女真"。北宋政和四年(1114 年),女真人在部落首领完颜阿骨打的领导下起兵反辽。宣和七年(1125 年),辽朝灭亡,金朝继承了辽朝在我国东北的版图。靖康二年(1127 年),金军在攻破北宋都城汴梁之后,押解宋徽宗、宋钦宗等北返。从金天会五年(1127 年)至金皇统元年(1141 年),金军多次派兵攻掠河北、山东、陕西、两淮乃至江南沿海,最终与南宋朝廷达成和议,以淮河为界划分疆域。这样,金朝就拥有淮河以北至鄂霍次克海、鞑靼海峡的辽阔海疆。

一、金朝海疆概况

据《金史·地理志》记载:"金之壤地封疆,东极吉里迷、兀的改诸野人之境,北自蒲与路之北三千余里,火鲁火疃谋克地为边,右旋人泰州婆卢火所浚界濠而西,经临潢、金山,跨庆、桓、抚、昌、净州之北,出天山外,包东胜,接西夏,逾黄河,复西历葭州及米脂寨,出临洮府、会州、积石之外,与生羌地相错。复自积石诸山之南左折而东,逾洮州,越盐川堡,循渭至大散关北,并山人京兆,络商州,南以唐、邓西南皆四十里,取淮之中流为界,而与宋为表里。"金朝地方行政体制仿辽宋制度,设路、府、州、县。其中临海地区有以下各路、州。

(1)上京路。其濒海各路(包括受金朝管辖的部族)有:

蒲与路,治所在今齐齐哈尔东乌裕尔河(今称富裕尔河)流域。金初置万户,后改置节度使。其北界在外兴安岭南面山谷的火鲁火疃谋克,东北临鄂次克海。

胡里改路,治所在今牡丹江与松花江合流处的黑龙江省依兰县。金初置万户,后改置节度使和节度副使。该路西南与金上京会宁府(今黑龙江省阿城县)毗邻,东与恤品路相接,东北直达鄂霍次克海,北至布列亚河东哈拉河上游的合里宾忒千户。

吉里迷和兀的改,这是归金朝管辖的边疆部族,其生活地域主要在今黑龙江下游及库页岛一带,东北至乌第河。南、北库页岛上至今还保存着金代吉里迷人生活的古城遗址。

恤品路，即辽代之率宾府，治所在双城子（今俄罗斯乌苏里斯克）。当地古城附近曾出土金代耶懒路（恤品路迁徙前旧称）都勃堇完颜忠的神道碑。金初置都字堇，后改置节度使。该路西与胡里改路毗邻，西南接合懒路，东抵日本海，北2000里达斡可阿怜千户（约在今黑龙江与松花江合流点、黑龙江与乌苏里江合流点之间）。

合懒路，治所在今朝鲜咸境南道。该路北与恤品路相接，东临日本海。

曷苏馆路，治所在宁州（今辽宁金县境内）。它并不与上京路相连，而是位于今辽东半岛，因辽代迁女真强宗大户数千居于此地，故设曷苏馆路，设节度使，归上京路遥领。其地域包括今金县和新金县。

（2）东京路。其濒海的路、州有：

婆速府路，在今丹东鸭绿江北一带，东临黄海。

澄州，本辽之海州南海军，金改为澄州，治所在今辽宁海城。

复州，本辽之怀远军，州治在今辽宁复县。

盖州，乃金朝罢曷苏馆路以后所建，初名辰州，后改名盖州。治所在今辽宁盖县。

（3）北京路。其濒海的州、府有：

锦州，州治在今辽宁锦州。

瑞州，本辽之来州，金初改宗州，又改称瑞州，治所在今绥中前卫城。

广宁府，本辽之显州奉先军，金初隶东京，后改隶北京，治所在今辽宁北镇。

金太宗灭亡北宋之后，也发觉北方经济残破、人口凋零，不利于金朝统治的巩固，便下诏说："四境虽远而兵革未息，田野虽广而畎亩未辟，百工略备而禄秩未均，方贡仅修而宾馆未赡，是皆出乎民力，苟不务本业而抑游手，欲上下皆足，其可得乎？其令所在长吏，敦劝农功。"[①]其后，金熙宗把国家占有的公田租给农民或允许贫民耕种，兴修水利，恢复北方手工业生产，恢复和健全中原各种经济制度，对女真人的军事、社会组织猛安谋克屯田军实行计口授田制；恢复和发展了货币经济。金世宗在位期间，更是实行全面的奖励农桑、减轻赋税、发展生产的政策，经济进一步繁荣，被称为金朝统治的"小康"时代。在世宗、章宗时，人口比金初有了迅速的增长，金泰和七年（1207年）总户数达7684438，总人口达45816079，超过了北宋统治时期的北方人口数。金明昌三年（1192年），国家储备的粟达37863000石，可供官兵5年之食，米达8100000石，可备4年之用。[②] 此外，通过兴修水利、引渠灌溉，开辟了不少北方水田，

---

① 《金史》卷三《太宗纪》。

② 根据《金史》卷五〇《食货志五》所载数字。

其稻米亩产量约在三石至五石之间。其他如矿冶、造纸、印刷、雕砖、铸铁等手工业也都恢复并有所发展，瓷器业则从陕西、中原向淮北扩张。

金代经济由恢复到发展的变化过程也同样出现在它的沿海地区。以山东沿海地区为例，金废除齐政权后，在山东采取了一些恢复经济的措施，如规定"凡桑枣，民户以多植为勤，少者必植其地十之三，猛安谋克户少者必课种其地十之一，除枯补新，使之不阙"①。传统产区山东的桑蚕业由此得以恢复和发展，东平所产丝、绵、绫、锦、绢及夏津、临清、冠氏等地所产绸、绢，皆远近闻名。金朝廷还在山东设立盐司，掌管盐的生产与销售，归其管理的山东涛信盐场、阳信盐场、西由盐场、衡村盐场、黄县盐场、巨风盐场、福山盐场、文登盐场，都是当时金国的著名盐场，盐产量占全国产量的 1/4 以上。山东的市镇也随着商业经济的发展而不断增加。据统计，北宋时山东有市镇 120 余个，到金代已增为 150 个。这些市镇在山东各地星罗棋布，为转运和销售本地及外地物产提供了有利的条件。其中那些位于沿海港口附近的大小市镇，更兼具对外经济交流、吞吐海上贸易货物的功能。尽管由于宋、金两国长期军事对峙，南宋朝廷多次下令严禁南、北方的海上贸易，但这种贸易始终比较活跃。南宋初年，"明、越濒海村落间，类多山东游民航海而来，以贩籴为事"；"海、密等州米麦踊贵，通、泰、苏、秀有海船民户贪其厚利，兴贩前去密州板桥、草桥等处货卖"②。密州作为当时长江以北的第一大港，始终保持着海上商贸中心的地位。

除了山东沿海，金代"经济重心北移"的特点也使东北地区海疆经济呈现出与以往完全不同的景象。金初，大批汉族工匠和文人被迁徙到东北地区，他们带去了先进的农业、手工业技能，对金国的上京及东京等濒海各路的经济发展起到了十分重要的作用。从金天会二年（1124 年）金朝因耶懒地蒲斥卤而迁完颜忠所领部落至苏滨水（今黑龙江省绥芬河），最后以双城子（今俄罗斯乌苏里斯克）为路治，以及今库页岛上古城及奴儿干城皆为金代城址这些情况来看，金代东北滨海地区的农业已经有了从无到有的发展。而根据金明昌三年（1192 年）金朝尚书省的调查结论"今上京、蒲与、速频、曷懒、胡里改等路，猛安谋克民户计一十七万六千有余，每岁收税粟二十万五千余石，所支者六万六千余石"③，也可见这些地方已由单纯的狩猎经济变为狩猎、农业混合经济，且有相当数量的余粮。

① 《金史》卷四七《食货志2》。

② 《宋会要辑稿·兵》二九之一〇至十一。

③ 《金史》卷五〇《食货志五》。

二、金朝海防、水军及其海上活动

女真人早年生活在东北地区,军队以步、骑兵为主,水军出现较晚。但南宋初年完颜宗弼率部深入江南时,已知道利用战船渡江,追宋高宗于海上,并打算在北宋造船基地之一的山东梁山泊造船,从海路策应陆上军事行动。梁山泊造船之事并没有实现,但完颜宗弼大军被宋将韩世忠以水军8000阻绝在长江南岸,吃尽了苦头。而且,在金军的后方山东地区,宋绍兴五年(1131年)山东统制忠义军马范温"率众船人海,据守福岛,每遇金贼,攘战获功"[1];宋绍兴九年(1139年),山东张清竟然率船队直捣辽东,"破蓟州。辽东士民及南宋被掳之人,多相率起兵应清者,辽东大扰"[2]。所有这些情况,使金人不得不对水军的作用另眼相看。

金熙宗时,"大齐刘豫献海道图及战船木样于金。……(金)调燕、云、两河夫四十万,入蔚州交牙山采木为梢,开河道,运至虎州,将造战船,且浮海人犯。既而盗贼蜂起,事遂中辍,聚船材于虎州"[3]。金正隆四年(1159年),有人向海陵王建议正式创立水军,正准备大举南侵的海陵王很快同意,派工部尚书苏保衡带着福建倪蛮子等人在通州打造战船700艘。一年以后,金朝浙东道水军初步成军。这支以征讨南宋为目的建立起来的水军,由都水监和步军指挥使司官员率领,并很快派上了用场。金正隆五年(1160年)三月,东海县(今连云港市东南)张旺等领导反金起义,该水军浮海赴东海镇压起义军,俘虏了起义军首领张旺等人。该军的第二次出征就没有那么顺利了。同年九月,金朝派工部尚书苏保衡为水军都统制,以益都府尹完颜郑家为副都统制,从海道配合进攻南宋都城临安,但在胶西唐岛海战中,完颜郑家率领的金朝水军前锋尽没,苏保衡率余部退避保船,以后金朝水军再也没有在战争舞台上发挥什么像样的作用。

对于海岸线和海口的设防,金朝多以陆岸屯兵为主。

第四节 对海南、台湾及南海诸岛的镇辖、开发与治理

宋朝统治者对海疆的重视,表现在发展海疆经济和海上贸易的积极政策上面,也表现在进一步加强对沿海著名岛屿,如海南岛、台湾以及南海诸岛的

---

[1] 《宋会要辑稿·兵》一八之三〇。
[2] 宇文懋昭:《大金国志》卷一〇。
[3] 李心传:《建炎以来系年要录》卷九六,中华书局1988年版,第1549页。

镇辖、开发与治理方面。

一、对海南岛的镇辖与治理

海南岛位于广南西路的最南端,岛上除了汉族居民外,还有广大黎族百姓。史载当时黎人男子"弓刀未尝去手",妇女则"绩木皮为布"①,处于狩猎和农业混合型经济阶段。在宋代,海南黎族民众不断发起反抗宋朝官府的斗争,如熙宁九年(1076 年)朱崖军黎人首领黄婴起事、绍兴三十年(1160 年)海南黎人首领王文满起事等。同时,该岛又位于中国至东南亚、南亚乃至大食和欧洲各国海道要冲,是海外入侵者首先觊觎的目标。史载,乾道七年(1171 年),"闽人有浮海之吉阳军者,风泊其舟抵占城。其国方与真腊战,皆乘大象,胜负不能决。闽人教其王当习骑射以胜之。王大悦,具舟送之吉阳,市得马数十匹归,战大捷。明年复来,琼州拒之,愤怒大掠而归"②。

为了加强对海南的镇辖,宋王朝多次调整行政建置。开宝五年(972 年),撤销原崖州建置,将崖州所属的舍城、澄迈、文昌县并入琼州,将原振州改称崖州归琼州管辖;大观元年(1107 年),在黎母山建立镇州,设置在滨海地区的则有琼州(今海南海口)、万安军、吉阳军(今海南崖城)、南宁军(今海南儋县西北)等军政合一的行政机构。皇祐四年(1052 年),世居郁江上游广源州的壮族首领侬智高攻破广西重镇横山寨,连破横、贵、龚、浔等 9 州,进围华南大都会广州城。当时宋朝派名将狄青统兵平定侬智高这一割据势力。考虑到侬氏可能分兵四出,攻击广南东、西路各郡,枢密院副使王尧臣建议:"析广西宜、容、邕州为二路,以融、柳、象隶宜州,白、高、窦、雷、化、郁林、仪、藤、梧、龚、琼隶容州,钦、宾、廉、横、浔、贵隶邕州,遇蛮人寇,三路会支郡兵掩击。"③王尧臣的建议得到狄青的赞同,海南也就成为当时宋军华南防御体系的一个有机组成部分。另外,海南官吏还认为宋朝以往将罪犯发配到海南的做法不利于当地的治安,要求改变旧法。例如,绍兴二年(1132 年),知琼州黄揆上奏说:"今中外奸民以罪抵死而获贷者,必尽投之海外以为兵,是聚千百虎狼而共置一邸也。一旦稔恶积衅溃裂四出,臣恐偏州之民项背不能贴席而卧也。请自今凡凶恶贷死而隶于流籍者,许分之沿江诸屯及它远恶之地,无专指海外以为凶薮,庶几阴消潜制不至流毒偏方。"④无论是主张海南与大陆各州郡联防,还是反对将大批贷死罪犯刺配琼州,目的都是为了强化海南治安。这两件事从另

第一章　宋元时期的中国海疆、海防与对外关系

---

① 《宋史》卷四九五《蛮夷三·黎洞》。

② 《宋史》卷四八九《外国五·占城》。

③ 阮元监修:《广东通志·前事略》,广东人民出版社 1981 年版,第 106 页。

④ 阮元监修:《广东通志·前事略》,广东人民出版社 1981 年版,第 111 页。

一个方面反映出宋王朝对海南的重视。

对岛内黎民的反抗斗争，宋朝统治者一方面进行军事镇压，另一方面也实行政治招抚，特别是在经济上对黎民予以优待。乾道二年（1166 年），根据广西经略转运司的提议，为妥善安置黎人，朝廷免除了海南各郡黎人的租赋，"能来归者，复其租五年。民无产者，官给田以耕，亦复其租五年"①。淳熙元年（1174 年），五指山"生黎峒首王仲期率其旁十峒丁口千八百二十归化。仲期与诸峒首王仲文等八十一人诣琼管司受之，以例诣显应庙，研石歃血约誓，改过不复钞掠，犒赐遣归"②。这说明招抚政策对当地农业的发展，对海南地区的稳定还是有积极作用的。

二、对台、澎地区的开发、镇戍和管辖

福建沿海百姓很早就从大陆迁居到台湾、澎湖地区，在那里从事捕鱼和农耕。至宋代，民间自发性的迁居台、澎之事益多。而诸如毗舍邪等海上民族时常往来台、澎及福建沿海一带剽掠。例如，泉州"朱宁寨去法石七十里，初乾道间，毗舍耶国入寇，杀害居民……其地阚临大海，直望东洋，一日一夜可至澎湖"③。在漳州漳浦县，"白蒲延大掠流鹅湾，同巡检轻战而溃，君（周鼎臣）代尉驰往，三日中坐缚其酋二，剸贼无遗"④。乾道七年（1171 年），汪大猷知泉州，该"郡实滨海，中有沙洲数万亩，号平湖，忽为岛夷号毗舍邪者奄至，尽刈所种"⑤。这个平湖就是澎湖，当时澎湖岛上的耕种之田数量可观，推知从大陆去的耕种者也不在少数。由于海盗劫掠严重影响了沿海居民的正常生活和对沿海岛屿的开发，宋朝在朱宁设立水寨，又在澎湖造屋 200 间，派军队屯驻守卫。为加快开发澎湖的进度，还招纳了当时居住在流求（今中国台湾）的"昆舍邪"人到澎湖屯垦，包括修建军队营房⑥。宋代，澎湖岛在行政上已隶属福建泉州晋江县。赵汝适《诸蕃志》就明确记载："泉有海岛曰澎湖，隶晋江县。"⑦当时居于澎湖的"昆舍邪"人之间的民事诉讼也自然归晋江县管辖。

三、南海诸岛的渔业活动和军事巡逻

南海诸岛的名字很早就出现在中国古代史籍当中。最迟在 1 世纪的东汉

① 《宋史》卷四九五《蛮夷三·黎洞》。
② 阮元监修：《广东通志·前事略》，广东人民出版社 1981 年版，第 115 页。
③ ［宋］真德秀：《申枢密院措置沿海事宜状》，《西山先生真文忠公文集》卷八。
④ 叶适：《水心文集·周镇伯墓志铭》。
⑤ 楼钥：《汪公行状》，《攻媿集》卷八八。
⑥ 《宋史》卷四九一《流求传》。
⑦ ［宋］赵汝适著、杨博文校释：《诸蕃志校释》，中华书局 1996 年版，第 149 页版。

时期,随着中国古代航海技术的不断发展及中国人航海活动范围的扩大,南海水域及南海诸岛已为国人所知晓。东汉杨孚的《异物志》就记载:"涨海(古人对南海的称呼)崎头,水浅而多磁石。"①该书同时还记载了那里的玳瑁等海洋特产。随着人们对南海海域认识的不断扩大和深化,有关它的记载更加丰富起来。三国时,东吴政权派康泰等人赴扶南(今柬埔寨)等国巡游,回来后康泰著有《扶南传》一书,其中对南海岛屿和沙洲的成因做了清晰的描述:"涨海中,倒珊瑚洲,洲底有盘石,珊瑚生其上也。"②。

到了宋代,人们对南海诸岛的情况更加熟悉。这主要表现在:

第一,宋代史籍中对南海岛屿的称呼已相对统一。宋以前,人们多以"涨海"称南海诸岛。宋代谈到南海诸岛的 7 种典籍中,大都以千里石塘(床)、万里长沙(砂)来泛称南海诸岛,并进一步命名今天的西沙群岛为九乳螺洲,称南沙群岛为石塘。

第二,中国沿海渔民在那里的活动已相当频繁,人们对南海海域的著名水产品和海域情况也更加熟悉。南海海域很早就是中国渔民进行捕捞作业的重要水域。通常渔民们在冬季借助东北风南下,在西沙、南沙群岛停留,从事水产捕捞、椰子种植等活动,第二年夏季西南风到来时再北返。近年来考古工作者对西沙甘泉岛一处唐宋居民遗址进行发掘,发现唐宋时期的青釉陶瓷器100 余件。该类陶瓷器与唐宋时期广东窑场的产品是完全相同的,说明当年这里的居住者应当是从广东沿海去的渔民。根据从那里捕捞的海产品和渔民对水生物观察的结果,宋代书籍做了分门别类的说明。比如,对于盛产于南海的贝类,南宋《岭外代答》一书记载说:"南海有大贝,圆背而紫斑。平面深缝,缝之两旁,有横细缕,陷生缝中,本草谓之紫贝。亦有小者,大如指面,其背微青。大理国以为甲胄之饰,且古以贝子为通货,又以为宝器,陈之庙朝,今南方视之与蚌蛤等。"③另一种生活在热带海洋中的贝类砗磲,北宋人沈括在《梦溪笔谈》中就记载说:"海物有车渠,蛤属也。大者如箕,背有渠垄,如蚶壳,故以为器,致如白玉,生南海。"④

第三,对西沙群岛进行了有效管辖,并派海军前去巡逻。据北宋曾公亮所著《武经总要》一书记载,宋朝曾"命王师出戍,置巡海水师营垒","治绁鱼人海战舰","屯门山用东风西南行,七日至九乳螺洲"⑤。从当时的航行里程计算,九乳螺洲应该就是西沙群岛。乳螺是时人对西沙群岛的形象称呼。

---

① 转引自明正德《琼台志》卷九《土产下》,上海古籍出版社影印本,1964 年。

② 李昉:《太平御览》卷六九《地部三十四》引。

③ 周去非:《岭外代答》卷七《宝货门·大贝》。

④ [宋]沈括:《梦溪笔谈》卷二二《谬误》。

⑤ 曾公亮:《武经总要》前集卷二〇。

第五节　宋朝与沿海周边国家的关系

终宋一代，宋王朝在与沿海周边国家交往的过程中，大都奉行"厚其委积而不计其贡输，假之荣名而不责以烦缛；来则不拒，去则不追；边圉相接，时有侵轶，命将致讨，服则舍之，不黩以武"①的方针。这一方针对维系宋王朝与周边沿海各国的和平友好关系起到了重要作用。

这一方针的具体体现，有以下几点。

第一，友好相待沿海周边各国，尽量满足其提出的各种要求。

宋朝虽然是当时亚洲文明程度最高的大国，却并不盛气凌人，而是按照华夏"礼仪之邦"的悠久传统，给予沿海周边国家使节以隆重的礼遇。一般情况下，各国使节乘坐的海舶抵港后，首先由市舶司官员迎入怀远驿（设于广州）或来远驿（设于泉州）中，再由沿途各州、军盛礼迎送，直到京师。各国使节在京城期间，则由相关官员邀请参观朝廷大典、节庆活动及游览寺庙等。临行时，要"回赐"大量物品，其数量和价值远远超过这些使节所进献的贡品。比如，元丰年间，宋朝一次"回赐"三佛齐的礼品就有"赐钱六万四千缗，银一万五百两"②，这与其带来的所谓"贡品"相比，是相当丰厚的。为维持对各国使节的优待政策和送往迎来的礼节需要，朝廷和地方官府每年都要支出巨额资金，沿海州郡百姓甚至为此颇有怨言。但是，宋朝仍将这些做法坚持下来，至宋朝末期也没有大的改变。

沿海周边各国使节来华时，往往顺便提出该国统治者的一些要求。这里面有的是出于该国人口管理、宗教活动以及统治者个人生活及文化消费的需要，也有的与战争、国防有一定关系。宋朝在大多数情况下，都能够认真满足其要求，哪怕这种要求与宋朝对外贸易的规定有某种抵触。例如，宋时占城经常与其他国家发生战争，其民众多有流落到中国南方沿海各地者，宋朝或是主动将其人遣返，或应该国请求将这些占城民众送归。太平兴国六年（981年），"交州黎恒上言，欲以占城俘九十三人献于京师。太宗令广州止其俘，存抚之，给衣服资粮，遣还占城，招谕其王"。至道元年（995年）十二月，"占城遣使李波珠奉表言：'臣本国有流民三百，散居南海，曾蒙圣旨许令放还，今犹有在广州者。本国旧有进奉夷人罗常占见驻广州，乞诏本州尽数点集，具籍以付常占，令造舶船乘便风部领归国，冀得安其生聚，以实旧疆。'上遣使诣广州询问，

---

① 《宋史》卷四八五《外国一·夏国上》。
② 《宋史》卷四八九《外国五·三佛齐》。

愿还者悉付波珠"①。三佛齐国,素来信奉佛教;咸平六年(1003年),国内建佛寺,请求宋朝赐寺名及铜钟。宋朝即赐以"承天万寿"寺额,并送铜钟一口。几十年后,该国又提出要买金带、白金器及僧侣所穿紫衣、师号、牒等,宋朝也满足了这些要求。交趾国喜爱中国文化,该国使节曾请求购买中国书籍。按规定,书籍是不准输出到宋朝境外的。但宋徽宗考虑到该国慕义之心,特别下诏:"除禁书、卜筮、阴阳、历算、术数、兵书、敕令、时务、边机、地理外,余书许买。"②其他如有的国家请求宋朝赠与甲胄戎具,或购买良马,这些都与国防有密切的关系。宋王朝对阇婆国的正常要求并没有拒绝,但对借此机会行剽掠之举的国家则绝不手软。占城与真腊国交战时,双方都骑乘大象交战,不具备战场上的优势,但自从得到漂流至占城的中国人指点后,乘战马作战,尝到了甜头,随后曾多次派人到中国买马。而当海南地方官府根据宋朝禁令拒绝这一要求时,他们便大掠琼州。对此,宋王朝重申禁令,并一度断绝与占城的贸易往来,对其提出严重警告。

第二,尽力维护与各国之间海上航线的畅通和海外贸易的繁荣。

宋代,东南亚诸国征战纷起。新兴起的交趾国不断扩大自己的势力范围,频频与原先的东南亚强国占城发生战争;其他诸如占城与真腊之间,三佛齐与阇婆国之间也是战火常燃。宋王朝严守中立,并不介入他们的冲突,也不偏袒其中任何一方。以占城和交趾为例,两国间冲突严重,到宋朝朝贡的使者不愿相见并立。宋朝在同时接待他们时,煞费苦心,安排"遇朔日朝文德殿,分东西立;望日则交人入垂拱殿,而占城趋紫宸;大宴则东西坐"③。若遇到这些国家发生内乱,也绝不乘人之危,不卷入该国的内部争斗。但对那种剽掠、截留他国商船,阻断海上航线的行为,宋朝也绝不听之任之。乾道三年(1167年),南宋朝廷得知占城国呈送的"贡物"取自抢劫大食商人的货物,决定不予接受。后考虑到两国之间的关系,则以优惠价购买,同时敦促他们尽快放还所拘大食商人。宋朝统治者还力劝占城不要截留渤泥赴中国的商船,以保持南海海道的畅通。

宋王朝尽力维护与沿海周边各国的和平关系,维护海上交通线的畅通,根本目的是要维护海外贸易的繁荣。宋代,东南亚各国通使朝贡频繁,如占城通使达40余次,三佛齐达30余次,交趾、阇婆、渤泥等国也多次派使节前来。在这一政治往来亲密的背景下,各国赴宋朝进行贸易的船舶、客商络绎不绝。中国商人到东南亚各国后也受到热情接待。在阇婆国,"贾人至者,馆之宾舍,饮

---

① 阮元监修:《广东通志·前事略》,广东人民出版社1981年版,第99、101页。

② 《宋史》卷四八八《外国四·交趾》。

③ 《宋史》卷四八九《外国五·占城》。

食丰洁";在苏吉丹,"厚遇商贾,无宿泊饮食之费";在渤泥,商船"抵岸三日,其王与眷属率大人到船问劳"①。宋王朝虽然在维系各国友好关系方面付出了很大的精力和可观的经费,但海外贸易的发展和持续繁荣,确实也增加了市舶收入,对沿海经济和国家财政都有好处。

第三,充分利用民间商人在海外的关系,发展与各国的政治、经济往来。

宋代商人在海外活动范围相当广泛,许多海商多年在南亚、东南亚、西亚和非洲等地经商,与当地官员熟悉起来。宋王朝利用他们为中介,与那些国家建立和发展政治、经济关系。泉州人王元懋,精通汉、蕃文字,曾在占城经商,深得其国王的宠爱,并娶了国王的女儿。他回国后,成为宋朝与占城国贸易的重要联系人。海商毛旭,也是在占婆国经商时与国王建立了密切的联系,促成了该国对宋朝的朝贡贸易。其他诸如经常赴高丽贸易的黄慎,经常赴日本贸易的李充、赴占城贸易的陈应祥等人,也都为双方的政治交好、商贸发展做了许多好事。宋朝还继承唐代的做法,在广州、泉州等海外贸易港口设立蕃坊,供外商居住、经商。这些商人拥有众多海外商业伙伴,如任提举泉州市舶司的大食商人蒲寿庚在海外颇有影响。宋朝借助他们招致海商海舶,元朝同样用这个办法维系广州、泉州国际贸易大港的地位。

第四,不入侵他国,但对侵犯中国海疆者予以坚决反击。

宋代曾多次出现沿海周边各国发生内乱、国势衰微的情况,宋王朝并没有利用这些机会从中渔利。但对各国剽掠中国沿海岛屿、入侵中国海疆的行为也决不姑息。前面介绍过,占城为买马一事,曾劫掠琼州,将当地中国百姓贩卖为奴隶,宋朝为此断绝了与占城的贸易关系。但宋朝历史上规模最大的一次海疆反侵略战争却发生在宋朝与交趾之间。熙宁八年(1075年),交趾入侵廉、白、邕、钦4州,当地生灵涂炭,官吏上千人被掳。宋以郭逵为安南行营经略招讨使,率军很快就收复了邕、廉诸州,进至富良江畔,斩杀交趾国王李乾德之子洪直,迫使该国上表请和。与其世为仇敌的占城国也表示愿意发兵掩袭,夹击交趾。但宋王朝此次出兵只是为了保卫国家领土不受侵犯,所以主动撤出该国回到国内,此后也未进行报复。由此可见,宋朝反击入侵、维护国家主权的斗争原则并未因战争的胜利而发生改变。

第六节　元朝时期的海疆

13世纪初,生活在蒙古高原地区的蒙古乞颜部贵族铁木真经过多年的东

---

① 〔宋〕赵汝适著、杨博文校释:《诸蕃志校释》,中华书局1996年版,第54、61、136页。

征西讨,终于统一了蒙古诸部,建立大蒙古国,铁木真本人则被推举为成吉思汗。随后,强大的蒙古骑兵挥戈四出,攻灭花剌子模、钦察、斡罗斯、阿速、西夏、金等,占领了亚欧大陆辽阔的土地。但成吉思汗死后,蒙古诸部分裂。其中,由成吉思汗的孙子忽必烈于至元八年(1271年)建立起来的元朝,不仅统治了中国北方地区,领有原金朝所辖海疆,还在至元十六年(1279年)最后灭亡南宋统一了中国,领有南宋所辖的中国南部海疆。

一、元朝灭金、灭宋战争及海疆区划

蒙古族在建立蒙古汗国和元王朝之前,为长期生活在内陆高原地区的游牧民族,畜牛羊而食,逐水草而居。其最早据有海疆是在金贞祐三年(1215年),蒙军将领木华黎占领瑞州(今辽宁绥中前卫)、广宁(今辽宁北镇)等金朝沿海故地。随后,蒙古军队陆续灭亡金和南宋,统治了他们领有的全部疆域,包括海疆地区。

(一)蒙古灭亡金朝及占领河北、山东和东北等沿海地区

金朝末年,统治者腐败无能,境内阶级和民族矛盾相当尖锐,经济凋敝,民生困苦,其统治已陷于崩溃的边缘,从而为蒙古灭金提供了有利的条件。

金大安三年(1211年)秋,成吉思汗率兵进入金朝境内,先锋哲别部攻取金朝西北边墙的乌沙堡,从此拉开了灭金战争的序幕。随后,成吉思汗领兵进攻金军主力30万人屯守的野狐岭(今河北万全膳房堡北),金军大败,蒙古军乘胜追至浍河堡(今河北怀安东),将金军大部分消灭。金朝失去精锐之兵,困守中都(今北京)不敢出击,任蒙古军队抄掠今内蒙古、河北、山西、辽宁、山东的金朝各州、县。金贞祐二年(1214年),蒙古两路大军再一次兵临中都城下,金宣宗将卫绍王之女岐国公主献给成吉思汗为妻,才使蒙古军队退到居庸关外。当年五月,金朝廷为避兵锋迁都至南京(今河南开封),成吉思汗闻讯后引兵包围了金中都,并于第二年攻下这个黄河以北最重要的战略要地。在经历了几年激烈的征战之后,金朝统治的大部分地区屋庐焚毁、城池残破、土地荒芜、人烟稀少,不复有原先人烟稠密、粮食丰稔的社会景象。蒙古军队退去后,金朝派官员重新管理一度沦陷的各个州、县,但已是残破之区难以恢复,而且有相当一部分地区被当地豪强地主武装所控制。

金贞祐五年(1217年),成吉思汗专顾西征,将攻取中原的全权交给大将木华黎。木华黎改变以往蒙古军队以抄掠、烧杀为主要目的的战争行为,开始注意占领城池、安顿百姓,并且重用割地自雄的汉族武装头领,如河北的武仙、山西的史天倪、史天祥等人,特别是占据山东海疆的红袄军首领李全。李全原为举义山东的红袄军首领之一,后与另一支红袄军首领杨妙真结为夫妇,率军

投归南宋,曾攻取山东沿海港口密州,又在嘉山、涡口、化陂湖等地屡次击败金军,拥兵10余万,据有山东2府9州40余县。金正大四年(1227年),李全被木华黎之子勃鲁率军包围于青州近一年之久,终因粮绝无援,降于蒙古,被授为山东、淮南行省丞相。金正大七年(1230年),李全在楚州(今江苏淮安)大造战船,招沿海亡命徒为水手,并于当年十二月突然进攻宋军据守的扬州、泰州。次年一月,扬州守军从城中反击,杀死李全。

李全败死之后,其子李璮袭父职统治山东。他以防御南宋来自海上的攻击为由,拥兵聚粮,不听从蒙古统治者的调遣,还派兵攻占南宋沿海的海州(今江苏连云港)等地,扩大自己的势力。此时,蒙古统治者忙于西征和灭金之役,需要李璮势力牵制南宋,对他割据山东只好听之任之。金开兴元年(1232年),蒙古军队按照成吉思汗临终时留下的战略计划,假道南宋之境进攻金朝南京(今河南开封),三峰山一战,歼灭金军主力。两年后,蒙古军攻破金末帝据守的最后一个城邑蔡州,结束了金朝前后120年的统治。

宋开庆元年(1259年),蒙古大汗蒙哥在围攻宋合州钓鱼城(今四川合川东)时受伤,不久病死,其弟忽必烈与阿里不哥之间爆发了争夺汗位的长期战争。野心勃勃的李璮以为时机已到,于宋景定三年(1262年)向南宋表示归顺,自己带兵5万从海州登船,沿海路抵达山东益都,进而占领济南。忽必烈迅速派兵严守平(今河北卢龙)、滦(今河北滦县)海口,同时调各路兵马会师济南,将李璮所部牢牢围困在城内。济南城军心涣散,"(李)璮不能制,各什佰相结,缒城以出"[1],其叛乱很快就被平定,李璮也被捉住处死。随后,久有消除地方割据之心的忽必烈,借平定李璮叛乱之机,实行军、民分治,剥夺史天泽、张柔、严忠济等地方实力派人物的兵权,进一步加强了对山东、河北等沿海地区的控制。

蒙古最初据有的东北沿海地区,是金贞祐三年(1215年)占领的今辽宁的绥中、北镇一带。次年,降附蒙古的原金朝北边千户耶律留哥和蒙古军队共同击败自立为辽王的蒲鲜万奴,将其赶到海岛之上,攻克了苏(今辽宁金县)、复(今辽宁复县)、海(今辽宁海城)诸州,占领了辽东沿海地区。金兴定二年(1218年),蒲鲜万奴东山再起,领兵攻占原金朝曷懒路故地,在南京(今吉林延吉城子山)建都,改国号为"东夏",控制了北抵松花江北岸、南达今辽宁省、西到松花江大拐弯处、东至日本海的广阔地区。东夏国除了南京外,还设有陪都北京,其地在今天俄罗斯的双城子(今乌苏里斯克)对面的克拉斯诺雅尔城。蒲鲜万奴在东北起兵之际,适逢成吉思汗领兵西征,负责经略东北和中原的木华黎又专心于伐金,蒲鲜万奴才得以在东北获得暂时的发展。金正大六年

---

① 《元史》卷二〇六《李璮传》。

（1229 年），蒙古大汗窝阔台继位后，很快就决定征讨这一位于自己侧后的敌对势力，"诏诸王议伐万奴，遂命皇子贵由及诸王按赤带左翼军讨之"①。同年九月，在南京生擒蒲鲜万奴，接着又攻陷开元路。到了元世祖忽必烈在位时，位于黑龙江下游的吉里米部族内附。至元二十三年（1286 年），忽必烈又派塔塔儿领兵攻打骨嵬（今库页岛）。从此，包括今俄罗斯滨海地区及岛屿在内的整个东北地区皆处于元朝统治之下。

（二）元军灭宋与底定海疆

蒙古军队灭亡金朝之时，腐败虚弱的南宋统治者与蒙古结盟，希望从中渔利。不过，其虚弱本质很快就被蒙古贵族所识破。宋端平元年（1234 年），蒙古军队以宋军进入中原战略要地洛阳为借口，派东路军攻唐州、枣阳、襄樊，派西路军攻甘肃、陕西、四川，虽然赖抗蒙将领孟珙、余蚧英勇抗击而退兵，所过荆襄、两淮、四川的许多地区却惨遭蹂躏。

宋淳祐十一年（1251 年），蒙哥继汗位，他命令弟弟忽必烈负责征服南宋。忽必烈长期生活在漠南地区，受汉文化影响颇深，周围也聚集起一批汉族文人。其中汉族谋士姚枢总结了窝阔台以往征宋战争的缺陷，认为"军将惟利剽杀，子女玉帛悉归其家"②，所以江南城邑残破，人民不愿降附。他建议派兵分屯要地，以守为主，且战且耕，等到粮食充足，然后大举攻宋。忽必烈采纳了这一建议，派史天泽等人屯田于唐、邓等州，与襄樊对峙；派汪德臣等人巩固所占四川之地，张柔移镇亳州、颍州（今安徽阜阳），自己则亲统大军 10 万，从临洮经吐蕃迂回云南的大理国，打算一方面征服大理，利用西南少数民族军队增强侵宋兵力，另一方面从背后包抄南宋的长江中游地区。南宋宝祐元年（1253 年）夏，忽必烈率蒙古军取道忒刺（今四川松潘），经过分裂割据的吐蕃东部（今四川甘孜），当年初冬在金沙江降服了大理北部的磨些蛮各部，进而攻占大理都城。第二年春，忽必烈留下兀良合台镇守大理，自己领兵北归。

宋宝祐五年（1257 年），蒙哥汗在一些蒙古贵族的怂恿下，改变忽必烈的固有战略，亲自领兵攻宋。他以诸王塔察儿领左翼军，攻荆襄、两淮；自己领右翼军，取四川。二月，驻守利州的蒙古军先期进攻成都，击败宋四川制置使蒲泽之。十月，蒙哥渡嘉陵江，一路攻陷南宋据守的沿江山城，并于次年二月进围四川山城防御体系的枢纽——合川钓鱼城。钓鱼城军民在外援被阻退回，敌军层层围裹的危急情况下仍坚持抗战。他们向城外发炮，抛掷了各重 30 斤的鲜鱼二尾、面饼数百，并写信告诉对方："尔北兵可烹鲜鱼食饼，再守十年，亦

---

① 《元史》卷二〇《太宗本纪》。
② 姚燧：《姚枢神道碑》，《元文类》卷六〇。

不可得也。"①而蒙古军却因顿兵坚城之下,久战无功,加上酷暑难耐、瘟疫盛行,军中士气极为低落。当年夏天,蒙哥患病。他为了对付霍乱,坚持饮酒,病情更加严重,至七月在转攻重庆城的路上病死,蒙古军遂解合川之围北归。塔察儿率领的左翼蒙古军自宋宝祐五年(1257年)进围樊城,将领们只顾掳掠吃喝,历时一年之久不能攻下一城。蒙哥只好请忽必烈出来统带其军。宋开庆元年(1259年)秋,忽必烈领兵渡过淮河,突破南宋长江防线,包围鄂州城。四川制置副使吕文德闻讯领兵顺流而下,增援鄂州;南宋宰相贾似道也屯兵于汉阳、黄州,扼守江南要冲。忽必烈围攻鄂州两月不能破,又得知留守元大都和林的阿里不哥企图趁蒙哥新死争夺帝位,乃决定与宋议和,北归争夺帝位。

宋景定元年(1260年),忽必烈即大汗位,并决定按照中原固有的封建统治模式建立政权。他先后平定了阿里不哥之乱、山东李璮叛乱以及西北诸王之乱,在巩固了自己的地位并做了长期的战争准备之后,将消灭纸醉金迷的南宋朝廷提上了日程。

宋度宗咸淳三年(1267年),忽必烈举兵南下,发动了灭宋战争。与以往对宋战争不同的是,这次军事行动有两点重大变化。一是忽必烈接受降将刘整的建议,将战略主攻方向调整到荆襄地区。以往蒙古军进攻南宋,大多以主力迂回到长江上游的四川,刘整则提出"攻蜀不若攻襄,无襄则无淮,无淮则江南唾手下也"②。忽必烈接受了他的这个建议,派主力围攻南宋在长江中游的战略要地襄阳和樊城,筑土堡以遏南北之援,绝粮道以困城中之兵,架大炮以毁城垣守具,经过6年血战,终于攻克了这两座城池,从中央突破了对方苦心经营的长江防线,打开了南宋王朝的大门。二是认识到宋、元"南船北马"的各自优势所在,大力加强水军建设。刘整曾对阿术说过:"我精兵突骑,所当者破,惟水战不如宋耳。夺彼所长,造战舰,习水军,则事济也。"③果然,元军先后在开封、邓州、四川大规模造船,刻苦训练水军,从而使元军的水上战术劣势得以改变。咸淳五年(1269年)秋,元军在汉江击败自恃有水军优势的宋军夏贵部,获宋军战舰50艘。第二年九月,元军击败宋军范文虎部战船2000艘。咸淳十年(1274年),元军由汉水入长江,以战舰千艘进攻阳逻堡未果,遂从上游的青山矶(今湖北武昌东)突袭南宋水军,接着舰队顺流而下,再攻阳逻堡,宋守将夏贵带战船3000艘溃逃。宋恭帝德祐元年(1275年),南宋权相贾似道领兵13万、战船2500艘屯于丁家洲(今安徽铜陵东北)大江两岸,元军夹岸前进,以巨炮轰击宋军,贾似道和宋水军将领夏贵、步军将领孙虎臣望风披靡,

---

① 《钓鱼城记》,万历《合州志》卷一。

② 周密:《癸辛杂识》别集下《襄阳始末》。

③ 《元史》卷一六一《刘整传》。

宋军主力土崩瓦解,江南重镇建康(今江苏南京)也随之失守。六月,宋军为保卫都城临安(今浙江杭州),在长江焦山水域集结了战船万艘,每10只船用铁链联在一起锚泊江中,元军施放火箭,又接舷跳邦短兵格斗,宋朝水军大败,都城临安陷入危境。第二年正月,宋廷向兵临城下的元军统帅伯颜投降。

宋廷投降后,各地抗元斗争并没有停止下来,宋臣文天祥、张世杰也拥立幼帝,在福建、广东继续斗争。元军为了扫荡南宋残余势力,在派兵进入江西的同时,派水军从明州(今浙江宁波)沿海南下,兵锋直指闽广。在元军的强大攻势下,文天祥、张世杰等人拥立的南宋逃亡政权在福州立足不住,打算入据泉州,借助泉州海舶之力流亡海上。当时驻泉州的宋朝闽广招抚使为回族商人蒲寿庚,他"提举泉州舶司,擅蕃舶利者三十余年"①,在当地势力很大。由于元朝频频以高官厚禄招降,加上张世杰为获得浮海巨舶而掠夺蒲寿庚的船只、财物,蒲氏遂杀泉州城内宋朝宗室降元。张世杰等人拥幼帝退往广东。宋景炎三年(1278年)四月,幼帝赵星病死,宋臣陆秀夫等人复拥立其弟赵昺继位,先后以位于海中的碙州和厓山为根据地,以水军环卫死守。

元军欲消灭南宋逃亡政权,先是于宋德祐二年(1276年)派阿里海牙攻破静江城,占领广西各地,接着又派兵镇守贺、昭、梧、融、邕诸州,进而又占领雷州,既堵住了赵昺向西逃往交趾的通道,又取得了进攻海南岛必不可少的跳板。宋祥兴二年(1279年)正月,元朝江东宣慰使张弘范率战船500艘,元朝江西行省参知政事李恒率战船120艘从南北两个方向夹击厓山宋军。此时,陆秀夫、张世杰拥有战舰千艘(其中多为远洋巨舶)以及官军、民兵20余万,在军事实力上有很大优势。但宋军统帅张世杰没有发挥海舶巨舰应有的机动作战能力,反而"以舟师碇海中,綦结巨舰千余艘,中舻外舳,贯以大索,四周起楼棚如城堞,居(赵)昺其中"②;当敌人准备封锁厓山海口时,也没有抢先占据海口、控制退兵通道做长期斗争打算,而是决计放弃海口死守,这样在宋、元海上交战之初就处于被动地位。张弘范等元军将领却能够针对宋军的部署,抢先占领海口阻截宋船外出,又派兵占领通往水源的道路断绝宋军汲道。宋军之"兵茹干粮十余日,渴甚,下掬海水饮之,海咸,饮即呕泄,兵大困"③。二月六日,宋、元两军开始厓山海上决战。元军从早上到中午攻击不休。到了傍晚,风暴大作,宋军队伍混乱,陆秀夫自知大势已去,负幼帝赵昺赴水而死;张世杰冲出重围,欲往占城,途中遇风暴船翻而亡。至此,元军消灭了最后一支南宋海上力量,完全控制了中国海疆。

第一章

宋元时期的中国海疆、海防与对外关系

---

① 《宋史》卷四七《二王纪》。

② 《宋史》卷四七《二王纪》。

③ 《宋史》卷四五一《张世杰传》。

（三）元朝的海疆区划

中国地方区划在元代发生的显著变化，就是在原有的路、府、州、县四级行政机构之上，设"行中书省"，简称"行省"或"省"。各省设丞相一员、平章二员、左右丞及参知政事等官，"凡钱粮、兵甲、屯种、漕运，军国重事，无不领之"①。元朝除了把今天河北、山东、山西及内蒙古的一部分地区称为"腹里"归中书省直辖外，还建有辽阳、江浙、湖广、征东等11个行省，其中有相当一部分省、路位于沿海地区。

（1）辽阳行省：元朝管辖东北地区的主要行政机构，省治设于辽阳。其沿海路、州有：

开元路，治所最初设在今黑龙江依兰附近，后移至吉林农安、辽宁开原。《元一统志》称其地"南镇长白之山，北侵鲸川之海"，这个鲸川之海就是今天的日本海。

水达达路，辖地在松花江、黑龙江下游，乌苏里江流域直至滨海一带，居民多为当地以渔猎为生的女真人。该地原属开元路管辖，元皇庆元年（1312年）为强化对东北部领土的管理才从开元路分出，并设有胡里改、斡朵怜、桃温、勃苦江、脱斡岭、兀者、乞列迷、骨嵬（今库页岛）军民万户府，吉里迷、鲸海、阿速古儿、失怜千户所等。元至元二十九年（1292年）还专门在黑龙江下游的奴儿干设立了征东招讨司（又称征东元帅府），镇辖黑龙江直达海口的广大地区和库页岛。

辽阳路，治所在今辽宁省辽阳市，辖地位于辽东半岛，三面环海，有盖、复、金诸州，设海西辽东哈思罕万户府，复州、金州万户府等。

广宁府路，治所在今辽宁北镇，所辖临海之县有闾阳。

大宁府路，治所在今内蒙古昭乌达盟宁城，所辖临海州、县有瑞州、锦州。

（2）征东行省：系元朝于至元二十年（1283年）征讨高丽后，在朝鲜半岛的高丽境内所立行省。所辖庆尚州道、全罗道、忠清州道等皆临海。

（3）腹里：在这一归元朝中书省直辖的地区中，沿海路、州有：

永平路，治所在卢龙，辖县昌黎、乐亭等临海。

大都路，辖县永清等临海。

河间路，所辖沧州、清州濒海。

济南路，辖县无棣、阳信、渤海、利津临海。

益都路，辖县东安、北海、昌邑临渤海，即墨、胶西、日照临黄海。

般阳路，即位于今山东的莱州、登州，濒临渤海、黄海海域。

————————————

① 《元史》卷九一《百官志七》。

（4）河南行省：其临海州、县大多位于江苏、淮北一带，主要有：

淮安府路，所辖海宁、安东州，盐城、赣榆、朐山县临海。

扬州路，所辖通州、崇明州，海门县、如皋县临海。

（5）江浙行省：其临海路、州有：

平江路，即苏州平江府，其昆山、嘉定诸州临近长江口。

松江府，属县华亭、上海临海。

嘉兴路，属州海盐临海。

杭州路，为江浙行省省治，辖县钱塘、海宁临海。

庆元路，辖县定海、象山、鄞县临海，元代还在今舟山群岛上的昌国县之上设立昌国州。

台州路，辖州黄岩，辖县宁海、临海濒海。

温州路，辖州瑞安、平阳，辖县永嘉、乐清临海。

福州路，所辖福宁州及侯官、闽县、长乐、连江等县临海。

兴化路，辖县莆田等临海。

泉州路，辖县晋江、惠安、同安皆临海。

漳州路，辖县漳浦临海。

（6）江西行省：其临海路、州有：

潮州路，辖县海阳、潮阳临海。

惠州路，辖县海丰、归善临海。

广州路，辖县南海、番禺、东莞、新会、香山临海。

南恩州，辖县阳江临海。

（7）湖广行省：其临海路、州有：

高州路，所辖茂名近海。

化州路，辖县吴川临海。

雷州路，辖县海康、徐闻临海。

海南道，所辖万安军、吉阳军、南宁军等临海。

廉州路，属县合浦临海。

钦州路，辖县安远临海。

元朝海疆辽阔，其海岸线东起鄂霍次克海，西南至北部湾而不间断，濒临鄂霍次克海、日本海、渤海、黄海、东海、南海诸海域，这在前代是不多见的。值得说明的是，其对征东行省（即高丽行省）及所领海疆的管辖方式比较特殊，与其他作为中央直辖行政区划的行省性质也不相同。

二、元代的海疆镇戍与管辖

元朝底定海疆之后，对海疆地区的军队镇戍和行政管辖颇为重视，其主力多屯驻于沿海沿江要地,其中既有作为元朝御林军的卫军,也有地方镇戍部队。

(一)镇戍海疆的元朝军队

辽阳行省:元朝在地接日本海的水达达路设有胡里改、斡朵怜、桃温、勃苦江、脱斡岭、兀者、乞列迷、骨嵬(今库页岛)军民万户府,吉里迷、鲸海、阿速古儿、失怜千户所等。在黑龙江口的奴儿干设立了征东招讨司(又称征东元帅府),镇辖黑龙江直达海口的广大地区和库页岛。至元二十六年(1289年),"塔海发忽都不花等所部军,屯狗站北以御寇"①。当时设于黑龙江下游沿岸最北边的狗站(在黑龙江下游直达海口地区,根据当地冬天多雪的特点,以狗拉爬犁运送人员、物资的驿站)叫末末吉站,其地在恒滚河北、鄂霍次克海以南地区。设立驿站是为了加强对边疆地区的防务、通达边情,元军镇守之地当然也包括这片海疆。在辽东半岛,设有总管高丽女直汉军万户府,复州、金州万户府等。

中书省直辖的腹里地区:在直沽(今天津)沿海设镇守海口侍卫亲军屯储都指挥使司(简称海口侍卫);在武清、新城设有卫率府,右翼屯田万户府;在清州、沧州设立左翼屯田万户府;在临清设有临清御河运粮上万户府。此外,在今山东地区还设有山东河北蒙古军都有万户府,下辖左手万户府、右手万户府、拔都万户府、蒙古回人水军万户府、圮都哥万户府等。该万户府最初可能设于益都,后移至濮州(今山东鄄城北)。

河南江北行省:在扬州、澉浦设有沂郯上万户府、炮手万户府、弩手下万户府、保甲下万户府、扬州下万户府,在扬州、真州设有真州中万户府,在江阴、通州设立江阴水军上万户府。

江浙行省:在杭州设有颍州中万户府、杭州中万户府,在杭州和嘉兴还设有邳州中万户府;在台州设有宿州上万户府;在庆元(今浙江宁波)设有蕲县上万户府;在太湖设有十字路中万户府;在湖州、平江(今江苏苏州)设有湖州炮手军下万户府;在温州设有温州万户府;在建康(今江苏南京)设有建康下万户府;在松江设有松江下万户府;在泉州设有泉州万户府;在福州设有福州上万户府,在福建还有从江浙调去的镇江下万户府。此外,沿海上万户府兵力屯驻于南至福建,北至许浦的各处海口;海道运粮万户府兵丁分驻于上海、绍兴等处,还有一部分被称为盐军的部队分守江浙、两淮地区,另一由少数民族畲人组成的畲军在福建漳州等地屯田。

江西行省:在潮州设有江州万户府;在惠州设有归德万户府,在广州设有

---

① 《元史》卷一五《世祖本纪十二》。

益阳淄莱万户府、益都般阳万户府。

湖广行省:在梧州、雷州设邓州旧军中万户府;在雷州半岛和海南岛设有海北海南道宣慰使司都元帅府、镇守黎蛮海北海南屯田万户府;在左、右江地区设有广西两江道宣慰使司都元帅府,下辖龙州万户府、撞兵屯田万户府等。上述军事机构下辖部队包括广西壮族先民组成的撞兵、海南黎族先民组成的黎兵等少数民族部队。

(二)镇压沿海地区农民起义及剿除海盗、叛匪

元朝将沿海地区作为屯兵重点,主要基于两点考虑,一是东南沿海地区为南宋故地,当地民众对元朝的残暴统治极为不满,经常爆发各种形式的农民起义,不尽快将这些反抗斗争镇压下去,势必引起各地响应,沉重打击元王朝的统治;二是沿海地区海盗出没,异国匪徒也频生事端,为保障海路通畅和海外贸易的兴盛,需要维护沿海地区的治安。

元代沿海地区的起义,主要集中在元朝初年和元朝末年。前者大多与南宋军民的抗元斗争有关。自元军渡江以后,南宋官军在襄樊、阳逻堡、丁家洲和焦山诸役中一败涂地,但江南人民的反抗斗争却一直没有停息。史载"江南盗贼,相挺而起,凡二百余所"①。其中规模比较大的有以下几起起义。

陈吊眼起义:陈吊眼系福建畲族领袖,曾隶南宋抗元将领张世杰麾下。南宋灭亡后,他仍坚持抗元,拥众至十数万,还一度攻入漳州城。至元十九年(1282年),元军把起义军首领陈吊眼骗出处死,将起义镇压下去。

林桂芳、欧南喜起义:广东新会盐户林桂芳于至元二十年(1283年)聚众起兵,失败后部分人马转投南海县人欧南喜部起义军。这支队伍转战东莞、博罗、广州等地,又与海盗黎德所部组成水陆联军,共同抗元。当时黎德"已集船至七千艘,众号二十万"②,横行海上。至元二十二年(1285年)十一月,元军主力击败该部起义军,杀死黎德等人,船队溃散。

钟明亮起义:至元二十四年(1287年)冬,福建畲民钟明亮举兵反元,广东、江西和福建等地相继有人起兵响应。元朝调动数省军队东征西讨,疲于应付,只好采取剿、抚结合手段,招降钟明亮。钟明亮屡次诈降,不久又举旗反元。至元二十七年(1290年),钟明亮病死,余部坚持作战,至元二十八年(1291年)才被元军镇压下去。

杨镇龙起义:至元二十六年(1289年),浙江台州宁海人杨镇龙聚众12万人起兵,婺州(今浙江金华)、处州叶万五、吕重二、杨元六等也相继举事。上述

第一章

宋元时期的中国海疆、海防与对外关系

---

① 《元史》卷一五《世祖本纪十二》。
② 姚燧:《皇元故怀远大将军同知广东尉司事王公神道碑》,《牧庵集》卷三。

起义军在当地前后活动达两年之久。

兀者、水达达女真和骨嵬人的反抗：至正六年（1346年），由于辽阳行省不断派人到黑龙江出海口的奴儿干地区捕捉鹰类猛禽海东青，沿途骚扰兀者和水达达路女真，引起他们的反抗。元朝派朵朗吉儿率兵镇压。至正十三年（1353年），兀者和女真部落首领来降，献当地特产皮货。后元朝在阿纽依河口设万户府，以加强防卫。在库页岛，自元初将该岛纳入辽阳行省版图，对骨嵬部落进行管辖后，因其居民"僻居海岛，不知礼仪，而镇守之者，抚御乖方，因以致寇"①，元朝征东元帅府在大德年间（1297—1307年）和至大元年（1308年）多次镇压骨嵬部落的反抗，直到元武宗时，骨嵬人的反抗才平息下去。

元朝末年，统治者骄奢淫逸、横征暴敛，国内阶级、民族矛盾日益尖锐，加之天灾频仍，民不聊生，各地人民纷纷起来造反，"近自畿辅，远至岭海，倡乱以百数"②。沿海地区除了农民起义外，海盗活动也很活跃。松江海盗牛大眼于延祐元年（1314年）冬，从刘家河来到太仓，劫掠太仓府水军万户寨及张京码头一带，后太仓饥民也啸聚海岛，参加海盗活动。在广东，元朝末年也出现了据香山（今中山市）海面大横琴山、三灶山等海上岛屿的海盗。在广西，则有海盗麦福、黄应宾、潘龙据雷州路抗击元军官兵之事。元末海盗中影响最大的，是黄岩人方国珍。至正八年（1348年），他与渔民、船户以台州海中一个荒屿——杨屿为据点劫掠漕运，"州县无以塞责，妄械齐民为国珍党"③，所以沿海百姓多投奔方国珍，其海上势力日益强大。他纵横海上20年，切断元王朝的财政命脉——海上漕运，在灌门洋、大闾洋、刘家河、黄岩港大败元军。直到至正二十七（1367年）才被朱元璋击败投降。方国珍以海盗起家，对元朝统治予以沉重打击。他投降朱元璋后，所辖军士及船户11万余人都归属明军，成为明初统一中国和巩固海疆的重要力量。

元末方国珍等人为反抗官府欺压，入海为盗，最终变成为一支东南沿海地区的重要抗元力量，其身份比较复杂。而同时在福建泉州发生的色目人叛乱和山东沿海的倭寇入侵，则是实实在在的海盗叛匪行径，给当地民众和沿海经济带来相当大的损失。

至正十七年（1357年）三月，当时中国各地纷纷爆发农民起义，元朝实际上已无力控制地处沿海的泉州。被任命为行省参政和义兵万户的色目人赛甫丁，遂依靠驻防泉州的一批色目人（主要是波斯人）士兵，加上居于泉州的番商水兵在泉州作乱，建立"亦思法杭王国"。继赛甫丁之后，居于兴化（今福建莆

---

① 黄溍：《札剌尔公神道碑》，《金华黄先生文集》卷二五。

② 顾祖禹：《读史方舆纪要》卷八《历代州城形势》。

③ 《象山县志》卷八《海防》。

田)的色目人三旦八以及兴化汉族豪强也都拥兵叛乱。他们相互攻击,频频征战,兴化城及仙游等地多次惨遭洗劫。至正二十二年(1362年),南宋末年投降元朝的泉州市舶司提举蒲寿庚的孙女婿、色目人那兀纳突然起兵杀死"亦思法杭王国"的首领之一阿迷里丁,成为福建实力最强的割据势力;新任元朝行省平章燕只不花也与其相勾结,兴兵掳掠,蹂躏闽中各地。至正二十六年(1366年),效忠元朝的福建参政陈友定率水、陆军进兵泉州,兴化汉族豪强林珙等人也杀死城中色目官兵,与元军联合对付那兀纳。林珙起兵时,那兀纳正带兵进军仙游,闻讯后即撤回泉州,先以优势水军袭击泊于兴化湾的林珙水军,接着又从陆路攻击兴化城,色目兵一路杀人放火、毁城掘墓,几乎将兴化夷为平地。当年四月,陈友定军在当地百姓的支持下,歼灭兴化城内的色目兵数千人,林珙水军余部也封锁了泉州港及附近海口。五月,陈友定军包围泉州城,城内汉民乘夜开门迎入,叛乱的色目人非死即降,那兀纳被俘,所谓"亦思法杭国"地方割据至此寿终正寝。但当地汉族和蕃客的多年积恨也一发不可收拾,许多蕃客被杀,蕃客住宅、外国教寺乃至坟墓被捣毁。经过此番劫难,泉州当地百姓与海外蕃客几百年来和平共居的局面已不复存在,泉州港开始走向衰落。

至正年间(1341—1368年),沿海地区还出现了倭寇骚扰、劫掠之事。"自十八年以来,倭人连寇濒海州县",惟其时倭寇势力还不太强,入侵地区仅限于山东沿海一带,尚未给整个中国海疆造成祸乱,但已严重地影响到当地民众生活。至正二十三年(1363年),"倭人寇蓬州,守将刘暹击败之",①倭寇之乱得到暂时平息。

(三)元代的台、澎地区和南海诸岛

自宋代起,因福建土地少、人口多,其沿海居民除了在海上捕鱼、航运以外,还渡过台湾海峡,迁至澎湖、台湾等岛上居住。南宋末年,追随宋朝末帝的沿海抗元民众在零丁洋战败后,也汇聚到这些岛屿上,从事捕鱼、捞贝和耕种。根据元代后期汪大渊的《岛夷志略》记载,澎湖"自泉州顺风二昼夜可至",当地风俗朴野,"煮海为盐,酿秫为酒,采鱼虾螺蛤以佐食,爇牛粪以爨,鱼膏为油。地产胡麻、绿豆。山羊之孳生,数万为群。家以烙毛刻角为记,昼夜不收,各遂其生育。工商兴贩,以乐其利"。台湾地区"土润田沃,宜稼穑",当地居民"煮海水为盐,酿蔗浆为酒,知番主酋长之尊,有父子骨肉之义","地产沙金、黄豆、黍子、硫黄、黄蜡、鹿、豹、麂皮。贸易之货,用土珠、玛瑙、金珠、粗碗、处州瓷器之

---

① 《元史》卷四六《顺帝本纪九》。

属"①。汪氏本人亲自到过台湾地区,对那里的情形是相当熟悉的。

　　鉴于大陆民众不断迁居澎湖,元朝在不断对海外用兵的同时,也开始经营近在海峡对面的台湾诸岛。至元二十八年(1291年),海船副万户杨祥请求带兵6000人前往台湾招降,如其不服就发兵攻击。忽必烈从其请。这时,有一个名叫吴志斗的福建书生主动上书,说自己"熟知海道利病,以为若欲收附,且就澎湖发船往谕,相水势地利,然后兴兵,未为晚也"。② 于是,同年十月,元朝以杨祥为宣抚使,吴志斗、阮鉴为员外郎出使台湾。第二年三月,他们从汀路尾澳启程,行至低山。元兵200人在三屿人陈登的导引下乘小舟登陆,因语言不通,与岛上居民发生冲突,元兵3人被杀,只好撤回船上航行到澎湖。第二天,吴志斗失踪,元军无人熟悉海路,只好返航。元贞三年(1297年),元朝为经营琉球,将福建改为福建平海等处行中书省,并迁治所至泉州。同年,省都镇抚张浩、新军万户张进又赴琉球招谕。这两次招谕虽然都没有成功,但元朝对台湾、澎湖的重要性已有了深刻认识。在此期间,元朝在澎湖设立了巡检司,将其地"隶晋江县","以周岁额办盐课中统钱钞一十锭二十五两,别无差科"③。澎湖巡检司的设立,标志着中国正式在台、澎地区设置行政机构,进行有效管辖。

　　元代,中国官方和民间在南海诸岛一带海域活动更加频繁,对那里的情况了解得更加清楚。至元十六年(1279年),元朝派同知太史院事、著名天文学家郭守敬等人进行全国范围的天文测量,足迹"南逾朱崖"。朱崖就是今天的海南岛,南逾朱崖也就是到了海南岛以南的地方。从郭守敬测量出"南海,北极出地五十五度"④这个结果来看,以元制一周圆365度25分转化成现在的360度周圆,按南海在北极出地15度计算,即相当于现在的北纬14度47分,加上元代测量时普遍存在的1度左右误差,其地正好在今天的西沙群岛。至元三十年(1293年),元军将领史弼率庞大舰队出征爪哇,就经过七洲洋和万里石塘。当时的七洲洋指今天的西沙群岛,万里海塘则包括了中沙和南沙群岛的部分海域。在汪大渊的《岛夷志略》一书中,对南海诸岛的记载也远比前代详尽:"石塘(即万里海塘)之骨,由潮州而生,迤逦如长蛇,横亘海中……一脉至爪哇,一脉至渤泥及古里地闷,一脉至西洋遐昆仑。"⑤

---

① 汪大渊著、苏继顾校释:《岛夷志略校释》,中华书局1981年版,第13、17页。
② 《元史》卷二一〇《流求传》。
③ 汪大渊著、苏继顾校释:《岛夷志略校释》,中华书局1981年版,第17页。关于澎湖巡检司建立的时间,从元世祖至元年间说。参见荣孟源:《澎湖设巡检司的时间》,《历史研究》1955年第1期;陈孔立《元置澎湖巡检司考》,《中华文史论丛》第2辑。
④ 《元史》卷四八《天文志一》。
⑤ 汪大渊著、苏继顾校释:《岛夷志略校释》,中华书局1981年版,第318页。

正是有了郭守敬、汪大渊等人的科学测量和亲闻亲见,元代的各种地图中才会对南海诸岛有十分明确的标识。我们今天所知,记载元代海疆的有李泽民绘《声教广被图》、天台僧清浚绘《混一疆理图》、朱思本绘《舆地图》。这三种图今皆不存。但明代李荟和权近所作《混一疆理历代国都之图》是根据《声教广被图》和《混一疆理图》绘制的,该图在南海海域标有两个石塘和一个长沙地名。从位置上看,靠东北的石塘明显是指东沙群岛,靠西南方向的石塘应指南沙群岛,而长沙则是指西沙和中沙群岛。朱思本的《舆地图》长广 7 尺,据说是花了 10 年工夫从至大四年(1311 年)至延祐七年(1320 年)画成的。明人罗洪先删繁就简,绘为《广舆图》。它同样绘有两个石塘和一个长沙。值得指出的是,《广舆图》上的长沙绘在一个圆圈中的一半,中间有线条分开,另一半圆圈中并无文字说明。这表明长沙是个珊瑚礁沙洲,有的露出水面,有的藏于水下,这与今天西沙和中沙群岛的实际情况是完全一致的。

第七节　宋元时期中国海疆的历史特征

宋元时期,南方,特别是南方沿海地区的开拓和发展速度进一步加快,农业、手工业发展水平明显高于北方,与海上运输、海外贸易相关的造船、航海技术居于世界领先地位,国内和海外新航线不断开辟,一些新兴港口发展成世界闻名的东方大港,产品大量销往海外的丝织、陶瓷业蓬勃发展。在宋金战争、宋元战争以及元军与日本、爪哇等的战争中,海洋已成为重要的战场,防御来自海上的入侵成为国防的重要内容之一。这一切使宋元时期成为中国海疆发展进程中引人瞩目的重要历史时期,其主要特征如下。

第一,受经济发展不平衡的制约,南方沿海经济的发展继续高于北方。

自隋、唐两代开始,中国经济已呈现出各个不同地区,尤其是南、北方发展的不平衡性。南方经济发展水平整体上高于北方,产量较高的水稻,与商品经济密切相关的桑蚕、果晶、蔬菜等经济作物的种植面积不断扩大,手工业产品精美丰富,商品交流日益发展,城邑市镇更加繁荣。进入宋、元以后,这一趋势更为明显,而北宋灭亡导致北方人口大量南迁,客观上促进了东南沿海经济的进一步发展。当北方许多地区还停留在粗放耕作乃至刀耕火种的农业生产水平时,江浙、福建沿海等地区已率先进入精耕细作、集约生产阶段,特别是江浙地区,粮食产量高,不仅可以满足当地需要,还源源不断运往其他地区,以致当地民间盛传“苏(州)湖(州)熟,天下足”的谣谚;当北方还处于一家一户、男耕女织的自然经济状态时,江浙等地已出现了专门的种桑养蚕、种植果树的农户,广东、广西、福建等地则是家家种植棉花,纺线织布,以求出售。南宋时,不仅临安(今浙江杭州)等大城市手工业相当发达,就连许多小城镇也遍布各种手工业作坊。其中,既有像官营织锦院那样拥有上千张织机的大型坊,也有大官僚、地主乃至寺院建立的作坊,更多的则是脱离农业专以纺织为生的普通机户。农业生产的商品化和手工业的发展,进一步繁荣了东南沿海各地的大、中城市。同时,为满足城市居民消费需求以及手工业作坊购买原料和运输、销售商品的需要,一大批各类集镇应运而兴。它们或位于沿海、沿江、沿湖的重要交通要冲之地,或围绕在大、中城市的周围,或在原料充足、工匠聚集的地区,与大、中城市一起构成绵密的商品交流网络,发挥着商品交流中心的重要职能。

金朝灭北宋之后,建立了以黄河流域和燕云地区为中心的北方政权,并将大批宋朝工匠、居民迁到女真人兴起的白山黑水之地,以促进当地经济的发展。元朝统一中国后,为维持人口近百万的东方大都市——元大都居民的生活,通过沿海航路和运河水道,源源不断地向北方输送粮食和商品。这些由官府主持的活动直接导致了北方局部地区出现"经济重心北移"的现象,一定程度上促进了今天渤海湾沿岸乃至日本海、鄂霍次克海滨海地区经济发展。但北方经济发展的速度和水平仍远远赶不上南方,中国经济重心南移的大趋势也没有发生改变。

第二,海外贸易和海上航运的需求牵引着相关行业在沿海地区的发展。

宋元时期,东南沿海地区造船、航海、港务及丝绸、陶瓷行业的迅速发展令人瞩目,而它们的发展在很大程度上是海洋经济最重要的部分——海外贸易和航海业牵引的结果。宋、元两朝统治者积极鼓励与促进海外贸易和航海业的发展,对海外客商予以优待,对民间商人从事海外贸易及打造海舟巨舶也不进行限制,这就为沿海地区与海外贸易、海上航运相关联的各个行业的迅速发展提供了空间。首先,在海外贸易和海上航运需求的刺激下,国内造船、航海和港口吞吐能力大幅度提高。宋代造船技术相当发达,既可以制造在内河、沿海地区航行的漕船、渔船,也可以制造用于远洋航行的海舶巨舟。宋朝外交使团随员乘坐的客舟长达10余丈,载粟2000斛,使臣乘坐的神舟船长为客舟的3倍,形体也更大。其他还有车船、海鹘船、马船、座船等各种类型和用途的船只。宋代广泛采用的"水密隔舱"技术,其帆缆操纵和利用天文、海图导航的能力在相当长一段时间里居于世界领先地位。元代建造的海运船只数量也相当可观。中国帆船在当时能够主宰印度洋上的航运,连许多外国商人也要购买或租用中国帆船。直到明朝前期,中国的造船和航海水平依然很高。明初能在较短的时间里建造出当时世界上最大、最先进的木质帆缆主力战舰——宝船,是因为郑和下西洋时主要的造船基地南京、太仓和长乐都是以前著名的造船场所,其得益于前代所积累的高水平造船技术、所培养的造船工匠队伍是不言而喻的。宋、元海运业的发展,也促使刺桐(今福建泉州)、明州(今浙江宁波)、太仓、大沽、浏河等一大批新兴港口取代古港碣石、合浦而异军突起,刺桐港甚至一跃而超过汉唐以来中国最大的海外贸易港口广州,成为世界闻名的东方大港。其次,海外贸易的强烈需求,也促使中国沿海地区进一步增加了丝绸、陶瓷等主要出口商品的产量和品种,提高了质量。北宋时期,尽管中国古代丝绸生产重心已经南移,但北方的丝织技术水平仍然高于南方。到了南宋和元代,位于东南沿海的两浙地区不仅丝绸产量居全国第一,质量也是首屈一指。各种远近闻名的丝绸商品就近从明州(今浙江宁波)港口源源不断地输往海外。中国陶瓷生产中心也是在南宋初年移往东南沿海地区的。为了适应出口外销的需要,南宋时两浙、福建、广东、广西诸省的民窑发展很快,著名的浙江余杭窑、余姚窑、龙泉窑瓷器,福建德化的青白瓷、青瓷和黑瓷,广东佛山的石湾窑瓷等蜚声海外,就连景德镇新研制出来的青花瓷也是首先被大批装船销往海外,国内反而鲜少见到。与海洋经济的其他方面如制盐、一家一户的小规模捕鱼相比,海外贸易和海上航运业有很大的发展潜力,能够创造数量巨大的财富,对沿海城镇、港口的兴盛发展,对手工业的规模化经营和商品流通网的形成,都起到了重要的推动作用。

第三,海上方向成为国防的重要方向。

中国古代历史上虽然很早就出现了海上战争,如鲁哀公十年(前485年)吴、齐舟师在黄海海面交战,其后又有汉代出征朝鲜等国,但总的说来,来自海上的威胁并不严重,历代国防的主要方向在北方,设防的重点是"塞防"。但从宋、元两代开始,国内民族战争不再仅仅以陆地为战场,海上战场的重要性也凸显出来。

国内民族战争中各方势力对海上战场的重视,使海上方向显得日益重要。北宋时期,与其对峙的辽朝占有今河北、辽宁沿海的部分海疆。虽然崛起于大漠草原的契丹民族不善水战,宋朝仍很注重防范山东一带沿海,特意在登州(今山东蓬莱)设置水寨战船,巡护附近海面。南宋王朝建立后,认识到沿海地区已成为令人关注的重要国防方向,为发挥"南船"的优长,在沿(长)江沿海建立了大量的水师部队,其中有相当一部分驻守在沿海地区。南宋抗金名将张浚在当福建安抚使时,也打造了海舟上千条,准备与陆上部队相配合,由海上规取山东。建立金朝的女真族和建立元朝的蒙古族虽然以控弦骑马为长,但在与宋军作战的过程中,也逐渐认识到发展水军、增强海上航行能力的重要性。北宋末年,金军进攻江南,就曾设想派水军从山东半岛浮海南下,与陆上进攻江南相配合。海陵王南侵时,派一支水师直赴杭州湾登陆,与陆上部队会攻南宋都城临安(今浙江杭州),只是由于宋朝水师在陈家岛海战中歼灭其前锋部队,这个海陆夹攻的计划才没有实现。元朝军队在灭亡南宋的战争中,因

宋元时期的中国海疆、海防与对外关系

缺少水师而迟迟不能达到目的,后来加大了建设水师的力度,在与南宋水军决战的丁家洲、焦山水战中,其实力已大大超过对手,压山海战更是彻底灭亡南宋的关键一战。可以说,没有强大的水师,没有水上及海上战场的开辟,元军想要迅速推翻南宋政权是很难做到的。

在国内民族战争中,宋朝把海洋视为其重要的活动区域。一方面,加强了沿海布防,如北宋在登州驻屯平海水军,南宋在庆元府定海县(今浙江宁波镇海)设立中国历史上第一个专门管理海防的军事机构——沿海置制使司。另一方面,南宋建立之初和灭亡之际,都是依靠"避兵锋于海上"来与金军或元军极力周旋。在某种意义上,海洋成为南宋帝王的避难所。在南宋初年,就靠它才逃避了金兵的"搜山检海",最终在江南站稳脚跟;南宋末年,也是靠它坚持抗元,使南宋王朝没有随着都城临安被攻破立即灭亡。元朝同样很重视海洋活动,它与日本、爪哇等国的海上战争,尽管没有取得像样的胜利,但这些活动标志着中华民族利用海洋从事军事活动的能力已有大幅度的提高。

第二章

宋元时期的海外贸易

与唐代相比,宋元时期海外贸易有了长足的发展。宋元时期社会经济和航海技术的巨大发展是这一时期海外贸易发展必不可少的基础。当时世界范围内经济的普遍增长为宋代贸易的发展提供了更为良好的市场,而宋元时期对外政策以及贸易政策和制度则有力地促进了海外贸易的发展。宋元时期的海外贸易范围及其数量都有了很大的扩张,其对社会发展的影响作用是巨大的。海外贸易在各方面的显著发展都标志着宋元时期的海外贸易进入了一个空前兴盛的新阶段。

第一节 宋代海外贸易兴盛的原因①

一、宋代社会经济的发展与造船航海技术的发达

海外贸易出口品的供给和进口品的消费都必须以国内经济一定的发展水平为基础。唐宋时期中国社会经济在经历了魏晋南北朝长达几百年的发展低谷以后又逐步恢复,并渐次进入了一个新的高潮。宋代鼓励垦荒,实行不抑兼并的土地政策,耕地面积扩大,生产效率提高,特别是江南地区的农业有了巨大增长,出现"苏湖熟,天下足"的局面,整个农业生产有了显著进步。农业的发展带动了手工业和商业的进步。在手工业中,宋代民营手工业得到前所未有的发展;唐代开始兴盛并以民间经营为主的制茶业在宋代继续增长,成为在社会经济中产生重要影响的行业。宋代制瓷业的发展不仅表现在窑址的显著增加,工艺技术的创新,还表现在民窑比例的大幅提高以及江南地区特别是两

---

① 本节引见黄纯艳:《宋代海外贸易》,社会科学文献出版社 2003 年版,第 61-96 页。

浙、福建、广南等沿海地区制瓷业的兴起。① 纺织业发展的特点也大体一样。民营纺织业有很大增长，不仅作为家庭副业的纺织业普遍发展，而且出现了很多私营的独立纺织业手工作坊，即从事纺织的专业户——机户。宋代时，南方纺织业迅速发展。北宋时，南方上贡绢已经超过北方。至南宋，南方的苏杭、成都等地已取代北方旧的纺织业中心，成为纺织业最发达的地区。② 此外，宋代的制盐、酿酒、造船、矿冶等行业都有了很大发展。农业的商品化也不断扩大，出现了一批糖霜户、荔枝户、蚕桑户等专业户。宋代商品经济繁荣，商业的进步更加显著。随着交换规模的扩大和远距离贸易的增长，历史上第一种纸币——交子、会子应运而生，商业信用不断发展。到宋代，延续两千年的坊市制度彻底瓦解，城乡市场繁荣，区域市场出现，商人地位显著提高，商人入仕置产等的限制被解除，商人不仅可以通过科举进入仕途，而且常常被延请参加国家重要经济政策的制定和改革。传统的重农抑商观念逐步被农商并重的新思想所取代，商业在社会经济中的作用日益提高，从政府财政角度说已是舍工商则无以立国的局面。这些新的现象无不展示了宋代经济发展的新气象。正因为宋代经济在农业、手工业、商业等各方面都有了引人注目的显著增长，以致长期以来在国内外史学界都存在着一个占主流地位的观点，即"宋代经济革命说"，认为宋代是一个经济革命的时代，出现了经济飞跃，宋代以后经济发展减缓，最后陷于停滞。在持"宋代经济革命说"的学者们看来，宋代不仅是中国古代经济发展的最高峰，在世界历史的发展中也具有异乎寻常的意义。李伯重教授对这一陈说进行了深入的检讨，认为，所谓"宋代经济革命说"是由于研究方法的偏颇——"选精"、"集萃"等片面的研究方法所导致的一种虚像。实际上，"在这一千多年中，江南农业技术的变化是渐进性的，而且是朝着同一方向的。在此基础之上的农业发展当然也不会出现戏剧性的突变(即'革命')和尔后长期性的停滞，因此无论是从事实上还是逻辑上来说，'宋代江南经济革命'之说都是难以成立的"。我们十分赞同李伯重教授的观点。宋代的经济虽然有显著发展，但并不能无限夸大。同时，也正如李伯重教授指出的，"宋代在这些领域(指农业、商业、水运、都市化等领域)中出现了重要的变化，这是没有争议的"③。"宋代经济革命说"的出现本身也正说明了宋代经济的增长确实是特别引人注目的，社会经济的繁荣进步为海外贸易的发展提供了坚实的基础。

海外贸易的发展必须以一定的社会经济水平为基础，这是毋庸置疑的。

① 以上参考叶喆民《中国瓷器史纲要》、中国硅酸盐学会《中国瓷器史》、冯先铭《中国瓷器》等。
② 李仁溥：《中国古代纺织史稿》，岳麓书社 1983 年版。
③ 李伯重教授的观点，可参见李伯重：《"选精"、"集萃"与"宋代江南农业革命"——对传统经济史研究方法的检讨》，《中国社会科学》2000 年第 1 期。

但是,社会经济发展与海外贸易增长的关系并不能简单而论。纵观整个中国古代,海外贸易与社会经济发展的关系有两个显著特点。一是海外贸易在整个国民经济中所占比例微乎其微,对社会经济的影响十分有限。相对于国内贸易而言,海外贸易的规模也是极其微小的,来自于其整个行业的财政收入甚至还不及一项大宗商品(如盐、酒等)的收入。即使海外贸易比较繁荣的宋元时期也是如此。二是海外贸易的发展与社会经济的发展没有必然相互体现的关系,即:社会经济的发展并不意味着海外贸易的增长;相反,社会经济的衰退也不一定必然带来海外贸易的萎缩,两者没有同步运动的规律。中国古代海外贸易的发展过程也说明,海外贸易并不能全面反映社会经济的发展状况。魏晋南北朝时期和五代时期海外贸易的上升,明清海外贸易的逆转都说明了这一点。综合以上的两个特点,也可以说,相对而言规模如此有限的海外贸易的显著增长并非一定要以社会经济的巨大发展为前提。就宋代而言,影响海外贸易发展的最重要的因素有两个:经济重心的南移和封建政府的贸易政策。影响海外贸易发展的经济因素主要是经济重心的南移,全国范围内的经济增长尚在其次。所以,在探讨经济发展对海外贸易的促进时,我们尤其应该注意经济重心南移对海外贸易的影响。由于受当时并不先进的交通条件的局限,出口商品的供给和进口商品的销售若远离港口,巨大的运输费用和漫长的运输时间都会使商品成本大大增加,而贸易利润则相对下降。江南,特别是沿海地区经济发展以后,海外贸易得以以沿海地区为商品供给基地,这在贸易成本上首先具有极大的优势。因而沿海地区经济的发展程度直接影响到海外贸易发展的规模。中国经济重心的南移经历了一个漫长的历史过程。郑学檬先生在《中国古代经济重心南移和唐宋江南经济研究》一书中指出,在考察经济重心南移时应分清三个阶段,即经济开发阶段、财赋重心南移阶段和经济重心南移阶段。① 自东晋以来,随着北方人口的不断南迁,江南的开发速度加快。六朝时期北方战乱频繁,而江南相对安宁稳定,社会经济持续增长,南方总体上处于经济开发时期。唐代中后期"每岁赋税倚办止于浙江东西、宣歙、淮南、江西、鄂岳、福建、湖南八道四十九州"②。韩国磐先生称之为"财赋重心"的南移。③ 郑学檬先生将其称为"财赋倚重地区"的南移,都是十分允当的。这是财赋重心南移的时期。不过,对经济重心南移的起讫时间看法不一。郑学檬先生提出,经济重心南移的起始点为"安史之乱"以后,至北宋后期已接近完

① 郑学檬:《中国古代经济重心南移和唐宋江南经济研究》,岳麓书社 1996 年版。
② [宋]司马光:《资治通鉴》卷二三七,元和二年,中华书局点校本。
③ 韩国磐:《隋唐五代史纲》,人民出版社 1977 年版,第 321-327 页。

成,至南宋则全面实现了。① 宋人就已明确指出:"国家根本,仰给东南。"②后人也说:"有宋之兴,东南民物康宁丰泰,遂为九围重地,夺往古西北之美而尽有之。是以邹鲁多儒,古所同也,至宋朝则移在闽浙之间,而洙泗寂然矣;关辅饶谷,古所同也,至于宋朝则移在江浙之间,而雍土荒凉矣。"③宋代经济重心的南移主要是移向东南地区。龙登高博士通过对宋代南北经济发展的对比研究指出,南方在主要经济指标如垦田数、户籍数、人口密度、商税、二税额、上供钱物等方面都全面超过了北方,而尤以东南地区为重,因而他认为:"所谓经济重心南移,在宋代只是移向东南。"④经济重心的南移对海外贸易的发展产生了多方面的影响:不仅使出口商品的供给地转移到离港口更近的东南沿海地区;与经济重心南移相伴随的政治中心和消费中心的东移和南移使进口品的主要消费市场也更接近贸易港口,从宋代进口品的销售特点看,进口品的主要销售市场就是东南地区、四川地区和京城(见第二章的有关论述);南方经济的发展也为进出口贸易创造了潜力巨大的经济腹地和市场空间。所以,经济重心的南移不仅为宋代海外贸易的发展繁荣奠定了基础,而且直接导致了中国古代贸易重心的南移。从此以后,西北陆上丝绸之路把独占了千年之久的龙头地位让给了东南海上贸易。西北丝路的往日辉煌逐渐远逝,以致此后也没有再现。

宋人分析西北交通衰退的原因时说,"国朝西北有二敌,南有交趾,故九夷八蛮,罕所通道"⑤;"北方诸国则臣契丹,其西诸国则臣元昊",故"远藩荡然与中国通"⑥。很多学者也由此认为,陆路的梗阻促使中国与西方的贸易由陆上向海上转移,也就是说,陆路阻塞是海上贸易勃兴的直接原因。事实上,陆路的阻塞并不是海路兴盛的主要原因。据朱雷先生的研究,在南北分裂最盛、战乱最频繁的东晋十六国时期,从西域到内地的丝路贸易仍然没有中断;各政权仍需要经济交流,商人、僧人照样往来于西域与江南之间。⑦ 在宋代,南北对立形势也并未使西北陆上贸易断绝,西域的商人仍时常越过辽夏来宋贸易;"西若天竺、于阗、回鹘、大食、高昌、龟兹、拂林等国,虽介辽夏之间,筐筐亦至"⑧。据从《宋会要》、《长编》中不完全统计,龟兹、高昌、回鹘等国来宋贸易

① 郑学檬:《中国古代经济重心南移和唐宋江南经济研究》,岳麓书社 1996 年版,第 17 页。

② 《宋史》卷三三七《范祖禹传》。

③ 《温州府志》卷一《风俗》。

④ 龙登高:《宋东南市场研究》,云南大学出版社 1994 年版,第 11 页。

⑤ [宋]蔡絛:《铁围山丛谈》卷五,中华书局点校本。

⑥ [宋]李焘:《续资治通鉴长编》卷一三八,庆历二年十月戊辰//《宋史要籍汇编》,上海古籍出版社 1986 年版。

⑦ 黄惠贤、李文澜主编:《古代长江中游的经济开发》,武汉出版社 1988 年版,第 197-208 页。

⑧ 《宋史》卷四八五《夏国上》。

次数不下 26 次。不仅西北丝路未断，西南丝路也依然畅通，在黎州时有珠玉、犀角、象牙等物交易，仅绍兴年间见于记载的就有七次①，这些货物被运到成都市场。宋人张世南游历成都药市，见到很多犀角，"询所出，云来自黎雅诸蕃，及西和宕昌，亦诸蕃宝货所聚处"②。这些宝货大都沿西南丝路入境。《岭外代答》卷三《通道外夷》记载这条商路曰："自大理至王舍城亦不过四十程"，"自大理五程至蒲甘国；去西天竺不远"。杨慎在《滇载记》中写道："波斯、昆仑诸国来贡大理者，皆先谒相国（指高氏）焉。"商人为了商业利润不会因困难而裹足，辽、夏、大理等也不会放弃商路能够带来的厚利。回鹘、高昌、龟兹、于阗诸国都三年遣使一次，向辽贡奉珠玉、乳香、琥珀、玛瑙等物，而辽朝每年所用"回赐至少亦不下四十万贯"③。西夏不仅与西域诸国保持贸易交换，而且鼓励他们通过本国到宋朝贸易，"大食国每入贡，路由沙州界以抵秦亭。乾兴初，赵德明请道其国中"④。西夏对这些过其国境，前往宋朝贸易的商人征收过境税："夏人率十而指一，必得其最上品者，贾人苦之，后以物美恶杂贮毛连中，然所征亦不贳。"⑤可见，西夏从中获利不菲，而且也能通过这些过往商旅获得所需的宋朝物产。所以，陆上商路并未断绝，但为何其重要性下降到如此程度，以致人们认为它似乎已荡然无存了呢？原因正在于经济重心的南移后，相对于海上贸易，陆上贸易地位的急剧下降。由于这一时期海上贸易所具有的各种优势而使陆上贸易不仅相形见绌，且显得微不足道了。美国学者斯塔夫里阿诺斯在《全球通史》中描述了宋代高度发展的经济文化技术后，指出这些因素使"海港而不是古老陆地的陆路，首次成为中国同外界联系的主要媒介"⑥。这个结论是符合历史实际的。海上贸易的异军突起使陆路的对外贸易对宋朝统治者来说不再具有重要意义。太宗时就"诏西域若大食诸使是后可由海道来"⑦，仁宗天圣元年又令各国进奉"今取海路由广州至京师"⑧。经济重心向南方的转移，特别是东南地区经济的崛起，为海外贸易的发展奠定了直接的物质基础，成为宋代海外贸易繁荣兴旺的最根本动力。

---

① 据《宋会要·食货三八》；《建炎以来系年要录》卷一七三、卷一七八、卷一八四等。

② 〔宋〕张世南：《游宦纪闻》卷二，中华书局点校本。

③ 〔宋〕叶隆礼：《契丹国志》卷二、《诸小国贡进物件》，《四库全书》本。

④ 〔宋〕李焘：《续资治通鉴长编》卷一○一，天圣元年十一月癸卯//《宋史要籍汇编》，上海古籍出版社 1986 年版。

⑤ 〔宋〕洪皓：《松漠纪闻》卷一，《四库全书》本。

⑥ 〔美〕斯塔夫里阿诺思著、吴象婴等译：《全球通史：1500 年以前的世界》，上海社会科学院出版社 1999 年版，第 438 页。

⑦ 《铁围山丛谈》卷五。

⑧ 〔宋〕李焘：《续资治通鉴长编》卷一○一，天圣元年十一月癸卯//《宋史要籍汇编》，上海古籍出版社 1986 年版。

宋代造船业和航海业较前代有了长足发展,具体请参照本卷以下相关各章。

二、对外政策和贸易制度的影响

从贸易政策发展的历史演进看,历代封建政府对海外贸易的控制是逐步加强的。汉唐时期海外贸易规模比较有限,而贸易政策始终是开明和宽松的,优待来华的外商,惩治干扰贸易的官员,始终没有对海外贸易实行限制,更未颁布过贸易禁令。宋元时期政府虽然积极鼓励海外贸易的发展,但是都力图通过系统严密的市舶条法将海外贸易控制在自己手中,最大限度地获取市舶利益。元朝政府为了垄断贸易利润,甚至实行官本船贸易,将民间贸易也纳入官方贸易的渠道。明清更是大力压制海外贸易的发展,实行严厉的禁海政策和限口通商,清初还实行了20多年残酷的迁海政策。但是,宋代从总体上是积极鼓励海外贸易的,其政策相对于明清时期仍然是比较宽松的。简单地说,宋代海外贸易政策的总体特征是既鼓励又控制。宋朝海外贸易政策的特点主要是由其特殊的历史环境决定的。

(一)宋朝外交政策的基本特点

宋朝的海外贸易政策与政治外交政策之间存在着明显的反差。宋朝是南北对峙的时代,在建立伊始就面临着辽朝的威胁,不仅辽的旧患始终没有解除,又先后增加了西夏和金朝的新忧。宋政府积贫积弱,军队战斗力低下,在与北方的征战中屡屡失败。在这样的历史条件下,形成了宋政府对外政策的基本特点,即重北轻南和收缩、被动。宋政府在政治外交上的重北轻南,如苏绅所说:"国家比以西北二边为意,而鲜复留意南方。"[1]因为与辽夏金的对峙事关宋朝朝运兴衰存亡,所以宋朝的战略重心始终在北方。宋朝与上引"天下根本仰给东南"并存的还有一句话,即"天下根本在河北"[2]。前句指东南为经济重心和财赋重心,后句指河北(实际可泛指整个西北三路)为军事重心,或者说国家安全的重心。苏辙《栾城集》卷四六《乞裁损待高丽事件札子》也说:"朝廷交接四夷,莫如辽夏之重。"在这则奏章中苏辙还指出,接待高丽使节中有超过辽夏的规格应该改变。终宋一代,宋王朝都未摆脱危急存亡的忧患。宋朝的统治者因而也养成不了唐帝国开放、进取的博大气度。宋太宗雍熙北伐失败后,不敢再言战事,奉行"欲理外,先理内"、"守内虚外"的原则。此后,两宋在对外交往中,主要精力都放在处理与辽、夏、金的关系,而忽视与海外诸国的

---

① 《宋史》卷二九四《苏绅传》。

② 《宋史》卷二八四《宋祁传》。

政治交往，不论南北，总体上采取的都是收缩、被动的政策。求得与四邻的相安是其最大的目标。在与北方的交往中，为得安稳，不惜赔地纳币。在海外诸国中，宋政府将政治交往缩小到最低限度。海外诸国中只有高丽和交趾与宋的生存有关。除这两国外，宋政府极少派遣正式的使节。而通过对宋与高丽和交趾关系的分析，我们更可以清楚地看到宋朝对外政策的特点。

　　在与高丽的关系上，宋朝统治者既希望倚结高丽牵制契丹及金朝，又提防高丽被辽金利用，刺探宋朝情报，因而外交关系随着南北局势而不断变幻。两国政府交往三绝三通。建隆三年，两国首次通使。宋太祖一朝高丽四次遣使，双方关系十分密切。宋太宗即位派使节于延超等出使高丽，雍熙二年、端拱元年、淳化元年、淳化四年等，多次派人出使。其间，太宗于雍熙三年北伐，曾约高丽"迭相犄角，协此邻国，同力荡平"，夹击辽朝。高丽答应出兵。宋太宗一朝，高丽亦十三次遣使来华。淳化五年，契丹侵犯高丽，高丽向宋朝求援，宋因雍熙北伐失败不愿再与辽交战，以"上郿甫宁，不可轻动干戈，为国生事"不愿出兵。高丽"自是受制于契丹，朝贡中绝"，双方中断了政治联系。① 大中祥符七年，高丽大破辽国，宋与高丽再度通好。次年，宋朝在登州"置馆于海次，以待使者"②，双方关系又逐步密切。天圣八年，高丽"惮于北境，遂复事之，而贡使又绝"。此后四十三年间，"朝贡不通，而朝廷亦罢遣使"③。熙宁四年，宋神宗有北伐之志，两国又通好，双方使节往来甚欢。但是，宋朝只要在南北相安时，对与高丽的关系就往往持消极态度。元祐五年，高丽请宋朝出师，共抗辽国。宋以"朝廷方与辽和，不受其语"④。南宋高宗朝虽与高丽有使节交往，但十分谨慎，或担心其为金朝刺探情报，或恐其见南宋残破而起"戎心"。隆兴二年，因为宋对金防御犹恐不及，担心得罪金朝而彻底与高丽断交，"其后使命遂绝"⑤。

　　宋对交趾的政策也几经反复。交趾在五代分裂的特殊环境下建立了独立政权，但是对于号称一统的宋王朝而言，坐视汉唐故土的割离毕竟不是光彩的事情，所以宋统治者最初曾想收复其土。平定江南各政权后，宋太祖虽封其王为"交趾郡王"，视为"列藩"，但宋朝统治者一直在寻找机会，对交趾的情况异常关心，每次使节出访都详细记录交趾的道里远近、地形地貌、政治军事，乃至交趾王的身体状况等。"太平天国"五年黎桓篡丁氏之位，引起内乱。宋太宗

---

① 《宋史》卷四八七《高丽传》。

② 《宋史》卷四八七《高丽传》。

③ ［宋］徐兢：《宣和奉使高丽图经》卷二，《四库全书》本。

④ ［宋］李焘：《续资治通鉴长编》卷四五二，元祐五年十二月乙未//《宋史要籍汇编》，上海古籍出版社1986年版。

⑤ 《宋史》卷四八七《高丽传》。

闻讯"大喜"，当即欲召知邕州侯仁宝进京，商议讨伐交趾事宜。卢多逊建议不令侯仁宝赴京，以免交趾闻讯而有备。太宗采纳了他的建议，水陆大军突然数路并发，想收到出其不备、一蹴而就的效果。但因为刘澄所率水军误期，贾泍、孙全兴、王俱等逗留不进。仅侯仁宝孤军深入，为交趾所杀，太宗的战略意图完全落空。宋军师老兵疲，惨败而回。宋太宗盛怒，除刘澄病死外，其余罪将皆在邕州就地处斩①。宋太宗即位后即积极筹划夺取燕云，不可能抽调大军对交趾打必胜之战，即不可能打持久战，只能寄望于侥幸突袭成功。如果一战取胜，则不仅达到收复汉唐故土为一统帝国添彩的目的，而且可以放心对辽作战。机会得之不易，宋朝廷对这次战争的冀望亦甚高。正因为如此，太宗战前以为等到良机的大喜心情、隐藏战略意图的良苦用心以及失败后的盛怒、重罚，就显得合情合理了。此后，太宗再也不可能顾及收复交趾。只好承认了交趾的独立，封黎桓为交趾郡王。景德三年，黎桓死，李公蕴篡黎氏之位，重演当年黎桓篡位的一幕。宋朝昔日出师之名就是黎桓篡位，现在虽然对李公蕴效尤黎桓深感可恶，但也只能"用桓故事"把交趾郡王等一大堆封号又授给李公蕴。② 这说明宋朝对交趾的政策发生了重大转变。此后，"当谨守而已，不必劳费兵力，贪无用之土"③成为宋对交趾政策的基本原则，宋统治者完全承认了交趾的独立，交趾屡屡兴兵犯境，宋朝也极力容忍。神宗时交趾犯境，宋予以了还击。但宋有后顾之忧，担心"西北二敌睢盱于顾望，如闻王师远出，边骑多行，忽起风尘，来犯亭障，东西往还万里，莫相赴应"④，所以反击也只能是不彻底的，其后不再有征伐之举。元祐七年，占城想联合宋朝进攻交趾占城所上的国表中说："如天朝讨交趾，愿率兵掩袭。"宋也以"交趾数人贡，不绝臣节，难以兴师"⑤而回绝。宋朝在当时特殊的历史环境下，不得不承认了交趾的独立，对交趾采取了放任的政策，使交趾真正走上了独立发展的道路。

宋政府收缩被动的外交政策不能为其树立崇高的国际威望，使得宋统治者不像唐朝那样成为亚洲最大的宗主国，少了许多唐朝统治者那样一统华夷的气度，无缘享受万国宗主的荣耀。但另一方面，这一政策对海外贸易的发展并非完全无利。它同时使宋政府少了许多重义轻利陈规的约束，付出的贡赐贸易的代价也要少得多，也可以在一定程度上使宋政府较其他王朝更多地以功利目的对待海外贸易。宋朝处在"西北有二敌，南有交趾，故九夷八蛮罕所

① 事见《宋史》卷四八八《交趾传》；《文献通考》卷三三零《四裔考七》。
② 《文献通考》卷三三零《四裔考七》。
③ ［宋］李焘：《续资治通鉴长编》卷六三，景德三年六月辛酉∥《宋史要籍汇编》，上海古籍出版社1986年版。
④ 《乐全集》卷二六《论岭南利害九事》。
⑤ 《宋史》卷四八九《占城传》。

通道"的交困之中,对与本国生存和安全无密切关系的日本及南海诸国则更遵循"来则不拒,去则不追"的原则①,几乎不派遣政治使节。例如,对日本只有几次明州地方政府牒文和一次宋神宗的书信,且都是托商船捎带。对外国的朝贡,宋朝也不是来者不拒。中国封建专制主义王朝无不奉行大一统原则,把四夷怀服视为国家的荣耀,在经济交往中本着不与蛮夷争利的出发点,厚往薄来,轻视经济效益,重视万国宗主的虚名。海外诸国乐于获得丰厚的回赐,争相朝贡。宋政府对朝贡也有很多优惠,如免除沿路商税、给予优厚回赐、设馆接待来使等。很多使节都是以朝贡之名行贸易之实,朝贡规模极大。绍兴十六年三佛齐朝贡价值超过一百万贯。② 这显然不是普通的朝贡了。这就使得宋政府每年支出的回赐十分庞大。正如苏轼所说:"《贡赐往来》馆寺赐予之费不可胜数……朝廷无丝毫之益,而远夷获不赀之财。"③这使得宋朝在贡赐贸易中损耗了大量的财物。虽然宋神宗也曾说"外藩辐辏中国,亦壮观一事矣"④,但是,既无充当最大宗主国的实力和雄心,又十分重视贸易收入。如果海商以各种理由按进贡名目来华,势必导致市舶抽解的减少。因此宋政府严格限制朝贡贸易。为减少回赐数量,大中祥符九年就规定:"海外番国贡方物至广州者,自今犀象、珠贝、抹香、异宝听赍赴阙。其余辇载重物,望令悉纳州帑,估直闻奏。非贡奉物,悉收其税算。"⑤另外,还限制了朝贡的规模:"每国使副、判官各一人,其防援官,大食、注辇、三佛齐、阇婆等国,勿过二十人,占城、丹流眉、勃泥、古逻摩逸等国勿过十人。"⑥在朝贡贸易中也存在着商人冒充政府使节骗取回赐的现象。张守在《毗陵集》卷七《论大食故临国进奉札子》中说到"蕃商冒称蕃长姓名,前来进奉,朝廷止凭人使所持表奏,无从验实,又其所贡多无用之物,赐答之费数倍所得",他建议"今来大食故临进奉伏望圣慈,令广州谕旨却之",而且"自今诸国似此称贡者,并令帅司谕遣",只有持有本国进贡表章的才能入贡,为求免税而冒称上贡者一概不受。宋政府还进一

① 《宋史》卷四八五《夏国上》。
② 《宋会要·蕃夷七之四八》。
③ [宋]李焘:《续资治通鉴长编》卷四三五,元祐四年十一月甲午//《宋史要籍汇编》,上海古籍出版社1986年版。
④ [宋]李焘:《续资治通鉴长编拾补》卷五,熙宁二年九月壬午//《宋史要籍汇编》,上海古籍出版社1986年版。
⑤ [宋]李焘:《续资治通鉴长编》卷八七,大中祥符九年七月庚戌//《宋史要籍汇编》,上海古籍出版社1986年版。
⑥ [宋]李焘:《续资治通鉴长编》卷八七,大中祥符九年七月庚戌//《宋史要籍汇编》,上海古籍出版社1986年版。

步规定:"广州蕃客有冒代(贡使)者,罪之。"①《宋会要》职官四四之五载,天圣四年日商周良史来华,称奉太宰府之命来贡而无表章,明州"谕周良史缘无本表章,难以申奏朝廷,所进奉物色如肯留下,即约度价例回答,如不肯留下,即却付晓示令回"。

为了最大限度地减少回赐,元丰年间宋政府还规定使节进奉所带贡物不许运送进京:"诸番国进贡物依元丰法更不起发,就本处(指港口)出卖。倘取违戾,市舶官以自盗论。"②如果商人为了免税而把贸易商品作进贡物运进京城的,商税不能免除。天禧元午,大食商人麻思利运到货物"合经明州市舶司抽解外赴阙进卖,今却作进奉名目直来上京"并"乞免缘路商税",宋朝廷下令"缘路商税不令放免"。对"海舶擅载外国人人贡者,徒三年,财物没官"③。为减少回赐而对外国朝贡实行诸多限制,说明了宋朝对待朝贡的消极态度。宋朝统治者也不像唐朝那样对外国朝贡几乎来者不拒,甚至主动招徕。南宋时,大理献驯象表示臣服,宋统治者也只是好言遣回,无暇领其盛情。

总的来说,宋政府在对待政治外交和海外贸易问题上,一方面在政治外交中采取重北轻南、收缩被动的政策;另一方面,又希望通过海外贸易增加财政收入,积极鼓励贸易发展。两种政策似乎并不十分协调,但在宋朝特殊的历史环境下却并行不悖。宋朝是积贫积弱的一代。在南北对峙中,宋始终处于被动屈辱的地位。一系列的战争留给昏聩无能的宋政府的是接踵而至的不平等条约。这些条约都是以出让政治经济权利为基础的。宋政府为了确保安全,只有尽力增加财政收入,以豢养庞大的军队,把市舶收入作为一大利源。统治者看到了"市舶之利最厚,若措置合宜,所得动以万计","市舶之利,颇助国用"④,若"创法讲求",可以"岁获厚利"⑤,而且这些都是额定收入之外的。为了解决财政危机,宋政府放开国门,大力鼓励海外贸易,而且建立了完备的贸易管理制度,制定了一系列鼓励贸易发展的措施。

(二)宋朝设立了较为完备的市舶机构

唐代已设市舶使,但市舶使只是临时派遣到贸易港口,协同地方官管理海舶贸易事宜的中官,尚未有专门机构。概述中我们已经谈到这一点。宋代把

① [宋]李焘:《续资治通鉴长编》卷八七,大中祥符九年七月庚戌//《宋史要籍汇编》,上海古籍出版社 1986 年版。
② 《宋会要·职官四四之一二》。
③ [宋]李心传:《建炎以来系年要录》卷二九,建炎三年十一月丙寅。中华书局 1988 年版。
④ [宋]李心传:《建炎以来系年要录》卷一一六,绍兴七年闰十月辛酉。中华书局 1988 年版。
⑤ [宋]李焘:《续资治通鉴长编拾补》卷五,熙宁二年九月壬午//《宋史要籍汇编》,上海古籍出版社 1986 年版。

市舶司制度发展为有完整的管理机构和系统的制度条文的贸易管理体系。宋政府先后在广南、两浙、福建、京东等路设立市舶司、市舶务及市舶场等机构。市舶机构中设有市舶使、市舶判官及管库、杂事等一应官吏。市舶司的职责是"掌蕃货海舶征榷之事,以来远人,通远物"①。具体言之,石文济先生把它概括为八个方面:①贡使的接待与番商的招徕,②蕃舶入港的检查,③舶货的抽解与博买,④抽博货物的送纳与出售,⑤舶货贩易的管理,⑥华商汛海贸易的管制,⑦海禁的执行与私贩的缉防,⑧蕃坊的监督与管理②,比较全面地概括了市舶司的职责。在市舶司的职责中还应加入"主持祈风祭海"一条。

宋政府对海外贸易管理的总趋势是逐步由中央与地方共管向主要由中央统管转变。最初在广州设市舶机构时是以同知广州潘美、尹崇珂并任市舶使,通判广州谢处砒为市舶判官,由地方官员兼领市舶事务。宝元元年,市舶司开始从地方政府机构分离出来,市舶使也成为专职,只有少卿监以上的知州才能兼任:"知广州任中师言,州有市舶使印,而知州及通判、使臣结衔,并带勾当市舶司事。庚子,诏知州少卿监以上,自今并兼市舶使。市舶置使,自中师始也。"③"市舶置使"并非始设市舶使,而指市舶使脱离地方机构而独立设制。崇宁初又设置专任提举官:"崇宁初,三路各置提举市舶官。"④这更加强了中央对市舶事务的控制。对于市舶司权力的逐步集中,《文献通考·提举市舶》说得很清楚:"蕃制虽有舶司,多州郡兼领,元丰中始令转运司兼提举,而州郡不复预矣,后专置提举,而转运亦不复预矣。"《宝庆四明志》卷六《市舶》说得更清楚:"(市舶司)初以知州为使,通判为判官。既而知州领使如劝农之制,通判兼监而罢判官之名。元丰三年,令转运兼提举。大观元年,专置提举官。"但《宝庆四明志》也说明了大观以后并非由提举官专一管理,市舶管理权仍不断在转运使和市舶提举之间易手,转运司兼领市舶的现象仍时时出现。但是,不论市舶官如何设置,宋代市舶司都已经是一个专门管理海外贸易,而且具有系统职能的独立机构。这一机构和制度的设立使海外贸易成为一个独立的行业,被纳入有序发展的轨道,这是汉唐时期所不能及的。

（三）鼓励民间商人和海外商人的贸易

宋政府出于对海外贸易收入的重视,大力鼓励民间商人和海外商人的贸易。民间商人只要按政府的规定,在指定的地方领取公凭、回舶时按章接受抽

---

① 《宋史》卷一六七《职官志七》。

② 石文济:《宋代市舶司的职权》,《宋史研究集》第七辑,中华丛书编审委员会,中国台北,1974。

③ ［宋］李焘:《续资治通鉴长编》卷一二二,宝元元年九月丁酉//《宋史要籍汇编》,上海古籍出版社1986年版。

④ 《萍洲可谈》卷二。

解和博买,不往禁区贸易,不贩禁物就是合法的贸易者。贸易成绩显著者还能得到奖励,直至授予相应的官职。外商尤其享有一系列优惠待遇。宋政府每年设宴犒劳外商。外商看在华居住权和贸易权,外商的财产、习俗等方面的权力也受到保护,并有入学、入仕的机会。遇难的外商可以受到宋政府的抚恤和救济。

宋朝的鼓励政策使民间商人,特别是沿海居民纷纷投向海外贸易,海商人数剧增,以致使唐中叶以前中外海上贸易主要控制在波斯、阿拉伯等外商手中的局面彻底改变了,同时也使政府使节所附带进行的贸易行为显得微不足道了。民间商人的贸易是以赢利为直接目的。经济的驱动力促使他们发展贸易规模、扩大贸易范围、开发贸易产品、拓展贸易市场,为贸易的发展注入巨大的活力。海外商人也与中国民间商人一样有着强大的利润驱动力,他们中绝大部分也是民间身份。而封建政府所进行的贸易的经济动机是十分微弱的,由此也使贸易的深入发展受到了限制。民间海商的参与并成为贸易的主力军使海外贸易的局面焕然一新。正是这些为利益而奔波的广大民间商人掀起了宋代海外贸易的高潮。宋代民间海商的兴盛,一方面是宋政府向民间海商开放了贸易的大门,实行鼓励贸易的政策;另一方面,宋政府在外交上的收缩、对朝贡规模的限制,使以朝贡贸易为主的官方贸易相对减少,客观上也把贸易领域更多地留给了民间海商。宋朝海商便在宋代特有的历史机遇中成长壮大起来。

三、海外市场的扩大

宋代经济、技术的持续发展、贸易政策的相对宽松为海外贸易的繁荣提供了必要的基础。宋政府希望发展海外贸易的需求源于特殊的国际环境,同样它能够顺利地推行其贸易政策的可能性也与国际环境密切相关。与宋代海外贸易比较良好的内部条件相得益彰的是贸易的发展还有一个较为安宁和蓬勃向上的国际局势。印度洋及中国海一带自古以来是一个相对独立的贸易体系,中国是这个贸易体系中最强大的政治力量。但中国以儒家文化为指导的外交思想并不崇尚武力扩张,政治上重名轻实,强调的是宗藩关系、华夷名分,经济上奉行厚往薄来、重义轻利的原则,文化上如孔子所说"远人不来,修文德以来之",把以德服人、以华变夷作为最高目标。中国重名轻实、重义轻利的外交思想,超前发展的经济文化发展水平,以及周边国家对中国先进文明的向往,共同形成了相对稳定的国际关系。中国对外政策从来不是穷兵黩武的,而中国最大的贸易伙伴阿拉伯和印度也始终不是用政权和武力支持商人争夺市场和殖民地的。这个贸易体系自产生以来总体上就是和平安宁的。维护这种和平安宁的一个重要的经济基础就是互补性的贸易结构。如我们在上文中说到的,这样的贸易结构十分稳定。由于自然环境和技术条件的差异,双方都缺乏对方的产品,使得商品的比较成本的差距,以及国际价值与国内价值的差距都很大。贸易双方都有利可图。波斯和阿拉伯商人优秀的商业才能和开拓精神更促进了贸易的良性循环。直到15世纪末、16世纪初,西方殖民者东来才彻底破坏了这里的和平安宁、良性循环的贸易环境。

宋代良好的外部环境不仅是相对安宁的,而且此时从东亚、东南亚、印度、阿拉伯直到欧洲都处在经济文化的上升发展时期。这些地区的经济供给能力和消费能力都在普遍提高。而这对于宋朝而言,也正是贸易市场的扩大。马克思指出:"不断扩大的生产需要一个不断扩大的市场。"①而"当市场扩大,即交换范围扩大时,生产的规模也就增大,生产也就分得更细"②。贸易(交换)行为是联系生产和市场两极的桥梁。只有生产和市场都得到发展,贸易才有坚实的基础。关于市场,马克思认为"市场即流通领域",或"市场是流通领域的总表现,不同于生产领域"。他还说:"寻找市场,也就是寻找买者。""生产劳动的分工,使它们各自的产品互相变成商品,互相成为等价物,使它们互相成为市场。"③由此可知,产品销售地域的扩大、消费者的增加就是市场扩大的表现,而且互为市场的两地经济的发展、用来交换的产品的丰富也是市场扩大的指征。宋代海外贸易直接和间接地扩及欧洲、中东、东非、印度、东南亚等地。在10—13世纪的两宋时代,这些国家和地区经济日益发展、交换能力逐步增强、商品需求不断扩大。这都标志着宋朝海外市场的拓展,它有效地刺激了贸易的繁荣。

欧洲在中世纪初期由于蛮族的入侵和诸侯混战的破坏,生产衰退,经济萧条,几乎完全回到自给自足的自然状态,没有大宗商品能与东方进行大规模的贸易。东西方的贸易在这一时期衰落了。亨利·皮朗把欧洲与东方贸易的萎缩归因于阿拉伯势力兴起后控制了地中海南岸,造成了地中海的封闭。④ 这显然只触及了片面的因素。欧洲的凋敝局面持续了5个世纪,直到"公元十世纪开始的时候,西欧总的说来还是一片洪荒之野······每个聚居地在相当大的程度上是自足和独立的"⑤。10世纪以后欧洲出现了经济的复兴。"从十世纪开始欧洲发生了显著变化,人口膨胀了,地区性和地区间的商业恢复起来,新技术开发了。"诺思认为,那"是一个变革的时代······西欧的政治和经济与十世

① 《马克思恩格斯全集》第26卷(Ⅱ),人民出版社1965年版,第598页。

② 《马克思恩格斯全集》第46卷(上),人民出版社1965年版,第37页。

③ 《马克思恩格斯全集》第24卷,人民出版社1965年版,第281页;第49卷,第309页;第46卷,第310页。

④ 〔比〕亨利·皮朗:《中世纪欧洲经济社会史》,商务印书馆1985年版,第2-4页。

⑤ 〔美〕道格拉斯·诺思:《西方世界的兴起》,学苑出版社1988年版,第39页。

纪比较起来,发生了一个根本性的变化"①,商业也随之重兴。其中的几个显著标志就是城市的兴起、集市的出现、汉萨同盟的产生和地中海、北海两大贸易区的形成。各方面的发展唤起了东西方贸易的复苏。理查德·罗尔指出:"在停滞的黑暗时代,西欧的对外贸易明显地萎缩,此后 11 世纪到 14 世纪中叶,对比之下却是一个在各方面都有所增长的时期。"②威尼斯、热那亚、比萨等城市主要经营东西方的中介贸易。法国南部的马赛、蒙伯利尔、那旁和西班牙的巴塞罗那也在一定程度上参与了东西方贸易。此时出现了进行东西方贸易的香料商、绸缎商,"这一阶级专门从事奢侈品、香料、美丽的纺织品、毛皮、制造业所需要的原料品等物的交易"③。来自东方的商品主要有"香料、糖和甜酒;药材与颜料;珍珠与宝石;香水与瓷器;丝织与金银;线锦、薄棉纱布与棉布⋯⋯"④。通常所谓的"香料贸易"实际上包括了所有东方的商品在内。这些商品"来自最遥远的亚洲:从印度、锡兰、爪哇⋯⋯最后来自中国,那里的广州是胡椒、生丝、玉器、瓷器的分配中心"⑤。"由阿拉伯、中国和印度商队带来叙利亚香料可以由意大利的船只继续运往西方。"⑥沿海城市的商人又把它们转贩到欧洲各地。例如,在香槟集市上第 1 期 12 天就是出售或交换从东方和西方来的各种纺织品、绸缎等商品。东方的商品成为当时欧洲富人重要的消费品。欧洲市场对东方商品存在"普遍的需求"⑦,以致"无论香料的到达如何迅速、频繁,绝没有缺乏买主的危险"⑧。从事东方商品的贸易既有厚利可图,又增加了欧洲人对富足的东方的无限向往。

　　11 世纪出现了对东西方贸易产生重要影响的行动——十字军东征。威尼斯、热那亚等把十字军东征视为与拜占庭和阿拉伯争夺东西方贸易垄断权的良机。他们援助十字军,左右其政策。十字军则帮助他们在巴勒斯坦、小亚细亚以及爱琴海诸岛建立海港和商埠。十字军东征使西方大量接触并享用了东方的商品,"养成了新的嗜好,特别喜爱香水、香料、糖果⋯⋯"⑨。十字军东征后,阿拉伯人筑起的贸易屏障也不复存在了。希提认为十字军东征的客观结果是"创造了一个新的欧洲市场来销售东方的农产品和工业品",从而也使

①　〔美〕道格拉斯·诺思等:《西方世界的兴起》,厉以平、罗伯斯、蔡磊译,华夏出版社 1999 年版,第45、48 页。

②　卡洛·M·奇波拉:《欧洲经济史》第一卷,商务印书馆 1988 年版,第 218 页。

③　〔法〕P.布瓦松纳:《中世纪欧洲的生活和劳动》,商务印书馆 1985 年版,第 165 页。

④　〔法〕P.布瓦松纳:《中世纪欧洲的生活和劳动》,商务印书馆 1985 年版,第 178 页。

⑤　卡洛·M·奇波拉:《欧洲经济史》第一卷,商务印书馆 1988 年版,第 220 页。

⑥　〔比〕亨利·皮朗:《中世纪欧洲经济社会史》,商务印书馆 1985 年版,第 29 页。

⑦　卡洛·M·奇波拉:《欧洲经济史》第一卷,商务印刷馆 1988 年版,第 220 页。

⑧　〔比〕亨利·皮朗:《中世纪欧洲经济社会史》,商务印刷馆 1985 年版,第 129 页。

⑨　〔美〕希提:《阿拉伯简史》,商务印书馆 1973 年版,第 275 页。

欧洲的国际贸易达到了罗马时代以来所未有的盛况①。有的学者从这个意义上总结到:"在中古时期最初的五个世纪内受到重要限制的海上商业从十字军的时候起就开始发达了。"②到"十三世纪时期,从地中海到波罗的海,从大西洋到俄罗斯,整个欧洲都敞开着国际贸易的大门"③。蓬勃发展的海外贸易反过来也对欧洲社会经济产生了深刻的影响,以致亨利·皮朗认为10世纪后欧洲经济复兴"并不只是人口密度增加的结果,在很大程度上还是由于贸易和城市的兴起"④。他所说的贸易主要是国际贸易:"中世纪的商业一开始就不是在地方贸易的影响之下,而是在输出贸易的影响之下……远程贸易是推动的力量。"这种"远程贸易"就是以"香料贸易"为主的东西方贸易,它"创造了威尼斯的财富,也创造了地中海西部所有大商埠的财富"⑤,为欧洲经济的巨大变革注入了活力。海外贸易的发展与欧洲11世纪开始的经济变革是相互促进、相得益彰的,也因此使欧洲不断开放,消费需求和消费能力不断上升,成为东方贸易的巨大市场。

在中东,阿拉伯世界于750年建立了阿拔斯王朝,进入最强盛的时代。阿拔斯王朝与宋朝相偕并存了300年,最后都同样被蒙古人的铁蹄踏碎了。在其强盛时期,西到大西洋、东至印度洋,地跨三洲,经济也得到很大的发展,"全国各地荒芜了的田园,衰落了的农村已逐渐恢复和振兴起来。底格里斯河和幼发拉底河的下游是全国最富饶的地区,是传说中的伊甸园的旧社"⑥。阿拔斯统治者为了便于统治及发展同东方的贸易,于762年迁都巴格达。完成迁都的第二任哈里发说:"这个地方是一个优良的营地,此外还有底格里斯河使我们和像中国那样辽远的国家发生联系……幼发拉底河要以把叙利亚、拉盖及其四周的物产运给我们。"⑦巴格达成为东西方贸易的最大中心和转输站,"城里有毛织、棉织、珠宝、香水、玻璃等各种手工业"⑧。9世纪以后该帝国战事不断,很多地区纷纷独立,但两河平原基本上是安定的,国内市场也并未分崩离析。不断发展的经济和阿拉伯人的贸易传统也并未随帝国一起衰落。在宋朝时期,阿拉伯人仍然航行到远东、欧洲和非洲,贩卖东西方货物。巴格达的市场依旧繁荣:"巴格达的码头长好几英里,经常停泊着几百艘各式各样的

① 〔美〕希提:《阿拉伯简史》,商务印书馆1973年版,第275页。

② 〔法〕P.布瓦松纳:《中世纪欧洲的生活和劳动》,商务印书馆1985年版,第176页。

③ 〔比〕亨利·皮朗:《中世纪欧洲经济社会史》,上海人民出版社1964年版,第143页。

④ 〔比〕亨利·皮朗:《中世纪欧洲经济社会史》,上海人民出版社1964年版,第70页。

⑤ 〔比〕亨利·皮朗:《中世纪欧洲经济社会史》,上海人民出版社1964年版,第127页。

⑥ 〔美〕希提:《阿拉伯简史》,商务印书馆1973年版,第159页。

⑦ 〔美〕希提:《阿拉伯简史》,商务印书馆1973年版,第129页。

⑧ 朱寰:《世界中古史》,吉林人民出版社1981年版,第271页,

船舶,其中也有中国的大船……市场上除各省的货物外,还有中国的瓷器和丝绸、印度和马来群岛的香料。"①

埃及在宋朝时期先后兴起了法蒂玛(909—1171 年)和阿尤布(1171—1250 年)两个独立王朝,并发展为伊斯兰世界的中心。11 世纪时埃及工商业发达,是地中海区域最繁华的国家,同地中海地区国家尤其是意大利各城市有着频繁的贸易。这种贸易与西亚的伊斯兰商人所进行的一样,主要是东西方商品的中转贸易。红海岸的爱扎布港是当时最繁华的贸易港。数量浩大的中国瓷器等商品从这里起港,沿着尼罗河转运到埃及各城市。三上次男在其考察报告《陶瓷之路》中说,在爱扎布和法斯塔特,中国瓷器难以数计,显示着当初令人惊叹的贸易规模。埃及两王朝都十分重视贸易发展。法蒂玛王朝从工商业和贸易中"获得巨大的收入,物质财富丰足,中央权力强大,社会稳定"②。阿尤布王朝的创立者萨拉丁鼓励发展对外贸易,与威尼斯结盟,发展同威尼斯等意大利各城市的贸易关系。埃及与西方贸易的发展从另一角度来说,也是为东方商品开拓市场。

中国海外市场与前代相比的另一个发展就是东非沿海城市的兴起。东非沿岸每年有 12 月的东北季风和 3 月的西南季风,为印度洋上的商队前往非洲提供了条件。7 世纪末到 975 年大批阿拉伯人迁移到东非,其中有帝国政治内斗的失败者,也有起义后的逃亡者。他们在东非建立很多居民点,逐渐发展为城市,有索法拉、基尔瓦、桑给巴尔、奔巴、摩加迪沙等。从 975 年到 1498 年,阿拉伯人城市获得独立发展。这些城市又以基尔瓦为霸主。这一时期通常称为"僧祇帝国"。阿拉伯人带来的先进文明与当地的班图文明相结合,推动了东非海岸的繁荣发展。僧祇帝国的阿拉伯居民"都以出海经商作为营生"③。东非丰饶的象牙、香料等中国和欧洲所缺乏的物产成为商人最理想的贩运品。阿拉伯人对东非沿海的开发为宋朝的贸易创造了新市场。"越来越多的满载货物的船只从中国来到非洲重又回去,从一个港口走到另一个港口,船上货物从一批买卖人手中传到另一批买卖人手中,直到整个广阔的海洋都被一种错综复杂的运输和交换的体系联系起来。"在中世纪东非众多城市的"街道和仓库中到处都有整个东方世界的那种文明的商业活动"④。"中国的绸缎,印度的棉布,中国的大黄、宝石、胡椒、肉豆蔻、生姜、丁香(按:这些商品大部分应是中国商人从东南亚转贩而来),都由海路运到这里。"⑤但运到东非

---

① 〔美〕希提:《阿拉伯简史》,商务印书馆 1973 年版,第 136 页。
② 朱寰:《世界中古史》,吉林人民出版社 1981 年版,第 412 页。
③ 佐尹·马什、G. W. 金斯诺思:《东非史简编》,上海人民出版社 1974 年版,第 17 页。
④ 〔英〕巴兹尔·戴维逊:《古老非洲的再发现》,三联书店 1973 年版,第 261、264 页。
⑤ 佐尹·马什、G. W. 金斯诺思:《东非史简编》,上海人民出版社 1974 年版,第 19 页。

的中国商品最多的还是瓷器，以致《东非史简编》一书作者说，中世纪"中国人也不断来到了非洲沿海，东非海岸上发现的中国陶瓷丰富极了，一位著名的考古学家就说过：'中世纪的东非史可以说是用中国瓷器写成的。'"而中国与东非瓷器贸易鼎盛时期是 10—15 世纪东非城邦的兴盛时期，包括整个宋代在内。东非贸易是以与中国的贸易为主体的。戴维逊说："通过和中国的联系，人们能更清楚地看到非洲和东方国家间贸易的繁荣和持久性。"他在总结宋朝与非洲的贸易时说："宋瓷的大量出口可以找到几方面的原因。中国的制瓷业这时已有了巨大的发展。非洲的贸易部分是由于伊斯兰教阿拉伯人的开拓，部分是由于非洲社会本身的发展，部分由于中国航海业的发展而迅速发展起来。"①东非的象牙、香料和中国的丝绸、瓷器正如马克思所说的互为市场，双方贸易的增长起到了互相促进的作用。

　　在印度南端，9 世纪中叶帕拉瓦王国衰落后，朱罗王国代之而起，直到 13 世纪它仍是印度次大陆南方的大国。朱罗经济文化都得到很大发展。塔帕尔把这一时期称为"蒸蒸日上"时期。朱罗王朝统治者十分重视海外贸易，"远洋贸易是朱罗人的实力所在"②。罗阇罗阇一世（985—1014 年）父子曾征讨其罗、锡兰和潘地亚三者的联盟，想要粉碎这些国家的贸易垄断。"十世纪中国与南印度之间的贸易兴旺发展"③。为了使与中国的贸易不受侵扰，朱罗又对三佛齐进行远征，一度占领了马六甲海峡的很多战略要地，以确保"印度的船只和商业往来在通过室利佛逝（即三佛奇）境内的航道上是安全的"④。"在这几个世纪中（900—1030 年）与中国的贸易达到了史无前例的数量，这导致了朱罗贸易在中国成为国家专利。"⑤中国的史籍中记载当时印度南部沿海与中国有频繁贸易关系的国家有注辇（即朱罗）、故临、南毗。宋朝在这些地区还设有贸易据点。"12 世纪，随着宋朝的扩张（按：应为随着宋朝贸易的扩大），中国人在印度南部的一些贸易点中占有稳定的地位。"⑥

　　东南亚地区各国在这一时期也处于蓬勃发展阶段，生产和交换水平都大为提高。三佛齐进入了他的强盛时期，控制了马六甲海峡两岸，有蓬丰、单马令等 14 个属国。三佛齐强令东西往来的商船都到其国住泊，目的是垄断东西方贸易，因而招致注辇（朱罗）的远征，削减了三佛齐的贸易垄断权。但三佛齐在东南亚的地位在经受了远征的打击后又很快恢复了。

---

① 佐尹·马什、G. W. 金斯诺思：《东非史简编》，上海人民出版社 1974 年版，第 9 页。

② 〔英〕巴兹尔·戴维逊：《古老非洲的再发现》，三联书店 1973 年版，第 265、275 页。

③ 〔印度〕R. 塔帕尔：《印度古代文明》，浙江人民出版社 1990 年版，第 202 页。

④ 〔印度〕R. 塔帕尔：《印度古代文明》，浙江人民出版社 1990 年版，第 201 页。

⑤ 〔印度〕R. 塔帕尔：《印度古代文明》，浙江人民出版社 1990 年版，第 202 页。

⑥ 〔印度〕R. 塔帕尔：《印度古代文明》，浙江人民出版社 1990 年版，第 202 页。

阇婆国是东南亚地区又一个强国。《岭外代答》卷三"航海外夷"说:"堵番国之富盛多宝货者,莫如大食国,其次阇婆、其次三佛齐国、其次乃诸国耳。""公元 929 年至 1222 年是爪哇文化发展史上的极为重要时期之一。""这个时期也是整个印度尼西亚商业大发展的时期。"①阇婆曾与三佛齐争夺贸易垄断权,但后来两国联姻,成为东南亚地区并重的两大贸易中心。

此时的柬埔寨处于其历史上最辉煌的时代——吴哥王朝时期(802—1431年)。12—13 世纪尤为吴哥王朝的极盛期。举世闻名的吴哥窟就修造于此时。吴哥王朝统治者采取兴修水利、发展交通的政策,使本国经济得以繁荣。

与柬埔寨相邻的越南此时正是摆脱了中国封建王朝的控制得到独立,封建制度逐步发展,经济大力增长的时期。李朝、陈朝都先后采取一系列鼓励生产的措施,使农业、手工业、矿冶业都迅速发展,贸易也随之兴旺。"中国和东南亚各国的商船经常停泊在云屯及其他港口进行贸易。"②交趾来中国贸易的记载也频见于我国的史籍,处于越南南部的占城也是中国的主要贸易对象之一。

田汝康先生对宋代东南亚的繁荣作过如下的总体描述:"在柬埔寨吴哥城与吴哥寺建造的时期,到阇耶跋摩七世统治时期,吉蔑帝国的兴盛到了顶点。在缅甸是蒲甘王朝的兴起,缅甸第一次获得统一,政治、经济、文化都显现出空前的繁荣。在爪哇是从爱尔朗卡到谏义里和新柯沙里王国的时期,爪哇也另一次重新获得统一。苏门答腊尽管这时期遭受注辇的骚扰,但在中国与甫海及阿拉伯国家贸易深入发展的推动下,经济也重新复苏,并有了进一步的发展。"③东南亚国家贸易传统悠久,与中国距离相近,其繁荣发展为两地贸易的扩大提供了基础。宋代,东南亚本地商人也逐渐兴起,成为对华贸易的一支重要力量。

东亚的高丽和日本自 10 世纪开始都有了空前发展。高丽于 936 年重新统一半岛,在新罗的基础上继续发展经济,实行了田柴科制度和中央集权体制,成为朝鲜历史上的盛世。日本在大化革新后也有了长足进步;特别是 1185 年源氏掌权,大力鼓励中日贸易,使中日贸易出现了兴旺的局面。

宋朝时期欧、亚、非各洲与中国有贸易关系的国家和地区基本上都处在经济上蓬勃发展、政治上相对稳定的时期,贸易能力和贸易需求都远甚前代,为宋朝海外贸易提供了稳固而广阔的市场。虽然影响中国古代海外贸易的最重要的是国内因素,特别是封建政府的贸易政策,但是贸易与市场不可分割,而

---

① 〔英〕巴兹尔·戴维逊:《古老非洲的再发现》,三联书店 1973 年版,第 273 页。
② 〔英〕D. G. E. 霍尔著、赵嘉文译注:《东南亚史》,云南省社科院历史研究所 1979 年,第 109、115 页。
③ 田汝康:《中国帆船贸易和对外关系史论集》,浙江人民出版社 1987 年版,第 167 页。

且建立在自给自足的自然经济基础上的封建王朝的贸易政策也是十分脆弱的，来自海外的任何威胁都可能导致封建王朝贸易政策向封闭的方向逆转。明清禁海及限口通商的贸易政策产生的主要原因之一就是存在着来自海上的本国对抗势力和西方殖民势力的威胁。对于在外交上采取收缩、被动政策的宋政府来说，如果海上面临较大的威胁，势必不会实行积极鼓励海外贸易的政策。幸运的是，来自于这两方面的威胁在宋朝都不存在。实际上，宋初曾经禁止商人到日本、大食、高丽等国贸易，担心这些国家乘贸易之机窥视中国，后来发现日本、大食皆远离中国，对自己并无威胁，才解除禁令。宋政府还出于对辽金的防御需要，多次颁布商人往北方贸易的禁令，并先后关闭登州港、密州港和杭州港。此举已经充分说明了宋政府贸易政策脆弱的一面。所以，对于有发展海外贸易要求和行为的宋朝，良好的国际环境是海外贸易繁荣发展不能忽视和必不可少的条件。

第二节　宋代海外贸易的兴盛①

宋代是中国古代海外贸易得到较大发展的时期，它与元代并处于中国古代海外贸易发展历史曲线的最高段。宋代海外贸易较之于前代在很多方面都有显著增长，海外贸易港口有了很大发展，进出口规模扩大，贸易范围拓展。宋代海外贸易的发展在某些方面甚至为明清所不及。

一、宋代贸易港的发展

宋代贸易港的区域分布、数量、繁荣程度和管理制度都超过前代。

唐代主要贸易港有交州、广州、泉州、扬州等四大港。而宋代北自京东路，南至海南岛，港口已十数，数量有明显增长。这些港口不再是零星的点状分布，而是受区域经济和贸易状况的影响，大致可以分为广南、福建、两浙三个相对而言自成体系的区域，各区域中港口大小并存、主次分明、相互补充，形成多层次结构。此外，京东路的登州、密州港的贸易一度也有所发展，但存在的时间较短，规模也远逊于闽浙等路。

两浙路先后兴起的港口有杭州、明州、温州、青龙镇、江阴军、上海镇、澉浦镇等，镇江也有蕃舶往来。其中，杭州和明州居于主导地位。温州、青龙镇等居于辅助港的地位。澉浦镇则是杭州的附属港。杭州港是两浙路最早的贸易中心，地处海路交通与运河航运的枢纽，贸易条件十分便利，是仅次于广州的

---

① 本节引见黄纯艳著：《宋代海外贸易》，社会科学文献出版社 2003 年版，第 18—61 页。

宋代较早市舶司的贸易港。对于杭州置司的具体年份，史籍中没有明确记载，言及杭州市舶司的最早时间是端拱二年。该年五月诏："自旅出海外番国贩易者须于两浙市舶司陈牒，请官给券以行，没人其宝货。"①这说明至迟在端拱二年西浙路市舶司已经在存在了。日本学者藤田丰八认为，宋太宗雍熙二年颁布了禁令，到端拱二年解除禁令后始设两浙市舶司。因此他提出："两浙创设市舶司的年代或者庶几近于事实罢。"②宋太宗对海外贸易是持积极鼓励态度的。雍熙四年，他"遣内侍八人赍敕书金帛，分四纲各往海南诸蕃，勾招进奉，博买香药、犀牙、真珠、龙脑"③。该年还诏令："两浙漳泉等州自来贩舶商旅，藏隐违禁香药犀牙，惧罪未敢将出。与限陈首官场收买。"④"违禁香药"是指太平兴国七年所定若干种政府专卖的进口品。这说明雍熙四年及此前闽浙一带海外贸易并未中辍。因而，雍熙二年的禁海贾令只是禁止前往辽界的贸易。雍熙二年正值宋太宗雍熙北伐前夕，为防止军机泄露，颁布这样的禁令是完全可能的。藤田丰八以雍熙禁海贾而断言此时无市舶司至少其依据是错误的。有的学者认为端拱二年五月令是将全国的贸易集中于杭州管理。⑤ 如果此说能确立，杭州市舶司此前应已经建立并较为完备了。但端拱二年至少也可以视为杭州设司的下限，设立了市舶司的杭州港便取得了发放贸易公凭的权力。兀丰市舶条法规定："诸非杭、明、广州而辄发过南海船舶者，以违制论。"⑥可见，杭州港位居全国三大港之列，地位十分重要。但北宋后期，特别是南宋时期其贸易中心地位渐让与明州。

明州设市舶司稍晚于杭州。淳化三年两浙市舶司移至明州定海县，次年又移回杭州⑦。"咸平二年，杭、明各置务（'务'应为'司'之误）。"⑧明州设市舶司后，贸易地位上升很快，元丰三年以后成为发放前往高丽、日本贸易公凭的唯一合法港口。元丰三年规定："诸非广州市舶司辄发过南蕃纲舶，非明州市舶司而发过日本、高丽者，以违制论，不以赦，降去官原减。"⑨南宋初，明州遭受战乱，贸易一度萎缩，但不久即得恢复，而且贸易地位进一步提高，来两浙路贸易的海外蕃舶主要集聚于明州，以致驻于华亭的两浙路市舶司官员常年在

---

① ［清］徐松辑：《宋会要辑稿》（以下简称《宋会要》）《职官四四之二》，北平图书馆影印，1936年版。

② 〔日〕藤田丰八著、魏重庆译：《宋代市舶司与市舶条例》，商务印书馆1936年版，第37页。

③ 《宋会要·职官四四之一》。

④ 《宋会要·食货三六之三》。

⑤ 章深：《北宋"元丰市舶条"试析》，《广东社会科学》1995年第5期。

⑥ ［宋］苏轼：《苏东坡全集》卷五八《乞禁商旅过外国状》，《四库全书》本。

⑦ ［宋］周淙撰《乾道临安志》卷二《廨舍》，"宋元方志丛刊"，中华书局1990年影印本。

⑧ ［宋］罗濬等撰《宝庆四明志》卷六《市舶》文中"务"为"司"之误，《宋会要》云："咸平中，又命杭州各置司，听蕃客从便。"见《宋元方志丛刊》，中华书局1990年影印本。

⑨ 《苏东坡全集》卷八《乞禁商旅过外国状》。

明州视事。华亭市舶司名存实亡，于乾道二年撤出。庆元元年后，两浙路其他各港的市舶机构都已撤销，只有明州一处尚有市舶司，"凡中国之贾高丽，与日本诸蕃之至中国者惟庆元得受而遣焉"①。明州两浙诸港中稳固占据鳌头地位，誉称"东南之要会"②。

　　青龙镇、温州、江阴军、澉浦等港地位次于明州和杭州。在市舶机构的设置上，也只设市舶司的下属机构市舶务和市舶场，但贸易仍然比较活跃。青龙镇"南通漕渠，下达松江，舟舶去来，实为冲要"③，"据沪渎之口，岛夷、闽越、交广之途所自出……海舶辐凑，风樯浪楫，朝夕上下，富商巨贾、豪宗右族之所会，人曰小杭州"④，商税远远超过华亭县镇。因为贸易的发展，青龙镇一度改名为通惠镇。政和三年，"于秀州华亭县兴置市舶务"⑤，实际就是管理青龙镇的贸易；建炎四年又"将秀州华亭市舶务移就通惠镇"，两浙市舶司也移住华亭。⑥ 这充分体现了青龙镇贸易地位的重要。但随着明州港地位的上升和吴淞江的日益阻塞，青龙镇逐步失去了贸易重镇的地位。青龙镇衰落后，吴淞江下游又兴起了上海镇、江湾镇，长江口南岸则有黄姚镇。在青龙镇贸易繁盛时，"商贾舟船多是稍入吴淞江，取江湾浦入秀州青龙镇。其江湾正系商贾经由冲要之地"。由于屡有商人不到青龙镇，而在江湾镇贩易，宋政府又在江湾置场收税。⑦ 上海地处吴淞江口，《松江府志胜》称其"人烟浩穰，商舶辐辏，遂成大市，宋即其地立提举市舶司及榷货场，曰上海镇"。弘治《上海志》也说："宋时蕃商辐辏，乃以镇名，市舶提举司及榷货场在焉。"弘治《上海志》卷七记载董楷事迹说："咸淳中提举松江府市舶，分司上海镇。"至迟在咸淳年间，上海已经设立市舶机构。《宋会要・食货一八》称，黄姚镇也是"二广福建温台明越等郡大商海舶辐辏之地……每月南货关税动以万计"。温州山硗地僻，但永嘉江流域盛产瓷器，通过温州出口，而且温州上通杭州，下联泉州，并可直通海外，交通便利。宋人杨蟠称温州"一片繁华海上头，从来唤作小杭州"⑧。绍兴元年，温州设市舶务，江阴也有海舶的往来。王安石的诗中写道："黄田港北水如天，万里风樯看贾船，海外珠犀常入市，人间鱼蟹不论钱。"⑨绍兴十五年，

①　《宝庆四明志》卷六《市舶》。
②　[明]黄润玉：《宁波府简要志》。
③　[宋]杨潜：《云间志》卷下，"宋元方志丛刊"，中华书局1990年影印本。
④　《上海志》卷二。
⑤　《宋会要・职官四四之一一》。
⑥　《宋会要・职官四四之一三》、《宋会要・职官四四之一四》。
⑦　《宋会要・食货一七之三六》。
⑧　《永嘉县志》卷三《文艺》，清光绪八年温州维新书局古书流通处刻本。
⑨　[宋]王安石：《临川文集》卷二三《予求守江阴未得酬昌叔忆江阴见之及之作》，《四库全书》本。

"江阴军依温州例置市舶务,以见任官一员兼管"①。钱塘江口的澉浦港兴起于南宋,一直作为杭州的附属港而存在。宋朝统治者顾虑大量商船直接入杭州,对都城的安全不利,同时也因为浙江口"水面阔远,风涛可畏,加以沙涨无定日","江水之险,无如钱塘","渡舟屡有覆溺"②,载重海船进港艰难,于是在澉浦设港,招徕商舶。杭州的市舶务兴衰与澉浦港休戚相关,因而"光宗皇帝嗣服之初(绍熙元年),禁贾舶至澉浦,则杭务废"③。但是,作为消费中心的杭州对舶货的需求是巨大的,澉浦的贸易也难以禁绝。淳祐六年,澉浦又"创市舶官,(淳祐)十年置(市舶)场"④。此外,浙东地区的台州也有海外贸易活动,日本的商人曾经在此大量收购铜钱,使"台城一日之间忽绝无一文小钱在市行用"⑤;镇江府也是贸易港口。建炎三年臣僚言:"自来闽广客船并海南藩船转海至镇江府至多","商贾盛集,百货阜通"⑥。

福建路海外贸易诸港口中,居于主导地位的是泉州港。泉州在行政上只是一个州治,但因其港口条件优良,"其地濒海,远连二广,川逼滇渤",交通便达而被称为"闽粤领袖"⑦,唐代五代时期贸易已比较繁荣,入宋以后进一步发展。太平兴国年间实行进口品专卖的诏令中曾提到泉州的贸易:"诸番国香药、宝货至广州、交趾、泉州、两浙,非出官库者不得私相市易。"⑧这说明宋初泉州的贸易仍在发展。北宋中叶泉州已是"蕃舶之饶,杂货山积"的繁华海港。⑨ 为适应日益发展的海外贸易,元祐二年泉州设置了市舶司,总领福建一路海外贸易,泉州很快成为贸易港中的后起之秀,南宋时已能与广州港相埒并逐渐胜而过之,成为全国最大的贸易港。

泉州市舶司在福建的地位非同一般,不仅统一管理福建路海外贸易的征榷、营销,而且对沿海地方官有监督之权。到达福建的海舶,"征榷之后……召保经舶司陈状,疏其名件,给据付之",才"许令就福建路州军兴贩"⑩。福建路"沿海令佐、巡尉批书内,添人本地分内无透漏市舶物货一项",经市舶司"保明,方得批书"⑪。南宋建炎二年,福建发生叶浓之乱,茶事机构废弛,泉州市

① 《宋会要·职官四四之二五》。
② [宋]楼钥:《攻媿集》卷二十《论浙江渡船》,《四部丛刊》本。
③ 《宝庆四明志》卷六《市舶》。
④ [宋]常棠:《绍定澉水志》,"宋元方志丛刊",中华书局1990年影印本。
⑤ [宋]包恢:《敝帚稿略》卷一《乞复钱禁疏》,《四库全书》。
⑥ 《宋会要·食货五十之一一》。
⑦ [宋]祝穆:《方舆胜览》卷一二《泉州》,《四库全书》本。
⑧ 《宋会要·职官四四之一》。
⑨ 《宋史》卷三三〇《杜纯传》,中华书局点校本。
⑩ 《宋会要·职官四四之三〇》。
⑪ 《宋会要·职官四四之二四》。

舶司又一度兼理福建茶事。泉州之下有福州和漳州两港。福州是福建路的政治中心，"乃七闽之冠，衣冠之盛甲于东南。工商之饶，利尽山海"①。时人形容其贸易的盛况："百货随潮船入市，万家沽酒户垂帘"，"海舶千艘浪，潮田万顷秋。"②漳州在北宋初已有海商活动。太平兴国七年诏令中有"今以下项香药止禁榷广南漳泉等州"③语，说明漳州的贸易已有一定发展。南宋漳州仍有蕃舶往来，真德秀的奏文中说道："泉、漳一带，盗贼屏息，番舶通行。"④福州、漳州两港都未设市舶机构，但它们使日益增多的贸易海舶得以合理分流，也使福建贸易资源得到更好利用，成为了泉州港的有力补充。比福州、漳州规模更小的还有泉州周围的石井港、后渚港。石井港北宋时已有"客舟至海到者，州遣吏榷税于此"⑤；南宋进一步发展，绍兴年间修建了长达八百丈的跨海石桥，是当时全国最长的桥梁，极大地方便了中外商人的贸易活动和泉州进出口物资的转运。后渚港是到泉州贸易的中外商人的主要交易之所。此外，钟门、海口也有蕃舶往来："常有船舶到钟门、海口，其郡县官员多告人将物金银博易真珠犀象香药等。"⑥

广南沿海主要有广州、潮州、钦州、琼州等港，其中广州港占主导地位。广州港是全国最早设立市舶司的港口。宋在收复南汉的当年——开宝四年即在广州设市舶司，"命同知广州潘美、伊崇珂并兼市舶使，通判谢处砒兼市舶判官"⑦。在北宋及南宋的很长一段时期内，广州港一直执海外贸易之牛耳，岁入曾居全国市舶总收入的十分之八九，是广南唯一可以办理贸易公凭的港口。泉州设立市舶司以前，海舶贸易也需到广州办理公凭，接受抽解。在宋初的杭州、明州、广州三个市舶司中，广州地位也最高。《宋史·食货志下八》载，任广州知州的程师孟甚至建议"罢杭、明州市舶，诸舶皆隶广州一司"。其议虽未行，但说明了广州市舶司的重要。钦州等港地位低于广州。钦州港与交趾近便，有特殊的地理优势，贸易有较大发展。据《岭外代答》卷五《钦州博易场》记载，每年都有交趾商人来钦州贸易，而且规模很大，"每博易动数千缗"。如洪镇也是对交趾贸易的港口，真宗时曾定为与交趾贸易的法定港口，交趾"止令互市于广州及如洪镇"⑧，贸易的管理权仍然高度集中。元丰三年市舶条法规

① ［宋］苏辙：《栾城集》卷三〇《林积知福州》，《四部丛刊》本。

② ［宋］王象之：《舆地纪胜》卷一二八《福建路·福州》，清咸丰五年南海伍氏粤雅堂刊本。

③ 《宋会要·职官四四之二》。

④ ［宋］真德秀：《西山文集》卷八《泉州申枢密院乞推海盗赏状》，《四库全书》。

⑤ 《晋江县志》卷二《城池》。

⑥ 《宋会要·职官四四之五》。

⑦ ［元］马端临：《文献通考》卷六二《提举市舶》，清光绪二十八年上海鸿宝书局。

⑧ 《宋会要·食货三八之二九》。

定,发放往南海诸国贸易引凭之权集中于广州,发放往日本、朝鲜贸易引凭的权力集中于明州。泉州设市舶司以前,商船出海与回舶也必须到广州办理公凭及接受抽解。钦州等港则更是如此。《长编》卷三三一"元丰五年十二月丁卯"条载,广西的官员曾建议,免除商舶绕行至广州请引的手续,因"(雷、化等州)下广州约五千里,请引不便,欲乞广西沿海一带州县如土人、客人以船载米谷牛酒黄鱼及非市舶司抽解之物,并依旧不下广州请引。诏孙迥相度于市舶法有无妨碍,既而不行"。此建议没有得到批准。潮州是粤东的重要港口。宋代韩江流域是瓷器生产中心。韩江东岸的笔架山当时号为"百窑村"。韩江瓷器主要供给出口。据黄挺、杜经国的研究,韩江下游的凤岭港自北宋前期已经成为商贸港。潮州港航道淤塞后凤岭港更为重要。①潮州及附属于它的凤岭港使粤东一带的物产,特别是韩江流域的陶瓷可以直接出海。钦州港有如洪寨为附属港,潮州港有凤岭港为辅助,成为广州港辐射力较弱的粤东、广西地区海外贸易的良好补充。

海南岛控扼南海航道咽喉,往来贸易和驻泊的海船颇多。岛内四周都有停泊港:琼州有神应港,琼州所属琼山、澄迈、临高、文昌、乐会等都有市舶抽税的地方,万安军、吉阳军等地也有海商集散之处②。曾有官员奏请在琼州设市舶机构,宋朝廷没有应允,原因就是海舶会聚广州更有利于管理和抽税,所以元丰市舶条法规定前往海南岛的商船也必须向广蚶市舶司领取公凭,但海南诸港对广州港仍有不可缺少的辅助作用。楼钥曾说,往来的商船"琉球大食更天表,舶交海上俱朝宗。势须至此少休息,乘风往集番禺东。不然舶政不可为,两地虽远休戚同"③。可以说,两广路外贸港以广州为中心,钦州、潮州为两翼,琼州诸港为门户,把广南沿海地区都纳入到贸易体系之中。

广、闽、浙三路港口层次分明,地理分布合理,尤以两浙为典型。三路分别有在本路贸易中居主导地位的港口,它们在贸易中发挥中坚作用。其他诸港既在客观上是辅助港,又独立进行贸易活动。辅助港之下还有规模较小的附属港。与这种结构上的多层次相适应的是市舶机构从市舶司、市舶务到市舶场的多层次设置,如南宋的两浙路,明州有市舶司,温州、杭州、秀州青龙镇(后移至上海)、江阴军等则设市舶务,澉浦设市舶场。也有的港口不设置贸易机构。闽、广除泉州、广州设市舶司外,其他各港都不设市舶机构。这种多层次的结构在两浙表现得最为明显。两浙路经济最发达,贸易港的数量最多,分布

---

① 黄挺、杜经国:《潮汕古代贸易港口研究》,《潮学研究》第一辑,汕头大学出版社1994年版,第53-68页。

② [宋]赵汝适:《诸蕃志》卷下,中华书局冯承钧校注本。

③ 《攻媿集》卷三《送万耕道帅琼管》。

最密集，机构设置也最完备，先后在杭州、明州、秀州、温州、江阴五处设立市舶机构。福建、广南港口数量、机构设置又依次稍逊。这种状况既是由各地交通、物产、市场等条件的差异对进口商品的消化和出口商品的供给能力决定的自然格局，也有宋政府政治干预的因素。明州、密州市舶司都受到政府的强烈干预。南宋宁宗更化之后，废掉江阴、秀州、温州的市舶务，对贸易发展都造成了不利的影响。所以，宋代贸易港的兴衰不仅决定于经济、交通等自然条件的限制，而且受到政府政策的调控。宋政府还把对港口的控制作为管理海外贸易的重要内容，干预和调整港口布局，根据形势需要关闭或扶持某些港口，或用行政手段调整贸易港的地位。

二、宋代贸易范围的扩大

据《汉书·地理志》记载，在汉代，印度东南部及斯里兰卡一带已与中国有贸易往来。唐代到波斯湾沿岸已经有了稳定的航线。贾耽著录的《广州通海夷道》记载了这条航线："广州东南海行……又北四日行至师子国。其北海岸距南天竺大岸百里，又西四日行，经没来国，南天竺之最南境。又西北经十余小国，至婆罗门西境……又西一日行，至乌剌国（巴士拉以东之奥布兰），乃大食国之弗利剌河（即幼发拉底河），南入于海，小舟溯流二日至末罗国（巴士拉），大食重镇也。又西北陆行千里，至茂门王所都缚达城（巴格达）……"[1]这说明直接贸易的范围进一步扩大了，但主要仍是巴格达经印度、马六甲至广州航线以北地区。

宋代的贸易范围又大大超过了唐代。由于造船技术的进步和航道的改善，中国的船只不必在印度转换小船，而可从印度南端直航波斯湾。这一时期，中国商船还开始了向阿拉伯海西岸及更广范围的贸易航行，与红海沿岸及非洲东海岸也展开了直接贸易。与宋政府有贸易往来的国家大为增加。据宋人的著述，如《岭外代答》、《云麓漫钞》、《诸蕃志》等书的记录，与中国有贸易往来的国家和地区至少在 60 个以上。《诸蕃志》一书著录最详，书中介绍了 50 多个国家和地区的情况，列举其名而未加介绍的又不下 20 个（参见表 2-1）。赵汝适对很多国家的风情、物产、贸易状况、距中国的道里远近等都作了较为具体的介绍，说明这些国家和地区与宋朝贸易关系的密切。

---

① ［宋］欧阳修：《新唐书》卷四三下《地理志》，中华书局点校本。

表 2-1　唐宋海外贸易国家和地区比较表①

区　域	唐	宋	与今地名对照
东亚地区	新　罗		
	百　济	高　丽	朝　鲜
	高句丽		
	倭　目	倭	日　本
	毛人夷直		
东南亚地区	林　邑	占　城	越南中部
		交　趾	越南北部
	奔陀浪	宾瞳龙	越南藩朗
	门毒国		越南归仁
	古笪国		越南芽庄
	环王国		越　南
	真　腊	真　腊	柬埔寨
		扶　南	
		三　屿	菲律宾群岛
		麻　逸	民都洛岛
		加麻延	卡拉棉群岛
		巴姥酉	巴拉望岛
		巴吉弄	布桑加岛
		白蒲延	巴布廷群岛
		蒲里噜	马尼拉
		罗　斛	泰国南部
	罗越国		马来亚南部
	佛逝国	三佛齐	苏门答腊
	葛葛僧祇		不罗华尔岛
	简罗国		马来亚吉打
	哥谷罗国		泰国拉廊府
		单马令	马来半岛中部
		浔　番	马来半岛北部
	郎加成	凌牙斯	马来半岛北大年

① 本表制作主要参考了孙光圻《中国古代航海史》、孙光耀《中国古代对外贸易史》、《诸蕃志》、《岭外代答》等书,贸易区域的划分主要依据不同时期贸易发展的特点。

（续表）

区　域	唐	宋	与今地名对照
东南亚地区		吉兰丹	马来半岛南部
		登牙侬	马来半岛南部
		蓬丰	马来半岛南部
		佛罗安	巴生湛
		麻罗奴	马来亚南部
		上下竺	马来亚东南
	诃陵	阇婆	爪哇
		苏吉丹	爪哇中部
		新拖	爪哇西部
		打板	爪哇东部
		戎牙路	爪哇泗水
		麻篱	巴厘岛
		底勿	帝汶岛
		莆加龙	爪哇中部
		渤泥	加里曼丹岛南部
		丹戎武罗	加里曼丹岛南部
		兰无里	苏门答腊西北角
		凌牙门	印加岛
		南海波斯	丹老群岛
	婆露国		印尼婆罗斯
南亚地区	伽兰洲	曼陀蛮	尼科巴群岛
	鹏茄罗	孟加拉	
		天竺	印度
		注辇国	印度东南岸
		南毗国	马拉巴海岸
		冯牙罗	印度西南部
		麻罗华	印度中部
		甘琶逸	印度西坎培
		胡荣辣	印度西部
	没来国	故临	印度奎隆
	拔帆国		印度布罗奇
		麻罗拔	印度马拉巴

第二章

宋元时期的海外贸易

（续表）

区　域	唐	宋	与今地名对照
南亚地区	师子国	细　兰	斯里兰卡
		南尼华罗	印度松纳特
	提帆国		卡拉奇东部
	提罗卢和		伊朗阿巴丹
		木俱兰	英克兰
	乌刺国	勿　拔	布　兰
	末罗国	弼斯罗	巴士拉
	缚达城	白　达	巴格达
	波　斯	波　斯	伊　朗
		伊　禄	伊拉克
		记　斯	波斯湾奎斯
		白　莲	巴林
		瓮　蛮	阿曼
		大　秦	叙利亚一带
		思　莲	叙利亚
		甘　眉	伊朗东南部
		积　吉	伊朗设拉子
红海周围及东非沿海地区		麻　嘉	麦　加
		勿斯里	埃　及
		遏根陀	亚历山大
		陆盘地	埃及达米塔
		麻离拔	阿拉伯半岛南部
		麻罗拔	埃及开罗
		眉路骨淳	泛指北非
		木兰皮	摩洛哥
		吡啫耶	突尼斯
		默加猎	非洲西北部
		伽力吉	埃塞俄比亚海岸
		中　理	索马里南部海岸
		昆仑层期	坦噶尼喀海岸
		弼琶罗	索马里摩加迪沙
		层　拔	桑给巴尔

通过上表可以清楚地看到,宋代中国与东南亚海岛地区、印度西海岸、红海和东非海岸等的贸易往来有明显增长。关于宋朝海商在东南亚地区、印度、波斯湾和红海周围等地的贸易活动,有关史籍记载甚详,学术界在这方面也没有大的歧义。而宋朝海商在东非的活动却一直存在不同的看法。《古老非洲的再发现》一书的作者巴兹尔·戴维逊虽然肯定了"十二世纪前后,中国船就技术上来讲,已经能够航行到任何船只所能到达的地方去了"[1],而且也认为非洲的贸易"部分由中国航海业的发展而迅速发展起来了"[2],但依然坚持说:"直到十五世纪,著名的海军将领郑和才在东非拢岸","中国人在早年看来并没有越过印度洋的东部海面,尽管他们的船只和装备有可能把他们带到更为遥远的地方去。"[3]而研究非洲史的学者佐尹·马什和 G. W. 金斯诺思则认为"到了中世纪初,中国人也不断来到非洲沿海"[4]。罗威在《东非史》、皮尔斯在《桑给巴尔》书中,都认为宋代中国商船已到达东非沿岸。中国学者马文宽、孟凡人在《中国古瓷在非洲的发现》一书中也认为"东非不但与宋朝有密切的经济关系,而且政治关系也有所发展"[5],并引用了艾德里西著于 1154 年的《地理志》的记述:"中国人每遇到国内骚乱,或者由于印度局势动荡,战乱不止,影响商业往来,便转到桑奈建(桑给巴尔)及其所属岛屿进行贸易。"艾德里西作为生活在 12 世纪的人,其记述当然是最直接的证据。非洲盛产象牙、香料,都是中国市场畅销的大宗商品,对远航的宋商有着强烈的诱惑。非洲发现的大量宋瓷和部分宋钱也说明中国商品在当地是很受欢迎的。宋朝的航海和造船技术为实现两地交换的需求提供了良好的保障。宋代中国商人与东非沿岸地区有了政治经济的直接交往的观点是能够成立的;至少东非已经是宋朝海外贸易的市场范围,这一点是毋庸置疑的。

三、宋代贸易规模的增长

宋代海外贸易规模的扩大,可以从进出口商品数量和种类的增加、贸易额的增长两个方面来看。

(一)进出口商品数量和种类的增加

宋代进出口商品的结构与汉唐时期相比并没有显著的变化,即进口品以资源性商品为主,出口品以手工业品为主,但贸易的规模和商品的种类有了很

---

[1] 〔英〕巴兹尔·戴维逊:《古老非洲的再发现》,三联书店 1973 年版,第 271 页。

[2] 〔英〕巴兹尔·戴维逊:《古老非洲的再发现》,三联书店 1973 年版,第 275 页。

[3] 〔英〕巴兹尔·戴维逊:《古老非洲的再发现》,三联书店 1973 年版,第 271-272 页。

[4] 佐尹·马什等:《东非简史》,上海人民出版社 1974 年版,第 9 页。

[5] 马文宽、孟凡人:《中国古瓷在非洲的发现》,紫禁城出版社 1987 年版,第 108 页。

大增长：大宗商品的种类增加，并发生了某些变化。汉唐的出口商品以丝绸为最大宗，其他商品都比较有限。宋代丝绸仍是大宗出口商品，但其地位已经逊于瓷器，而且铜钱、书籍等商品的出口也大大增加。宋代的出口品主要有以下几类，见表2-2。

表2-2　宋代主要出口商品简表

类　　别	品　　　名
手工业制品	瓷器、陶器、纺绸、布帛、书籍、漆器等
金属制品	铜器、铜钱、金银、铅、锚等
工艺品	玩具、乐器、伞、梳、扇等
农副产品	糖、酒、果脯、米、盐、药材等

对于其他商品，我们在探讨海外贸易与东南沿海地区社会经济的关系时再加论述，这里仅对最能反映宋代出口规模增长的两种商品——瓷器、铜钱作一考察。

1. 瓷器的外销

第一，瓷器外销的范围。

自汉代开始我国的出口商品都以丝绸为最大宗。6世纪中期拜占庭学到了养蚕织丝技术。G. F.赫德逊在《欧洲与中国》中将其称为"使整个欧洲都不再依靠中国供应生丝的那个事件"，并称其像普罗米修斯从天上偷到了火一样重要。中国丝绸在欧洲的市场发展速度减缓。至宋代，瓷器取代丝绸成为最大宗的出口品。人们通常所说的"海上丝绸之路"，到宋代也相应地被称为"陶瓷之路"。日本学者三上次男专门研究中国瓷器外销的著作是以《陶瓷之路》作为书名。宋朝海船所到之处，以及与宋朝有贸易往来的国家和地区都有宋瓷的出口。在亚洲，日本、高丽及东南亚各国都大量进口宋瓷。日本《朝野群载》卷二十所收录的宋朝航海"公凭"中载：纲首李充赴日贸易，携运的货物有"象眼肆拾匹，生绢拾匹、白绫贰拾匹、瓷碗贰佰床、瓷碟壹佰床"。日本《新猿乐记》列举的从宋朝进口的商品中有茶碗一项。考古的发现更有力地说明了宋瓷远销日本的事实。日本已在本土、九州、四国沿岸及中心地带40个县以上的地区出土了宋代瓷器。① 宋朝同高丽的瓷器贸易也可以从现在的考古发现中得到证实。朝鲜在海州所属的龙媒岛、开城附近及江原道的春川邑等地，出土了不少中国瓷器，其中不少是宋代瓷器。② 东南亚也是宋瓷外销的巨大

① 中国硅酸盐学会：《中国瓷器史》，文物出版社1982年版，第309页。
② 中国硅酸盐学会：《中国瓷器史》，文物出版社1982年版，第311页。

市场。东南亚居民十分喜爱宋瓷。《诸蕃志》载："三屿国人常三五为群，伏于草莽，以暗箭射人，人多受害"，若"投以瓷碗则俯拾忻然跳呼而去"。根据《诸蕃志》的记载，中国用瓷器与其贸易的国家有占城、真腊、三佛齐、兰无里、单马令、凌牙斯加、佛罗安、西龙宫、阇婆、渤泥、麻逸、三屿等国家和地区。在菲律宾、马来西亚、文莱等地的考古发掘都发现了为数可观的宋代瓷器。①

　　宋瓷外销的主要市场还有南亚和西亚地区。《诸蕃志》所载与宋朝有瓷器贸易的有细兰、南庇（分别是今斯里兰卡和印度西南部马巴拉海岸）等。三上次男《陶瓷之路》载，印度的考古发掘不仅在沿海的遗址，而且在处于内陆地区的昌德拉瓦利、阿里卡美都、可里麦都等地也发现了宋代瓷器。② 斯里兰卡也有宋瓷的发现，处于内地的雅帕护瓦发现有宋瓷。当时宋瓷在斯里兰卡的销售十分广泛，"从十世纪到十二世纪、十三世纪，中国陶瓷被运进锡兰，并从海港运往内地的高原地带③。"巴基斯坦也有宋瓷出土，在先后发掘的四处遗址中有三处出土了宋代瓷器。④ 小亚细亚出土的宋代瓷器也不少。"在波斯湾的旧港遗址中都发现了中国陶瓷。"⑤在叙利亚、伊拉克、伊朗等地都发现了大量的宋瓷。黎巴嫩的高原古城巴勒贝克，位于内地的伊拉克萨马腊、瓦儿特、忒息丰、阿比鲁塔，伊朗北部的赖伊、西北部的阿尔德比勒发现有宋瓷。宋代的越窑瓷、华南白瓷、龙泉青瓷等"这类出土的陶瓷在中东无论哪个遗址都有发现"⑥。另外，在阿富汗的夏里·格尔格拉也发现了12—13世纪的龙泉青瓷片。

　　在非洲，埃及的福斯塔特遗址是发现中国瓷器最多的地点，其次是苏丹国境内的爱扎布遗址。在红海之滨的库赛尔镇也有宋瓷的发现。东非海岸发现的宋瓷也很多。三上次男这样描述道："沿着面临印度洋的海岸，顺着索马里、肯尼亚、坦桑尼亚南下，你就会发现在这一带海岸和岛屿出土中国陶瓷的遗址实在多得惊人……五十年代中期的二三年间，仅在坦桑尼亚海岸发现的出土中国陶瓷的遗址就有四十六处。"⑦在阿斯旺、努比亚等内陆地区也有中国陶瓷出土。

　　迄今为止，在欧洲尚未出土十四五世纪以前的中国瓷器。但这并不能说明宋代瓷器没有销售到欧洲。迪维斯在《欧洲瓷器史》中写道："中世纪期间，

---

① 中国硅酸盐学会：《中国瓷器史》，文物出版社 1982 年版，第 310-311 页。

② 〔日〕三上次男著、李锡经等译：《陶瓷之路》，文物出版社 1984 年版，第 123、125、127 页。

③ 〔日〕三上次男著、李锡经等译：《陶瓷之路》，文物出版社 1984 年版，第 138 页。

④ 中国硅酸盐学会：《中国瓷器史》，文物出版社 1982 年版，第 311 页。

⑤ 〔日〕三上次男著、李锡经等译：《陶瓷之路》，文物出版社 1984 年版，第 89 页。

⑥ 〔日〕三上次男著、李锡经等译：《陶瓷之路》，文物出版社 1984 年版，第 118 页。

⑦ 〔日〕三上次男著、李锡经等译：《陶瓷之路》，文物出版社 1984 年版，第 30 页。

中国瓷器很少进入欧洲。但是这并不是说欧洲人完全不知道中国瓷器,因为当时除零星出现的商业瓷制品外,中国瓷器还常常夹在官方使节带回的礼品中……出自这个时期的几件瓷器仍然保存在欧洲。"①地中海沿岸的叙利亚、亚历山大港等地都有宋瓷出土,而这些地区始终保持着与欧洲的贸易。威尼斯、热那亚等既保持着与阿拉伯人的贸易,从他们那里交换东方商品,同时又与他们争夺与东方贸易的主动权。11—13世纪,威尼斯等商人借助十字军的刀剑削弱了阿拉伯人在地中海地区的贸易地位,一度随十字军占领整个东地中海沿岸而主宰了欧洲与东方的贸易。迪维斯说:"十字军在他们的战场圣地见到了这种瓷器,而且它肯定是迷人的战利品。"②中国瓷器细腻滑润的外表、清脆悦耳的声音、绚丽多彩的图案,以及胎体与釉体浑然天成般的结合,对当时的欧洲人来说的确是不可思议和令人着迷的,以至于欧洲人一见它就怀着神秘而痴醉的热情试图揭开制造它的秘密。多少王侯、贵族和科学家花费无数的精力和钱财去探索这个令他们倾倒的秘密,直至18世纪中叶才获得成功。凭借欧洲人对中国瓷器的珍爱,阿拉伯和威尼斯等商人贩运瓷器往欧洲是可想而知的。但宋朝瓷器极少进入欧洲市场的确是历史事实。欧洲的考古发掘中也几乎没有发现这一时期的瓷器。这与后来欧洲大量进口中国瓷器形成了对照。"在公元1604年到1656年之间,荷兰进口了三百多万件瓷器。""仅瑞典一国,在1750年和1775年间就进口了一千一百万件瓷器。"③宋代欧洲进口瓷器甚少的原因还应进一步地分析和探讨。

第二,瓷器外销的数量。

从今天考古发掘的成果可以看到,宋瓷不仅销售范围广大,而且数量可观。三上次男在介绍宋朝向日本的瓷器输出时说:"十世纪至十二世纪,泉州有许多商船运载中国陶瓷器东渡日本,发现最集中的是镰仓,在这里采集到的中国陶瓷器有五万余件。"日本九州福岗修地铁时出土中国陶瓷片有10万片之多④。

在马来西亚,仅据沙捞越博物馆十几年来发掘所得中国瓷片即达100多万片,其中很大一部分是宋代产品。⑤销往非洲和西亚的中国瓷器数目也同样庞大。在福斯塔特的遗址中有六七十万片陶瓷,其中中国瓷超过2万片。⑥三上次男在爱扎布亲自考察发现:"(爱扎布遗址)到处都是中国的陶瓷片……

① 〔英〕简·迪维斯:《欧洲瓷器史》,浙江美术学院出版社1991年版,第7页。
② 〔英〕简·迪维斯:《欧洲瓷器史》,浙江美术学院出版社1991年版,第7页。
③ 〔英〕简·迪维斯:《欧洲瓷器史》,浙江美术学院出版社1991年版,第10页。
④ 《宋元时期泉州港的陶瓷输出》,《海交史研究》1984年刊。
⑤ 中国硅酸盐学会:《中国瓷器史》,文物出版社1982年版,第311页。
⑥ 秦大树:《埃及福斯塔特遗址中发现的中国陶瓷》,《海交史研究》1995年第1期。

无论我们走到哪里,脚底下都是中国的陶瓷片。"①这个港口存在于10—14世纪,11世纪中叶至14世纪中叶是其繁荣时期。这些俯首可拾的瓷片都是宋元时期的外销产品。阿拉伯国家进口中国瓷器最为普遍。三上次男十分形象地描述道:"中国陶瓷自九至十世纪起,就像水的渗透似的扩散到美索不达米亚的各个城市。"②当时,阿拉伯帝国的王公贵族都拥有大批瓷器。贝哈几于1059年记述道,霍腊总督一次就向国王奉送了中国官窑精品20件及一般瓷器2000件。③ 尽管中国瓷器出口量巨大,但销路仍然极畅。在非洲和中东都掀起了消费中国瓷器的热潮,以致影响了当地整个市场价格。亚丁当局曾因此不得不"为控制价格而限制进口(中国瓷器)"④。这虽然是伊本·拔图塔所谈的14世纪的情况,但14世纪的海外贸易不过是宋代盛况的延续而已。从一些迹象我们可以看到,宋朝瓷器外销量虽然很大,仍没有满足市场的需求。在福斯塔特六七十万片陶瓷中绝大部分是埃及的陶片,而这些陶片的70%—80%都是中国瓷器的仿制品。这恰恰反映了当地对中国瓷器的偏爱和需求。11世纪的波斯也如此。宋瓷的输入使波斯的陶器面貌为之一新,受到中国瓷器深刻的影响。这些仿制器由于技术所限只能是陶器而不是瓷器,但它们在一定程度上弥补了宋瓷供给的不足。

2. 宋朝铜钱的外流

铜钱外流的现象,宋代以前已经存在,但规模有限,尚未产生大的影响。宋代铜钱的外流十分严重,加剧了钱荒(铜钱短缺)及会价通胀等问题,引起了统治者的高度重视。宋政府颁布了一道又一道的禁令,但由于铜钱深受海外各国喜爱,贸易利润奇丰,仍无法截阻如决堤之水般的铜钱外流势头。

第一,宋代铜钱出口之禁。

宋代始终禁止民间商人在海外贸易中经营铜钱。宋太祖时就有令:"铜钱阑出江南、塞外及南蕃诸国,差定其法,至二贯者徙一年,五贯以上弃市,募告者赏之。"⑤太宗淳化五年规定:"四贯以上徙一年,稍加至二十贯以上,黥面配本州为役兵。"⑥庆历元年五月禁令更加严厉:"以铜钱出外界,一贯以上,为首者处死;其为从,若不及一贯,河东、河北、京西、陕西人决配广南远恶州军本

---

① 〔日〕三上次男著、李锡经等译:《陶瓷之路》,文物出版社1984年版,第19页。

② 〔日〕三上次男著、李锡经等译:《陶瓷之路》,文物出版社1984年版,第82页。

③ 〔日〕三上次男著、李锡经等译:《陶瓷之路》,文物出版社1984年版,第99页。

④ 〔日〕三上次男著、李锡经等译:《陶瓷之路》,文物出版社1984年版,第46页。

⑤ 《宋史》一八〇《食货志下二》。

⑥ 《宋史》卷一八六《食货志下八》。

城,广南、两浙、福建人配陕西。"①嘉祐、熙宁、元丰等年间都多次重申铜钱外销之禁。哲宗嗣位伊始就"复申钱币阑出之禁,如嘉祐编敕"②。所谓《嘉祐编敕》就是对商人铜钱出境的数额及违法的处罚,规定"将铜钱出中国界者,河北陕西河东不满一百文,杖一百",依次加重处罚,"商客蕃客往南蕃者听逐人各带路费钱五百文",过此数者罚,并令"市舶司并缘海州军常切点检"③。

宋朝南渡以后铜钱外销的禁令更加森严。绍兴年间至少有三年、十二年、二十六年、二十七年、二十八年等多次禁令。④ 绍兴三十年规定,透漏铜钱达五贯者处死罪。⑤ 宋政府还规定在国内与番商的交易不能用铜钱,违者二贯以上要流配,贩出境者加倍处罚。⑥ 自度宗以上每个皇帝都颁布过铜钱外流的禁令。南宋对铜钱出口的稽查也更加严格。绍兴十一年规定:"遇舶船起发,差本司属官一员,临时点检,仍差不干碍官一员觉察至海口,俟其放洋方得回归。"点检的责任就是防止"诸舶船(贩蕃及外蕃进奉人使、回蕃船同)不得夹带钱出中国界"⑦。淳熙五年又重申了对商舶携带铜钱最高额的规定:"蕃商海舶等舶往来兴贩,夹带铜钱五百文随行,离岸五里,便依出界条法。"⑧商人携带铜钱出海限制在五百文以内。但是,宋政府连篇累牍的禁文并未能遏制住铜钱的外流。

第二,铜钱外流之盛。

宋政府以无数条禁令筑起了貌似坚固严密的堤坝,但铜钱仍通过各种途径以惊人的数量流向海外各国。铜钱的外销数量庞大,范围辽远。当时的人描述铜钱透漏的严重状况说:"蕃舶巨艘,形若山岳,乘风驾浪,深入遐陬。"⑨海商"以高大深广之船,一船可载数万贯文而去"⑩。南宋范成大看到铜钱透漏严重,"一舶所迁或以万计,泉司岁课积聚艰窘",建议关闭明州等港的贸易才是"拔本塞源,不争而胜之道"⑪。《敝帚稿略》记载了日本商人在台州一带大量收购铜钱的事,由于日商的收购,"台城一日之间,忽绝无一文小钱在市行

① [宋]李焘:《续资治通鉴长编》卷一三二,庆历元年五月乙卯//《宋史要籍汇编》,上海古籍出版社1986年版。

② 《宋史》卷一八〇《食货志下二》。

③ [宋]张方平:《乐全集》卷二六《嘉祐编敕》,《四库全书》台北珍本初集本。

④ 参见[宋]李心传:《建炎以来系年要录》相应年代的记载,中华书局1988年版。

⑤ 《历代名臣奏议》卷二七二《理财》。

⑥ [宋]李心传:《建炎以来系年要录》卷一八〇,绍兴二十八年九月辛未。中华书局1988年版。

⑦ 《宋会要·职官四四之二一》。

⑧ 《庆元条法事类》卷二九《铜钱金银出界敕》,燕京大学图书馆藏版1948年10月印行。

⑨ 《宋史》卷一八〇《食货志下二》。

⑩ 《敝帚稿略》卷一《禁铜钱申省状》。

⑪ 《历代名臣奏议》卷二七二《理财》。

用"①。宋钱流入日本甚多。在今天日本出土了大量宋钱。博多港发现的宋代海商居住遗址中就发现了"元丰通宝"、"绍圣通宝"铜钱。② 据小叶田淳《日本货币流通史》统计,仅在日本18个地方的出土文物即有唐至明代的铜钱55.3万余枚,其中以宋钱为多。高丽也有宋钱的进入。在崇宁以前,高丽尚未使用铜钱时就已有宋钱的输入。《文献通考》载:"高丽地产铜,不知铸钱,中国所予钱,藏之府库,时出传玩而已。"③崇宁以后高丽开始铸钱和行钱,宋钱的输入也逐渐增加。

东南亚也是进口宋朝铜钱的主要地区。《诸蕃志》记载,往阇婆国的商人经常"潜载铜钱博换"。交趾也大量套购宋朝铜钱,其国内规定:"小平钱许入不许出。"④在新加坡附近、爪哇的考古发掘都有宋钱出土。1827年新加坡掘出的铜钱多数为宋钱。1860年爪哇掘得中国铜钱30枚,过半都是宋钱。⑤ 宋代铜钱还流布印度、阿拉伯、非洲等地。印度南部也发掘出宋朝铜钱,不仅沿海一带,甚至靠内陆的昌德拉瓦利、阿里卡美都也有宋钱发现。⑥ 在波斯湾的霍尔木兹岛也发现了宋代铜钱。⑦ 东非沿海发现的宋代铜钱为数也颇多。1944年在桑给巴尔发现了108枚北宋铜钱。在肯尼亚和坦桑尼亚沿海发现的19世纪以前的506枚外币中属于中国的达249枚以上,而且多半为13世纪以前的零钱。在基尔瓦也发现了北宋"淳化通宝"、"熙宁通宝"、"政和通宝"等。⑧ 肯尼亚的哥迪遗址中出土有"庆元通宝"、"绍定通宝"等,摩加迪沙也发现了宋钱。⑨ 荷兰学者戴闻达研究宋钱的流布时说:"中国的现钱广为流传于当时自日本至远西的伊斯兰诸国。犹如宋代某些人所称,缗钱原为中国财宝,而今四方蛮夷通用之。"(即张方子《乐全集》卷二六《论钱禁铜法事》"钱本中国宝货,今乃与四夷共之。")桑原骘藏也得出了同样的结论:"宋之铜钱东自日本、西至伊士兰教国,散布至广。"⑩

第三,铜钱外流的途径。

宋代铜钱的外流主要有三条途径:一是回赐,二是博买,三是走私。在朝贡贸易的回赐中铜钱是很受欢迎的商品。铜钱只是回赐物品的一类,其数量

① 《敝帚稿略》卷一《乞复钱蔡疏》。
② 《悠悠友谊的见证》,《光明日报》1978年10月29日。
③ 《文献通考》卷三二五《四膏考二》。
④ 〔宋〕李心传:《建炎以来系年要录》卷六九,绍兴三年十月戊戌。中华书局1988年版。
⑤ 〔日〕桑原骘藏著、陈裕菁译:《蒲寿庚考》,中华书局1954年译本,第32页。
⑥ 〔日〕三上次男著、李锡经等译:《陶瓷之路》,文物出版社1984年版,第123、126页。
⑦ 〔日〕三上次男著、李锡经等译:《陶瓷之路》,文物出版社1984年版,第89页。
⑧ 孙光圻:《中国古代航海史》,海洋出版社1989年版,第412页。
⑨ 〔日〕三上次男著、李锡经等译:《陶瓷之路》,文物出版社1984年版,第32页。
⑩ 〔日〕桑原骘藏著、陈裕菁译:《蒲寿庚考》,中华书局1954年译本,第31页。

并不大。但有时也达到上万缗的数目。如熙宁十年，宋政府回赐给注辇国王钱 81800 缗①，元丰二年又赐给三佛齐 64000 缗②，元祐二年宋回赐给交趾钱 10000 贯③。贡赐贸易从经济角度来说，宋政府得少失多，回赐的价值都超过贡物价值。例如，元祐二年回赐给交趾钱 1 万贯，而其"进奉物价九千四百九十四贯"。苏轼曾指出："馆寺赐予之费不可胜数……朝廷无丝毫之益而远夷获不赀之财。"④朝贡贸易不仅耗费大量回赐，而且众多商人冒称贡使，骗取回赐，势必导致市舶抽解的减少。因此，宋政府严格限制朝贡贸易，规定了各国朝贡的人数和规模，禁止商人伪称使节进贡，以减少回赐之数。贡赐贸易处于宋政府的直接控制之下。由于宋政府的严格限制，铜钱由此外流为数不多。

宋朝前期通过博买也造成了一定数量的铜钱外流。市舶司建立之初，宋是"以金银、缗钱、铅锡、杂色帛、瓷器"⑤与番商交易。从后来宋政府的反省"以金银博买，泄之远夷为可惜"⑥来看，金银通过博买流向国外，缗钱即铜钱大概也是这样。但大多数时候宋政府并不是用铜钱直接博买，而是以度牒、师号、银两等折支，而且在嘉定十二年规定了"止以绢帛、锦绮、瓷、漆之属博易"⑦，取消了金银、缗钱等的博买。在博买行为中，宋政府是主体，因而博买中的铜钱外流较能受到政府的控制。而唯一让宋政府束手的就是铜钱的走私，这也是铜钱外流最大、最主要的途径。

铜钱走私遍及全国沿海各地。"自置市舶于浙于闽于广，舶商往来，钱宝所由以泄。"⑧包恢在《敝帚稿略》卷一《禁铜钱申省状》中详细分析了铜钱走私的状况、原因和方式。他说："漏泄之地非特在庆元抽解之处，如沿海温、台等处境界，其数千里之间漏泄非一。"而且"抽解之司无一处不漏泄，庆元之外，若福建泉州与广东广州之市舶两处无以异于庆元，而又或过之"。"北自庆元，中至福建，南至广州，沿海一带数千里，一岁不知其几舟也"。"福建之钱聚而泄于泉之番舶，广东之钱聚而泄于广之番舶"。番商"深入返陬"，在市舶司管理不及的地方贩运铜钱，逃避检查。真德秀主管泉州市舶时曾指出："（番舶）漏

---

① 《文献通考》卷三四二《四裔考九》。

② ［宋］李焘：《续资治通鉴长编》卷二九九，元丰二年七月癸巳∥《宋史要籍汇编》，上海古籍出版社 1986 年版。

③ ［宋］李焘：《续资治通鉴长编》卷四〇一，元祐二年五月己卯∥《宋史要籍汇编》，上海古籍出版社 1986 年版。

④ ［宋］李焘：《续资治通鉴长编》卷四三五，元祐四年十一月甲午∥《宋史要籍汇编》，上海古籍出版社 1986 年版。

⑤ 《宋史》卷一八六《食货志下八》。

⑥ 《宋会要·蕃夷四之九一》。

⑦ 《宋史》卷一八五《食货志下七》。

⑧ 《宋史》卷一八零《食货志下二》。

泻于思、广、潮、惠州者多，而回（泉）州者少"，以致泉州市舶收入递年减少，"嘉定间某（按：指真德秀）在任日舶税收钱犹十余万贯，及绍定四年才收四万余贯，五年止收五万余贯"①。正因为这些地方有利于贩运禁物、逃免检查，在广东澄海隆都后埔宋代佛寺遗址出土了两宋铜钱1800多斤，年代最晚为景定钱。当时佛寺前是出海港，佛寺则是海商集会之所。这些铜钱是蕃舶收买而因故未能启运的走私品。杜经国和黄挺二先生认为可能是日本商船的走私品。② 至于具体为某国商人所遗留已无法确知，但这批停放在港口边的为数不小的铜钱肯定是准备走私外运的。

走私的方式是多种多样的。方式之一是潜藏于船底。"检空官一过其上，一望而退，岂尝知其内之所藏"，其实"船底莫非铜钱也"。方式之二是事先"积得现钱或寄之海中之人家，或埋之海山险处，或预以小舟搬载前去州岸已五七十里，候检空讫，然后到前洋各处逐旋搬人船内，安然而去"。方式之三是"其归船撑去隔二三十里，所差官检空不及"③。方式之四是在境内将铜钱熔铸成铜器，再运到海外。《续资治通鉴长编》卷一一五景祐元年十月丙戌条载："广南蕃舶多毁钱以铸铜器。"权度支判官李申奏请重赏告发者，以杜防私铸。

走私活动兴盛的一个重要原因就是铜钱的走私贸易中利润丰厚，海商为求厚利逃避关检。《敝帚稿略》载："每是一贯之数可以易番货百贯之物，每百贯之数可以易番货千贯之物"，"似此之类奸民安得而不乐与之为市"。由于重利的驱使，一些海商甚至可以冒生命之险。绍兴十三年就有"泉州商人夜以小舟载铜钱十余万缗人洋，舟重风急，遂沉于海"④。宋朝的水军也不能抵挡厚利的诱惑。"屯驻水军去处，每月多是现钱支给，此钱一出，固不可复人……钱自本州支出，则城下大舟径载人番国矣。"⑤高额的利润使宋政府的禁令显得苍白无力。

走私兴盛的另一个重要原因是官商勾结。官商的勾结使铜钱外泄成为不治之症。有的海商是地方豪强，称霸一方，使地方官不得不依附于他。例如，《宋史·苏缄传》记载的樊姓海商，叱咤于广州一带，地方官新到，先须前往拜谒，然后上任。就是这些"有势力者，官司不敢谁何，且为防护出境"，以致"铜钱日寡"。有的市舶官接受海商贿赂，或付钱给海商贸易，分享利润，如《敝帚稿略》卷一所说"官吏不廉不公，例有所受而不从实检放"。鉴于市舶官与海商

① 《西山文集》卷一五《申尚书省乞拨降度牒添助宗子请给》。
② 杜经国、黄挺：《潮汕地区古代海上对外贸易》//《潮学研究（2）》，汕头大学出版社1994年版，第13-33页。
③ ［宋］包恢撰：《敝帚稿略·乞复钱禁疏》卷一。
④ ［宋］李心传：《建炎以来系年要录》一五〇，绍兴十三年十二月丙午，中华书局1988年版。
⑤ 《敝帚稿略·乞复钱禁疏》卷一。

勾结之甚，宋政府规定，坐视铜钱下海的官员要"迫官勒停，永不叙理"，而于"任内无透漏当与升擢差遣"；又规定"见任官以钱附纲首过蕃买物者有罚"。① 淳熙六年，广州官员郑人杰因"任内透漏铜钱银宝过界"而"特降三官"。② 嘉定五年，知雷州郑公明因为"三次般运铜钱下海博易番货"而遭到放罢。③ 但杀一儆百的警诫并未能使走私铜钱的商人裹足，也没有使坐地分赃的官吏收手。沿海诸郡对中央法令置若罔闻，以致中央虽"申严淮、海铜钱出界之禁，而闽广诸郡多不举行"④。"广南、福建、两浙、山东恣其所往，所在官司公为隐庇，诸系禁物，私行买卖，莫不载钱而去。"⑤ 市舶官放任海商走私铜钱还有一个原因，就是想借此鼓励海商经营，扩大贸易规模，以捞取政绩，求得升迁。宋政府规定："闽、广舶务监官抽买乳香每及一百万两，转一官。"即使所"招商入蕃兴贩，舟还在罢任后，亦依此推赏。"⑥ 市舶官员为了积满数额、得到擢迁，往往鼓励甚至驱赶商人出海，同时也就对商人和铜钱走私活动视而不见，任其自流，因而出现"舶司拘于岁课，每于冬津遣富商请验以往，其有不愿者，照籍点发，夫既驱之而行，虽有禁物，人不敢告，官不暇问，钢日以耗"⑦。这可以说是宋政府鼓励市舶官员发展海外贸易政策所孳生的违背政策制定者初衷的恶果之一。

第四，铜钱外流的根本原因：铜钱在海外诸国的行用。

有市场需求，才可能有交换行为。宋朝铜钱的大量外流正因于海外市场对铜钱的巨大需求，而高额的利润也正来源于国内价值与国际价值的巨大差异。但是，我们知道，铜钱是一种贱金属货币，单位重量大而价值小。《宋史》卷一八〇《食货志下二》载，宋制"凡铸钱用铜三斤十两，铅一斤八两，锡八两，得钱千，重五斤"。据郭正忠先生的研究，宋代官秤每两为 40 克左右，每斤则为 640 克左右。⑧ 一贯铜钱重达 3200 克。当时一个海商的贸易规模一次动辄数万乃至数十万贯。例如，绍熙年间"大食藩客啰辛贩乳香直三十万缗"⑨，如果全部用铜钱支付，30 万贯铜钱重达 960 吨。按《梦粱录》卷一二所载，海商之舰大者 5000 料（约合 300 吨），中者 3000 料（约合 180 吨）至 1000 料，则

---

① 《宋会要·法二之一四五》。

② 《宋会要·官四四之二六》。

③ 《宋会要·官七四之四四》。

④ ［宋］李心传：《建炎以来系年要录》一五〇，绍兴十三年十二月丙午，中华书局 1988 年版。

⑤ ［宋］李焘：《续资治通鉴长编》卷二六九，熙宁八年十月辛卯//《宋史要籍汇编》，上海古籍出版社 1986 年版。

⑥ 《宋史·食货志下七》。

⑦ 《宋会要·法二》。

⑧ 郭正忠：《三至十四世纪中国的权衡度量》，中国社会科学出版社 1993 年版，第 221 页。

⑨ 《宋史·食货志下七》。

哕辛此次回航需三只以上大船,或五只中等船才能装运。这显然极不便利。可见,铜钱并不是理想的海外贸易中的支付手段,更何况宋政府的钱禁日甚一日。铜钱大量在海外贸易中的主要需求不是作为国际贸易的支付手段,而是因为宋朝铜钱在海外诸国的普遍行用,海外各国将铜钱作为通货。铜钱在海外诸国的行用,根据各国的货币体制和生产力特征大体可以分为两个地区:一是深受中国经济制度和文化统影响的高丽、日本、交趾等以铜钱为主币的地区;二是受阿拉伯、印度等货币制度影响的三佛齐、阇婆等东南亚及其以西各国则以金银为主币的地区。

对于宋朝铜钱在海外各国行用的具体情况,黄纯艳先生《论宋朝铜钱在海外诸国的行用》[1]、《论十至十三世纪东南亚的市场、贸易和货币》两文中作了较详细的论述。古代的高丽、日本、交趾历来受到中国各方面的影响,其政治、经济、文化等各种制度都学习和借鉴中国传统,货币经济也是如此。在三个国家中,高丽使用铜钱最晚;直到崇宁以后才"始学鼓铸",但其发行的铜钱形制也仿照中国,称"海东通宝"、"重宝"、"三韩通宝"等。11—12世纪高丽经济有较大发展,出现了繁荣局面。随着商品经济的发展,货币的需求和流通量也逐步增长。高丽对宋钱的需要数量不断增加,宋政府针对高丽的钱禁也日甚一日。

日本铜钱的形制也仿照中国,最早仿照唐"开元通宝",720年日本还从中国聘请工匠造钱[2],日本所造铜钱也以"乾文大宝",或"ＸＸ通宝"、"ＸＸ大宝"等为名。但是,日本自己所铸钱发行方式颇不合理,没有统一标准,大小轻重不一,而且铸造技术粗糙,造成币制紊乱、信用低下。平安中期以后出现货币流通停滞、货币经济萎缩的现象,平安朝末期试图把宋钱的大量输入作为改变日本货币流通不畅的手段。日本政府允许宋钱输入,起初是想用这种与法定价格无关的外来铜钱带动日本法定铜钱以自然价格流通起来。宋钱的确大量涌入了,但它并未带动日钱流通,而是喧宾夺主,扮演了流通中的主角。南宋时期,随着中国海外贸易的进一步发展,铜钱流入日本更多。由于宋钱的充斥和日钱的退缩,日本政府又想把宋钱堵在国门之外。后鸟羽天皇建久四年(1195年)敕令禁止使用宋钱。但经济的发展常常要为自己开路,这条敕令也没有起到实际效力。正如藤家礼之助所说,"我国(指日本)社会还是卷进了汪洋的宋钱经济的旋涡之中","可信赖的宋钱作为有效的通货来使用,最后发展到成为必不可缺的通货加以重用"。正因为宋钱在日本的广泛流通、需求极大,才刺激了宋日海商狂热的走私,以致出现了台州城一日之间无一枚铜钱在

---

① 黄纯艳:《论宋朝铜钱在海外诸国的行用》,《中州学刊》1997年第6期。

② 日本学术协会:《图说日本货币史》,1990年版,第6页。

市行用的匪夷所思的情况。①

交趾在秦汉至五代长期是中国政权直辖之地,中央在此设郡置县,交趾的政治经济文化也被纳入中原政权的体系之中,货币制度也如此。五代后期,交趾取得了政治上的独立,宋朝承认了既成事实,但交趾的货币制度仍沿袭了过去的传统,主要行用铜钱。范成大《桂海虞衡志》、马端临《文献通考》中都说,交趾"不能鼓铸泉货,用中国小铜钱,皆商旅泄而出者"是不合实际的②,在独立之初的黎朝就有了官府的铸钱工场。③ 宋政府的禁令"自今应赍到黎字砂错等钱并没入官"④也说明了这一点。由于铸造技术的粗劣,交趾所铸钱与日本钱一样,质量与宋钱别若天壤。宋朝因为交趾钱的进入扰乱了货币市场,而禁止其入境,但交趾则十分欢迎质优价稳的宋钱。交趾商人及赴交趾贸易的宋商都大量套购宋钱,走私到交趾。其中,最受欢迎的是宋朝信用最好的一种货币,即小平钱。宋钱在交趾行用之盛亦如日本,充当了通货的主角,以致在广西任过官的范成大和识见广博的马端临也错以为交趾自不铸钱而只用宋钱。

高丽、日本、交趾三国受中国货币制度影响,都以铜钱为主币,而且都制造过铜钱。由于铸造技术的粗劣和铜钱供给的不足,宋钱大量涌入其国内市场,并充当了其国通货的主力。这三个国家成为了宋钱输出的巨大而稳定的市场。

宋朝铜钱也大量流入东南亚,并在那里充当通货。与日本、高丽、交趾国不同的是,东南亚国家都以金银为主币,宋钱主要作为小额交易中使用的辅币。

东南亚地区因得享天地厚赐的自然环境,盛产香药、象牙、犀角等宝货。这些既是中国进口的主要商品,也是阿拉伯商人贩易的主要商品。中国和阿拉伯是当时国际贸易中最活跃的两极,两地的商人频繁往来于东南亚。在宋代,东南亚本地商人也逐渐成长起来。宋朝的史籍中记载有大量东南亚地区商人来华贸易的事迹。如此丰富、畅销的物产和往来如织的商人,共同把东南亚营造成为一个十分繁荣的国际贸易市场。在繁荣的国际贸易的推动下,东南亚地区形成了多层次的市场体系。与东南亚的政治经济发展状况相适应,出现了三个最大的国际贸易中心市场,即《岭外代答》卷二《外国门上》所载"正

① 关于宋钱在日行用的论述参考藤家礼之助《日中交流两千年》,北京大学出版社 1982 年译本;木宫泰彦:《日中文化交流史》,商务印书馆 1980 年译本;桑原骘藏:《蒲寿庚考》,中华书局 1954 年译本;小叶田淳:《日本货币流通史》,刀江书院昭和十八年版等书。

② 《文献通考》卷三三○《四裔考○》。

③ 越南社科委:《越南历史》,人民出版社 1977 年版,第 161 页。

④ 《宋会要·刑法二之一三》。

南诸国三佛齐其都会也;东南诸国阇婆其都会也;西南诸国浩乎不可穷,近则占城、真腊为窾襄诸国之都会"。三大都会是国际性的中心市场,各自总汇一方货物。其次,各国国内的港口成为市场体系中的第二层次的市场。而由于生产力的落后,东南亚各国的国内市场却是十分落后的,交易细碎,规模甚小。细小的国内市场构成了东南亚地区市场体系中的第三层次。

据《诸蕃志》记载,宋朝和阿拉伯商人到东南亚并不必分巡于星罗棋布的众多岛屿一家一户地交易,而是在港口将货物批发给当地商人,然后从这些商人手中收购香药宝货。印度和阿拉伯商人的交换活动也大体如此。所以,东南亚的国际贸易主要是以批发贸易为主。为适应这种大宗贸易的需要,东南亚,特别是东西方海上贸易航线两侧的地区都以贵金属金银为主币。《诸蕃志》、《宋史》之《占城传》、《丹流眉传》、《三佛齐传》、《阇婆传》,《文献通考·四裔考九》等都记载了东南亚地区以金银为货币的情况。在东南亚,金银不仅作为交换手段,而且也在贡赋、薪俸、聘礼等方面广泛应用,成为社会财富的一般体现物。东南亚的少数国家也有合金铸币,但其价值都以金银折算,金银是终极价值尺度,具有本位货币的地位。

东南亚实行金银本位币制与波斯和阿拉伯货币体制的影响有密切关系。宋代以前,波斯和阿拉伯是东西方贸易的主力军,东南亚的国际贸易为他们所操纵,乃至东南亚的文化、制度都受到其深刻影响。贺圣达先生在《东南亚文化发展史》中将东南亚地区文化分为四种类型,即深受中国文化影响的越南,受印度文化影响的缅、泰、老、柬四国,受阿拉伯伊斯兰文化影响的印尼群岛、马来半岛,受基督教文化影响的菲律宾群岛(指 16 世纪以后)。[1] 伊斯兰文化的影响与阿拉伯商人的活动是密切相关的,甚至可以说文化的影响是建立在经济影响的基础之上的。阿拉伯商人的贸易把东南亚这些地区的币制也纳入到自己的体系之中。

金银货币似乎充斥了东南亚的整个市场,没有给汹涌而来的宋朝铜钱留出些许的空隙。其实不然。东南亚诸国所进行的巨大的国际交换完全依赖于天地所赐的自然资源优势和东西方贸易孔道的地理优势,而没有相适应的生产力基础,国内市场的交换依然是细碎而零散的。在宋代,东南亚相对于前代总体上处于蓬勃发展时期。但由于生产力水平的局限,东南亚依旧处于以农业为主、手工业尚不发达的状态中。在当时东南亚号为一时之盛的占城、真腊、三佛齐和阇婆都是如此。《诸蕃志》卷上的记载即反映了这种状况。以农立国和手工业的落后决定了其国内市场的不发达,居民日常生活的交换需求细小而零碎,商品经济至少远远落后于宋朝。即使东南亚各国赖以大宗出口

---

① 　贺圣达:《东南亚文化发展史》,云南人民出版社 1996 年版。

的香药宝货也并未形成规模种植,甚至还没有人工种植,都来自于百姓在生产之隙入山采集。正因为如此,宋商在东南亚购买香药等物时才需要通过若干当地的商贾散往各地居民中收买,再集而售予宋商。当地的商贾与居民之间的交易仍然是十分散碎的。

东南亚生产力发展的以上特征决定了国内市场交换与国际贸易市场明显的反差,作为贵金属的金银很难担当这种利尽锱铢的民间贸易的媒介。贵金属金银难以大材小用,人们便开始寻觅质稳而价廉的贱金属来充当交换媒介。真腊国等国也曾以乌铅做称量货币,但较之成色稳定、形制统一、携带便利而且信誉良好、购买力强的宋朝铜钱,称量乌铅又显得十分笨拙了。单位细小的宋朝铜钱的涌入正适应了东南亚各国国内市场的需要,深受消费者欢迎,铜钱马上在当地市场上流通,以致"入蕃者非铜钱不往,而蕃货亦非铜钱不售"①。小小铜钱使百货流通、经济活跃,因而东南亚各国都视之为"镇国之宝"。番商"往往冒禁,潜载铜钱博换"②,出现了"海外东南诸番国无一国不贪好(宋钱)"③,"四夷皆仰中国之铜币"④的局面,吸纳了大量宋朝的外流铜钱。

宋钱流入印度沿海诸国、阿拉伯、东非沿海等地为数也不少。《中国古代航海史》一书认为:"鉴于十三世纪以前阿拉伯商人在东非贸易时大都以姆潘得贝壳作支付手段,因此,东非海岸发现的众多宋代铜钱无疑是其时中国帆船在那儿直接交易的遗存。"⑤宋钱进入东非市场以后如何使用,有待进一步研究,可能与东南亚地区相似,充当辅币的角色。

正因为海外对宋朝铜钱存在着巨大的需求,使宋钱的外流形成了无法阻止的惯性,以致出现了"边关重车而出,海舶饱载而回"⑥铜钱大量外泄的严重局面,宋政府不得不重申禁令。但走私之甚并未稍减。时人满怀忧虑而又无可奈何地叹息到:"海舶之所运,日积一日,臣恐穷吾工力,不足以给之。"⑦他们看到,铜钱被"巨家停积,犹可以发泄,铜器钰销,犹可以止遏,唯一入海舟,往而不返"⑧。宋钱的大量外流,对宋朝社会经济造成了多方面的影响,特别是加重了"钱荒"和会子折兑、称提的困难。但是,铜钱大量外流的现象也从一个侧面反映了宋代海外贸易的繁荣。

---

① 《宋会要·刑法二之一四四》。
② [宋]赵汝适:《诸蕃志》卷上,中华书局冯承钧校注本。
③ 《敝帚稿略》卷一《乞复钱禁疏》。
④ [宋]李焘:《续资治通鉴长编》卷二八三,熙宁十年//《宋史要籍汇编》,上海古籍出版社 1986 年版。
⑤ 孙光圻:《中国古代航海史》,海洋出版社 1989 年版,第 412 页。
⑥ 张方平:《乐全集》卷二六《钱禁铜法事》,《四库全书》1104 册。
⑦ [宋]刘挚:《忠肃集》卷五《复钱禁疏》,嵌辅丛书本。
⑧ 《宋史》卷一八零《货志下二》。

3.进口品种类的增加

汉代从海上进口的商品主要有明珠、琉璃、奇石异物等单位体积小而价值大的商品。这是由当时的船舶载重量和航海技术决定的。南北朝时,《宋书·蛮夷传》虽有"通犀、翠羽之珍、蛇珠、火布之异,千名万品……",但此时能明确见诸史籍的进口品并不多。唐代史书记载的进口品名目明显增加。张泽咸先生在《唐代工商业》中根据史书记载,统计了海陆各方向朝贡贸易中进口的商品名称,共计70多种。① 宋代进口商品种类明显增加,数以百计,仅见于《宋会要辑稿·职官四四》的物货就达400种左右,《宝庆四明志》又列有170种,《岭外代答》、《诸蕃志》、《云麓漫钞》、《香谱》等书中又各有列举。为避免冗繁的罗列,我们可以按其性质和用途进行简单分类,并略举每类别中若干品名,见表2-3。

表2-3 宋代进口商品名称

品 名
金银、象牙、犀角、珍珠、珊瑚、玳瑁、晕羽、玛瑙、猫儿眼睛、琉璃等
沉香、乳香、降真香、龙涎香、蔷薇水、檀香、笺香、光香、金颜香、笃耨香、安息香、速香、暂香、黄速香、生香、麝香木等
苏木、阿魏、肉豆蔻、白豆蔻、没药、胡椒、丁香、木香、苏合油、血碣、脑子、鹿茸、茯苓、人参、麝香等
吉贝布、番布、高丽绢、绸布、松板、杉板、罗板、乌婪木、席、折扇等

(二)贸易额的扩大

随着造船技术和航海技术的进步,不仅贸易次数增加,运载量也远甚于以前。在此基础上,商人的贩运规模、朝贡往来的数量、政府的抽买数额等都有了显著增加。宋代一个海商一次贩运常达上十万斤,价值数十万贯。例如,前来泉州的"大食蕃客啰辛贩乳香直三十万。纲首蔡景芳招诱舶货,收息钱九十八万缗"②;绍熙元年大食商人蒲亚里运至广州的货物抽买部分的价值就达5万贯③,而抽买只是其货物总额的3/10左右。

朝贡贸易的数量也非常可观。《三国志·魏书·东夷传》载,曹魏时倭王壹与进献之物包括男女生口30人、白珠5000颗、青大句珠2枚、杂锦20匹。这与宋代的朝贡规模无法并论。熙宁十年,宋政府给注辇国朝贡的回赐达钱

---

① 张泽咸:《唐代工商业》,中国社会科学出版社1995年版,第469-470页。

② 《宋史》卷一八五《食货志下七》。

③ 《宋会要·蕃夷四之九三》。

81800 缗，银 52000 两。① 回赐一般要高于进贡商品的实际价值，但数目仍是可观的。绍兴十六年，三佛齐朝贡，携带 30 余种物品，其中计量单位上万的有：乳香 81680 斤，胡椒 10750 斤，檀香 19935 斤，而价值昂贵的象牙有 4065 斤，珍珠 113 两。② 史籍中记载占城、大食的贸易规模也屡屡与此相埒。

从政府博买本钱的数量，也可以窥见贸易的规模。《建炎以来朝野杂记》载，神宗朝，闽、浙、广三路博买"本钱亡虑千万缗"③。这个数字是概说博买本钱之多，而非实数。但每年各市舶司实际博买本钱总数都不下几十万。《宋史·食货志》载：元丰六年，密州一处就将"本州及四县常平库钱不下数十万缗，乞借为官本"，用于博买。建炎二年给"闽、浙二司赐度牒直三十万，为博易本"④。当时的广州港仍盛于泉州，以其贸易规模，市舶本钱亦当不下 20 万贯，则三路共备本钱在 50 万贯以上。乾道三年泉州的博买本钱增至 25 万贯，但铜钱只是用来博买的诸种物品之一。宋初规定："以金银、缗钱、铅锡、杂色帛、瓷器，市香药、犀象、珊瑚等物。"⑤ 由于宋代始终有钱荒之忧，用铜钱博买一直受到控制，并最终下令只以实物博买而禁用铜钱。而且，市舶司通常的做法是把博买和抽解所得就地出售，然后返作抽解本钱。绍熙元年，广州偿还蒲亚里 5 万贯的博买价值时就是采用这种办法。由此可见，每年数十万的博易本钱也只是博买所得商品价值中很小的一部分。

宋代的进出口贸易总额已很难进行精确的统计，但我们可以根据有关的记载，对其进行尽可能接近实际的推算。高宗时，曹勋上书建议以鼓励商业发展来解决军国之费，认为海外贸易也是一个重要财源："窃见广、泉二州市舶司，南商充斥，每州一岁不下三五百万计。"⑥ 按此计算，则广泉两州的进口贸易额接近千万贯，若计入两浙路的贸易，总额应在千万贯以上。根据南宋初市舶收入及抽解税率来看，这个估计是符合事实的。《宋史·食货志》载："大抵海舶至，十先征其一。"这说明抽解税率虽波动无常，而十分之一是比较正常的。绍兴十七年的诏令规定："三路市舶司自今蕃商所贩丁、沉香、龙脑、白豆蔻四色各止抽一分。"⑦ 这一诏令颁行后的绍兴二十九年，泉、广两舶司"抽分及和买岁得息钱二百万缗"⑧，200 万缗息钱仍未计入两浙的收入。和买得息

① 《宋史》卷四八九《外国传五》。

② 《宋会要·蕃夷七之四八》。

③ ［宋］李心传：《建炎以来朝野杂记》甲集卷一五《市舶司本息》，国学基本丛书本。

④ ［宋］李心传：《建炎以来朝野杂记》甲集卷一五《市舶司本息》，国学基本丛书本。

⑤ 《宋史》卷一八六《食货志下八》。

⑥ ［宋］曹勋：《松隐集》卷二三《上皇帝书十四事》，《四库全书》本。

⑦ ［宋］李心传：《建炎以来系年要录》卷一五六，绍兴十七年十一月甲子，中华书局 1988 年版。

⑧ ［宋］李心传：《建炎以来朝野杂记》甲集卷一五《市舶司本息》，国学基本丛书本。

是指宋政府加价出售博买所得商品的纯利润。宋政府规定"广南舶司鬻所市物，取息毋过二分"，即政府从博买品中所得利润一般不超过博买品价值的1/5。高宗时博买的比率一般低于4分。建炎元年规定粗、细两色均博买4分。① 隆兴二年犀牙博买4分，珠博买6分，使"船户惧抽买数多，止贩粗色杂货"②。这说明粗色的博买比率低于细色，也说明博买四分和六分的比例是不正常，为船户所不能接受的，一般情况下不能超过这个比例。若抽解和博买的比例分别按1/10和4/10计，则可以得到以下算式：

$$X \times (1/10) + X \times (4/10) \times (2/10) = 200(万贯)$$

$$X = 1111(万贯)〔注："X"为进口总额〕$$

这个算式只能是作一粗略的估测，其中包括了一些变量，如200万贯是史书所见宋代市舶收入最高值，而抽解和博买比例也是时常变化的，粗细色的博买比例也不一样；另外，这样的计算是不包括走私贸易的。如果以这一计算结果作一略数，而且出口额与进口额大体平衡，则进出口总额应超过2000万贯。桑原骘藏推算绍兴二十九年财政岁入约为4000万至4500万贯。③ 郭正忠先生认为桑原的推算不科学，绍兴二十九年的岁赋总入应在1亿贯左右，进出口额与财政总收入之比约为1：5。④ 郭正忠先生的计算更接近事实。宋代已是我国古代海外贸易最为兴盛的时期之一，虽然这一比例仍与15世纪以后西方一些进出口额是政府财政收入的几倍的贸易国家无法比拟，但对自然经济为主体的古代中国来说，不能不说已是十分可观的了。

四、对外贸易重心向海上的转移

中国古代的对外贸易有两个不同的方向，即陆上贸易和海上贸易，其起始时间大体相同。在史籍中有明确记载的两个方向的贸易往来都是从汉武帝时代开始的。但是，在汉武帝时期及其以后，两个方向贸易的发展速度却有很大的差异。《汉书·西域传》称，汉武帝开通西域后，"自玉门关、阳关出西域有两道"，南道经南疆，越葱岭出大食、波斯，北道经北疆出大宛、康居。两条丝路上商使交属，相望于道，少者数十人，多者百余人。而《汉书·地理志》所载海上的交往常常是政府的使节和勇敢的应募者的行为，且须"蛮夷贾船转送致之"，辗转循岸而行，还担心蛮夷"剽杀人"，"又苦风波溺死，不者数年来还"，丝毫也没有西北丝路上两道并进、络绎不绝的盛况。

① 《宋会要·职官四四之二〇》。
② 《宋史》卷一八六《食货志下八》。
③ 〔日〕桑原骘藏著、陈裕菁译：《蒲寿庚考》，中华书局1954年译本，第195、200页。
④ 郭正忠：《南宋海外贸易收入及其在财政岁赋中的比率》，《中华文史论丛》1982年第1辑。

魏晋南北朝虽然分裂割据，但西北陆上丝路并没有阻断，相对于两汉还有较大的发展。《魏略·西戎传》说："从敦煌玉门关犬西域，前有二道，今有三道。"大宛、大月氏、粟特国、康居、天竺、波斯等国都自西北丝路与中国当时的北方政权有贸易往来。《洛阳伽蓝记》卷三形容道："自葱岭以西，至于大秦，百国千城莫不款附。商胡贩客日奔塞下。"因乐中国风土而定居于洛阳的有万余家，"天下难得之货咸悉在焉"。在曹魏、西晋、前秦、北魏等时期西域的交通都如《洛阳伽蓝记》所载之盛。此时，由于南方六朝的重视，海上贸易也有很大发展，但是经济重心、政治中心仍在北方，西域各国与曹魏、西晋及北朝各政权的交往仍主要通过西北陆上通道。隋朝统一以后，西北丝路发展更快。《隋书》卷六七载裴矩《西域图记序》称"自敦煌至于西海，凡为三道，各有襟带"，即分别从伊吾（哈密）、高昌、鄯善达于西海（地中海）的三条商道。隋朝设立互市监，管理与西域各国贸易事务。裴矩曾受命守张掖，掌管丝路贸易，说明隋朝对陆上贸易的重视，而海上贸易尚不够给予这样的待遇。615年，裴矩在洛阳大宴外国商人和使节，与会者数千人，可见西北丝路更盛于前。隋代的海上交往除了常骏出使赤土及与日本的使节往来外，留下的记载并不多，更难以寻到民间海商的踪迹了。隋朝也未有设立管理海上贸易的官员和机构的记载。

唐代海陆两路的对外贸易都有很大发展。从陆路来到长安的西域胡人数以万计，向达先生在《唐代长安与西域文明》一文中已有叙述，胡人之中，下至街头卖胡饼的小贩、上至资产以亿万计的大商，长期定居于长安。由于唐代政治中心和经济中心仍在北方，特别是作为最大的政治中心和消费中心的首都处于关中，更有利于西北陆上贸易的发展。唐继承隋朝之制，设立互市监，管理与西域各国及少数民族的贸易。唐代中后期随着政治经济形势的变化，如皇室权力的衰微、东部和南部经济的崛起、地方势力的发展等，海上的贸易发展很快。市舶使的派遣就可以说明海上贸易有了与前代完全不同的规模和意义，但它仍属使职差遣性质，而不像西北陆上的互市监那样是管理贸易的专门机构。到宋代，对外贸易的重心已经完全转移到东南海上，西北丝路独占鳌头的局面一去不复返了。这一转变具体体现在以下几个方面。一是管理对外贸易及进口品营销的整套机构都是根据海上贸易的需要制定的。宋朝的市舶司和市舶条例都是专门管理海上贸易的机构和制度。二是海上贸易的收入已经具有一定的财政意义。虽然其财政意义十分有限，但相对于从未纳入过财政体系的陆上贸易仍是巨大的变化。三是海路成为中国与海外各国交往的主要通道。宋代以后，与中国交往最为频繁的国家都是中国的主要海上贸易国——阿拉伯、印度、东南亚各国等，进口商品也主要由海路入境，"东南尽海外珍怪，西碉门，北榷场之货悉处之"①。四是出口品的主要产地转向了东南沿海地区，特别是最大宗的瓷器的生产主要集中在了沿海地区。冯先铭主编《中国陶瓷》谈到一种受波斯金属器形制影响的风头壶，主要是适应出口需要。宋代主要在广东和福建的窑址出土，"而在北方宋代瓷窑中迄今未发现风头壶标本。这与宋代广州、泉州贸易港的对外繁盛的贸易有关，同时也看出唐代陶瓷输出是沿西北丝绸之路，宋代以后转移到海路"②。不仅瓷器，丝绸、书籍等大宗出口品的生产和供给都是如此。在元代特殊的历史环境下，陆上丝路虽有所复兴，但也不能与海上的贸易规模相提并论。明清以降，海上贸易的重心地位则更无可动摇。

第三节　海外贸易与宋代财政③

宋政府在外交上虽然采取"守内虚外"的收缩政策，但对海外贸易依然十分重视，其主要目的就是为了解决财政问题。宋政府为"三冗"所累，财政支出浩大，真宗朝以后始终存在捉襟见肘的窘迫。宋政府每年能从海外贸易得到几十万到百万的收入，如宋高宗所说"市舶之利最厚，若措置合宜，所得动以百万计"④。香药宝货与实钱一样，"皆所以助国家经常之费"，"内赡京师，外实边郡，间遇水旱，随以赈济"⑤。虽然其绝对数量还很有限，在财政中所占比例始终极为有限，但进口品作为一项市场上新兴的大宗商品，需求在日益扩大，成为政府调动商人的有效手段，起到其他商品所不及的作用。所以，从北宋时太宗、神宗始，对海外贸易就十分重视。南宋偏安江南，国家财政依靠半壁河山，市舶收入在财政上的地位更为直接和重要。大齐侍御史卢载杨分析南宋得以存在的原因时曾说：南宋"川广交通，宝货杂还，有金银茶马之贡，香矾缯锦之利，资其雄富，未易殒越"⑥。市舶收入对南宋政府的作用不可忽视。正因为如此，宋政府开始用财政眼光看待海外贸易。至道二年，"诏榷货务博买香药，收钱帛，每月收十次送纳"⑦；景德元年又"诏榷货务所卖紫赤矿、香药令依市实价出卖；不得亏

---

① ［元］方回：《桐江集》卷六《乙亥前上书本末》，《四库全书》本。

② 冯先铭：《中国陶瓷》，上海古籍出版社1994年版，第425页。

③ 本节引见黄纯艳著：《宋代海外贸易》，社会科学文献出版社2003年版，第169-179页、第254-271页。

④ 《宋会要·职官四四之三三》。

⑤ 《宋会要·职官四四之三三》。

⑥ ［宋］李心传：《建炎以来系年要录》卷六八，绍兴三年九月乙卯，中华书局1988年版。

⑦ 《宋会要·食货五五之二二》。

官"①。仁宗为了改革宫中浮奢之风,下令将"在京库藏内珠玉犀牙闲杂物色都交由榷货务变转货卖"②。宋政府努力通过各种途径增加市舶收入。

一、宋政府从海外贸易中获利概况

宋政府的市舶收入主要来源于两个途径:抽解和博买。抽解即征收进口税,这是净利收入。博买所得主要通过政府对进口品的经营生利。对于政府经营的方式及对商人营销的管理,我们在上一章中已经论述。汪廷奎先生认为,宋代除了抽解和博买外还征收贸易出口税。他认为,宋籍中"投税"就是进口税,"回税"就是出口税。③ 宋代史籍中未见对"投税"、"回税"的具体解释。但依据有关史料分析,二者并非进出口税,而更可能是归地方征收的商品流通税。《元典章》卷二二《户部八·市舶》中"至元市舶则法"第一条关于贸易收税说道:"粗货十五中一分,细货十分中一分。所据广东、温州、澉浦、上海、庆元等处市舶司,舶商回帆,已经抽解讫,货物并依泉州见行体例,从市舶司更于抽讫货物内以三十分为率,抽要舶税钱一分,通行结课。船贩客人从便请文遣,买到已经抽税货物,于杭州等处货卖,即于商税务投税,赁所文遣数目,依例收税。"从这则记载可知,"投税"是国内商人贩易已经抽解后的进口品向商税务缴纳的商税,与"抽解"即进口税是截然不同的,不仅内容上有别,征收机构也不同。抽解为市舶司、投税为商税务。元代"至元市舶则法"基本依据宋代"元丰市舶条法"制定,只是对具体内容加以丰富、添加若干新条、改变了征收税率,一应名目大都依旧。

"回税"则是指对一些机构经营牟利的活动,即"回易"的征税。④ 北宋政府对回易征收商税。西北沿边甚至把回易收入作为养兵之费的重要来源。南宋也如此。《宋史·食货志下八》载:"绍兴,然当时都邑未奠,兵革未息,四方之税间有增置,及于江湾、浦口量收海船税,凡官司回易亦并收。"广南负责海上防卫的催锋军"军中有回易,所以养军"⑤。宋代海外贸易抽解收入须上缴朝廷,地方不能截用;而且,自崇宁以后市舶事务皆由中央直接派官提举,地方吏不能插足,当然也不能由其征收海外贸易税。南宋陈傅良说,北宋初"舶司盖长吏兼之,寻以为有遗利也,而专置使亦稍密矣"⑥。宋政府对市舶收入管理是很严格的。《宝庆四明志》卷六《市舶》所说"有司资回税之利,居民有贸易之饶",亦指对有关机构经营进口品的征税,不然地方官司是不可能得享其

---

① 《宋会要·食货五五之二三》。

② 《宋会要·食货四六之二三》。

③ 汪廷奎:《两宋市舶贸易出口税初探》,《广东社会科学》1993 年第 3 期。

④ 汪圣铎:《宋代官府的回易》,《中国史研究》1981 年第 4 期。

⑤ 《宋会要·食货六七之二》。

⑥ [宋]陈傅良:《止斋集》卷一四《外制》,《四库全书》本。

利的。《宝庆四明志》卷八《蠲免抽博倭金》载,庆元市舶司奏免的 3 万多贯日商交易黄金的税钱就是从"市舶司回税钱内支拨"。回税钱显然是属市舶司自得的营利,若为市舶税则属国家财政,何言由市舶司补足,又《漫塘集》称:"关市之有回税,既税其人,又税其出,其事近始于淳熙,而甚于比岁。"这说明回税是关市之征,而非市舶收入,且自淳熙以后才盛行起来。该书还说建康之民仰于外地贩米,常平之官又不属郡管,因而建议免常平籴米之回税。① 海外贸易收入主要来源于抽解和对抽解博买商品的经营牟利。

北宋时海外贸易收入都以各种商品的单位计量,每年的市舶收入在几十万至 100 余万计量单位。《宋史·张逊传》载,香药榷易院建立的第 1 年,即太平兴国二年岁入为 30 万;以后逐步增加,至岁入 50 万。这是一般年份的收入。淳化间收入仍为 50 万斤条株颗等。② 咸平中,焦继勋"监香药榷易院。三司言,岁课增八十余万"③。由于焦继勋突出的成绩,使香药榷易院岁入达到建立榷易院以来的最高点。天禧五年所入"(总获)香药、真珠、犀象七十余万斤条片颗……(总费)香药、真珠、犀象五十二万三千余斤条片颗"④。"皇祐中,总岁入象犀、珠玉、香药之类,其数五十三万有余。至治平中,又增十万"⑤。治平中每年为六十三万单位左右。元祐元年,杭、明、广三市舶司"收五十四万一百七十三缗匹斤两……支二十三万八千缗匹斤两……"⑥。元符以前,市舶收入似乎未见上升。此前"十二年间至五百万",平均每年合 40 余万单位。崇宁后,由于各主要港都已设立市舶司,并置提举官专领其事,加强管理,市舶收入显著增加。"九年之内至一千万。"⑦收入增加至平均每年 110 条万单位。北宋计算市舶收入都采用商品的计量单位,很难准确计算其应合多少缗钱,但政府得自于海外贸易的收入比转化为财政收入的市舶总收入肯定要稍高。因为政府所得香药除主要在榷易院出售外,还用于宫廷消费、赏赐、出使馈赠、和剂局贩卖、市舶司发售等方面。市舶司直接发售进口品最早也是天圣五年才开始。天圣五年,宋政府还颁布过全数纲运上京的命令。和剂局贩卖给民间的药物,其中有一部分是进口香药等物。和剂局每岁可得息钱 40 万缗⑧,其中的一部分可算为出售市舶香药所得。宫廷消费、赏赐、馈赠

---

① ［宋］刘辛:《漫塘集》卷二三《建康平止仓回税记》,《四库全书》本。

② 《宋史》卷一八六《食货志下八》。

③ 《宋史》卷二六一《焦继勋传》。

④ 《长编》卷九七,天禧五年十二月戊子。

⑤ 《宋史》卷一八六《食货志下八》。

⑥ 《文献通考》卷二六《市舶互市》。

⑦ 《文献通考》卷二六《市舶互市》。

⑧ 《铁围山丛谈》卷六。

数量难以确知,但应小于榷易院发售之数。如果加上这几个方面的支出,来自于海外贸易的收入显然还要大得多。北宋市舶收入还有一个显著特点,就是崇宁设提举官,由中央直接管理后收入有明显增长,首次突破100万,从每年的几十万增至110多万。

南宋的市舶收入较之北宋又有增长。绍兴元年,两浙路市舶共抽解到香药约12万两。两浙路在当时兵灾过后,市舶事务尚未完全恢复,而贸易收入又历来远不及广、泉二司。北宋时,广州市舶司收入常占全国总收入的9/10左右。桑原骘藏说:"广州所征居全税十之九以上。故唐与北宋之互市,均以广州为第一。"①这一说法是符合事实的。熙宁年间,广、明、杭三司一年共收到乳香35万斤,其中广州为34万斤,占9/10多。南宋时,泉州地位逐渐上升、两浙路港口的贸易地位更趋下降。广、泉两司岁入占全国市舶总收入的9/10大体近于事实。三舶司总收入仍有100万左右。绍兴七年的诏令中说:"(市舶之利)所得动以百万。"②绍兴十年又说:"(市舶收入)动得百十万缗。"③大概南宋初期市舶收入一般都是在100万上下。绍兴二十九年市舶总收入达到200万贯,这是史籍所见两宋市舶收入的最高数。不少学者对市舶收入在财政总入中的比例作了推算,其中主要是对南宋初的市舶收入的推算。例如,白寿彝先生的《宋时伊斯兰教徒底香料贸易》(《禹贡》1937年第七卷第四期)、林天蔚先生的《宋代香药贸易史稿》(中国香港1960年版)、关履权先生的《宋代广州的香料贸易》(《文史》1963年第三辑)都认为南宋市舶收入在财政总入中占到20%。桑原骘藏在《蒲寿庚考》中提出5%的观点。陈高华、吴泰在1981年版的《宋元时期的海外贸易》中也认为榷货务总入中香药收入占5‰。④ 此外,还有根据史籍所载"(榷货务收入中)大率盐钱居十之八,茶居其一,香矾杂收又居其一"⑤而得出1/10说。郭正忠先生对这一问题作了深入的考证,认为持20%说的学者们用来折算的1000万财政总收入,实际是渡江之初非常状态下的东南地区财赋现钱收入,不能作为研究南宋初全部财政岁入的依据,而200万市舶收入是绍兴二十九年之数,两个数据时间相距30年左右,因而20%说是不当的;1/10说则忽视了杂收的数量,也不正确。桑原骘藏推算绍兴二十九年南宋财政总入是4000万至4500万缗,因而得出5%之说。郭正忠认为,桑原骘藏对财政总入推算有误,绍兴二十九年财政总入应在

① 〔日〕桑原骘藏著、陈裕菁译:《蒲寿庚考》,中华书局1954年译本,第4页。
② 《宋会要·职官四四之二〇》。
③ [宋]李心传:《建炎以来系年要录》卷一三五,绍兴十年四月丁卯,中华书局1988年版。
④ 陈高华、吴泰:《宋元时期的海外贸易》,天津人民出版社1981年版,第184页。
⑤ [宋]李心传:《建炎以来系年要录》卷一〇四,绍兴六年八月乙丑,中华书局1988年版。

1 亿缗以上。他认为南宋市舶收入一般只在 1％—2％，从来不曾达到 3％。[1]
漆侠先生通过对绍兴二十四年和绍兴三十二年行在、建康和镇江三榷货务场
收入情况的分析得出，香钱占榷货务总收入的 5％或稍多。我们同意郭正忠
先生的观点。在以前的研究中的确存在将市舶收入夸大的现象。我们仅从一
个事实就可以看到海外贸易收入在整个财政中的地位是很有限的，那就是海
外贸易收入在宋代始终未纳入财政预算，至南宋高宗时仍如此。高宗在谈到
三舶司收入时说："此皆在常赋之外，未知户部如何收支。"游离在预算以外正
说明其比重始终很有限。根据以上分析我们可以粗略地制作出两宋市舶收入
表。

表 2-4　两宋市舶收入

年　　代	市舶收入	备　　注
太平兴国二年	30 万缗	仅为香药榷易院收入
太平兴国三年后	50 万缯	仅为榷易院收入
咸平年间	80 万缗	仅为榷易院收入
天槽五年	70 万单位	
皇祐五年	53 万单位	
治平年间	63 万单位	
熙宁九年	54 万多单位	
哲宗朝	40 余万单位	
崇宁大观年间	110 万单位	
绍兴元年	100 余万单位	未计入博买得息，榷货务出售香药 收入为 30 万缗
绍兴七年	100 万缗	
绍兴十年	100 余万缗	
绍兴二十九年	200 万缗	

　　上表中的数目并不能完全反映出宋政府从海外贸易中获数利的实际情
况。榷货务出售的香药只是政府掌有香药的一部分，其收入也与政府从海外
贸易，包括对进口品的营销所得总收入有一定差距。例如，政府对商人抽取的
专卖税和流通税也是一笔巨大的收入，这些一般都计入了商税收入之中。在
第一章中我们论证过，两宋进口额十分巨大，特别是南宋都在 1000 万贯以上。
进口商品大部分都最后经过民间商人的营销转移到消费者手中，而宋政府向

第二章　宋元时期的海外贸易

① 　郭正忠：《南宋海外贸易收入及其在财政岁赋中的比率》，《中华文史论丛》1982 年第 1 辑。

商人征收的进口品流通税比普通商品高得多,因此每年向商人的征税也有一定数目。除了有形的收入以外,香药宝货等进口品因其短缺、畅销,在解决财政困境上往往起到其他商品不能起到的特殊作用。

二、市舶收入在财政上的作用

《宋史·食货志》载:"宋之经费,茶、盐、矾之外,惟香之利博。"宋政府每年从市舶获得上百万的收入,对财政能起到一定的补助作用。不唯如此,香药宝货与盐茶有一个共同点,就是并非随处可以出产,而有地域限制,因而不仅受欢迎、销路好,而且适合于长距离贸易。宋政府常把它作为调动商人的手段,运用于市籴军粮、收兑会子等方面。

1.进口商品在市籴等方面的运用

宋政府在应急的支出,或在经费不足时,常常把皇宫内库的香药也拿出来用于市籴军需。景祐二年,仁宗命"出内库珠赐三司,以助经费"。宝元二年又"出内库珠易缗钱三十万籴边储"[①]。三说法和现钱法罢行后,香药仍被用于市籴。南宋香药仍用于市籴军需。开禧元年为解决养兵之费无所措办的困难,令"每岁于盐、舶二司各拨一万缗人椿积库,以备缓急"。宋南迁之初,全国混乱,立足未定,财政未理,用度奇缺,曾"命福建市舶司悉载所储金帛见钱,自海道赴行在"[②],以解燃眉之急。

2.进口商品在收兑会子方面的运用

南宋政府为解决严重赤字的财政,不顾准备金的不足,大量超额发行会子,东南地区最为泛滥,而钱荒又最重,致使会子不能如界收兑,政府不得不采取其他手段。香药犀象等就是重要收兑手段。隆兴五年收兑第一界会子时就规定香药作为固定的收兑手段之一:"令行在榷货务,都茶场将请算茶、盐、香、矾钞引,权许收换第一界,自后每界收换如之。"[③]南宋一百多年中始终为滥发会子和收兑的艰难所困扰。香药也一直在收兑会子中起着重要作用。宋政府因无力收兑,不得不将会子一再展期,但数界积压,收兑更为困难。庆元元年,"诏封椿库拨金一百五万两,度牒七千道,官告绫纸、乳香,凑成二千余,贴临安府官局收易旧会"[④]。嘉定年间,第十一界会子期满,共有 36326236 贯 800 文,超过了财政总收入,于是"以鬻爵及出卖没官田并储色名件拘回旧会",其中仅以乳香一项就收兑了 160 余万缗。[⑤] 宝祐三年,又"诏以告身,祠牒、新

① 《宋史》卷一〇《仁宗纪二》。
② [宋]李心传:《建炎以来系年要录》卷三一,建炎四年正月丙辰,中华书局 1988 年版。
③ 《宋史》卷一八一《食货志下三》。
④ 《宋史》卷一八一《食货志下三》。
⑤ [宋]李心传:《建炎以来朝野杂记》乙集卷一六,国学基本丛书本。

会、香盐,命临……安府守臣马光祖收换两界敝会于"①。景定五年,"出奉宸库珠、香、象犀等货下务场货易,助收币楮"②。直至咸淳年间,仍在努力解决这一难题:"出奉宸库珍货收币楮。"③会子的弊端源于政府不顾准备金,大肆滥发,收兑上即使尽千方百计也是以石填海。但香药在收兑上的使用也对减少金融的混乱起到了些微的作用,而且大量香药也由此流入市场。

市舶利益虽然由中央政府所垄断,抽买所得除纲运外,在市舶司所在地出售所得息钱也必须上交中央。但是,市舶机构所在的州郡仍可从香药在当地流通的商税征收中得到一定的收入。"州郡商税,经费之所出"④,是地方财政的重要来源。沿海州郡的商税也包括舶货流通税。例如,泉州的都税务征税中有舶货税:"都税务,在镇雅街东,熙宁八年建。税之目有七,曰门税、市税、舶货税、采帛税、猪羊税、浮桥税、外务税。"⑤宝庆三年庆元知府胡榘说:"本府僻处海滨,全靠海舶住泊,有司资回税之利,居民有贸易之饶。"⑥庆元府的商税征收要"视海舶之至否,税额不可豫定"⑦。泉州的地方财政更加倚重贸易。真德秀指出:"惟泉为州,所恃以足公私之用,番舶也。""福建提舶司正仰番舶及南海船之来以供国课。"⑧总之,宋代市舶收入虽然有限,但是宋政府从海外贸易中的得利途径是多样的,海外贸易在宋代财政上的影响仍不可忽视。

三、海外贸易与东南沿海地区经济结构的变迁

(一)海外贸易对东南沿海地区经济结构变化的驱动

海外贸易可以说是本国的交换活动向国外的延伸,因而从根本上说,海外贸易与经济发展的关系就是交换与生产的辩证关系。恩格斯指出:"生产和交换是两种不同的职能。没有交换,生产也能进行。没有生产,交换——正因为它一开始就是产品的交换——便不能发生。"⑨生产对于交换有决定作用。一个国家社会经济发展的特点及生产力水平决定了该国对外贸易的商品结构和贸易规模。由于宋朝生产技术水平处于世界领先地位,在手工业发展上占据绝对优势,从而决定了瓷器、丝绸、书籍等手工业品成为宋朝主要的出口产品,

① 《宋史》卷四四《理宗纪四》。
② 《宋史》卷四五《理宗纪五》。
③ 《宋季三朝政要》卷三,粤雅堂丛书本。
④ 《宋会要·食货一八之二五》。
⑤ 《泉州府志》卷二四《杂志》。
⑥ 《宝庆四明志》卷六《市舶》。
⑦ 《宝庆四明志》卷五《商税》。
⑧ 《西山文集》卷五《祈风祝文》、卷一五《申尚书省乞措置收捕海盗》。
⑨ 《马克思恩格斯选集》第3卷,人民出版社1965年版,第186页。

而沿海一带制瓷、纺织、印刷也成为主要的出口产业。另一方面,海外贸易也能产生强大的经济效应,反过来推动社会生产的发展。正如恩格斯所说,生产和交换"这两种职能在每一瞬间都互相制约,并相互影响"①。贸易的增加、市场的扩大引起需求的增长,由此刺激了社会生产的发展。杜冈-巴拉诺夫斯基说:"扩大生产规模的经济限度决定于市场的规模,有限的需求和地方性需求的商品不能大规模生产。"②可见,海外贸易对社会生产的推动十分显著。马克思也指出:"产品的市场越大,产品就越能在更充分的意义上作为商品来生产。"③海外贸易的发展正是国内产品市场的扩大,对社会生产具有积极的促进作用。这种作用具体而言,表现在两个方面:一是自发地调节经济结构的地区分布和产业构成,二是促进生产率的提高。中国古代以自然经济为基础,但上述的经济规律在中国古代海外贸易中仍然有一定体现。随着海外贸易的发展,与海外贸易出口商品供给有直接联系的地区适应出口需要的产业迅速发展起来。在泉州等港口周围的局部地区商业和手工业的地位甚至超过了农业,改变了以农业为主要产业的传统,同时农业的商品化步伐也大大加快了。

东南沿海地区地近港口,在海外贸易中占据了天然的优势。商品由这里出口,快捷方便,更主要的是省却了庞大的交通费用。当时的陆上交通道路远阻,工具落后,效率低下,从山重水隔的内地运送商品,费用浩繁。因而东南沿海地区适应贸易需要的产业大力发展起来。

东南沿海地区地理优势向贸易优势和产业优势的转化,以及东南沿海地区为了适应海外贸易而进行的产业结构自发的调节,最根本的动因就是追求利润的最大化。配第在《政治算术》中阐述了产业结构演变的一般规律:在经济发展中,制造业比农业、商业比制造业能获得更多的收入,这种收入上的差异促使劳动力流向收入较高的产业部门。克拉克也指出,因为三种产业收入的相对差异性,劳动力依着第一产业、第二产业、第三产业的顺序转移。对产业间利润的差异中国古代很早就有人认识到了。司马迁在《史记》中说:"夫用贫求富,农不如工,工不如商,刺绣文不如倚市门。此言末业,贫者之资也。"这就是对这一问题的朴素论述。宋代的中外贸易是互补性贸易,贸易关系稳定,利润丰厚。东南沿海地区很多人,不论阶层、职业都被厚利诱惑转移到海外贸易及其有关行业中来。数以万计的人成为海商,操舟牟利,其中既有农户渔夫、地方豪富,也有政府官吏、军将守卒,促进了东南沿海地区的商业和市场的进一步繁荣和发展。而没有出海的人也纷纷转向利润丰厚的出口产品的生

---

① 《马克思恩格斯选集》第3卷,人民出版社1965年版,第186页。
② 杜冈-巴拉诺夫斯基:《政治经济学原理》,商务印书馆1989年版,第211页。
③ 《马克思恩格斯全集》第26卷,人民出版社1965年版,第296页。

产,或离开本业改事手工业,或转变种植结构生产适于出口的农产品。这里我们将主要对海外贸易影响下手工业的兴盛和农业商品化等问题作一较为深入的考察。

（二）手工业中出口品生产的发展

在海外贸易的刺激下,东南沿海地区生产出口产品的手工业迅速发展起来,范围日广,规模日大;其中,制瓷、纺织、印刷等几种主要商品的生产业的发展典型地代表了沿海地区整个出口品生产业的发展盛况。

1. 东南沿海地区外销瓷生产的发展

中国的制瓷业历来以北方为盛,北宋中后期南方的瓷业普遍兴起,南宋时南方更远远超过了北方。南方瓷业发展的一大特征就是东南沿海地区瓷业的兴起和繁荣。东南沿海地区生产的瓷器绝大部分是适应出口需要。这一现象在广东和福建两路最为突出。冯先铭主编的《中国陶瓷》论述到宋代南方瓷业发展的特点时说:"宋代由于适应瓷器对外输出的需要,东南沿海几省涌现了数以百计的瓷窑。分布在福建省沿海的有连江、福清、莆田、仙游、惠安、泉州、南安、同安、厦门、安溪、永春和德化等窑;分布在广东省沿海的有潮安、惠阳、佛山、南海等窑。有些瓷窑产品已在国外发现,以泉州、同安、潮安、广州、佛山等窑数量较多。"①

宋代广东路出口的主要商品是瓷器,瓷器的生产也比较发达。古运泉先生根据已调查的窑址中的窑数推算,宋代广东全路每年可产瓷器1.3亿件,这当然是不完全且趋保守的估计。唐代窑址在广东只发掘22处,规模比宋代小许多。据估计,其产量只有宋代的二十几分之一。② 由此可见唐宋之际瓷器生产增长幅度之大。迄今在广东发现的宋代窑址有80多处。粤东地区主要有潮州笔架山、竹园内、凤山、田园东、翁片山、竹竿山、象鼻山,惠州的窑头山、梅县瑶上、紫金、澄海等处;粤中地区主要有广州皇帝岗、南海虎石岗、大庙岗、桂园岗、石头岗、新丰岗、岗园、旁岗和佛山石湾大务岗、番禺沙边窑、社会官冲、东莞等;粤西地区在靠近北部湾的廉江、遂溪沿岸分布着二十几处窑址,在封开都苗、郁南江口、阴江石湾、高州良德等亦有窑址数十处;粤北地区主要有南雄的达塘凹、李塘坪、窑堡全、窑山坪、天然公、满湖塘、三窑塘、韶关河东、仁化墟、背岭等处。从地理分布看,全路窑址都在通向广州港的水陆交通线上。粤中诸窑都围绕广州港而建,或设于东江西江两岸,可以直运广州港。粤西窑

---

① 冯先铭:《中国陶瓷》,上海古籍出版社1994年版,第401页。

② 以上参考古运泉《广东唐宋陶瓷生产发展原因初探》;杨少祥《广东唐宋陶瓷对外贸易初探》,《广东唐宋窑址出土陶瓷》,中国香港大学冯平山博物馆,1985。

址沿西江分布,南恩州内窑址的产品则可沿漠阳江出海。粤北窑址主要分布在从南雄到广州的古商道上,从南雄沿始兴江直抵广州。粤东窑址沿韩江分布,直销海外。这说明广东瓷器主要供给海外市场。

广东瓷窑中影响最大的是潮州窑和西村窑。潮州窑群从潮州一直到澄海的出海口"沿江十里,烟火相望"。仅在潮州市方圆几十千米内就发现了数十座唐宋窑址,尤其是韩江东岸的笔架山,传说宋代有99座窑,号为"百窑村"。潮州窑在当时一度是岭南最大的瓷窑基地,北宋前期十分繁盛,直至政和年间才逐渐式微,但此后又延续了约150多年,至宋末元初遭受兵灾才停烧废弃。从北宋窑址中发现的白釉西洋人头像和一批西洋狗,以及向阿拉伯地区出口的凤头壶、为东南亚各国所喜爱的"军持"青白瓷器等,可以看到它是为外销而生产的。潮州地区三面阻山,产品主要靠海运出口。潮州窑产品在印度尼西亚、菲律宾、巴基斯坦、伊拉克等国都有发现。当时前来潮州的海舶甚多,以致淡水需求量大增,城内增挖了不少水井。潮州瓷产量很高,估计一个中型窑一次可烧7万至7.8万只中型碗。成百家窑址,一次出窑的瓷器可达几百万以至上千万。①

西村窑也是广东路产量大、质量高的瓷窑。它的产品与潮州窑一样,在国内墓葬和遗址中出土不多,但在其他地区附近海域都有不少发现。在印度尼西亚也发现了大量西村窑产品。菲律宾、马来亚、阿曼等国也都有发现。② 西村窑的产品"以碗、盘、碟、洗等日常生活用具为主,因产品主要销往东南亚,在产品上就必须适应东南亚国家的生活需要,小型杯、瓶、罐等器的出现与大量生产与此不无关系"③。在海外发现的广东窑产品,可以确知窑址的还有惠阳、佛山、遂溪等地的瓷窑。入元以后,由于广州港对外贸易的衰落,这批窑址也随之一蹶不振,说明它们的兴衰与海外贸易密切相关。④ 广西也有一批外销窑址,总数在20处以上,年产量估计可达400万件,其繁盛时期即在宋代。这些窑址都位于与广州相连的内河航线沿途,说明广西诸窑的瓷器是通过水路运到广州出口的。⑤

海外贸易对福建制瓷业的兴盛影响最大,也最为典型。今天在宋泉州、兴化军范围内发现有唐五代窑址18处;发现宋元窑址137处,其中,南安47处,德化33处,安溪23处,晋江12处,永春6处,同安6处,莆田4处,仙游3处,

---

① 关于潮州窑的论述参考了《潮州考古文集》、《潮学研究》、《潮仙文化论丛》、《潮汕文物志上》等有关文献。
② 参见〔日〕三上次男《陶瓷之路》有关内容。
③ 冯先铭:《中国陶瓷》,上海古籍出版社1994年版,第424页。
④ 马文宽、孟凡人著:《中国古瓷在非洲的发现》,紫禁城出版社1987年版,第68页。
⑤ 马文宽、孟凡人著:《中国古瓷在非洲的发现》,紫禁城出版社1987年版,第68页。

惠安1处,泉州2处。① 由唐代到宋元的剧增,正是因为宋元时期泉州海外贸易的蓬勃发展。德化、安溪、永春等地虽处于闽北,但都有水陆道路可通泉州。这些地区的瓷器都可汇聚泉州出口。在闽北,当时的建州、南剑州、邵武军境内也发现了宋元窑址19处。这些瓷窑的产品也大量外销。② 在连江、福清、闽侯、厦门及闽西的长汀、漳平、龙岩、永定等地也有宋元窑址的发现。福建宋窑在分布上沿海多于内地。许清泉先生比较了晋江、南安、安溪、德化发现的窑址,宋元窑址分别占50%、80%、10.5%、10.8%,说明海外贸易发展时沿海地区制瓷业大兴,海外贸易衰落时制瓷业又退回瓷土丰富的北方山区。而且,宋元时期沿海制瓷也大量从山区运输瓷土,在沿海烧制后出口。上田恭辅在《支那古瓷器手引》中说:"(宋)建窑青瓷以泉州为主,瓷土采掘于安溪。"③山区瓷器在宋代也与沿海一样主要供给出口。"德化、安溪、南安等瓷窑产品在宋墓中就很少发现,但在国外发现就多了。"④同样,"同安窑瓷器在福建及邻近地区墓葬及古遗址里极少出土,但在亚洲一些国家却出土不少,证明同安窑是一处专烧外销瓷的瓷窑,它是在我国瓷器大量外销之后应运而生的众多瓷窑之一"⑤。泉州窑的兴起与泉州海外贸易的发展更直接相关。福建窑址产品因为主要外销,所以产品也着眼于外销实用的生活用品,主要以碗居多,其次有瓶、军持、壶杯等。很多窑甚至专烧瓷碗,以供出口。《晋江县志》记载当时瓷器出口道:"瓷器出磁灶乡,取地土开窑,烧大小钵、缸、瓮之属,甚饶足,并过洋。"宋代福建的瓷器远销海外,深受欢迎。以建窑为主出产的黑釉瓷在镰仓时代传到日本,日本人称之为"天目釉",至今视为国宝。日本人也十分喜爱泉州名窑——同安汀溪的青瓷碗,称之为"珠光碗",因日本茶汤之祖珠光喜用此碗而得名。泉州港主要是对南海诸国的贸易,福建陶瓷向南输出更多。东南亚很多地方都出土了宋代福建窑产品。菲律宾发现了数千件较完整的德化窑瓷器。印度尼西亚全境都发现有包括福建青瓷在内的中国瓷。⑥ 叙利亚、印度等地都有福建窑产品出土。当时的外销瓷中大多数都是福建、广东两路的产品。三上次男在介绍研究东洋陶瓷的马尼拉会议时说:"过去认为中国的外销陶瓷中大多数是浙江的龙泉窑青瓷、江西景德镇的青白瓷和青花瓷的想法都有了大的改变,弄清了在东南亚出土的陶瓷大半是福建和广东省的窑口

① 许清泉:《宋元泉州陶瓷的生产》,《海交史研究》1986年第1期。

② 林忠干等《闽北宋元瓷器的生产与外销》,《海交史研究》1987年第2期。

③ 许清泉:《宋元泉州陶瓷的生产》,《海交史研究》1986年第1期。

④ 许清泉:《宋元泉州陶瓷的生产》,《海交史研究》1986年第1期。

⑤ 冯先铭:《中国陶瓷》,上海古籍出版社1994年版,第420页。

⑥ 《畅销国际市场的古代德化瓷》,《海交史研究》1980年刊。

烧制的。"①

浙江外销瓷生产的发展以龙泉窑为代表。龙泉窑兴起于北宋末,在南宋进入极盛时期。窑址分布在龙泉县大窑、金村、玉湖、安福、丽水县黄山、石中,庆元县竹口、枫堂,云和县赤知埠,永嘉县蒋岙以及温州等地,长达五六百里,共有窑址250多处。宋代龙泉窑产品远销亚非各地。据叶文程先生统计,外销的地区有日本、朝鲜、埃及、菲律宾、越南、缅甸、巴基斯坦、印度、阿富汗、伊朗、伊拉克、叙利亚、黎巴嫩、土耳其、南也门、斯里兰卡、巴林、马来西亚、印度尼西亚、文莱、苏丹、坦桑尼亚等。② 销售的广泛极大地促进了龙泉窑的生产,并使之成为销售地域最广的产品,堪称当时的世界性商品。龙泉窑群窑址大都分布在瓯江水系河流两岸,宋代主要运至温州出口,或转运明州外销。龙泉窑的产品大量外销,但也有部分供给国内市场,不像福建、广东一些窑主要为外销而生产。

浙江还有越州的越窑、明州慈溪上林湖和上虞窑的产品也供给外销。在马来西亚、波斯湾的施拉夫港、伊拉克都发现了这些窑北宋时的产品。随着龙泉窑的兴盛,这些窑逐步被排挤和取代,外销量也急剧下降,但直到南宋仍能看到越窑产品的外销踪迹。肯尼亚的一个遗址中与南宋铜钱一起出土的就有越州余姚窑的产品③,巴基斯坦也有越州窑产品的出土④。

两宋时期除了东南沿海地区瓷器大量出口外,其他地区的产品也有定量的出口。景德镇窑、吉州窑、长沙窑以及北方的磁州窑、耀州窑等的产品都通过泉州、广州、明州等港远销海外。在海外各国考古发掘的宋代瓷器中,也有以上瓷窑的产品。但相对于东南沿海各窑的外销量,内地各窑的出口是微不足道的,至少在数量上是如此。而且长沙窑、磁州窑、耀州窑等从南宋以后就不复有外销了。可以说,南宋制瓷业兴盛受海外贸易刺激最大、最直接的是东南沿海地区,特别是广东、福建为外销而兴的制瓷业几乎成了当地最大、最繁荣的产业。

2.东南沿海地区纺织业的发展

在宋代,丝绸等纺织品是仅次于瓷器的出口品,每年都有巨大的外销量。外销所需除蜀锦等少数内地产品外,主要由东南沿海地区供给,因而促进了东南沿海纺织业的更大发展。两浙路历来都是全国纺织业中心之一,在海外贸

① 〔日〕三上次男、胡德芬译:《陶瓷之路:东西文明接触点的探索》,天津人民出版社1983年版,第142-143页。

② 叶文程:《宋元时期龙泉青瓷的外销及其有关问题的探讨》,《海交史研究》1987年第2期。

③ 〔日〕三上次男、胡德芬译:《陶瓷之路:东西文明接触点的探索》,天津人民出版社1983年版,第32页。

④ 叶喆民:《中国陶瓷史纲要》,中国轻工业出版社1989年版,第185页。

易的纺织品外销中久占鳌头,在宋代依然如此,两浙路占全国纺织业的1/3,丝绵则超过2/3。在这一带,民营纺织业大兴。欧阳修《送祝熙载之东阳主簿》诗写道:"吴江通海浦,画舸候潮归。叠鼓山间响,高帆鸟外飞。孤城秋枕水,千室夜鸣机。试问还家客,辽东今是非。"①这首诗描述了浙东一带的民间纺织盛况。此时还出现了专门从事纺织业的机户和专收购纺织品的揽户:"自来揽户之弊,其受于税户也,则昂其价,及买诸机户也,则损其值。"②民间的生产是直接以赢利为目的的,专业生产尤其如此。海外贸易这个巨大的市场鼓舞了生产者的积极性,为生产的发展注入了活力。

在唐代,福建、广东的纺织业仍然比较落后。福建的产品质量较差,绢与丝均列为全国第八等,产量亦不高。③ 广东的丝织业在唐末曾经历了黄巢起义军的破坏,"把桑树和别的树一起砍去",而一度使"中国对外的,尤其是对阿拉伯的丝绸出口事业就跟着完了"。④ 在宋代,这些地区纺织业不但重兴,而且在海外贸易的促进下得到了很大发展。地方统治者为保障税收和满足出口需求,也大力鼓励丝桑生产。"宋时令长吏劝民广植农桑,有伐以为薪者,罪之。"⑤很多农民,特别是山区农民都"以桑麻为业",生产技术有了很大提高,"百工技艺敏而善仿,北土缇缣,西番氎厨莫不能成"⑥。当时,泉州一带的产品质量已跃居全国前列。苏颂《送黄从政宰晋江》诗曰:"泉山南望海之滨,家乐文儒里富仁。弦诵多于邹鲁俗,绮罗不减蜀吴春。"⑦这首诗即称赞福建的纺织品之美。泉州成为与杭州并称一时之盛的纺织业中心,这与其作为全国贸易大港的地位是分不开的。福建的纺织业产品大量销往海外。"凡福之绸、漳之纱绢、泉之蓝……其航大海而去者,尤不可计。"⑧建阳锦也是很受欢迎的外销品。⑨ 广东的丝织业也得以恢复和进步。《舆地纪胜》卷三六《潮州》载:每年"稻得再熟,蚕亦五收",蚕桑业十分兴旺。广东所产的"粤缎"、"广纱"等产品"皆为岭外、京华、东、西二洋所贵"⑩,是海外市场上的畅销商品。

除丝织品外,东南沿海地区的棉布也有一定外销,使生产得到了进一步发展。棉花在晚唐时期已在中国西北和岭南少量种植,加滕繁和李仁溥先生都

① 《欧阳修全集》,《居士集》卷一〇。
② [宋]袁甫:《蒙斋集》卷二《知徽州奏便民五事状》,《丛书集成初编》本。
③ 郑学檬:《福建经济发展简史》,第169页。
④ 《苏莱曼东游记》第二卷。
⑤ 《泉州府志》卷二一,《田赋》。
⑥ 《泉州府志》卷二〇《风俗》、卷二一《田赋》。
⑦ [宋]苏颂:《苏魏公文集》卷七,中华书局点校本。
⑧ [明]王世懋:《闽部疏》。
⑨ 《诸蕃志》卷上。
⑩ [清]屈大均:《广东新语》卷一五,清康熙刊本。

持此说。① 宋代吉贝"雷化廉州及南海黎峒富有,以代丝纩。雷化廉州有织匹幅……有绝细而轻软洁白,服之且耐久者"②。广东也有生产棉布的工场。《玉照新志》卷一记载:宋神宗元丰年间,陈绎知广州,因"其子陈考辅役使广州军人织造木棉"而"获罪"。宋人方勺在《泊宅编》卷中也载:"闽广多木棉……今所货木棉,特其细紧尔。"《诸蕃志》卷下记载了当时岭南人民纺织棉布的方法:"南人取其茸絮,以铁筋碾去其子,即以手握茸就纺,不烧缉绩,以之为布。"南宋末棉花种植不断向北传播,浙江也出现了棉织业。③ 宋朝的棉布受到海外市场的欢迎,所以宋政府每年向福建等地征收以作为朝贡中的回赐之用。但是,棉纺织业在当时还是一个新兴行业,相对于丝绸来说出口量还比较有限。

3. 印刷业的发展

书籍的出口以两浙和福建为主。这两路的印刷业在当时也非常繁荣。两浙书籍质量第一,福建数量最多。福建的印刷业在唐代已肇其端,而两宋尤其是南宋才达于隆盛,成为三大印刷中心之一。福建印刷业,特别是民营印刷业与外销有直接关系。当时有谚语曰:"儿郎伟,抛梁东,书籍高丽日本通。"④日本进口的佛经大部分印刷于福建。民间"皆以书籍为业,家有藏版,岁一刷印,贩行远近"⑤。莆田、兴化军、鼓山涌泉寺等地都有刻书之所。⑥ 海商跨洲过洋,使"福建本几遍天下"⑦。民营印刷业的勃兴,使福建印刷业规模成为全国之首。"宋刻之盛,首推闽中,而闽中尤以建安为最",麻沙镇号称全国"图书之府"。⑧ 两浙的印刷业尤以杭州、婺州为盛,绍兴府、明州、严州、湖州等地也是刻板中心。两浙民营印刷业也很兴盛。徐戬为高丽印造的数量可观的图书就是向民间印刷者订购的。

印刷业的发展同时也带动了造纸业的发展。福建采用竹为造纸原料,成为竹纸的主要产地。《东坡志林》说:"昔人以海苔为纸,今不复有。今人以竹为纸,亦古所无有也。"宋代有一种蠲符纸,出于温州,洁白坚滑,为东南第一。泉州也有蠲符纸的生产。⑨

手工业产品中除瓷器、纺织品、书籍等大宗出口外,还有不少出口量相对

---

① 参考〔日〕加藤繁《中国经济史考证》;李仁溥《中国古代纺织史稿》。

② 《岭外代答》卷六《吉贝》。

③ 倪士毅著:《浙江古代史》,浙江人民出版社1987年版,第190页。

④ 〔宋〕熊禾:《勿轩集》卷四《书坊同文书院上梁文》,《四库全书》本。

⑤ 杨澜:《临汀汇考》卷四。

⑥ 《建阳县志》卷五。

⑦ 《石林燕语》卷八,中华书局点校本。

⑧ 叶德辉:《书林清话》,古籍出版社1957年版。

⑨ 《福建史稿》,第210页。

较小的产品,如草席、凉伞、漆器、玩具等。其中,漆器的出口规模较大,是宋政府规定用来博买香药宝货的商品之一。海外贸易的出口需求对其生产起到了一定的促进作用,但因其出口量不大,加之资料稀少零散,这里不再一一详述。

4.东南沿海地区造船业的发展

造船业的发展是海外贸易的必要条件,宋代海外贸易的空前繁荣又大力推动了造船业的进步。宋政府在沿海沿江交通要道上建有很多造船场;民间商人也常自费造船,出海贸易。东南沿海地区是全国最大的造船业中心。

东南沿海地区的造船业以产量而论首推两浙路。两浙的明州、温州、处州、秀州等沿海州郡都是造船基地,其中明、处、温三州尤为发达。天禧年末三州所造船只占全国总数的1/3以上。明州、温州两港在海外贸易中日显重要,造船业也随之上升。到元祐五年时,"温州、明州岁造船以六百只为额",而有的一路造船数才两三百只。① 明州、温州分别设有造船场和买木场。明州"有船场官二员,温州有买木官二员",专管买木造船事宜。② 明州造船场规模大、技术好。宋朝出使高丽的使节座船"神舟"都在此打造。明州一带海船甚众。建炎三年,高宗从明州逃往海上,仓促之间便能聚得千舟。南宋以后,由于政治局势的影响,明州、温州的造船业有所下降。虽然高宗时温州仍置船场,且"材木不可胜用",也只是"岁造百艘"。后因"山材大木绝少,客贩不多",且"近地明州华亭亦皆造船,足以供转输之用",温州"每年只造十艘,而一司尚存,凡费如故",得不偿失而罢温州造船场。③ 但由于有以前的雄厚基础,到南宋中晚期,庆元府仍然"共管船七千九百一十六只,一丈以上一千七百二十八只"④。由此也可见以前明州造船业的兴旺。

福建的造船规模稍逊于两浙,然船舶质量居全国第一。"海舟以福建为上,广东西船次之,温明船又次之。"⑤福建的造船量也很大。绍兴十九年,仅在福清县登记造籍的船只就达2434只。按南宋规定应当征募的民间1丈或1丈2尺以上的大船,福州九县中共有373只。⑥ 泉州也"每岁造船通异域"。泉州在南宋是海外贸易最盛的港口,其造船规模至少不小于福州。绍兴初年,朝廷在泉州"以度牒钱买商船二百艘"。泉州、漳州、兴化军等地民间造船很盛,"凡滨海之民所在舟船,乃自备财力"⑦,显示了福建造船业的发达。但总

---

① 《宋会要·食货四六之二》。

② 《宋会要·食货五〇之五》。

③ 《攻媿集》卷二一《乞罢温州船场》。

④ 《开庆四明续志》卷六《三郡隘船》。

⑤ [宋]吕颐浩:《忠穆集》卷二《论舟楫之利》,《四库全书》本。

⑥ 《淳熙三山志》卷一四《版籍》。

⑦ 《宋会要·刑法二之一三七》。

体而言,南宋由于统治者强征民间轮番应募,损伤了船户的积极性,造船业也日益下降。

两广的造船质量仅次于福建,而其规模远小于两浙和福建。广西出产的乌鰲木是最好的做柁材料,常常运到番禺出售,供造船之用。广东沿海还制造"藤舟",海商用之出洋贩易。《岭外代答》卷六"藤舟"条载:"深广沿海州郡难得铁钉桐油,舟皆空板穿藤,约束而成,于藤缝中以海上所生蒿草干而窒之,遇水则涨,舟为之不漏矣。其舟甚大,越大海商贩皆用之。"广东造船也有一定的规模。宋末张世杰抵抗元兵时"棋结巨舰千余艘"①,很大部分是在当地征集的。

(三)农业商品化的扩大

海外贸易的蓬勃发展使大量劳动力流向商业贸易和生产出口品的手工行业。特别在福建路沿海的贸易港周围地区商业和手工业在社会经济中的地位甚至超过了农业。仍滞留于农业中的劳动力也并非完全囿于传统的粮食生产,而是纷纷转向生产适应海外贸易需要的产品,以分享丰厚的贸易利益。经济作物的生产在一定程度上排挤了粮食的种植。当时东南沿海农副产品中出口最甚的是蔗糖和荔枝。

因蔗糖大量外销,使种植甘蔗比生产粮食能得到更加丰厚的利润。东南沿海地区,土壤气候适宜种植甘蔗,行销又便利,于是出现了专门种植甘蔗和制糖的"糖霜户"。"糖霜户治良田,种佳蔗,利器用,谨土作一也,而收功每异。自耕田至沥瓮殆一年半,开瓮之日或无铢两之获,或数十斤,或近百斤,有暴富者。"即使制作不佳,"霜全不结,卖糖水与自熬沙糖,犹取善价,于本柄亦未甚损也"②。种蔗制糖收入远高于粮食生产,因而不少人"多费良田以种瓜植蔗",以至于"可耕之地皆崎岖崖谷间,岁有所收,不偿所费"③。蔗糖很大一部分都用于出口。泉州一带"甘蔗干小而长,居民磨以煮糖,泛海售焉。其地为稻利薄,蔗利厚,往往有改稻田种蔗者"。仙溪"货殖之利,则捣蔗为糖渍",仙溪的风亭市"土产砂糖,交舟博贩者率于是解缆焉"④。南宋方大琮说"仙游县田耗于蔗糖,岁运入浙淮者不知其几万坛"⑤,而出口之数也不低于此。蔗糖是福建出口中的名产,出口量很大:"福漳之橘、福兴之荔枝、泉漳之糖、顺昌之

① 《元史》卷一六二《高兴传》。
② [宋]王灼:《糖霜谱》,《四库全书》本。
③ [宋]韩元吉:《南涧甲乙稿》卷一八《建宁劝农文》,《四库全书》本。
④ [宋]黄岩孙:《仙溪志》,《宋元方志丛刊》本,中华书局1990年版。
⑤ [宋]方大琮:《铁庵集》卷二一,《四库全书》本。

纸……航大海而去者尤不可计。"①在东南沿海地区及内地"甘蔗所在皆植"，但主要在"福唐、四明、番禺、广汉、遂宁有之"。② 宋人苏颂在《图经本草》(转引自《重修政和经史证类备用本草》)中说，甘蔗"今江浙;闽广、蜀川所生，大者亦高数丈余"，有荻蔗、竹蔗两种。榨糖多用竹蔗，大概就是《闽部疏》中所言泉州"干小而长"者。"泉、福、吉、广多作之。"两浙的产品也与闽广一样，销往海外市场，但其产销量都不如闽广。

当时人们也已经研制、掌握了蔗糖的制作和储藏技术。王灼《糖霜谱》系统地记载了蔗糖的制作和储藏方法:"凡治蔗，用十月至十一月。先削去皮，次锉如钱……次入碾，碾阙则舂。碾讫号曰泊。次蒸泊，蒸透，出甑入榨，取尽糖水，投釜煎，仍上蒸生泊，约糖水七分热，权入瓮，则所蒸泊亦堪榨。"日次反复煎蒸数次，"始正入瓮，簸箕覆之，此造糖霜法也"。"凡霜性易销化，畏阴湿。及风遇曝时，风吹无伤也。收藏法:干大小麦铺瓮底，麦上按竹箅，密排笋皮，盛贮棉絮……寄远即瓶底著石灰数小块，隔纸盛贮，厚封瓶口。"这样，产品即可长途运销各地。

东南沿海地区所产荔枝远销于高丽、日本乃至大食等地，从而极大地促进了荔枝的生产和加工。"商人贩益广而乡人种益多，一岁之出不知几千万亿。"③福建各地的荔枝种植都有增长。"福州最多，兴化军最为奇特，泉漳时亦知名。""泉郡荔枝虽郁为林麓，然不若福兴两郡之盛。"④《荔枝谱》记载:"福州种植最多，延迤原野，洪塘水西，尤其盛处，一家之有至万株，城中越山，当州署之北，郁为林麓。"荔枝遍野成林。兴化军"园池胜处唯种荔枝，当其熟时，虽有他果不复见"。荔枝种植也出现了专业户。很多人围园种植，颇具规模。荔枝熟时，"必先闭户，隔墙入钱，度钱与之"。商人购买时也是整林整园包买。因为需求量大，供给不足，商人们往往于成熟前就先期定购。"初著花时，商人计林断之，以立券，若后丰寡，商人知之。"⑤

为生产优质荔枝获得更大的贸易利润，种植者不断创新，培育了不少新品种。《淳熙三山志》载录了福建优良荔枝 28 种。《荔枝谱》也记载了陈紫、方家红、游家紫、宋公荔枝、蓝家红、周家红、何家红等优良品种。优良品种的培育更促进了销售的增长。荔枝保质期短，长途泛海贸易极易腐烂。为解决这一问题，人们又发明了一些荔枝加工方法，制成荔枝脯。"红盐法"是其中较为普遍的方法，即"以盐梅卤浸佛桑花为红浆，投荔枝渍之，曝干色红而甘酸"。这

---

① [明]王世懋:《闽部疏》。
② [宋]王灼:《糖霜谱》,《四库全书》本。
③ [宋]蔡襄:《荔枝谱》,《四库全书》本。
④ 《泉南杂志》卷上。
⑤ [宋]蔡襄:《荔枝谱》,《四库全书》本。

样加工的荔枝"三四年不虫。修贡与商人皆便之"。另有"出汗法",以"烈日干之,以核坚为止,畜之瓮中,密封百日"。加工中还添进辅料制成各种风味,如丁香荔枝等。① 通过各种加工方法,做成荔枝干、荔枝蜜、荔枝煎等保质期较长的产品,更有利于运销海外。荔枝大规模的生产并非在农田之外的余隙之地可以完成,它也与甘蔗的种植一样占据了大量土地,从而缩小了粮食的生产。这些经济作物的生产完全是在海外贸易和国内交换的刺激下发展起来的,主要为市场而生产。它们的扩大,也就是农业由自给自足状态向商品化的转变。

(四)占城稻的输入

宋代农业发展中的一件大事就是占城稻的输入,它对宋朝农业发展起到了很大的推动作用。占城稻最初输入大概是海商贩运而至。直到宋真宗大中祥符五年宋政府才开始注意此事,而此前占城稻已在福建有了一定规模的种植,取得了成功,并总结出了完整的种植规律。占城稻具有耐旱、适应性强等优点,所以真宗派使臣到福建取种,于两浙、江淮一带推广。《宋会要》记载:"(大中祥符)五年五月,遣使福建州,取占城稻三万斛,分给江淮、两浙三路转运使,并出种法,令择民田之高仰者,分给种之。"《长编》卷七七大中祥符五年五月戊辰条载:"遣使就福建,取占城稻三万斛。"《宋史·食货志》沿用此条。《淳熙三山志》说:"遣使福建,取种三万斛,分给令种莳之。"由此可见福建种植占城稻到此时已有成效。《宋会要》对占城稻的种植方法有详细记录:"其法曰:南方地暖,二月中下旬至三月上旬用好竹笼,周以稻杆,置此稻于杆外,及五升以上,又以秆覆之,入池浸三日,出置手下,伺其微熟如甲析状,则布于净地,俟其萌与谷等,既用宽竹器贮之,于耕了平细田,停水深二寸许,布之。经三日,净其水,至五日,视苗长二寸许,即复引水浸之一日,乃可种莳。如淮南地稍寒,则酌其节候下种。"宋真宗把种植方法"揭榜示民"。占城稻在广东也早已开始种植。与福建一样,在宋真宗以前已由海商引入,所以不在宋政府推广地区之列。占城稻在广东已培育出多项品种,潮州一带就有白占、黄占、赤占之分。江西路洪州也广泛种植占城稻:"本州管下乡民所种稻田,十分内七分并是占米。只有三二分布种大禾。"②

关于占城稻引入后对中国农业的影响,长期以来学者们看法不一。加藤繁指出:"随着占城稻栽培的发展,产生了双季稻这一重大现象。""稻的双季

---

① 蔡襄:《荔枝谱》,载《蔡忠惠公集》卷30《杂著》。有王云五编《荔枝谱及其他六种》,1936年商务印书馆本。

② 《梁溪集》卷一〇六《申省乞施行籴纳晚米状》。

作、三季作盛行,也是广为栽种占城稻的结果。"他进一步说:"占城稻普及以及由此引起的双季稻的发展是中国近世经济史上值得大书特书的现象,对于农民生活,都市食粮问题以及人口、财政等的影响是很大的。"[1]英国学者布瑞认为,南宋粮食供给得以保障的关键是"自越南、占城将旱热稻米品种引入长江下游"[2]。持此观点的学者还有何炳棣、周藤吉之等。李伯重教授对此提出异议,认为占城稻在宋代并未大范围普及,不能说有一个以占城稻为中心的农业革命。对占城稻的作用作出了客观正确的评价,纠正了以往的错误。[3] 但是,这并不是要否定一个事实,即占城稻因其耐旱、早熟,能够有效地提高土地利用率、扩大稻作面积,因此在福建、两浙等沿海地区很快得以推广。占城稻的引种不仅对宋代农业发展起到了重要的推动作用,成为一个重要的稻作新品种,而且后代也继续沿种,并不断改进,对农业发展产生了久远的影响。

第四节　元代的海外贸易[4]

一、元代贸易地区的扩大

元代幅员广大,中西交通发达,加上统治阶级的重视,广州的海外交通亦获得蓬勃的发展;海上航线已深入到东非一带,而且有些不见于前代史书的地区,如加将门里、巴南西等,都在一些元人著作中发现。

元代广州的海外交通有很大的发展,东起菲律宾,西至西班牙、摩洛哥,南达帝汶岛,囊括了东南亚、南亚、西亚、东北非以及欧洲的一部分,把海上通商的主要国家和地区都包罗进来。为了进一步说明问题,现把《大德南海志》所列的诸蕃国注释如下。

交趾国管:团山、吉柴。交趾国即今越南北方。团山在今越南东北岸的云屯山。吉柴在越南之拜子龙湾。

占城国管:坭越、乌里、旧州、新州、古望、民瞳胧、宾瞳胧。占城为今越南南方。坭越位于越南日丽河流域。乌里即乌州,位于越南平治天省。旧州今越南的广南、岷港一带。新州今越南安仁、归仁一带。古望今越南虬蒙山一带。民瞳眦今越南芽庄一带,宾瞳陇今越南藩朗。

① 〔日〕加藤繁:《中国经济史考证》,第195页。

② 〔英〕布瑞:《中国农业史》,台北商务印书馆1994年版,第793页。

③ 李伯重:《"选精"、"集粹"与"宋代江南农业革命"——对传统经济史研究方法的检讨》,《中国社会科学》2000年第1期。

④ 本节引见郑端本:《广州外贸史(上)》,广东高等教育出版社1996年版,第173-184页。

真腊国管：真里富、登流眉、蒲甘、茸里、罗斛国。真腊即柬埔寨。真里富为今泰国东南岸之尖竹汶。登流眉为今泰国之洛坤。蒲甘即缅甸。茸里在今马来半岛克拉地峡附近之春蓬。罗斛国在今泰国之华富里一带。

暹国管：上水速孤底。暹国即泰国。上水速孤底指今泰国之泰可素。

单马令国管小西洋：日罗亭、达刺希、崧古罗、凌牙苏家、沙里、佛罗安、吉兰丹、晏头、丁伽芦、迫嘉、朋亨、口兰丹。

单马令在今马来西亚彭亨州滕贝林河谷一带。日罗亭在泰国的拉廊府一带。达刺希在泰国的柴也。崧古罗今泰国之宋卡。凌牙苏家在泰国的北大年。沙里在马来半岛。佛罗安在马来半岛西岸的槟榔屿。吉兰丹为今马来西亚之哥打巴鲁。晏头为今马来西亚的兴楼。丁伽芦为今马来西亚的丁加奴。迫嘉为今马来西亚之帕卡。朋亨为今马来西亚的彭亨。口兰丹为今马来西亚之关丹。

三佛齐国管小西洋：龙牙山、龙牙门、便塾、榄邦、棚加、不理东、监篦、哑鲁、亭停、不刺、无思忻、深没陀罗、南无里、不斯麻、细兰、没里琶都、宾撮。

三佛齐为今印度尼西亚的苏门答腊岛。龙牙山为今印度尼西亚的林加群岛。龙牙门指新加坡海峡。便塾在马来半岛南部。不理东即今印度尼西亚之勿里洞岛。监篦在苏门答腊岛的甘巴河流域。哑鲁为今苏门答腊岛东北岸的亚鲁港。亭停不详。不刺在今苏门答腊岛的佩雷拉克。无思忻不详，有人认为在今苏门答腊岛之巴赛河流域。深没陀罗在苏门答腊岛的洛克肖马伟一带。南无里在苏门答腊岛的班达亚齐一带。不斯麻为今苏门答腊岛西北岸的布洛萨马。细兰为今斯里兰卡。没里琶都在今苏门答腊岛西北岸。宾撮在苏门答腊的巴鲁斯一带。

东洋佛坭国管小东洋：麻里芦、麻叶、美昆、蒲端、苏录、沙胡重、哑陈、麻拿罗奴、文杜陵。

佛坭国即今加里曼丹岛之文莱。麻里芦为今菲律宾之马尼拉。麻叶即麻逸，在菲律宾之民都洛岛。美昆有可能是菲律宾棉兰老西岸之曼纳干。蒲端在吕宋群岛班乃岛西南端附近。苏录今菲律宾之苏渌群岛。沙胡重指棉兰老岛西岸之锡欧孔，或内格罗斯岛南岸之踢亚顿。哑陈为今菲律宾班乃岛之奥顿。麻拿罗奴在加里曼丹岛北部沙捞越之巴林坚一带。文杜陵指爪哇东北的马都拉岛或指沙捞越之宾土芦。

单重布罗国管大东洋：论杜、三哑思、沙罗沟、塔不辛地、沙棚沟、涂离、遍奴忻、勿里心、王琶华、都芦辛、罗帏、西夷涂、质黎、故梅、讫丁银、呼芦漫头、琶设、故提、频底贤、孟嘉失、乌谭麻、苏华公、文鲁古、盟崖、盘檀。

单重布罗即今加里曼丹岛南部。论杜即沙捞越之隆杜。三哑思在加里曼丹岛西北部，即印度尼西亚之三发。沙罗沟即沙捞越之沙腊托。塔不辛地在沙捞越之特贝杜一带。沙棚沟在今加里曼丹岛西北部。涂离在加里曼丹岛西北部，具体地点不详。遍奴忻或指印度尼西亚的本卡扬。勿里心在加里曼丹西北部，具体地点不详。王琶华为今加里曼丹西北部之曼帕瓦。都芦辛在今坤甸附近。罗帏在加里曼丹岛西部，具体地点不详。西夷涂即加里曼丹岛西部之锡达斯。质黎在加里曼丹岛西南之杰来河流域。故梅在加里曼丹岛南岸之库迈。讫丁银即加里曼丹岛南部之哥打瓦林因。呼芦漫头即加里曼丹岛南部门达韦河下游之门达拿。琶设即加里曼丹岛东南岸之巴塞尔。故提在加里曼丹岛东部的库太河流域。频底贤在苏拉威西岛西南岸之温甸。孟嘉失即苏拉威西岛西南之望加锡。乌谭麻在苏拉威西岛西南部的瓦淡波尼。苏华公即沙华公，应在今苏拉威西岛、马鲁吉群岛一带。文鲁古应为今印度尼西亚马鲁古群岛。盟崖即苏拉威西岛东面的曼涯群岛。盘檀即印度尼西亚的班达群岛。

阇婆国管大东洋：孙绦、陀杂、白花湾、淡墨、熙宁、罗心、重伽芦、不直干、陀达、蒲盘、布提、不者罗干、打工、琶离、故鸾、火山、地漫。

阇婆即爪哇岛。孙绦指巽他海峡一带或爪哇西部之万丹。陀杂在爪哇岛西岸一带。白花湾指爪哇岛西部的北加浪岸、加拉璜一带。淡墨指今爪哇岛之淡目。罗心即爪哇岛北岸之拉森。重伽芦又作重伽罗，在爪哇岛的泗水一带。不直干即爪吐岛东部诗都文罗的南面。陀达在今爪哇岛东部。蒲盘又作浦奔，在今爪哇岛东部及附近，或指布林宾一带。布提应指爪哇岛东部的普格或巴蒂一带。不者罗干指爪哇东部之巴那鲁干。打工在爪哇岛东北岸，一说是帕康，也有说是三宝垄旧名的译音。琶离亦作婆利，今印度尼西亚的巴厘岛。故鸾即故论，似指爪哇岛东部的波朗一带。火山似指印度尼西亚松巴哇岛东北面的桑格安岛。地漫今帝汶岛。

南毗马八儿国：细兰、伽一、勿里法丹、差里野括、拨的侄、占打林。

南毗马八儿国，《元史》作马八儿国，位于印度西南端马拉巴尔海岸一带。细兰即锡兰，今斯里兰卡。伽一在今印度南部东岸的卡异尔镇。勿里法丹在印度半岛东岸，具体地点不详。差里野括今地无考。拨的侄今地无考。古打林今地不详。

大故蓝国：今印度的奎隆。

差使也国：无考，与上文差里野括或属一地。

政期离国：今地不详。

胡茶辣国：在今印度西北部古吉拉特一带。即《大唐西域汜》中的瞿折罗国。

禧里弗丹：今印度南东岸讷加帕塔姆。

宾陀兰纳：有谓即《元史·食货志》中的梵答剌亦纳。在今印度半岛西岸卡利卡特北,元代为马拉巴尔海岸之重要贸易港。

追加鲁:或谓今印度西岸芒格洛尔北面的巴加诺尔。

盟哥鲁:即今印度马拉尔海岸之芒格洛尔。

靻拿:今印度孟买湾内塔纳。

阔里抹思:即忽里谟子。《明史》作忽鲁谟子。今伊朗霍尔木兹海峡。

加剌都:有考证为巴基斯坦之卡拉奇。

拔肥离:即拔拔力,在非洲北岸柏培拉。

涂弗:无考。

毗沙弗丹:在今印度沿岸,具体地点不详。

哑靻:今也门民主人民共和国首都亚丁。

鹏茄罗:即朋加拉,今孟加拉。

记施:即怯失,今波斯湾内凯斯岛。

麻罗华:今印度中部古吉拉特邦之东的纳马达河以北马尔瓦一带。

弼施罗:今伊拉克巴士拉城。

麻加里:即摩洛哥。

白达:即缚达,今叙利亚巴格达。

层拔:今非洲坦桑尼亚、桑给巴尔岛一带。

赡思:不详。

弼琶罗:今索马里北岸的柏培拉。

勿斯离:今埃及。

勿拔:今阿曼境内。

芦眉:即罗马。为阿拉伯人对地中海东岸希腊罗马人居留地的名称,在今土耳其、叙利亚等一带。

瓮蛮:今阿曼酋长国,在阿拉伯半岛东南部。

弗蓝:古称拂菻,即东罗马帝国。

黑加鲁:即麦加。

茶弼沙:指今西班牙一带。

吉慈尼:有谓在阿富汗境内。

以上开列了 145 国,把重复的去掉,实为 143 国。有些地方虽然无法考证,但如此多的国家和地区与广州交通贸易,情况实在是空前的。正如《大德南海志》中所说的:"其来者视昔有加焉。"特别值得注意的是,当时已初步地把贸易地区划分为小西洋、小东洋、大东洋等范围,自南毗马八儿至吉慈尼等 40 国,虽然没有把它们划入哪一类的国家范围,但已从其所处的地理位置作了划分,按作者意图,这些国家都属当时的西方贸易国。而且,从排列的情况来看,从东往西,由近至远,次序井然,证明当时的人对世界的了解已大大地超过了前代,达到了最新的境界。此书目前只剩下卷六至卷十残本,但其史料价值仍非常宝贵,而且有强大的说服力。此书能诞生于广州,足以证明广州海外贸易的繁荣与昌盛,只有外国商人和来华使节以及中国商人与作者有所接触,才能笔之于书,写出如此知识丰富的作品。

二、元代的主要进口商品

《大德南海志》对进口舶货的种类有如下的记载。

宝物:象牙、犀角、鹤顶、真珠、珊瑚、碧甸子、翠毛、龟筒、玳瑁。

布匹:白番布、花番布、草布、剪绒布、剪毛单。

香货:沉香、速香、黄熟香、打柏香、暗八香、占城粗熟、乌香、奇楠木、降香、檀香、戎香、蔷薇水、乳香、金颜香。

药物:脑子、阿魏、没药、胡椒、丁香、肉豆蔻、白豆蔻、豆蔻花、乌爹泥、茴香、硫黄、血竭、木香、荜拨、木兰皮、番白芷、雄黄、苏合油、荜澄茄。

诸木:苏木、射木、乌木、红柴。

皮货:沙鱼皮、皮席、皮枕头、七鳞皮。

牛蹄角:白占蹄、白牛角。

杂物:黄蜡、风油子、紫梗、磨末、草珠、花白纸、藤席、藤棒、孔雀毛、大青、鹦鹉、螺壳、巴淡子。

汪大渊《岛夷志略》一书,对进口物资亦有记载,现择其一些主要贸易地区输出物产的情况录下。

麻逸:地产黄蜡、玳瑁、槟榔、花布。

交趾:地产沙金、白银、铜、锡、铅、象牙、翠毛、肉桂、槟榔。

占城:地产红柴、茄蓝木、打布。

真腊:地产黄蜡、犀角、孔雀、沉速香、苏木、大枫子、翠羽,冠于各蕃。

丹马令:产上等白锡、米脑、龟筒、鹤顶、降真香及黄熟香头。

三佛齐:地产梅花片脑、中等降真香、槟榔、木棉布、细花木。

渤泥:地产降真、黄蜡、玳瑁、梅花片脑。

爪哇:地产青盐、胡椒、印布、绵羊、鹦鹉。

加将门里:地产象牙、兜罗绵、花布。

波斯离:地产琥珀、软锦、驼毛、腽肭脐、没药、万年枣。

挞吉那:地产安息香、琉璃瓶、硼砂、栀子花尤胜于他国。

小唄喃:地产胡椒、椰子、槟榔、溜鱼。

朋加剌:地产芯布、高你布、兜罗锦、翠羽。

马八儿屿:地产翠羽、细布。

元代关于进口货物没有详细的记录,但据《大德南海志》、《岛夷志略》、《真腊风土记》和庆元（明州）的方志记载，总数当有 250 种以上。特别是广州，按《大德南海志》的叙述，其进口物资的品种，亦是盛况空前。文曰："圣朝奄有四海，尽日月出入之地，无不奉珍效贡；稽颡称臣。故海人山兽之奇，龙珠犀贝之异，莫不充储于内府，畜玩于上林……而珍货之盛，亦倍于前志之所书者。"

按照进口货种的分析，当时最受欢迎同时也是输入最多的，大概有三大类：一是香料，主要是从东南亚国家和大食诸国输入；二是高级奢侈品，如象牙、犀角、珍珠、玻璃等，除了从印度、大食诸国输入外，远如东非和欧洲国家亦有输入；三是纺织品，如棉布、驼毛段等，多从印度、大食等国输入。因此，广州的舶货市场，亦呈现出一种繁荣的景象。元末明初的广东诗人孙蕡写了一首《广州歌》，对当时外贸市场的繁荣，便作过这样的描写："岢峨大舶映云日，贾客千家万家室。春风列屋艳神仙，夜月满江闻管弦。良辰吉日天气好，翡翠明珠照烟岛。"①可见，中外商贾云集，珠宝珍奇，堆积如山，市场之繁荣实不亚于唐宋时期。

至于出口物资，元人周达观《真腊风土记·欲得唐货》有这样的记述："其地想不出金银，以唐人金银为第一，五色轻缣帛次之；其次如真州之锡镴、温州之漆盘、泉州之青磁器，及水银、银琳、纸札、硫黄、焰硝、檀香、白芷、麝香、麻布、黄草布、雨伞、铁锅、铜盘、水殊、桐油、篦箕、木梳、针。其粗重则加明州之席。甚欲得者则菽麦也。"

另《通制条格》卷十八《下番》也有记载曰："至元二十五年（1288 年）八月，中书省御史台呈：海北广东道提刑按察司申，广州官民于乡村籴米伯硕阡硕至万硕者，往往般运前去海外占城诸蕃山粜，营求厚利，拟合禁治。都省准呈。"

按照《真腊风土记》和《岛夷志略》等书的分析，出口货物主要有如下五大类。

（1）丝织品类：即《真腊风土记》所记之"五色轻缣帛"也。《岛夷志略》也多次提到丝织品。例如，"丁家卢"条："货用……小红绢。""东冲古剌"条："贸易之货……青缎。""渤泥"条："货用……色缎"，等等。甚至连"层摇罗"（层拔）这样的东非国家，也有"贸易之货，用……五色缎"的记载。

（2）瓷器和陶器类：陶瓷器的出口数量很大。凡是与中国通商的国家，几乎都要进口中国的瓷器，《岛夷志略》"甘埋里"条便有明确的记载："去货丁香、豆蔻、青缎、麝香、红色烧珠、苏杭色缎、苏木、青白花器、瓷瓶、铁条，以胡椒载而返。"按照该书的叙述，由中国输入瓷器的国家和地区有三岛、无枝拔、占城、丹马令、日丽、麻里噜、遐来勿、彭坑、吉兰丹、丁家卢、戎、罗卫、罗斛、东冲各剌、苏洛鬲、淡邈、尖山、八节那间、啸喷、爪哇、文诞、苏禄、龙牙犀角、旧港、班

---

① 《广州府志》卷十五。

卒、蒲奔、文老古、龙牙门、灵山、花面、淡洋、勾栏山、班达里、曼陀郎、喃唑哩、加里那、千里马、朋加剌、天堂、天竺、甘埋里、鸣爹等。这些地区分属今天的日本、菲律宾、印度、越南、马来西亚、泰国、孟回拉、伊朗等国家。事实上，远远不止这些国家，根据考古发掘，埃及、索马里、苏丹、摩洛哥、埃塞俄比亚、肯尼亚、坦桑尼亚、奔巴岛、桑给巴尔岛以及东地中海沿岸到美索不达米亚地区，都有元代的瓷器或碎瓷片出土。这些瓷器亦有许多是通过广州出口的，故依宾拔都他在他的《游记》中说；"其间(指广州)最大者，莫过于陶器场，因此，商人转运瓷器至中国各省及印度、夜门。"①

（3）金属和金属制品：如铁条、铁块、铁锅、铁鼎、金银器皿以及锡器等。上引《真腊风土记》已说明该国欢迎从我国进口铁锅和锡器。《岛夷志略》也记载东西洋地区有 50 余国从中国进口金属和金属制品。

（4）农产品和副食品：元代，广州是全国的一大米市，故有余粮可供出口；除此之外，尚有酒、盐、茶、糖等副食品出口。在广州加工的荔枝干亦行销南洋群岛等地。

（5）日常生活用品：除上引《真腊风土记》所开列的日常生活用品外，记载在元代官方文书中的出口物品还有伞、磨、帘子等物。②

---

① 张星烺：《中西交通史料汇编》第二册，中华书局 1977 年版，第 79 页。

② 《元典章》卷二二《市舶》。

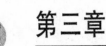

第三章

宋元时期的海外贸易管理与制度

　　宋元时期是中国古代商品经济得到较大发展的时期,其中也包括海外贸易的发展。宋元时期海外交通发达,对外贸易兴盛,海外贸易成为国民经济的重要组成部分。宋元封建统治者为了加强中央集权和出自财政方面的原因,力图把海外贸易置于封建朝廷的控制之下,逐步建立了一套较为完备的海外贸易管理制度。

第一节　宋元的市舶管理①

一、市舶司的建置沿革

　　北宋灭南汉后,即于开宝四年(971年)首先在广州设立市舶司,其后又在杭州和明州分别设置市舶司,以管理海外贸易。② 但是入宋之后,福建的海外贸易发展很快,不仅泉州一带"每岁造舟通异域"③,从事贩海的人很多,一些海外商使也要求到泉州贸易,于是在泉州设置市舶管理机构便被提到议事日程上。熙宁五年(1072年),宋神宗诏东南六路转运使薛向"比言者请置司泉州,其创法讲求之"④,但事无下文。

　　熙宁九年(1076年),宋朝廷"罢杭州、明州市舶司,只就广州市舶一处抽解"⑤。这样一来,福建海商从泉州出海,"往复必使东诣广,不者没其货",不

---

① 本节引见廖大可:《福建海外交通史》,福建人民出版社2002年版,第128-134页。
② 《宋会要辑稿·职官四四之一》。
③ 谢履:《泉南歌》,载王象之《舆地纪胜》卷一三〇,第3753页。
④ 《宋史》卷一八六,《食货志》,第4560页。
⑤ 《宋会要辑稿·职官四四之六》。

仅福建海商深为不便,"民益不堪",而且宋政府的市舶收入也大为减少。因此,当时的泉州地方官陈偁向朝廷建议"置市舶于泉,可以息弊止烦"①,但未被采纳。直至哲宗元祐二年(1087年),由于户部尚书李常的请求,才在泉州正式设置福建市舶司。② 福建市舶司设立后,在北宋后期曾两度废罢,然不久就复置。③

建炎元年(1127年),宋室南迁,宋高宗为了表示戒奢靡,励精图治,以"市舶司多以无用之物,枉费国用,取悦权近",将福建市舶司归并转运司,旋因"自并归漕司,亏失数多,市井萧索,士人以并废为不便",于第二年又复置。④ 然而绍兴二年(1132年),由于宋金战争,政局不稳,以及福建安抚转运提举司的争利,福建市舶司虽未废罢,但其职事改由提举茶事司兼领。⑤ 一直到绍兴十二年(1142年)底,宋金和议告成的第二年,才"诏福建路提举市舶令见任官专一提举"⑥,恢复了单独建制,这种制度维持到南宋末年。

至元十四年(1277年),元军攻占泉州,立即沿袭宋代制度,在泉州设立市舶司。但在元代前期,由于朝廷与地方实力派围绕着海外贸易展开明争暗斗,市舶机构兴废不常,名称变化不一。除了名曰"市舶提举司"外,又或曰"市舶总管府",⑦或置"市舶都转运司",或并入盐运司,曰"盐课市舶都转运司"。直到至治二年(1322年),复置市舶提举司于泉州、广州、庆元三处,市舶机构始步入正规化,不再反复变易。

二、市舶司官制

宋代,市舶司官制经历了三次大的变动,南宋学者章如愚对此曾作过如下概括:"旧制虽有市舶司,多州郡兼领;元丰中始令转运司兼提举,而州郡不预矣……后专置提举,而转运司不复预矣;后尽罢提举官,至大观元年续置。"⑧从中可以看出,北宋初年,市舶司多由知州兼任市舶使,掌管市舶事务,时市舶机构具有临时的性质。至元丰三年(1080年),宋神宗、王安石等人对市舶制

---

① 陈璀:《先君行述》,《永乐大典》卷三一四一《陈字门》,第1836页。
② [南宋]李焘《续资治通鉴长编》卷四〇六,元祐二年十月甲辰,中华书局点校本1979年版,第3844页。
③ 《宋会要辑稿·职官四四之九》。
④ [宋]李心传:《建炎以来系年要录》卷十五,建炎二年五月丁未,中华书局1988年版,第324页。
⑤ 《宋会要辑稿·职官四四之一五》。
⑥ 《宋会要辑稿·职官四四之二三》。
⑦ 《元史》卷十二,《世祖本纪》,第251页。
⑧ 章如愚:《群书考索》后集卷十三,《官制门·提举市舶》,文渊阁《四库全书》,武汉大学出版社原文电子版,第19页。

度进行改革,提举市舶改由转运使兼任,并形成了常设机构。① 所以元祐二年(1087年)泉州设置市舶司后,即由福建转运使兼任提举市舶。到了崇宁年间(1102—1106年),宋徽宗等人在元丰之制的基础上对市舶官制继续进行改革,改行"专置提举"制,即由朝廷派人担任专职的提举市舶。北宋末年朱彧云:"崇宁初,三路各置提举市舶官。"②专置提举之后,市舶司机构更加完善,职能也更为强化,形成中央控制下的专职管理体制,标志着封建政权对市舶贸易管理专门化、正规化的基本完成。

崇宁之后,"专置提举"成为市舶司的基本制度。尽管南宋初年福建市舶司屡有废置,官制亦时有变动,但那是在宋金战争剧烈的特殊环境中发生的,非定制也,一旦宋金和议告成,旋即恢复了"专置提举"制,而且一直实行到南宋末年。只是在南宋末年,政治极其黑暗,中央与地方的财政收支关系恶化,时福建沿海地方多事,山海交讧,社会动荡,为维持封建秩序,地方官府事权扩充,支出亦随之剧增,而地方财政收入却不断萎缩,入不敷出,须仰舶利补助,因此泉州的知州向朝廷大争市舶之权,"或谓非兼舶不可"③,逼得宋理宗一度"监国初成宪,以守兼舶"④。但这毕竟不合常制,不久即"以专使之遣"⑤,又恢复了"专置提举"制。

宋代市舶司的人事编制大致可分为"官"和"吏"两个不同的组成部分。官有一定品位,由朝廷任命,并有一定任期,任满即迁,它对市舶司负有领导责任。吏则是"募有产而练于事者为之"⑥,有一定的技能而无品位。吏除了个别可以爬到官位,大都终身为吏,其政治地位虽然不高,却操办市舶的具体事宜。

市舶司官有四员,职掌如下。

提举市舶司,为市舶司之首长,初由转运使或转运副使兼,后由朝廷遣人专任。

监官,"主管抽买舶货,收支钱物",市舶司"抽解博买,专置监官一员"。⑦

勾当公事,后改称干办公事,简称"舶干",主持市舶司的日常公务。

监门官,主管市舶库,"逐日收支,宝货钱物浩瀚,全籍监门官检察",以防

---

① 廖大可:《试论宋代市舶司官制的演变》,载《历史研究》1998年第3期。

② [宋]朱彧:《萍州可谈》卷二,《南越五主传及其它七种》,广东人民出版社1982年版,第99页。

③ 刘克庄:《后村先生大全集》卷六二,《吴洁知泉州》,第9页。

④ 刘克庄:《后村先生大全集》卷六四,《卓梦卿直宝章阁广南提舶》,第4页。

⑤ 周密:《齐东野语》卷十七,《景定彗星》,第15页。文渊阁《四库全书》,武汉大学出版社原文电子版。

⑥ 陈耆卿:《嘉定赤城志》卷十七,《吏役门》,《宋元方志丛刊》第7册,第7416页。

⑦ 《宋会要辑稿·职官四四之一一》。

侵盗之弊。监门官多由使臣（低级武官名）充任，"兼充接引干当来远驿"①。

除了上述官员之外，市舶司还置有吏十一员，职掌如下。

主管文字，负责点检账状，但有时也由"官"兼任②。

孔目，负责对海商的申请审核、验实，然后发予公凭。

手分，管"钱帛案"，即负责钱物的收支工作。

贴司、书表，制作、保管账簿和文字档案。

都吏，负责巡视、检查和安全。

专库，主持市舶库内舶货的保管和发纳。

专秤，主管临场抽解、和买的具体操作。

客司，负责贡使和番商的接待工作。

前行、后行，负责警卫。

元初市舶司官制变化较紊乱。至元十四年（1277年）设立泉州市舶司后，多以地方军政大员兼领其事。最初由福建行省首脑闽广大都督行都元帅府事忙古鲟领之③，又以蒙古管军万户百家奴为海外诸蕃宣慰使兼福建道市舶提举④，后来才改为委任专职提举。在行政隶属关系上亦变化无常，最初隶于福建行省，至元二十三年（1286年）以市舶司隶泉府司。泉府司是元朝廷管理官营商业的机构，大德十一年（1307年）改称"泉府院"。元朝廷在中央泉府院之下，又在各行省设行泉府司，市舶司又受其管辖，故市舶司受泉府司和行省的双重领导。大德二年（1298年）元朝廷置制用院，市舶司一度归制用院，但至大元年（1308年）又复归行泉府院。翌年"罢行泉府院，以市舶归之行省"⑤。这种体制大体延续至元末。因此，行省管理市舶是元朝的基本制度。

元代市舶司机构编制大致是，"每司提举二员，从五品；同提举二员，从六品；副提举二员，从七品；知事一员"⑥。此外，大概还设有招船提控、书记手等官职。官员属下，吏的数目不详。

宋元市舶司的主要职责有办理商舶出海与返航手续；执行对进口货物的禁榷、抽解、和买；对进出港舶进行检规；接待海外贡使，招徕海外商舶，组织番商贩运。

---

① 《宋会要辑稿·职官四四之一〇》。

② 《宋会要辑稿·职官四四之二八》。

③ 《元史》卷九四，《食货志2·市舶》，第2401页。

④ 《元史》卷一二九，《唆都附伯家奴传》，第3155页。

⑤ 《元史》卷二三，《武宗本纪》，第510页。

⑥ 《元史》卷九一，《百官志》，第2315页。

第二节　宋代海外贸易管理与制度①

一、宋政府对贸易商人的管理

(一)对海商的管理

宋政府虽然大力鼓励民间商人出海贸易,但为了最大限度地把海外贸易控制在政府手中,对出海贸易的商人的管理十分严格,并制定了比较系统的管理制度。

(1)编定船户户籍。出海贸易的海商人数最多的是沿海船户。宋政府为了便于控制和征税,对这些船户另编户籍。元祐六年首先在广南沿海实行。"船户每二十户为甲,选有家业行止,众所推服者二人,充大小甲头,具置籍,录姓名年甲并船橹棹数,其不入籍并橹棹过数,及将堪以害人之物,并载外人在船,同甲人及甲头知而不纠,与同罪。"②绍兴五年,此规定又推行到全国。"诸路沿海州县应有海船人户,以五家为保。不许透漏出界,犯者籍其赀。"③通过保甲连坐把海商的贸易活动控制在政府手中。

(2)发放公凭,禁止私贩。宋政府规定,出海贸易的海商必须到政府登记,领取公凭,"商贾许由海道往外蕃兴贩,并具人船物货名数,所诣去处,申所在册,仍诏本土有物力户三人委保"④,然后方可出海。未申请公凭者即为私贩,并要受到处罚。"若不请公验物籍者,行者徒一年,邻州编管。"⑤宋政府屡禁私商贩海,但走私海商仍然很多。宋高宗于绍兴二十二年再次申令"沿海守臣常切禁止,毋致生事"⑥。为了不使禁令过严而阻碍贸易,也适当放纵小商的私贩。至道元年有人因海商私贩,建议严加禁止,但王瀚等人说:"私路贩海者不过小商……若设法禁小商,则大商亦不行矣。"⑦大商不行则关税难以保障,因而宋太宗采纳了他的意见。

① 本节引见黄纯艳著:《宋代海外贸易》,社会科学文献出版社 2003 年版,第 27-29 页,第 103-109 页,第 138-162 页。
② 〔南宋〕李焘:《续资治通鉴长编》卷四六一,元祐六年七月戊辰,中华书局点校本,1979 年版。
③ 〔宋〕李心传:《建炎以来系年要录》卷八九,绍兴五年五月壬辰,中华书局 1988 年版。
④ 〔南宋〕李焘:《续资治通鉴长编》卷四五一,元祐五年十一月己丑,中华书局点校本,1979 年版。
⑤ 〔日〕《朝野群载》卷二〇,转引自陈高华、吴泰《宋元时期的海外贸易》,天津人民出版社 1981 年版,第 77-78 页。
⑥ 〔宋〕李心传:《建炎以来系年要录》卷一六三,绍兴二十二年八月戊子,中华书局 1988 年版。
⑦ 《宋会要》职官四四之三。《长编》卷四五一,元祐五年十一月己丑。

（3）关于回舶的规定。海商贸易归来，"许于合发舶司住舶，公据纳市舶司"①，即须到原申请公凭的市舶司接受抽买。不经抽解或不赴原出海市舶司处抽解者皆处以重罚。天禧三年，福州商人林振自"南蕃贩香药，为隐税真珠，州市舶司取其一行物货，悉没官"②。为了缩短贸易周期，增加税收，宋政府规定"商贾由海还道兴贩诸蕃及海南州县，近立限回舶"，除中途遇阻外，"自给公凭日为始，若三月内回舶与优饶抽税，如满一年不在饶税之限，满一年以上，许从本同根究责罚施行"③。

（4）对海商往高丽和交趾贸易的限制。宋朝的外交政策是收缩和被动的，它对海商的管理也受到外交政策的影响。最初，宋政府禁止海商到高丽、日本、大食等国贸易。后来，一方面由于实际贸易的存在，另一方面也由于认识到日本、大食"远隔大海，岂能窥伺中国"，于宋无害，于是仅限制对高丽和交趾的贸易，规定"除北界、交趾外，其余诸番国未尝为中国害者，并许前去"④。宋朝为了防止高丽商人把宋的情报带到辽、金，而对海商往高丽的贸易历来有所限制。"自来人高丽商人财本及五千缗以上者令明州籍其姓名，召保识，岁许出引发船二只往交易。"⑤绍圣元年又规定："往高丽财本必及三千贯，船不许过两只，仍限次年回。"⑥到南宋，由于南北关系更加紧张，贸易禁令也更严。"杭、明州并不许发舶往高丽，违者徒二年，没入财货。"⑦宋与交趾的贸易仅限制在廉州如洪寨。宋朝海商往交趾贸易，"犯者决配牢城，随行货尽没入官"。地方官为保证税收，而称这些海商"多为海风所漂，固至外国，本非故往贸易"，请求只给予"博易所得布帛取三分之一"⑧的惩罚。

（二）宋政府对来华外商的政策

（1）对外国使节、海商的迎送与犒设。宋朝政府为了保证关税来源，增加财政收入，对外商来华贸易十分欢迎和鼓励。贡使的朝奉也同样受到款待："诸番国贡奉使副、判官、首领所至州军并用妓乐迎送，许乘轿或马，至知通或监司客位，俟相见罢，赴客位上马……"⑨每年番商离港之时，宋朝地方官都要

123

第三章

宋元时期的海外贸易管理与制度

---

①　[南宋]李焘《续资治通鉴长编》卷四五一，元祐五年十一月己丑，中华书局点校本，1979年版。

②　《宋会要·食货三八之二九》。

③　《宋会要·职官四四之二六》。

④　〔日〕《朝野群载》卷二〇，转引自陈高华、吴泰《宋元时期的海外贸易》，天津人民出版社1981年版，第77-78页。

⑤　[南宋]李焘《续资治通鉴长编》卷二九六，元丰二年正月丙子，中华书局点校本，1979年版。

⑥　《宋会要·食货三八之三四》。

⑦　《宋会要·职官四四之一三》。

⑧　[南宋]李焘《续资治通鉴长编》卷九二，天禧二年十一月癸未。中华书局点校本，1979年版。

⑨　《宋会要·蕃夷四之七四》。

举行宴会犒劳遣送。每"岁十月,提举司大设蕃商而遣之"①。犒设之时朝廷派遣特使往广州等地慰劳。大中祥符二年"广州蕃商凑集,遣内侍赵敦信驰驿抚间犒设之"②。犒设时场面盛大,哲宗朝曾任职广州的朱服说道:"余在广州,尝因犒设蕃人,大集府中,蕃长引一三佛齐人来,云善诵《孔雀明王经》……"③,宴会之上"其蕃汉纲首,作头稍工等人各令与坐,无不得其欢心"。宋政府每年都拨出专款营办此事:"每年发舶月分,支破官钱,管设津遣。"受到款待的番商踊跃来华,政府收入也因之上升。相对于巨大的市舶税收,犒设之费是微不足道的,所以时人说:"旧来或遇发舶众多及进贡之国并至,量增添钱数,亦不满二百余贯,费用不多,所悦者众。"④因此泉州也效法广州。提举福建市舶楼踌说:"今来福建市舶司,每年止量支钱,委市舶监官备办宴设,委实礼意,与广南不同。欲乞依广南市舶司体例,每年于遣发蕃舶之际,宴设诸国蕃商,以示朝廷招徕远人之意。"⑤朝廷采纳了他的建议,福建也开始犒设番商。建炎二年七月,两浙路曾因为减省冗费而规定:"每遇海商住舶,依旧例支送酒食,罢每年燕犒。"⑥而广南司官员认为此举得不偿失,于绍兴二年建议:"今准建炎二年七月敕,备坐前提举两浙市舶吴说札子,每年宴犒诸州所费不下三千余贯,委是枉费,缘吴说即不曾取会本路设蕃所费数目例,蒙指挥寝罢,窃虑无以招怀远人,有违祖宗故事,欲乞依旧犒设。"⑦两浙路中止了几年的犒设制度又重新恢复。可见,迎送与犒设同宋政府招徕和鼓励外商来华贸易的基本政策是互为表里的。

(2)对遇难外商的抚恤。对于前来中国贸易而于海中遇难的番商,宋政府都给予抚恤和特殊的照顾。首先规定:"因风水不便、船破樯坏者,即不得抽解。"⑧遇难船只的货物受到法律保护。元祐元年,知广州张颉仲私取被风吹泊广州江岸的商舶上的犀角,"遣赍至京进奉,院官以法不许"⑨。政和四年,在钱塘江亦有一艘海船倾覆,滨江居民盗取船中财物,宋政府"令杭州研究根究","并拟修下条诸州,船因风水损失或靠阁,收救未毕而乘急取财物者,并依水火惊扰之际公取法"⑩。对遇难而流落中国的外商,宋政府给予生活资助并遣

① 《岭外代答》卷三《航海外夷》,中华书局点校本。
② [南宋]李焘《续资治通鉴长编》卷七二,大中祥符二年七月,中华书局点校本,1979年版。
③ 《萍洲可谈》卷二。
④ 《宋会要·职官四四之一四》。
⑤ 《宋会要·职官四四之二四》。
⑥ 《宋会要·职官四四之一三》。
⑦ 《宋会要·职官四四之一五》。
⑧ 《宋史》卷一八六《食货志下八》。
⑨ [宋]杨彦龄:《杨公笔录》,学海类编本。
⑩ 《宋会要·食货五零之六》,

还本国。熙宁九年,秀州华亭县有高丽商贾 20 人"因乘船遇风,飘泊到岸……诏秀州如参验非奸细,即居以官舍,给食,候有本国使人入朝取旨。其后王徽使至,因赐帛遣归"①。淳熙三年,"风泊日本舟至明州,众皆不得食,行乞至临安府者,复百余人,诏人日给钱五十文,米二升,俟其国舟至遣归"。淳熙十年、绍熙四年、庆元六年、宝祐六年等,宋政府多次接济遇难的日本商人。② 广州还建有"安乐庐","以待旅人无归者"。③

（3）保护外商在华贸易利益。宋朝法令禁止对番商随意违章征税。番商到港,"除抽解和买,违法抑买者,许蕃商越诉,计赃罪之"④。建炎元年规定:"有亏蕃商者,皆重审其罪。"⑤绍兴十年,广东权市舶晁公迈因贪利,被大食商人"蒲亚里所讼,诏监察御史祝师龙、大理寺丞王师心往广州勘治"⑥。宋政府对侵害外商利益的事是十分重视的。为了使番商有一定的利润,从而保持来华贸易的积极性,宋政府不惜适当减少市舶收入。例如,日本到明州贸易的商人通常是雇工或小商,他们财力微小,往往受雇于日本贵族大姓,运载的木材、硫黄等大宗商品都是雇主所有,商人本身常常只带有便于携带的少量黄金。黄金的进口并不受禁止,商人只需依例纳税。但不法牙侩造谣蛊惑,声言黄金贸易属宋政府所禁之列,诱迫日商托其代销,趁机盘剥,损害日商利益,挫伤了日商来华的积极性。宋政府为使牙侩无机可乘,放弃了每年上万缗的黄金抽解税,"倭船到岸,免抽博金子,如岁欲不可阙,则当以最高年分所抽博数（三万六百五十六贯文）,本司（指明州市舶司）代为偿纳"⑦。市舶司补贴三万多贯抽解税却激发了日商贸易的积极性,使贸易人数和贸易额不断增加,所得市舶收入也不断增加。当时的人就评说"免将倭商金子抽博,施行所损无毫厘",而所受益何止三万贯可计。⑧ 据《宋会要·职官四四之五》记载,宋政府规定只要"经提举市舶司陈状,本司勘验,诣实给与公凭,前路照会,经过官司常切觉察",还允许番商在宋朝国内各地经销。宋政府的这些措施保障了外商的贸易利益,提高了他们来华贸易的积极性,从而也保障了宋政府的市舶收入。

（4）保护在华外商的财产权。宋政府规定,在华外商的财产不受侵害。元符元年下令:"盗番国进奉人钱物者准此（按:指依监守自盗罪论处）",情节较

---

① ［南宋］李焘《续资治通鉴长编》卷二七七,熙宁九年九月己卯,中华书局点校本,1979 年版。

② 见《宋史·日本传》,《开庆四明志》卷八等。

③ ［清］仇池石:《羊城古钞》卷七。

④ 《宋史》卷一八六《食货志下八》。

⑤ 《宋会要·职官四四之一二》。

⑥ ［宋］李心传:《建炎以来系年要录》卷一三六,绍兴十年闰六月癸酉,中华书局 1988 年版。

⑦ ［宋］梅应发等:《开庆四明续志》卷八,宋元方志丛刊本,中华书局 1990 年版。

⑧ 《开庆四明续志》卷八。

轻者则"依海行敕律加法"①。番商死后,子女亲属有财产继承权,"物货许其亲属召保,任认还及,立防守盗纵诈冒断罪法"②。侨居广州的番商辛押陀啰死后,其养子要求继承数百万的遗产。有人建议以户绝法予以没收。苏辙坚决反对,维护了其养子的继承权。③乾道间,真里富国大商死于明州,有资巨万,也有人建议没收。宋政府却"为具棺敛,属其徒护丧以归"。此事在海外引起了良好的反响:"明年金人致谢曰:'吾国贵近亡没,尚籍其家,今见中国仁政,不胜感慕,遂除籍没之例矣。'来者且言:'死商之家尽捐所归之赀,建三浮屠,绘王像,以祈寿。'岛夷传闻,无不感悦。至今其国人以琛贡至,犹问王安否。"④根据宋政府的规定,只有在中国居住满五世,且死后无人继承及无遗嘱者,财产才"依户绝法,仍入市舶民事拘管"。这些政策使来华的外商有了很大的安全感。更重要的是由此而在海外产生的良好影响,增长了外商来华贸易的热情。

(5)关于外商犯法的处置。外商侨居中国,时有触犯法律的事,在北宋前期都是交付蕃坊的蕃长按其本国法律惩治,只有较重的罪才送中国地方政府办理。《萍洲可谈》卷二曰:"蕃人有罪,诣广州鞫实,送蕃坊行遣,缚之木梯上,以藤杖挞之……徒以上罪则广州决断。"《宋史·张显之传》载,张显之任广南东路转运使时看到"夷人有犯,其酋长得自治而多惨酷",显之认为不妥,奏请"一以汉法从事"。《宋史·王涣之传》也记载,崇宁初王涣之知广州,"蕃客杀奴,市舶使据旧比,止送其长杖笞",仍未完全统一行施汉法,"涣之不可,论如法"。但直到南宋前期,这种法律上分治的情形仍未改变。汪大猷知泉州时,泉州仍采取旧的条例,番商"与郡人争斗,非至折伤,皆用其国俗以牛赎罪"。汪大猷指出:"安有中国而用夷俗者,苟至吾前,当依法治之。"汪大猷的行为一时改善了泉州的治安。"蕃商始有所惮,无敢斗者。"⑤虽然不断有官员呼吁统一法治,但史籍中仍未见宋政府因此而修改以前有关规定的记载。这种法律上的分治办法,实际上反映了宋政府对外商的优待和政策的宽松,与其招徕鼓励外商来华贸易的一系列其他措施是一致的。

二、宋政府对进口商品的管榷

进口品的管榷专卖是海外贸易发展到一定规模后出现的政府对进口品进行独占经营的政策。关于中国古代进口品专卖的实行时间,学术界一直众说

---

① [南宋]李焘《续资治通鉴长编》卷五零零,元符元年七月戊辰,中华书局点校本,1979年版。
② [南宋]李焘《续资治通鉴长编》卷五一零,元符二年五月甲寅,中华书局点校本,1979年版。
③ 《龙川略志》卷五。
④ 《攻媿集》卷八六《皇伯祖太师崇宪靖王行状》。
⑤ 《攻媿集》卷八八《汪公(大猷)行状》。

不一,有唐代说、五代说等不同观点①。

中国古代专卖制的始行,有学者将其推到管仲在齐国实行盐政。专卖制真正的制度化应该从西汉武帝元狩四年官榷盐铁开始的。而对专卖的最早的明确阐释,见于颜师古对《汉书·武帝纪》中"天汉三年初榷酤"条的注释。颜注引应劭语曰:"县官自酤榷卖酒,小民勿得酤也。"韦昭曰:"以木渡水曰榷,谓禁民酤酿,独官开置,如道路设木为榷,独取利也。"师古曰:"榷者……禁闭其事,总利入官,而天下无由以得,有若渡水之榷,因立名焉。"可见,禁榷就是官府独占商品的产销环节获取专卖利益。1988年版《中国大百科全书·经济卷》"专卖"条基本含义也如此。该书解释道:"国家对某种产品的生产、销售限定由国家设置的专门机构独占经营和管理的一种制度。有完全专卖和不完全专卖的多种形式,前者是对产品的生产、收购、运输、销售的整个产销过程都由专卖机构独占经营,后者只对产销过程的某个环节独占经营,其他环节允许别的单位或个人在国家管理下经营,凡属专卖的产品都由国家专卖机构严格管理,除国家专卖机构外,任何单位和个人违法经营的,都要受到惩处,这是专卖不同于一般商品产销业务的重要标志。"从上述的解释可知,专卖有如下特点:①它是一种特殊的经济活动;②政府独占全部或部分产销环节;③政府获取专卖利益;④有严格的管理制度保障政府专卖,打击私贩。一种商品是否实行了专卖就要看对它的产销管理是否符合以上特点,以上特点缺一不可。封建社会从事专卖活动的目的不外乎增加财政收入、抑制商人势力、按统治者意志维护市场秩序,因而任何商品必须有一定的财政意义、较大的消费需求和市场影响,还必须有大量而稳定的供给,才能具备实行专卖的必要条件。唐代以前,由于对外贸易规模的限制,进口品数量有限,尚不具备专卖的条件,未实行专卖,这是学术界的共识。唐代和五代海外贸易获得了较大发展,有学者认为唐代或五代已经实行进口品专卖。但是,这一观点也是不当的。要弄清这一问题,不能局限于对某些字句的片面理解,而应深入考察各代进口品的营销制度,分析其是否具备了专卖的特点。

宋初虽然对进口品征收商税,"香药宝货……及商人贩茶皆算"②,但直到

---

① 张维华主编《中国古代对外关系史》认为唐代已经实行进口品专卖,唐代的"收市"就是专卖,《旧唐书·王锷传》"榷其利,所得与两税埒"也是言进口品的专卖(第126页,高等教育出版社1993年版)。张泽咸先生认为唐代"收市"、"进奉"即禁榷(《唐代工商业》,第490、493页,中国社会科学出版社1995年版),藤田丰八认为唐之"禁珍异"即禁榷之意,桑原骘藏认为"外货之禁榷实创于五代"(《蒲寿庚考》,第191、194页),漆侠先生认为榷香制度前代所无,为宋代首创(《宋代经济史》下册,第919页,上海人民出版社1988年版)。
② 《宋会要·食货一七之一三》。

开宝四年,"市舶虽置司而不以为利"①。政府所得仍十分有限。这并非说进口品不敷统治者消费所需,而是不具有财政意义。开宝三年,宋太祖就说:"香药、毛翎、箭笴、皮革、筋角等,所在约支二年之用。"②但此时并未设官经营,更未实行专卖,而是允许商人与蕃客直接交易。政府仅有商税收入,得利自然是有限的。宋朝进口品的专卖制始于太平兴国初年。太平兴国二年三月,太宗颁布了进口品的禁榷令,"自今禁买广南、占城、三佛齐、大食、交州、泉州、两浙及诸番国所出香药犀牙,其余诸州府土产药物即不得随例禁断,与限令取便货卖,如限满破货未尽,并令于本处州府中卖入官,限满不中卖即逐处收捉勘罪",客旅限五十日,铺户限百日。"犯私香药犀牙,据所犯物处时估价纽足陌钱依定罪断遣。应干配役人并刺面,配逐处重役,纵遇恩赦,如年限未满,不在放免之限。应有犯者,令逐处勘鞫,当时内断遣,不得淹延,禁系妇人与免刺面配本处针工充役,依所配年限满日放。二千以下、百文以上决臂杖二十四……二十千以上决脊杖二十,大刺面押来赴阙。"颁布诏令的原因是政府开始设立专卖机构,经营进口品:"先是外国犀象香药充牣京师置官以鬻之,因有司上言,故有是诏。"③"因有司上言","置官以鬻之"指的是该年三月壬申张逊看到进口品堆积府库,而政府又不设官经营,于国家财政无益,于是建议:"置榷易局(亦称香药榷易院或在京出卖香药场),大出官库香药宝货,稍增其价,许商人入金帛买之,岁可得五十万,以济国用,使外国物有所泄。"④为了保障官府对批发环节的独占,而有上述令商人限期售尽或中卖所持进口品的事情。史籍还记载:"太平兴国初,京师置榷易院,乃诏诸番国香药宝货至广州、交趾、泉州、两浙,非出官库者,无得私相市易。"⑤更主要的是,政府还垄断了进口品的收购环节。该年五月又下令:"敢与蕃客货易,计其直满一百文以上,量科其罪。过十五千以上黥面配海岛。过此数者押送赴阙,妇人犯者配针工。"⑥可以看出,太平兴国初实行的专卖是由政府完全垄断全部进口品的收购和批发。但是,全部禁榷有其弊端:一是造成流通不畅,使一些常用的香药在民间出现短缺;二是良莠并收,官府并不能获得最大利益。此后遂改行对其中利润较丰的进口品实行专卖,并逐步减少专卖品的种类。

太平兴国七年十二月,因"在京及诸州府人民或少药物食用",而令"以下项香药止禁榷广南、漳泉等州,舶船上不得侵越州府界,紊乱条法;如违,依条

① 《文献通考》卷二六《市舶互市》。
② [南宋]李焘《续资治通鉴长编》卷一一,开宝三年四月己卯,中华书局点校本,1979年版。
③ 《宋会要·职官四四之二》。
④ 《宋会要·食货三六之三》。
⑤ [南宋]李焘《续资治通鉴长编》卷一八,太平兴国三月壬申,中华书局点校本,1979年版。
⑥ 《宋会要·职官四四之二》。

断遣。其在京并诸处即依旧官场出卖及许人兴贩。凡禁榷物 8 种：玳瑁、象牙、犀、镔铁、鼊皮、珊瑚、玛瑙、乳香。放通行药物 37 种：木香、槟榔……后紫矿亦禁榷。"①《宋史·食货志下八》所载，8 种榷货外还有珠贝。"他药官市之余，听市于民。"上列 7 种加紫矿、珠贝，太平兴国七年的禁榷品共 10 种。从《宋史·食货志下八》记载看，37 种通行货物外的进口品官买以外也允许通商，大大限制了禁榷品的数量；而且可以看出，太平兴国七年的禁榷品都不是普通的日常消费药物，而属于奢侈品或军用品。这也反映出当时的进口品虽然数百种之多，但市场需求较大的主要商品还是奢侈品，但禁榷品种的规定并未得到很好实行。淳化二年以前，"广州市舶，每岁商人舶船到岸，官尽增价买之"，仍是实际上的完全专卖，"良苦相杂，官府少利"的弊端也同样存在。因而同年宋政府明确规定了榷货以外商品的博买比例："除榷货外，他货择良者止市其半。如时价给之，粗恶者恣其卖勿禁。"②大中祥符二年愉石亦定为榷货。此后，专卖品不断递减。

哲宗时期，完全禁榷的物货已显然减少了："象牙重及三十斤，并乳香，抽外尽官市，盖榷货也。"③只有 30 斤以上的象牙和乳香为榷货。除了象牙、乳香外，犀角也仍是禁榷品。《长编》卷四〇九元祐三年三月乙丑载："凡乳香、犀象、珍宝之物岁于法一切禁榷……"同书卷四三九元祐五年三月已巳载，因"私香盛行，课额亏欠"，鼓励缉捕，抓获私贩乳香者给予奖励，"不满一斤，五贯、一斤，十贯、每一斤加十贯"。绍兴三年又规定："三路市舶除依条抽解外，蕃商贩到乳香一色及牛皮筋角堪造军器之物，自当尽行博买。"④牛皮筋角属于军用品，政府购买后便不再进入流通，没有专卖性质，专卖品仅乳香一种，象牙、犀角也不再属榷货之列了。隆兴二年规定："象齿、珠犀比他货至重，乞十分抽一，更不博买。"⑤《庆元条法事类》卷二八《榷货总类》中列举的榷货属进口商品的也只有乳香一项。南宋开禧时，乳香仍属于专卖品。开禧五年令："遇蕃船回舶乳香到岸，尽数博买，不得容私卖。"⑥可见，乳香在两宋始终实行政府专卖。这是因方乳香在宗教、医药、饮食、建筑等方面都有广泛的应用，消费需求大，利入多，如时人所说，"乳香一色，客算尤广"⑦，宋政府因而始终没有放弃对它的垄断。

———————————

① 《宋会要·职官四四之二》。
② 《宋会要·职官四四之三》。
③ 《萍洲可谈》卷二。
④ 《宋会要·职官四四之一六》。
⑤ 《宋史》卷一八六《食货志下八》。
⑥ 《宋会要·职官四四之三三》。
⑦ 《宋会要·职官四四之一七》。

三、宋政府对进口商品的营销管理

宋政府通过抽解和博买掌握了大量进口品,直接参与进口品的营销。政府所掌握的进口品大部分批发给商人经营,也有部分由政府自行销售。政府自行销售主要有两种途径,即科卖和榷场转口。

(一)政府对进口品的抽解和博买

宋政府获取进口品的主要途径是抽解和博买。抽解和博买制度的演变有两个显著特点:一是抽买的比例不断变化,总体趋势有所下降;二是抽买商品都是进口品中的精良部分。

抽解就是以实物形式征收进口关税。宋人说:"凡舶至,帅漕与市舶监官苫阅其货而征之,谓之抽解。"①宋朝虽于开宝四年即在广州置市舶司,但抽解制度仍未同时设立。征税的办法可能仍然沿袭唐代的旧制。据记载,宋朝"淳化二年始立抽解二分"②。博买(即官市)就是政府收购进口品。按照宋政府的规定,进口货物抵港后即交存于市舶司,等候抽解博买。如果进行走私贸易,"未经抽解,敢私取物货,虽一毫,皆没其余货"③。

"至四贯以上徒一年,稍加至二十贯以上黥面配本州为役兵。"④但按比例抽买,"抽解外官市各有差,然后商人得为己物"⑤。海商也能自由支配一部分自己的商品,在市场上自主交换。"海外诸国蕃客怀宝货度海赴广州市舶务抽解,与民间交易。"⑥海商得到了更加宽松的贸易环境。

抽解和博买的比例变化不定。淳化二年是抽解 2 分,博买优良商品的一半,其余不博买。抽解和博买占进口品总数的 7/10。仁宗时"海舶至者视所载,算其一而市其三"⑦。抽买比例占 2/5。哲宗时期是"以十分为率,真珠、龙脑凡细色抽一分;玳瑁、苏木凡粗色抽三分,抽外官市各有差"⑧。博买的比例不详。至迟此时已将进口商品划分为粗细二色。细色是指价值较大、纲运轻便的物品,而粗色是指价值相对较低而重量、体积较大的物品。粗、细色商品的分类有过变动,而基本标准就是如此。随着贸易规模的发展,粗色物品的抽

---

① 《萍洲可谈》卷二。
② 《文献通考》卷二六《市舶互市》。
③ 《萍洲可谈》卷二。
④ 《宋史》卷一八六《食货志下八》。
⑤ 《萍洲可谈》卷二。
⑥ 《宋会要·职官四四之九》。
⑦ 《文献通考》卷二六《市舶互市》。
⑧ 《萍洲可谈》卷二。

解和博买比例逐步减少，而细色的比例相对上升。

南宋抽买比例较高时也达到 7/10，一般情况下都低于这一比例。建炎元年时，还是细色 10 分抽 1 后又博买 4 分，粗色 10 分抽 2 又博买 4 分。绍兴六年规定："细色直钱之物依法十分抽解一分，其余粗色并以十五分抽解一分。"①绍兴十四年实行"抽解四分"，十七年又降至"龙脑、沉香、丁香、白豆蔻四色并抽解一分，余数以旧法"②。而《宋会要》同条记载："抽解外更不博买。"③隆兴二年前抽解又有加重："迩来抽解既多……如犀角、象牙十分抽二，又博买四分；珠十分抽一，又博买六分。舶户惧抽买数多，止贩粗色杂货。"粗色的抽解仍很轻。这一年对细色抽解又予裁减："象齿、珠犀比他货至重，乞十分抽一，更不博买。"④南宋中后期抽解和博买又趋上升。宝庆三年以前实行"细色以五分抽一分，粗色物货七分半抽一分"。因为抽解过重，舶商不来，又改为"不分粗细色，优润抽解。高丽、日本船纲首十九分抽一分，余船客十五分抽一分"。余船客大概指回舶的中国海商。南海诸国海商的抽解"例以一十分抽一分，般贩铁船二十五分抽一分"。但是，除中央政府以外，市舶司所在地的地方官员、海舶的纲首也要抽买。有官员说："窃见旧例，抽解之时各入货物分作一十五分，舶务抽一分起发上供；纲首一分，为船脚糜费；本府又抽三分，低价和买；两停厅各一分，低价和买。共已取其七分，至给还客旅之时止有其八。"⑤各方面的抽解已于 15 分中抽 2 而买 5，近于半数。

南宋时抽解的比例最低者有 1/15、1/19，特殊商品有 25 分抽 1 的，高者也有 10 分抽 4。抽解比例在南宋时变化较大，但基本上在 10 分抽 1 的标准上下波动。这个比例是宋代一般情况下的进口税率，因而《宋会要》、《宋史·食货志》等都说："大抵海舶至，十先征其一。"博买的比例时高时低，最甚者博买 3/5，轻者又不予博买。抽解和博买比例不断波动的原因，最根本的就是宋政府与海商争夺贸易利益的斗争，而其中也有贪官污吏的盘剥等因素的影响。宋政府为增加财政收入，总希望提高进口商品税率，但同时又不得不考虑税率太高会挫伤海商的贸易积极性，导致海外贸易的衰落，从而失去了税收的基础。海商则希望税率低下，以保障其贸易利润。为此，他们往往运用各种斗争手段。绍兴十四年，抽解增加为 2/5，番商提出抗议，"陈诉抽解太重"。为此，宋政府只好将税率降为 1/10。⑥ 番商常常只贩运税率低、获利多的商品。当

---

① 《宋会要·职官四四之二十》。

② 《文献通考》卷二六《市舶互市》。

③ 《宋会要·职官四四之二七》。

④ 《宋史》卷一八六《食货志下八》。

⑤ 《宝庆四明志》卷六《市舶》。

⑥ 《宋会要·职官四四之二五》。

细色商品博买太高时,商人"惧抽买数多,所贩止是粗色杂货"①。有的甚至走私贩运,逃避抽解,"宁冒犯法禁透漏,不肯将出抽解"②。宋政府在这种利益争夺中,为保持长久稳定的税收,一次次提高税率后又不得不一次次抑制贪心降低税率,致使抽买比例经常变化。

政府抽解和博买的商品都是其中精良的部分。从淳化二年宋太宗令"择良者止市其半","粗恶者恣其卖勿禁"开始,历代都遵奉这一原则。仁宗时范仲淹说:"凡蕃货之来,十税其一,必择其精者。"③而且,"官市价微,又准他货折阅,故商人病之"④。南宋仍是"择其精者,售以低价"⑤。政府不仅择优收买,而且对市场需求大、销路良好的商品大部分由政府收买。绍兴三年令云:"将中国有用之物如乳香、药物及民间常使香货并多数博买。"⑥收买精良商品正是宋统治者提高经营效益、获取最大利益的秘诀。

(二)抽买商品的纲运和管理

宋政府为了加强对抽买货物的直接控制,抽买所得全部或大部都运往京师。例如,天禧末水陆纲运上供"珠宝香药三十七万五千余斤"⑦,并制定了严格的纲运制度。香药宝货纲分粗细两色。细色纲由陆路运送,粗色纲由海路运送:"细色香药物货遵陆路前去……其粗色物货系雇船乘载泛海。"⑧细色商品价值大、重量轻,陆路运送比较安全,没有海路的风涛之险,而粗色商品价值小、重量大,更合适于运量大、成本低的海路运输,因此又称"细色陆路纲"、"粗色海道纲"⑨。最初所规定的细色纲只有"龙脑、珠之类,每一纲五千两,其余犀象、紫矿、乳香、檀香之类,为粗色,每纲一万斤……大观以后,张大其数,象犀、紫矿皆作细色起发"⑩。细色纲的种类增加了,同时也就增加了细色纲的总重量。每纲的规定重量不变,纲数增加为原来的 32 倍,即将"一纲分为三十二纲",纲运的费用增加 3000 贯。⑪ 为了减少纲运成本,宋政府加大了每纲的

① 《宋会要·职官四四之二六》。
② 《宝庆四明志》卷六《市舶》。
③ [宋]范仲淹:《范文正公全集》卷一四《王竺墓表》,《四库全书》本。
④ 《宋会要·职官四四之三四》。
⑤ 《宋史》卷一八六《食货志下八》
⑥ 《宋会要·职官四四之一七》。
⑦ 《宋会要·食货四六之二》。
⑧ 《宋会要·食货四四之一九》。
⑨ 《宋会要·职官四四之三三》。
⑩ 《宋史》卷一八六《食货志下八》。
⑪ 《宋史》卷一八六《食货志下八》。

规定重量。建炎四年规定："陆路三千斤，水路以一万斤为一纲。"①乾道七年又增加了粗色纲的重量："粗色香药物货每纲以二万斤，正六百斤耗为纲。"②细色纲陆路运输，雇脚夫负担，成本高，行程慢，而海运载量大、成本低、速度快，因而淳熙二年把粗细色纲合并，规定"福建、广南路市舶司，粗细物货以五万斤为一全纲"③，由海路限程起运。

对香药纲押运的人员和程限有详尽规定。最初是由中央政府委派专任"押香药纲使"，常住于市舶司所在地。天圣五年，苏寿上奏："近年少有舶船到广州，其管押香药纲使臣端坐请给，欲乞抽归三班院，别与差使，自今遇有舶船起发香药纲即具马递申奏，下三班院，逐旋差使臣往彼。"④从此，常住押纲使臣改为临时派遣。天圣八年，左班殿直赵世长就曾"应差从广州押香药纲上京"⑤。后来又取消了由中央派遣的做法，改由地方临时差使。所差押运使既有得替官吏，又有军校衙前。熙宁四年五月诏："广州市舶司每年抽买到乳香杂药，依条计纲，申转运司召差广南东西路得替官往广州交管押上京送纳事故。"⑥因为押运的艰辛和风险，很少有官员愿意应差。根据这种情况，元符三年宋廷又采纳了广东转运司的上奏："欲上京送纳字下添入'如逐路无官愿就，即不限路分官员，并许召差，如无官，仍约定纲数，申省乞差军大将装押'字。"⑦可见，经常派遣的已是军校衙前了。大观前后都是"凡起一纲，差衙前一名管押"⑧。南宋时期再次恢复由官员押运的办法。淳熙元年福建市舶司"乞将细色步担纲运差本路司户丞簿合差出官押，粗色海道纲运，选差诸州使臣谙晓海道之人管押"⑨。绍熙元年，广州舶司也规定："本路多有江浙官员在此仕宦，任满赴阙，或无归资，若于其间选择可委之人，使人就押，两得利便。"⑩选择官员押运的原因在于衙前小吏往往无所顾忌，盗取香药之利，而官员则可令以资财充质。当时有的官员指出了这种情况："每差副尉小使臣，多有侵欺贸易之弊。"⑪针对于此才规定"闽广舶司，每岁部押纲运，不得用杂流

---

① 《宋史》卷一八五《食货志下七》。
② 《宋会要·职官四四之三十》。
③ 《宋会要·职官四四之三十》。
④ 《宋会要·食货四二之一三》。
⑤ 《宋会要·食货四二之一八》。
⑥ 《宋会要·职官四四之五》。
⑦ 《宋会要·职官四四之五》。
⑧ 《宋会要·职官四四之一二》。
⑨ 《宋会要·职官四四之三十》。
⑩ 《宋会要·职官四四之一四》。
⑪ 《宋会要·职官四四之三》。

及小武弁，须通差文武见任及待阙有顾藉者"①，目的是保证纲运如数如期到达京师。

对纲运的期限，南宋政府规定："福建限三月程、广南限六月程到行在。"②为防止押运官员托辞风汛困难而拖延程限，宋政府明确下令，纲运"四五月间支装，赶趁南风，顺便发离……严禁逐色于秋冬时月装发，政纲官以阻风为词，公然抛泊湾澳，逗留作弊"③。香药打套装船时，为了防止隐瞒斤两、以次充优，还专门规定市舶提举会同地方官在交船时监督检验。"每包作封头两个，一个印提举官阶位小书，用本司铜朱印记，一系监装官名御印记。"每包还必须抽样选送行在。纲船到达行在交纳时，派官员及牙人"开拆封样看验"。纲船所经沿途州县官吏也有责任"催赶防护出界"④。押纲官员都已"籍定姓名"，并"从条合留末后告敕，在本司（指市舶司）质当，候获到朱钞，才与给还"⑤，即完成押运任务后又须自京城回市舶司所在地取回告敕。后来，为减省押纲官往返领还告敕之烦，改将"所留末后告敕随样匣专人先次解赴左藏库收管"⑥，没有如期到达，或侵取香药者都要受到惩罚。成忠郎孙尚就因在押纲时"将胡椒盗拆官封出卖钱银等物而'除名勒停'"；反之，如数如期完成押纲任务的押纲人员，则有酬赏，"如无欠损，与比仿押钱帛指挥推赏"⑦。宋朝政府曾多次申明这条推赏办法，以激励押纲官员。

在宋初，抽僻和博买的进口品基本上全数纲运上京。《宋会要》载，天圣五年诏令："自今遇有舶船到广州博买香药及得一两纲，旋具奉闻，乞差使臣管押。"随着贸易规模的扩大，抽买物货也不断增加，为减少纲运成本，一些商品便留在当地发售，不再纲运。"将前项抽解粗色并令本州依时价打套出卖。"⑧有时为了补充市舶本钱，把有些细色物货也就地出售，"今后真珠更不许计置上供，只许就本处买卖，循环作本"⑨。绍兴元年，大食商人莆亚里贡大象牙209株，大犀35株，为偿还本钱，市舶司只纲运其中象牙100株，犀角25株，其余就地搭息出卖，作为博买本钱。南宋基本上实行将贵细畅销之物纲运上京，其余就地发卖的办法。建炎九年，"承议郎李则言：'旧制，闽广市舶司抽解舶货，以其贵细，计纲上京，余本州打套出卖。大观后始尽，今计纲费多而弊

---

① 《宋会要·食货四四之一六》。
② 《宋会要·职官四四之三〇》。
③ 《宋会要·食货四四之一九》。
④ 《宋会要·食货四四之一九》。
⑤ 《宋会要·食货四四之一六》。
⑥ 《宋会要·职官四四之一四》。
⑦ 《宋会要·刑法六之三八》。
⑧ 《宋会要·职官四四之九》。
⑨ 《宋会要·食货四一之四七》。

众，望复旧法。'……从之。"①"逐路市舶司如抽买到和剂局无用并临安府民间使用稀少物货，更不起发。"不起发纲运的物货或"变转价钱赴行在库务送纳"②。《淳熙三山志》卷一七《岁贡》载：福州每年须上交"折博香药银一万三千三百三十三两四钱"。按隆兴二年银两每两三千文计，合四万贯，或就地"召人算清，其所售之价，每五万贯易以轻货输行在"③，最终都交归中央。绍兴三年，宋政府详尽地规定了纲运商品的种类，其中应纲运的有 100 多种，而蔷薇水、微碌香、丁香、天竺黄草等数十种均在市舶司所在地发卖。④ 纲运制度的变化正是贸易不断发展、规模日益扩大的反映。

　　如上所述，抽买所得物货主要纲运上京，也有部分就地发卖。发卖所得收入仍交归中央。纲运到京的香药都由太府寺属下的香药库、内藏库收藏。其中内藏库"掌收岁计之余积，以待邦国非常之用"，香药库"掌出纳外国贡献及市舶香药宝石之事"⑤。内藏库收藏质量精优的物货，其次才归纳香药库。"景德四年三月诏，杭、明、广州市舶司般犀牙珠玉到京，并纳内藏库，拣退者纳香药库。诸州香药亦以细色纳内藏，次者纳香药库。"⑥但香药库显然是最主要的管理抽买所得商品的部门。香药库分内库、外库。仅内库就有"二十八库。真宗赐御制七言二韵诗一首，为库额曰：'每岁沉檀来远裔，累朝珠玉实皇居，今辰内库初开处，充物尤宜史笔书'"⑦。除了香药库、内藏库，还有奉宸库，"掌供内庭，凡金玉、珠宝、良货贿藏焉"⑧。但奉宸库的香药并不用于销售营利。仁宗曾想出售奉宸库香药，赵抃劝道："奉宸库并系朝廷宝秘之物，今一旦即行估卖，深损国体。"⑨这些香药宝货除供宫廷权贵享受外，大部分出售与民。出售之前由专门的机构——编估局、打套局邀请经验丰富的牙人估算价格。"打套系专置打套所，及杂物系专置编估局，品搭编打成套。"然后，由"榷货务隔手投下文钞；关报逐处支给"⑩，进入销售环节；既有通过政府分设于京城及各地的榷易院、榷易务等机构直接向消费者出售的，也有批发给商人的。其中，批发给商人是主要销售途径。

─────────────

① ［宋］李心传：《建炎以来系年要录》卷一十，建炎元年十月己卯，中华书局 1988 年版。
② 《宋会要·职官四四之二一》。
③ 《宋史》卷一八六《食货志下八》。
④ 《宋会要·职官四四之一六》。
⑤ 《宋史》卷一六五《职官志五》。
⑥ 《宋会要·食货五二之七》。
⑦ ［宋］叶梦得：《石林燕语》卷二，中华书局点校本。
⑧ 《宋史》卷一六五《职官志五》。
⑨ 《宋名臣奏议》一七十《财赋门》，《四库全书》本。
⑩ 《宋会要·食货五四之一九》。

（三）宋政府对进口品的直接销售

太平兴国二年，宋政府开始"置官以鬻香药"，设置了"在京出卖香药场"，以乐冲为监官。① "在京出卖香药场"又称"香药榷易局"，或"香药榷易院"。大中祥符二年，"诏香药榷易院自今并入榷货务一处勾当"②。榷货务的职责是"掌受商人便钱给券及入中茶盐，出卖香药象货之类"③，成为政府营销进口品的主要机构。南宋也是如此，"建炎四年，泉州抽买乳香一十三等，八万六千七百八十斤有奇。诏取赴榷货务打套给卖"④。榷货务香药一部分是由官府直接销售的。榷货务把香药发送到各地销售。北宋政府曾"从京支乳香赴京东等路，委转运司均分于部下州军出卖，其钱候及数目，即部押上京，充榷货务年额"⑤。其他路州也有出售香药之事。南宋时香药仍由"户部常以分数下诸路鬻之"⑥。越州榷货务曾发售香药，商人凑聚，而使"商人不复至行在"。宋政府于建炎四年"诏废越州场务，量留监官一员，打套出卖乳香而已"⑦。绍兴年间，张运曾将"户部所储三佛齐国所贡乳香九万一千五百斤，直可百二十余万缗，请分送江浙、荆湖漕司卖之"⑧。从在京榷货务押运香药等到各州发售，都规定了程限。乾道元年，郴州宜章吏黄谷等人因为押运乳香到州出卖而误程限，"数以此事受笞，不堪命"，而"啸聚峒民作乱，遂陷桂阳军"⑨。送至各州的香药又往往强令百姓科买。淳熙二年，郴州、桂阳军又有人因"科买乳香"而反抗，宋政府只得下令："湖南路见有乳香并输行在榷货务，免科降。"但淳熙十二年仍在"分拨榷货务乳香于诸路给卖，每及一万贯，输送左藏南库"。淳熙十五年，终因"诸路分卖乳香扰民，令止就榷货务招客算请"⑩，取消了分配给各州县发卖香药的制度。

宋政府对进口品的营销不仅是在地方发卖和科配，而且高丽、日本等转口。香药、犀牙等物品深受高丽、日本等的欢迎。当时的人指出："虏人每喜南

① 《宋会要·食货三六之三》。
② 《宋会要·食货五五之二三》。
③ 《宋会要·食货五五之二二》。
④ 《宋史》卷一八五《食货志下七》。
⑤ 《宋会要·食货三六之二八》。
⑥ ［宋］李心传：《建炎以来朝野杂记》甲集卷一五《市舶司本息》，中华书局点校本，2000 年版。
⑦ ［宋］李心传：《建炎以来系年要录》卷三六，建炎四年八月庚寅。中华书局 1988 年版。
⑧ 《宋史》卷四〇四《张运传》。
⑨ ［宋］李心传：《建炎以来朝野杂记》甲集卷一五《市舶司本息》，中华书局点校本，2000 年版。
⑩ 《宋史》卷一八五《食货志下七》。

货"①,金朝统治者所需者无非"真珠、鞭鞭等物"②。靖康之难,金兵攻入汴京,尤好香药珠犀等物,共掳取"诸库珍珠四百二十三斤,玉六百二十三斤,珊瑚六百斤,玛瑙一千二百斤,北珠四十斤,西海夜珠一百三十个,珠砂二万九千斤,水晶一万五千斤,花犀二万一千八百四十斤,象牙一千四百六十座,龙脑一百二十斤……琉璃盏一千二百斤,琉璃托子一千二百六,珊瑚托子四百只……"③由此可见,金人对这些进口商品的特殊嗜好。宋政府正利用辽、夏、金等国统治者对香药珠宝的偏爱,"令有司悉与,以广其俗,彼侈心一开,则吾事济矣"④,为外交服务。宋朝常以香药珠宝等进口商品作为礼物。乾兴元年六月,契丹使臣回国,宋朝皇太后赠送给契丹国主国后"龙脑、滴乳茶各三十斤……皇帝遗国主亦如皇太后之数"。同月,宋使臣到契丹,所送礼物中又有金饰玳瑁饮器、象牙、琥珀杯、通犀碾玉带、玛瑙鞍勒等物。⑤ 北宋每年"因割燕山府涿、昌、澶、顺、景、蓟为一路,而归其代税一百万缗"给金国。代税的很大一部分是以实物抵充,其中就有香药犀象等进口品:"木棉亦二万段,香犀、玳瑁、碗碟、七筋皆折阅,倍偿之,至于龙脑海两但折八贯。"⑥靖康元年,金人兵临汴京城下,宋政府派人出使金营,"仍以珠玉遗金人",以求换得和平。

除了馈赠之外,香药、犀角、象牙等进口商品输往北方的主要途径是宋与辽、夏、金的榷场贸易。日本人加藤繁在《宋代和金国的贸易》一文中说:"从宋输出的主要物资是茶、象牙、犀角、乳香等所谓香药;生姜、陈皮等中国南部的药物;丝织品、木棉、钱、牛、米等。"⑦香药是宋金贸易中的主要商品之一。而这种贸易在宋与辽、夏之间早已开始了。"契丹在太祖时,虽听缘边市易,而未有官署,太平兴国二年始,镇、易、雄、霸、沧州各置榷务,辇香药、犀象及茶与交易。"淳化二年又令"所鬻物增苏木"。与西夏的贸易也一样。"景德四年于保安军置榷场……以香药、瓷漆器、姜桂等物易蜜蜡……"⑧宋朝与辽夏等国的贸易,所需求的主要商品是马匹。海外进口品在这里被大量用于购买马匹。熙宁元年,以"奉宸库珠子令河北缘边于四榷场鬻钱银,准备买马,其数至于二

第三章

宋元时期的海外贸易管理与制度

① [宋]李焘:《续资治通鉴长编拾补》卷四六,宜和五年三月甲午//《宋史要籍汇编》,上海古籍出版社 1986 年版。
② [宋]李心传:《建炎以来系年要录》卷一四六,绍兴十二年九月甲寅,中华书局 1988 年版。
③ [宋]李心传:《建炎以来系年要录》卷二,建炎元年二月丙子,中华书局 1988 年版。
④ [宋]李心传:《建炎以来系年要录》卷一四六,绍兴十二年九月甲寅,中华书局 1988 年版。
⑤ 《宋会要·蕃夷二之一一》。
⑥ [宋]李焘:《续资治通鉴长编拾补》卷四六,宜和五年三月甲午//《宋史要籍汇编》,上海古籍出版社 1986 年版。
⑦ 〔日〕加藤繁:《宋代和金国的贸易》,《中国经济史考证》卷一,商务印书馆 1963 年版。
⑧ 《宋史》卷一八六《食货志下八》。

千三百四十三万颗"①。宋与北方诸国的贸易主要是通过设于边州的榷场。宋朝用于榷场贸易的主要是"辇香药、犀象及茶与交易"②。很多榷场都是用香药等进口物品作本钱。熙宁八年,"市易(务)请假奉宸库象、犀、珠,直总二十万缗,于榷场贸易,明年终偿之"③。南宋建立盱眙军榷场时,"降至本钱十六万五千八百余贯,系以香药杂物等纽计作本"④。乾道元二月,邓州置榷场,也是"令用博易物色匹帛香药之类,从朝廷支降付场博易"。同年四月,寿春府置榷场,"所行事件并乞依盱眙军体例施行"。乾道二年,"光州置榷场,乞从朝廷支降本钱,或用虔布、木棉、象牙、玳瑁等物折计"⑤。安丰军的榷场贸易也由朝廷"差使臣般发檀香前去"⑥。因为宋金之间香药贸易的频繁和大宗化,金朝专为此设立了有关条令,金世宗大定十六年制定了"榷场香、茶罪赏法"⑦。金朝也发行香药钞,贞元二的诏令中说到"初设盐钞香茶交引印造库副使"⑧,说明输入金朝的香药为数已十分可观。

　　日本和高丽是同中国贸易最频繁的国家之一。宋朝商人销往两国的商品也有大量香药等商品。据《新猿乐记》记载,日本从宋进口的商品有"沉香、麝香、衣比、丁子、甘松、薰陆、青木、龙脑、鸡舌、赤木、紫檀、苏芳……槟榔子……犀牛角……玛瑙带、琉璃壶……"等多种进口商品。木宫泰彦认为,香药等是宋对日贸易中的重要商品之一。他说,北宋商人运到日本的贸易品"主要可能是锦、绫、香药、茶碗、文具等"。"南宋时,日本输入的和前代一样,仍以香药、书籍、织物、文具、茶碗等类为王。"⑨宋朝与高丽的贸易中也有大批进口商品。朴真爽的研究表明:"宋朝商人向高丽输出的宋代海外贸易商品中还有香药、沉香、犀角、象牙等西南亚洲的产品。"⑩宋与辽、夏、金国的贸易主要由政府主持,民间商人必须在榷场的管理下进行贸易,而与日本、高丽的贸易主要由民间商人自发进行,但也必须接受市舶机构的管理。宋政府和商人都能从香药等进口商品的转口贸易得到可观的利益。

---

① 《容斋三笔》卷一三。
② 《宋史》卷一八六《食货志下八》。
③ 《宋会要·食货三八之三九》。
④ 《宋会要·食货三八之三九》。
⑤ 《宋会要·食货三八之四一》。
⑥ 《宋会要·食货三八之四三》。
⑦ 《金史》卷七《世宗纪中》。
⑧ 《金史》卷五《海陵王纪》。
⑨ 〔日〕木宫泰彦:《日中文化交流史》,第247、300页。
⑩ 朴真爽:《中朝经济文化交流史研究》,第53页。

四、宋政府对商人营销的管理

进口商品一部分由政府直接销售，但其中的大部分最终都由商人来经营。商人获得香药宝货的主要途径，除了从政府榷货机构购买，就是与海商交易。随着宋政府对舶货禁榷的放松，这种交易越来越大。政府对进口品垄断专卖不断松弛，专卖种类和抽买比例不断减少，与之相应，商人经营的和能够与海商直接交换的进口品日益增多。但是为了保证财税收入，宋政府对商人经营进口品的管理却始终没有松弛，进口品营销的管理措施较普通商品更为严格，对商人经营的各个环节，包括商人的贩卖地点都进行严格控制。

（1）经营进口品的商人必须领取引凭。太宗至道元年十月诏令说："每客旅将杂物香药执地头引者，不问一年上下，只作有引，税二十钱。"商人纳税后，"毁引随帐送勾"。商人无引经营者处罚："无引者税七十五钱。"①所征税接近正常税收的四倍。熙宁四年的诏令也说："诸客人买到抽解下物货并于市舶司请公凭引目，许往外州货卖，如不出引目，许人告，依偷税法。"②即"没其三分之一，仍与其半与捕者"③。引凭是监督商人活动的依据，也叫公据。例如，"算请诸香药象牙者，每二千香药象牙取便将于在京或外处州军贩卖，仍仰榷货务分明出给公据交付"④。商人不能在引凭批凿的商品数目以外多贩商品，"私贩及引外带数，或沿路私卖及买入各杖一百，许人告，所犯真珠没官，仍三分估一分价钱赏告人"⑤。

（2）进口品营销的纳税与一般商品不尽一样。在市舶司所在地买卖进口品不纳商税。北宋、南宋都是如此。北宋时规定，市舶司所在地经营进口品，可"从便买卖，不许再行收税"⑥。"更行收税者，以违制论。"⑦南宋也如此。建炎三年的条令规定"应贩市舶香药给引人户，遇经过收税去处，依此批鉴，免两州（指杭州、明州）商税"⑧，出市舶司所在地则要收。商税的征收，在京则交于都商税院，在地方则由各地税务机构负责。太宗至道元年令就是颁布给商税院实行的。到天圣时仍规定，将于京城及外处州军贩卖香药犀象的，榷货务出具引凭后即"关牒商税院，候客人将出外处破货，即据数收纳税钱，出给公引

---

① 《宋会要·职官二七之三五》。

② 《宋会要·职官四四之五》。

③ 《宋会要·食货一七之一三》。

④ 《宋会要·食货三六之一七至》。

⑤ 《宋会要·食货四一之四七》。

⑥ 《宋会要·职官四四之八》。

⑦ 《宋会要·职官四四之二六》。

⑧ 《宋会要·职官四四之二八》。

放行"①。商人经过各地税卡须依引内批凿数目纳税。熙宁时一度"免起发处及沿路税,仍俱邑(色)额、等第、数目,先递报所指射处照会,候到日,在京委当职官估价,每贯纳税百钱,在西川委成都知府通判监估,每贯收税二百钱"②,后又废除了这一办法。南宋实行的仍是商人"遇经过收税处,依此(指引凭)批凿",沿路关市收税,征税的数目也不断变化。太宗时是每贯收 20 钱,与普通商税(过税每贯 20,住税每贯 30)相近。熙宁时增至在京每贯收 100 钱,在成都每贯收 1200 钱。

(3)规定贩易时限,实行保任制度。这种政策颁行于熙宁七年,与这一时期各项变法的兴利目的是一致的。该年正月令:"广南真珠已经抽解,欲指射东京、西川贸易者,召有力户三两名委保,赴榷税务封角印押,给引放行,各限半年到指射处……出限不到,约估在京及西川价损起发处,据合纳税钱勒保人代纳,即私贩及引外带数或沿路私卖及买入各杖一百,许人告,所犯真珠没官,仍三分估一分价钱赏告人。"③这一条不仅规定了商人的贩卖地点,而且把商人的运输环节也置于政府的监督之下。

(4)允许外国商人在内地销售香药等物。这一政策始行于崇宁三年。该年大食等国商人"乞往诸州及东京买卖",宋政府命令"蕃客愿往他州或东京贩易者,仰经提举市舶司陈状,本司勘验,诣实给与公凭,前路照会,经过官司常切觉察"④。与国内商人一样,外商进入内地经营仍须领取引凭。

五、宋代贸易港的管理

宋代以前,如何管理贸易港已不得其详,而宋代制定了较为具体的措施。宋代的贸易港修建有固定的停泊码头,码头边建有市舶亭或来远亭,以利对进出港船舶的检查和抽税。广州港的市舶亭置于海边。番舶的停泊码头即在市舶亭下,番商出海摄取淡水也在此处。《萍洲可谈》卷二记载,前往南海诸国贸易的商人回航:"既至(广州),泊船市舶亭下","广州市舶亭枕水,有海山楼,正对五洲,其下谓之小海"。宋人张端义《贵耳集》卷下记载:"广州有二怪事",其一就是"市舶亭水为番舶必取,经年不臭不坏。他水不数日必坏"。明州市舶务处于甬江之畔,商船先于江口来远驿接受检查,然后入市舶务。市舶务"濒江,有来远亭……贾舶至,检核于此,历三门以入务而闭衢之,南北小门容顿宽

① 《宋会要·食货三六之一七至一八》。
② 《宋会要·食货四一之四六至四七》。
③ 《宋会要·食货四一之四六至四七》。
④ 《宋会要·职官四四之九》。

敞,防闲慎密"①。杭州的海船都凑聚于"浙江清水闸河岸"②的市舶务前。

贸易港口设有储存货物的仓库,运到的货物起船后就存放在这些库房里。明州港"东、西、前、后列四库庑,分二十八眼,以'寸地尺天皆入贡,奇祥异瑞争来送,不知何国致白环,复道诸山得银瓮'号之两夹"③,以作库名。杭州港也有此类库房,供商人存积货物。泉州杨客曾运载价值 40 万缗的香药宝货到杭州,"举所赍沉香、龙脑、珠诽珍异纳于土库中,他香、布、苏木不减十余万缗,皆委之库外"④。

因沿海有不少海盗"专俟番船到来,拦截行劫",势力甚大,"其徒日繁于番船"⑤,宋政府设有专门的机构来保护港口及入港商船的安全。广州、泉州等港都设有望舶巡检司。望舶之制始于元丰年间:"元丰始委漕臣拘拦,已而又置官望舶。"⑥广州港"自小海至溽洲七百里,溽洲有望舶巡检司,谓之一望,稍北又有第二,第三望,过溽洲则沧溟矣,商舶去时至涯洲少需以诀,然后解去,谓之放洋。还至溽洲,则相庆贺。寨兵有酒肉之馈,并防护赴广州……五洲巡检司差兵检视,谓之编栏。"⑦广南路还设有摧锋军,职责就是打击海盗、保护进出港商船的安全。⑧ 福建各港也设有望舶巡检司。北宋中期蔡襄上奏:"臣闻福州闽安镇把港及钟门巡检一员,在海上封桩舶船。泉州有同口巡检一员,去城七里,每年下海封桩舶船。漳州旧有黄淡头巡检一员,号为招舶,亦是夏间下海。"⑨泉州港不仅设巡检司,而且建有军寨;绍兴十四年为保护石井港、后渚港的安全,宋政府在围头湾口南侧下坊村设立巡检司。在泉州北向航线的必经之地的惠安设小兜寨,晋江县设有石湖,这是两个最主要的军寨。此外,还有法石、宝林、永宁等军寨拱卫泉州。嘉定十一年,泉州真德秀奏请加强"舟船可以久泊"的围头湾防卫,另"创立小寨,约以百人为额。上可接永宁,下可接烈屿,前可以照应料罗、吴屿等地,内可以控捍石井一带港口,实为冲要"⑩,使石井港、后渚港南有围头寨巡检司,北有小兜寨,中有法石等寨,保障海商进出港的安全。望舶巡检司及军寨的设置也具有杜防走私贸易的目的。宋代港口的管理包括了码头建设、货物屯放、港口安全等诸多方面,已经具有

第三章 宋元时期的海外贸易管理与制度

---

① 《宝庆四明志》卷三《库务》。

② [宋]施谔撰:《淳祐临安志》卷七,浙江人民出版社 1983 年版。

③ 《宝庆四明志》卷三《库务》。

④ [宋]洪迈:《夷坚丁志》卷六,《丛书集成初编》本。

⑤ 《西山文集》卷一五《申尚书省乞措置收捕海盗》,《四库全书》本。

⑥ 《文献通考》卷二六《市舶互市》。

⑦ [宋]朱彧:《萍洲可谈》卷二,《丛书集成初编》本。

⑧ 《宋会要》食货六七之二。

⑨ [宋]蔡襄:《蔡忠惠公集》卷二一《乞相度沿海防备盗贼》,清光绪刊本。

⑩ 《西山文集》卷八《申枢密院措置沿海事宜状》。

了比较完备的管理制度。宋政府还建立了系统的出入港登记、验货、抽买、办理公凭等制度，市舶机构中从市舶使到勾当公事、孔目、专库、专秤等各级官吏无不与港口管理有关，当然他们的职能已经超出了港务管理的范畴。

宋代贸易港的布局和管理反映了宋代海外贸易发展和贸易制度的若干特点。杭州、明州在两宋虽然不是全国最大的贸易港，但由于两浙经济发展水平居于全国之首，两浙路仍然是贸易最为繁盛的地区，贸易港数量最多，机构设置也最为健全。宋政府对港口布局的调整和港务的管理说明了其在海外贸易上既鼓励又控制的基本态度，也反映了宋代贸易制度较之前代有很大完善。

第三节　元代海外贸易管理与制度

一、元代的市舶管理①

（一）市舶的管理方法

元代在东南沿海的泉州、庆元、上海、澉浦、杭州、温州、广州七个主要港口设立市舶司，后来又在广东的雷州半岛设立海南海北市舶司。每司设提举两员，从五品；同提举两员，从六品；副提举两员，从七品；知事一员，隶属于泉府司。在设司的初期，市舶司的拦管官多由地方行政长官兼任，如泉州，"令忙古解领之"；上海、庆元、澉浦，"令福建安抚使扬发督之"①。地方行政主管兼市舶司，不但提高了市舶司的地位，而且还可以达到进一步加强市舶管理的目的。元朝中期，撤销了泉府司这一机构，市舶更进一步明确归行省管理，但中央政府先后两次制订市舶管理条例。

第一次是世祖至元三十年（1293年），由通晓宋代市舶事务的李㻞颜等参照宋代的市舶法，制定了元代《市舶抽分则例》（以下简称《则例》）二十二条，主要内容大致如下。

（1）统一税率：泉州、上海、澉浦、温州、广州、杭州、庆元七市舶司，统一抽分比率，即粗货十五分抽一，细货十分抽一。抽分后还要按泉州的办法，取1/30为税。

（2）调整机构：温州市舶司与庆元市舶司合并，杭州市舶司撤销，并入杭州税务。

① 本部分引见邓瑞本：《广东对外贸易史》，广东高教出版社1996年版，第194-201页。

① 《元史》卷九十四《食货志·市舶》。

（3）禁止行省官员、行泉府司官员以及市舶官员强迫舶商捎带银钱下番贸易，更不许回舶时，将贵重物品贱价折算收购，牟取暴利。违者从重治罪，并没收其钱物。从没收的钱物中拨出 1/3 奖赏告发者。

（4）凡因公出国的使臣或大小官员、军民人等，允许贩易番货回国，但必须向市舶司抽分纳税，不得隐匿。违者以漏舶论处。

（5）僧、道、也里可温、答失蛮等，携带俗人过番买卖者，一律抽分。

（6）冬汛发船前，各舶商须到市舶司处请领公据、公凭（大船领公据，柴水小船领公凭）。填明往何处经纪，拟买货物，可自行投往其他国家。次年夏汛南风回帆时，只准赴原市舶司抽分，不准投往他处。如因受风水影响，不能按原计划航抵番邦国土，从而飘至别国贸易者，要取得同伴船人员的证明，别无虚诳，才得依例抽分。如有欺诈，许人告发，船货没收。

（7）舶商申请公据公凭时，须有船牙人具保，开列本船财主、纲首、直库、梢工、杂事、部领、人伴姓名人数及船舶载重、檣高、船长阔等情况。大船一只，只许带柴水小船一只。小船亦需要公凭内写明船舶的载重、檣高、船身长阔等情况。凡公据公凭均应随船携带，违者即是私贩，许人告捕，给赏断罪。公据后面应有空白纸八张，由泉府司盖骑缝印于上，由纲首亲自填写货物清单。从国外贩运货物回国，亦在此空白纸内，"就地头即时日逐批写所博到物货名件、色数、觔重"，作为抽分凭证。如有作弊或抄填不尽者，即按漏舶法断设。

（8）所有参加贸易的船舶，在回航时如有遭风或被劫者，须经所在官司陈验，移文市舶司转申总府衙门（泉府司）核实后，方许注销原给凭证字号。若妄称遭风、遭劫而转移货物者，船物没官。若在国外因风所阻而不能按期回航者，须取得同船或同伴船只人等证明，方能依例抽分。如有欺诈，许人告发，船货没收。

（9）海商不请验凭，擅自发船者，许人告捕治罪，船物没官。

（10）舶商所用之兵器、铜锣等，须寄存在停泊港的官库处，发舶时领回。

（11）舶商在往市舶司抽分时，有故意漏报或巧为藏匿物货者，按漏舶论处。市舶司所颁发之印鉴、关防通行证等，均应交回市舶司保管。

（12）金、银、铜钱、铁货、男妇人口，不许贩卖出口。如到蕃国不复返回者，须于原领公据内写明缘故，明白开除。违者追究船主之责任。

（13）商人从事海外贸易，亦届抽收课程（即有利于税收的意思），政府各部门，不得差占（差遣占用），有妨舶商经纪，永为定例以示招徕安集之意。

（14）各处市舶司，每年征收和置办的舶货，除贵重细色部分，合行起解外，其余必须拍卖者，在杭州附近的市舶司，于每年十二月终以前，押解至杭州行泉府司仓库集中，以便估价出卖。

（15）查舶商多在广东沿海一带州县，私自泄漏贵重的细货上岸，有违规定。令海南海北广东道沿海州县镇市地方官员,加紧关防。如遇回舶到岸,着令离开,往原市舶司抽分。如官吏知情受贿或不负责者,依条断罪。

(16)舶商、梢水人等,皆是赶办课程之人,其家中人口,应予优恤,免除所在州县所规定的差役。

(17)所有外商,应严格遵守中国市舶则例之规定。市舶司亦应"差谙练钱谷廉正官发卖应卖物货"。

(18)每年在船舶回航期间,市舶司应预先差人至抽解处,等待船舶的归来,然后封堵检查,以防作弊。

(19)船舶起航之前,市舶司应派人上船检查,如无违禁之物,方许开航。检视官应办理"结罪文状"手续,如将来有人告发或查出串同作弊者,检察官员应依条断罪。

此《则例》经过一段时间施行后,到了仁宗延佑元年(1314年)进行了修改,重新制定了延佑《市舶法则》,也是二十二条,现将其补充的内容叙述如下:

(1)在违禁品的规定中,除至元《则例》所列举的各项之外,补充了丝绵、缎匹、销金、绫罗、米粮、军器等项,并具体规定,违犯者,舶商、船主、纲首、事头、火长各决杖一百零七下。

(2)在抽分则例中,粗货改为十五分中抽二分,细货十分中抽二分,从而提高了舶税的征收率。

(3)至元《则例》只规定僧、道、也里可温、答失蛮等人下番贸易要依例抽解,而延佑《法则》则增加了诸王、驸马等人下番贸易时,亦同样要抽解,并明确规定,犯者决杖一百零七下,官员罢职。

(4)在禁止官员拘占船舶、捎带钱物下番贸易方面,《法则》补充犯者决杖一百零七下,并且罢其官职。对于那些不检举官员罪行的船主或事头等人员,亦要依法追究。

(5)对于明知故犯,纵容商船不往原发舶港抽解的市舶官员,决杖五十七下,并撤销其职务。因受财枉法者,追究法律责任。舶商、船主、纲首、事头、火长触犯此条规定者,各杖一百零七下。

(6)禁止下番使臣,借用朝廷名义,巧立名目,采购宝货。朝廷今后若有需要,"责令顺便番船纲首博易纳官"。

(7)舶商有违反出入港手续者,包括船主、纲首、事头、火长等人,俱要各杖一百零七下。

(8)海商巧为藏匿货物者,决杖一百零七下。

(9)当舶货拍卖估价时,除委派市舶官员按值估价外,还要派与市舶业务无关的官员(即不干碍官员)监督和复核,才准发卖,不得亏官损民。并不许现任官府权豪势要人等诡名请买,违者决杖六十七下。

（10）加强对船舶整体控制。关于船舶伪言遭风被劫或通同作弊方面，《则例》只笼统地规定犯人杖一百零七下，而《法则》则具体规定全体船员均应施行杖刑。舶商、船主、纲首、事头、火长各决一百零七下，同船梢水人员各决七十七下，以示区别。

（11）舶商夹带违禁品出入港口，市舶官员不认真检查，渎职者，决杖八十七下，撤销现任职务，降二等使用。受财容纵者，以枉法罪论。

另依宾拔都他《游记》中，也有一段文字记述市舶之管理方法的，其文如下："船上中国人之关法。中国法例，凡船欲开行至外洋者，水上巡长及书记必登船来查。凡船上之弓手、仆役及水手皆逐一簿记后，方许放行。船归中国，巡长复来盘查，对证前记。若查有与簿记不符，或有失落者，则例须船主负责。船主须证明失者已死或逃走或因他故不在船中之理由；不然，则官吏捕之入狱。手续完后，则官吏命船长开具详单，载明船上载有何货，价值共有若干。完后，搭客方许登岸。至岸，官吏查验所有。若查有未报官私藏之货，则官吏将一切货物及船只，概行没收。余足迹遍天下，信异端之国，以至奉回教之国，仅于中国见有此不公平之事也"。[1]

可以说，中国的市舶管理进入元代之后，已经是有了一套具体的管理制度，而且用条例的形式规定下来，使管理人员有章可循，减少了作弊的机会，使中国的市舶管理越来越趋于成熟。

（二）元代市舶管理的特点

元代的市舶管理在继承宋代管理的基础上，有所发展，主要表现在如下的几个方面。

（1）在征税的方法上，有"双抽"和"单抽"之分。即进口货经上岸抽分后，运往内地贩卖时，须要再抽分一次，谓之"双抽"。而本国的土货，只在出售时征税，谓之"单抽"[2]。这种方法，既保护了国家的关税，也鼓励本国的商品出口。

（2）在外贸商品管理上，取消进口商品的"禁榷"制度，推行比宋代更开放的政策，进而鼓励外商来华贸易。此外，还"罢和买，禁重税"，减轻舶商的经济负担，创造了比宋代更为有利的贸易条件。

（3）为了抵制权势、豪贵对外贸的垄断，创建了企图由国家垄断的"官本

①　张星烺：《中西交通史料汇编》第二册，中华书局1977年版，第73-74页。
②　《元典章》卷二十二《户部》载："至元十七年二月二十日，行中书省来文：上海市舶司招船提控王楠状告：凡有客船自泉福等郡短贩土贩吉布、条铁等货物到船抽分，却非番货，蒙官司照元文凭番货体例双抽，为此客少，参详吉布、条铁等货，即系本处土产物货，若依番货例双抽，似乎太重，客旅生受。今后兴贩泉福物货，依数单抽，乞明降省府准呈合下，仰照验施行。"

船"制度。

(4)创立了对海商和所有从事海外贸易人员的优恤制度。除免除舶商和梢水人员家属的差役外,元朝政府还给海商低息的贷款,规定贷款利率为八厘,与其他的贷款相比,其利率要低3/4,这在宋代也是没有的。

从以上的比较,可以清楚地看到,重视商业及商人的作用在元朝施政中是比较突出的。与此相关的还有如下方面。

首先是起用商人掌管国家政柄。元世祖忽必烈先后任用阿合马、卢世荣、桑哥等大商人担任中枢重臣,此三人都是理财能手,如"官本船"制度便是卢世荣提出来的。在元世祖统治的三十余年中,所有重要的经济政策,几乎都是出自这三人之手。此外,还有一大批位居高官的大商人,如"奥都拉合蛮以货得政柄"①,"庐州开义兵三品衔,而使者悉以富商、大贾为之,有一巨商五兄弟受宣者"②。世祖时期的乌马儿劝,是巨商之一,官至江淮参政。任用商人为官是为了增加财政收入,以达到"盐铁、榷酤、商税、田课,凡可以罔利者,益务搜刮"③。

其次是不断降低商税。据《元史》记载,世祖至元二十年七月,"敕上都商税六十分取一";同年九月又"徙旧城市肆局院税务皆入大都;减税,征四十分之一"。成宗大德元年十月,又"减上都商税为三千锭"。对于海外贸易商品,亦严禁重复抽税,规定"商贾市舶货物,已经泉府抽分者,诸处贸易,止令输税"④。通过这些办法,进一步刺激商业的发展。

再次是为商人经商提供方便,保护商旅的安全。政府规定平民身份的商贾可以"持玺书,佩虎符,乘驿马"⑤。对于流动商贩,政府负有招待之责,"官给饮食,遣兵防卫"⑥。为此,元廷还特地创设了巡防弓手及海站制度,规定"往来客旅、斡脱、商贾及赍擎财物之人,必须于村店设立巡防弓手去处止宿,其间若有失盗,勒令本处巡防弓手立限根捉"⑦。至于海站,这是专为海外贸易而设的。

此外,为了防止官吏对商人的侵害,还颁布了不准拘雇商船、商车的禁令。如果商贾财物被盗窃之后,地方政府破不了案的,则以官物偿之。贫困的商贾,政府还给予救济。总之,元政府对商人利益的保护十分周到,为历代封建

① 《元史》卷一四六《耶律楚材传》。
② 《青阳先生文集》卷五。
③ 赵翼:《廿二史札记》卷三十。
④ 《元史》卷一一《世祖纪》。
⑤ 《元史》卷二二《武宗纪》。
⑥ 《元史》卷一三《世祖纪》。
⑦ 《元典章》卷五十一。

王朝所罕见。

正因为元朝实行上述利商的措施，所以海外贸易繁盛，出现"富人往诸番商贩，率获厚利，商者益众"①的局面，涌现出许多经营海外贸易的富商、巨贾。如"泉州扬客为海贾十余年，致货二万万"②，"嘉定州大场沈氏，因下番买卖，致巨富"。③ 至于政府通过市舶获利，亦是巨大的。世祖至元二十六年(1289年)，江淮行省平章"沙不丁上市舶司岁输珠四百斤，金三千四百两"④，而每年发卖、抽分和税收所得，竟达数 10 万锭。天历年间(1328—1329 年)，全国商税所得也不过是 76 万余锭，市舶的收入是可观的。

二、元代的官本船贸易制度⑤

在中国古代社会经济发展史上，官方对海外贸易的控制一直是非常严格的。这种控制一方面表现为官方使用政治强制手段推行所谓的"海禁"；另一方面，封建政府凭借财力优势实行官营海外贸易。而元代官本船制度的实行，可以说是古代中国官方控制和经营海外贸易的最佳典型。

元代官本船制度的产生与早期的斡脱经营模式有一定的渊源关系。斡脱的本意为"合伙"⑥，后特指蒙古贵族同色目商人之间达成的商业合作关系。元人徐元瑞《吏学指南》上说："斡脱，谓转运官钱，散本求利之名也。"⑦从成吉思汗时候起，这种由蒙古贵族提供本钱，委托中亚色目人经营的商业(主要是草原上的长途贩运)和发放高利贷的斡脱活动便已盛行。《黑鞑事略》记载："昔贾贩则自鞑主以至伪诸王、伪太子等，皆付回人以银，或货之民而衍其息，或市百货而贸迁。"⑧斡脱经营的利润在蒙古贵族和色目商人之间按比例分成，毫无疑问，前者占有利润的大部分。元朝统一中国以后，斡脱活动便由北方扩展到南方，由陆地延伸到海洋。受其影响，元代官方海外贸易政策也带有几分斡脱色彩。

元政府对海外贸易是十分重视的。至元十四年(1277 年)，当元军攻取浙闽地区后，立即设立了泉州、庆元、上海、澉浦四处市舶司，管理海外贸易事宜；元政府不但鼓励沿海商人积极从事海外贸易，而且向海外各国宣布"往来互

147

第三章

宋元时期的海外贸易管理与制度

---

① 《元史》卷二〇五《铁木迭儿传》
② 《夷坚续志》丁卷六。
③ 《辍耕录》卷二十七。
④ 《元史》卷一五《世祖纪》。
⑤ 引见喻常森：《元代官本船贸易制度》，《海交史研究》1991 年第 2 期，第 92-98 页。
⑥ 翁独健：《斡脱杂考》，《燕京学报》第 29 期，1942 年。
⑦ 徐元瑞：《习吏幼学指南》，《元代史料丛刊》本，浙江古籍出版社 1988 年版，第 118 页。
⑧ [南宋]彭大雅、徐霆：《黑鞑事略》，转引自翁独健：《斡脱杂考》，《燕京学报》1942 年，第 29 期。

市,各从所欲"的开放政策。① 元政府这样做,一方面当然是为了发展社会经济,增加财政收入;另一方面也是为了满足蒙古贵族对海外奇珍异物的追求。早在至元十年(1273 年),在元朝还未统一东南沿海以前,便迫不及待地派出使者携重金前往海外采购名贵药材②,以后又不断派遣使者和特命商人到海外各国"图求奇宝"③。元政府深知海外贸易的重要及利润的厚沃,必须牢牢加以控制,于是便构思出一套在政府控制和参与下进行的海外贸易模式——官本船制度。

所谓官本船制度,顾名思义,就是由官方出钱出船,委托商人经营的一种官本商办海外贸易模式,其基本思想来源于斡脱,二者有异曲同工之妙。官本船制度虽发端于斡脱,但二者尚有许多不同之处。首先斡脱的本钱来自蒙古贵族、诸王后妃等统治阶级上层人物,其收入自然也归于他们各自的私囊,它代表的是统治阶级的个体利益;而官本船的所谓"官本",均出自元政府的财政拨款,收入也归于国库,它代表的是统治阶级的整体利益和国家利益。其次,斡脱的经营者均为色目商人,他们在元代社会里成了一个特殊阶层——斡脱户④,而官本船的经营者除了色目商人外,更多的是东南沿海的商人。再者,官本船制度实行以后,斡脱活动并没有自行消失,而是以一种半官方的形式同官本船贸易并存而渗入到海外贸易领域。⑤

官本船制度的实行,经历了初创、完善和衰罢三个阶段。官本船制度的初创阶段尚带有较浓的斡脱色彩。这一阶段从元军占领东南沿海,开放市舶贸易开始,到世祖至元二十二年(1285 年)正式颁布一套完整的官本船制度为止。由于海外贸易,特别是远洋贸易是一种大宗的商业活动,所需资本非常浩大,所谓的"造船置货,动辄万计",财力不足的海商往往只有靠合股或借贷的方式筹措资金。早在宋代,广州便出现了专门向海商贷款取息的高利贷商

---

① 《元申》卷十世祖 7,至元十五年(1278 年)8 月"诏行中书省唆都、蒲寿庚等曰'诸番国列居东南岛屿者,皆有慕义之心,可因蕃舶诸人宣布朕意,诚能来朝,朕将宠礼之。其往来互市,各从所欲'"。

② 《元史》卷八《世祖》七,至元十年(1273 年)春正月,"诏遣扎术呵押失寒、崔杓持金 10 万两(按:数字恐有出入),命诸王阿不合市药师子国。"

③ 《元史》卷十二《世祖纪》九,至元二十二年(1285 年)"遣马速忽阿里赍钞千锭,往马八儿图求奇宝。"

④ 《通制条格》卷二,"户令","户例","诸斡脱户,见赍圣旨,诸王令旨随处做买卖之人。"(《元代史料丛刊》本,浙江古籍出版社 1986 年版。)

⑤ 《元典章》卷二二《户部》八,课程,杂课,市舶,"大德元年(1297 年)五月初八日奏过事内一件,也速答儿等江浙行省官人每说将来有阿老瓦丁,马合谋、亦违福等斡脱每做买卖珂,休与税钱。往回民田地者,休与呵。"卷三五《兵部》,军器,禁买卖人军器,"海岛里做买卖的斡脱每,做自己的面皮"(沈刻本)。

人。① 元政府为了鼓励海外贸易,并从中取得利益,创设了专门资助海外贸易的信用基金。其具体做法是,由原来专门管理斡脱活动的机构——斡脱总管府(后改为泉府司)及其下属机构——行泉府司经营借贷业务,用政府的资本贷给海外贸易商人,从中收取一定的利息。此中详情,据元人姚燧《牧庵集》卷十三《皇元高昌忠惠王神道碑铭颂》一文有所介绍:"王自幼事世祖,初与今太师淇阳王伊彻察喇同掌奏记,后独掌第一宿卫奏记,兼监斡脱总管府。持为国假贷,权岁出入恒数十万定(锭),缗月取子八厘,实轻民间缗月取三分者几四分三,与海舶市诸番者。……(至元)十八年(1281 年),升总管府为泉府司……王在泉府,舶交诸番,匪利贷还,来远志存。"②元政府实行的这种以低息贷款资助海外贸易商的做法,从表面上看不符合封建剥削本质,也远离斡脱宗旨。它之所以这样做,是有其深刻的政治背景和经济原因的。首先,可以把它看做元政府为遏止过分猖獗的高利活动,安抚民心所采用的一种策略。元初,高利贷十分盛行,尽管政府三令五申地强调民间借贷的月息不得高于三分,但商人们仍我行我素,高抬利息达到四分甚至五分以上。③ 特别是那些斡脱钱,据说"一锭之本,展转十年后便是一千零二十四锭",谓之"羊羔几息"。④ 这种歇斯底里的高利贷,使得许多人因之倾家荡产、家破人亡,遂招致普遍的不满,严重影响了统治秩序的稳定。在这种情况下,元政府也不得不稍微调整一下其统治政策,改变昔日对斡脱全力支持的做法,对过分猖獗的高利贷活动加以限制。元政府也可借此机会,将过去一直由斡脱商人把持的利权收归国有,于是制订出由政府发放低息贷款的新措施。这样做,表面上似乎牺牲了部分利息,但却能因此大量地吸引借户,用数量取胜。如上述斡脱总管府一年的营业额高达数十万锭,其总利息肯定也非常可观。以月息每缗 8 厘计算,贷出钞10 万锭,一年后的利息收入是 9600 锭;如果贷出为 20 万锭,那么一年后的利息收入便是 19200 锭。其次,元政府将这些大宗款项低息贷给海商,还有另外一个政治企图,那就是为了塑造自己在新征服地区及海外诸国的良好形象,并起到扶植东南沿海海商(特别是那些曾为元朝统一立下汗马功劳的大海商,如浙江的朱清、张瑄、杨发和泉州的蒲寿庚等)的作用,使这些海商在经历了战乱以后能迅速重振家业、恢复贸易。所以,可以认为,在官本船制度的初创阶段中,政府以低息贷款资助海外贸易商的做法,其政治因素大于经济利益。这一点,正如上述《牧庵集》引文所称是"匪利贷还,来远志存"。

---

① [宋]朱彧:《萍州可谈》卷二,"广人举债总一倍,约舶过回偿,甚住番虽十年,息也不增。广州官司受理有方,债务也市舶司专教。"(《笔记小说大观》本)。

② 姚燧:《牧庵集》(《四库全书》本)。

③ 《元典章》卷二七户部十三,钱债,《元文类》卷五七《耶律楚材公神道碑》(《四库全书》本)。

④ [南宋]彭大雅、徐霆:《黑鞑事略》,转引自翁独健:《斡脱杂考》,《燕京学报》1942 年,第 29 期。

随着元朝统治的进一步稳固，经济掠夺便变得越来越突出，于是，官本船制度进入了第二阶段，即正式实施及完善阶段，其特点是由政府间接参与变为直接经营的海外贸易。

至元二十一年（1284 年）11 月，元世祖任命练达时务、善于理财的卢世荣为中书右丞，主持政府的经济整改工作。① 卢世荣在任相期间，实行了一系列以加强政府控制，增加财政收入为宗旨的经济改革措施。在对外贸易方面，卢世荣根据传统的市舶原则，加上官本商办的斡脱精神，于至元二十二年②（1285 年）正月提出了"于杭、泉二州设立市舶都转运司，造船给本，令人商贩。官有其利七，商有其利三"③的海外贸易新构想。这一建议，马上得到世祖的赏识，并下诏从速推行。《元史·食货志》将这一制度阐述为"官自具船给本，遣人入番贸易诸货，其所获之息以十分为率，官得其七，所易人得其三"④。这就是官本船制度，它是一种由政府控制和直接参与的官本商办海外贸易模式。在这套制度里，政府是财东，承办者只不过是政府的商业经纪人，利润七三分成，政府占有绝大部分。这一新模式同上述《牧庵集》所记的以低息贷款资助海商的措施相比，显然不但提高了政府控制和参与程度，而且大大地增加了剥削量。在这两段对官本船制度的阐述中，再也找不到诸如"匪利贷还，来远志存"之类的华丽词句，而只有赤裸裸的利益原则。

为了保证官本船制度的顺利实施，元政府还同时采取了其他一些措施。首先，政府拨出了大笔款项用于打造海舶、购置货物。史载："至元二十二年⑤（1285 年）三月，御史台承奉中书省札付，为卢（世荣）右丞建言市舶等事……卢市舶司的勾当，系官钱里一十万定（锭）要了他着海船里交做买卖行。"⑥10 万锭钞是一个大数目，它约占当年元政府纸币发行量的 1/15—1/20，相当于白银 250 万两。据说，用这笔钱可以在大都（今北京）买到上等白米 30 余万石⑦，用这笔款可以一次性打造海舶 1000 艘以上⑧。至元二十四年（1287 年），又"发新钞十一万六百锭、银千五百九十三锭、金百两付江南各省与民互

① 《元史》卷二〇五卢世荣传，"卢世荣，大名人也……有桑哥者荐世荣有才术，谓能救钞法，增课额，上可裕国，下不损民.世祖召之……为右丞。"

② 《元史》卷九七《食货志》作二十一年（1284 年），显误，今据"本纪"及"卢世荣传"改正。

③ 《元史》卷二〇五卢世荣传。

④ 《元史》卷四九《食货志 2·市舶》。

⑤ 原作二十三年（1286 年），显误，案卢世荣于至元二十二年（1285 年）被处死，23 年（1286 年）之奏报。今据陈垣《沈刻元典章校补》改正。

⑥ 《元典章》卷二二户部八，《课程·市舶》。

⑦ 陈高华、吴泰：《宋元时期的海外贸易》，天津人民出版社 1981 年版，第 22、187 页。

⑧ 打造一只普通海舶所需工本费为钞 100 锭，参看《永乐大典》卷 15949，运字号引《经世大典》。

市"①。这笔巨额官本虽未明言是用于海外贸易的,但其中必含有官本船经费。由此可见,元政府为了实行官本船贸易制度,是舍得花大本钱的,这便使得任何私人财力都无法与之竞争。同时,元政府为了最大限度地把海外贸易的权利收归国有还宣布"禁私贩者,拘其先所蓄之宝货,官买之,匿者许告,半给告者"②。"凡权豪势要之家皆不得以己钱入番为贾,犯者罪之,仍藉其家产之半。"③这无疑是一种带有强制性的法令,它几乎杜绝了任何私人海外贸易的可能。另一方面,为了鼓励海商积极承办官本船贸易,元政府又特别制定了某些优惠政策,如为官本船商人提供免费食宿和军队防送。④ 必须指出的是,官本船贸易活动仍在市舶司的管辖之下,受市舶法规的制约,并照章纳税。正如《元史·食货志》上所说,"诸番客旅就官船买卖者,依例抽解"⑤。

以上便是官本船制度实行初期的一些大致情况。后来,随着形势的变化,其中某些细节经过修改,但其基本精神并没有多大变动。史裁成宗元贞二年(1296年),"禁海商以细货于马八儿、俱喃、梵答剌亦纳三番国交易,别出钞五万钞,令沙不丁等议规运之法。"⑥所谓"规运",即"以官本营利者"⑦,此处应指官本船贸易。成宗大德二年(1298年),又设立制(致)用院,为皇室采办奇珍异物兼营官本船贸易。史裁"大德四年(1300年)十二月二十一日,通政院使只儿哈忽哈只等奏:致用院官沙不丁言,所职采取希奇物货,合从本司公文乘传进上"⑧。此处沙不丁所上之物货,应即官本船贸易所得。及至仁宗延祐元年(1314年),右丞相铁木迭儿奏:"往时富民,往诸番兴贩,率获厚利,商者益众,中国物轻,番货反重。今请以江浙右丞曹立领其事,发舟十纲,给牒以往,归则征税如制,私往者没其货。"⑨"官自发船贸易,回帆之日,细货十分抽二,粗货十五分抽二。"⑩可以看出,这些记载虽然措词略异,但在做法上还是世祖时的老一套,只不过又将剥削量增加了。

官本船制度在实施过程中也遇到不少阻力,这些阻力一方面来自制度本身的不健全;另一方面更主要是来自执行者各级官吏的渎职和贪污。最明显

① 《元史》卷十四《世祖》一一。
② 《元史》卷二〇五《卢世荣传》。
③ 《元史》卷九四《食货志2·市舶》。
④ 《元史》卷十八世祖纪十,"至元22年(1285年)八月和礼霍孙以泉府司贩者,所至官给饮食,遭兵防卫,民实厌苦不便。"
⑤ 《元史》卷九四《食货志2·市舶》。
⑥ 《元史》卷九四《食货志2·市舶》。
⑦ 徐元瑞:《习吏幼学指南》第118页,《元代史料丛刊》本,浙江古籍出版社,1988年5月。
⑧ 《永乐大典》卷十九,419,站字号引《经世大典·站赤》,中华书局影印本。
⑨ 《元史》卷二〇五《铁木迭儿传》。
⑩ 《元史》卷九四《食货志2·市舶》。

的地方,是在打造官船时,由于主管官吏的侵渔使得造出来的船耗费良多却不能很好地胜任远洋航行。鉴于这一严重事实,英宗至治二年(1322 年),有一个名叫王艮的江浙行省椽史,向上级部门建议:"若买旧有之船以付舶商,则费省而工易集,且可绝官吏侵渔之弊。"中书省报如艮言,凡为船六(舟宗①),省官五十余万缗。② 这种买旧船权为官船的做法,虽然为政府节省了大笔开支,但可以想象,这类经过修缮、改装而成的官船,其性能同样令人怀疑。这势必挫伤经营者的积极性,为官本船制度的罢废发出了信号。除了官吏的营私外,导致官本船制度瓦解的原因似乎还有两点。一是元朝后期通货膨胀十分严重,官本贬值,使得官本船的经营不仅不便,而且难牟利润;二是私人海外贸易的发展,最终要求打破这种由政府控制包揽的垄断局面。③ 鉴于以上种种情况,英宗至治三年(1323 年),元政府终于颁布了"听海商贸易,归征其税"④的全面开放私人海外贸易政策。从此以后,官本船制度再也没有大规模全面推行了。作为余波,元政府偶尔也以种种借口向海外派出官方贸易船,如顺帝元统二年(1334 年)"十一月戊子,中书省请发两粽船下番为皇后营利"⑤便是一例。至正二年(1342 年)有人试图故技重演,恢复官本船贸易,但立即遭到舆论的有力抨击,未能如愿。黄溍《文献集》卷十《敕赐喀喇氏先莹碑》一文向我们披露这样一个戏剧性的史实:"中政(院)近臣谋发番舶规取息,(平章政事、冀宁文忠王特穆尔达实)言,与商贾争利,恐远夷得以跃中国,事遂已。"⑥这个事例告诉我们,官本船制度无论在理论上还是实际上均宣告破产。

如上所述,官本船制度实行的时间并不算长,而且又是断断续续的,但无论如何,它却是元代海外贸易的主要制度之一,其中一些做法堪称中国古代官营海外贸易的一大创举。它的实行,既有成功的经验,也有失败的教训。元代官本船制度的实行有两大重要后果。第一大后果是为政府赢得了大笔经济收入。由于政府不惜投入巨资,使得官本船制度能够借助国家财力优势大规模地推行。且不说最初斡脱总管府每年向海商们发放数十万锭贷款的利息收入,仅看官本船制度正式实行时政府的大笔投资,如至元二十二年(1285 年)和元贞二年(1296 年),政府一次性的专门拨款就分别达到 10 万锭和 5 万锭.政府投入营运的官船数量也是非常可观的。据说元初一个时期,泉府司拥有

---

① "舟宗"同上文的"纲"都是船队的章思,其数量从数十只到百只不等。
② 《元史》卷一九二《王艮传》。
③ 许育壬:《至正集》卷五四,《故嘉议大夫广东道转都运使哈剌布哈墓志铭》记有"广东私贩之徒万人作乱"的事件,《四库全书》本。
④ 《元史》卷九四《食货志 2·市舶》。
⑤ 《元史》卷三八《顺帝纪一》。
⑥ 萧溍:《文献集》卷十上,《敕赐喀喇氏先莹碑》及《元史》卷一○四《铁木塔识传》。

的海舶官船便达到 15000 艘之多（其中部分是沿海转运番货和粮食的海运船）。① 见于记载的政府每次派往海外的官本贸易船数量也总在百只左右。大的投入必然带来高的产出，这是经济学的普遍规律。元朝由于实行了这套由"国家出财贤，舶商往海南"贸易的官本船制度，为政府赚得"宝货赢亿万数"的厚利。② 在官本船制度实施以后的第五个年度（1289 年）中，仅江淮行省（后改为江浙行省）的市舶岁入便到了"珍珠四百斤、黄金三千四百两"的高额。③ 据考，这个数目相当于元政府当年国库收入中金的 1/6 甚至更多。珠子的价值比金银更贵重。④ 难怪当时的有识之士把海舶视为"军国之所资"了。⑤ 官本船制度实行所产生的第二大后果，是它培植了一批靠借贷官本船贸易而致富显达的大海商。事物的发展是不以人的意志为转移的，官本船制度实行的初衷本欲将海外贸易的权利收归国有，但具体实行过程中又往往为大海商和海商集团所操纵利用。暂不论低息贷款是如何起到对海商的"输血打气"作用，官本船制度正式实行以后，官方出钱出船，商人们仅凭自己经验和辛劳也可获得无本之利，何乐而不为？一些有势力的商人正是通过各种途径取得官本船的经营权，大规模地开展海外贸易，从而获得了较为丰厚的利润。元朝前期那些有名的大海商朱清、张瑄、蒲寿庚、杨发等辈都是一边为官，一边利用特权进行海外贸易的。史称朱、张二家"巨舻大舶，帆交番夷中"⑥；泉州蒲氏族人"凡发舶八十艘"，富冠一方⑦；浙东的杨发，元初任福建安抚使兼两浙市舶总监，"其家复筑室招商，世揽利权。富至僮奴千指，尽善音乐。饭僧写经建刹，遍二浙三吴"⑧。就在杨氏这样一个典型的官商世家里，后来又产生了一个以经营官本船而著称的人物——杨枢。杨枢，字伯机，系杨发之孙，成宗"大德五年（1301 年），君年甫十九，致用院俾以官本船浮海，（两度）至西洋，（其登岸处曰忽鲁谟子）十一年（1307 年）乃归"⑨。杨枢因经营官本船有方而官封海运千户，并受到皇帝接见。此外，居于元朝上层社会的色目商人，也往往利用

---

① 《元史》卷十五《世祖纪一二〇》。

② 吴澄：《吴文正集》卷十四《元荣禄大夫子章政事赵国董忠公神遭碑》，《四库全书》本。

③ 《元史》卷十五世《祖纪》十二，至元二十六年（1289 年）江淮行省"沙不丁请上市舶岁输珠四百斤、金三千四百两。诏贮之以待贫乏者。"

④ 陈高华，吴泰：《宋元时期的海外贸易》，天津人民出版社 1981 年版，第 22、187 页。

⑤ 《元史》卷一六九《贾昔次传》，"延祐四年（1317 年），帝赐帖失海舶，秃坚不花曰：此军国之所资，上不宜赐，下不宜受。"

⑥ 陶宗仪：《辍耕录》卷五《朱张》。《笔记小说大观》本。

⑦ 周密：《癸辛杂识》续集下《佛莲家赀》："泉南有巨贾南番回民佛莲者，蒲氏之婿也。其家甚富，凡发舶八十艘。"据《笔记小说大观》本。

⑧ 《光绪海盐县志》卷十《食货考课程》，卷十五《人物考·杨发》，《中国地方志丛书》本，台北。

⑨ 黄溍：《黄金华集》卷三一《松江嘉定等处海运千户杨君墓志铭》。

特权经营官本船贸易而致巨富。例如,"回人哈哈的,自至治间(1321—1323年)贷官钞违制别往番邦,得宝货无算,法当没官(违犯了市舶则法中规定的不许到商船公验中填写不符的国度去经纪的条例,即俗称的'拗番',犯者财物没官,人杖一百七下。)而倒剌沙(回民,中书左丞)私其种人,不许"①。这些大小各色商人,正是凭借封建特权的保护伞,经营官本船海外贸易,而致富显名的。出现这种结局,恐怕是官本船制度的设计者所没有料到的,而它恰恰又是封建统治的必然结果。

官本船制度实施所产生的最大的副作用,无疑是它阻碍了民间私人海外贸易的正常开展,在很大程度上看,官本船制度是私人海外贸易的对立物。因为,首先,如上文所述,在官本船制度的有关规定中,私人海外贸易是明文禁止的;特别是官本船制度实行较严时期,如从至元二十二年到大德二年(1285—1302年),至大元年到三年(1308—1319年)及至治二年(1322年),私人海外贸易更是难以进行。所以,在官本船制度实行的元朝中前期,我们很难找到有关私人海外贸易活动的资料。只有到了英宗至治三年(1323年)全面开民间海外贸易以后,元代海外贸易才真正大规模、全方位地蓬勃发展。元诗上所乐道的"朱张死去十年过,海寇雕零海贾多"②,正是这一史实的生动写照。其次,说官本船制度阻碍海外贸易的全面发展,还因为这一制度实行所培植起来的特权商人,他们把持海外贸易的利权,而一般商人由于没有关系而无法介入,从而丧失了从事海外贸易的权益和机会。尽管如此,在正确估价官本船制度实施所造成的正反两方面影响的同时,必须看到的一个事实是,无论本钱谁出,利益归谁,而真正第一手的经营者只能是广大的中小海商和普通水手。他们有的是作为大海商的雇工,有的是大海商的家仆;尽管他们地位卑微,又受大海商的压迫剥削,但如果没有他们的加入,官本船制度也就无从付诸实现了。最后,我们也不能一概排除中小海商有经营官本船贸易的可能性,只是囿于史料的缺乏,而无法找到典型事例罢了。总之,元朝实行的这套由政府预垫资本雇募商人承办而从中分利的官本船海外贸易制度,毕竟为东南沿海的广大商民投身海外贸易的实践活动提供了方便,从而也为元朝后期私人海外贸易的大发展提供了一定的前提条件。

---

① 《元史》卷三二《文宗纪一》,致和元年(1328年)九月条。
② 《至治集》,《舶上谣送伯庸以番货事奉使闽浙十首》,《元诗选》本。

第四章

宋元时期的海港

　　随着宋元时期海上贸易的巨大发展,我国沿海特别是东南沿海地区的港口呈现繁荣景象。在众多的港口中,比较重要的海港有南方的泉州港、广州港、明州港等大港口和北方的登州港、天津港。这些港口成为宋元时期对外贸易、海上交通、文化交流的中心,对推动宋元两代的社会和经济发展发挥了重要的作用。

第一节　泉州港①

一、泉州港的崛起与兴盛

　　宋元时期福建的对外贸易进入一个新的阶段,出现了举世闻名的泉州港,对外贸易的国家与地区、进出口商品的数量均远远超过了前代,市舶司也从草创时期发展到完善阶段。

　　两宋时期,泉州港的对外贸易更加繁荣。至元代,泉州港超过了广州,一跃成为世界最大的贸易港之一。泉州港内,商船云集,外商众多,海外交通贸易达到了新的高峰。

　　(一)泉州港崛起的原因

　　一般认为,长期以来相对和平安定的社会环境是泉州赖以兴起的良好土壤。宋王朝统一全国以后,不久又陷入民族战事的漩涡。先是与我国北方的辽进行长期战争,接着又与北方的金年年交战。而泉州地区则远离战火,继续

---

① 　本节引见林仁川:《福建对外贸易与海关史》,鹭江出版社 1991 年版,第 29-47 页。

处于偏安一隅的和平环境,得以在承袭先前经营成果的基础上大踏步地前进。① 其次,建炎初,宋皇帝的两大宗支——南外宗正司和西外宗正司,分别迁到泉州和福州,其中仅麇集于泉州的南外宗正司的皇室人员,竟多达 2300 余人。大批过惯奢靡生活的皇亲贵族纷至沓来,增加了泉州"金银香药犀象百货"等舶货的进口。②

我们认为,和平的社会环境,安定的政治局面,确实是一个易港兴盛的条件之一。但事实上,当时的泉州港并不太安定:太兴国三年(978 年),发生游洋洞民进攻泉州城事件对福建产生一定影响;虽然宋金战争的战火没有直接燃烧到泉州附近,但对福建海商的影响还是严重的。

至于宋王室两大宗支的南迁福建,固然会增加对海外高级消费品的部分需求量,但其对泉州港的破坏更大。他们不仅增加当地的负担,而且胡作非为,"至夺贾胡",严重影响了海外贸易的发展。到宋末元初蒲寿庚尽屠赵宋宗室扫除这批蛀虫以后,泉州才进入最繁荣的时代。

两宋时期,泉州何以崛起呢? 我们认为应该从当时社会经济去寻找。如前所述,自汉末至五代时期,中原人口多次南迁,使福建经济得到很大的开发,但是,福建大部分是山地,可耕地十分有限,再加上雨水的不断淋蚀,土地一般都比较瘠薄,因此,生产的粮食不多,对人口的承受力有限。然而,福建人口与日俱增,增长速度快:唐天宝年间户数为 8.35 万余,人口 53.74 万余③;北宋太平兴国年间,户数增加为 47.77 万余;元丰年间,户数突破百万大关,达 104.43 万多户④;到南末绍兴三十二年,户数高达 139 万余⑤。南宋绍兴比唐天宝时,户数增加 16 倍,人口增加 5 倍多。再看泉州人口的增长情况,唐天宝时户数 2.38 万余,人口 16 万余人⑥;北宋太平兴国时户数上升到 9.65 万余户⑦;南宋元丰时户数再增加到 20 万;淳祐时,户数 25 万余⑧,比天宝户数增加 10 倍。人口的大量增加,必然造成地狭人稠、生活困苦的情况。沿海的贫穷农民为生活所迫,不得不纷纷出海谋生,从事海上贸易活动。所以,北宋泉州惠安人谢履《泉州歌》认为"州南有海浩无穷,每岁造舟通异域",是由于"泉州入稠山谷瘠,虽欲就耕无地辟"造成的,这是十分有见地的意见。

---

① 童家洲:《试论宋元泉州港繁盛的原因》,《文史哲》1980 年第 4 期。
② 编写组编:《泉州港与古代海上交通》,文物出版社 1982 年版,第 71 页。
③ 《通典》卷一八二。
④ 《元丰九域志》卷九。
⑤ 《宋史》卷八九《地理志》。
⑥ 《旧唐书》卷四十《地理志》。
⑦ 《太平寰宇记》卷一〇二。
⑧ 乾隆《泉州府志》卷十八。原记人口 34.8 万余人,户均不到两口,疑误。

其次,寺院经济的恶性膨胀加速农民的破产,是促使大量无业流民出海谋生的另一个原因。五代,福建佛教势力大量扩张。王氏治闽时期,"雅重佛法,增闽僧寺凡二百六十七,后属吴越,首尾二十七年,复建寺二百二十一"①。到宋初,泉州已有"泉南佛国"之称。当时的统治者都把最好的土地赐给寺院。例如,天盛三年(982年),王延均"度民二万为僧,由是闽地多僧,王弓量田土第为三等,膏腴上等以给僧道(固有寺田之名),其次以给土著,又其次以给流寓"②。何乔远的《闽书》也说"伪闽之量田土,第为三等,膏腴上等以给僧寺,此寺田所由起来,其后王延彬、陈洪进及诸家多有田入寺者"③。因此,寺田增加很快。到南宋时,泉南寺田已占全额的7/10,漳州寺户高达6/7。寺田的恶性膨胀,使原来地狭人稠的情况更为严重,许多无地的农民只得以海为田,出洋谋生。

再次,宋元统治者为了扩大财源,支持海外贸易。宋神宗曾说过"东南制国之大,舶商亦居其一焉",因此,北宋历朝帝王基本上都支持对外开放。例如,雍熙四年(987年),宋太宗就"遣内侍八人赍敕书、金帛、分四纲,各往海南诸番国,勾招进奉,博买香药、犀、牙、真珠、龙脑,每纲赍空名诏书三道,于所至处赐之"④。其他的皇帝也采取措施,如增设市舶司、制订海洋管理条令来发展对外贸易;特别是"王安石变法"时,新党主张富国强兵,凡是有利于国家财政收入的方法无不采用,对于发展外贸更是采取支持的政策。

南宋王朝只剩下半壁江山,财政收入十分困难,为了维持庞大的官僚机构、支给沉重的军费负担,更加支持海外贸易,以增加政府的财政收入。宋高宗认识到"市舶之利最厚,若措置得宜,得动以百万计"。南宋历代皇帝都遵循这一思想,凡是能够招诱舶货的纲首和积极来华贸易的番商,都给予加官晋爵的奖励。绍兴六年(1136年),"知泉州连南夫奏请,诸市舶纲首能招诱舶舟,抽解物货,累价及五万贯,十万贯者,补官有差",同时规定"闽广舶务监官抽买乳香,每及一百万两者,转一官,又招商入蕃兴贩,舟还在罢任后,亦依此推赏"。⑤例如,泉州蕃船纲首蔡景芳,因招诱贩到物货,自建炎元年至绍兴四年,收净制钱九十八万余贯,而补承信郎。由于宋王朝采取鼓励发展海外贸易的方针,使泉州的对外贸易得到较快的发展。

<hr />

① 《十国春秋》卷九〇。

② 《十国春秋》卷九十一。

③ 何乔远:《闽书》卷三十九。

④ 《宋会要辑稿·职官》四四之三。

⑤ 《宋史》卷一八五《食货志》。

（二）泉州港的发展过程和地位

北宋初期，泉州港在五代的基础上又前进了一步。太平兴国初，"京师置榷易院，乃诏诸番国香药，宝货至广州、交趾、泉州、两浙，非出于官库者，不得私相市易"①。此时的泉州虽然赶不上广州，但已超过了杭州和明州。到北宋中后期，由于广州市舶司官员对外商的苛索和侬智高的破坏，许多南海番商纷纷转移到泉州港，出现了"户有蕃舶之饶，杂货山积"的繁荣景象。特别是宋哲宗元祐二年（1087 年）宋朝政府在泉州正式设立市舶司后，使泉州的地位进一步的提高，成为对外贸易的正式港口，与广南东路市舶司和两浙路市舶司并称为三路市舶。徽宗宣和七年（1125 年）朝廷发"空名度牒"给三路市舶司"充折博本钱"时，"广南、福建路各五百道，两浙路三百道"②。可见，泉州不仅超过两浙市舶司，而且已出现同广州并驾齐驱之势。

宋室南迁以后，泉州港的海外贸易发展更快，每年都有许多海外商人到泉州贸易。据开禧二年成书的《云麓漫钞》"福建市舶司常到诸国舶船"条载，有大食、嘉令、麻辣、新条、三佛齐等 30 多个国家与地区的商船到达泉州，其数字超过北宋；与此同时，泉州的海商也经常航行到海外各国。

由于中外商船往来的增多，泉州港的吞吐量不断上升。例如，从建炎元年至绍兴四年的七年中，纲首蔡景芳一人"招诱贩到物货"，"收净利钱九十八万余贯"，③其中建炎四年（1130 年），泉州抽买的乳香达 8.678 万斤，可见进口货物数量是相当惊人的。又如，乾道三年（1167 年），占城使臣运到泉州的货物，就有各色乳香 10 万多斤，象牙 7000 多个。随着进出口货物的增加，市舶司的收入也与日俱增。绍兴二十九年（1159 年），提举两浙市舶张阐"还朝为上言，三市舶岁抽及和买，约可得二百缗"④。当时两浙路市舶司收入较少，主要是泉州和广州的市舶收入，而泉州与广州又不相上下，故至少泉州市舶收入占一半以上，也就是 1 百万缗左右，所以，南宋张纲说"泉之地并海，蛮胡贾人，交其中，故货通而民富"⑤，真德秀也称赞道"庆元以前，未以难者，是时本州田赋登足，舶货充羡，称为富州"⑥。南宋中期以后，由于地方官之贪渎不法，使番商裹足不前，泉州对外贸易出现中衰的景象。开禧三年（1207 年），据前知雄州聂周臣言："泉、广各置舶司，以通番商，比年蕃舶抵岸有抽解，合许从便货卖，

① 《末会要辑稿·职官》四四之二。
② 《宋会要辑稿·职官》四四之十一。
③ 《宋会要辑稿·职官》四四之二十。
④ 《建炎以来系年要录》卷一八三。
⑤ 张纲：《华阳集》卷一。
⑥ ［宋］真德秀：《真文忠公文集》卷十五。

今所隶官司,择其精者,售以低价,诸官属复相嘱托,名曰和实,获利既薄,怨望愈深,所以比年蕃船颇疏,征税暗损"。为了改变这种状况,南宋政府进行整顿,"申饬泉、广市舶司照条抽解和买入官外,其余货物不得毫发拘留,巧作名色,违法抑买",如有违反规定,"许蕃商越诉,犯者计赃坐罪,仍令比近监司专一觉察"①。但是收效不大,嘉定六年(1213年)又发生赵不熄"多抽蕃舶"的事件,"提举福建市舶赵不熄更降一官,先因臣僚言其多抽蕃舶,抄籍诬告,得旨降两官放罢,既而给事中曾从龙复乞更行镌降,永不得与监司郡守差遣"②。

正当泉州港处于停滞状态时,真德秀于嘉定十年(1217年)来到泉州。他认识到"惟泉为州,所恃以足公私之用者,番舶也",因此,针对各番商"畏苛征,苦和买",惧海盗,忧亏本,"至者绝少"的状况,采取果断的措施,同提举市舶司赵崇度一起"同心划洗前弊,罢和买,禁重征"③,严厉打击地方官利用职利敲诈勒索的行为,经过整顿"逾年舶至三倍","遂岁增三十六艘"。自此,泉州港又逐渐繁荣起来,到赵汝适任泉州提举福建市舶司时,与泉州发生贸易的国家与地区达50多个,比《云麓漫钞》的记载又多了20多个。

嘉定以后,又出现富商大贾"破荡者多,而发船者少;漏泄于恩、广、潮、惠者多,而回州者少"的现象。当时舶税"才收4万余贯,五年止收5万余贯,是课利所入,又大不如昔矣"④。到开庆、景定年间,宋朝政府罢除方澄孙市舶使,起用富商蒲寿庚为提举泉州市舶使。⑤ 蒲寿庚一方面平定海寇,保护中外商船,使海上航行畅通无阻;另一方面利用自己在海外商人中的影响和亲自掌握的浩大的航海商船队,积极扩大海外贸易,使泉州海外贸易迅速恢复并再次繁荣昌盛起来。

入元以来,元朝政府继续重用蒲寿庚。至元十四年(1277年)掌握中书大权的董文炳极力推荐蒲寿庚,他向元世祖上奏说"昔者泉州蒲寿庚以城降,寿庚素主市舶,谓宜重其事权,使为我扞海寇,诱诸蛮臣服,因解所佩金符佩寿庚矣,惟陛下恕其专擅之罪"⑥。世祖忽必烈不仅没有责怪董文炳将管军万户才能佩带的虎符私自授给蒲寿庚的"专擅"行为,且于同年又授给已是闽广大都督兵马招讨使的蒲寿庚兼行江西省参知政事参知及中书左丞等职,进一步笼络蒲寿庚。至元十五年(1278年),元世祖"诏行中书省唆都、蒲寿庚等曰:诸蕃国列居东南岛屿者,皆有慕义之心,可因蕃舶诸人宣布朕意,诚能来朝,朕将

① 《宋会要辑稿·职官》四四之三四。

② 《宋会要辑稿·职官》七五之十二。

③ [宋]真德秀:《真文忠公文集》卷五〇。

④ 刘克庄:《后村先生大全集》卷十六

⑤ 蒲寿庚上任时间没有明确记载,这里采用桑原骘藏《蒲寿庚考》及罗香林《蒲寿庚研究》的提法。

⑥ 《元史》卷一五六《董文炳》。

宠礼之,其往来互市,各从所欲"。① 在元政府的支持下,蒲寿庚凭借手中掌握的闽广军政大权,积极发展海外贸易。蒲寿庚的长子蒲师文接任提举福建道市舶后,继承父亲的意愿,奉使宣抚南洋各国,"大德元年,以功袭职,官为福建平海行中书省"②。

经过蒲寿庚父子的苦心经营,泉州港的海外贸易进入了全盛时期,与泉州贸易的国家与地区由南宋的 50 多个增加到 100 多个,福建海商遍及南洋各地、印度洋各国,并越过波斯湾,"去中国无虑数十万里",到达非洲东海岸。大量的外国商人从南宋末年开始,也纷纷来到泉州,有的候风驶帆,做完生意即行离去,有的就在泉州长期住下来。这些商人中以阿拉伯人最多,其次还有高丽人、占城人、马八儿人、波斯人等。他们初来时,与当地人民杂居在一起,所以史书上常有"蕃商杂处民间"的记载。例如,《后村先生大全集》卷六十二吴洁知泉州云"今言郡难者有四,民夷杂居也";《止斋文集》卷十七也说"况温陵大邦,甲于闽部,蕃汉杂居"。后来因为外商人数不断增多,在城内居住不下,慢慢地集居到泉州城南部一带,形成各国商人居住的集中区域。元代泉州宣尉司札剌立丁在《重浚泉州镇南门城壕碑记》说:"泉本海隅偏蕃,世祖皇帝混一区宇,梯舰万国,此其都会,始为东南巨镇,或建省、或立宣慰司,所以重其镇也,一城要地,莫盛于南关,四海商舶,诸蕃琛贡,皆于是乎集。"这真实地记载了当时城南濒江一带外商云集、贸易昌荣的情况。

同时期的广州,由于长达两年多的拉锯战,损失很大,"广东之户,十耗八九",船舰损失无数,一时难以恢复。因此,元政府对泉州港更加重视,把它作为对外联系的主要港口。《元史·袯都传》云:"帝以江南既定,将有事于海外,升左丞,行省泉州,招谕南夷诸国。"至元十八年(1281 年),元世祖又下令"商贾市舶物货已经泉州抽分者,诸处贸易,止令输税"③。许多中外使者或旅行家也从泉州登岸或出海。至元十八年,杨庭璧出使马八儿就是从泉州出航的。他航行到僧加邪山后,转马八儿登岸,继续前往印度等地,招谕十几个国家与元通商。马可·波罗奉忽必烈之命出使伊儿汗国,也是由泉州乘船出海的;后来摩洛哥旅行家伊本·白图泰来中国游行,同样在泉州上岸。此外,出征日本、爪哇、占城也与泉州有关。至元十六年,忽必烈"以征日本,敕扬州、湖南、赣州、泉州四省,造战船六百艘",至元二十九年二月,忽必烈又"诏福建行省,除史弼、亦黑迷失、高兴章政事,征爪哇,会福建、江西、湖广三行省兵,凡两万……发舟千艘,给粮一年",十一月福建、江西、湖广三省"军会泉州",十二月

---

① 《元史》卷十《世祖本纪》。

② 《蒲寿庚家谱》第 8 世。

③ 《元史》卷十一《世祖本纪》。

"自后渚启行"①，史弼也于同时以五千人合诸军发泉州。由此可见，当时泉州不仅成为元朝对外贸易中心，而且成为元朝对外政治、军事的海上交通中心。

关于泉州港的繁荣情形，在当时人的记载中也有反映。吴澄在《送姜曼卿赴泉州路录事序》中指出"泉，七闽之都会也，番货远物，异宝珍玩之所渊薮，殊方别域，富商巨贾之所窟宅，号为天下最"②。《马可·波罗游记》真实地记载泉州的景象，书中说"到第五天傍晚抵达宏伟秀丽的刺桐城（泉州），在它的沿岸有一个港口，以船舶往来如梭而出名，船舶装载商品后，运到蛮子省各地销售，运到那里的胡椒，数量非常可观，但运往亚历山大供应西方世界各地需要的胡椒，就相形见绌，恐怕不过它的百分之一吧，刺桐是世界上最大的港口之一，大批商人云集这里，货物堆积如山，的确难以想象"③。伊本·白图泰在他的游记中也说："刺桐港为世界上各大港之一，由余观之，即谓为世界上最大之港亦不虚也，余见港中，有大船百余，小船则不可胜数矣，此乃天然之良港。"④

综上所述，元代泉州的对外贸易，确实达到空前繁荣的阶段，泉州港已成为当时世界上最大的商港之一。

二、泉州港及福建各港通达的主要贸易国家和地区

宋元时代，泉州的海外交通达到了鼎盛时期，当时中国海外交通的 8 条航线，有 3 条是以泉州为起点的。通过这些航线，使泉州港及福建各港与亚洲的广大地区和东非沿海的许多国家都有贸易关系。

（一）与高丽的贸易关系

宋朝与朝鲜半岛高丽王朝的陆上交通被东北崛起的辽和金阻断后，只能靠海上往来。但北宋初期，为了防止海商往高丽"遂通契丹"泄露情况，在相当长时间内禁止往高丽贸易。庆历年间颁布的勒令规定"客旅于海路商贩者，不得往高丽及登、莱州界"。然而，一纸禁令并不能切断与高丽的贸易往来，从宋真宗大中祥符五年（1012 年）至南宋祥兴元年（1278 午）的 266 年内，宋商人至高丽贸易活动共有 117 次，人数达 5000 余人。

在元祐五年以前至高丽的宋商中，有姓名可考的福建商人有 18 名，其中福州商人 2 名，泉州商人 16 名，大大超过了广州（3 名）、台州（3 名）和明州（3 名）。自元祐五年以后，赴高丽的中国海商虽不注明籍贯，统称宋商，但我们从

---

① 《元史》卷二一〇《爪哇传》。
② 《吴文正公集》卷十六。
③ 《马可·波罗游记》第 82 章《泉州港》。
④ 《伊本·白图泰游记》。

前期的贸易情况可以推断，其中必有很多是福建商人，可见当时福建与高丽的贸易是很频繁的。所以，苏轼在《论高丽进奉状》中说"自二圣嗣位，高丽数年不至，淮、浙、京东吏民有息肩之喜，惟福建一路多以海商为业，其间凶险之人，犹敢交通引惹，以希厚利"，他还说"福建狡商专擅交通高丽，高丽引惹牟利，如除戮者甚众"①。

福建海商不仅在对高丽的贸易中占有重要地位，而且在外交关系、文化交流方面也起着重要作用。自宋仁宗天圣八年（1030 年）至神宗熙宁二年（1070年），没有贡使往来，高丽政府委托福建海商黄谨携带国书给福建地方政府，要求复贡。《宋史·罗拯》传记载："拯使闽时，泉商黄谨往高丽，馆之礼宾自天圣后职贡绝，欲命使与谨俱来，至是，拯以闻，神宗许之，遂遣金悌入贡，高丽复通中国自此始。"②在文化交流上，泉州海商徐戬起了桥梁作用，他"先受高丽钱物"，在杭州雕造夹注华严经板 2900 余斤，并"公然于海舶载去交纳，却受本国厚赏"③，使宋朝发达的雕版印刷和经籍流入高丽。哲宗元祐四年（1089 年），他又"于海舶内载到高丽僧统义天手下侍者僧寿介、继常、颍流、院子金保、裴善等 5 人，及赍到本国礼宾省牒云，奉本国王旨，令寿介等赍义天祭文来祭奠杭州僧源阇梨"④，促进了两国文化的交流。

（二）与日本的关系

宋朝与日本仍然保持着贸易关系。北宋时期，由于日本政府采取禁止私自出海贸易的锁国政策，往来中日之间的几乎都是宋船；南宋时期，日本政府改变政策，积极鼓励对宋贸易，并在摄泽的福原修建别墅，修筑兵库港，开通音户的濑户，使日本商船驶往宋朝的逐渐增多。

两宋与日本的贸易港主要是明州，但福建与日本的贸易往来并没有中断。咸丰五年（1009 年），"建州海贾周世昌遭风飘至日本，凡七年得还，与其国人滕木吉至"⑤。万寿三年（1026 年），福州商客陈文祐从日本回国，第二年再度航海到日本。⑥ 长元六年（1028 年），福州商人周文裔到日本，致书右大臣睦原实资，并献方物。到宋徽宗年间，福建海商到日本的贸易活动更加活跃。例如，康和四年（1102 年），泉州海商李充到达日本贸易，第二年回国，第三年又在泉州购买大量的丝绸和瓷器等物，然后到明州市舶司办理出海手续，再航行

---

① 《东坡奏议》卷六。
② 《元史》卷三三一《罗拯传》。
③ 《东坡奏议》卷六。
④ 《东坡奏议》卷六。
⑤ 《元史》卷四九一《日本传》。
⑥ 〔日〕《小右记》，引自木宫泰彦《日中文化交流史》北宋篇第二章，商务印书馆 1980 年版。

到日本，向大宰府呈递公文，请求贸易。①

南宋时期，中日贸易港口虽然仍在明州，然而日本商船有时也一直开到泉州进行贸易。据赵汝适《诸番志·倭国条》记载，日本"多产杉木，罗木，长至十四五丈，径四尺余，土人解为枋板，以巨舰搬运至吾泉贸易"。此外，日本僧人也经常乘坐商船到达福建沿海，日本僧行一、明仁庆政都到过福建，现存福州版的大藏经中有他们的刊记，且据日本学者木宫泰彦考证，庆政一定是山城松尾的胜目房庆政。再据高山寺旧藏的《波斯文书》"前言"，"此是南蕃文字也，南无释加如来，南无阿弥陀佛也，两三人到来舶上望书之，尔时大宋嘉定十年丁丑于泉州记之。为送遣本朝辨和尚（高辩明惠上人），禅庵令书之，彼和尚殊芳印度之风故也。沙门庆政记之"，可以推断宋宁宗嘉定十年（1217 年）庆政确在泉州，很可能又到福州东禅寺和开元寺，印制这部《大藏经》带回日本。②元朝，尽管发生忽必烈东征日本的战事，但日元之间的海上交通仍然继续进行，日本海船除到庆元之外，还驶向福建。例如，元德元年（1324 年），为了迎接元僧明极楚俊而入元的文侍者，其所乘的海船就直接开到福州；③兴国五年（1344 年）日僧大抽祖能入元时，所乘的船也开到福州长乐县。④ 虽然以上记载大多是两国僧人的活动情况，但如果没有海商的频繁往来，他们是无法漂洋过海的，所以，从僧人的往来也足以反映福建海商与日本的贸易是十分活跃的。

（三）与菲律宾群岛的贸易关系

麻逸、三屿是宋代菲律宾群岛的两个主要地区。北宋初麻逸跟随南洋各地区来华，主要在广州海岸交易。南宋时泉州商人也经常到该处贸易，到赵汝适提举福建市舶司时，泉州与麻逸已有直接的航行了。据《诸蕃志》记载，"麻逸国在渤泥之北，团聚千余家，夹溪而居，土人披布如被，或腰布蔽体，有铜像散布草野，不知所自，商舶入港，驻于官场前，官场者，其国阛阓之所也，登舟与之杂处，酋长日用白伞，故商人必赍以为赆，交易之例，当地的商贾众至，随笈篓搬取货物而去，初若不可晓，徐辨认搬货之人，亦无遗失，当地的商贾乃以其货，转入他岛屿贸易，率至八九月始归，以其所得，准偿舶商，亦有过期不归者，独贩麻逸舶回最晚"⑤。由此可见，当时泉州商人到麻逸经商已采用赊账办法，土商赊购泉商的货品到其他岛贩卖，等他把货物脱售完再回来支付，故有

---

① 〔日〕《朝野群载》，引自《日中文化交流史》北宋篇第二章，商务印书馆 1980 年版。

② 〔日〕木宫泰彦：《日中文化交流史》南宋编第二章，商务印书馆 1980 年版。

③ 〔日〕《凡仙和尚语录》，引自木宫泰彦《日中文化交流史》，商务印书馆 1980 年版。

④ 〔日〕《大抽祖能年谱》，引自木宫泰彦《日中文化交流史》，商务印书馆 1980 年版。

⑤ ［宋］赵汝适：《诸蕃志》卷上《麻逸国》。

贩麻逸舶回最晚的现象。三屿是泉州海商经常去的另一个贸易地区。《诸蕃志》说"三屿乃麻逸之属,曰加麻延,巴姥酋,巴吉弄等,各有种落,散居岛屿,舶舟至,则出而贸易,总谓之三屿……番商每抵一聚落,来敢登岸,元驻舟中流鸣鼓以招之,当地的商贾争掉小舟,持吉贝、黄蜡、番布、椰心簟等至与贸易,如议之价未决,必贾豪自至说前,馈以绢伞,瓷器,藤笼,仍留一二辈为质;然后登岸,互相交易,毕则返其质"①。这里详细记载了福建海商在当地的贸易情况。

元代与菲律宾群岛的贸易有了进一步的发展,不仅贸易地区有所扩大,新增加了麻里鲁、民多郎、苏禄等国家。例如,苏禄国"地产中等降真条,黄腊,玳瑁,珍珠,较之沙里八丹,第三港等处所产,此苏禄之珠,色青白而圆,其价甚昂,中国人首饰用之,其色不退,号为绝品"。而且,当地的商人也附舶到泉州"三岛","男子常附舶至泉州经纪,罄其资囊,以文其身,既归其国,则国人以酋长之礼待之,延之上座,虽文老亦不得与争焉,习俗以其至唐,故贵之也"②。

从三岛居民把去过泉州的商人奉为上宾,可以看出他们对与福建的通商贸易关系是十分重视的。

(四)与南洋群岛的贸易关系

南洋群岛与福建的贸易关系到宋代更为密切,当时几个比较强大的国家都与泉州有贸易往来。例如,三佛齐与泉州已有直达航线。《文献通考》云:"三佛齐汛海便风二十至广州,如泉州,舟行顺风,月余亦可到"③。《岭外代答》记载更加具体"三佛来也,正北行,舟历上下竺,与交(趾)洋,乃至中国之境,其欲至广者,入自屯门,欲至泉州者,入自甲子门。"④当时,福建海商就是沿着这一航道到三佛齐,如泉州纲首朱纺"舟往三佛齐国,亦请神之香火而虔奉之,舟行迅速,无有艰阻,往返曾不期年,获利百倍,前后之贾于外蕃者,未尝有是,或皆归德于神,自是商人远行,莫不来祥"⑤。从朱纺"往返曾不期年,获利百倍",可见贸易规模比较大;而"前后之贾于外蕃者",说明去三佛齐的福建海商,人数众多,络绎不绝。三佛齐商人也经常到泉州经商,有的还定居泉州。曾任泉州市舶使的林之奇在《泉州东坡葬蕃商记》中说:"负南海,征蕃舶之州三,泉其一也,泉之征舶,通互市于海外者,其国以十数,三佛齐其一也,三佛齐之海贾,以富豪宅生于泉者,其人以十数。"⑥

---

① [宋]赵汝适:《诸蕃志》卷上《三屿国》。
② 汪大渊:《岛夷志略》"三岛"条。
③ 《文献通考》卷三三二《三佛齐》。
④ 周去非:《岭外代答》卷三。
⑤ 《莆田祥应庙碑记》。
⑥ 林之奇:《拙斋文集》卷十五。

阇婆,是南洋群岛中另一个主要国家,福建海商经常到此贸易。其中,最著名的是建溪大商人毛旭,他不仅"数往来本国",多次到阇婆经商,而且与阇婆国王的关系很好。淳化三年(992 年),阇婆使者"假其乡导来朝贡"①,从此恢复了一度中断的朝贡关系。到南宋时,由于开辟了泉州至阇婆的直接航线,再也不必绕道三佛齐,大大方便了两国商人的往来,所以《诸蕃志》指出"阇婆国,又名莆家龙,于泉州为丙巳方,率以冬月发船,盖藉西北风之便,顺风昼夜行,月余可到"②。由于阇婆国对福建海商十分友好,"馆之宾舍,饮之丰洁",因此,不少的商船满载川芎、白芷、朱砂、硼砂、漆器、铁鼎、青白瓷器到阇婆贸易,换回犀角、龙脑、茴香、丁香等香料。

勃泥与福建也有较多的贸易往来。太平兴国二年(977 年),其王向打派遣使者施弩、副使蒲亚里准备来中国朝贡,苦于"无路得到"。刚好此时中国商人蒲卢歇到达该国,"国人皆大喜,即造舶船,令蒲卢歇导达入朝贡"③。元丰五年(1082 年),勃泥王锡理麻喏"复遣使贡方物,其使乞从泉州乘海舶归国,从之"。从此,勃泥与泉州建立了正式的通航关系。福建海商到勃泥受到很热情的接待,"舶抵岸三日,其王与眷属率大人(王之左右号曰大人),到船问劳,船人用锦藉跳板迎肃,款以酒礼,用金银器皿,禄席,凉伞等分献有差",船舶回航时,"其王亦酾酒椎牛祖席,酢以脑子,番布等称其所施"④。可见,两国之间有着友好的贸易关系。

(五)与中南半岛各国的贸易关系

中南半岛各国与福建的关系也很密切,福建商人经常航行到那里,从事贸易。《西山杂志》"李家港"条云:"五代后晋开运元年,南唐王仪伐闽,时侍中李松不可也,松,李吾山之后,航海南,来避难于此,其子李富安字山平,弃学经商航舟,远涉真腊,占城、暹罗湾诸国,安南,交趾尤熟居,每次舟行,村里咸偕之去……李家港,乃李山平之舟泊处也。"⑤

福建海商不仅到中南半岛贸易而且定居各国。熙宁九年(1076 年),"福建、广南人因商贾至交趾,或闻有留于彼用事者"⑥。《桂海虞衡志》也说"闽人附海舶往者,必厚遇之,因命之官,咨以决事"⑦。

① 《宋史》卷四八九《阇婆传》。
② [宋]赵汝适:《诸蕃志》卷上《阇婆国》。
③ 《宋史》卷四八九《勃泥传》。
④ [宋]赵汝适:《诸蕃志》卷上《勃泥国》。
⑤ 蔡永兼:《西山杂志》"李家港"条。
⑥ 《续资治通鉴长编》卷二七三。
⑦ 《文献通考》卷三○○。

占城与福建的贸易亦甚发达。庆历三年（1043年），"泉州商人邵保，以私财募人之占城，取鄂陵等七人而归，枭首广州，乞旌赏"①。由此可知，泉州商人经常到占城，泉州市舶司建立后卜更重视发展与占城的关系。政和五年（1115年），福建市舶司"出给公据，付刘著等收执，前去罗斛，占城国说谕诏纳，许令将宝货前来投进"②，不久，占城、罗斛二国先后来贡。南宋时，两地贸易更加频繁。乾道三年（1167年），福建市舶司言"本土纲首陈应等，昨至占城番"，回国时，载回占城国的使节和大量商品，泉州人王元懋，随商船到占城，侨居十年，成为大海商③。

真腊与福建也有贸易往来。宋孝宗乾道七年（1171年），汪大猷做泉州知府。有一天，四艘真腊大商船到达泉州，起初以为是毗舍那人，被官兵捕获，向汪大猷请功，汪仔细辨认，"此其人服饰俱不类"毗舍那人，再"验其物货什器"才知是真腊商人，不仅没有为难真腊商人，而且还"尽入来运驿，所贩黄腊，偿以官钱，命牙侩旬日间遣行"④。自此以后，经常有真腊商船来泉州，因此，《云麓漫钞》记载福建市舶司常到的诸国舶船时，就有真腊商船。赵汝适在泉州时，已有经常的航道，"真腊接占城之南，东至海，西至蒲甘，南至加罗希，自泉州舟行顺风月余日可到"⑤。

元代继续保持通商联系。周达观的《真腊风土记》云"自温州开洋，行丁未针，历闽、广海外诸州港口，过七洲洋，经交趾洋到占城，又自占城顺风可半月到真蒲，乃其境也"，可见自福建至真腊的航路仍然畅通无阻。

（六）与西南亚非洲的贸易关系

宋代以前，南亚地区与中国已有频繁的贸易往来。北宋初期，西夏崛起于河西走廊，陆上交通受阻，海上航路成为与南亚联系的唯一通道。当时不仅广州与南亚各国通航，而且经常有海船到达泉州，如"雍熙间有僧啰护哪航海而至，自言天竺国人，蕃商与其胡僧，竟持金缯珍宝以施，僧一不有，买隙地建佛刹于泉之城南"。到南宋，与印度半岛的贸易更加频繁，福建商船所至之处有细蓝、印度东海岸的注辇、印度西海岸的南毗、故临及印度西北部的胡茶辣等地，如南毗"在西南之极自三佛齐便风，月余可到……时罗巴，智力干父子，其种类也，今居泉之南城"。故临国，"自南毗舟行，顺风五日可到，泉舶四十余日

---

① 《宋会要辑稿》"职官"四十四之十。
② 《涑水纪闻》卷十二。
③ 洪迈：《夷坚志》卷二八。
④ 楼钥：《攻媿集》卷八八《汪公行状》。
⑤ ［宋］赵汝适：《诸蕃志》卷上《真腊国》。

到兰里住冬，至次年再发，一月始达"①。注辇国，"西天南印度也"，与泉州没有直达航线，泉州海船"欲往其国，当自故临易舟而行，或云浦甘国亦可往"②。元代，印度半岛与泉州的通商地区不仅增加了高郎步、沙里八丹、北留、班达里、下里、古里佛、放拜等地方，而且印度西南海岸已成为泉州与阿拉伯海上交通贸易的转运站，如古里佛"当巨海之要冲，去僧加刺，密迩，亦西洋诸番之多头也"，其珊瑚、珍珠、乳香诸等货"皆由甘理、佛郎来也，去货与小具喃国同，蓄好马，自西报来，故以舶载至此国"③。再如，小具喃，泉州商船经常到"此地驻冬，候下年八九月马船复来，移船回古里佛互市"。

泉州港与阿拉伯各国的贸易更为密切。北宋初年，阿拉伯人已在泉州建立圣友寺，该寺碑文云"此地人们的第一座礼拜寺，就是这座公认为最古老、悠久、吉祥的礼拜寺，号称圣友寺，建于伊斯兰教历四百年（1009—1010年）"。圣友寺的修建，说明北宋初已有相当多的阿拉伯人集中定居于泉州，他们需要建立宗教活动的场所。在泉州还发现同时期阿拉伯人的墓碑，"死者名里提漆，一位异国阿拉伯女子，她是知名人士高尼微的爱女，卒于伊斯兰历四百年"，即宋真宗大中祥符二年（1009年）。南宋时由于来泉州的阿拉伯人、波斯人日益增多，建筑了更多的礼拜寺。至今保存在圣友寺内的《重立清净寺碑》的清净寺，就是此时创建的礼拜寺之一。此碑文云"宋绍兴元年（1131年）有纳只卜。穆兹喜鲁丁者，自撒那威从商舶来泉，创兹寺于泉州之南城"，撒那威即是当时波斯湾内繁盛的西拉夫贸易港。到了元代，波斯人继续是泉州的常客，元至正九年，不仅由波斯人不鲁罕丁与里人金阿里重修清净寺，而且泉州的"礼拜寺增至六七"所。从圣友寺及清净寺的沿革可以看出泉州与阿拉伯海上交通的情况。

除了礼拜寺与碑刻等物记外，我们在文献资料中也可找到泉州与阿拉伯海上贸易的记载。南宋高宗绍兴六年（1136年），大食蕃客蒲罗辛运载乳香到泉州，价值30万贯。南宋周密的《癸辛杂识》也记载"泉州有巨贾南蕃回民佛莲者，蒲氏之婿也，其家富甚，凡发海舶八十艘"。《诸蕃志》大食国条说："有番商曰施那帏、大食人也，跻寓泉南，轻财乐施，有丛冢于城外之东南隅，以掩胡贾之遗胔。"1965在泉州东郊出土一方刻有"蕃客墓"的石碑，番商公墓的建筑说明，宋元时期有众多的阿拉伯商人居留在泉州城南一带。

泉州与非洲的贸易往来，在《诸蕃志》中出现了不少新材料，如层拔国（今桑给巴尔）"在胡茶辣国南海岛中，西接大山……产象牙、生金、龙涎、黄檀香，

---

① ［宋］赵汝适：《诸蕃志》卷上《南毗国》、《故临国》。

② ［宋］赵汝适：《诸蕃志》卷上《注辇国》。

③ 汪大渊：《贺屿志略》、《古里佛》、《小具喃》。

每岁胡茶辣国及大食边海等处发船贩易，以白布、瓷器、赤铜、红吉贝为货"。对大理国也有比较详细的描述。对于北非之勿里斯（今埃及一部分），《诸蕃志》也补充了新的材料："其国多旱，管下一十六州、州周六十余里，有两则人民耕种，反为之漂坏。"①以上有关非洲诸国的描述，很可能是赵汝适采集去过非洲的泉州商人而写成的。到元代，汪大渊从泉州两次随商船出海，到达非洲东部沿海各地，回国后在《岛屿志略》里记载了阿思里（埃及库赛尔）、麻那里（肯尼亚）、层摇罗（坦桑尼亚）、加降门里（莫桑比克）各国的风土人情、贸易情况。《岛屿志略》的成书有力地证实了当时的泉州确实已同东非各国有通商贸易关系。

第二节　广州港②

随着工农业生产的不断发展和航海技术的逐步提高，在有利的国际形势下，宋代的海外交通和对外贸易大大地发展起来；再加上宋朝的政权是在五代混乱的局面中建立起来的，建立之后北方仍然战乱频繁、外患甚为严重，北宋时华北为契丹所占，南宋时金兵入主中原，政权偏安江南一隅，故 300 年中，两宋对西亚的陆路交通几乎陷于停顿，中西交通和对外贸易完全依靠海舶，因而广州也就成为当时对外交通的主要门户和全国海外贸易的中心之一。

一、广州港口的主要对外贸易国家和地区

宋代的广州仍然是全国最大的对外贸易港，前来贸易的国家数量超过了唐代，据宋人赵妆适的《诸蕃志》记载，有 50 多国。另按马端临的《文献通考》卷三三二云："摩逸国太平兴国七年（982 年）载宝货至广州海岸。"考摩逸国在菲律宾群岛。可见，北宋年间广州与菲律宾亦开始有航线相通了，贸易范围大大地扩大了，即东部扩大了麻逸航线，西部远达非洲的桑给巴尔岛和欧洲的西班牙等地。

在各国来华的航线方面，《岭外代答》卷三记载说："三佛齐之来也，正北行，舟历上下竺（即竺屿，今马来半岛东南方的小岛）与交洋（即交趾湾），乃至中国之境。其欲至广者，入自屯门，欲至泉者，入自甲子门（今陆丰甲子）。阇婆之来也，稍西北行，舟过十二子石（加里曼丹岛以西的卡利马塔群岛），而与

---

① ［宋］赵汝适：《诸蕃志》卷上《勿里斯国》。
② 本节引见郑端本：《广州港史》（古代部分），海洋出版社 1986 年版，第 73-89 页，第 112-116 页，第 117-124 页。

三佛齐海道合于竺屿之下。大食国之来也，以小舟运而南行，至故临国，易大舟而东行，至三佛齐国，乃复如三佛齐之入中国。"另《岭外代答》卷二《大食诸国条》中，亦记载有由广州至麻离拔国的航线，即"广州自中冬以后发船，乘北风行，约四十日，到地名蓝里，博买苏木、白锡、长白藤，住至次冬，再乘东北风，六十日顺风方到此国"。航线大体和唐代相同，但却有所延伸，即从波斯湾一带延伸到了东非。至于各国往来我国所需的时间，《岭外代答》复指出："诸番之入中国，一岁可以往返，惟大食必二年而后可。……若夫默加国（即麦加）、勿斯里等国，其远也不知其几万里矣。"《宋史》卷四八九《注辇传》载大中祥符八年（1015 年），注辇国使臣娑里三文，从其国来广州却经历了 1150 日，这可能是一种特殊的情况。

总之，在宋这一代中，无论是海外贸易和海外交通都远远地超过了唐代。

另外，在宋朝的对外贸易方式中，如果把朝贡和交聘也算作一种方式的话，那么，广州也是贡使进出最多的一个港口。宋人庞文英在其所著的《文昌杂录》中，曾列举了这些朝贡国的名称，除东方的高丽、日本等 4 国及西方的夏国、董毡、于阗、回鹘等 9 国不通过广州外，其余如交趾、渤泥、拂菻、大秦、注辇、真腊、大食、占城、三佛齐、阇婆、丹流眉、陀罗离、大理、层檀、勿巡、俞卢和等都要通过广州。这些地区，有些远在印度西岸、波斯湾或红海沿岸甚至非洲东岸，只要他们从海道前来朝贡，宋朝就规定他们必须在广州登陆。关于这点，《续资治通鉴长编》卷八七有如下的记载：大中祥符九年（1016 年）秋七月庚戌条"知广州陈世卿言，海外番国贾方物至广州者，自今犀象、珠贝、栋香、异宝听赍赴阙，其余辇载重恤，望令悉纳：胥估直闻奏，非贡奉物，悉收税筹……并来往给券料，广州蕃客有冒代者，罪之"。可见，这些地区按规定是要从广州出入的。

据统计，当时与宋朝关系最为密切的占城、三佛齐、大食三国的朝贡次数，都大大超过了唐代。宋代占城朝贡为 49 次，而唐代才 27 次，几乎增加 1 倍。三佛齐朝贡 30 次，而唐代的室利佛逝只有 2 次；大食朝贡 30 次，而唐代只 20 次。还有东非的层檀国，也曾在 1071 年和 1083 年两次前来"入贡"。《宋史·层檀传》上记载："海道使风行百六十日，经勿巡、古林、三佛齐国，乃至广州。"可以说，在宋朝，广州又是"万国衣冠，络绎不绝"的一个港口了。

二、广州的蕃坊

广州是当时中国最大的海外贸易中心，因此外国人前来经商者也就比其他地方要多。广州在唐代有蕃坊之设，后因黄巢陷广州受到影响，到了宋代又空前地热闹起来。宋代的蕃坊仍继承唐制，设蕃长。"广州蕃坊……置蕃长一人,管勾蕃坊公事,专切招邀蕃商人。"①有文献可查的蕃长,有大食国人辛押陀罗,北宋神宗期间,居广州数十年,家财巨万,朝廷封他为"归德将军","巾袍履笏如华人"。

宋代居住在广州蕃坊的外国商人究竟有多少,因无文献可考证,故无从稽考,但长期居住在蕃坊不归甚至成了大富翁的,人数恐怕不少。例如上面所举的辛押陀罗,"家资数百万缗"。还有蒲姓商人,"富盛甲一时"。岳飞孙子岳珂所著的《桯史》,曾较为详细地介绍了他们。该书卷十一"海獠"条说他们本占坡之贵人,因航海遇风波,脱险后,惮于波涛之苦,乃请于其主人,愿留中国,处理其国的对外贸易事宜;经营了一段时间之后,商业有很大的发展,因此"屋宇侈靡,富盛甲一时"。岳珂曾随他的父亲往蒲家赴宴,见其家"楼上雕镂金碧,莫可名状。有池亭……曲房便榭不论也",并且见其"挥金如粪土","珠玑香贝,狼藉坐上,以示侈"。

据罗香林对甘蕉《蒲氏家谱》的考证,有海达(又名海哒晚)者,朝廷闻其贤,于南宋初叶任广东常平茶盐司提举,并有政绩。该《家谱》写道:"时粤中茶盐两政,流弊滋多,公下车悉心整顿,官山府海,赋税骤增。贡舶商帆,鹅湖云集,阛阓之盛,溢郭填城,府库充盈,闾阎无怨。……爱珠海之澄清,因就穗城玳瑁巷而家焉。"玳瑁巷就是现在接连怀圣寺的玛瑙巷,可见两宋时的蕃坊仍在光塔街一带。该《家谱》还记载海达的兄弟等人"倡筑羊城光塔,俾昼则悬旗,夜则举火,以便市舶之往来也"。从《家谱》的记载中,也可以窥见宋时广州外商对市舶影响之大。

此外,外商对公益事业和宗教事业的赞助亦有记载。例如,辛押陀罗要求宋朝皇帝准许他集资修建广州城墙,三佛齐大首领出资重修天庆观等。天庆观原址在今海珠北路祝寿巷(现观址已毁)。据出土文物《广州重修天庆观记》碑文所载,宋仁宗皇祐四年(1052年),广源州少数民族首领侬智高来犯,天庆观被焚毁。宋英宗治平年间(1064—1067年),三佛齐大首领地华迦罗派遣至罗罗押舶来广州经商,见被焚毁的天庆观颓垣败瓦、满目荒凉,回国后即将此情况向地华迦罗报告,地华迦罗表示愿出资重建天庆观;到治平四年(1069年),派思离沙文来主持天庆观修复工作,至元丰二年(1079年),全部完工。地华迦罗还捐资为天庆观购置了许多地产,作为庙宇经费。三佛齐大首领重修天庆观,当然不是偶然地心血来潮,而是三佛齐与广州贸易往来频繁的结果,其目的是加强与中国的友好关系,以达到进一步扩大彼此之间的贸易。

据《续资治通鉴长编》卷二三七所载,熙宁五年(1072年),广州城外蕃汉杂居已有数万家之多,而且有携带妻女来华侨居的。《宋会要辑稿·刑法》云:

---

① [宋]朱彧:《萍洲可谈》卷二。

"广州每年多有蕃客带妻儿过广州居住。"《萍洲可谈》卷二称："乐府有菩萨蛮，不知何物，在广中见呼蕃妇为菩萨蛮，因识之。"在《鸡肋编》亦云："广州波斯妇，绕耳皆穿穴带环，有二十余枚者。"又说："家家以蒌为门，人食槟榔，唾地如血。北人嘲之曰：人人皆吐血，家家尽蒌门。"有些大商还与华人通婚，如大商蒲亚里娶右武大夫曾纳的妹妹为妻，"亚里因留不归"。还有娶宗女（即王室血统的女子）为妻的。《萍州可谈》卷二载："元祐年间（1086—1094 年），广州蕃坊刘姓人娶宗女，官至左班殿直。"后来为朝廷所知，"因禁止，三代须一代有官，乃得取宗女。"

蕃坊有蕃市。《续资治通鉴长编》卷一二八记载，康定元年（1040 年），广州知州段少连在上元灯节中宴客，忽报蕃市失火，"少连作乐如故，须臾火息，民不丧一簪，众服其持重"，可见，在侨民日益增加的情况下，自然而然地便有蕃市的形成。

蕃坊还有"蕃学"。桑原骘藏的《蒲寿庚考》引蔡儵《铁围山丛谈》卷二云："大观（1107—1110 年）、政和（1111—1117 年）之间，天下大治，四夷响风，广州泉州请建蕃学。"南宋龚明之《中吴纪闻》（学海类编本）卷三记有北宋程师孟熙宁间（1068—1077 年）任广州知州时的政绩："程师孟……大修学校，日引诸生讲解，负笈而来者相踵，诸蕃子弟皆愿入学。"。由此可见，蕃坊建有学校。据《萍洲可谈》卷二称："蕃人有罪，诣广州鞫实，送蕃坊行遣……徒以上罪，则广州决断。"《宋史·王涣之传》载："（王涣之）知福州，未至，复徙广州。蕃客杀奴，市舶使据旧比，止送其长杖苔，涣之不可，论如法。"《宋史·汪大猷传》也说："蕃商与人争斗，非伤折罪，皆以牛赎。大猷曰：安有中国用岛夷俗者，当在吾境，当在吾法。"这些记载都说明，中国政府虽尊重蕃长行使一定的权力，但外国侨民仍要尊重中国的主权，遵守中国的法令，最终裁决之权仍归地方最高行政长官掌握。如处理杀人等重大案件，则规定必须按中国法律处理。此外，市舶使还有参与蕃人判罪之权，也有受理番商申诉的义务，甚至蕃长的任命亦出于中国政府方面。

三、广州港的管理机构——市舶司

宋太祖开宝四年二月灭南汉后，即于同年六月在广州设市舶司。"以知州为使，通判为判官，及转运使司掌其事；又遣京朝官三班内侍三人专领之。"① 就是说，市舶司设置的初期，市舶使和判官都是由地方行政长官兼任，"京朝官三班内侍三人"是专职负责官员，由中央派遣至市舶司负责实际市舶职务。这就是开始置司时主要官员的情况。后来市舶判官改名为市舶监官，仍由适判

第四章

宋元时期的海港

---

① 《宋会要辑稿·职官》四四。

兼任。元丰三年（1080 年），修定官制，市舶司改以路为设立单位，故罢知州兼使之制，改由掌管一路的财赋之责的转运使兼任，市舶使的名称亦改为"提举市舶"。徽宗崇宁元年（1102 年），又罢转运使兼领之制，开始设置专职提举，后屡置屡废。在其罢废期间，则由知州、通判、转运使或提点刑狱、提举常平、提举茶盐等官兼领。

市舶司除市舶使、市舶监官等主要负责人外，尚有勾当公事（干办公事）和吏员若干人，这些都属于具体的办事人员。故吏员中又按分工的不同叫专库、手分、孔目、主管文字、都吏、前行、后行、贴司、书表、客司等名称。其职权大致可以分为主管文字和负责捡点帐状两大类。孔目，分手贴司及书表负责文书档案，都吏负责巡检，专库负责仓库内舶货的保管，客司负责贡使与外商的接待事务，前、后行负责警卫。

市舶司下辖市舶务、市舶库和来远驿。宋初以州为单位设司时，本是有司无务，后来改以路设司后，每路设一司，而于各州设务或坊，但也仅是两浙路有这样的设置，而广南东路及福建路并未设务。务之主官为监官，具体办事人员称吏员，市舶库即存放舶货的仓库，负责官员称监门官。至于来远驿，则系接待外国使臣之所，即现在所称的宾馆，其主要官员由市舶司派员兼任。

北宋时，除在广州设市舶司外，还先后在杭州、明州（宁波）设司（杭州设司时间为 989 年，明州设司时间为 999 年）；后来又在泉州（设司时间为 1087年）、密州（设司时间为 1088）年、秀州（设司时间为 1113 年）设，并在温州、青龙镇、江阴军、海盐四地设市舶务。

广州是设司最早的一个港口，广州市舶司不但管理广南沿海的市舶业务，而且当时归广西管辖的雷州、化州等地也要受其节制，甚至远在福建的泉州在未设司之前，也属广州市舶司管辖，出港和回航都要到广州办理手续，"否则没其货"。从宋代设司情况来看，亦可窥见广州是一个举足轻重的港口。

市舶司的职权，按《宋史·职官志》记载是："提举市舶司，掌蕃货，海舶，征榷，贸易之事，以来远人，通远物"。

四、宋代广州的码头分布

（一）外港

据《元丰九域志》记载：宋代在广州附近，曾经形成过许多市镇。在南海县境内的有大通镇，在番禺县境内的有瑞石、平石、猎德、大水、石门、白田、扶胥七镇；其中，有一些镇本身就是广州的外港。

1. 大通港

大通港在今花地附近，与广州隔江相对，是当时从西北江航抵广州的一个必经之地，然后经此入澳口、兰湖登陆。宋时珠江三角洲经济的开发促进了此地的繁荣。陈大震《南海志》载，北宋仁宗皇祐四年，侬志高"寇"广州，曾在大通港停留 53 天，"不得逞而去"。清李调元《南越笔记》亦记叙大通港东可通惠州、虎门，出海可达潮州、福建等地，西可雷州、廉州、琼州；北可达南雄、庚岭、韶州等地。可见，此港不但是内河船舶靠泊之处，而且也是海舶碇泊之所。清宋湘《泊潮音街口》诗云："空江五月雾凄凄，一树人家柳尚齐，独引渔灯翻楚些，潮声已过大通西。"大通即大通港，至明清代此港犹存。

2. 琶洲码头

琶洲在广州城东南 30 余里，位于珠江南岸。琶洲过去是一个小岛，形似琵琶，所以叫琶洲。现在，早已与南岸相连了，广州南郊琶洲村。琶洲山高 20—40 米，为番舶作导航标志。《宋史》卷四八九《注辇传》称："贡使行至三佛齐国，又行十八昼夜，度峦口水口，历天竺，至宾头狼山，望东西王母坟，距舟将百里，又行二十昼夜，度羊山，九星山至广州之琵琶山。"可见宋时，这里已是广州的外港，为海舶停靠之地。《读史方舆纪要》卷一〇一《广州府》亦记载：闽浙舟楫入广者多泊于此。明万历二十六年(1598 年)这里修建的海鳌塔，至今犹存。

（二）内港

1. 西澳

西澳又名南濠，在今南濠街一带，是宋代广州最重要的内港码头，为北宋景德中(1106 年)经略高绅所开辟，"纳城中诸渠水以达于海，维舟于是者，无风涛恐，且以备火灾"[1]。淳熙二年经略周自强疏浚了一次，嘉定二年至元代末年止亦屡有疏浚。西澳为当时闹市区之一，有共乐楼，"高五丈余，背依诸峰，面临巨海，气象雄伟，为南州冠"[2]。宋人程师孟有诗云："千门日照珍珠市，万户烟生碧玉城，山海是为中国藏，梯航尤见外夷情。"《羊城古钞》卷七濠畔朱楼条更云："此濠畔当盛平时，香珠犀象如山，花鸟如海，番夷辐辏，日费数千金，仕食之盛，歌舞之多，过于秦淮。"同时，这里还有百货之肆，五都之市，天下商贾聚集，外国商人也聚居附近。元末明初人孙蕡作的《广州歌》指出："岿峨大舶映云日，贾客千家万家室。"可见其泊船之多，码头区之繁盛。明代淤塞，用铁柱封大水关断流。

2. 东澳

东澳又名东濠。在今清水濠街一带，古文溪曾从这里出口。《南海志》称"清水濠在行春门外，穴城而达诸海，古东澳也。濠长二百又四丈，阔十丈"，是

---

① 陈大震：《南海志》。

② 仇池石：《羊城古钞》九。

盐船集中的运盐码头。宋代的盐仓在今归仓巷、仓边路一带,文溪未淤塞前,盐船由此溯溪北上往来运盐,故是广州东部的重要码头。

宋代广州的海外交通和贸易,比唐时又有发展,不但贸易地区和范围扩大了,而且海上航线也扩展至东非和菲律宾等。这与我国经济、技术的进步有很大关系。中国当时既有先进的农业,也有先进的工业,所以全国的商业能够大规模发展起来;再加上先进航海技术的运用和造船业的进步使航行速度加快,因而海外交通和贸易取得了空前的发展。

五、元代的广州港

(一)港口的地位变化

宋亡元兴,元世祖忽必烈统一了全中国。元代的广州港已经不再是全国第一大港了,代替它而兴起的是福建的泉州港。

泉州港的兴起和广州港的衰落并不是突然的,而是宋室南渡之后中国政治、经济形势变化的结果。早在南宋开禧年间(1205—1207年),泉州便有取代广州之势。当时,前往贸易的国家和地区有30多个。宋理宗宝庆元年(1225年)后,赵妆适任泉州提举市舶编著《诸蕃志》时,前往贸易的国家又增至五十几个,而且在财政收入方面,也逐渐赶上了广州,长期与广州处于相等的地位。南宋朝廷更是加强了对泉州市舶的扶植,除了每年犒设番商与广州规格相等外,还进一步加强泉州市舶司的职权,规定福建沿海的商船都须由泉州市舶司领取“官券”才能出海。宋孝宗乾通三年(1167年),还专门拨出25万缗给泉州市舶司,作为“抽买乳香等本钱”,以扩大当时的海外贸易。最后,又起用阿拉伯人后裔蒲寿庚为提举市舶,主持舶政达30年之久,利用蒲寿庚在海外的声望,吸引外商来泉州贸易。所以在南宋中期至末期这一段时间内,泉州海外贸发展的速度大大地超过并最终取代广州而成为全国第一大港。

分析当时的情况,泉州之所以能超过广州,有如下几种因素作用。

第一,宋室南渡,杭州成了当时南宋的首都。京城是政治和经济的中心,又是全国最大消费中心,尤其是香药、犀、象、珠宝之类的消费品,京师的消费能力最强。随着舶货消费中心的转移,形势对泉州起了有利的变化,因为从地理距离来说,泉州离都城要比广州近。按南宋的规定,泉州市舶司运舶货到杭州期限为3个月,而广州到杭州的期限却要6个月,路程相差1倍以上。[1] 当时的舶货运输成本是巨大的,既有“道涂劳费之役”,又有“舟行侵盗颠覆之弊”。因此,缩短运输路程,节约运输时间,就是减少货物损耗、降低运输成本

---

① 《宋会要辑稿·职官四四之三○》。

的最好办法。既然泉州的运输时间要比广州节约一半,那么,从经济效果来说,广州当然竞争不过泉州。所以,南宋期间泉州港的发展速度要比广州快,进而导致对外贸易重心的逐步转移。

第二,由于宋金战争,大批士大夫和宋廷宗室贵族逃往福建避难,引起了舶货市场的变化。当时连管理宗室贵族的机关西外宗正司和南外宗正司也都分别迁到福州和泉州两地。舶货在这批上层人物中享有广泛的市场。因此,当时的泉州要比广州拥有更多的舶货消费者,促成泉州市场的繁荣和广州市场的衰落。岳珂的《桯史》中提到,当时广州最显赫的蒲姓商人,在南宋的中后期,"富已不如曩日"了。桑原骘藏在《蒲寿庚考》一书中,考证蒲寿庚之身世时,亦谓"寿庚父蒲开宗自广移泉,其与蒲姓之衰有关欤"。可见,有大批阿拉伯商人从广州迁往泉州经商,泉州市场比广州更具有吸引力。

第三,广州是南宋政权灭亡前最后的一个据点。在宋元交替之际,宋军与元军在这一带经过了多次拉锯,反复争夺,崖山之役,浮水之尸 10 万,损失船舰无数。在这残酷的战乱之中,社会经济遭到很大的破坏,不少汉族人民因不愿受蒙古贵族的统治,纷纷逃亡海外。陈宜中率部流亡占城便是一例。有些地方的人口也明显地减少。减少 25% 以下者有韶州路、南思路、南雄路、广州路和封州;减少 25%—50% 者,有肇庆和德庆二路;减少 50% 以上者有惠州路、廉州路、梅州和循州。因而,海外贸易受到很大的影响。而泉州则未罹锋镝。由于蒲寿庚的投降,元军在占领了南宋都城杭州后即兵不血刃地平定了泉州,所以泉州没有受到什么战火的破坏。而且蒲寿庚投降后,也受到重用,并通过他迅速地恢复了泉州的市舶,同时还以泉州为中心组织了海外贸易。所以,泉州的海外贸易不但未因宋元交替而停顿,反而得到了更进一步的发展。

第四,全国经济重心向江南转移。元初,政治中心虽然北移,但食粮、财用还要仰给东南,南北交通仍以海道为主。以海道而论,泉州距北京亦较广州为近。北京与大食南洋诸国的联系通过泉州港进出,其条件也比广州为优。[①]元朝政府也有意识地对泉州加以扶植,使泉州市舶一直处于特殊重要的位置。例如,元政府最早在泉州设市舶司,在税收制度上以泉州的方法为规范,下令各市舶司"悉依泉州例"。同时,在至元十八年(1281 年)又规定海外贸易从泉州进口的优待办法,"商贾市舶物货,已经泉州抽分者,诸处贸易,止令输税"。至元二十六年(1289 年),元朝政府还建立自泉州到杭州的海道水站,做到"自泉州发船,上下接递",大大方便从该港进口的人员和物资运送至全国各地。此外,全国的重要军事行动和使节的出航,都以泉州港为始发港。例如,至元

---

①　王天良、郑宝恒:《历史上的泉州港》,载《复旦学报》1980 年《历史地理专辑》。

二十九年(1292年)二月,元世祖忽必烈征爪哇,以史弼总军事,亦黑迷失总海道事,征集福建、江西、湖广三行省兵凡二万,会结于泉州,十二月自后渚启行。元世祖至元间,曾多次派遣杨庭璧出使马八儿、俱兰等国,也是自泉州入海(可参见冯承钧《中国南洋交通史》)。1292年马可·波罗护送元公主嫁波斯伊儿汗国,也是从泉州乘大海舶出洋的。总之,泉州在当时具有特殊的重要位置,广州是无法与之抗衡的。

(二)元代广州港的海外交通和贸易

广东人陈大震的《南海志》记录了元代与中国有海道交通、贸易的国家和地区一共有140多个。该书"诸番国"条把这些国家划分为"小西洋"、"小东洋"、"大东洋"等范围,并说:"广为蕃舶凑集之所,宝货丛聚,实为外府。岛夷诸国名不可殚。"可见,这些国家与广州大都有交通和贸易往来。所以,《南海志》又说:"圣朝奄有四海,尽日月出入之地,无不奉珍效贡,稽颡称臣,故海人山兽之奇。龙珍犀贝之异,莫不充储于内府,畜玩于上林,其来者视昔有加焉,而珍货之盛,亦倍于前志之所书者。"

清徐继畬的《瀛环志略》卷二在谈到当时真腊的对外贸易时,说该国赋税繁重、船商入境稽防甚严,唯对中国商船特别优待,故"闽广商船,每岁往来贸易"。这些商船运去金、银、丝绸、锡、漆器、瓷器、水银、纸,硫黄、雨伞、铁锅等物,几乎大部分都是日常生活用品。

元人汪大渊的《岛夷志略》亦记有通商国家和地区90多处,其中所列举的文老古(今摩鹿加群岛)、文诞(班达群岛)、蒲奔(加里曼丹岛东南部)等地,都是前所未见的。书中还记有层摇罗国即层拨囵,也就是桑给巴尔。汪大渊是附舶历其境的,可见当时中国同非洲的交通又比宋代前进了一步。虽然汪大渊游历这些国家和地区是由泉州出海,但亦不排斥此等国家与地区同广州有交通往来。而且该书在"沙里八丹"条中(沙里八丹在印度南部,即注辇王国之要港),谈到该地产珍珠时说:"舶至,求售于唐人。"这里所指的唐人,即中国之海商,当然也包括有广东商人在内。

元人周致中的《异域志》著录了210个国家和民族与元代有交往,其地域范围东起朝鲜、日本,西抵西亚、非洲,南至东南亚、南亚诸国;同时特别记载了三条与广州有关的航线:一条是广州至占城(今越南南部)航线,"顺风八日可到",二是广州至三佛齐航线,"自广州发舶,取正南半月可到",三是广州至莆家龙(在爪哇北岸)航线,"顺风一月可到"。周致中如此重视这三条航线的记载,说明这些地方在当时海外贸易的重要性及广州与这些港口交往的频繁。

外国也有不少文献反映元代广州海外贸易的情况。例如,《马可·波罗游记》中便不止一次地提到"蛮子"(中国南部的居民)商船往世界各地贸易的情况。其中,特别指出麻罗拔(印度南部港门)的贸易:"尤以蛮子国来者为最多,土产粗香料运出口至蛮子及西方各地,其商人运至亚丁港者,更转运至亚历山大港,惟向西往之船数,尚不及往东者十之一也。"① 而"蛮子大州",亦当包括广东在内。

元代从欧洲来华的旅行家鄂多立克,也是从南海道抵达中国的。他先由陆路至波斯湾的霍木兹,然后乘船至西印度海岸,再乘船达斯里兰卡,从斯里兰卡航行到苏门答腊,并经爪哇、加里曼丹、越南而抵中国的广州。他在其所著的《东游录》中,称广州为辛迦兰大城,是一个比威尼斯大三倍的城市。"……该城有数量极其庞大的船舶,以致有人视为不足信。确实,整个意大利都没有这一个城的船只多。"② 鄂多立克于 1322—1328 年在中国旅行,当时正是元朝中叶。

中世纪西方四大游历家之一,摩洛哥人依宾拔都他于 1325 年(元泰定帝二年)由摩洛哥出发,于 1347 年抵泉州,历访广州、杭州、北京等地。在他的《游记》中称广州为"兴阿兴"和"秦克兰"城,并说:"秦克兰城久已慕名,故必须亲历其境,方足饱吾所望。……余由河道乘船而往,船之外观,大似吾囵战舰……秦克兰城者,世界大城中之一也。市场优美,为世界各大城所不能及。其间最大者,莫过于陶器场。由此,商人转运磁器至中国各省及印度,夜门。……城中有地一段,回教徒所居也。共处有回教总寺及分寺,有养育院、有市场。有审判一人,及牧师一人。"依宾拔都他继续说,"有长者代表教徒利益,审判者代表教徒清理诉讼,判断曲直。"

元朝于至元二十三年在广州设市舶司,至元三十年(1293 年)在海南岛设海北海南博易提举司。广州的海外贸易还推动了海南岛对外贸易的发展。

根据上述记载,可以把元代广州的主要海外航线列为以下几条。

(1)广州至占城航线。元人周致中《异城志》称:"广州发舶,顺风八日可到。"《元史》卷二一○《占城传》亦说:"占城近琼州,顺风舟行一日可抵其国。"《粤海关志》卷四引《续文献通考》有"禁广州官民毋得运米至占城诸番出粜"的记载,说明广州与占城交通往来非常密切。

(2)广州至交趾航线。元人陈大震《大德南海志》中曾提到交趾的团山(即云屯山)。《通志》云:"山在新安州云屯县大海中,两山对峙,一水中通,陈、李时(指当时交趾的陈朝和李朝)番国商船多聚于是。"广州与交趾有传统的交往,故两地当经常有船舶往来。

(3)广州至暹罗航线。《大德南海志》所开列的通商国中,有暹国的名字。

① 张星烺:《中西交通史料汇编》第六册,中华书局 1977 年版。
② 〔意〕鄂多立克撰、何高济译:《鄂多立克东游录》,中华书局 1981 年版,第 64 页。

汪大渊在《岛夷志略》"暹国条"中,记其"地产苏木、花锡、大风子、象牙、翠羽",与广州有经常性的贸易关系。

(4)广州至三佛齐航线。《异域志》载:"自广州发舶,取正南半月可列。"《大德南海志》说三佛齐管小西洋等国。这小西洋包括今新加坡、苏门答腊岛一带。三佛齐所以管小西洋等国,是因为它在这些小国中,无论是政治还是经济,都居于主导的地位且是交通方面的枢纽。这说明三佛齐至广州是一条重要的航线。

(5)广州至加里曼丹航线。《大德南海志》称它为佛坭,还说它管小东洋。当时的小东洋是指加里曼丹岛与菲律宾一带。在宋时,此地与菲律宾已有航线和广州往来,因此它也是一条主要的航线。

(6)广州至爪哇航线。《异域志》载:"顺风一月可到。"《大德南海志》亦有阇婆国的名字,还说它管大东洋诸国,可见它也是一个海上交通运输的枢纽。

(7)广州至印度半岛航线。元代印度半岛与广州有频繁的交通往来。《大德南海志》记有南毗马八儿国、大故蓝国、胡茶辣国等通商国家的名称。摩洛哥旅行家依宾拨都他在其《游记》中亦写道:"麻罗拔各港,中国船舶常至者,为俱兰、喀里克脱、黑里三港。其欲候印度之季候风者,则多往梵答刺亦纳。"又说:"此类商船,皆造于刺桐(泉州)及兴克兰(广州)二埠。"[1]这证明印度与广州有数量不少的船只往来。

(8)广州至波斯湾航线。《大德南海志》记载广州与波斯湾贸易的有阔里抹思、记施、弭施罗等国家。意大利传教士鄂多立克 14 世纪东来时,也是由波斯湾之"忽里谟子(即阔里抹思)乘船泛洋,抵印度西岸塔纳港,更至俱兰、锡兰岛及圣多默墓地。由是而再东,至苏门答腊、爪哇、婆罗洲、占婆。终乃于广州登陆"[2]。所以,广州至波斯湾也是一条重要的航路。

(9)广州至东非西欧航线。《大德南海志》所列举的贸易国中有勿斯离、弼琶罗、层拔等国,这些都是东非国家。勿斯离,即埃及;弼琶罗为木骨都束,今索马里;而层拔,则为今坦桑尼亚一带,故这些国家有航线与广州往来。另《大德南海志》还列举了麻加里(摩洛哥)和茶弼沙(西班牙)以及弗蓝(指拜占庭帝国)的名字,说明有一些欧洲国家也航海前来广州经商。

据《南海志》舶货条载:当时进口的物资分宝物、布匹、香货、药物、木材、皮货、牛蹄角、杂物等几大类。

宝物有象牙、犀角、鹤顶、真珠、珊瑚、翠毛、龟筒、玳瑁等。

布匹有白蕃布、花香布、草布、剪绒单、剪毛单等。

---

① 张星烺:《中西交通史料汇编》第二册,中华书局 1977 年版,第 55 页。
② 张星烺:《中西交通史料汇编》第二册,中华书局 1977 年版,第 235 页。

香货有沉香、速香、黄熟香、打柏香、腊八香、乌香香、降香、檀香、戎香、蔷薇水、乳香、金颜香等。

药物有脑子、阿魏、没药、胡椒、丁香、肉子豆蔻、蔻、豆蔻花、乌爹泥、茴香、硫黄、血竭、木香、荜拔皮、番白芷、雄黄、苏合油、荜澄茄。

木材有苏木、射木、乌木、红柴等。

皮货有沙鱼皮、皮席、皮枕头、七麟皮。

牛蹄角有白牛蹄，白牛角。

杂物有黄蜡、风油子、紫梗、磨末、草珠、花白纸、孔雀毛、大青、鹦鹉、螺壳、巴淡子等。

至于出口物资，仍以丝绸、瓷器、铜钱、铁器、铜器为大宗。

元代广州的码头分布，因无明确的资料可查，故情况不清。查陈大震的《南海志》，广州在大德期间（1297—1307 年）有水路和水铺的组织。水站 11 处，船 90 只，水铺 10 铺。水站是国家运送物资和人员的水上交通站，水铺可能是通过水路传递消息和邮件的机构，与海外贸易关系不大。唯市舶亭据记载却在严朝宗门外，至元十九年创建。朝宗门在西城之南，正对海珠岛。而《南海志》亦记载：至元二十八年，广东宣慰使阿里疏浚西澳；元代广州最大的内港估计仍在西澳。孙蕡的《广州歌》便有"巍峨大舶映云日，贾客千家万家室"之句。孙蕡是元末明初人，此诗便是反映元代西澳盛况的。至于外港，仍在扶胥镇。《南海志》在记载它的税收情况时，说它的税收每年达 4460 贯，比清远、东莞、新会等县还多，此项税额亦足以反映当日扶胥镇作为广州外港之盛。

第三节　明州港[①]

一、北宋时期的明州

（一）造船业及造船技术的进步

北宋时，明州是全国造船业的重要基地之一。真宗时（998—1021 年），全国官办造船厂每年造漕运船数额为 2916 艘，分给 11 个州打造，其中明、婺、温、台 4 州合打 531 艘。其时，明州在三江口设有官营造船场。天禧末（1021

———————————

① 本节引见郑绍昌：《宁波港史》，人民交通出版社 1986 年版，第 34-79 页。

年），明州造船场年造船 177 艘。① 到了哲宗年间（1087—1100 年），温州与明州的造船数急剧增加。哲宗元祐五年（1090 年）正月初四，"诏温州、明州岁造船以六百只为额"②。徽宗时（1101—1125 年）仍"保持原额"③。正因温州与明州造船业的发达，所以徽宗时打算恢复京师物货场，用温州、明州所造的船舶来运输货物④，后因政局不稳而作罢。

明州的官办造船场，设置造船监船场官厅事和船场指挥营，任务是建造官用船只。船场监官（或称作造船官）总揽造船事务。船场指挥营分船场和采斫两部分，各 200 人，由两个指挥分管造船和林木采斫等事宜。据《鄞县志》记载：皇祐中（1051—1052 年），温州、明州各设造船场。大观二年（1108 年），温州造船并归明州，明州买木场并归温州，于是明州有船场官 2 员，温州有买木官 2 员，并差武臣。政和元年（1111 年）明州复置造船，买木二场，官员 2 员，乃选差文臣。政和二年，因明州无木植，并就温州打造，将明州船场兵役，买木监官前去温州勾当。政和七年，"知州楼异因办三韩岁使船，请依旧移船场于明州，以便工役，寻又归明州"。明州船场指挥营设在甬东厢，即三江口的余姚江南岸江心寺到江东庙一带后来名战船街的地方。船场监官厅事在甬东厢的桃花渡，即现在的江左街南昌巷。

明州是中国造船与航海事业的发祥地之一。到了宋朝，明州的造船技术达到了很高的水平。其所造的船分为两大类：一类是内河船，包括漕运船；一类是海船，就是行驶海上的商船和渔船。就造船技术来说，其中以"海商之船"最具代表性。宋人陈敏在明州造的 2000 斛尖底海船，"其面阔三丈，底阔三尺，利于破浪"⑤。

元丰元年（1078 年），宋神宗遣安焘、陈睦出使高丽，命明州造两艘万斛船，"一日凌虚致远安济神舟，一日灵飞顺济神舟"⑥，两船皆造于定海铁符山（今招宝山）下。所谓万斛船，具载重量当在 500 吨以上。宣和七年（1123 年），宋徽宗派遣徐兢等出使高丽，又在明州造了两艘更大的"神舟"，"一日鼎新利涉怀远康济神舟，一日循流安逸通济神舟，巍然如山，浮动波上，锦帆鹢首，屈服蛟龙"。它们到达高丽礼成江碧澜亭时，"倾闽耸观，欢呼嘉叹"⑦。这次出使除两艘"神舟"外，还有 6 艘客舟。徐兢曾对客舟的构造和外形作了详

---

① 《宋会要辑稿·食货四六水运》。
② 《宋会要辑稿·食货五十之四》。
③ 《宋会要辑稿·食货五十之六》。
④ 《宋史》卷一八六《食货志·商税》。
⑤ 《宋会要辑稿·食货五十之一八》。
⑥ 《说郛》卷三七《倦游录》。
⑦ 《宋史·高丽传》卷四百八十七。

细的记载。他说客舟"略如神舟,具体而微"。据他所著的《宣和奉使高丽图经》客舟条记述:客舟"长十余丈,深三丈,阔二丈五尺,上平如衡,下侧如刀,贵其可以破浪而行也"。船分三舱,前舱"高及丈余,四壁施窗户如房屋之制"。"船首两颊柱中,有车轮,上缩藤索,其大如椽,长五百尺,下垂碇石;石两旁夹以两木钩。船未入洋,近山抛泊,则放碇及海底,如维缆之属,舟乃不行。若风涛紧急,则加游碇,其用如大碇,而在其旁;遇行,则卷其轮而收之。后有正舵,大小两等,随水深浅而易。……又于舟腹两旁缚大竹为囊以拒浪"。"每舟十艣,开山入港,随潮过门,皆鸣艣而行;篙师跳踏号叫,用力至甚,而舟行终不若驾风之快也。""大樯高十丈,头樯高八丈,风正则张布帆五十幅,稍偏则用利蓬,左右翼张,以使风势,大樯之巅,更加小帆十幅,谓之野孤帆,风息则用之。""每舟篙师水手可六十人。然风有八面,唯其头不可行。其立杆以鸟羽候风所向。""若夫神舟之长。阔,高、大,杂物器用,人数,皆三倍于客舟也"①,故明州所造的"神舟",无论结构上还是载重上,均堪称当时造船业的杰作。

除了船只本身的许多设备以外,还由于指南针的应用而大大提高了航海技术。徐兢在同一本书中说:"海冥则用指南浮针以揆南北。"②这本书所记指南针的应用比外国早1个世纪左右。

(二)北宋海外贸易政策对明州港发展的影响

北宋兴起以后,宋朝廷出于经济的考虑,把海外贸易利益视作国家财政收入的重要来源。为了招徕外商贸易,宋太宗雍熙四年(987年),特"遣内侍八人,赍敕书,金帛,分四纲,各往海南诸番国,勾招进奉,博买香、药、犀、牙、真珠,龙脑"③。宋神宗也认为,"昔钱,刘窃居浙,广,内足自富,外足抗中国者,亦由笼海商得法也"④。这番话实际上代表了北宋最高决策阶层对外贸的基本态度和政策思想。为此,在北宋开国不久,参照唐代在广州"纳舶脚,禁异诊"的征榷政策,在各贸易港口相继设置专门管理机构——市舶司,并制定了管理条例。这些政策措施对明州港海外贸易的发展产生了积极的影响。

明州是北宋朝廷规定的五个对外贸易港(前期为广州、杭州、明州三港,后期增加了泉州、密州板桥镇二港)之一,并设置市舶司,以管理海外贸易和办理船舶进出口签证事宜。端拱二年(989年)五月,宋帝下诏"自今商旅出海外番国贩易者,须于两浙市舶司陈牒,请官给卷以行,违者没入其宝货"⑤。这是北

---

① [宋]徐兢:《宣和奉使高丽图经》卷三四《客舟》。

② 《宣和奉使高丽图经》卷三四《半洋礁》。

③ 《宋会要辑稿·职官》四四之二。

④ 《续资治通鉴县编拾补》卷五。

⑤ 《宋会要辑稿·职官》四四之二。

宋最早关于国内商舶往国外贸易之规定。到了元丰三年（1080 年）重新规定"诸非广州市舶司辄发过南蕃纲舶船，非明州市舶司而发过日本、高丽者，以违制论"①，把签证放行发舶地点改为广州、明州两港，而且限定明州港为发舶去日本、高丽的特定港口。元丰八年（1085 年）又补充规定："诸非杭、明、广州而辄发过南海船舶者，以违制论，不以去官赦降原减；诸商贾由海道贩诸蕃，惟不得至大辽国及登莱州；即诸蕃原附船入贡或商贩者，听。"②从此，杭、明、广三港都有"发过南海船舶"的签证权，同时禁止商船去大辽国及登莱港口，以防止铜钱及军需物资输入辽国。从以上的规定看来，明州港是北宋时期对日本和高丽的最重要的贸易港，也是去南海商船的发舶和收泊港之一。在直接对外贸易方面，明州港对外贸易国除日本和高丽外，据史书记载还有阇婆、真里富、占城、波斯等。

北宋时期明州港的沿海与远洋航线，向北开辟了自长江口进入江淮直至荆、襄的航运线。去渤海的航路虽沿其旧，但因宋辽为敌，自元丰以后止于山东密州的板桥镇（在胶州湾），再往北去就是禁区了。明州港去高丽的船只，沿海岸北上至胶州湾后，不走原来的沿渤海岸航路，而改走横渡渤海的直达航路。高丽来船原在登州或密州驻泊，亦为同样原因，于熙宁以后改在明州或者密州驻泊了。向东去日本的航路，基本上还是横渡东海直至日本肥前值嘉岛的路线，有时更深入到日本的越前敦贺。因为明州港被指定为去日本、高丽的签证发舶港口，所以温州、泉州、福州等港去日本、高丽两国的船只往往来明州港办理手续发舶放洋。自明州港出发南行的船只，多数沿海岸驶向泉州、福州或广州；销往南洋的货物多在广州易船转运，但也有一部分船只经广州直航南洋，走广州去南洋的同一航线。

（三）明州港与各国的贸易往来

1. 明州港与日本的贸易往来

北宋时，日本采取锁国政策，不准日本商船到外国贸易。因此，这个时期，往来于中日之间的全是中国商船，而且分外频繁，几乎年年不绝。中国商船大多是从两浙地方，主要是从明州港签证出发，横渡东海直达日本的肥前值嘉岛，然后转航博多。这与唐五代时的航路相同。但到北宋末期，不少船只更深入到日本的越前敦贺。据史籍记载中国船航日而有确切年代的就有 70 余次（实际次数当然还更多）。

明州商人朱仁聪、曾令文、周文德、周良史、王满、卢范、潘怀清、孙忠、张

---

① 《东坡全集》五八。

② 《东坡全集》五八。

仲、尧忠、李先、孙俊明、郑清节,台州商人周文裔,福州商人陈文佑,泉州商人李充、林养等先后多次往来于明州港与日本之间贸易。日本入宋僧等常搭乘他们的船只来往于两国之间,有的还接受明州地方长官与日本人宰府的委托为他们传递文牒互赠礼物。例如,熙宁六年(1073年)十月,明州商人孙忠船自明州港赴日,日本入宋僧成寻和弟子赖缘等5人及宋僧悟本搭乘此船去日,并带去宋帝赠给日本朝廷的泥金《法华经》、锦20匹以及他们在宋求得的新译经等。元丰元年(1078年)正月二十五日,孙忠船自日本返回时,自僧仲回乘此船来宋,并带来答谢宋帝的复信及礼物。元丰三年(1080年)闰八月,孙忠船自明州港至日本越前敦贺港,带去明州致日的牒文。元丰五年(1082年),孙忠船自日本回国,带来日本给明州的复牒。又如,政和六年(1116年)五月,明州商人孙俊明、郑清节乘船到日本,带去宋朝廷的牒文。他们对促进中日之间的经济文化交流与民间的友好往来,发挥了积极的作用。

这时,往来于中日之间的明州商船,一般是搭乘70人左右的小型灵活且结构比较坚固的海船。商船往来的时间,大体是开往日本多在夏天到秋初,以利用西南季风;自日本返航则多在仲秋或晚春,以利用东北季风并避开冬季的汹涌风涛。因此,横渡东海所需的航海天数非常短,在一般情况下不过一周左右。

2. 明州港与高丽的贸易往来

北宋时期,中国与高丽间的海行航路,在熙宁以前多走北路,即中国去高丽一般是在山东登州放洋,高丽使节来船也是在登州或密州登岸,然后陆行至汴京(开封)。这条航路后被辽国所阻,不得已才走南路,由明州出入。《宋史·高丽传》载:"神宗熙宁七年(1074年),高丽遣使臣金良鉴来言,欲远契丹(即辽国),乞改途于明州诣阙,从之。"元丰二年(1079年)又规定:凡商人去高丽,资金及5000缗者,在明州登记姓名、籍贯及经费项目等,并要叫人作保,才准发"引",如果无"引",即作为私贩违法论处。从此,明州港与高丽之间,不但商舶往来络绎不绝,而且两国间使团的往来也都出入于明州港。其时,明州去高丽的船只,从定海放洋驶过东海和黄海后,再在朝鲜半岛南端沿西岸北上,到达高丽的礼成江。高丽使节走同一航路,到明州后换舟溯余姚江循杭甬运河到杭州,然后进入大运河至汴京。这条路线都是水路,用船可以多装载货物,所谓"便于舟楫,多赍辎重"①,比陆行优越得多。航海时间,一般需要5—7天。据徐兢《宣和奉使高丽图经》记载:"由明州定海放洋,绝海而北,舟行皆乘夏至后南风,风使不过五日即抵岸焉。"《宋史·高丽传》记载得更为详细:"自明州定海遇便风,三日入洋,又五日抵墨山(一作黑山),入其境(指高丽国境)。

———————————

① 《渑池燕谈录》卷九《杂录》。

自墨山过岛屿，诘曲礁石间，舟行甚缓，七日至礼成江，江居两山间，一束以石峡，湍急而下，所谓急水门，最为险恶。又三日抵岸，有馆曰碧澜亭，使人由此登陆，崎岖山谷四十余里，乃其国都云。"航海时间的长短，主要还得看风向而定；如遇顺风，则"历险如夷"；如遇"黑风"，则"舟触礁辄败"。所以来回航行，必须掌握好季风的特点。一般从明州至高丽多在七、八、九月，乘西南季风；回航多在十、十一月，乘东北风。

熙宁四年（1071 年），高丽遣使修贡，由泉州商人黄慎为向导，计划由明州登岸，将达明州时为风漂至通州。①

元丰元年（1078 年），宋遣安焘、陈睦出使高丽，"造两舰于明州，一日凌虚致远安济，次日灵飞顺济，皆名为神舟，自定海绝洋而东。既至，国人欢呼出迎"②。

元丰三年（1080 年），高丽遣使柳洪等朝贡且献日本国车一乘，"象山尉张中以诗赠高丽副使朴寅亮。寅亮答诗"③。

元祐二年（1087 年），高丽僧义天至明州。④ 义天在中国期间，"遍历丛林，传法授道"，"吴中诸刹，迎饯如王臣礼"。他除了学习佛教教义外，还收集了佛经章疏 3000 多卷，回国时带去雕版刊印。以后还根据他带回去的佛经资料，编了一部《新编诸宗教藏总录》，其中收书 1000 部计 4700 多卷，按目录镂版刊刻并以《华严经》180 卷寄赠钱塘慧因寺（俗称高丽寺，在杭州西湖赤山埠附近，即今净慈寺）。

元祐五年（1090 年）八月初十日，高丽使节李资义等 269 人到明州，转道至汴京（高宇泰《敬止录》）。崇宁（1102—1106 年）中，"高丽自明州入贡"⑤。

宣和五年（1123 年），宋使徐兢等去高丽报聘；回国后，根据在高丽的经历和调查访问材料，写成《宣和奉使高丽图经》一书。书计 40 卷，分 300 多条目，每条都附有详细的插图，记载了这次出使中收集的高丽的建国立政之体，风俗习惯事宜。⑥

宋钦宗靖康元年（1126 年），高丽使节至明州，适逢金人逼近汴京，不能接见，遂驻馆于明州，第二年厚赠使者归国。⑦

高丽使团来宋，一般都兼做贸易。他们带来了大批金、银、土产，归国时，

---

① 《文献通考》卷三二五《四裔》。
② 《宋史·高丽传》卷四百八十七。
③ 《渑池燕淡录》卷九《杂录》。
④ 《宝庆四明志》卷六。
⑤ 楼钥：《攻（文鬼）集》卷五七，《天童山佛国记》。
⑥ 《宋史·高丽传》卷四百八十七。
⑦ 《宋史·钦宗纪》卷四百八十七。

买回去彩帛、珍货、书籍、金箔等货物。例如,元祐七年(1092 年),高丽遣黄宗悫来献《黄帝针经》,"请市书甚众。……诏许买金箔,然卒市《册府元龟》以归"①。宋使团去高丽,在开城还"聚为大市,罗列百货"进行交易。市上铺陈的货除丹漆、绘帛等特产外,还有金银器皿等王府之物。②

北宋和高丽在接待对方来使方面都很隆重。北宋对高丽使者厚礼接待。来宋的高丽使团一般在 100 人以上。宋朝廷派出的使团则更为庞大,并且还有明州派去的士兵 50 名作为卫兵和仪仗队随行。为接待高丽的使者,明州在定海县(今镇海)东修建了"航济亭",作为高丽使团往返赐宴之场所。政和七年(1117 年),明州城内兴建高丽使行馆,置高丽司(又称来远局),又造"百柂画舫"两艘,停泊在甬江口的铁符山(招宝山)下,以应高丽贡使的迎送游览之用。庞大的使团,频繁的往来,使明州的财政发生困难。据《宝庆四明志》卷六记载:"王徽、王运、王熙修职供尤谨,朝廷遣使亦密往来,率道于明。……明州始困供顿。"御史胡舜陟说:"政和以来,使人岁至,淮浙之间苦之。"③人民已经不能承受这方面的经济负担。为了解决迎送的经费,知州楼异废广德湖,垦而为田,把每年的田租收入充作是项费用。但废湖为田,只不过是一种"挖肉补疮"的办法,到北宋末年已经显出它的严重恶果,鄞西七乡之田长期苦于干旱,产量大大下降。《宋史·食货志》说:"明越之境,皆有陂湖,大抵湖高于田,田又高于江海,旱则放湖水溉田,涝则决田水入海,故无水旱之灾。……政和以来,创为应奉,始废湖为田。""湖水未废时,七乡民田每亩收谷六七石,今所收不及前日之半,以失湖水灌溉之利故也。"④

明州与高丽之间的民间贸易往来十分频繁,特别是熙宁以后,明州港与高丽礼成江之间,两国商船更往来不绝,真所谓"来船去舶首尾相接"。据郑麟趾《高丽史》记载,在北宋末年的 55 年中,明州商人航行到高丽经营贸易的有 120 多次,每次少则几十人、多则百余人;其中,有的虽不是明州商人,但也是由明州市舶司签证发舶的。例如,仁宗天圣元年(1031 年),台州商人陈惟志等 64 人出明州港赴高丽贸易;宝元元年(1038 年),明州商人陈亮与台州商人陈维积等 147 人到高丽;崇宁二年(1103 年),明州教练使张宗闵、许从与纲首杨焰等 38 人至高丽,五月又有明州商人杜道济、祝延祚船到高丽,后来就留在那里。在高丽的国都开城设有清州、忠州、四店、利宾四馆,"皆所以待中国之商旅"⑤。同样,也有大批高丽商人来明州港进行贸易,即使他们去泉州、广州

① 《宋史·高丽传》卷四百八十七。
② 《宣和奉使高丽图经》卷二《贸易》。
③ 《宋史·高丽传》卷四百八十七。
④ 《宋会要辑稿·食货》七之四五。
⑤ 《宣和奉使高丽图经》卷二七。

等地经商,大都也是转道明州港。《诸蕃志》说高丽,"其国与泉州之海门对峙,俗忌阴阳家子午之说,故兴贩必先至四明(即明州)而后再发"。

北宋和高丽的贸易往来,不但促进了两国的经济发展和文化交流,而且结下了同舟共济、患难与共的深厚友谊,尤其是当商船遭到风暴袭击而漂泊到对方国境时,总是相互救援、友好关照。真宗天禧三年(1019 年),"明州,登州屡言高丽海船有风漂至境上者。诏令存问,给渡海粮遣还。乃为著例"①。此后,凡海上遇风暴而漂流到明州的高丽与其他外国商船,都设法予以救援和慰问。神宗熙宁年间(1069—1077 年),曾巩知明州时,有高丽托罗(耽罗)人崔举,漂流到泉州,被当地渔民救起。他要求到明州乘船回国,泉州即派人护送他到明州,沿途还送口粮。当时,曾巩为了"存恤外国人"曾奏请宋帝说:"欲乞今后高丽等国人船,因风势不便,飘失到沿海诸州县,并令置酒食犒设,送系官屋舍安治,逐日给于食物。仍数日一次,另设酒食;阙食服者,官为制造,道路随水陆,给借鞍马舟船,具折奏闻。其欲归本国者,取禀朝旨,所遣远人得知朝廷仁恩待遇之意。"②他的意见基本上为朝廷所采纳。元祐三年(1088 年),明州送回高丽罗州飘人杨福等男女 23 人,元祐四年(1089 年)明州又送回高丽飘人李勤甫等 24 人。元符二年(1099 年),户部更统一作出"蕃舶为风飘着沿海州界,若损败或船主不在,官为拯救;录货物,许其亲属召保认还,及立防盗纵诈冒断罪法"的规定。③ 至于中国商人流落高丽的,高丽国也同样予以优遇,"勤加馆养",然后设法遣送回国。

3. 明州港与东南亚、西亚诸国的贸易往来

北宋时期的明州港,除了日本、高丽以外,还与东南亚、西亚诸国互通贸易与贡使往来。例如,淳化三年(992 年)十二月,阇婆(印尼爪哇)国遣使来宋"朝贡",由中国商人毛旭做向导,经过 60 天航行,到达明州定海。贡品中有"国王贡象牙、真珠,绣花销金及绣丝绞,杂色丝绞、吉贝织杂色绞布、檀香、玳瑁槟榔盘、犀心剑、金银装剑、藤结花蕈、白鹦鹉、七宝饰檀香亭子、贡使别贡玳瑁、龙瑙,丁香、藤结花蕈。宋朝赐金币甚厚,并赐良马戎具"④。西亚的波斯商人也不时来明州港进行贸易活动,为此明州特地在市舶司西首波斯商人聚居的地方为他们设置了一个波斯馆。而波斯商人们在狮子桥的北面建造起清真寺,以后这个地方就叫波斯巷。《乾隆鄞县志·街巷志》考证该巷名称的由来时说:"波斯港,该地驻有波斯团。"可见北宋时,明州已常驻有不少波斯商

---

① 《宋史·高丽传》卷四百八十七。
② 曾巩:《元丰类稿》卷三二。
③ 《宋会要辑稿·职官》四四之八
④ 《宋史》卷四八九《外国五》。

人。

(四)明州港的主要出口货物

《宋史·食货志》举宋初市舶司所在地的贸易货单时说:"以金、银、缗线、铅、锡、杂色帛、精粗瓷器、市易香药、犀象、珊瑚、琥珀、珠啡、鼍皮、镔铁、玛瑙、车渠、水晶、蕃布、乌楠、苏木之物。"其中,前者是出口品,后者是进口货。明州港与全国其他主要港口一样,以丝与瓷为最大宗的出口物资。市舶司已把丝和瓷作为博买和禁榷舶货的官本,通过官民交易,由中外舶商运销世界各地。而由明州商人直接外销的数量就更大了。例如,崇宁元年(1102年),由明州港出发的泉州商人李充的公凭(出口许可证)上记载的货物有象眼40匹、生绢20匹、白绫20匹,瓷碗200床(每床20件)、碟子400床。这只船共载货5种,3种是丝织品,2种是瓷器。由此可见丝瓷制品在当时的明州港出口货品中所占地位的重要。另一重要的出(转)口货种是香药。香药多数是从广州和泉州等南方港口转口来的,再由明州转输日本和高丽。据《日中文化交流史》载,唐宋时期,日本宫廷用香之盛已不亚于中国朝廷。显然,这些香药大多是从明州港转口来的。明州港次要的出口商品还有金、银、文具、书籍等,但占的比重极小。

明州港的进口货物,除香药和珍奇由广、泉转口或从南洋直接输入外,大宗的有影响的货物还是来自主要的贸易对象国日本和高丽。从日本输入的主要是沙金、水银、铜、硫黄、锦、绢、布、刀剑、扇子等,从高丽进口的则有金器、银器、铜器、人参、毛皮、纻布、花纹席等。

(五)港口管理机构——明州市舶司

1.明州市舶司的设置

市舶是对中外互市船舶的通称。市舶司是管理港口海外贸易及有关事宜的一揽子管理机构。明州市舶司的创设,标志着明州港的海外贸易进入了一个新的阶段。

北宋年间,明州港起初由两浙市舶司管理。两浙市舶司成立于端拱二年以前,官衙在杭州。淳化三年(992年),曾一度徙置于明州定海县(今镇海县)。淳化四年又迁回杭州。直到999年,据《文献通考》记载,"咸平二年九月庚子,令杭州、明州各置市舶(司)",明州才单独设置了市舶司。明州市舶司不但负责管理明州及其沿海一带的海外贸易事宜,而且舟山、温州诸港也在它的管辖范围内。明州市舶司自999年起到1341年元朝灭亡前一直存在。

明州市舶司(后改称提举市舶司)的职权与全国其他市舶司一样,是"掌蕃货、海舶、征榷,贸易之事,以来远人通远物"①,具体有如下几个方面。

(1)对舶货进行抽解和抽买。抽解就是征税。抽买也叫做买或博买,就是以官价收买。两者均收实物。抽解率和抽买率因时而异。《文献通考》述仁宗时事说"海舶至者,视所载,十算一而市其三",即征税 1/10、收买 3/10,但有时抽解 1/15,也有抽 1/5 的。

(2)禁榷(即专买)及其他舶货的收买、出卖、保管与解送。据《宋会要·总叙·市舶》载,太平兴国初,京师置榷易院,定珠贝、玳瑁、镔铁、(氎)皮、珊瑚,玛瑙,乳香 8 种为禁榷货目,民间不得任意买卖;至大中祥符二年后,又增加紫矿、(输)石两种,共计 10 种。北宋后期,抽解时将舶货分为细色和粗色。细色是容量较小价值高贵的东西;粗色是容量重大价值低贱的东西。市舶司所收买的多为细色货。粗色不但税率较低而且大多委之舶商自卖。市舶司所收买的细色与抽解禁榷的货物,除上供(即送纳至朝廷)外,有的就在当地市舶司卖给民间商人。有时抽解所得的粗重舶货亦往往由市舶司出卖。因此,市舶司不但抽解收买,而且也负责舶货出卖方面的事情。按照当时的规定,海舶到后,所有货物都须移交给市舶司,等抽解收买之后发还给所有者。市舶司把抽解收买来的货物,保管在市舶库里,经过一定的时间,有的起发上供,有的在当地出售。作收买用的官本(包括钱和实物)以及出售所得的钱和物,都得保藏在市舶库里。

(3)制发海舶出港许可证与查禁违禁物品。"端拱二年五月诏,自今商旅出海外番国贩易者,须于两浙市舶司陈牒,清官给卷以行,违者没入其宝货。"②这里所谓"商旅出海外番国贩易者"是指本国经营海外贸易的商人,所给之"卷"就是后来的公据或公凭,发证机关是两浙市舶司。元丰以后,改由广州、明州、杭州三个市舶司颁发。公据发付的手续是"诸商贾许由海道往外蕃兴贩,并具人船货物名数、所诸去处,申所在州。仍召本土有物力户三人委保……即不清公据而擅行,或乘船自海道入界河及往新罗,登莱州界者,徒二年,五百里编管"③。以上禁地的规定,显然是为防止铜钱、兵器以及其他军用物资流入当时的辽国。

(4)制发舶货贩卖许可证——公凭、引目。大凡输入的舶货,既经抽解收买之后,其余准许舶商自卖,不再课税。其他客商买到这些货物后,市舶司发给公凭引目,许往外州货卖;如没有公凭、引目,依偷漏论处。

(5)迎送与招待住舶蕃国海商,晓之来远之意,以通异国之情、招徕海外之

---

① 《文献通考》卷二十。

② 《宋会要辑稿·职官》四四。

③ 《苏东坡奏议集》卷八。

货。当外国海舶来去之际,市舶司需支送酒食、举行燕犒。后来为节省开支,只支出酒食而罢燕犒之例。

从当时明州市舶司的实际工作来看,在结好睦邻的外交工作上起了重要作用,这是出于抗击北边辽国的军事压力的需要。

2.明州市舶设施

(1)码头。随着海外贸易的发展,停靠船舶的增加,北宋的海运码头与唐时相比,范围和规模都有所扩大。当时,在渔浦门外三江口一带有两个石坎码头区。一个在奉化江西岸的江厦(码头)。江厦因古江下寺而得名,其地在"北至新江桥堍,南至老江桥堍,糖行街,双街,钱行街,半边街"①的临江一侧。另一个在余姚江南岸的叫甬东司道头,具体位置是在新江桥西侧的"江左街北至江边"②。

(2)市舶船厂。明州市舶司有直属的造船、修船场,其规模较位于余姚江南岸的官营造船场要小一些,主要业务是承接过往商舶的修船事宜。为了管理和经营上的便利,船场设在市舶务与江厦码头区之间。③

(3)市舶仓库。宋时称市舶库,主要功能有二:其一,为舶商代贮货物;其二,贮存市舶司抽解、和买及禁榷所得来的货物。库址紧挨明州市舶务所在地,大约是今天的冷藏公司一带。

(4)市舶宾馆。直属市舶司的宾馆有波斯馆和高丽使馆。高丽使馆又叫做高丽行使馆,俗称东蕃驿馆,用来接待高丽使人。高丽使馆建于政和七年(1117年),地点是在现在的宝奎巷宝奎精舍。④波斯馆是专门接待阿拉伯商人的驿馆,建造年月已不可考查,可能比东蕃驿馆更早些,其址在今车轿街南巷左边。这两座宾馆直至元代还存在。

北宋时期,明州港在区域经济进一步发展的基础上,对外贸易的范围和规模又有了新的扩展。造船、航海技术的进步,农业和以丝织、制瓷为代表的手工业的发展,为远洋航线的开辟和扩大港口吞吐创造了条件,使港口贸易的货种和数量都较之前有明显的增加,特别是日常生活用品所占的比例开始上升。明州市舶司的创设,表明港口贸易的日益发展和港口地位的日益重要,明州港此时已经正式成为当时的国际贸易港了。由于政治军事形势的影响,北宋时明州市舶司对外交工作十分重视,一时成为结好睦邻的重要机构。民间的港口贸易,因为得到了官方的正式认可,比之前有了较大的发展。

---

① 《鄞县通志·舆地志》。
② 〔日〕木宫泰彦:《日中文化交流史》,商务印书馆1980年版,第584页。
③ 《四明谈助》卷二九。
④ 《鄞县通志·食货志》

二、南宋明州港的兴盛

(一)港口贸易和军事地位的上升

宋室南迁,定都临安(杭州),杭州成了全国的政治文化中心,以杭州为主的浙江沿海贩运商业及海外交通与对外贸易亦随之兴盛起来;内河河道与过船设施得到进一步的整修,与内外贸易有关的盐、茶、渔业和手工业有了明显的进展。这些对于临近京师的明州来说,都是比较优越的发展条件。

北宋时,华北之地已失之于辽。到了南宋,女真族崛起,取代契丹而雄踞北方。宋王朝偏安江南,版图不及北宋的 2/3,朝廷的田赋收入也随之减少。南宋朝廷一方面为了对付辽、金而需要浩大的军需支出,另一方面每年还得向辽、金贡纳数量可观的金、银、绢帛、茶叶等财物。而这些惊人的财政支出,只有通过发展海外贸易才能解决。顾炎武说:"南渡后,经费困乏,一切倚办海舶,岁入故不少。"①绍兴七年(1137 年)闰十月三日宋高宗说:"市舶之利最厚,若措置合宜,所得动以百万计,岂不胜取之于民。朕所以留意于此,庶几可以宽民力耳。"②绍兴二十六年(1146 年)高宗又说:"市舶之利,颇助国用,宜循旧法,以招徕远人,阜通货贿。"③据绍兴二十九年的统计,浙、闽、广"三舶司岁抽及和买可得二百万缗"④。此数相当于北宋时最高额 63 万缗的 3 倍多,其在南宋朝廷每年财政总收入中占有重要的地位。为了招徕外国商舶来宋和鼓励国内商贾去贸易,宋王朝采取了以下一些措施。

首先,对于外国来宋贸易的商人给予良好的接待与妥善的照顾。例如,外商首领到港时,市舶司用"妓乐"迎送,准许他们坐轿或乘马,当地的主要官员还亲自接见。⑤ 中外商船出海时,市舶司"支送酒食"⑥,有时还设宴钱行,大小商人和水手,杂工都可参加。⑦ 为了款待外国商人,设置专门宾馆——来远驿。如果外国商人遇到困难,则设法帮助解决。对因风险漂泊来到的外国商船给予救援。例如,从宝祐六年(1258 年)开始,更明确规定对流离海上不得归的日本商人,由市舶司发给每人每日米 2 升、支钱 150 文,直到次年回国止。明州对高丽商人在逗留期间,每人每天支米 2 升、钱 1 贯,归国时每人给回程

---

① 顾炎武:《天下郡国列病书》卷十二。
② 《宋会要辑稿·职官》四四之二四。
③ 《宋会要辑稿·职官》四四之二四。
④ 《建炎以来系年要录》卷一八三。
⑤ 《宋会要辑璃·职官》四四之一〇。
⑥ 《宋会要辑稿·职官》四四之一二。
⑦ 《宋会要辑稿·职官》四四之二四。

钱 600 贯、米 1 石，①又下令保护外国商人的正当利益，不得违法抑买。乾道七年(1171 年)规定："舶至除抽解和买，违法抑买者，许蕃商越诉，计赃罪之。"②对外国商人失踪或死亡，责令市舶官员负责清点并保管其货物，待其亲属领取。据记载，"宋孝宗乾道元年(1165 年)，赵伯圭知明州。真里富(今柬埔寨)大商死于城下"，资产巨万，"吏请没入。伯圭曰：'远人不幸至此，忍因以为利乎'。为具棺敛，嘱其徒护丧以归。明年戎酋致谢曰：'吾国贵近亡没，尚籍其家，今见中国仁政，不胜感慕，遂除籍没之例矣'，来者且言：'死丧之家，尽捐所归之资，建三浮屠，绘伯圭像以祈祷'。岛夷传闻，无不感悦"。③

其次，鼓励本国商人出洋贸易和招徕外国商舶。乾道三年，政府下令："广南、两浙所发舟还因风水不便，船破樯坏者，即不得抽解。"④对于招徕外商贸易成绩显著的市舶纲首或者来宋贸易其价值特大者，授以官爵。例如，市舶纲首、泉州商人蔡京芳从建炎元年(1127 年)至绍兴八年(1134 年)招来外货价值 98 万余缗，大食商人罗辛贩来乳香价值 32 万缗，政府分别授予"承信郎"的官爵(从九品)⑤。绍兴六年正式规定："诸市舶纲首能招诱舶舟，抽解货物，累价值五万贯至十万贯者，补官有差。"⑥同时，对市舶官员抽买成绩卓著者，实行"舶务临官抽买乳香，每值一百万两，转一官"的奖励办法。⑦

由于南宋朝廷大力奖励海外贸易以及海上交通的愈益便利，亚非各国与中国通商的就有 50 多个国家和地区⑧。

明州港地近临安，而且自然条件极好，于是就成了南宋的重要门户。其时，杭州钱塘江潮猛流急，"海商船舶怖于上潬，惟泛余姚小江，易舟而浮运河达于杭越"⑨；即便高宗本人，为躲避金兵的压迫而南逃时，也是由杭经越，至明州港乘船出海的。因此，闽广蕃舶亦多来明州港驻泊。

南宋定都临安后，明州港不仅是南宋对外交通贸易的重要港口，而且成了拱卫京师的海防要塞。"(明)州濒于海，(鱼僵)波吐吞，渺无津涯，商舶之往来于日本、高丽，虏船之出没于山东、淮北，撑表拓里，此为重镇。"⑩这里说的"虏船"，是指当时已据有华北的金兵而言。

————————————

① 《开庆四明续志》卷八《豁免抽博倭金》。

② 《宋史》卷一八六。

③ 楼钥：《攻愧集》卷八六。

④ 《宋会要辑稿·职官》四四之二四。

⑤ 《宋会要辑稿·职官》四四之九。

⑥ 《宋史》卷一八五。

⑦ 《宋史》卷一八五。

⑧ 据《岭外代答》、《诸番志》所载推算。

⑨ 吴自牧：《梦粱录》卷二浙江条。

⑩ 《开庆四明续志》卷六《三郡隘船》。

为了加强要塞的防卫力量,充实守军的海上力量,从嘉熙年间(1237—1240年)起,由沿海制置使下令,征调明、温、台三郡民船数千只,分为10番,每年300余只,到定海服役守隘,或者分拨去淮东京口(镇江)戍守。这些船称为"隘船"。这个隘船制度施行了20年,以后因为原来登记入籍的船只变化很大,有的"遭风而损失",有的"被盗而陷没",有的因"无力修葺而低沉",有的"全身老朽而弊坏",各地官吏仍不予销籍,而富家行贿,即使真有大船的也能逃避服役,结果是贫者遭迫,以致典卖旧产、货妻鬻子以应命,甚至被迫逃亡或自经沟壑而死,造成无数起所谓的"海船案",因而从宝祐五年(1257年)七月起,改为"义船法"。按"义船法",三郡所属各县每都(乡)有船者共同出资力、船6艘,以船养船,每年3艘服役,3艘或租或渔在家营生;1年所得之利,充作次年6艘船的修船及添补其他船用工具之费。其时,三郡共有民船:船幅1丈以上的3833只,1丈以下者15454只,两者合计为19287只(小而不堪充军用的不计)。如果以1船为1户计算,平均每32家船户负担办船1艘就可以办船600艘;每年半数即300艘服役,其余300艘在家营利。这些船都烙印登记,配备"干办公事三员",专管此事。[①] "义船法"一直实行到南宋灭亡为止。

(二)造船技术的提高

南宋时,明州港的造船技术已达到相当高的水平。1979年,在宁波市区东门交邮大楼工地发现了一艘宋代海船。该船载重约30吨,是一条既能在内河航行又能出海远航的三桅木帆船。出土宋船的残骸包括自船首至船尾第一号肋位到第七号肋位,第十二号肋位以后因施工而遭到严重破坏。但总的看来船体基本上是完整的。经有关部门和专家的研究论证及复原后,证明该船无论在船型、结构方面还是造船工艺方面的技术成就,都已达到当时世界造船技术的顶峰。从船型上看,宋船的设计是"采用小的长宽比并配合以瘦削的型线"[②]。小的长宽比可以提高航行时的稳定性和抗侧浪的能力,瘦削的型线则利于破浪前进。由此可见宋船具有较强的适航性。在结构上,发掘的宋船有9个舱室,全部采用了先进的"水密仓壁"[③]。由此可见其船体的抗压强度和抗沉性能都是相当高的。值得注意的是,宋船船体吃水线以下的两侧似乎还设有减轻船体摇摆的"舭龙骨"[④],而国际上"开始使用舭龙骨是在19世纪的头15年"[⑤],宋船的这一创造要比国外早六七百年。这说明当时明州的造船工匠

---

① 《开庆四明续志》卷六"三郡隘船"。
② 席龙飞、何国卫著:《对宁波古船的研究》,《武汉水运学院学报》1981年,第26页。
③ 席龙飞、何国卫著:《对宁波古船的研究》,《武汉水运学院学报》1981年,第29页。
④ 席龙飞、何国卫著:《对宁波古船的研究》,《武汉水运学院学报》1981年,第29页。
⑤ C. H. 勃拉哥维新斯基著、魏东开等译:《船舶摇摆》,高等教育出版社1959年版,第420页。

已经注意到减缓船舶摇摆的重要性,并采取了最恰当的措施。这条船制造工艺的先进性表现在:缝隙及易漏水的空间都用桐油灰加麻丝嵌塞以提高水密性;为增加船体强度,船壳板列之间用子母口搭接,并加钉了参钉;同一板列的对接则采用斜氏刃连接法连接,等等。这些先进工艺,在同时代的日本船和波斯船中都还未见采用。

造船技术的提高有助于明州港航运业的发展。尽管明州有官办造船场和市舶造船场,但所造船只远不能满足实际需要。因此,民间造船的比重越来越大,最后连镇守镇海(当时称定海)、镇江(当时称京口)、淮东等关隘所需的船只都得向民间征用。民间造船一般无固定的船场和人员,而是船主自备材料,聘请造船匠师,选择适宜的海滩或江岸来进行打造。理宗宝祐五年(1257年),为征用民船轮流在定海、淮东、京口把隘服役,曾对明州、温州、台州三处的民船作过一次统计。其时明州六县共有船(小而不能充军需者除外)7916艘,其中船幅十丈以上者为1928艘。因为上述统计是为征用民船来做沿海警备之用,应是海船无疑,内河船未计算在内。这些船多数是渔船,且均为民间所造。

(三)明州港的对外贸易货物

南宋时期的明州港是全国四大港口(广州、泉州、明州、杭州)之一。来明州港的外国商船和贡使络绎不绝,其中除日本和高丽船外,还有来自南洋方面的阇婆(爪哇)、真里富(柬埔寨)、暹罗(泰国)、勃泥(加里曼丹北部),麻逸(菲律宾)、三佛齐(苏门答腊东南部)以及波斯(伊朗)等国。南宋对日本与高丽的贸易往来,十之八九是通过明州港来进行的。特别是自1195年起,陆续停废了杭、温、秀、江阴四个市舶务之后,"凡中国之贾,高丽与日本诸蕃之至中国者",唯行明州一港进出了。①

明州港从海内外进口的货物,据《宝庆四明志》卷六记载的有160余种。这些货物分别自日本、高丽、占城西、海南、平泉、广州等国家和地区以及"化外蕃船"运来。

从日本输入的商品,主要是:细色有金、砂金、珠子、药珠、水银、鹿茸、茯苓;粗色有硫黄、螺头、合蕈、松板、杉板、罗板等。

从高丽输入的商品,主要是:细色有银子、人参、麝香、红花、茯苓、蜡;粗色有大布、小布、毛丝布(苎麻织成的布)、松子、松花、绅(丝织物)、栗、枣肉、榛子、椎子、杏仁、细辛、山茱萸、白附子、芜夷、甘草、防风、牛膝、白术、远志、薑黄、香油、紫菜、螺头、螺钿、皮角、翎毛、虎皮、漆(出新罗,最宜饰躡器,为金

① 《宝庆四明志》卷六。

第四章

宋元时期的海港

色)、青器、铜器、双瞰刀、席、合罩等。

由占城西、海南、平泉、广州运来的货物,主要是:细色有麝香、笺香、沉香、丁香、檀香、龙涎香、绛真香、茴香、山西香、没药、胡椒、槟榔、荜澄茄、紫矿、画黄、鱼皮;粗色有暂香、速香、香脂、生香、黄熟香、鸡骨香、斩挫香、青桂头香、藿香、鞋面香、乌里香、断白香、包袋香、水盘香、红豆、荜拨、良薑、益智子、缩砂、蓬莪术、三赖子、海桐皮、桂皮、人腹皮、丁香皮、桂花、薑黄、木鳖子、茱萸、香柿、硫藤子、琼菜、相思子、大风油、京皮、石兰皮、兽皮、苎麻、生苎布、木棉布、吉布、吉贝花、驴鞭、钗藤、白藤、赤藤、藤藤、木、射木、苏木、椰子、花梨木、水牛皮、牛角、螺壳、蚜螺、条铁、生铁。

由"化外蕃船"运来的是:细色有银子、鬼谷珠、殊砂、珊瑚、琥珀、玳瑁,象牙、沉香、笺香、龙涎香、苏合香、黄热香、檀香、阿香、乌里香、金颜香、上生香、天竺香、安息香、木香、乳香、降真香、麝香、加路香、茴香、脑子、木札脑、白笃耨、黑笃耨、蔷薇水、白豆蔻、芦荟、没药、没石子、槟榔、胡椒、硼砂、阿魏、膃肭脐、藤黄、紫矿、犀角、葫芦瓢、红花、腊;粗色有生香、修割香、香缠札、粗香、暂香、香头斩挫香、香脂、杂香、芦甘石、瘹木、射木、茶木、苏木、射檀香、椰子、赤藤、白藤,皮角、鼊(龟)皮、丝、罩等。

(四)明州港的市舶管理

南宋的市舶管理,总的来说是沿袭北宋旧制,但机构略有变动。北宋时全国有 5 个市舶司(广州、杭州、明州、泉州、密州板桥镇),但在北宋末年,因山东、淮北之地失于金,故密州市舶司已不复存在。南宋建炎元年(1127 年),两浙(杭、明)与福建(泉州)两路市舶司虽一度归并于转运司,但只过了一年即于建炎二年,以上两市舶司又恢复原状。绍兴二年(1132 年),两浙市舶司机关移到秀州华亭县(今松江)。两浙市舶司当时统辖临安府、明州、温州、秀州、江阴 5 个市舶务。乾道二年(1166 年),两浙路市舶司机构撤消,一直到南宋灭亡止没有复置。当时市舶司虽然罢废,可是临安、明州、秀州、温州、江阴 5 个市舶务仍留存,归转运使提督。

关于明州港的市舶管理,在两浙市舶司撤消之前,两浙市舶司往往有接插手明州的市舶事务。例如,《宋会要》乾符二年六月三日诏罢两浙市舶司事曰:"市舶置司,乃在华亭。近年遇明州舶船到,提举官者带一司吏,留明州数月,名为抽解,其实骚扰;余瘠薄处,终任不到,可谓素餐。"同书又说,两浙市舶司撤消后,"明州市舶务每岁夏汛,高丽、日本外国海舶到来,依例提举市舶官于四月亲去检察,抽解金珠等起发上供"。

绍熙元年(1190 年),杭州市舶务停废;江阴、温州、秀州三个市舶务亦于庆元元年(1195 年)后不久停废;所存留者,只有明州一处了。所以,《宝庆四明志》说："光宗皇帝嗣服之初，禁贾舶至澉浦则杭务废。宁宗皇帝更化之后，禁贾舶泊江阴军及温州、秀州，则三郡之务废。凡中国之贾、高丽与日本诸蕃之至中国者，惟庆元（即明州）得受而遣焉。"由此可见明州市舶务的重要。

据《宝庆四明志》的记载，明州市舶务仍在原北宋市舶务的旧址，嘉定十三年（1220年）焚于火，不久由通判王挺重建，旋又告倾圮。宝庆三年（1227年），太守胡榘捐钱13288缗，委通判蔡范拆除重建。重建后的市舶务房廨分2厅，厅之东西建列4库（即市舶库）分28间。市舶务的前门与灵桥门相近，绍定元年（1228年）正月毁于火，二月重建。门之外濒江处有来远亭，建于乾道年间（1165—1173年），凡商舶来港，都得在此检票和抽买。庆元六年（1200年）修葺，宝庆二年（1226年）重建，更名为来安亭。

南宋明州市舶务仍沿用北宋时的市舶条例，国内外商船一入港，市舶务的官吏便前去检查载货，进行抽分、博买，然后听任民间商人交易。只是南宋市舶的抽分率行过几次变动。初期是依北宋旧法，绍兴十四年（1144年）一下子提高到10分抽4分。到了绍兴十七年（1147年），市舶务反映因抽解太重，致使来港外国商船减少，于是降诏调整抽解率："今后蕃商贩到龙脑、沉香、丁香、白豆蔻四色，并依旧抽解一分，余数依旧法施行。"这里的"依旧"和"旧法"均指北宋时的抽解率，即是细色10抽1，粗色15抽1。这个通知到下面，似乎没有切实执行。据《宋史·食货志》载："孝宗隆兴二年（1164年），臣僚言，熙宁初，立市舶以通物货。旧法抽解有定数，而取之不苛，输税宽其期，而使之待价，怀远之意实寓焉。迩来抽解既多，又迫使之输，致货滞而价减。择具良者，如犀角、象齿十分抽二，又博买四分；珠十分抽一，又博买六分。舶户惧抽买数多，止贩粗色杂货，若象齿、珠犀比他货至重，乞十分抽一，更不博买。"《宋会要》记隆兴二年八月十三日条陈两浙市舶司利害之奏文也说："抽解旧法，十五取一。其后十取一，又其后择其良者谓如象犀十分抽二，又博买四分；真珠十分抽一，又博买六分之类。"可见，这段时间里抽解率虽有所降低，但博买反而增加了。隆兴以后，抽解稳定在细色10分抽2分，粗色15分抽2分，而且博买比例很高。宝庆三年（1227年），庆元府知府胡榘对此曾说："契勘舶务旧法，一应舶商贩到货物，内细色五分抽一分，粗色货物七分半抽一分。后因舶商不来，申明户部，乞行优润，续准户部行下，不分粗细，优润抽解。高丽、日本船，纲首杂事十九分抽一分，余船客十五分抽一分，起发上供。"又说："窃见旧例，抽解之时，各人物货分作一十五分，舶务抽一分，起发上供；纲首抽一分，为船脚糜费；本府又抽分，低价和买，两卒厅各抽一分，低价和买，其已取七分；至给还客旅之时，止有其八，则已于五分取其二分。故客旅宁冒犯法禁偷漏，不肯将出抽解。"①胡榘在这里提到的"旧法"、"旧例",指的都是南宋宝庆三年以前的情况,并非指北宋的抽解法。胡榘的建议得到朝廷的批准,"准庆元府(即明州)革除市舶旧例。其抽解分数,只征年例十五分抽一;纲首杂事十九分抽一,以为招诱舶商之计。其海内船及诸蕃船,自征年例抽解,尚书省特赐割子以凭遵守施行"②。

南宋以来,由于对博买的分率未作明确规定,造成一大弊端,市舶官员与地方吏随意增加博买分率,甚至强买强卖。他们把商舶到港视作发财良机,每逢外国商舶到,欢呼雀跃,"丞治厢廪,家当来矣!"由于抽解和博买太多,许多舶商务往往"犯禁偷漏",以致影响对外贸易,财政收入减少。宝庆三年,胡榘对此作了重要改革。这次改革,是以降低抽分与取消博买为主要内容,目的是招诱舶商,其具体内容是:

(1)货物不分粗细一律优润抽解。高丽、日本船及纲首、杂事 19 分抽 1分,余船客 15 分抽 1 分;海内及其他外国商船,不分纲首、杂事、艄公、贴客、水手 10 分抽 1 分,贩铁船 25 分抽 1 分。

(2)取消博买,并且在沿海各港张榜公示商民:"本府断不和买分文,抽解上供之外,即行还给客旅"③。

(3)约束守卒与市舶人员,公平抽解,不得留滞和强买。由于措置得当,宝庆三年以后,来明州港的外国商舶不断出现"舶货之价顿减,商舶往来流通"的好景况。

南宋时,明州港的海外贸易非常昌盛,有贸易关系的国家很多,其中主要的贸易国仍为日本与高丽。

(五)与日本的贸易

南宋与日本之间始终没有建交,没有国使往还,然而商船往来却颇为频繁。南宋明州港与日本的贸易大致可分为三个阶段。

第一阶段(1158 年以前),日本实行锁国政策,中日之间只有中国商船,没有日本船。这与北宋时期的情况是一样的。这一阶段留有记录的,就有关于明州商人刘文仲于 1150 年到日本贸易的记载。

第二阶段(1158—1195 年),日本一反以往政策,取消不许私人出海贸易的禁令,日本商船开始来明州,并且逐渐增多。因此,这一阶段从事中日间贸易运输的既有中国商船,也有日本商船。在乾道年间的就有:乾道三年(1167

---

① 《宝庆四明志》卷三。
② 《宝庆四明志》卷三。
③ 《宝庆四明志》卷六《叙赋下·市舶》。

年），日本商船到明州港，日僧重原搭乘此船，登岸后去明州育王寺和天台国庆寺参佛，并从日本运来木材营造育王寺的舍利殿；其回国时带去经卷、佛像和天竺建筑的样式。乾道四年（1168 年）四月，又有日本商船到明州港，日僧荣西同船到达，朝拜育王寺和天台国庆寺；第二年九月回国时，带去《天台新章疏》30 部计 60 卷，同时还把茶籽传到日本。乾道八年（1172 年）九月，明州商船去日本，宋孝宗令明州知府致敕文及礼物给日本。乾道九年（1173 年）三月，明州商人杨三纲船自日本回明州，带来日本大宰府平清盛致明州知府的复牒及描金橱、描金提箱、黄金、剑等答赠礼物。此后，明州港与日本之间的商船往来日趋频繁，几乎年年不断。例如，淳熙三年（1176 年），有日本船因风漂流至明州，船上百余人，依例收养，候其派船接回。淳熙四年（1177 年），日本派遣宗肩氏国的世子许忠太妙典入道，前来明州育王寺布施黄金。妙典同来的船有"公事船"和"商船"。他曾 7 次来宋，从事日中之间的贸易。淳熙十四年（1187 年），有明州自日本回舶，日僧荣西再次来明州，跟随天台山万年寺的虚庵怀敞学禅，后随怀敞移居天童山，并继承他的法统。宋孝宗赐他"千光法师"的封号。绍熙二年（1191 年），杨三纲船自明州抵日本平户岛苇蒲，荣西乘此船回国。同年，宋商杨荣、陈七太船至日本博多。绍熙三年（1192 年），有明州商船自日本回明州港。日僧练中、胜辨搭乘此船由明州转道去育王寺，以书、币赠育王山僧拙庵德光。在这个阶段，南宋对日本的最重要贸易港固然是明州，但并不限于明州。《宋史·日本传》中也有淳熙十年（1183 年）及绍熙四年（1193 年）日本船开到秀州华亭县的记载，有时日本商船也一直开到泉州。

第三阶段是 1195 年两浙仅明州保留市舶务以后，可以说中日交通贸易只限于明州一港了。从这一年起到南宋末年的 84 年中，据日本史学家木宫泰彦统计，至少有 100 多个日本知名僧人先后来宋。他们多数是搭乘来明州港的中、日两国商船，有的竟来回两三次。不仅如此，他们还常常委托便船与中国名僧互通问候。日本史学家井上靖说："十三世纪，每年有四十到五十艘日本船只开往中国中部的浙江方面。"《开庆四明续志》在记载这一时期日本商船来明州港的情况时说："倭人冒鲸波之险，舳舻相衔，以其物来售。"由此可见这个时期来港的日本商船之多。

来明州港的日本商船所载的，主要是国主、贵臣们贩卖的木材和硫黄，也有商人们私自携带来的黄金，日本所产的杉木、罗木，曾大量输入明州港。天童寺的千佛阁、育王寺的舍利殿、白莲教寺的门廊及殿阁都是用日本运来的木材修建的。黄金交易在民间贸易中有重要地位。理宗绍定五年（1232 年），1两黄金在中国值钱 4 万文，在日本只值钱 630 文，相差达 63 倍之巨；又自宝祐六年（1258 年）起，南宋对日本商人带来的黄金采取免税政策，所以许多日本商人常以贩运黄金来牟取暴利。"理宗宝祐年间（1253—1258 年），庆元府一年间由日本商人输入的黄金总额约四五千两。""不但是商人,就是公家、武家,也把黄金运到中国。它的年额或许也不十一万两左右"①,去日本的中国商人比来中国的日本商人人数更多,带回的黄金数量也相当可观。明州港输入的日本黄金对南宋的货币和商业产生了一定的影响。

输往日本的物品,主要是绢帛、锦绮、瓷器、漆以及香药、书籍、文具等,还有大量的铜钱、银锭流入日本。当时,用绢作标准计算,日本的银价相当于中国的 8 倍,因此中国银锭大量经由明州港流向日本。铜钱数目更大。铢钱在日本被当做其本国货币而广为流通。为了制止铜钱外泄,早在北宋开宝三年就下过禁令,后来到熙宁七年解禁后钱币外流更为严重。到了元祐六年,再次发出禁令,禁止钱币外流,但却难以严格执行。日本商船到温州、台州一带偷运铜钱,以致台州城内一度铜钱绝迹,故至南宋时就出现了"钱荒"。为此,绍兴十年(1140 年),在市舶务建立了一定的制度,当船舶解缆时,特派官吏临场检查,使出海船舶不得私装铜钱,并监视船舶远离港口直到进入洋面,借以防止在海上进行铜钱走私。淳熙九年(1182 年),又严令广、泉、明、秀市舶务,强调"漏泄铜钱,坐其守臣"。到嘉定十二年(1219 年)又规定:凡头外货,一律以绢布、锦绮、瓷、漆为交换,不得使用金钱。不过,以上禁令与规定没有能认真贯彻执行,所以《宋史》说:"南渡后,三路舶司发入固不少,然金银铜钱,海舶飞运,所失良多,而铜钱之泄尤甚。法禁虽严,奸巧愈密,商人贪利而贸迁,黠吏受赇而纵释,其弊卒不可禁。"②

(六)与高丽的贸易

明州港继北宋之后,仍是与高丽之间交通的主要门户。由于明州靠近南宋的首都临安,使高丽使臣至宋都城的行程更为便捷了。

南宋初,金国控制了中国北方,并迫使高丽臣服,南宋朝廷深恐金人"自海上来窥",于是宋与高丽两国间的关系再次受到影响。绍兴二年(1132 年)闰四月,高丽使臣崔惟清、沈起至明州转道去临安向南宋皇帝"贡黄金百两,银千两,绫罗一百匹,人参五百斤"。此后,高丽曾多次准备"入贡",都因南宋朝廷恐怕宋、金对立之际高丽来使暗地来窥虚实而"诏止之"。绍兴三十二年(1162年),高丽听说宋兵与金兵作战大捷,着宋商纲首徐德荣带信到明州,说高丽欲遣使前来相贺。殿中侍御史吴芾进言宋帝,说:"'高丽与金人接壤,昔绍兴丙辰(1146 年)使金稚圭入贡至明州,朝廷惧其为间,亟遣还。今两国交兵,德荣

---

① 〔日〕加藤繁:《中国经济史考征》第二卷。
② 《宋史》卷一八六。

之请得无可疑？使其果来，犹恐不测，万一不至，贻笑远方。'遂诏止之。"①隆兴二年（1164 年）四月，最后一批高丽使节转道明州去临安"入贡"，此后就不通使节了，明州港与高丽转而以民间贸易来往为主了。这种贸易曾达到相当大的规模。《宋史·高丽传》载：绍兴二年，高丽纲首卓荣来明州。又据《高丽传》记载，在绍兴九年（1139 年），就有 4 批中国商船到达高丽。第一批七月丙午，宋都纲丘迪、徐德荣等 105 人；第二批八月庚戌，宋都纲廖弟等 64 人；第三批八月丁巳，林大有、黄辜等 71 人；第四批八月庚申，宋都纲陈诚 87 人，4 批合计 327 人。从北宋神宗到南宋理宗（1068—1225 年）期间，两国商人来往不绝，即使到了 13 世纪下半叶以后，高丽国内农民起义风起云涌，国外又受到新兴蒙古势力的压迫，国势日趋衰落，民间贸易有所减少，蒙古统治者甚至为高丽接待了宋商而加以干涉，但商船往来仍不曾中断。例如，开庆元年（1259 年）4 月，有宋人于甫、马儿、智就 3 人被蒙古军掳去，后逃至高丽，高丽国王则给以食宿，交纲首范彦华将他们送回明州，并给路程食 3 石。②

南宋朝廷往往还通过明州舶商与高丽传递文牒。据《高丽史》载：绍兴八年（1138 年）三月，中国商人吴迪等 63 人持明州牒文去高丽，通报徽宗及宁德皇后死于金国的消息。绍兴三十二年（1162 年）三月，宋都纲侯林等 43 人去高丽，带去明州牒文"宋朝与金兵相战，至今春大捷，扶金帝完颜亮，图形叙罪，布告中外"等。《宝庆四明志》也说：当时庆元府"与其（指高丽）礼宾省以文牒相酬酢，皆贾舶通之"。

明州输往高丽的货物，主要有瓷器、绢帛、锦绮、腊、书籍、文具等，此外还有铜钱。"庆元间（1195—1200 年），商人持铜钱入高丽"③，估计那时有大量铜钱流入高丽。

与北宋不同，南宋时的明州港上升为全国四大港口之一。由于紧靠首都临安，明州港的重要性更超过其他港口。造船技术的发展，船舶数量的增加，航海业的发达，使内外贸易的规模日益扩大；而且，市舶务职司的重点，也完全转到发展港口内外贸易方面来了。政策的转变和税制的改良有利于促进贸易，从而推动了港口的发展。所有这些变化的根本原因是生产，特别是流通发展的结果。南宋版图比北宋缩小了 1/3，人口比北宋少了 3000 多万，但财政支出的负担沉重。南宋政府采取了一系列措施来安抚北方流民和发展农业、手工业生产。特别重要的是鼓励商业，以增加商业税的收入。像明州这样的贸易口岸理所当然地受到当局的高度重视。在这样的条件下，明州港出现了

① 《宋史》卷四八七。

② 《开庆四明续志》卷八《收养漂泊倭人丽人》。

③ 《宋史》卷四八七。

繁荣兴盛的局面。港口的发展带动了港城的发展。南宋末沿海制置司驻节明州，其权力可以节制两浙和福建的沿海地区，它使明州城的行政等级上升到历史上的最高点。

三、元代庆元港（明州港）的发展

（一）庆元港在元朝海外贸易和国际关系中的地位

南宋绍熙五年（1194年），明州府更名为庆元府。元世祖至元十三年（1276年），元军占领定海（今镇海）与明州城；同年，改庆元府为庆元路。至元十五年，南宋灭亡，全国为元统一。元代执行了比南宋更为开放的对外政策，它不但允许外国人"往来互市，各从所欲"①，而且要各地市舶司"每岁招集舶商（本国商人），于蕃邦博易珠翠、香货等物；及次年回帆依例抽解，然后听其货卖"②。与此同时，元朝统治者对宗教活动特别支持，无论是佛教徒、道教徒，还是伊斯兰教徒等，也不管他们是经商还是传道布教，在税收和进出境上都给予比较优厚的待遇，所以元朝的海外贸易和国际交往比宋代更为繁盛。与元朝有海外贸易关系的国家和地区遍及欧、亚、非三大洲，达到140多个。例如，欧洲的威尼斯，非洲的利比亚，亚洲的伊朗、阿曼、也门、印度、越南（占城）、爪哇、吕宋、日本、高丽等国家和地区，均与元朝有海上贸易往来。至于宗教徒之间的友好往来，更是频繁密切。通过海上航线，诸如中国与日本、高丽间佛教徒的交往，中东伊斯兰教徒的东来，欧洲基督教徒的南下等，常常见之于史载而流传至今。

在元朝的对外关系史上，庆元港占有很重要的地位，它包办了元朝对日本、高丽的海外贸易。凡日本商船赴元贸易，几乎无一例外地在庆元港寄泊。③ 元僧赴日或日僧来元，也多在庆元港启程或登陆。元代到日本的僧侣，在历史上有名的如妙慈弘济大师、大通禅师、慈照慧灯禅师、佛日焰慧禅师、佛悲禅师、妙应光同慧海慈济禅师等13人。至于日本"入元僧名传至今的，实达二百二十余人之多"④。而无名的赴日元僧和入元的日僧肯定远不止上述数目。这些僧人搭乘民间商船，来往于庆元港与日本博多津之间。这一时期，由于泉州、广州等南方港口的进一步崛起，庆元港在与西洋诸国的贸易中所占的比重有所下降，但仍有比较密切的贸易往来。

---

① 《元史》卷十。
② 《元史》卷九十四。
③ 《日中文化交流史》，第401页。
④ 《元史》卷九十四。

元朝开放海外贸易,除了征收贸易税以弥补因连年征战而日益空虚的国库外,也想利用对外的文化和物资输出,扬威海外,促使各国臣服。元朝三次大的海上远征活动与庆元港有关的就有两次。"元太祖至元十九年(1282年),都元帅哈剌解从征日本,遇台风,舟回,还戍庆元。"[①]这是元朝第二次跨海东征日本。元军分两路进击,一路由高丽建造战船 900 余艘,从朝鲜半岛南部出发;一路由江南建造战船 3500 余艘,从庆元港出发会攻日本。"至元二十九年(1292 年)九月,征爪哇;会军庆元,登舟渡海。"[②]在这次远征中,元朝发福建、江西、湖广三省兵 2 万,战船千艘,在庆元港整装出发。以上史实表明了庆元港在元代海上交通中所占的地位是很重要的,不仅是全国的三大外贸港口之一,也是当时重要的军事港口。

元代庆元港的航线与宋代相比有所发展,但变化不大,特别是国际航线,基本上承袭了南宋的航路。

北方国际航线最重要的是日本航线,和宋代一样,一般还是利用最便捷的横渡东中国海的航路,顺风的话,航海日数不会超过 10 天。由于需要利用季风航行,因此从庆元或从日本博多出发的季节各不相同。自庆元至博多,一般在五六月间乘西南季风;北由博多到庆元,则多在三四月间乘东北季风南下。也有在九月也刮东北风到庆元来的,但由于抵庆元后要等到次年五六月份才能乘西南风返回日本,所以日本船大都不在此时渡海赴元。例外情况也有。泰定三年(1306 年),元僧清拙正澄不走便捷的横渡东海的航路,而走日本遣唐使时代的北路航线,经过高丽沿海、阶罗(济州岛),历时两个多月才抵达日本博多。这是因为出发季节不对、风向不合,不得已才走的航路。庆元港至高丽的航线,大部分时间是在中国北部沿海航行,行至山东、江苏沿海再横渡黄海到达高丽的礼成等港口。航行时日一般要 10—15 天。

元代庆元港的南方国际航线,史籍中无明确记载。但周达观在《真腊风土记》中说:真腊有"温州之漆盘"、"明州乏席";另外,从庆元港进口货物的品类来分析,其中有犀角、象牙、珊瑚、玳瑁、丁香、天竺黄、豆蔻等南洋各国特产,可见庆元港与南方国家和地区的商船来往还是相当频繁的。虽然泉州港与广州港占了南方贸易的大部分,但庆元港的南方贸易航路并没有因此而萎缩,甚至有所延伸。例如,丁香是非洲特产,表明商业航线已穿越印度洋到达非洲海岸。

来往于庆元港的远洋帆船起初是由南宋遗留下来的,后来虽增添了部分新船,但船型及装备与宋时没有多少区别。走东、西洋航路的帆船较大,最大

---

① 《元史·哈剌解传》。

② 《元史·哈剌解传》。

的有 3 道桅杆，船长 10 余丈、深 3 丈、阔 2.5 丈；载重量在 2000 斛左右；舵与桅是用铁梨木制造的；铁锚重达数百斤。这种船比阿拉伯船舶更为坚固可靠，是当时世界上比较先进的船舶。航行日本、高丽的海舶则比较小，一般只能搭乘 60—70 人，装载量在 500 斛以下。航行东、西洋的大船，大多是福建打造；航行日本、高丽的轻舟是庆元本地打造，即所谓的"庆元船"。

元代庆元港的官营造船场，仍沿用唐宋时代的旧址。地处姚江口南侧的原宋代战船造船场，在元代仍主要建造战船。位于灵桥门附近的原宋代船厂，则重点建造漕运船只。这两个官营造船场，有时也打造一些较大型的远洋海船。

（二）庆元港与国内航运

随着全国的统一和海运漕粮的创设，庆元港与中国北部沿海港口的贸易运输逐渐得到恢复和发展。

庆元的海运漕粮，起先是由设在庆元城内的庆绍海运千户所兼管的。直至皇庆二年（1313 年）改海运千户所为运粮千户所，庆元才有了专职的海漕管理机构，其址在庆元城东北角到柴家桥西（即今新江桥北堍西侧）。庆元港有组织、有计划的海漕运输就从这时候开始。整个运输过程大体是这样的：漕船在甬东司道头靠泊，装上粮食后，于当年四五月份乘西南季风出甬江，沿海岸北上，到江苏刘家港与其他地方的漕船汇合后，组成庞大的海漕船队（一般超过百艘），越东海和黄海，穿渤海湾，入海河直驶大都（北京）。

由于庆元港海漕运输的规模不大，起先海漕码头只有甬东司道头一个，地点是在运粮千户所北面的余姚江边。至正二年（1342 年），郡守王元恭在鄞县南城下沿江（奉化江）一带（位置在下番滩以南）创建马道"以为海道运粮舟次"[①]，所以，到元朝中后期时，海漕码头就有两个了。

庆元港的海漕船，在元初时是由南宋遗留的兵船改装的，载重量不大，一般在 300 斛左右，后来才有专门的海漕船。这是一种尖底的三桅帆船，两头各置一舵两桨，前后对称，上盖望楼，载重量 1000 斛上下，其特点是遇到风暴转帆困难时可以首尾互换行驶。元末方国珍占据庆元时，拥有战船 1000 多艘。元朝在无力消灭他的情况下，转而想利用其庞大的海运能力为元朝运输漕粮，故有招安，封万户之举。方国珍掌管海漕运输时，漕运都是由方氏所部的战船来承担的。这就是所谓的"方国珍治海舟"。方氏的战船也是一种楼船，但型制和一般的漕船不同，不能首尾互换，载重量多在 500 斛以下。

元代庆元港的海漕运输，就其运量而言，占的比重很小，对全国海漕总量的增减没有多少影响。但其主要意义不在于此，而在于通过海道运粮，使原先

---

① 《鄞县志》卷六十三。

已断航多年的北路航线得到恢复,并由此积累了有关北路航线的航道、季风及相应的驾驶技术等方面的经验。到元朝的中后期,渤海湾的直沽,山东半岛的登州、莱州、胶州等港口已常有商船、运粮船往返于庆元港。北方的商船和商人,特别是山东和江苏的商船、商人逐渐在庆元扎下了根,为向北商业船帮的最终形成奠定了基础。

(三)庆元港的对外贸易

庆元港是元朝三大主要贸易港之一(其他两个港口是广州、泉州),也是对日本、朝鲜贸易往来最重要的口岸,其贸易额不亚于宋代。至正年间,庆元港抽分所得"周岁额办钞五百三锭肆拾玖两二钱六分四厘"[①]。张翥曾描写过当时庆元的繁荣景象:"是邦拧岛夷,走集聚商舸,珠香杂犀象,税入何其多。"[②]庆元港的山海口定海(镇海)在元代也是"蛮夷诸蓄所通,为一据会总隘之地"[③]。和庆元港有贸易关系的除日本、朝鲜外,还有东南亚、西亚,甚至地中海、非洲的许多国家和地区。

当时庆元港的进口货物,细色有珊瑚、玉、玛瑙、水晶、犀角、琥珀、珍珠、倭金、倭银、象牙、玳瑁、翠毛、龟筒、人参、鹿茸、龙涎香、沉香、檀香、硇砂、鹏(硼)砂、丁香、水银、牛黄、樟脑、绿矾、雄黄、交趾香、天竺黄等珍异和香药,共计120个品类;粗色有吉贝花(棉花)、吉贝布、吉贝纱、木棉、新罗漆、高丽青器、高丽铜器、倭枋板衿、花梨木、乌木、苏木、赤藤、螺头、琼芝菜、倭铁、芋麻、硫黄、广漆、椰子、铅锡、条铁、倭条、倭橹、芦头、黄腊、番布、椰蕈、牛角、锅铁、铜钱、丁铁、麂皮、麂角、牛皮、历(沥)青、松香等100个品类。[④] 从进出口货单上可以看出,元代庆元港的海外贸易有其自己的特点。

一是输出入货品种类繁多,达220余种,大大超过了宋代;二是贸易品从以前高价奢侈品为主逐渐转向以日常生活用品为主,如东南亚输入的棉花和棉织品代替了丝织物而成为人们日常生活的必需品;三是贸易品产地很广,丁香产于非洲,吉贝是马来语棉花的意思,黄腊、番布、椰蕈是三屿(菲律宾)的特产。因而可以推知,当时庆元港直接和间接的贸易地区包括了东南亚、东亚、南亚、西亚及非洲等众多国家和地区。

庆元港自宋朝以来一直是主要的对日贸易港。日本来元的商船,除极个别的以外,一般还是在庆元港进出。至元十五年(1278年)十一月丁未,元朝

---

① 《至正四明续志》卷六《市舶》。
② 张翥:《送黄中玉之庆元市舶》。
③ 《至正四明续志》卷三。
④ 《至正四明续志》卷五。

廷立淮东宣慰司于扬州,以阿嘌罕为宣慰使,"诏谕沿海官司,通日本国人市舶"①。至元十六年就有日本商船 4 艘至庆元港,进行交易后回国。至元十八年(1281 年)元世祖忽必烈起兵攻打日本。此后,元日间终未建交,但两国的民间贸易往来似未受大的影响。至元二十九年(1292 年)六月,日本商船 4 艘驶元遇风暴,3 艘破毁,仅 1 艘到庆元交易。同年十月,日本商船到庆元请求贸易,因船中备有甲杖,元朝恐其有异图,诏令防备海道。大德二年(1298 年)夏,日本商船到庆元,元成宗令普陀山僧人妙慈弘济大师搭乘此船持国书于次年使日,受到日本朝野重视。自此至元末的 60—70 年,元日贸易盛况空前,日本民间商船到元极为频繁,几乎年年不断。② 庆元和日本之间的贸易运输几乎都是由日本船来担任的。元朝商船由庆元港驶日的,只有至正十年(1350年)三月送日本入元僧龙山德见、无萝、一清等 18 人回国一次。这是由于当时元、日间政治形势紧张,日本禁止元朝人到日本去的缘故。通过庆元港输往日本的货物主要是钢铁、香药、经卷、书籍、文具、唐画、杂器及金襴、金砂、唐锦、唐绫等丝织品。③ 近年在日本博多、福冈的草泉及镰仓和京都,出土了大量宋元时代的陶瓷。其中,越窑青瓷占相当比例,而且品种显著与过去不同,大量的是民窑烧制的日用杂器。由此可知元代瓷器输日的数量比过去更大。至于铜钱,因元朝担心铜钱外流过多会出现钱荒,曾禁止使用铜钱和外国贸易。从日本输入的,主要有倭金、倭银、倭枋板衿、倭条、倭橹、倭铁、硫黄、乌木、苏木等原材料和矿产品,还有刀剑、扇子、描金、螺钿等手工业工艺品。④

元代庆元港与高丽仍然保持着海上贸易往来。"中国人所喜欢的高丽镶嵌的青瓷、铜器、纸张和蒙古人喜欢吃的新罗参、高丽松子、鹧鹕肉等高丽食物,更大量运来。而中国的茶、瓷器、丝织、书籍也增加对高丽的输出数字。"⑤《至正四明续志》中,列有人参、松子、榛子、松花、杏仁、茯苓、红花、水银、新罗漆、香油、高丽青器、高丽铜器等货物,大概就是从高丽输入的贸易品。高丽青瓷的镶嵌、堆白、雕刻、印花、画等都相当精致。高丽铜器也深受中国人赏识。新罗漆容易干,而且有很漂亮的光泽。当时中国制造的漆器,最后一层都喜欢用新罗黄漆。

1976 年,在韩国西南木浦海出土了一只元代沉船。沉船地点正好是在宋元时代中国去高丽的"南路航线"附近。这是一只满载瓷器、铜钱等货物的元朝商船。到 1977 年 6 月止,在那里已打捞出瓷器 6463 件(其中青瓷 3396 件,

① 《元史》卷十。
② 〔日〕木宫泰彦:《日中文化交流史》,商务印书馆 1980 年版,第 389-392 页。
③ 〔日〕木宫泰彦:《日中文化交流史》,商务印书馆 1980 年版,第 403-406 页。
④ 〔日〕木宫泰彦:《日中文化交流史》,商务印书馆 1980 年版,第 403-406 页。
⑤ 张政烺:《五千年来的中朝友好关系》,开明书店 1951 年版,第 52 页。

黑褐釉瓷器 116 件，钧窑系瓷器 94 件，没有发现位于泉州港附近的同安窑和安溪窑瓷器）、铜钱数百千克（年代最近的是至大通宝）等。在出土的金属器物中有 1 个秤锤，上面镌有"庆元路"字样。可见，这只船至少到过庆元港，而且极可能就是从庆元港出发，在开往高丽或日本途中遇难的。① 这艘元代瓷器贸易船的发现，进一步证明了庆元港和高丽、日本间的频繁贸易。

（四）庆元路市舶提举司及其市舶设施

元沿宋制，仍设置市舶司来管理海舶的验货、征税、颁发公凭以及兼理仓库、宾馆等事务。

至元十四年（1277 年），元朝在庆元设置了市舶司。至元三十年（1293 年）四月制定《市舶抽分杂禁》时对市舶司进行整顿，把温州市舶司并入庆元市舶司；大德二年（1298 年）又把澉浦、上海两市舶司并入庆元市舶司，且直隶中书省。大德八年（1304 年）罢庆元市舶司。至大元年（1308 年）恢复庆元路市舶提举司。皇庆元年（1312 年）庆元路市舶提举司又被撤消。延祐元年（1314 年）虽得到恢复，却禁止商船去外国贸易。延祐七年（1320 年）四月又遭罢废。直至元英宗至治二年（1322 年）才最后稳定了庆元市舶司的建置，并维持到元末。庆元路市舶提举司直属行省，签发公验、公凭给本国的舶商，发船到海外贸易；第二年回帆至温州白汰门封舶抽分，并禁止子女、金银、丝织外运。②

庆元路市舶提举司官衙在庆元城内东北角的姚家巷。市舶司设提举 2 员、同提举 2 员、副提举 1 员。市舶司起初归福建安抚使管辖，后一度直属中书省，最后由江浙行省管辖。

庆元路市舶提举司对来港商船征收商税的办法是抽分（抽解）。抽分率同宋代一样，细色十抽一，粗色十五抽一；后来虽有些升降变化，却一直没有实行像宋朝那样的博买（和买），所以税率是比较低的。到至元三十年（1293 年）后，才推行泉州市舶司的成例，加征船舶税三十抽一，而且还确定了"双抽"、"单抽"之制，③即番货的抽解率两倍于土货，以保护和扶植土货的出口。至延枯元年（1314 年），元朝廷又重新修订了市舶管理条例，把抽解分率提高了一倍，即粗色十五抽二，细色十抽二。元代的市舶条例即至元三十年（1293 年）四月制定的《市舶抽分杂禁》，共有规定 20 条。

元代的市舶仓库还是利用原宋代的市舶库，除原有的 28 间库房外，另外又增添了屋前轩 6 间，至正元年（1341 年）增修了门楼 3 间。

① 李德全：《朝鲜新安海底沉船中的中国瓷器》，《考古月报》1979 年第 2 期。

② 《元史·英宗纪》。

③ 《元史·食货志·市舶》。

海运码头,元时称"下番滩",因"诸番互市于此"而名,其地位于北至新江桥塊、糖行街、双街、钱行街、半边街的靠江一侧。该处统称江厦,也即原宋代的江厦码头。下番滩"临江有石砌道头(码头)一片,中为亭"。此亭即来远亭,原建于南宋乾道年间,宝庆二年(1226年)重建后改名为来安亭。元初,亭被拆毁,后来重修后又改回原名。该亭是"以备监收舶商搬卸之所"。

元代庆元港最突出的变化是国际航运的发展和因实行海漕而使国内的北路航线得到恢复。元朝地跨欧亚,国际航运的需求超过以往任何朝代。元朝廷对于国际航运和贸易的限制也相应放宽。特别是庆元港两度成为元军远海征战的基地,海上运输活动的规模相当庞大。这就刺激了庆元港的码头、仓场、造船、航海等多方面的发展。元代又改河漕为海漕,庆元港与北方港口的交通不仅得到了恢复,而且又有了很大的发展。两宋以来,由于经济发展、商业上南北交流的需要而萌发的宁波南北号商业船帮,又因元代的大规模北航为其以后的发展准备了条件。

第四节　登州港[①]

一、宋辽金时期的北方主要海港:登州港

(一)宋代登州港航活动的背景

北宋历朝继承了唐以来注重港航贸易的传统,鼓励海上"商贾懋迁","以助国用"。[②] 海上交通继续发展,"海中诸国(指高丽和东北少数民族建立的政权)朝贡,皆由登莱"[③]。宋神宗还曾以吴越国为例,说是越国"内足自富,外足抗中国(指中原王朝)者,亦有笼海商得法也"[④],故有云"努力招徕番舶,宋初已然"[⑤]。宋代自开国,即视航海通商贸易为发展国家经济、富国强兵的重要途径。

国家的统一、经济的发展以及对港航贸易的重视,均为登州港的发展提供了良好的环境。但也不能否定,北宋阶级矛盾和民族矛盾仍十分突出,特别是北辽、西夏和女真对北宋的统治造成了严重的威胁,直至最后导致了北宋的灭

---

① 本节引见《登州古港史》编委会编、寿杨宾主编:《登州古港史》,人民交通出版社1994年版,第114-160页。

② 《宋会要辑稿》职官四四。

③ 《文献通考·舆地考》。

④ 《续资治通鉴长编拾补》卷五。

⑤ 〔日〕藤田丰八:《中国南海古代交通丛考》(中译本),商务印书馆1936年版,第326页。

亡。这种对峙和战争不绝的局势,使登州港处在时断时续的矛盾和危机中——在一定时期使之成为北方的主要海港,而在一定时期则使之渐趋衰微,以致难以发挥作用。

(二)登州港为宋朝海外交通的重要口岸

日本曾掀起学习唐朝的热潮,所得颇多制度文章皆从唐风,"乐有中国、高丽二部"。特别突出的是纺织,其"产丝蚕,多织绢,薄致可爱"①。由此可见文化交流和丝绸之路的影响。至北宋朝,日本却处于锁国状态,隋唐时期的那种拼命的进取精神和勃勃雄心几乎荡然无存了,它和登州港的联系再也未能恢复。当时,和登州港保持密切联系的主要国家只有高丽。

高丽由于契丹(辽)的威胁,对北宋的依附性增加了,对宋廷极为敬仰。如果说,唐代是日本和中国交往的高峰,那么,北宋时高丽和中国的交往可与唐代并驾齐驱。可以说,历来中国之于外国,没有比北宋之于高丽更为密切的了。

1. 宋朝与高丽的礼尚往来

高丽十分欢迎北宋使节和商人到那里去。每北宋使至,"十日内卜吉,王乃受诏"②。宋太宗淳化二年(991年),宋使陈靖等至高丽,高丽王"迎使于郊,尽藩臣礼,延留靖等七十余日而还,遣以袭衣、金带、金银器数百两,布三万余端",并附表称谢。③对宋朝使节的安置极为礼遇,有"顺天馆,极加完葺……盖为中朝人使设也"④。北宋也一样,"待高丽最厚"。真宗大中祥符八年(1015年),曾"诏登州置馆于海次以待使者"。高丽王病,宋必遣医送药;高丽王故,宋必遣使吊祭。神宗元丰六年(1083年),高丽王徽卒,神宗遣杨景略祭奠,钱勰、宋环吊慰。这个使团是从密州板桥镇出海的,杨景略因遇风受阻,取道登州,秋八月由登州港赴高丽⑤,幸不辱使命。从记载来看,杨景略是从登州刀鱼寨出海的。史载其从高丽回来后,在登州小海建了天桥,"天桥,在水城小海中架板以通往来,船行则撤之,宋杨康功(即景略)使高丽还奏请建"⑥。

该使团从高丽回国返京,途径青州长清县孝堂山,在约建于1世纪的汉代石室前正中石柱上,刻柱题名,大字楷书,共五行:

左谏议大夫河南杨景略康功
礼宾使太原王舜封长名奉使

---

① 《宋史》卷四九一《外国七·日本》。
② [宋]徐兢:《宣和奉使高丽图经》卷二五《迎诏》。
③ 《宋史》卷四八七《外国三·高丽》。
④ 《宣和奉使高丽图经》卷三《国城》。
⑤ 张桐声:《胶州志》卷三四《大事记》,道光本。
⑥ 《增修登州府志》卷一六《桥梁》。

　　高丽　恭谒祠下　元丰六年

十二月十七日

宋环李之仪王彦潘利仁①

　　此石刻题名是难得的实物资料，也是北宋和高丽友好交往的珍贵纪录。

　　北宋和高丽的交往是相当频繁的。从宋太祖建隆三年（962 年）算起至神宗熙宁七年（1074 年），即 112 年间，据不完全统计，高丽使节、学生、僧侣等入宋达 33 次，其中官遣使贡约 30 次。

　　相对来说，北宋入使高丽要少一些，但和以前各朝相比，仍然是可观的。据《宋元时期的海外贸易》考，有宋一代，以使节交聘来说，高丽遣宋者 57 次，宋使往高丽者，有 30 次。② 这说明宋和高丽间的交往相当频繁。

　　北宋时高丽使宋的规模，《宋史》记载不详，但从其三次明确的记载中可见，其人数和规模均属可观：①建隆四年（963 年），高丽使团因海难，不幸溺死者就有 70 余人；②真宗天禧五年（1021 年），使团计 179 人；③仁宗天圣八年（1030 年），则为 293 人。

　　高丽入宋的使命要广泛、实际得多，其内容大致有以下几类。

　　（1）朝贡。这是主要的，次数最多，贡物有良马、方物、兵器、金银厨锦袍褥、金银饰刀剑弓矢、名马、香药、金线织成龙凤鞋、绣龙凤鞍鞢、细马、散马、厕锦衣褥、乌漆甲、金饰长刃匕首、罽锦鞍马、药物、金器、银厕刀剑、鞍勒马、香油、人参、细布、铜器、硫黄、青鼠皮等。高丽不仅自己来，还为别国向导。天禧元年（1017 年）十一月，"高丽使徐纳率女真首领人对崇政殿，献方物"③。

　　（2）求袭位。后唐已有高丽王封，宋继之。"高丽王昭死后，其子伯权领国事，太祖开宝九年（976 年），由遣使以父没当承袭，来朝听旨，宋授伯检校太保、玄菟州都督、大义军使，封高丽国王。"④

　　（3）谢恩。因宋廷赐封等进京谢恩。

　　（4）乞师。淳化五年（994 年），"六月，高丽遣使，以契丹来侵乞师"。宋真宗咸平六年（1003 年），又由于契丹"屡来攻伐，求取不已；乞王师屯境上为之牵制"。

　　（5）求书求经。高丽崇尚中国文化，派使节、僧侣屡求书、求经，宋廷对此每求必赐。其间，由朝廷赐予的有《藏经》、《秘藏诠》、《逍遥游》、《莲华心经》、《九经》、《圣惠方》、《国朝登科记》（手抄本）以及其他经史、御制诗、历日、阴阳

---

① 《元丰六年杨景略等奉使高丽题名考》，《文物》，1983 年第 9 期。

② 陈高华、吴泰：《宋元时期的海上贸易》，天津人民出版社 1981 年版。

③ 《宋史》卷八，《真宗三》。

④ 《宣和奉使高丽图经》卷二《世次》。

地理书等佛学、文学、医学、自然科学经典。高丽来人也有在市场购书的。

（6）留学。太平兴国元年（977年），高丽王伯遣金行成入宋求学于国子监；雍熙三年（986年），高丽王治亦遣崔罕、王彬等入宋求学国子监。官派的以外，以别种渠道来的也有。有的进士登第，学成回国，如崔罕、王彬等都很有学问。高丽王因此谢表曰："玄曲造成，鸿恩莫报。"有的在宋朝做官终生，官品相当高，如康戬，太平兴国五年（980年）进士及第，至景德三年（1066年）卒，在宋朝为官20多年。官至"知峡、越二州……又为京西转运使，加工部郎中，赐金紫"。

（7）送使。淳化四年（993年），高丽王遣使送宋使刘式等直至登州港，以示礼遇。

2.宋朝与高丽的商贾交往

《朝鲜通史》记此："高丽对宋朝的贸易，国家贸易占的比重不大，主要是由私商进行。两国贸易最盛时，一次有数十名，甚至有数百名。"①所谓国家的贸易，主要是朝贡贸易，亦即贡和赐，通过使节往返完成的。在另一方面，在国家的鼓励下，两国航商确实非常活跃。

以高丽文宗朝（1046—1083年）为例，30余年间，见于记载的赴高丽宋商就有40余起；其中，文宗九年（1054年），高丽政府曾经同时分三处宴请宋商，被邀赴宴者达240人之多。② 此前，仁宗景祐元年（1034年），高丽设"八关会"，亦曾邀"宋商及东西蕃献土物者观礼"③。北宋末年，在高丽国"王城"，就有"华人数百，多闽人因贾至者"④。高丽政府对宋商极为欢迎，"贾人之至境，遣官迎劳"。对商人的奉献，"计所直，以方物数倍赏之"⑤。逢到节日，"中国贾人之在馆者，亦遣官为筵伴"。北宋政府亦然，时有"元丰待高丽人最厚，沿路亭传皆名高丽亭"⑥之说。《宋史》多记"明州、登州屡言高丽海船有风漂至境上者"，对此宋廷总是恩惠有加，连宋帝亦予过问，总是诏"给度海粮遣还"。

关于通过登州港的贸易物品，应包括高丽的贡品和宋廷的赐物。因为所谓朝贡，"不过利于互市赐予"⑦，"往往皆利射于中国也"⑧。《朝鲜通史》则记录了高丽对北宋的输出："人参、金银细工品、硫黄、各种绸缎、螺钿、花纹席子、白

---

① 《朝鲜通史》卷上，第2分册，第293页。

② 《高丽史》卷七一九，《文宗世家》。

③ 《中外历史年表》，第401页，第1034年条。

④ 《宋史》卷四八六，《外国二·高丽》。

⑤ 《宣和奉使高丽图经》卷六，《长庆殿》。

⑥ ［宋］朱彧：《萍州可谈》卷二十。

⑦ 《文献通考》卷三三一，《四裔八》，第48页。

⑧ 曾巩：《陈公神道碑铭》，《元丰类稿》卷四七。

磁纸、狼毫笔、烟黑文具以及各种瓷器、书籍"等。北宋输入高丽的货物,"种类与输出品几乎相同",有"各种绸缎、金银细工晶、药材、瓷器、文具、书籍和南方香料"等。我国史书亦多有记载,宋赵彦卫记曰:"高丽国则有人参、银、铜、水银、绫布等物。"① 徐竞记云:"高丽有人参、沙参、茯苓、硫黄、白附子、黄漆等,皆土贡也。""不善蚕桑,其丝线织纴,皆仰贾人,自山东、闽、浙来。颇善织文罗花绫、紧丝锦扇……"② "唯贵中国腊茶……商贾通贩,故弥来颇喜饮茶。"③

关于航海交往路线。高丽"所建国正与登、莱滨隶相望"④,海上交通方便,有传统的"登州海行入高丽道"。史称"天圣(1023—1032 年)前使由登州人"⑤。这一说法虽被广为引用,实际上并不准确,恐怕是由于契丹梗阻的关系,而这种梗阻是经常的。例如,淳化四年(993 年),契丹就指责高丽"与我连壤而越海事宋"⑥。天圣九年(1031 年),高丽使在宋廷官员护送下,至登州经海道回国后,有约 40 年不通宋朝,此后又继续往来,仍有经登州港的。熙宁三年(1070 年)有至登州港的,熙宁七年(1074 年)有至登州港的。《宋史》记云:"往时高丽人往返皆自登州,(熙宁)七年,遣其臣金良鉴来言,欲远契丹,乞改途由明州诣阙,从之。"⑦ 至于宋使则一直到元丰六年(1083 年)八月,还有从登州港放洋往高丽,并回到是港的,即前述杨景略赴高丽吊丧事。

此后,北宋时高丽登州间的航道,因契丹的关系而发生了变化,不再循"登州海行入高丽道",莱州港的利用价值则更低。时航线为"礼成江口的碧澜渡或介于礼成江和临津江的贞州出发,经瓮津半岛抵大同江口的草岛,再转向西南,直达山东半岛的登州"⑧;或反过来,"自东牟(曾为登州治)趣八角海口(福山县八角镇,在登州东)……登舟自芝冈岛(即芝罘岛)顺风泛大海,再宿抵瓮津口登陆,行百六十里抵高丽之境曰海州,又百里至阎州(延安),又四十里至白州(白川),又四十里至其国(即高丽都城开城府)"⑨。

3. 宋与高丽的文化交流

北宋时,高丽经登州到京师留学者甚众。例如,宋淳化三年(992 年)三月,"以高丽贡进士四十人并为秘书郎,遣还"⑩。他们回国后对两国的文化交

---

① [宋]赵彦卫:《云麓漫钞》卷五。
② 《宣和奉使高丽图经》卷二三,《杂俗·土产》。
③ 《宣和奉使高丽图经》卷三二,《器皿·茶俎》。
④ 《宣和奉使高丽图经》卷三,《封境》。
⑤ 《续资治通鉴长编》卷三三九,元丰六年四月条。
⑥ 《中国历史大事编年》卷三,北京出版社 1987 年版,第 166 页。
⑦ 《宋史》卷四八七,《外国三·高丽》。
⑧ 《朝鲜通史》卷上,第 2 分册,第 394 页。
⑨ 《宋史》卷四八七,《外国三·高丽》。
⑩ 《中国历史编年》,第 165 页。

流是作了重要贡献的。宋朝的文化典籍亦被高丽大量引进,其间高丽引进者除北宋赐予的外,有高丽学生和商人在中国购买的,也有中国航商贩往高丽的。据《高丽史》记载,高丽人在中国购书者,有一次竟购进"经籍一万八百"①,以致苏轼认为此于宋廷弊多利少,"今请诸书与买金泊,皆宜勿许",奏请禁之。②

文化的交流,意义是深远的,对双方均有深刻的影响。例如,印刷术传播到高丽,结果在那里出现了金属活字的萌芽,有着世界意义;造纸术传播到高丽,结果高丽纸比中国纸还好;纺织术传播到高丽,结果高丽织物可与中国媲美;音乐方面,"其乐有两部,左曰唐乐,中国之音;右曰乡乐,盖夷音也","其中国之音,乐器皆中国之制"③;权量方面,"鲁语曰,谨权曰量,审法度,四方之政行焉……取正中国度量权衡,用为标的"④;文学方面,高丽学者的汉诗造诣,已达到相当高的水平,甚至能以汉诗形式翻译高丽的作品,介绍到国外去。⑤

4. 与辽东的交通

登州港和北方契丹、女真的海上往来,比较频繁。宋真宗景德二年(1005年)后,"宋、辽交聘百余年"。宋仁宗庆历五年(1045年),"契丹遣使献所获夏国马三百匹、羊二万口,又献九龙车一乘"。此前宋太祖开宝八年(975年)、开宝九年(976年)、太平兴国二年(978年)等均有通使、交聘的记载。⑥

女真是我国靺鞨的后裔,在东北地区分布很广,靺鞨和登州港有着传统的联系。北宋初,契丹统治集团为了防止女真的反抗,曾将其"强宗大姓数千户,移至辽阳之南,以分其势"⑦。

这部分女真人迁辽东后,迅速和北宋建立了海上联系,以其马匹和宋贸易。"建隆中,女直尚自其国之苏州,泛海之登州卖马,故道犹存。"⑧此外,所谓"靺鞨之别种达达"也曾贡于宋⑨。北宋太祖建隆二年(961年),女真即"遣使盟突刺来贡名马"。据不完全统计,其至真宗大中祥符九年(1016年),先后航海朝贡10余次,连女真首领亦亲自来朝。天禧元年(1017年)十一月,"高丽使徐纳率女真首领入对崇政殿,献方物"⑩。

_____

① 《高丽史》卷三四,《忠肃王世家》。
② 《宋史》卷四八七,《外国三·高丽》。
③ 《宣和奉使高丽图经》卷四十,《乐律》。
④ 《宣和奉使高丽图经》卷四十,《权量》。
⑤ 《朝鲜通史》卷上,第2分册,第407页。
⑥ 张习孔:《中国历史大事编年》,北京出版社1997年版。
⑦ 徐梦莘:《三朝北盟会编》卷一。
⑧ 顾炎武:《天下郡国利病书》卷四四,《山东》。
⑨ 《宋史》卷四八七,《外国》。
⑩ 《宋史》卷八,《真宗三》。

北宋对女真亦很友好,曾于大中祥符八年(1015年)专门在登州所辖海口治官署,以接待女真和高丽使者。为了使"远隔凌波"的女真人能"多输骏马",据《宋会要辑稿·蕃夷》记载,宋太祖还免去了"地处海峤"的沙门岛(庙岛)人户的"逐年夏秋租赋曲钱及缘料杂物州县差料",并令"多置舟楫,济渡女贞(即女真、女直)马来往"。《宋史》亦载,建隆二年三年间,以"女真国遣使献名马,蠲登州沙门岛民税,令专治船渡马"①。史有女真多次献马的记载,未详献马数,但从免沙门岛民租税"专治舟船渡马"来看,数量定然不少,而且不是一时之役。女真献马的路线,也可以测出。女真一部被契丹强迁后属辽东半岛的金县,其献马路线当自辽东半岛渡乌湖海,经北隍城岛、南隍城岛、钦岛、砣矶岛、大榭岛而至沙门岛,渡庙岛海峡即至登州港。

由于女真往来频繁,太平兴国四年(979年)开始,宋廷对之亦始行关验:"诏自今登州有女真贡马,其随行物,须给牒(凭证),所经地方,予以察验,牒外物并没人之。"②

由此可知,登州和辽东这条传统的航海线在北宋前期的确是很繁忙的。

(三)登州港的国内交通与海运

"东随海舶号倭螺,异方珍宝来更多。"③海外交通如此发展,国内交通则更发达。海内外交通是相互补充、相互提携、相互促进的。由于形势变化,北方边疆政局和形势的关系,登州港不可能有充分的发展。比如,广州港在唐玄宗开元二年(714年)前已设市舶司,山东半岛南部的密州板桥镇亦于宋哲宗元祐三年(1088年)设司,而隋唐至北宋均相当发达的登州港,终无设司之说,最后甚至因为政局恶化达到封港的地步。但无论如何,登州港在历史上有极盛时代;如前所说,在北宋百余年中,有着光辉的一页。

1. 与南方的交通海运

登州港作为中转港口,它是河洛地区的主要出海口,是北方港口南下入中原和南方港口北上至河洛的终止港,也是南北港口的交换站。登州航商则南及闽、广,北至津辽,交通贸易极为活跃。《宋史·地理志》说:"登、莱、密州,负海之北,楚商兼凑。"元丰八年(1085年),苏轼知登州五日,留下了若干流芳百世名篇。他曾著文描绘了登州港海上交通盛况,其《登蓬莱阁记》云:"登州蓬莱阁上望海如镜面,与天相际。忽有黑豆数点者,郡人曰'海舶至矣'。不一炊久,已至阁下。"

---

① 《宋史》卷一,《太祖一》。《登州府志》卷2,《山本》。
② 《中国历史大事编年》,第139页。
③ 《苏轼诗集·腹鱼行》。

与南方的交往，不仅《宋史》有"楚商兼凑"之说，明州《甬东天后宫碑记》亦载："吾郡旧有天后宫，在东门之外，肇建于宋……分祠在江东者三。一为闽人所建，一为南洋商舶所建……唯此宫为北洋商舶所建。"①同时，《碑记》指出，"吾郡回图之利，以北洋商舶为最巨"。此碑建于北宋。北宋时期北方诸港以登、莱、密为盛。另外，《西溪丛话》有记："尝闻习海者云，航海二浙可至平州②，闻登州竹山、驼基诸岛之外，天晴无云，可远望平州城壁，今自二浙至登州与密州，皆由北洋。"③这大致说明了北洋航行的海域。

与之相应者，登州外港沙门岛（庙岛），亦修有龙女庙（即今天后宫），一称显应宫，俗称娘娘庙，在岛北，为宋宣和四年（1122年）福建商贾和船民筹集兴建。④ 宋宣和初，宋、金以登州为使节进出港，频频谈判，议联合伐辽，收回幽燕16州。就登、莱、密州界而言，因宋辽对峙，宋政府是禁止南方商人到那里去的。而闽商和船民却在宣和四年于登州外港的沙门岛建庙，这说明登州和南方的联系并未割断。

出土的文物，也为登州港和南方的交通往来提供了佐证。1984年，清理登州水城港内淤积时，发掘出古船一艘及北宋以来的历代瓷器多件。"北宋时期的出土物中，见有江西浮梁景德镇湖田窑影青瓷，还有陕西铜川黄堡耀州窑的青瓷……同时出土的宋代古瓷，还有福建、河南、河北各地方窑的器皿，均为民窑粗瓷。"⑤这充分说明北宋时期登州港和南方港口的联系。登州港的进出口货物中，应包括上述诸地的官瓷和民瓷。

2. 赈济转运

登州地少粮乏，北宋时，粮食供给有赖于南方。从南方运往登州的货物，粮食常常占有突出的地位，灾荒年景更其如此。

宋淳化年间，山东发生严重灾荒。"淳化元年（990年）二月十九日，京东转运使何士宗言：登州饥，文登、牟平两县民四百一十九人饿死。诏遣使发仓粟赈贷死者。"⑥

淳化四年（993年）又出现灾荒，朝廷发出诏令："以登、莱州艰食，令江淮

---

① 林士民、许孟光：《古代南北航路中转港——宁波》，第11页，油印本。中国太平洋历史学会暨中国中西交通史学会1985年学术讨论会论文。

② 平州，渤海湾北港口，今河北省卢龙县境，唐代属河北道，平州为安东都护府治，北宋属南京道，平州为州治。

③ ［宋］姚宽：《西溪丛话》卷2。

④ 新编《长岛县志》，第160页，《特殊建设·庙宇》。

⑤ 耿宝昌：《蓬莱水城出土瓷器略谈》，《蓬莱古船与登州古港》，大连海运学院出版社1989年版，第96页。

⑥ 《宋会要辑稿》，《食货》六八，淳化元年三月条。

转运司,顾客船转粟赈济之。"①此后灾荒频仍,故而海运赈济活动,持续了相当长时间。例如,景德三年(1006年)正月二十六日,有"诏京东转运司应齐、淄、青、潍、登、莱等州人户有厥食者……于封桩仓分支遣赈贷"②。大中样符二年(1009年),"十一月十五日,诏河东沿边诸州、军,河外麟府,岁调民辈送刍粮者,宜令特免一年"③,为了鼓励海运赈济者,免其一年租税。天禧元年(1017年)"八月十一日,诏江淮发运司漕米三万石,由海路送登、潍、密州"④。至此,海运赈济活动已持续了27年,这也是历史上鲜见的。

3. 海盐的运贩

关于海盐的运贩活动,放到特殊条件下来研究考察才能够说得更清楚。契丹渐强,并和北宋对峙,北宋对之无可奈何。高丽自天圣八年(1030年)后,有40余年未至登州港,反朝贡于契丹,行契丹历。而登州地近契丹和高丽,故有禁南方商船至高丽和登莱州界之举。自北宋庆历朝(1041—1048年)起,更为严厉,例如,《庆历编敕》载:"客旅于海路商贩者,不得往高丽及登、莱州界。"但这也不是绝对的,据史载:"其在京东曰密州涛洛(盐)场,一岁鬻三万二千余石,以给本州及沂、潍州,唯登、莱州通商……庆历元年(1041年)冬,以(山东)……八州军仍岁凶苗,乃诏弛禁,听人贸易,官收其算。"⑤历朝盐法甚严,即便不考虑禁海因素,而允登、莱州通商,也是很特殊的,而像密州等只因连岁灾荒,才有"弛禁"。

海禁特别严厉之时,对登莱盐的贩运也不是绝对禁绝。例如,《宋会要辑稿》记载,"徽宗崇宁五年(1106年)"三月二十三日……据莱州申契……昨因钞盐新法,令客人借海道通行,往淮南等州军般(搬)贩盐货"⑥,只因地方官怕承担责任,"虑夹带奸细及隐藏海贼……依旧权行禁绝百姓船"。这里只"权行禁绝百姓船",则"官船"当仍可通行。这就是所谓"天下盐利皆归县官,官鬻通商,随州郡所宜,然亦变革不常,而尤重私贩之禁"⑦。

"私贩之禁",对于登、莱州来说,无疑断了一条活路。神宗元丰八年(1085年)十月,曾知登州的苏轼,在离职后仍关心登州民,在该年十二月,根据调查,以《乞罢登莱榷盐状》奏上,言三害:徒致"灶户失业渐以逃亡,其害一也";"居民咫尺大海而令顿食贵盐,深山穷谷遂至食淡,其害二也";"商贾不来,盐积不

---

① 《宋会要辑稿》,《食货》六八,淳化四年四月条。

② 《宋会要辑稿》,《食货》六八,景德三年正月条。

③ 《宋会要辑稿》,《食货》四二,大中祥符二年十一月条。

④ 《宋会要辑稿》,《食货》四二,天禧元年八月条。

⑤ 《宋史》卷一八一,《食货三下》。

⑥ 《宋会要辑稿》,第一六五册,第5618页。

⑦ 《宋史》卷一八一,《食货三下》。

散,有人无出",难免坐弃官本,"官吏被责专副破家,其害三也"。总之,"官无一毫之利而民受三害,决可废罢",力请"先罢登、莱两州榷盐",朝廷允准。[①]于是,终北宋之世,"蓬莱不食官盐"[②]。登、莱州得以特准近海航行通贩海盐,这也是朝廷对登莱的宽容。苏轼也因此在登州被视为"救星",声望大振,在登州蓬莱阁还有纪念这位五日太守的苏公祠,非唯其诗文,而在其奏章如实向上反映了老百姓的疾苦。这既说明登州对近海通贩的依赖,也可说明当时登州港近海交通的一般情况。

4. 短途交通和航运发配罪犯

短途海上交通,在登州所辖 30 余岛间是重要的。岛居民者十之二三,赖以生存的捕捞活动,岛民生活必需品的交换活动,岛际以及诸岛和登州的联系,均非驾船入海不行;甚至岛民走亲找友,也离不开驾船入海。可见,短途的海上交通是岛民生活的一部分,是不可能禁绝的。

至于罪犯发配,起自北宋太祖时代,时将重要罪犯,经登州渡海,囚于沙门岛。建隆三年(962 年),索内外军不律者配沙门岛[③],后成为定例。罪犯的身份可能比较重要。例如,大中祥符九年(1016 年)三月,即有"著作郎高清以赃贿杖脊,配沙门岛"[④]。咸平元年(998 年)十二月令,对判处死刑而免杀的杂犯,不再发配沙门岛。熙宁六年(1073 年),朝廷曾明令,将沙门岛砦监禁的犯人由原定额 200 人增为 300 人。沙门岛砦主李庆曾将超额人犯抛到海中淹死,据统计,两年间就杀害了 700 余人。这种情况,直到马默知登州才建言除之。

(四)港航活动对地区经济的意义

登州港航活动经过长期的演变、起伏和发展,到北宋已达到一定水平。它既能适应频繁的海上运兵,也能适应大规模的粮食运输;既能适应突击移民的需要,又有接纳海运赈济灾荒的能力。在国内南北交通中,它一度处于中枢港的地位,甚至堪称五代和北宋的首都门户港。在国际交往方面,与朝鲜半岛和日本诸国以及与其他国家和地区的长期往来,使登州港在相当时期内成为北方最重要的国际港口。

这一切,必然对地区经济产生深刻的影响,使得北宋前期和中期的登州经济有一定程度的发展。

纺织业。唐代,山东为纺织业最发达的地区。山东唐贡,登州有麻、布;莱

---

① 《登州府志》卷一九,《艺文志上》,顺治本。

② 《蓬莱地理志》,第 28 页。

③ 《宋史》卷一,《太祖一》。

④ 《宋史》,卷八,《真宗三》。

州有绵、绢、赀布；密州有麻、布；品种繁多，花色各样。北宋，南方纺织业已经兴起，北方尚未见衰落。官府既设场织造，在山东青州就有织场院，主织锦绮、鹿胎、透背，也向民间市买。史载："宋承前代之制，调绢、布、丝、绵，以供军须，又就所产折科和市……（山东）青、齐、郓、濮、淄、潍、沂、密、登、莱……州市平绝。"①从记载看，常用纺织品中，山东是民间市买最多的。国内供应以外，还供出口，如高丽，"其丝线织纴，皆仰贾人，自山东闽浙来"。登州港是山东甚至北宋王朝对高丽的主要贸易港。

矿业。山东矿藏丰富，矿业也较发达，在北宋有相当地位。赖以支撑国家金融的黄金，就多产于登莱；位于全国"阬冶"之首，登州宋贡首贡即为金。②宋初"阬冶：凡金、银、铜、铁、铅、锡监、治、场、务二百有一。……至治平中……登、莱金之冶十一；登……银之冶八十四广…登莱……铁之冶七十七……登、莱……铅之冶三十"③。登、莱两州，为金、银、铁、铅的主要产地，可见其金属矿产业在北宋的地位。特别是黄金产地，全国仅记6州，山东有登、莱二州，占1/3。而且，"金产最多的是山东半岛的登、莱二州，元丰元年（1078年），全国的金课共计一万零七百余两，而登州收四千七百两，莱州收四千八百七十余两，两者合计达九千五百七十两，占总数的99％④以上，可说全部的金产都在登、莱二州"⑤。其中，登州约占该年全国金课数的43.92％，莱州约占45.51％。此虽为元丰元年的统计，想此前亦持相当水平。例如，《宋史》记载："天圣中，登、莱采金，岁数千两"；又"天圣二年（1024年）置场官自收买，禁人私贩……"天圣四年（1026年），"登州蓬莱县淘金利害……"⑥。

金产对登州人民很重要，他们的生活与之有密切的联系。例如，宋仁宗明道元年（1032年）十月，"禁登州民采金"⑦，但景祐（1034—1038年）中，适遇灾害，"登、莱饥，诏弛金禁，听民采取，俟岁丰复故"⑧。灾年听民采金，丰年禁民采金，金子和登州民生的关系昭然可见。

另外，非金属矿产，其"朱高山，临海产滑石……"⑨。石炭（煤）的开采，北宋时期亦相当普遍。"石炭，自本朝河北、山东、陕西方出……遂及京师，陈尧

---

① 《宋史》卷一二三，《食货志上，三》。
② 《宋史》卷八五，《地理，一》。
③ 《宋史》卷一八五，《食货下七》。
④ 99％，算误，应为89.44％
⑤ 华山：《宋史论集》，齐鲁书社1982年版，第113页。参见《宋会要辑稿·食货三三》。
⑥ 《宋会要辑稿·阬冶》，天圣二年、四年条。
⑦ 《宋史》卷十，《仁宗二》。
⑧ 《宋史》卷一八五，《食货下，七》。
⑨ 《登州府志》卷二，《山川》，顺治本。

佐漕河东时,始除其税……东坡作诗记其事"①,石炭入诗,可见一时之盛,这与煤炭的储量丰富和冶炼需要分不开。

渔盐业。是登州百姓赖以生存的基础,是登州经济的支柱。灾荒年景,水产的捕捞,盐的生产和运销对渡灾多次起过关键作用。且自东坡上奏后,登州民不食官盐,自己晒制,自己消费,并自运自销,渔盐业相对来说较为发达。

农业。登州地区地少而瘠,且多灾荒,用粮往时靠海北,北宋赖江南海运供给,但也有"风雨时若,春蓄秋获,五谷登成,民皆安堵"②的记载。可见年景好时,农业收入也是可观的。

商业。随着港航活动的兴盛,商业也随之兴盛。史载内外商贾交错,市街林立,货如山积。登州是个比较小的州,在经历了时紧时松的港禁之后,至熙宁间商贸已走下坡路。但熙宁十年(1077 年)以前,其年商杂税额仍有 10223贯③,虽在京东路 17 个州军中居于末位,但仍挤入 1 万贯至 3 万贯的 95 个州县中,进入全国等级城镇之列,和密州(29,196 贯)、莱州(16,450 贯)一样列入6 等。虽品位不高,但也难能可贵。

建筑业。市镇建设,亦有发展。例如,率先建有高丽馆、高丽亭,以接纳高丽等外使外商。仁宗庆历二年(1042 年),建了"刀鱼寨",为山东最早的人工海港。仁宗嘉祐六年(1061 年),"因思海德泽为大,而神之有祠"④,遂重修海神庙,并建蓬莱阁,为驰名中外的一大景观。

此外,登州居户人口亦有较快的增长。尽管历经唐"安史之乱",经 53 年五代十国的动荡,再经宋辽、宋金对峙以及禁海的影响,宋徽宗崇宁和唐开元相比,户口还是增加了近 2 倍。一直以来都处在首都门户港的重要地位。其交通贸易,是以国力为支撑的,而不是仅靠地方经济来支撑的。腹地辽阔,主要包括青州、曹州、兖州、济州以及河洛地区。出口货源以及进口的消纳,主要不是在登州本地,而是在中原地区,特别是河洛地区。而中原地区经济发达的情况,是史所称道、有目共睹的。所以,在某种意义上说,登州港对中原地区的意义,甚至比对本地区经济的意义还要大。这正是登州港之所以能成为古代重要海港的原因所在。

---

① 《猗觉寮杂记》,卷上。

② 《重修蓬莱县志》卷十三,《艺文志中》,道光本

③ 《宋会要辑稿》,食货十五之四。

④ 《蓬莱县志》卷十三,《艺文志,中》,道光本。

二、登州港的由盛转衰及其原因

(一)登州港地位的衰落

北宋时期,登州港在唐、五代鼎盛之后,仍有一个兴盛时期。随着宋辽对峙和宋代国力的衰微,登州港的衰落也成为历史的必然。逐步失去了对外贸易港的地位,这是其衰落的主要表现。如前所述,北宋代,由于日本的锁国,登州港的对外贸易主要是高丽。登州港和高丽的交往,虽然有一个兴盛时期,但由于契丹的关系,传统的"登州海行入高丽道"已难以恢复。也就是说,高丽之到登州,已不从辽东渡乌湖海经乌湖岛过庙岛海峡入登州,而是径渡大海至山东半岛东部西入登州港,甚至不由登州直接觅道去中原。这在航海本义上说,或者是一个进步,因之完全摆脱了逐岛航行,即以海岛为目击参照物航行的模式。但对登州港港域的利用范围小了,这主要是指其外港即庙岛群岛诸港而言,无疑是一种失落。

登州港和高丽的直接交往,曾多次遇到麻烦。

(1)宋淳化五年(994年)六月,高丽因契丹的侵略,曾遣使入宋乞师,宋太宗以北边甫定,不可轻动干戈为由,婉拒。高丽"朝贡遂绝",中断和登州的联系6年,一直到咸平三年(1000年)才恢复。

(2)仅隔三年,咸平六年(1003年)八月,高丽王遣其户部侍郎李宣古贡于宋,又请出兵境上,以牵制契丹。由于北宋希望和辽交好以求安宁,对北方形势采取观望的态度,未答应高丽所请。这样,高丽又和宋绝,直到大中祥符七年(1014年)十月,高丽和女真联盟抗御契丹,才恢复和北宋的联系。

(3)天圣年间,由于契丹侵掠,攻占高丽城市,北方形势险恶。天圣八年(1030年)十二月,高丽王遣近300人的使团到登州,予以重贡,再次恳求北宋干预,仍无结果。天圣九年(1031年)二月,宋遣使护送高丽使团至登州。"其后绝不通中国者四十三年。"①此记不确,因至熙宁三年(1070年)五月,高丽复遣"百十人"使团由登州入贡,从天圣八年起算,实际上中断40年。但不管怎样,登州港与高丽的交通已经衰落了。

(4)熙宁年间,高丽和北宋虽有联系,但止于熙宁七年(1074年)。是年,高丽王"欲远契丹,乞改途由明州诣阙"。自此,登州港的海外交通几告断绝。"每朝廷遣使,皆由明州定海放洋,绝海而北上。"②或者零星还有,如元丰朝杨景略使高丽,但已没有多大意义。

---

① 《宋史》卷四八七,《外国三·高丽》。
② 《宣和奉使高丽图经》卷三,《封壤》。

登州地处海隅,其所以曾有所发展,海上交通是重要因素。北宋和高丽通过登州港贸易交换关系时断时续、每况愈下,使登州经济出现极大的起伏。至中后期,登州的经济地位迅速下降。熙宁十年(1077 年)前,登州的商杂税额曾达到 10223 贯,熙宁十年则降为 5390 贯 708 文,减少了 47.27%。

如以山东半岛最主要的登、莱、密州作比较,更可以看出北部的登、莱港下降趋势之剧。京东路司做比较的 16 个州,在熙宁十年被挤出 6 等城镇之外的,按其商杂税额高低排列为兖州、曹州、莱州、淄州、济州、单州、登州,登州位列榜末。

特别是北宋我国沿海经济高度发展,在沿海城镇经济达到或超过内陆城镇的情况下登州衰落,其反差是十分强烈的。

这种情况,熙宁后当更有发展。苏轼元丰八年知登州虽仅五日,但他"入境问农",好作调查,故有《登州谢上表》、《乞罢登莱榷盐状》、《登州召还议水军状》存世,在奏章中直言登州民的苦境:农业,"地瘠民贫",农事不丰,且多灾荒;盐业,"炉户失业,渐以逃亡",民居海边,却食价昂之盐,穷苦之民,无钱买盐,"遂至食淡";商业,苏轼屡记:"商贾不来"、"商贾不至",所产如盐,一方面百姓穷不得食,一方面因无商贾可通,甚至于露天堆积。百姓苦无生计,有的背井离乡,有的被迫"去为盗贼"。此时,登州地区的经济已一蹶不振。

(二)登州港衰落的主要原因

登州港自秦汉勃兴,隋唐鼎盛,北宋天圣前亦堪称兴旺,曾为国所重、为世瞩目,然一朝衰败,则江河日下、一落千丈。

究登州港衰败,主要表现在商业贸易锐减,其原因如下述。

原因之一,地理优势丧失。这是登州港衰落的主要原因。众所周知,迄隋以来,中国多建都洛阳、长安、开封,主要交通干线,由京都可通达登州,干线所及中原地区,为我国经济重地,登州为京都的门户港;隋唐、五代及宋与新罗、百济、日本等的交往,登州港地位重要,有传统的"登州海行入高丽渤海道";五代时南方诸国入贡,登州港为海上贡道的终点港;同时,登州港是南北海上交通的中枢。

但是,由于"宋辽对峙"、"宋金对峙",登州港的地理位置的优势尽失。

契丹,隋唐时代已为我国北部强族。后晋时更予以燕云十六州,到北宋已统治我国东北及华北大片地区,以大清河和海河为界,同北宋对峙。北宋的登州和辽朝的辽东半岛诸港隔海相望。此所谓"登、莱东北,密弥辽人"[①],"海道

---

① 《宋会要辑稿》,职官四十四之七八。

至辽一日耳"①,"登州地近北虏,号为极边,虏中山川隐约可见,便风一帆奄至城下"②,"登州竹山(大、小竹山岛)驼基(砣矶岛)诸岛之外,晴天无云,可远望平州城壁"。《登州府志》亦云:"辽阳与登相望,一水可通……程途近切,朝发夕至。"

可见,其时登州成为"极边",成为海防重镇,其商业贸易地位一落千丈,不可与往同日而语了。

原因之二,我国北方和朝鲜半岛政局动荡。这一时期,北方少数民族极为活跃,如西夏、契丹(后为辽)、女真(后为金)均对北宋朝形成威胁。特别是我国东北的契丹、女真以及高丽时相攻伐,使那里的形势极不安定。契丹既与宋对峙,又威慑高丽不得渡海事宋,数度使高丽和登州的交往中断,熙宁后则几乎完全断绝,亦即断绝了登州港和海外的正常联系。

原因之三,宋廷行登莱港禁,禁南商入登莱和高丽界。"宋辽对峙"以及高丽在国际关系上的多变性,使宋廷对北方的交通往来采取谨慎的态度。为了防止间谍活动,防止辽朝利用北宋的物质资源,北宋中期对登莱港采取封禁措施。一方面,庆历元年(1041年),对登州海面严加控制,地方政府对登州属"船户"和"舶户",实行了统一登记,编组管理,每5户、或10户、或20户编为一里,联户编管,以便控驭。另一方面,自庆历朝起,几乎历朝皆三令五申,禁止南方海船入登州,这样登州港和南方诸港的正常往来亦告断绝。

《庆历编敕》载:"客旅于海路商贩者,不得往高丽及登、莱州界。……如有违条约……许诸色人告捉,船物并没官,仍估物价钱,支一半与告人充赏,犯人科违制之罪。"③

《嘉祐编敕》亦同上载,禁往高丽及登莱州界。

《熙宁编敕》载:"诸客旅于海道商贩,于起发州投状,开坐所载行货各件,往某处出卖,召本土有物力户三人结罪保明……不过越所禁地分……即乘船自海道入界河,及往北界高丽,并登莱界商贩者,各徒二年。"④日本学者藤田丰八认为:"此项规定,为禁止输入铜钱、军器及军器资料与敌国之辽而发言,是不待言也。"⑤

《元祐编敕》和《熙宁编敕》略同,"乘船自海道入界河,及往新罗、登莱州界者,徒二年,五百里编管"。《宋史》载:元祐五年(1090年),"往北界者加等"⑥。

---

① [明]郑晓《今言》卷三,第207条。

② [宋]苏轼《登州召还议水军状》,《东坡全集》卷二,丛刊本。

③ 《东坡文集》卷六五,引《乞禁商旅过外国状》。以下诸《编敕》引同。

④ 《东坡文集》卷六五。

⑤ 《中国南海古代交通丛考》,第35页。

⑥ 《宋史》卷一八六,《食货八下》。

《通考》载:元祐五年十一月二十九日,刑部言:"商贾许自海道往来蕃商(国)兴贩……乘船自海道入界河,及往高丽、登莱州界者,徒二年。往北界者,加二等配一千里……余在船人虽非物主,并杖八十"①。

其间,唯元丰朝对高丽至厚,复有交通往来,但主要为密州至高丽、明州至高丽两条航线,即东路线和南路线。山东南部和江淮一带,多建高丽亭馆,沿途"亭馆一新"。例如,《诸城②县志》载:"盖县境海口,在宋时为高丽往来要地,故曾筑高丽馆于城外。"③元丰八年,苏轼赴登州就任途中,曾经密州,因城有高丽馆,曾赋诗记之,不仅许人民与高丽通商,亦准高丽入贡与商贩。

元丰八年(1085年)九月十日敕节文则更明确:"诸商贾由海道贩诸蕃,唯不得至大辽国及登莱州。"对于和高丽的往来,元丰元祐间,实际上时禁时弛、时严时松,全看形势需要。所以论者云:"元丰元祐间,因党争关系,故禁令或行或废,因时而异,固无论矣。"④

元祐以后,对登莱的禁封没有松弛过,及至政和四年(1114年)三月,不仅不准淮南州县船至登莱,亦禁往密州。⑤

很显然,在这种形势下,登州港不要说发展,维持亦无可能,其衰落是必然的、无可挽回的。

原因之四,密州港足以并且已经取代了登州港的地位。密州港,即胶州湾西北部的板桥镇。胶州湾内的港口活动,从魏晋起,地位和作用就超过了琅玡港。北宋初亦为我国重要港口。由于它可取代登州港,使登州的贸易不断为之所夺。它的地位的上升,则意味着登州港进一步衰落。

元丰六年(1083年),宋廷恢复和高丽的传统关系,着人勘踏往高丽海道,即有奏议说:"今至登、密州,问得二处海道,并可发船至高丽,比明州实近便。诏景同密州官吏,募商人贲谍,试探海道以闻。"⑥登、密均可通高丽,诏景和密州官吏再探,未用登州官吏,实际上已确定不用登州—高丽线(不仅是登州海行入高丽道)。后来,高丽王徽卒,宋遣使团吊慰,走的亦是密州—高丽线。知密州范锷正是把握这一机遇,于同年十一月十七日,再次奏请:"欲于本州置市舶司,于板桥镇置抽解务。"⑦奏议中把密州港的经济腹地扩至"京东、河北",正是登州港衰败之故。

---

① 《文献通考》卷二十,元祐五年十一月条。

② 诸城,时密州州治。

③ 《诸城县志》卷六《山川考》,乾隆本。

④ 《中国南海古代交通丛考》,第318页。

⑤ 《宋会要辑稿》,刑法二之六二。

⑥ 《续资治通鉴》卷三四一,元丰六年十一月条。

⑦ 《宋会要辑稿》,职官四四之八。

元祐三年（1088 年）三月，密州设了北方唯一的市舶司，于是板桥镇"海舶麇集，多异国珍宝"，"自来广南、福建、淮浙商旅，乘海舶贩到香药诸杂物，乃至京东、河北、河东等路商客般（搬）运见钱、丝、绵、绫、绢，往来贸易，买卖极为繁盛"，南北之货"交驰而奔辏"①，板桥镇成为"南北商贾所会去处"②，完全取代了登州港的内外贸易，登州港商贸港的地位和作用已经丧失。

三、登州港的军事地位及海防建设

（一）登州港的军事地位

史谓"辽金方强，登州海口非宋人所得利用"③，指的当然是商业贸易，至于在军事上，其对北宋来说，地位举足轻重、十分重要。

首先，在于登州"号为极边"，是和辽（后和金）对峙的前沿，辽军可"便风一帆奄至"，此处成为必争的战略重镇。

其次，在于登州陆路直通中原，和首都道路通达；海路南下山东，即至江浙；确为战略要地，为"京东一路捍屏"④。

再次，宋辽对峙，登州为女真、高丽来使互通情况、为军事服务的最便捷的海口。

宋辽对峙期间，登州并无兵事发生。照苏轼分析："虏知有备，故未尚有警"，暂得"久安"局面。但女真和辽的矛盾非常尖锐，懦弱的宋政权图谋和女真协议，以收复燕云失地，即史谓"宣和将伐燕，用其降人马植云谋，由登、莱航海以使女真，约尽取辽地而分之，子女玉帛归女真，土地归我"⑤。后来刘豫封齐帝，封册曰"爱有汉人，来从海道，愿输岁币，祈复汉疆"⑥，更道出其实质，故一时之间，为军事对抗而进行的外交往来是频繁的。

《天下郡国利病书》辑载："重和元年（1118 年），汉人高药师（一说辽人）泛海来言，女直建国屡破辽师，登州守臣王师中以闻。诏蔡京、童威共议，遂使武义大夫马政同药师以海道如金，金主以粘没喝议，使渤海人李善庆、女直散靓持国书并珍珠、生金等物，同马政来修好。诏蔡京等谕以攻辽之意，善庆等唯唯。居十余日，遣政同赵有开赍诏及礼物与善庆等渡海报聘。行之登州，有开口会

---

① 《续资治通鉴长编》卷四〇九，元祐三年三月乙丑下条。
② 《宋会要辑稿》，刑法二之六二。
③ 赵琪：《胶澳志》卷一，《沿革志》。
④ 苏轼：《登州召还议水军状》，《东坡全集》卷二。四部丛刊本。
⑤ ［宋］岳珂：《桯史》卷九，《燕山先见》。
⑥ ［宋］岳珂：《桯史》卷七，《楚齐借册》。

谍者,言辽已封金主为帝。乃诏政勿行,止遣平海军校呼庆送善庆等归金职。"①

关于宋金遣使往来于登州,协议击辽,并议收回后唐失土归宋事,除《天下郡国利病书》外,《宋史》、《金史》、《三朝北盟会编》、《大金吊伐录》等均有记载。尤其是《大金吊伐录》为金时人记录,资料更为实际,可互为补正,弥足珍贵。

顾炎武所辑重和元年事,诸说多不同。重和元年,亦即宋政和八年,金天辅二年。《三朝北盟会编》记:宋于政和八年四月二十七日,"遣马政等过海至女直军前议事,未赍国书",闰九月二十七日马政至女直所居阿芝州涞流河。②而《大金吊伐录》则载:"天辅元年(1117年)十二月宋主遣登州防御使马政来……二年正月乙巳,宋使马政回。"③可见多有差异。又如前记"散靓",《宋史》为"小散多",《大金吊伐录》为"字多"等。有的是译名的差别,有的则是根本矛盾的了。

(二)刀鱼寨以及其他海防建设

登州的海防建设,主要起自宋代。唐代虽在乌湖岛设乌湖镇,大榭岛置大榭镇,但唐永徽初即废。唐开元二十二年(734年)九月,"辛巳,移登州平海军于海口安置"④,主要是对外用兵一时之需。宋代据苏轼奏则"自国朝以来,常屯重兵,教习水战,且暮传烽以通紧急。每岁四月遣兵戍驰基岛,至八月方还,以备不虞。自景德后屯兵常不下四五千人。除本州诸军外,更于京师、南京、济、郓、兖、单等州差拨兵马屯驻。至庆历二年(1042年),知州郭志高为诸处差来兵马,头项不一,军政不肃,擘画奏乞创置澄海水军、弩手两指挥,并旧有平海两指挥,并用教习水军,以备北虏"⑤。由此可见和前不同。

宋代登州海防极重。据记载,建隆以来,有"澄海弩手(庆历二年置)",熙宁以后有"澄海弩手二"、"平海二"。⑥关于厢兵,建隆以来,马军、威边军"京东路有南京、青、郓、密、曹、齐、濮、济、淄、登、莱、沂、单州,内登(州)系教阅";安东军,有"登、莱州";步军、安海军为"登州",水军,京东路为登州;熙宁以后,登州有壮城军、安东军、安海军、水军、壮武军。"以上并元丰以前所隶,后皆因之"⑦。由此可见登州海防的军事实力。

宋庆历朝起,据苏轼之奏议可知,由于知州郭志高的努力,登州海防建设

---

① 《天下郡国利病书》卷四四,《山东》十。
② [宋]徐梦莘:《三朝北盟会编》卷二。
③ [金]佚名:《大金吊伐录》卷一,《与宋主书》。
④ 《旧唐书》卷八,《玄宗上》。
⑤ 《登州召还议水军状》,《东坡全集》卷2。
⑥ 《宋史》卷一八八,《兵二》。
⑦ 《宋史》卷一八九,《兵三》。

较前大为发展,并足具特色。

1. 登州刀鱼寨的建设

仁宗庆历二年(1042 年),契丹遣萧英、刘天符来致书,求割地。五月,契丹集兵幽州,声言来侵河北、京东皆为备边。[①] 在这种形势下,同年,知登州郭志高在登州画河入海处,"置刀鱼寨巡检,水兵三百,戍沙门岛,备御契丹"[②]。

刀鱼寨,顾名思义,以驻泊刀鱼舡得名。刀鱼舡是宋初普遍使用的浅海巡逻船或谓刀鱼战棹,这类战船系依据浙江濒海处的渔船演变和改造而成。上述刀鱼舡,长宽比超过 4.0[③],形狭而长,状如刀鱼,速度快,故以刀鱼名船。

据现有资料分析,刀鱼舡约出现于五代末或宋初。宋太祖于开国之初,常去汴梁(京城)"造船务",视察水军用刀鱼战棹演习水战,说明当时其即为批量建造的典型战舰了。后鼎州和滨州,亦为国家要害地域,曾"措置合用刀鱼战船,已行划样,颁下州县"制造。[④] 这说明北宋时已为定制,把刀鱼船绘制成图样(小样),颁行沿海州县按图建造。登州刀鱼舡应来源于此。也就是说,登州刀鱼舡与宋太祖视察的刀鱼战棹以及鼎州、滨州的刀鱼船定式,是同一类型,应与浙江沿海巡检近海的钓槽型鱼船(俗称刀鱼船)一脉相承。关于浙江沿海的刀鱼船或钓槽船,据载:"其尾阔叫分水,面敞可容兵,底狭尖可破浪,粮储器杖,置之簀版下,标牌矢石,分立两傍,可容五十卒者,而广丈有二尺,长五丈,率直四百缗。"[⑤]

专家认为,刀鱼舡固然使桨,但由于它是由沿海船改造而来,船上亦必有帆,有风时可帆桨并用,无风时使桨,操船灵便,易于完成濒海沿江巡检任务。宋咸平三年(1000 年),造船务匠项绾等献海战船式,刀鱼船为其中之一。每船可载百余人,有橹 8 或 6 支的钻风船或三板船(一椇四橹),均属多桨刀鱼船一类。

关于刀鱼寨的建设,初期只是利用环境,就势而建寨栅,后有发展。据记载:陆域部分,围以防卫栅栏,筑寨城,以为军营;水域部分,"驻军在今水城一带筑沙堤,堤内泊船"[⑥]。其沿蓬莱城北海滨丹崖山麓,从海边向南延伸,又折向东转北,再回到海滨,筑起一个马蹄形的口南朝北的沙土围子,中间是画河流入的海湾,可以停泊船只,通向北口即为大海,在北部临海处,即船舰进出的口门,刀鱼舡进出航行、驻泊,均方便安全。同时,由于水寨坐落在丹崖山后侧,具有相当的隐蔽性,水师活动不易为敌军发现,而在战时进可以战、退可以

---

① 《宋史》卷十一,《仁宗纪》。

② 《登州府志》卷二,《沿革》。光绪本。

③ 《蓬莱古船和登州古港》,第 69 页。

④ 《宋会要辑稿》,食货五十。

⑤ [宋]李心传撰:《建炎以来系年要录》卷 7。

⑥ 新编《蓬莱阁志》,第 40 页,《水城》。

守,是古代难得的军事要塞。

刀鱼寨在登州海防中的作用是十分重要的,可以说是京东唯一的水师基地。战舰可以在这里锚泊、训练、避风、维修,可以在这里上粮、供水、补给军需。刀鱼寨水师为京东唯一水师,海防的任务甚重。据《登州府志》记载,刀鱼寨水师,不仅负责蓬莱东、西一带的海上巡逻,而且要戍卫庙岛群岛海域与岛屿,进行全面巡察。平时,刀鱼寨派战舰巡防,日出由寨出发,日没即回寨。同时以水师戍岛,"水兵三百人,戍沙门岛,每仲夏驻砣矶,秋冬引还南岸"①。

2.登州港外港的建设

为了保持刀鱼寨和庙岛群岛诸港口的联络,还在庙岛群岛的沙门岛、砣矶岛和南、北大谢岛上,安装了铜炮台,修建了烽火台等。这也是登州海防建设的重要组成部分。

四、金代更趋衰落的登州港

(一)金代登州港面临的形势

在宋金联合伐辽的战争中,宋朝屡屡败北,"虏骑所过,莫不溃散"②,北宋王朝的懦弱腐败已暴露无遗,这就引起了新兴的金国(即女真)进军北宋问鼎中原的野心。

徽宗宣和七年(1125年)冬十月,金国摸清北宋"道路险易、朝廷治否、府库虚实",即地理、政治、经济情况,看到"时之大弊,曰民穷,曰兵弱,曰财匮,曰士大夫无耻"③,认为时机已经成熟,避开水路,分东西两路挥师南下。尽管宋廷主战将领和广大人民奋起抗击,但宋廷屈厚妥协,割地进贡,甚至甘尊金帝为伯父,毫无斗志,军事上一败再败。靖康元年(1126年)十一月,宋廷被迫以"黄河见今流行以北、河北、河东两路郡邑④人民,属之大金"⑤。靖康二年(1127年)四月,"三里之城,遂失藩藩之守;十世之庙,几为灰烬之余"⑥。金军虏宋徽宗、钦宗、后妃、公主、宗臣、大臣计3000余人北去,北宋王朝灭亡。

宋南渡后,淮河以北被金占有,两国仍然对峙。南宋对南商渡河北上,控制和惩罚更为严厉。可能商贾趋利,亦可能南北间的传统联系难以一刀斩断,

---

① 《蓬莱县地理志》,第16页。
② 《朱子语类》,卷一二八。
③ 《宋史》卷四三八,《黄震传》。
④ 山东,此处是指金行政区山东东路。据《金史》卷二五《地理志》:登、莱州属之,而文登、牟平另属宁海州。
⑤ 《大金吊伐录》卷三,《宋主与河东河北敕》。
⑥ [宋]石茂良:《避戎夜话》卷下,《宋主降表》。

陆路既难通行,反而由海道来维持联系。金廷对此似乎并不介意,在某种程度上,反而欢迎南商北去,南宋则频频颁令限制。

宋高宗建炎四年(1130年)秋七月,"己未,禁闽、广、淮、浙海舶商贩山东,虑为金人乡导"①。但商贩航海北上贸易并未因禁而止,《宋会要辑稿》载"贪其厚利,兴贩前去"。在宋金对峙的情况下,这不能不引起南宋政府的忧虑。宋高宗绍兴七年(1137年)六月十八日,知兴州府两淛(即浙)东路安抚使蒋芾言:"据本司参议官敞剖子,顷在北方备知中原利害……山东沿海登、莱、沂、密、潍、滨、沧、霸等州,多有东南海船兴贩铜、铁、水牛及鳔胶等物……所造海船、器甲仰给予此。及唐、邓州收买水牛皮、竹箭杆,漆货系荆羡客人贩入北界,缘北方少水牛,皮厚可以造甲,至如竹箭杆、漆货,皆此所无。"在兴州知府看来,这些物资可资军事,输入山东沿海登、莱、沂、密等海口,自然属于资敌,是不能允许的,故奏请朝廷令沿海沿淮州军"严行禁绝,如捕获客人有兴贩上项等事,兴重寘典宪"②。

尽管如此,也难禁绝南商北往。例如,金海陵王正隆时,由于南侵的需要,到南方觅揽人才造海船。据李心传《朝野杂记》载:浙江甚至有船匠暗渡山东,"献议造舟,因为向导",为金水军南下帮凶。当然,这是个别的例子。至于商贸,则禁不胜禁。"海舶飞运,所失良多,而铜钱之泄尤甚,法禁虽严,奸巧愈密,商人贪利而贸迁,黠吏受贿而纵释,其弊卒不可禁。"③《宋史》的记载反映了宋廷对此亦无可奈何。

(二)金代登州的港航活动

金代的水师基地,为便于南侵,虽设在胶州湾,但对登州港的军事作用也是重视的。《登州府志》就有"宋金分居南北,一水可通,故金设重兵于登州,以防海道,勋戚大臣久镇海疆"④的记载,既有重兵驻守,又有重臣镇防,显然地位是重要的。

南宋也十分重视这一战略要地。宋绍兴年间,观文殿学士胡松年曾向高宗进策:"如欲恢复中原,必自山东始,山东归附必自登、莱、密始,不待三郡民俗忠义,且有通泰飞艎往来之便。"⑤这很说明问题。

登莱一带,金水师活动也有一定规模。例如,绍兴三年(1133年),宋明州守将

---

① 《宋史》卷二六,《高宗三》。
② 《宋会要辑稿》,刑法二之一五八、一五九。
③ 《宋史》卷一六八,《食货八下》。
④ 《登州府志》卷六八,《补遗》,光绪本。
⑤ 《宋史》卷三七九,《胡松年传》。

徐文以所部海舟60艘叛,大齐帝刘豫以其知莱州,并海舰20艘,骚扰通、泰间。①

　　商贸活动很少,军事运输则是经常的。通过登州海道,可到金之大后方,所以无论对军事的供应,或对后方的交通,登州港都起了运输补给作用,登州港—登州海道—辽东,就是金国的一条运输补给线。

　　关于其他活动,据《登州府志》载,在砣矶岛井口村曾发现石刻,刻有:

大金皇统六年

保证张牙局子

口口因勾室女

口会九月二日

口州口口谨记

　　"右正书方寸五分许,凡5行,行6字,共30字。不知其何所指而曰保证,曰勾室女,曰谨记。疑当日有采宫女之旨,宫役所在搜访,故书年月以记之。"②这也是金朝利用登州港和登州外港进行航运活动的一个证明。

五、蒙元时期因海运复兴的登州港

(一)南北海漕中枢登州港

1.南北海漕的由来

　　成吉思汗帝十二年(1217年),新兴并迅速强盛起来的蒙元频击山东。"冬,克大名府,遂定益都、淄、登、莱、潍、密等州"③,此前后,宋、金、蒙元交替争战于登、莱、密州。至成吉思汗帝二十二年(1227年)五月,宋京东路总管李全投降蒙元,"山东地区都为蒙古所有"④。以后约经半个世纪,蒙元先后灭西夏(1227年)、灭金(1234年)、灭南宋(1279年),在中国建立了一个空前规模的、多民族的、统一的中央集权王朝。

　　蒙元灭南宋后,建都于大都(今北京),这就形成了蒙元帝国的政治、军事中心在北方,而经济、文化重心在南方,政治军事重心和经济文化重心分离的格局。这是一个十分突出的矛盾。"世祖定都于燕,合四方万国之众,仰食于燕"⑤;国家方定,京都建设极繁,"国家初定中原,制作有程,凡鸠天下之工,聚之京师"⑥,这是北方经济力量所难以支撑的,有赖于南方在经济上的支持。

①　《宋史》卷四七五,《刘豫传》。

②　《登州府志》卷六六,《金石》,光绪本。

③　[明]宋濂:《元史》卷一,《大祖一》。

④　蔡美彪等:《中国通史》,人民出版社1992年版,第427页。

⑤　《丛书集成初编》之一,附录,《玩斋集》。

⑥　[元]苏天爵:《元文类》卷四二,《经世大典序条·诸匠》。

正如元朝人危素云："元都于燕，去江南极远，而百司庶府之繁，卫士编民之众，无不仰给于江南。"①可见，燕京庞大的政府机构、王室、军队，包括集中起来的工匠，还有对海外的赏赐等，无不依赖于江南供给，特别是粮食，依赖江南供应量很大。

元初的粮食运输，"自浙西涉江入淮（淮南运河），由黄河逆水至中滦旱站（今河南黄河北岸封丘县境）陆运至淇门（今河南淇县南），入御河（今卫河）以达京师"②。在京杭大运河未全线贯通之前，河运需在淇门中转，费时费力，于是广开新河，如开胶莱运河③，但成效不显著。这样，就产生了大规模的海运粮食问题，且设立了相应的机构建制，形成了颇为有效的海运制度，使"民无挽输之劳，国有储蓄之富"，是为"一代良法"，史谓"终元之世，海运不废"④。

欲行海运，则登州港的地理优势会得到充分的体现。无论海运粮食航道如何变化，登州港都是必经之地，处在南北海漕的中枢地位，而"终元之世，海运不废"注定了登州港因海运而复兴的前景。

2. 以登州港为中枢的海漕航线

登州港，特别是其外港沙门岛（庙岛）在海漕中的地位是十分显著的。"朱张海饷，自三大洋径至燕京"⑤，登州港为海运粮船之必经。每当运期，沙门岛，如刘家港（粮船始发港），"万艘如云，毕集海滨"⑥，蔚为壮观。

史谓"元海运自朱清、张瑄始"⑦，"朱清、张瑄，海上亡命也"⑧。据载，朱清曾亡命于登州沙门岛，经常活动在登州以及渤海水域，贩私盐，劫掠商旅。朱清因"捕急辄行舟东行，三日夜得沙门岛，又东北过高句丽水口，见文登夷维诸山，又北燕与碣石，往来若风与鬼，踪迹不可得……无虑十五六往返。私稔南北海道，此固径直且不逢浅角"⑨。很显然，在长期动荡的海上生活中，他们摸索出了一条无虑往返的南北航线。蒙元平江南时，他们投靠蒙元，为丞相伯颜所重用；至元十九年（1282 年），开始了足具规模的粮食运输。

据《大元海运志》载，时造平底海船 60 艘，运粮 46000 余石，从海道至京师。初次的航路，据《元海运志》记为：自刘家港出扬子江，盘转黄连沙嘴，月

---

① 《丛书集成初编》之一，[元]危素：《元海运志》。
② 《元史》卷九三，《食货一·海运》；危素：《元海运志》。
③ 胶莱运河，沟通入胶州湾的胶河和入莱州湾的胶莱北河，全长 150 千米左右，亦称运粮河。至元十九年开浚，后废。
④ 《丛书集成初编》之一，附录《大学衍义补》。
⑤ 《丛书集成初编》之一，附录《浩然斋视听抄》。
⑥ 《丛书集成初编》之一，附录《玩斋集》。
⑦ 《丛书集成初编》之一，附录《草木子》。
⑧ 《丛书集成初编》之一，附录《广舆图》。
⑨ 陶宗仪：《辍耕录》卷 5，《朱张》。

余,始抵淮口,过胶州牢山(崂山)一路,至延真岛,望北行,转成山西行到九皋岛、刘公岛、沙门岛,放莱州大洋,收界河,两月余,抵直沽,实为繁重。如此,这一运竟达三个月余,运输效率和船舶之周转也确可虑,比唐朝的长途海运水平高不了多少,恐怕主要是集团运输,前呼后应不易,以及航路不熟悉的缘故。到至元二十六年(1289年)"增粮八十万石,二月开洋,四月直沽交卸,五月还,复运夏粮,至八月回,一岁两运"①,效率略有提高。但这条航线,似不理想,后来曾两次变更,但无论怎么变,登州港沙门岛仍处于中枢地位,作用十分显要。

至元十九年(1282年)自刘家港出扬子江,盘转黄连沙嘴,月余,始抵淮口,过胶州牢山一路,至延真岛,望北行,转成山西行到九皋岛、刘公岛、沙门岛,放莱州大洋,收界河,两月余,抵直沽,三月余。至元二十九年(1292年)刘家港乘东南风开船,一天到撑脚沙(太仓西撑脚浦),转过沙嘴,到长江北口,顺风一日到扁担沙(崇明岛北),过万里长滩、青水洋②、黑水洋③,过成山,绕过刘公岛、芝罘、沙门岛入莱州大洋,风好三天便可到界河口直沽。风顺半月,风水都不顺,有三四十天。至元三十年(1293年)至崇明州三沙放洋,向东行,入黑水洋,取成山,转西,至刘家港,又至登州沙门岛,于莱州大洋入界河。

'第三条航线,进一步摆脱了海岸的束缚,一出刘家港就直闯大洋进入登州水域,缩短了南方港口和登州港的距离,不失为一大进步。这条航线亦显得经济、合理、使用价值高,为后世所沿用。

登州港作为海运之中枢,主要是一个粮食转运港或集散港。例如,方志记载,"至元三十年(1293年),海运来十三万石给辽阳戍兵","三十一年(1294年),以所储充足止海运三十万石"④。这说明登州粮运不仅供京师,亦供辽阳驻军。

(二)海运漕粮对登州港的影响

1. 登州港航活动的复兴

这一时期内,从海上将粮食由南往北运,规模越来越大。元成宗大德六年(1302年)起,年运量在120万石以上。自元武宗至大四年(仁宗皇庆元年,1311年)起,年运量在200方石以上,海运航线开始进一步摆脱了海岸的束缚,缩短了南方港口和登州港的距离,经济、合理、使用价值高,为后世所沿用。至仁宗延佑五年(1318年),达到255万余石,为元始祖至元十九年运量的

①　《丛书集成初编》之一,附录《广舆图》。

②　青水洋,北纬34度,东经122度附近一带水域。

③　黑水洋,北纬32—36度,东经123度以东水域。

④　《登州府志》卷二,《海运》,光绪本。

55.46倍。

运船越来越多,且大型化。初仅60艘平底海船,大者装1000石,小者装300石。而"延祐以来,各造海船,大者八九千,小者二千余石",即大者为至元时大船装运量的八九倍,小者也达到二倍。

运船数更扶摇直上。例如,延祐元年(1314年),"浙江平江刘家港开洋一千六百五十三只,浙东庆元路开洋一百四十七只……元幼主天顺元年(1328年),用船总计一千八百只"①,已大大超过运粮船60艘的规模。

投入的人力越来越多。例如,至元二十一年(1284年),"罢阿八赤开河(即胶莱运河)之后,其军及水手各万人,运海送粮"②,一下子就增加2万人。而海运盛时广每年船万只,"水手运军十余万人,往返于长江口天津间"③。

众所周知,上述船舶、人员、粮食都是要经过登州港的,特别是其外港沙门岛,为粮船定期定点的寄泊港。沙门岛港湾,由十几个岛礁环拱萦绕、相互联结而成,港域条件优越。在沙门岛宝塔门外怒海涌波之时,港内因三面避风,仍显得风静浪子,仿若一个湖泊。后人称之庙岛塘。史谓"凡海舟……必泊此以避风"④。据记载,有一次沙门岛竟同时进驻运粮水手、船工3000余人。一年两运,源源不断,特别是航线一再变化,更趋合理,运船往返时间缩短,船舶周转加快,港口利用率提高。登州港和沙门岛一时之盛,似不必说,连庙岛群岛,居民都多达10万人。

　　2. 港口经济技术的发展

　　(1)港口管理水平的提高。"军粮民食仰给南方海运,安危事关国脉。"⑤政府的海运机构和海运组织之完备和严密,是当然的。为了保证粮食运输的低耗、高效、安全,在运粮船队方面,也建立了严格的编制。登州的集运粮食,肯定超过胶西(即胶州),但具体组织编制少见记载。胶西则比较清楚。"胶西押纲官秩正八品,每编船30只为一纲,应运10万余石。每纲船户约不及200户"。这和元朝的统一规定是相符的。"应运10万余石",说明了每纲的运量;而"每纲船户约不及200户",则大致说明了每船人数,平均在6人左右。登州当亦如此。登州各纲粮运,是就近征集的。据《登州府志》记载,元惠帝"至正十七年(1357年),于登莱沿海立三百六十屯,相距各三十里,造大车挽运"⑥,往登州等港集中。这样,登州港和沙门岛对粮食的装卸,船只的寄泊、移泊、进

---

① 《大元海运记》卷下。
② 《登州府志》卷二,《海运》,光绪本。
③ 天津博物馆,《古史陈列资料》。
④ 《登州府志》卷二,《山川》,顺治本。
⑤ 《胶澳志》卷一,《沿革》。
⑥ [明]宋应星:《天工开物》卷中,《舟》。

出口的调度，船只的修理以及待修船只粮载的仓储等的管理，其繁忙和复杂的程度为以往所无。又据载，"凡海舟以竹筒贮淡水数石，度供舟内人两日之需，遇岛又汲"①，即沙门岛还有淡水的补给任务等，均在客观上使港口管理、服务的内容大为丰富，管理业务得以拓展，港口管理的水平亦得以提高。

（2）港口技术水平的提高。元朝海运粮船，进出登州港和沙门岛者，亦"曰遮洋浅船，次者曰钻风船（即海鳅）……迅遮洋运舡制，视漕舡长一丈六尺，阔二尺五寸，器具皆同，唯舵杆必用铁力木，舱灰用鱼油和桐油"。显而易见，海漕运船较河漕运船为大，初时海运船大者只容1000石，后来小的也在2000石以上，大的运船已容7000石以上，业已具有相当的规模。这就对港池、航道的水深以及对海域岩礁分布的了解等提出更高的要求。港口必须有足够的技术手段面对和应付这种空前的局面，其技术水平的提高也是必然的。

（3）港口防卫的加强。鉴于登州港及其外港沙门岛在海运粮食中的重要地位；鉴于"历岁既久，弊日以生……兼以……盗贼出没，剽劫覆亡之患……有不可胜言者"②，如元顺帝至八年（1348年）"台州土豪方国珍造船千艘于海上，劫掠商贾，集卒数万，阻元之海运"③；鉴于对倭寇防卫的需要，使元朝对登州海防重视有加。

沙门岛。"元人通海运于沙门岛，设监置戍，其时与……《齐乘》云，沙门岛在登州海北九十里，上置巡检直转帆入渤海者皆望此岛以为表识"④。对于登州港，史载："元初……登莱李擅旧军内起金一万人，差官部领御倭讨贼……而水军之防仍循宋制。"⑤由此可知，元朝登州刀鱼寨仍同北宋，照旧驻扎水师，用以巡逻登州海面、列岛，出洋防哨，为元水军要塞。至正十一年（1351年）三月，还由于形势关系，"立分元帅府于登州"⑥。

1984年登州港小海清淤，出土了元代沉船和大量文物，据研究确认该船为刀鱼战棹。据研究估算，古船总长35米，主体长31米，船阔6.2米，舱深2.5米，吃水1.3米，主桅高25米，头桅高17米，载重量87吨，排水量189吨。⑦同时还出土了元代的一门铜炮，该炮由黄铜铸成，外口径10.2厘米，内口径7.0厘米，残长18.3厘米；口圆，有两道凹陵，这种火炮体短口大，又称碗口筒。此外，还有石弹和灰瓶，均是水军攻战中的制式兵器。

---

① 《天工开物》卷中，《舟》。

② 《元史》卷九一，《食货五·海运》；

③ ［清］钱谦益：《国初群雄事迹录》，《方国珍》，中华书局1982年版。

④ 《登州府志》卷二，《山川》，顺治本。

⑤ 《登州府志》卷十二，《军垒》，光绪本。

⑥ 《元史》，卷四三，《顺帝纪五》。

⑦ 杨槏：《山东蓬莱水城和明代战船》，《蓬莱古船和登州古港》，第62页。

（三）登州港的海上交通贸易

金代登州港已经衰败。登州四县（和北宋略不同），"户口减耗至五万余"①。南宋、金、蒙元兵戈交替，兵祸频仍，登州不多的港口活动更遭摧残。元代，全国平定以后，特别是南粮北运，刺激了登州的港航活动，使其进入一个复兴时期。

1. 登州港的国内交通和贸易

登州港既为南粮北运的中枢港口，登州港的国内交通和贸易，尽管记载不多，应该说也有一个相对的复兴。

譬如朱清，宋末元初活动在登州海域沙门岛一带，从事海上走私贩盐，劫掠商旅，尤重巨贾，竟使"富家以为苦"②。朱清组织的人马是一方面，叫苦的"富家"是一方面，都是从事海上航运活动的，说明此航线上往返商旅不是寥寥。

关于元代的国内交通和贸易，1984 年登州蓬莱水城（刀鱼寨故址）清理港内淤积时，发掘出古船一艘及北宋以来历代的瓷器计 200 余件，其中元代器物不少。以瓷器为例，"以龙泉窑和北方窑为主，次为磁州窑、金华窑和浙或闽地方窑"③。出土的瓷器精品，显然不是民用的，有的则是民用的碗、高足杯、罐、瓶以及盘、壶、虎子等。在出土的北宋瓷器中，有江西浮梁景德镇湖田窑影青瓷、陕西铜川黄堡耀州青瓷；同时出土的还有福建、河南、河北各地方窑的器皿，均为民窑精品。无独有偶。近年来，在我国华北地区，尤其是长城一带、内蒙古等地以及京津地区、辽宁省的金州古港，均有同类器物大量出土。

这样，我们可以看到宋元时期登州港国内交通贸易的大致轨迹，而且可以据此断定，登州港不仅是我国瓷器外销的北方集散地和主要港口，在国内瓷器的集散和贸易中也有重要的地位。登州港仅从瓷器的贸易来说，就和我国南部沿海福建的泉州、福州港，浙江的杭州、明州港，河北的直沽、平州港以及辽宁的金州港等港口保持着密切的、传统的交往，和我国内地的江西、陕西、河南、内蒙古以及东北地区保持着广泛的贸易联系。

2. 登州港的海外交往

登州港虽未设过市舶司，亦非蒙元帝国指定的外贸口岸，但对外交往不乏记载。南北海漕开通以后，南方外商亦循运粮道北上。《登州府志》载："南蕃海船，皆从此道贡献，仿效其道矣。"④

---

① 《金史》卷二五，《地理志》。
② ［元］陶宗仪：《辍耕录》卷五。
③ 《蓬莱水城和登州古船》，第15页。
④ 《登州府志》卷二二，《海运》，光绪本。

与高丽的交通往来。元初,登州港和高丽保持着一定程度的往来,往高丽活动者为数不少,故引起元朝政府的重视和明令禁止。据载:至元元年(1265年)冬十一月,元朝"禁登州、和州等处并女真人入高丽界剽掠"①。这是登州民航海至高丽活动的证明。

元朝和高丽政府间的交往频繁亦有经登州港的记载。元仁宗延祐三年(1363年)后,高丽西海道安廉使李齐贤,曾多次往返元大都,并乘船到过登州港。

关于通商贸易,据记载,元成宗元贞元年(1295年),高丽政府就曾遣人"航海往益都府,以麻布一万四千匹,市楮币"②,高丽人换得元朝的纸币,以购买他们所需要的商品。另外,据长岛航海博物馆资料,1984年重修庙岛"显应宫",挖基时出土了一些瓷碗,经鉴定产地是高丽,为元末的产品。专家认为,13—14世纪,高丽是生产青瓷的主要国家之一。这些高丽瓷器,有可能是元末通商贸易的船带过来的。

与日本的交通往来。登州和日本之间的交往,从唐以后,已不多见,宋金代亦然。元代和日本交恶,和日本的贸易主要在南方。日本到北方来的船也有,常常是走私、行商、劫掠兼而有之。元至正二十三年(1363年),"八月,丁酉,倭人寇蓬州,宋将刘暹击败之"③。蓬州,据中日两国史家研究,达成共识,即为蓬莱。由此可见日本和登州的交往还是有的。特别是关于倭寇的记载,这是早期也是后世患的萌始。

1976年从朝鲜全罗南道新安郡道德岛海中,打捞起了几件中国瓷器,自此至1982年6年间,共进行了8次打捞和调查,所获颇丰,有陶瓷器16792件、金属663件、石材31件、其他511件;另外,仅1982年利用吸引软管打捞的铜钱就有18吨。这些铜钱都是中国制造的,包括唐、两宋、辽、金、西辽、元各代产品。我国学者席龙飞考证认为,此沉船为我国元代福船,是从福州出发到日本去的。④

1984年蓬莱水域清淤,亦出土了一批瓷器,两相对照,发现朝鲜沉船"所载的不仅有我国南方陶瓷,也有北方磁州窑产品白釉黑花云龙纹罐;其中尚有元代黑釉器系罐及橄榄形高桩罐与蓬莱水域出土的卷口橄榄形罐基本一样……可视作上述情况的一个间接例证;或许这些瓷器就是从登州转港出口的,也未可知"⑤。河北的磁州窑的产品,就近到登州装船的可能性为大,不至于到福州去装船。福州如果通航日本,到了元代,完全可以直航,大可不必绕

① 《元史》卷五,《世祖纪二》。

② 《高丽史》卷三一,《忠烈王世家四》。

③ 《元史》,卷四六,《顺帝纪九》。

④ 席龙飞:《朝鲜新安海底沉船的国籍和航路》,《太平洋》文集,海洋出版社1985年版,第129-131页。

⑤ 耿宝昌:《蓬莱水城出土瓷器略谈》,《蓬莱古船和登州古港》,第99页。

道经高丽。朝鲜新安出土的沉船或许确是从登州港出发,或在登州港中转而去日本的。这说明登州和日本间的通商贸易是存在的。

第五节　天津港①

一、宋辽对峙时期的天津港与贸易

(一)宋辽对峙下的界河

北宋建立以后,统一了中国的大部分地区,但在华北有契丹族为主的辽政权与北宋对峙。以海河流域的白沟(也称界河),大体上相当于今大清河及海河一线为界:界河以南属北宋,界河以北属辽。宋弱辽强,北宋为了防御辽朝的南下,沿界河南岸设置了许多防御工事,称为"砦"(寨)、"铺";西起现在的河北省满城县,东至泥沽海口,绵延九百里,由河流、淀泊构成屯田防线。"太宗置寨二十六,铺一百二十五,廷臣十一人,戍卒三千余,部舟百艘,往来巡警。"②仅从泥沽海口到独流之间,就有鮫济港铺(约在今葛沽附近)和泥沽、双港、三女镇、小南河、百万涡、独流南、独流北、沙涡等寨,都派兵驻守。北宋仁宗宝元二年(1039 年),"河北缘边安抚司,请于缘界河百万涡寨下至海口泥沽寨空隙处,增置巡铺,从之"。界河以北的辽朝也设拒马河长戍司,往返巡逻。为防止辽朝的骑兵南下,北宋还在西起今河北保定,东经雄县、霸县直到青县附近,开辟了许多塘泊防线。这样,使唐代曾一度帆樯林立的军粮城及对岸的泥沽海口成为两国边防的前哨。真宗咸平四年(1001 年)于泥沽海口、章口恢复造船机构,令民入海捕鱼,"先是置船务,以近海之民与辽人往还,辽当泛舟直入千乘县,亦疑有乡导之者,故废务"③。从北宋废置船务的情况看,泥沽海口和军粮城常处于封锁状态,失去了南北转运的可能性。

北宋庆历八年(1048 年),黄河泛滥北流,夺界河入海,直到南宋绍熙五年(1194 年)才又改道南移。在这 100 余年期间,由于黄河急流的冲刷和泥沙的淤积,使界河和塘泊防线发生了变化。黄河夺界河入海以前,界河宽 150 步(每步 5 市尺),最窄的地方为 50 步,河深 1 丈 5 尺,浅的地方约 1 丈。黄河夺界河入海以后,经过急流的冲刷,界河最宽处 540 步,窄处约两三百步,深处 3

① 本节引见《天津港史》编委会编:《天津港史》,人民交通出版社 1986 年版,第 14-39 页。

② 《宋史·何承矩传》。

③ 《宋史·河渠志》。

丈 5 尺,浅处约两丈,两岸日益开阔①。河水流入塘泊地区,由于泥沙的淤积,塘泊渐浅,失去了防御作用。

（二）界河沿线的港口贸易

宋、辽对峙,时战时和,到北宋景德元年（1004 年）以后,双方维持了 100 余年的和平局面。这期间,宋、辽在界河一线进行了贸易,贸易形式大体可分为三种:

（1）朝廷往来聘使。这是北宋与辽定期定量进行的物品交换。

（2）官方设立榷场。北宋在易、雄、霸、沧州等地各设官方榷场;辽朝也在界河以北设立了榷场,各设官员监督、管理互市贸易、征税。

（3）私人交易。这是在榷场以外进行的,多以逃避税收取利以及在市中买卖榷场禁售的货物。

宋辽贸易的货类繁多。北宋向辽出售的有茶叶、药材、犀角、象牙、苏木,缯帛、稻米、麻布、丝织品、瓷器、漆器、染料、香料等,②其中药材、犀角、象牙、苏木等都是南海一带的产物,每年在榷场贸易的总价值为 20 万贯;③另外还有工艺品、乐器、图书、文具、酒、蜜果等。宋向辽输出的还有铜和锡等商品。宋神宗熙宁五年（1072 年）,在榷场出售给辽的铜就达 100 万斤。④

辽向北宋出售的商品有食盐、酒、蜜渍果品、干鲜果、皮毛、皮革制品、毛毡、北珠（产自女真族地区）,还有镔铁刀剑、弓箭、马具;大宗商品有马匹、牛羊、骆驼等,以羊为最多。榷场之外,私人贸易也极盛行,甚至北宋镇守边防的军士、官吏也都私买契丹的马匹。⑤ 北宋向辽私市出售的商品还有硫黄、焰硝及禁售的书籍等。在榷场和私市贸易中,由于辽朝缺少铜的资源,严禁辽钱出境,通用北宋的铜钱,客观上使宋辽经济上联系密切。军粮城和泥沽海口在北宋和辽对峙时期,虽然失去了转运的作用,但仍不失为界河沿线港口贸易的水运通道。

（三）金元时期直沽港口的兴起

金天会三年（1125 年）,金灭辽国。天会五年（1127 年）又并北宋,建立了北方统一的金朝政权,隔淮水（今淮河）与南宋对峙。金贞元元年（1153 年）,金王朝由上京（今黑龙江省阿城县附近）迁都于燕京（改称中都,今北京）。随

---

① 《宋史·河渠志》。

② 《宋史·食货志·互市舶法》。

③ 《宋会要·食货》卷三十六。

④ 《资治通鉴长编》卷二四零之二五。

⑤ 《资治通鉴长编》卷二四零之二五。

着自然条件的变化和海河河道的相对稳定,潞水、御河汇合处的三岔口逐步形成了直沽寨,直沽港的水运交通也随之兴起。

早在唐代,海河支流汇合入海处,已有"三会海口"的记述。北宋时期,自庆历八年(1048年),黄河前后三次北涉,均从天津附近入海。元丰四年(1081年),黄河自澶州大吴决口,一向就下,形成一条北流河道,再次冲入界河,不舍昼夜冲刷。① 黄河与白河相会之处,水分支叉,劈地成块,天津一带始有"三岔口"之地。北宋都水使者吴蚧称,自元丰间大吴口决,北流入御河,下合西山诸水至清州独流寨三岔口入海。② 证实确有三岔口之地,并隶属清州独流寨。北宋防辽时,在界河、塘泊、海口一带诸路口,广布寨、铺,以备军事。北宋在三岔口附近已有三女寨、小南河寨、双港寨、泥沽寨、田家寨、当城寨等军事地名;③除三女寨(今天津灰堆一带)外,其他各地名沿用至今。

金代,在北宋的基础上,三岔口已发展成重要的军事、交通要地。贞祐元年(1213年),金王朝调武清县巡检完颜佐、柳口镇巡检皲住为正、副都统,戍直沽寨④,此乃直沽寨见书得名之始。

直沽寨地处三岔口水路要津,潞水、御河合流后东入渤海,水路交通方便,距中都有100多千米,地位重要,具有发展港口水运的有利条件。

由直沽港,北溯潞水,经通州,漕船可直达中都;南航旧黄河,达滑州、大名、恩州、景州、沧州、会川之境;西南经御河、漳水,则通苏门、获嘉、新乡、卫州、浚州、黎阳、卫县、彰德、磁州、洺州;沿滹沱、衡水、连献州、深州、清州,经巨马河和霸州,经沙河和雄州、北清河抵山东。各条水路广通河北、山东、河南等地区,经黄河、淮水可通南宋。凡濒河诸路置仓贮税之地,若恩州之临清、历亭,景州之将陵、东光,清州之兴济、会川,献州及深州之武强,均水路通达;管理漕运之城如武清、香河、沸阴等,转运漕粮之地如柳口、信安等,均河漕通达,十分便利,经海河到泥沽可与海路相连。金代的直沽港,航路发达,是连接金朝广大地区的交通要津,是中都通向各地的水路咽喉,对维护金王朝的统治,发展农业、陶器、盐业、商业等均有积极作用。

二、金代漕运与直沽港的发展

金朝统一北方领土,为直沽一带的漕运发展创造了条件。海陵王迁都燕京后,每年京师所需大量粮米,均仰给河北、河南、山东一带。处于京师要津的

---

① 《宋史·河渠志》。
② 天津市海岸带和海涂资源综合调查组小综合组编印《海河下游水文地理的变迁和天津港口城市的形成和演变》,1984年9月。
③ 北宋曾公亮编:《武经总要》前集。
④ 《金史》,卷一百三,《列传第四十一·完颜佐》。

直沽港，担负着粮米转运至中都的任务，"自内黄经黄河来滑州、大名、恩州、景州、沧州、会川境内濒河十四县之粟，自漳水行御河，通苏门、获嘉、新乡、卫州、浚州、黎阳、卫县、彰、德、磁州、洺州之愧；自衡水经深州会于滹沱，以来献州、清州之饷"①。漕船从三条航线，装载濒河诸城以及傍郡之税，集结柳口（今天津杨柳青）及直沽一带。另有霸州之巨马河、雄州之沙河的运粮漕船皆合于信安海壖，到直沽集结。柳口、直沽所集之船溯潞。水而至通州，以达京师。随着漕运的发展，直沽港成为供应中都宗室、军吏、奴婢等人的粮饷和军马草料最重要的转运港口。

金大定二十三年（1183年），在京宗室将军，有户一百七十，口二万七千八百零八，牛具三百零四②，漕粮常年转运量达一百七八十万石。③ 大定二十一年（1181年），以八月京城储积不广，仅恩、献等六州诏粟百万余石运至通州，辇入京师。

直沽港的转运多集中于春秋二季。冬季航道结冰，暑期雨暴，航运不便，漕船多在春、秋季航行，"春运以冰消行，暑雨毕。秋运以八月行，冰凝毕"④。每年春秋季节，直沽港呈现一派繁忙景象。

自直沽到通州，逆水行漕。通州而上，地峻而水不留，其势易浅。舟船不行，后虽开卢沟河，或通或塞，船运和陆运都十分困难。直沽、柳口一带十数里的码头岸线，常有大量漕船滞行。泰和五年（1205年），上至霸州，以故漕河浅涩，勅尚书省发山东、河北、河东、中都、北京军夫六千，改凿之⑤，改善了直沽港的集运航道。由于直沽至通州的航道是逆水航行，柳口、直沽的滞船现象仍难避免。

到达直沽的粮船有官雇民载、民赁官船，每30只分编为"纲"。"纲"内每船设户（纲户），纲船所经州县及港口，官吏以盘浅剥载为名，弊端百出。泰和六年（1206年），金朝遂定制，凡港口及漕河所经之地，州府官衔皆兼"提控漕河事"，县官则兼"管勾漕河事"，俾催检纲运，营护堤岸，加强港口漕运的管理；凡粮食装船或港口盘浅剥载之前，必须先检查修理船只，保持良好的状态，所载之粟，行前提取米样，加封后方准起航。对装船、卸船以及颁流、逆航都规定了付费标准和航行期限。这些法规都促进了皇粮漕运和直沽港的顺利中转。

正隆四年（1159年）二月，金准备侵宋，下令征军；十月，命工部尚书苏保衡在通州督造战船，海陵王亲自察看。翌年三月，海陵王派原中都步马都指挥

---

① 《金史·河渠志》，卷二十七。
② 北京市社会科学研究所：《北京历史纪年》，北京出版社1984年第1版。
③ 天津史编纂室何淮湘：《金元两代的盐漕与天津》。
④ 《金史·河渠志》，卷二十七。
⑤ 《金史·河渠志》，卷二十七。

使、改行都水监徐文与步军指挥使张弘信等率舟师九百浮海镇压东海县（今江苏省连云港）张旺、徐元起义。海陵王并对徐文说："朕意不在一个城邑，将以试舟师。"①可见，除漕粮转运之外，直沽还是通州庞大舟师浮海必经之港口。

大安二年（1210年），蒙古骑兵攻金，京师戒严，中都大饥。三年以后，蒙古军再次围困中都。贞祐二年（1214年），粮道断绝，宣宗决定迁都开封②，直沽港的漕粮转运亦随之衰落。

三、元代漕运与直沽港的发展

贞祐三年（1215年）五月，蒙古军攻破金中都，改中都为燕京。后来，忽必烈立足燕京，进而统一中国。至元八年（1271年）元朝建立，都于燕京；次年改为大都，并迁居民于大都城内。内城分50坊，有口约10万户，各种市集30多处，外城住着许多过往商人和外国人，百司庶府之繁、卫士编民之众，无不仰给于江南。③ 至元十六年（1279年），南宋灭亡，元统一了我国南北疆域。至此，大都所需官俸银米，军需粮草，臣民之盐、茶、丝、绢，源源不断从江南运来。由于直沽地处水运要津、大都之门户，故大都所需的江南物资和赋税，无不到直沽港接卸转运。

河运。初期到直沽的"皇粮"漕船，自浙西涉长江入淮水，由黄河逆流至中滦，陆运至淇门，入御河。④ 转京师之粮，一年只可运30万石。至元二十年（1283年），江淮水运不通⑤，于是自淮水以北开济州泗河，分汶水至须城之安民山，入清济故渎，经东阿早站至利津河入海，由海运至直沽。⑥ 因海口泥沙壅塞，不便通行，又改由东阿站陆运200里至临清入御河，劳费甚巨。后开凿胶莱新河通海。至元二十二年（1285年），经胶莱水道载江淮之米，达直沽港转运京师者有60万石。⑦ 至元二十六年（1289年），采韩仲晖、边源的建议，从安民山之西南，由寿昌西北至东昌，又西北至临清开河，入于御河，全长250余里，命名"会通河"。这样，自余杭至大都的运河航道比隋代运河缩短了1800里，使江南的货物经河运自杭州至直沽顺利抵大都。直沽港在满足朝廷的需求、沟通南北经济、繁荣大都商业中发挥了极大的作用。

海运。运河初开，岸狭水浅，只能通航150料以下船只。因大都建城，役

① 蔡美彪、王忠等著：《中国通史》第六册，人民出版社1979年第1版。
② 北京市社会科学研究所《北京历史纪年》，北京出版社出版，1984年第1版。
③ 蔡美彪、严敦杰等：《中国通史》第七册，三联书店有限公司1995年版。
④ ［明］陈邦瞻撰：《元史纪事本末》，卷十二。
⑤ 《古今图书集成》，《经济汇编·食货典》第一百五十九卷，漕运部。
⑥ 蔡美彪、严敦杰等：《中国通史》第七册，三联书店有限公司1995年版。
⑦ 《古今图书集成》，《经济汇编·食货典》第一百六十卷，漕运部。

夫增多以及官营酿酒,河运粮远不能满足大都需要,绝大部分仍需依靠海运。至元十三年(1276年),伯颜入临安,曾令朱清、张瑄等将南宋库藏图籍自崇明州由海道运入京师。^① 至元十九年(1282年),命上海造平底海船60艘,载粮46000石。因航行风信失时,次年始至直沽,转于京者为42100余石,损失约4000石。

海运航行成功后,忽必烈立万户府二,任朱清、张瑄经划海运,其间自江南入直沽的海道亦凡三变。^②

初期,自平江刘家港经扬州路通州(今南通市),海门县(今海门以东),黄连沙头,万里长滩开洋,沿山嶼而行,抵淮安路盐城县(今江苏省盐城)历西海州,海宁府东海县(今连云港)、密州、胶州界、放灵山洋(今黄海胶州湾以南近海区域)投东北,行月余始抵成山,自上海至天津杨村码头,总计6675千米,沿线比较险恶。

直沽至京师的水道,因水浅舟大不能达,更以百石之舟,船夫增多,航道多塞。海道路远,河道多塞,直沽港的年海运量仅数十万石。

至元二十六年(1289年),元政府发武卫军千人,修挖河西务至通州漕渠,京师疏运变畅。1291年,又凿通州至大都运粮河(定名通惠河)。航道开通后,直沽港的疏运持续大畅。1290年和1291年,直沽港的年转运量增加到150万石以上,成为直沽港的第一次海运兴盛时期。

至元二十九年(1292年),朱清、张瑄以原有海道路险,复开新道:其一,自刘家港至撑脚沙,转沙咀,至三沙、洋子江,过匾担沙、大洪^③,又经黑水洋^④至成山,过刘家岛(今威海市以北)至芝罘岛(今烟台岛)、沙门岛(今山东黄县以北),放莱州大洋(今莱州湾),抵界河口(今海河),达直沽港;其二,自刘家港入海,至崇明州、三沙,放洋向东行,入黑水洋,取成山转西至刘家岛,又至登州沙门岛,于莱州大洋入界河。^⑤ 当舟行风信有时,不过旬日,自浙西经直沽港可转于京师,比初期海路航期缩短2/3。是年,直沽港投运海漕粮为140余万石。十二月,忽必烈命征爪哇,发福建、江西、湖广兵两万,用战船千艘,载一年粮,远涉重洋。次年大败,士卒死者3000余人,所掠不能偿其所失。由于南方粮源缺少,至元三十年(1293年)直沽港海运至大都的粮食下降到90余万石。

成宗大德五年(1301年)春,京畿大旱,五月末始雨,畿内岁饥,增江南海

---

① [明]宋濂:《元史》卷九十三。

② 《古今图书集成》,《经济汇编·食货典》第一百六十卷,漕运部。

③ 根据中华地图学社1975年出版的《中国历史地图集》,均在长江口附近。

④ 黑水洋指北纬32度至36度,东经123度以东的海区,约相当于长江口至成山间水深色浓呈蓝黑色的海区。

⑤ [明]宋濂:《元史》卷九十三。

运粮。① 翌年,直沽港的海漕转运量从上一年的 70 多万石,增加到 130 余万石;之后,转运量逐年增长。大德十年(1306 年),因江浙粮食岁欠,不能如数北运,又令湖广、江西各输 50 万石充海运。② 是年,到直沽的海运量达到 180 余万石。延祐六年(1319 年),通州、沸州增置粮仓。翌年,京师疫病,免差税二年,从南方征调粮食增加,直沽港的海运量连续四年超过 300 万石。泰定三年(1326 年),北方发兵修通州道,京师又饥,发粟 80 万石赈之。本年从直沽港运到京师的海运粮为 335 万余石,为元代直沽港海运粮的最高输运数量,详见元代直沽港海漕转运数量表。

表 4-1　元代直沽港海漕转运数量表

年　　代	海漕起运量(石)	转运到达京师量(石)
至元二十年　(1283 年)	46050	42172
二十一年(1284 年)	290500	275610
二十二年(1285 年)	100000	90771
二十六年(1289 年)	935000	919943
二十七年(1290 年)	1595000	1513856
二十八年(1291 年)	1527250	1281615
二十九年(1292 年)	1407400	1361513
三十年(1293 年)	908000	887591
大德五年(1301 年)	796528	769650
六年(1302 年)	1383883	1329148
七年(1303 年)	1659491	1628508
八年(1304 年)	1672909	1663313
九年(1305 年)	1843003	1795347
十年(1306 年)	1808199	1797078
延祐六年(1319 年)	3021585	2986017
七年(1320 年)	3264006	3247928
至治元年(1321 年)	3269451	3228765
二年(1322 年)	3251140	3246483
三年(1323 年)	2811786	2798613
泰定三年(1326 年)	3375784	3351362
四年(1327 年)	3152820	3137532
天历元年(1328 年)	3255220	3215424
二年(1329 年)	3522163	3340306

至正二年(1342 年),颍(今安徽阜阳)农民起义,湖广、江西相继被起义军占领,南方贡赋不供,直沽港海运暂止。至正十四年(1354 年),张士诚突起高邮,占据东南、南北梗塞,漕运困难。方国珍拥有海船 300 余艘,转战沿海,阻

---

① ［明］陈邦瞻撰:《元史纪事本末》,卷十二。
② 《古今图书集成》,《经济汇编·食货典》第一百六十卷,漕运部。

绝海上运输,元朝的钱、粮岁赋更难如数征敛懈运。随之直沽港的海运逐渐萧条,漕粮转运量很少。至正十七年(1357 年),张士诚投降元朝;其后,又有张士诚以每年 10 余万石海运粮到达直沽。

元朝 80 多年中,每年征敛的金、银税收,约有半数来自江浙。粮食岁输京师约 1350 万石。[①] 其中,海运自江浙地区的约占 2/5,河运河南一带的约占 1/5,另有湖广、陕西、辽阳等处 1/5。无论河运海运,直沽港始终是最重要的漕运枢纽港。

随着直沽港口皇粮转运的萧条和终止,京师大都发生饥荒,河南、山东的流民也涌入京师,疫病流行,病饿而死的贫民,枕藉道路,元朝的统治,至此难以维持。至正二十七年(1367 年),朱元璋命征虏将军徐达率军 25 万,自集庆北伐。次年,明军会集德州,水陆两路沿运河北上。直沽港由于政治、经济地位十分重要,元朝也增派重兵把守。只因元军连续失败士气低落,明军到达直沽时,元将闻讯先从海口溃逃。直沽港失守后,大都宫廷内外震惊,元朝的统治已岌岌不可终日。[②]

四、港口的航道、码头及仓廒

(一)航道

金元时期,天津的海岸和河流基本稳定,自界河口到直沽 120 余里,自直沽到杨村又 40 里为潮汐河流,可通航海、河漕船,是一条良好的港内航道。

元初兴海运,于至元十九年(1282 年),造海船 60 只,大船装千石,小船载 300 石,平均装载 760 余石。次年二月,首次自乎江刘家港进入界河航道,抵直沽,至杨村码头。大德年间,又造大船入界河,航道畅行。自延佑元年(1314 年)开始,海运繁盛,进入界河舶海船不仅数量增多,而且载重量大,对航道的水深、航行安全提出新的要求。界河海口,水慢速减,多有沙淤,形成浅滩,有碍大船通行,海船易遭受搁浅损坏。延佑四年(1317 年),令浙江行省制造幡竿,筹备绳索、布幡、灯笼;次年春,由海运万户府顺便运载直沽,在直沽海口首次立竿,设立望标于龙山庙前。望标之地,高筑土堆,四傍砌石,幡竿有司差夫竖起,竿顶日间悬挂布幡,夜则悬点火灯(《大元海运记》)。[③] 白天进出直沽港口的海船,以布幡为引;夜间循灯笼航行,可避开浅滩,防止船舶搁浅。每年海

241

第四章

宋元时期的海港

---

① 蔡美彪、严敦杰等:《中国通史》第七册,三联书店有限公司 1995 年版。
② 北京市社会科学研究所:《北京历史纪年》,北京出版社 1984 年版。
③ 据《大元海运记》。

运完毕望标设备又交看庙僧人保管；来年四月十五日，复立悬点①，使多滩的直沽海口保持航行通便。直沽海口设立望标，对保证船舶航行安全、促进海运发展发挥了重要作用。

为保持集运和疏运河道畅通，元代对直沽港的航道采取了人工治理。至元三十年（1293年），潞河，自李二寺至通州30余里，河道浅涩。春夏早时，有水深止二尺处，粮船不通，改用小料船搬载，淹延岁月。至治元年（1321年），直沽航道的三岔河口，因潮汐往来，淤泥壅积达70余处，漕船再次通行不便。元王朝令募大都民夫于四月十一日开始清淤，五月十一日工毕，不妨岁事。是年，直沽港的海船运量超过300万余石。至正十一年（1351年）直沽又河淤，中书省委崔敬浚治之，给钞数万锭，募工万人，不三月告成。② 元代对多淤多沙的界河、潞河航道，采取人工浚挖治理，收到明显效果，对直沽港海运的发展有一定影响。

从至大二年（1309年），元朝在直沽始立镇守海口屯储亲军指挥司，每年漕运旺季，调兵千人到直沽，保护海口和航行，对完成直沽港的漕粮转运发挥了一定作用。

（二）码头及仓廒

元代有船户8000余，海船900余只，运粮船队，每30只分编为一纲，实行集体航行。海运船队之庞大，物资转运量之多，促进了直沽港码头、仓廒等设施的发展。春运船队四五月到达直沽；夏运多集中在八九月进港。依据"粮船齐足，方许倒卸"的定制③，千余只漕船集中靠岸，若以二三排并靠，所占直沽、杨村一带的码头岸线不下四五十里。直沽，杨村一线是海、河船舶停靠的良好码头。江南海船来到直沽后，所载货物要换装驳船运至通州。三岔口既是海船的终点码头，又是入潞河航道的始点，每年有万余艘船只十余万水亭经常往来于此。"晓日三岔口，连樯集万艘"④，是三岔口成为直沽港重要河港兼海港码头的真实写照。

由于海运的继续发展，到达三岔口码头的船舶数量不断增多，船舶吨位增大，直沽港的码头从三岔口一带向海河下游延伸了十余里，称为大直沽码头。延祐元年（1314年）六月，浙西平江路刘家港开洋1653艘，浙东庆元路开洋147艘。集中到达直沽的有遮洋船和沙船：大者八九千石，小者二千余石。⑤

① 据《大元海运记》。
② 《元史·崔敬传》卷一百八十四。
③ 据《大元海运记》。
④ 《天津简史》，天津人民出版社1987年版。
⑤ 据《大元海运志》。

由于直沽港的码头岸线向下游深水处延伸发展,不但满足了船舶数量增多的需要,而且大直沽又成为大型海船的良好泊地,促进了元朝漕运的发展。

元代春季海运,江浙海船通常是四月到直沽港交卸,百万石粮食,一月之内即可卸完;五月船只回返,复运夏粮。元延祐七年(1320年),夏运粮189万石,到直沽后不出月余,即交卸完毕。可见,元代直沽码头的装卸能力是很发达的。

直沽既是皇粮最重要的转运港,又是京师重要的物资储备之地,与码头相适应的仓储设施十分发达。至元十六年(1279年),在潞河尾闾三岔河口附近,地势较高的地方,建立了广通仓[①],以接储南来海船之粮、疏京师之粟。随着海运量的增长,至元二十五年(1288年)又增直沽海运米仓[②],仓库的建设和发展标志着直沽港开始向转运、存储等多方面发展。元代皇粮存储,京师前后共置22仓,通州置13仓,在直沽港口附近的河西务置14仓,另有沿河仓库17座。直沽港的存储仓库约占京师、通州等地皇粮仓库总数的2/5,主要仓库有永备南仓、永备北仓、广盈南仓、广盈北仓、充溢仓、崇墉仓、大盈仓、大京仓、大稔仓、足用仓、丰储仓、丰积仓、恒足仓、既备仓以及直沽广通仓、直沽米仓等。军粮城也是元代重要的海运屯粮之所。中华人民共和国成立后,在河西务漕运遗址发现分类堆放的元代龙泉窑、磁州窑、景德镇的瓷器,显然是码头仓廒储存之物。元代张翥在《蜕庵集》中写道:"一日粮船到直沽,吴罂越布满街衢",反映了直沽港口除转运皇粮之外,南方的瓷器及丝织品也大量运到直沽市场。

随着海运和直沽港口的发展,元政府在直沽设立了漕粮接运厅;临清运粮万户府也设于此,负责对官私船舶的接运和港口管理工作。[③] 都漕运司于河西务置总司,掌御河上、下及直沽、河西务、李二寺等处攒运粮斛。[④] 枢密院也增置"镇守海口屯储亲军都指挥使司"。直沽港在元朝经济、政治中占有很重要的地位。

《天津县志》记载,元延祐(1314—1320年)年间,在大直沽先建造一座天妃宫(称东庙)。在泰定三年(1326年)漕运最盛时期,又在直沽另建一座天妃宫(又称西庙)。两庙遥遥相对,是专为祭祀之所。元政府在每岁漕运开始,漕运官皆到天妃宫祈祷安全。至治年间,皇帝宗硕德八剌曾两次派使臣到大直沽天妃宫祭祀。天妃宫的修建和祭祀活动,反映了元朝统治者对海运的重视,

---

① 《元史》卷八十五。

② 据《天津县新志》

③ 据《天津县新志》。

④ 据《天津县新志》。

也是直沽港兴盛发达的见证。

在元朝与国外的贸易和交往中,凡外国使臣、传教士、商人、旅游者沿水路进出大都时,都要经过直沽港。意大利教士鄂多立克从大不里士、巴格达到印度,至治元年(1321年)历南海诸国抵广州、杭州等地,再由杭州循运河北上,经直沽港至大都。[①] 在元朝任职的意大利人马可·波罗曾沿水路经直沽出游南方各地。直沽港在接送诸国使臣、旅游者,发展对外交往,密切元朝和世界的联系中发挥着重要作用。

元代直沽港航道、码头和仓廒设施的发展,为直沽手工业、商业以及盐业的发展创造了便利的运输条件。元代渤海西岸共有盐场22个,直沽附近有三岔口、丰财两大盐场,年产盐40万引(每引200千克)。直沽的优质盐通过港口水运销往临清、通州、大都一带。直沽已由金代的军事据点发展成为具有商业、农业、漕运发达的兵民杂居的海防驻戍之地。延祐三年(1316年)正式置"海津镇",成为大都最重要的水陆门户和京畿要地,使天津向近代城市跨出了最初的一步。

---

① 据《马可·波罗游记》。

第五章

宋元时期的造船与海运[1]

自唐末至五代，近百年的割据战争使中国社会经济遭到极大的破坏。960年，赵匡胤在开封建立了北宋朝。到太平兴国四年（979年）征服北汉后，北方仍有辽和西夏国分治。在整个宋代统治的300多年间，与西域的陆路交通严重受阻，中国与外部世界的交往主要依赖海上交通，尤其是在南宋偏安时期，海上交通有了长足的发展。同时，指南针的实际应用，又推动了中国乃至全世界的航海业。中国宋元时期的船型、船体构造、船舶属具和造船工艺等造船技术更臻于成熟，造船能力也获得了极大发展。

第一节　宋代的造船与海运

一、宋代海运业的发展及市舶司的分布

宋代的丝、瓷贸易主要依靠海上航运。在唐以前，中国同外国的贸易往来以丝绸为大宗，到了宋代，陶瓷大有后来居上之势。当时"船舶深阔各数十丈，商人分占贮货，人得数尺许，下以贮货，夜卧其上。货多陶器，大小相套，无少隙地"[1]。中国的精美陶瓷，由广州或泉州出发，经由南海而行销东南亚、南亚、西亚、北非乃至东非沿岸各港埠。

为了方便对商贸事务和往来船舶的管理，宋政府在主要的通商海港设立有市舶司、市舶务或市舶场等机构。除了前已述及的唐代开元二年（714年）在广州设立市舶使之外，北宋及南宋时设立市舶司的地方有以下多处。

---

① 本章引见席龙飞：《中国造船史》，湖北教育出版社2000年版，第133-218页。
① ［宋］朱彧：《萍洲可谈》卷二《石林燕语（一）》，商务印书馆1939年第1版，第18页。

（1）广州（971年设市舶司）。广州是汉、唐以来南方的主要海港，侨居的外国人很多，宋时称为蕃坊。南宋初年，广州仍保持着最大航海贸易港的地位。

（2）杭州（978年设两浙（路）市舶司，989年设市舶司）。"北宋时，它是直通汴京的大运河与海相通的南大门，故以国际贸易港和中转港的面目出现，其作用是舶货的进口征榷，使节、贡物由外海转内河并向京城汴梁的中转。南宋时，国都设在杭州，因而杭州港更带有浓厚的友好交往港的形态，以接待来访的各国使臣和舶商为主。从海外贸易角度来说，它是中国唯一的建过都城的海港。"①

（3）明州（今宁波市，999年设市舶司）。在建立市舶司之前，明州曾先后由两浙市舶司、杭州市舶司管辖。明州虽非都会，但为海道辐辏之所，南通闽广，东则倭国，北则高句丽，商舶往来，物货丰衍。北宋末年起，为避免辽东金人的骚扰，所有与日本、高丽往来的船舶悉由明州进出。

（4）泉州（1087年设市舶司）。泉州位于闽东南海滨，扼晋江的入海口，既有江岸，又有海湾，利于靠泊，是交通南洋的门户，海舶往来之盛仅次于广州。南宋时获得大发展，到宋末元初时，泉州的重要性竟凌驾于广州之上。

（5）密州板桥镇（今青岛胶州，1088年设市舶司）。密州板桥镇是北宋时北方的重要海口。由于山东半岛北面的登州、莱州太靠近辽国，故在此设市舶司。

（6）秀州华亭县（今上海松江县，1113年设市舶务）。有专任盐官，旋即改由县官兼监，不久又改为专任。南宋绍兴二年（1132年），一度将两浙市舶司移此，至乾道二年（1166年）罢。绍兴年间，两浙市舶司下有市舶务六处，包括临安、明州、温州、江阴以及秀州的华亭与青龙镇（今上海青浦东北）。

（7）温州（1132年以前开始设市舶务）。

（8）江阴（1145年设市舶务）。

（9）秀州澉浦（今属浙江海盐县，1246年于此设市舶官，1250年设市舶务）。

除了上述设有市舶司、务的港口之外，长江以北的通州（今南通）、扬州、楚州（今淮安）、海州（今江苏东海），长江以南的镇江、平江（今苏州）、越州（今绍兴）、台州（今浙江椒江市）、福州、漳州、潮州（今广东潮安）、雷州（今广东海康）、琼州（今海口市）等，也都是两宋时期重要的通商港口。

---

① 吴振华著：《杭州古港史》，人民交通出版社1989版，第190页。

二、出使外国的神舟与客舟

宋代造船业的成就还表现在出现了以载客为主的客船。隋代炀帝巡幸江南的船队，可以称得上是最早的内河大型客船队或内河旅游船队。航行在海上的客船和客船队则始于北宋，这就是神舟和客舟。

《宋史·高丽传》记下了宋神宗于元丰元年（1078 年）遣安焘出使高丽国事，"造两舰于明州（今宁波），一日凌虚安济致远；次日灵飞顺济，皆名为神舟。自定海绝洋而东。既至，国人欢呼出迎"。

宋徽宗于宣和四年（1122 年）遣路允迪及傅墨卿出使高丽时，就组成"以二神舟、六客舟兼行"的大型豪华船队。《宣和奉使高丽图经》卷三十四记有："其所以加惠（高）丽人，实推广熙（宁）、（元）丰之绩。爰自崇宁（1102 年）以迄于今，荐使绥抚，恩隆礼厚。仍诏有司更造二舟，大其制而增其名：一日鼎新利涉怀远康济神舟；二日循流安逸通济神舟。巍如山岳，浮动波上。锦帆鹢首，屈服蛟螭。所以晖赫皇华，震摄夷狄，超冠古今。是宜（高）丽人迎诏之日，倾国耸观而欢呼嘉叹也。"同行的六艘客舟也"略如神舟"。徐兢在书中写道："旧例每因朝廷遣使，先期委福建、两浙监司顾募客舟，复令明州装饰，略如神舟，具体而微。其长十余丈，深三丈，阔二丈五尺，可载 2000 斛粟。其制皆以全木巨枋，搀叠而成。上平如衡，下侧如刃，贵其可以破浪而行也。"

客舟的载量按 2000 斛计，以每斛粟为 120 斤核算，则共计可载 120 吨。按前述长、阔、深的尺度计，其排水量约为 250 吨。如按书中所述"若夫神舟之长、阔、高大，什物、器用、人数，皆倍客舟也"计算，神舟的载量应能达到 240 吨之数。客舟、神舟的长度将分别达到 30 米和 38 米之数。

依《宣和奉使高丽图经》等所记，宋时船舶提高航海性能并增加航海安全有以下各种技术措施：

（1）在船两舷缚两捆大竹以增加在风浪中的稳定与安全，如所记"于舟腹两旁，缚大竹为橐以拒浪。装载之法，水不得过橐，以为轻重之度"。

（2）"若风涛紧急，则加游碇，其用如大碇。"当船舶在风涛中作横向及纵向摇摆时，游碇均可增加对摇摆的阻尼作用，以减缓摇摆，增加稳定与安全。

（3）"后有正拖（舵），大小二尊，随水浅深更易。"所记说明，可以因水道深浅而使用两种不同的舵。而且在大洋之中，为了控制航向和避免横向漂移，在船舶尾部，"从上插下二棹，谓之三副拖（舵），唯入洋则用之"。

（4）帆樯的设计和驶风技术都有改进。除了以蓙制成的硬帆（利篷）外，还设有软帆（布帆）；将帆转向左右两舷之外，以便获得最大的风力；在正帆之上还加设小帆（野狐帆），风正时用之。书中则记有："风正则张布飘（帆）五十幅，（风）稍偏则用利篷。左右翼张，以取风势。大樯（桅）之巅，更加小飘十幅，谓之野狐帆,风息则用之。然风有八面,唯当头风不可行。……大抵难得正风,故布帆之用,不若利篷翕张之能顺人意也。"

(5)在风浪海中,船舶难免失速,降低了抵御风浪的能力。加野狐帆,借风势劈浪前进是改善风浪中耐波性、适航性的最有效措施,"舟行过蓬莱山之后,水深碧色如玻璃,浪势益大。洋中有石,曰半洋焦(礁),舟触焦则覆溺,故篙师最畏之。是日午后,南风益急。加野狐驶(帆),制驶之意,以浪迎舟,恐不能胜其势,故加小驶于大驶之上,使之提挈而行"。

(6)船舶在远洋航行中,如何及时妥善处理海损事故、提高船舶生存能力显得尤为重要。现代海军称之为"损害管制措施"。今日从宋代的文献中也能窥其一斑。《萍洲可谈》即记有:"船忽发漏,既不可人治。令鬼奴持刀、絮自外补之。鬼奴善游,入水不瞑。"①

三、遍布沿海与内陆的造船工场

北宋时期建都于开封,南北的漕运还占相当重要的地位。在船舶种类中漕运船也称纲船为大宗,其他也有座船(客舟)、战船、马船(运兵船)等类。到了南宋时,运河的漕船锐减,漕运船(纲船)产量随之下降,因江、海防的任务较突出,战船的产量逐渐有所提高。宋代的造船工场遍布内陆各州和沿海各主要港埠地区。

北宋真宗(998—1022年)末年,纲船产量为每年2916艘,其中江西路虔州(后改名为赣州)、吉州占1130艘。② 至北宋后期,两浙路的温州、明州的造船份额增大,额定年产量各为600艘,而江西路与湖南路的虔州(今赣州)、吉州(今江西吉安)、潭州(今湖南长沙)、衡州(今湖南衡阳)4州共723艘。③ 巴蜀的泸州、叙州(今四川宜宾)、眉州(今四川眉山)、嘉州(今四川乐山)也是重要的船舶产地。再有,凤翔府的斜谷(今陕西眉县西南)和汉水金州(今陕西安康)也生产船舶。

南宋时海运业大盛。宋政府曾在福建路、广东路建造船工厂。南宋初年,官府从广东路潮州发运粮食三万石到福州,每一万石为一"纲",共"三纲",另外还有一支船队则载粮前来温州交卸。④ "福建、广南海道深阔",不若两浙路如明州一带,是"浅海去处,风涛低小",因而所造船舶较大⑤,吃水也较深并有

---

① [宋]朱彧:《萍洲可谈》卷二,丛书集成初编本,商务印书馆1939年第1版,第18页。
② 徐松缉:《宋会要辑稿·食货》四十之一,中华书局1957年11月影印本。
③ 徐松缉:《宋会要辑稿·食货》五十之四,《宋会要辑稿·职官》四十二之五十三。
④ [清]徐松辑:《宋会要辑稿·食货》四十三之十八。
⑤ [清]徐松辑:《宋会要辑稿·食货》五十之十八。

较优越的适航性能。"海中不畏风涛,唯惧靠搁,谓之凑浅,则不可复脱。"①宋代造船业有官营和民营两类。为江防、海防打造战船之类任务当由官营造船工场承担。漕运船、客舟之类任务虽也有官营,但民营的分量不小;甚至朝廷出使国外,也要仰仗民营造船工场并向其"顾募客舟"。

官营造船工场,其造船工匠来源有三:被发配的犯人;招募兵员中的地方军(时称厢军)中的有一定手艺的兵役;从民间征发来的工匠。如果有"厌倦工役,将身逃走"者,得追捕办罪。② 工匠中以犯人的身份最低下。"昼者重役,夜则鐺(金足),无有出期。"③北宋仁宗天圣七年(1029年),荆湖南路转运使上陈,要求将"诸州杂犯配军""悉送潭州"从事"水运牵挽又造船冶铁工役"。④

民营的造船工场,在繁盛的国内外贸易中则得以充分发展。《宋会要》中记有"漳、泉、福、兴化,凡滨海之民所造舟船,乃自备财力,兴贩牟利而已"⑤。由此可看出民营造船业的发达景况。兴化即今福建兴化湾的莆田市。

宋代官营、民营造船工场的分布,盖以内河与沿海运输的港口和连接点为主,并且要计及到有利于造船材料(木材、铁钉、桐油、石灰、麻皮、煤)的供应。在诸多研究中,日本学者斯波义信的著作对造船工场的考证最为详尽。⑥ 他充分利用中国的文献列出了如下的造船工场地点:

两浙:温州、明州、台州(今椒江市)、越州(今绍兴)、严州(今建德)、衢州、婺州(今金华)、杭州、杭州澉浦镇、湖州、秀州(今嘉兴)、秀州华亭县、苏州、苏州许蒲镇、镇江、江阴。

福建:福州、兴化(今莆田)、泉州、漳州。

广南:广州、惠州、南恩(今址待考)、端州(今肇庆)、潮州。

江东:建康(今南京)、池州(今安徽贵池)、徽州(今安徽歙县)、太平(今安徽当涂)。

江西:赣州、吉州(今吉安)、洪州(今南昌)、抚州(今临川市)、江州(今九江)。

湖北:鄂州、江陵、鼎州(今湖南常德)、荆南(亦即江陵)。

湖南:潭州(今长沙)、衡州(今衡阳)、永州(今永州市)。

四川:嘉州(今乐山市)、泸州、叙州(今宜宾市)、眉州(今眉山县)、黔州(今黔江地区彭水苗族、土家族自治县)。

① 〔宋〕朱彧:《萍洲可谈》卷二,丛书集成初编本,上海,商务印书馆1939年第1版,第18页。
② 〔清〕徐松辑:《宋会要辑稿·职官》十六之九。
③ 〔清〕徐松辑:《宋会要辑稿·职官》四十三之一七六。
④ 〔清〕徐松辑:《宋会要辑稿·刑法》四之六八。
⑤ 〔清〕徐松辑:《宋会要辑稿·刑法》二之一三七。
⑥ 〔日〕斯波义信:《宋代商业史研究》,东京风间书店1968年版,第73页。

淮南：楚州（今淮安）、真州（今仪征市）、扬州、无为（今安徽辖县）。

华北：三门（今三门峡市）、凤翔、开封、京东西濒河。

四、宋代绘画中所表现的船舶

船舶及海上航运，一向有丰富的科学内涵并充满着艰险。在我国历史上就曾有不少赞誉和讴歌此类成就的艺术作品，从而为我们保留下来珍贵的关于船的形象资料。像战国时期铸造的带有攻战纹饰的铜壶，就展现了战国时期战船的形制。在宋代也有一些艺术品给出了船舶的形象。

1. 山西繁峙县岩上寺壁画中的海船遇难图

坐落在五台山麓的山西繁峙县岩上寺，创建于宋绍兴二十八年（1158年），岩上寺的四壁布满壁画，高 3 米，总面积为 90 平方米。彩色纷披，精工至极，令人炫目惊心，被誉为我国壁画遗产中的瑰宝。[①] 其北壁西侧绘有五百海商遇难被罗刹女营救的故事。南壁西侧的壁画更值得注意，画的是一艘商船遇难。[②] 船舶在大海中颠簸，桅杆折断，风帆飘落，船夫奔走抢险，船舱中人仓皇莫知所措。虽然壁画磨损过甚、面目漫漶，但船形和人物的生动形象依稀可辨，这是我国古代航海船舶的珍贵形象资料。[③]

繁峙县属于离海岸较远的内陆县份，海拔在 1000 米以上。在这里的寺院还以航海船舶遇难以及营救五百海商为题材创作大型壁画，足见当时的远洋航海事业在人民群众中的影响。

2. 宋代《江天楼阁图》中的江船

宋代的著名画作《江天楼阁图》[④]以及其宋代江船的素描，较能生动而形象地反映出宋代内河船的技术状态和技术水平。首先可以看出这是一艘载客的客船。甲板之上设计成整整一层客舱。首部虽无客舱，但搭有遮阳、避雨的凉棚，用以下碇和绞缆。两舷在舷伸甲板之下，缚有原木、竹子各一捆以为橐，用以拒浪，又可作为载重线标志。客舱有的窗关闭不见内景；有的窗开启，只见诸客围坐从容交谈。其次，船舶推进靠撑篙，左舷正有两篙工在撑船中。桅是可眠式，想必是过桥时已将桅眠倒。图中水手们在顶棚上正全力以赴地将桅竖起。桅之巅可系上牵绳用以拉纤。再次，船舶属具较为齐备，首部设有绞缆车，既可绞缆，也可用以起碇。尾部设舵，而且可明显看出所使用的是转舵省力的平衡舵。图中可见舵杆延伸到客舱顶棚之上，舵工可以在顶棚上操舵。

---

① 潘絜兹：《灵岩彩壁动心魂》，《文物（2）》第 3-10 页，1979 年。

② 山西省古建筑保护研究所编：《岩上寺金代壁画》，文物出版社 1983 年版，第 33 图"商船遇难"。

③ 忻县地区文化局、繁峙县文化局：《山西繁峙县岩上寺的金代壁画》，《文物（2）》，第 1-2 页，1979 年。

④ 王冠倬：《中国古船》，海洋出版社 1991 年版，第 56-57 页。

顶棚上设拱形篷棚,可为舵工遮风避雨。船尾端设一横向圆辊,转动圆辊可调节舵的升降。吃水深时将舵降下可以获得较高的舵效,吃水浅时将舵升起可以获得对舵的保护。

3. 北宋《清明上河图》所表现的汴河船

北宋徽宗时期的宫廷画师张择端所绘《清明上河图》,约成画于政和、宣和年间,即1111—1125年。这是一幅描绘北宋都城汴京社会经济生活的宏伟巨著。在长达5.25米的长卷里,画家以生动完美的技巧,如实地表现了从宁静的春郊到汴河上下的众多景物,斜跨大河的虹桥,巍峨的城楼和繁华的街市。河上大船浮动,街上车水马龙。"它的伟大价值不仅表现在画面人物众多,景象的宏伟丰富以及表现技巧的生动完美,更值得注意的是它所反映的社会内容,在美术史上具有鲜明的先进性和突出的重要意义","即使从世界美术史看,在12世纪初期,就能够以这样的规模反映社会经济活动和都市面貌的绘画作品也极其少见"。①

《清明上河图》长卷中画有各种视角的船舶24艘,其中客船11艘,货船13艘。客船在构造、形态上与货船的重大区别反映了北宋时汴河上下经济生活的繁荣和当时造船业的进展。特别重要的是,由于在历史上人们偏重于科举登仕,鄙薄工程技术的传统,在浩如烟海的著作中,特别缺少关于工程技术的较为真实形象的插图、图样。且不论春秋、战国时代,即使是秦、汉、隋、唐时代,也几乎见不到多少各个时代的较为真实、形象的船舶图样。然而,张择端却开历史之先河,为后世留下了能反映当时技术成就的诸多船舶图样。北宋时当然不可能探讨高等数学上的悬链线方程式,但他所绘出的船舶图样上的拉纤船夫所牵拉的系在桅顶的纤绳的形象,却合乎悬链线方程,其观察细微、表现真切,至少在船舶图样方面是前无古人的。

《清明上河图》所表现的汴河船,具有时代的先进性。汴河,它是在天然河流基础上加以人工整治的运河,由于原取水于黄河,黄河河身的不断变化使汴河取水口不得不随着伸缩改动。黄河水猛涨猛落,也给航运带来困难。大量的挟沙使汴河水不畅,甚至形成地上河。宋神宗元丰二年(1079年),完成了清汴工程,闭塞旧汴口,建清汴引水渠,即引洛河的清水为汴河水源。据《宋史·河渠志》记载,汴河"自元丰二年至(哲宗)元祐初,八年之间;未尝塞也"。岁漕江、淮、湖、浙米数百万及至东南之产,百物众宝,不可胜计。"故于诸水,莫此为重"。汴河船正是宋代最具代表性的内河船型。从图上所绘的船舶中,可以窥见当时船舶发展的许多技术成就。

第一,在船型上有明确的货船与客船的区别,这充分反映了当时汴河的货

① [宋]张择端绘、张安治著文:《清明上河图》,人民美术出版社1979年版,第10、19页。

运和客运是各具规模的。① 典型的货船,体态丰盈,尾甲板不向后伸延。由纤绳牵着的则是客船,除了遍设客舱之外,在两舷设舷伸甲板供作走廊之用。与货船的最大区别,还在于客船尾部向后延伸,相当于现代内河船常用的假尾,古时称为虚梢,从而增加了甲板和舱室的面积。从货船与客船的对比中可以看出设计思想的进步和设计者独到的匠心。

第二,客船的总体布置精当而合用。客舱的两舷都有相当大的窗子,通风与采光是相当充足的,遇风雨侵袭时可用木板将窗口关闭,这时顶棚的两扇气窗既可供采光又可供通风。客舱的顶棚用苇席制成,显然是轻型的。顶棚之上,只供少数船员进行起、倒桅操作,也可存放一些轻型物件,如蓑衣、绳索之类,显然这对于船的稳定与安全是有利的。

货船的顶棚与客船不同,从成排的钉眼看,显然是用木板钉成拱棚以挡风雨,而装卸货物则通过开向两舷的货舱口。这种以拱形顶棚代替甲板的设计,对于宽度大、船深且吃水小的船来说,能多装货物而且便于装卸。

关于汴河船的尺度,可以参照中国桥梁史学家罗英②按人的身高、肩宽估算虹桥长宽尺度的办法进行估算。根据在客船舷伸甲板上走动的水手身高略高于顶棚,可大致认为自舷伸甲板到顶棚的高度约 1.5 米,稍大些的货船长约 24 米或更长,宽 5 米,长宽比约 4.8:1。

据《宋史·河渠志》的记载"大约汴舟重载,入水不过四尺",从而吃水可取 1.2 米。如取汴河货船的方形系为 0.6,则其排水量约为 86.4 吨,载重量可达 50—60 吨,这相当于 1 千料的货运船。

第三,从图上看来,汴河里的船未见有用帆的,船上的人字桅显然是供逆水而上时拉纤用的。过桥时人字桅须放倒,所以都采用轻型的,而且在结构上并不伸向船底,而是榫接在横于顶棚的圆木上。这根圆木由两舷的木柱支撑并可转动,从而使人字桅的起、倒都很方便。

第四,北宋时船舶所用的舵是相当先进的,舵叶的一部分面积在舵杆(舵的转轴)之前,这说明我国远在 12 世纪之初就开始应用平衡舵。很明显,转动这种平衡舵轻便得多,既可减轻舵工的劳动强度,更可改善船的操纵灵活性。此外,"舵都用链条或绳索拉住并卷在船尾的横向圆辊上。可因航道的深浅而降下或升起。将舵降下可提高舵效;将舵提起可得到保护"③。舵叶在结构上是用竖向板拼接,纵向用木桁材加固,这与近代舵叶结构无甚区别,反映了宋代舵技术的成熟和所达到的先进水平。欧洲的许多国家,在我们已经应用平

---

① 席龙飞:《北宋的汴河运输和船舶》,《内河运输(3)》,1981 年,第 75 页。
② 罗英:《中国桥梁史料(初稿)》。中国科学社主编:《中国科学史料丛书》,1961 年,第 67 页。
③ 席龙飞:《桨舵考》,《武汉水运工程学院学报(1)》,1981 年,第 27 页。

衡舵的年代,尚未出现最早的舵。他们声称:最早的舵出现在公元前 1242 年。

第五,船头设起碇用的绞车。碇或锚应是必备的属具,但在各船上都没有发现。这或许是船舶在岸边靠泊时用缆索拴在岸上的木桩,因而不必用锚。作画人目所未见之物,也不妄自添加,说明作者具有忠于现实的严谨的创作态度。在一艘客船的近尾处设有一圆形围栏约高 1.2 米,这或者就是供旅客如厕的处所。

张择端的《清明上河图》,绘出客、货船舶 24 艘,把宋代汴河上的船舶体型、结构和布置特点、船用属具以及航行操驾等各方面的直观资料概括无遗。它既是美术作品中的瑰宝,也是考稽中国宋代内河船的重要文物。

五、车轮舟的空前发展及其重大作用

自从 5 世纪初王镇恶在晋军中应用车轮舟以来,在 5 世纪末有南朝齐祖冲之,在 6 世纪中叶有南朝梁徐世谱相继开发和实际应用车轮舟,到 8 世纪时唐曹王李皋建造并率领了一支车船队,这些都是当时世界上极为先进的技术成就。"到宋朝,我国古代车船进入了大发展时代。宋朝水军备有桨轮战舰的最早记录是 1130 年。其时宋室南渡,江淮之间成为南北对峙的主战场,江防的重要性上升到首要地位。"[①]宋朝将车船列入水军的编制并有相当的规模,这得益于当时的都料匠(即木匠、船匠)高宣。宋代的文献记有:"偶得一随军人,原是都水监白波輦运司黄河扫岸水手都料高宣者,献车船样……打造八车船样一只,数日并工而成。令人夫踏车于江流上下,往来极为快利。船两边有护车板,不见其车,但见船行如龙,观者以为神奇,乃渐增广车数,至造二十至二十三车大船,能载战士二三百人。"[②]

建炎四年(1130 年)二月,钟相、杨么起义叛宋。宋廷"遣统领官安和率步兵入益阳,统制官张崇领战舰趋洞庭,武显大夫张奇统水军入澧江,三道讨之"[③]。绍兴元年(1131 年),"鼎澧镇抚使程昌寓造二十至三十车大船",且不听部下劝阻,必欲向起义军炫耀其大型车船的威力,"竟发车船以进"。但起义军有备,不仅虏得程昌寓的产型车船,而且还获得了随车船做维修工作的都料匠高宣。《杨么事迹考证》记有:"水寨得车船的样及都料手后,于是杨么造和州载二十四车大楼船,杨钦造大德山二十四车船,夏诚造大药山船,刘衡造大钦山船,周伦造大夹山船,高癞造小德山船,刘诜造小药山船,黄佐造小钦山

① 周世德:《车船考述》,《文史知识(11)》,1988 年,第 38 页。
② [宋]鼎澧逸民、朱希祖考证:《杨么事迹考证》《史地小丛书》上海商务印书馆 1935 年再版,第 21 页。
③ [宋]李心传:《建炎以来系年要录》卷六十九,丛书集成初编,上海商务印书馆 1936 年版。

船,全琮造小夹山船。两月之间,水寨大小车楼船十余制样,势益雄壮。"

对于杨么起义军之盛,宋代的文献《中兴小记》中有所记载。绍兴二年(1132年),"时鼎(州,今湖南常德)寇杨么、黄诚,聚众至数万……分布远近,共有车船、海鳅头多数百艘。盖车船如陆军之阵兵,海鳅如陆战之轻兵,而官军船不能近,海战辄败"。书中引李龟年《杨么本末》曰:"车船者,置人于前后踏车,进退皆可。其名曰大德山、小德山、望三洲及浑江龙之类,皆两重或三重,载千余人,又设拍竿,其制(如)大桅,长十余丈,上置巨石,下作辘轳,(绳)贯其巅。遇官军船近,即倒拍竿击碎之。浑江龙则为龙首。每水斗,杨么多乘此。"①

杨么起义军获船匠高宜之助,大造车船,且有其名不籍的新式武器"木老鸦",使官军屡战屡败。《建炎以来系年要录》记有:"绍兴三年(1133年)十月甲辰,荆潭置使王燮,率水军至鼎口,与贼遇。贼乘舟舶高数丈,以坚木二尺余,剡其两端,与矢石俱下,谓之木老鸦。官军乘湖海船,低小。用短兵接战,不利。燮为流矢及木老鸦所中,退保桥口。"②

绍兴五年(1135年)六月,杨么起义军终被岳飞所败。《宋史·岳飞传》记有:"(杨)么负固不服,方浮舟湖中,以轮激水,其行如飞。旁置撞竿,官军迎之辄碎。(岳)飞伐君山(洞庭湖北岸)木为巨筏,塞诸港汊,又以腐木乱草浮上流而下,择水浅处,遣善骂者挑之,且行且骂。贼怒来追,则草木壅积,舟轮碍不行。"最终,杨么被擒斩。

南宋诗人陆游在其晚年所著《老学庵笔记》中,对起义军与官军间的战事、车船及其影响等均有精当的描述:"鼎澧群盗如钟相、杨么,战船有车船、有桨船、有海鳅头。军器有拐子、有鱼叉、有木老鸦。拐子、鱼叉以竹竿为柄长二三丈,短兵所不能敌。程昌寓部曲虽蔡州人,亦习用拐子等遂屡捷。木老鸦一名不籍。木取坚重木为之,长才三尺许,锐其两端,战船用之尤为便捷。官军乃要作灰炮,用极脆薄瓦罐,置毒药、石灰、铁蒺藜于其中。临阵以击贼船,灰飞如烟雾,贼兵不能开目。欲效官军为之则贼地无窑户不能造也,遂大败。官军战船亦效贼车船而增大,有长三十六丈广四丈一尺,高七丈二尺五寸,未及用而岳飞以步兵平贼。至完颜亮入寇,车船犹在颇有功云。"③《老学庵笔记》所述与当时的著作及《宋史》并不相悖,因而可认为是较为真实可信的。《老学庵笔记》提供了两个重要信息:第一,当时所造车船确实很大,有长36丈的;第二,车船虽未能有效地与起义军作战,但在其后的抗金长江水战中却发挥了重

---

① [宋]熊克撰:《中兴小记(卷十三)》,丛书集成初编,上海商务印书馆1936年第1版,第165页。

② [宋]李心传:《建炎以来系年要录》卷六十九,丛书集成初编,商务印书馆1936年版。

③ [宋]陆游撰、李剑雄点校:《老学庵笔记》卷第一,中华书局1979年第1版,第1页。

要作用。

关于大型车船的规模和尺寸,前已述及的《中兴小记》中有"皆两重或三重,载千余人";《杨么事迹考证》中有"程昌寓造二十至三十车大船";在《宋会要》中也有大型车船通长 30 丈或 20 余丈,每支可容战士七八百人的记载:"(绍兴)四年(1134 年)二月七日,知枢院张浚言:近过澧鼎州询访,得杨么等贼众多系群聚土人,素熟操舟,凭恃水险,楼船高大,出入作过。臣到鼎州亲往本州城下鼎江阅视,知州程昌寓造下车船通长三十丈或二十余丈,每支可容战士七八百人,驾放浮泛,往来可以御敌。缘比之杨么贼船数少,臣据程昌寓申:欲添置二十丈车船六支,每支所用板木、材料、人工等共约二万贯。若以系官板木止用钱一万贯,共约钱六万贯,乞行支降。"①张浚(1097—1164 年)是宋代大臣,绍兴四年再任枢密,次年为宰相。张主持策划镇压义军,前线视察后还代知州程昌寓上奏,请拨款 6 万贯建造 20 丈车船。其中,言车船长 30 丈,可谓言之确凿。②

至于抗金的长江水战,最著名的是虞允文的"采石之战"。宋绍兴三十一年,金正隆六年(1161 年)十一月初,40 万金兵在国主海陵王完颜亮亲自统帅下,"驻军江北,遣武平总管阿邻先渡江至南岸,失利上还和州(今安徽和县东),遂进兵扬州。甲午会舟师于瓜洲渡,期以明日渡江"③。驻守和州对岸采石(今安徽马鞍山市之南)的"宋军才一万八千",守军将领王权弃军而去,接防的将领李显忠尚未到任。兵无主帅,军心涣散。虞允文不避危险,力排众议,挺身而出。虞谓"坐待显忠则误国事……危及社稷,吾将安避"④。虞允文代替主帅,组织宋军抗金,使"采石之战"告捷。

"采石之战"中,宋军的车船发挥了空前强大的威力。十一月初八,完颜亮指挥几百艘战船强渡长江,为首的 70 艘战船已逼近南岸,被虞允文指挥的名为"海鳅"的车船所冲撞,犁沉过半。这时,恰有溃军来自光州(今河南光山县),虞允文授以旗鼓从山后转出,金兵以为援军到达,遂逃遁,江面留尸约4000 余。第二天对金兵用夹击战术,焚其舟 300 余,金兵乃退败扬州。虞允文预计金兵将进攻京口(今江苏镇江)继续南犯,遂又率领 1.6 万人援京口。《宋史·虞允文传》载虞"命战士踏车船中流上下,三周金山,回转如飞,敌持满以待,相顾骇愕"。不久,金兵内乱,金主完颜亮"为其下所杀","采石之战"创以 1.8 万人胜 40 万人的辉煌战例,虞允文和车船都功不可没。

① [清]徐松辑:《宋会要辑稿》,中华书局 1957 年版,1936 年影印本缩印,《食货五十之十五》。
② 《宋史·张浚传》。
③ [元]脱脱等:《金史·海陵传》,中华书局 1975 年第 1 版,第 116-117 页。
④ [元]脱脱等:《宋史·虞允文传》,中华书局 1977 年第 1 版,第 11793 页。

第二节　宋代造船技术的进展与成熟

一、从出土宋船看宋代的造船技术

（一）天津市静海县出土的宋代内河船

1978 年 6 月,在天津静海县东滩头乡元蒙口村清理了一只宋代河船。木船齐头、齐尾、平底。体长 14 米,最大宽度为 4.05 米,型深 1.23 米,首尾有一定的起翘;无隔舱,无桅杆遗迹,但有一较完整的平衡舵;船体较完好,唯左舷上部有腐朽。

随船出土的遗物只有一些陶碗、瓷碗残片以及"开元通宝"、"政和通宝"等钱币。"政和通宝"提供了沉船年代的上限,即应晚于政和元年(1111 年)。从地层看,其第四层到船口的第六层,均为浅黄色、黄色的淤积、冲积土层,总厚度约为 1.5 米,土质十分纯净。这极有可能是政和七年黄河泛滥、沧州河决所造成,静海距沧州约 70 千米。由此推断船的建造年代应在政和七年(1117年)之前。这种判断和舱内遗物的年代也颇一致。

静海宋船的发掘报告认为,船出自俗称"运粮河"的古河道,估计为内河货运船。报告还正确估算其排水量约为 38 吨,因此其静载重量也会不少于 28吨。

据发掘发告,船的舷板经鉴定多用楸木、楠木或槐木,横梁为槐木。船材主要是就地取材,制作不精,有的多利用树木的自然丫杈,左右舷常并不对称,显然是民间或船工所造。

静海宋船虽然是民间利用就地取材的板材及树木枝丫所作成,但其结构简洁而合理,反映出宋代造船技术的普及。

就船体强度而言,对小型内河船主要应保证横向强度。静海宋船的基本结构图,主要是依据实际测绘的资料所绘制。该船未装设横水密舱壁,使结构大为简化,但却设有 12 只较强的横梁;因其上无甲板,故称之为空梁。与空梁相对应,在舱底设有 12 只肋骨。空梁与舷板,舱底肋骨与舷板,均用拐形肘材予以衔接。这样,由船底板及舱底肋骨、舷板和空梁就构成封闭的框架,这对保证船的横向强度十分有效。宋代的民间造船工对此尤嫌不足,在每两道空梁之间加设一道肋骨,肋骨贯穿舷部并顺势弯到船底有 1 米多不等。由于该船舷与底近于直角,这肋骨多利用树的大致成直角的枝丫或再稍加弯曲而成。此外,在第五到第八只空梁处又在舷内加设加强肋骨,全船共 4 对 8 只。这加强肋骨因并非在每道横梁处都有,故在船体横剖面结构图上用双点画线表示。第五到第八道横梁正处于船体最宽处,航行中船常会与码头、桥桩或其他船舶相撞,这4对加强肋骨对保证横强度十分有效,这也是船舶设计建造的科学合理之所在。

空梁的间距一般为 0.66—0.93 米,截面宽 100—170 毫米,厚 130—200 毫米。舱底肋骨截面宽 90—150 毫米,厚 80—110 毫米。舷内加强肋(只有 4 对)宽 70—80 毫米,厚 90—100 毫米。船体横剖面结构,由空梁、底肋骨、舷加强肋骨,构成了坚固的封闭框架。在空梁间还有,径为 30—50 毫米的树枝丫做成的肋骨予以加强。还有在空梁上、在底肋骨上均有拐形肘材。所有这些构件保证了船体有足够的横向强度。此外,在空梁与底肋骨之间还有短支撑木予以支撑,这对于构成整体刚性和传递在空梁上因载货物而承受的力都是有益的。

鉴于空梁的间距很小,空梁与底肋骨之间又有许多短支撑,底肋骨还开了不少流水孔,舱底难免会存积少量因渗漏而涌入舱内的水,笔者以为在通舱内载货是不甚适宜的。如果在空梁上铺以木板和苇席,在空梁上载包装货甚至散装粮谷都是可行的。空梁以上直到船口尚有约 0.5 米的空间,载货的容积也是足够的。

静海宋船的平衡舵堪称世界第一。

静海宋船在出土时,发现舵被淤泥挤在紧靠船尾板的位置。舵杆为一修整过的树干,残高 2.19 米。舵叶呈三角形,底边长 3.9 米,高为 1.14 米,舵叶总面积为 2.223 平方米。在舵杆前的平衡部分面权为 0.285 平方米,舵的平衡系数为 12.8%。此舵的平衡系数偏小,大约只有现代船舶的 1/2,[1]但此舵仍不失为平衡舵。此舵叶的形状与《清明上河图》中的船舵非常相似,只因所处河道极浅,此舵的展弦比(舵叶高/舵叶宽)更小些。静海宋船的年代与《清明上河图》的年代基本一致,静海宋船平衡舵的发现,从一个方面证实了张择端所绘船舶形象的准确与可信。

平衡舵,可使转舵较为省力,对现代船可节约舵机的功率,这也是极为重要的一项技术发明。在 1117 年,西方尚未曾出现过舵,更不用说平衡舵了。所以,静海宋船的舵,是迄今为止堪称世界第一的平衡舵。最可贵的是,它提供了第一个保存较为完好的宋代平衡舵实物,这是我国船舵臻于成熟的重要物证。[2]

---

[1]　席龙飞、冯恩德等:《船舶设计基础》,武汉水运工程学院出版社 1978 年版,第 424 页。

[2]　席龙飞:《桨舵考》,《武汉水运工程学院学报(1)》,1981 年,第 25 页。

（二）泉州湾发掘的宋代海船

1974 年夏,在福建省泉州湾的后渚港出土了一艘宋代木造航海货船。这一重大考古发现,在我国和全世界都是罕见的。当 1975 年 3 月 29 日新华社播发了新闻电讯之后,引起国内外广泛关注。同年,在《文物》第 10 期发表了发掘报告以及有关学术论文。自此,在全国各种学术刊物上不断有关泉州宋代海船的研究论文相继发表。1979 年 3 月在古港泉州召开了"泉州湾宋代海船科学讨论会",集中了考古、历史、造船、航海、海外交通、地质、物理、化学、医药和海洋生物等诸多学科约百位学者,就宋代海船的年代、建造地点、航线、沉没原因、古船的复原以及出土文物的鉴定与考释等问题进行了深入的讨论并得出相应的结论。泉州宋代海船的复原模型作为一项重要展品,1983 年 6 月在美国芝加哥科学工业博物馆举行的"中国:七千年的探索"展览会上展出。美国《芝加哥论坛报》在 6 月 5 日发表评论文章,称"中国人对世界发展作出了巨大贡献"。文中对中国的水针罗盘、造船和航海技术给予高度的评价。

1. 泉州宋代海船的船型

泉州宋代海船出土时,船身基本水平;船体上部的结构已损坏无存,基本上只残留一个船底部;船首保存有首柱和残底板:"船身中部底、舷侧板和水密舱壁保存较完好。舱底坐和船底板也较好地保存下来。"古船残骸长 24.20 米,宽 9.15 米,深 1.98 米。据残长,将各舱苫及首、尾轮廓线顺势外延,可初估船长为 30 米。[1]

鉴于残宽已达 9.15 米,如使横剖线光顺地向上过渡,甲板处的宽度至少应为 10.5 米,这时满载水线处的宽度为 10.2 米。

许多史料都指出宋代远洋海船的吃水深且具有较好的航海性能。《萍洲可谈》载:"海中不畏风涛,唯惧靠搁。"《宣和奉使高丽图经》载:"海行不畏深,惟惧浅搁。以舟底不平,若潮落,则倾覆不可救,故常以绳垂铅锤试之。"据此,依据各种尺度比值的分析对比,船舶吃水取为 3.75 米,可获得泉州宋代海船的主要尺度如下[2]:

船　长 L	30.0 米	舷 F	1.25 米
水线长 L_{WL}	27.0 米	干舷船宽比 F/B	0.123 米
甲板宽 B_{max}	10.5 米	干舷型深比 F/D	0.25 米

---

[1] 同时可参见庄为玑、庄景辉:《泉州宋船结构的历史分析》《厦门大学学报(哲学社会科学版)(4)》1979 年,第 81 页。

[2] 席龙飞、何国卫:《对泉州湾出土的宋代海船及其复原尺度的探讨》,《中国造船(2)》,1979 年,第 117 页。福建省泉州海外交通史博物馆编:《泉州湾宋代海船发掘与研究》,海洋出版社 1987 年版,第 94 页。

水线宽 B	10.2 米	深吃水比 D/T	0.33 米
型　深 D	5.0 米	方形系数 CB	0.44
吃　水 T	3.75 米	排　水　量	454 吨

泉州宋船的宽度大而长与宽之比小,这对保证船舶稳性是极为有利的。船长不过分大也有利于尽量减少板材的接头,对加大船体强度有利。这样小的长度比也并不会影响到船的速度,因为木帆船毕竟比现代船舶的航速低得多,对应于较低的航速选小的长度比还是可行的。特别应当指出,古船的型线非常瘦削,这对保证快速航行是很重要的。正如宋代徐兢在《宣和奉使高丽图经》中所说,"上平如衡,下侧如刃,贵其可以破浪而行也"。泉州湾宋代海船的船型设计是综合考虑了稳性、快速性、耐波性和加工工艺等多种要求的。

1975 年《文物》第 10 期在发表《发掘报告》的同时,也发表了泉州湾宋船复原小组的《泉州湾宋代海船复原初探》一文,并给出船体复原图。该图充分反映了福建沿海著名船型——福船的各种特点。

在 1979 年 3 月于古城泉州召开的"泉州湾宋代海船科学讨论会"上,对泉州古船的研究获得以下几项重要成果。

(1)关于古船的年代。断定泉州船为宋代船根据有三:①船舱中出土大量陶瓷器碎片,能复原的共 58 件,从器形、釉色、纹饰看都是有宋代特征,未见有宋以后的瓷器。②舱中出土铜钱 504 枚,除 33 枚为唐钱外,其余全为宋钱。其中最晚的是一枚背为"七"的南宋"咸淳元宝",乃咸淳七年(1271 年)所铸,这可认为是海船沉没绝对年代的上限。③对沉船地点淤泥样品进行了海滩沉积环境的研究,结论是该船的沉没埋藏过程当有 700 年以上的时间。①

(2)关于古船的航线。综合研究的结论是:这是一艘由南洋返航的远洋船。①船舱中出土的香料、药物,在数量上占出土文物的第一位,计有降真香、沉香、檀香等香料木和胡椒、槟榔、乳香、龙涎、朱砂、水银、玳瑁等药物。这些香药的主要产地是南洋诸国和阿拉伯沿岸,俗称"南路货",而载此货的船当为南路船。②北宋元祐二年(1087 年),政府已在泉州设市舶司,南宋时泉州是通向南洋的重要门户,判断该船航南洋合于历史、地理条件。③船中出土的贝壳和船壳附着的海洋生物,大部分属于暖海种。更发现船壳上有很多钻孔动物——巨铠船蛆,对船板破坏严重。这种船蛆标本在我国沿海从未发现过,这是船舶来自南洋一带的最有力的证据。②

(3)关于古船的建造地点。从造船工艺看,船板用铁钉钉合,缝隙又塞以麻绒油灰,这不仅与大食(波斯)船、日本船、扶南(柬埔寨)船很容易区别,就是

①　林禾杰:《泉州湾宋代海船沉没环境的研究》,《海交史研究(4)》,1982 年,第 42-51 页,
②　李复雪:《泉州湾宋代海船上贝类的研究》,《海交史研究(6)》,1984 年,第 107 页。

与本国的广东船建造方法也不相同。"特别值得注意的是，海船龙骨接合处凿有'保寿孔'，中放铜镜、钢铁钱等物，其排列形式似'七星伴月'状，据称这是本地造船的传统民俗。"①

（4）关子海船的沉没原因。船底无损，可信并非触礁；港道水深，不会搁浅；只要驶向附近的洛阳江，也可避台风；即使遇难，只要有人管理也可营救。从海船上部皆损破、大桅也被拔掉、舱内瓷器多成碎片且一件瓷器的碎片分散到各舱等情况看，说明沉船前或有风浪冲击，或有人为的战乱，造成了"野渡无人舟自横"的局面。许多史学家分析，南宋末年，泉州提举市舶司蒲寿庚降元朝，宋将张世杰率军进攻泉州，泉州风云突变、战火纷飞。海船可能是此个期间沉没的，时间为 1277 年。

为了开展科学研究的需要，泉州湾宋代海船已陈列在泉州海外交通史博物馆的古船陈列馆。在精美的大理石立柱上刻着金字的诗句："州南有海浩无穷，每岁造舟通导域。"这是采录南宋时代惠安人谢履的两句诗。这既是福建泉州地区造船事业兴旺发达的写照，也言决心扩大造船与航海业之志。

2. 泉州宋代海船船体结构的特点

①龙骨。泉船松木主龙骨断面为宽 420 毫米，厚 270 毫米，长 12.4 米。在尾部接上长度为 5.25 米的尾龙骨。首端接以樟木首柱，残长 4.5 米。龙骨的接头部位选在弯矩较小的靠近首尾 1/4 船长处，接头用"直角同口"榫合，接口 340 毫米，未见铁迹。接头的形式能适应所能遇到的各种外力。造船匠师的深思熟虑得以充分展现。

②壳板。船壳系多重板构造。紧临龙骨的第 1、第 2 列板用樟木，余为杉木。壳板都以整木裁制，板宽 280—350 毫米，长 9.21—13 米。船壳的内层板厚 82—85 毫米，中层厚 50 毫米，外层厚 45—50 毫米。关于中国船舶在结构上的特点和优点，马可·波罗曾说："船用好铁钉结合，有二重板叠加于上。"②日本学者桑原曾考证："侧面为欲坚牢，用二重松板。"③泉州宋船为上述论述提供了实物证据。

壳板的边缝系混合采用平接与搭接方式，从外观看是搭接的且残留 4 个级阶：第一级宽约 500 毫米，逐级加宽 100 毫米，第 4 级宽约 900 毫米。每一列壳板的端接缝则采用"斜角同口"、"直角同口"方式。所有边接缝和端接缝均采用子母口榫合，并塞以麻丝、桐油灰捻料，还加上铁钉；钉有方、圆、扁诸种，钉法多样。

① 泉文：《泉州湾宋代海船有关问题的探讨》，《海交史研究（创刊号）》，1978 年，第 51 页。
② 冯承钧译：《马可·波罗行记》，商务印书馆，第 60 页。
③ 桑原骘藏著、陈裕菁译：《蒲寿庚考》，上海中华书局 1929 年第 1 版，第 5 页。

③舱壁及肋骨。泉船设有 12 道水密舱壁将船分隔成 13 个货舱。舱壁板厚 100—120 毫米，多用杉木，边缝榫接并填塞捻料。最下一列壁板用樟木以耐腐蚀，在近龙骨处开有 120×120 毫米的流水孔。

"舱壁板周边与壳板交界处，装设由樟木制成的肋骨。值得注意的是，船中以前的肋骨都装在壁板之后；船中以后的肋骨又都装在壁板之前，这有助于舱壁板的固定和全船的整体刚性。近代铆接钢船上的水密舱壁设周边角钢，从功用到安装部位，这肋骨与周边角钢都是一致的，可以说后者是由前者演变而来的。古船这种极其巧妙而合理的设计，使今日的造船工程师也称赞不已。"①

《马可·波罗行记》写道："若干最大船舶有最大舱十三所，以厚板隔之，其用在防海险，如船身触礁或触饿鲸而海水透入之事，其事常见……至是水由破处浸入，流入船舶。水手发现船身破处，立将浸水舱中之货物徙于邻舱，盖诸舱之壁嵌甚坚，水不能透。然后修理破处，复将徙出货物运回舱中。"泉州宋船用 12 道舱壁将船分隔成 13 个舱，与马可·波罗的记叙是非常一致的。

④可眠桅技术。泉州船保存下来两个桅座，都用大块樟木制成。首桅座在第 1 舱中，长 1.76 米，宽 0.5 米，厚 0.36 米。座面开有两个 240 毫米×210 毫米的桅夹柱孔，间距 400 毫米。主桅座在第 6 舱中，长 2.7 米，宽 0.56 米，厚 0.48 米，桅夹柱孔为 320 毫米×240 毫米，间距 600 毫米。与现代中国帆船相一致，两个桅夹柱应是与舱壁相连接的，用来固定船的桅杆。中国船的桅杆可眠倒和拆卸，在泉船主桅前的第 5 号舱壁上留有宽 300 毫米、残高 340 毫米的方形孔，证实了泉州船当时已经采用了可眠桅、卸桅的技术。

大桅可以起、倒之技术，在《清明上河图》已有所见，在北宋的文献上也有记载。《梦溪笔谈》中有一故事：嘉祐（1056—1063 年）中，苏州昆山县海上有一船，桅折风飘抵岸，船中有三十余人。衣冠如唐人，但语言不可晓，后得悉为高丽船。时赞善大夫韩正彦知昆山县事，正彦使人为其治桅。桅旧植船木上不可动，工人为之造转轴，教其起倒之法，其人又喜。② 由之可见，其时桅的起、倒已是成熟的技术。

⑤舵可以升降。现存的舵承座由 3 块大樟木构成，又用两重樟板加固于承座之背面。舵承座板残长 3.44 米，残高 1.37 米，宽 0.44 米。附加樟板厚 200 毫米。舵承的轴孔直径 380 毫米，可知所配舵杆直径应近于 380 毫米。

第五章

宋元时期的造船与海运

---

① Xi Longfei. 1997. Martime Transportation and Ships of Quanzhou in Song Dynasty. Selected Papers of SCNAME. Vol. 12. Shanghai. The Editorial Office of SHIPBULDING OF CHINA. p. 121.

② ［宋］沈括：《元刊梦溪笔谈》卷二十四杂志一，文物出版社 1975 年第 1 版，第 14 页。

舵承的轴孔向后倾斜22°,这一数据与现代船相近。

在第11舱还曾出土一樟木的绞车轴残段,长1.4米,直径350毫米。轴身凿有两个直径130毫米的圆通孔,当是绞棒孔。这绞车轴或就是起舵用的绞关构件。中国海船的舵一向可以升降:降下去可以提高舵效,还有利于抗横漂;升起来使舵获得保护。看来,这一成熟技术在宋代泉州海船上已经使用。

3. 造船工艺的先进性

①二重、三重板技术。泉船三重板的总厚度约为180毫米。若用单层板,不仅弯板困难,而且由于板材具有残留应力而有损于强度,是不可取的。但是,若采用双重、三重板,两重板之间应不留空隙,以避免和减缓腐蚀,这就要求加工工艺十分精细。泉船发掘过程中,曾将各层外壳板卸下,各板列保存十分完好,而且有充分的弹性。工艺的精细已得到证明。

②选材适当而考究。泉船各种构件均依所处部位、受力状况和受腐蚀程度的不同而选用不同的木材。各部位的木材均经过科学鉴定。[①]

龙骨,采用马尾松,取其纹理直、结构粗壮,也耐腐。其材在我国分布很广,福建数量最多,从古到今都是我国南方造船用材。

舷侧板、船底板、舱壁板等,主要采用杉木,取其纹理直、疤节少、材质轻。杉木分布于浙江、安徽、福建、江西、湖南、湖北、四川、贵州、云南、广西、广东各省,一向是我国的优良造船材料。

肋骨、首柱、舵承座、桅座、舱壁最下一列板,临龙骨的第1、第2列壳板以及绞车轴等,均采用樟木,取其结构细致、坚实和耐腐蚀的特点。樟木分布于福建、台湾、江西、浙江等许多省份,而以福建、台湾为最多,历来是我国南方重要的造船材料之一。

泉州船在我国的重要地位,也在于它能就地取材。

③壳板的钉连技术。壳板横向的连接缝系平接与搭接混合使用。纵向则采用"斜角同口"、"滑肩同口"和"直角同口"等方法,"钩子同口"在泉船中尚未发现。"不论是横接或纵接都予以子母榫榫合,并塞以麻丝、桐油灰捻料,还加上铁钉。"[②]铁钉的断面形状有方、圆、扁、棱形等多样,并有不同的钉帽,但多已严重锈蚀,钉的名称多因地而异。据日本学者桑原考证,唐时大食(波斯)船舶"不用钉,以椰子树皮制绳缝合船板,其隙则以脂膏及他油涂之,如此而已"。桑原还特别提及,唐末刘洵居广州,其所著《岭表录异》在"大食船与中国船之

① 陈振端:《泉州湾出土宋代海船木材鉴定》,《海交史研究(4)》,1982年版,第52页。

② 福建省泉州海外交通史博物馆编:《泉州湾宋代海船发掘与研究》,海洋出版社1987年版,第19页。

比较"条中说"贾人船不用钉,只使桄榔须系缚,以橄榄糖泥之"①。然而,在中国,用铁钉钉连船板的技术可上溯到战国时代,战国时代用铁箍拼连船板的技术,当是锔钉(蚂蟥钉)的祖式。在泉州古船出土之前已发现有多艘唐、宋时期的船舶采用钉连船板技术。1962年杨酒教授在其《中国造船发展简史》中就得出结论:"宋时造船无疑已广泛采用铁钉来钉连船板。"

在中国,钉连船板技术中最为重要的,也最具有技术先进性的,是使用挂锔或称为锔钉,这在泉州古船中也有发现。锔钉长约500毫米、宽50毫米、厚6毫米,一端折成直角,用以钩住外板并钉在舱壁上,为此锔钉上有4个小方孔。"铁钩钉(即锔钉)的残迹,仅第八舱就残留14处之多。"②

挂锔的根本作用在于将外板拉紧并钉连在舱壁上。做法是先在舱壁上预先开锔槽,在外板上开孔缝,把锔(钉)由外向内打进并就位在舱壁的锔槽内,再用钉将锔钉钉在舱壁上。

在应用挂锔或锔钉之前,是应用木钩钉将外板紧紧地钉在舱壁上。所谓木钩钉,实际上就是木质舌形榫头。此种结构在离泉州湾古船不远处的泉州法石乡南宋古船上就曾发现。

1982年在福建泉州市法石乡试掘到一艘南宋古船。③"隔舱板和底(部外)板除用方钉钉合外,还用木钩钉(舌形榫头)加固","现存的木钩钉(舌形榫头)中,仅有2根完整的。长约75厘米,钉头横剖面呈6厘米×6厘米的方形,钉尖横剖面则呈2厘米×3厘米的矩形。"木钩钉(舌形榫头)的安装方法是"先在底部外板贴近舱壁板前侧交界处凿通一个6厘米×6厘米的方孔,然后将木钩钉(木质舌形榫头)由底板外侧垂直打进方孔,使它的内侧面紧挨舱壁板的前侧面,再用铁钉把它与隔舱板钉合"。显然,"因为铁器较之木器使用在后,技术上铁锔更为先进,所以可初步得出结论:铁(挂)锔是对木钩钉(舌形榫头)的模仿、改进和发展"④。

1978年在上海市嘉定县封浜乡也曾出土一艘南宋时期的木船,在该船舱壁与底部外壳板的结合处,也发现有宽背铁钩钉(挂锔)紧紧钩住外壳板并钉在舱壁上。⑤ 由此可见,这种较为先进的挂锔(铁钩钉)技术,在宋代已是成熟的实用技术。

④水密捻缝技术。泉州船在各种构件间广泛采用子母榫榫合、铁钉钉连

---

① [唐]刘恂岭:《岭表录异》卷上,武英殿聚珍本。
② 徐英范:《挂锔连接工艺及其起源考》,《船史研究(1)》,1985年,第66页。
③ 中国科学院自然科学史研究所等联合试掘组:《泉州法石古船试掘简报和初步探讨》,《自然科学史研究(3)》,1983年,第164-172页。
④ 徐英范:《挂锔连接工艺及其起源考》,《船史研究(1)》,1985年,第69页。
⑤ 上海博物馆倪文俊:《嘉定封浜宋船发掘简报》,《文物(12)》,1979年,第32页。

和挂锔技术,此外更采用以麻丝、桐油灰捻缝,以保证水密并使铁钉减缓锈蚀的技术。此种成熟的技术一直沿用到现在。关于捻料,在泉州发现的有两类:一类捻料的构成为麻丝、桐油、石灰(应为贝壳灰);一类捻料的构成为桐油、石灰。前者适用于填塞板缝及较大的缺损部位,后者适用于表面填补和封闭。[1]

桐油是我国特产,其化学成分是桐油酸甘油酯,易起氧化、聚合反应形成的漆膜坚韧耐水。石灰本身有很强的黏接性,将石灰和桐油调和,能促进桐油的聚合而干结,并能生成桐油酸钙,有很好的隔水填充作用。贝壳灰的碳酸钙含量可达90％以上,经高温焙烧的俗称"蛎灰",历史上称为"上粉",最适于调和桐油灰捻料。麻丝或麻制旧品(如旧渔网等)经人工复捣,在捻料中有充填、增加附着性、防止开裂和提高团块的机械强度等重要作用。

(三)宁波发掘的宋代海船

1979年11月26日,新华社播发了"宁波发现宋代海运码头遗址和古船"的消息;接着,1980年1月3日《人民日报》作了报导:"浙江省宁波市新近发现古代海运码头遗址和一艘古船。据考证,这是宋代的遗物。……宋代海运码头和外海船的发现,为研究古代宁波的对外交通贸易和造船工业提供了新的实物证据。"

宁波古船是在1979年4月于宁波市东门口交邮工地施工中被发现的。尾部自第8号肋位起因施工而遭到严重破坏。好在自首至尾的第1号到第7号肋位的船体底部均得以发掘并有实测图可作为复原的依据。[2] 宁波古船压在宋代层之下,在船的底部出土有乾德(963—968年)元宝一枚。出土瓷器也是五代至北宋时期的产品,因此认为该船舶是在北宋时期建造的。

1. 宁波宋船的船型概况

依据发掘报告提供的实测图,将各肋位横剖面线向上自然延伸,试取1.5米、1.75米、2.0米三种吃水,得到相应的型宽和各种尺度,经过论证,宁波古船的复原尺度为[3]:

水线长	13.00米	总　长	15.50米
型　宽	4.8米	甲板宽	5.00米
吃　水	1.75米	型　深	2.40米
排水量	53.00吨		

① 李国清:《对泉州湾出土海船上捻料使用情况的考察》,《船史研究(2)》,1986年,第32-33页。
② 林士民:《宁波东门口码头遗址发掘报告》,《浙江省文物考古所学刊》,文物出版社1981年版,第105-129页。
③ 席龙飞、何国卫:《对宁波古船的研究》《武汉水运工程学院学报(2)》,1981年,第23-32页。

宁波古船的这一组尺度,与宁波、温州的著名船型"绿眉毛"①相比,除长宽比较小之外,其他尺度比皆属正常。

根据已有的实测图,经过光顾,我们绘出了经复原的宁波宋船船体型线图草图。《发掘报告》正确地指出"这是一艘尖头、尖底、方尾的三桅外海船"。

2. 宁波宋船的结构特点

古船的龙骨剖面为 260 毫米×180 毫米,其接头选在首尾弯矩较小的部位。龙骨接头采用"直角同口"连接,并选在舱壁或肋骨所在位置。

龙骨用松木,首柱用杉木。首柱与龙骨交接处选在第 1 号舱壁之下,此舱壁之前设有头桅座,在这狭小的空间填以麻丝与桐油灰以确保水密。在第 5 号肋位设有水密舱壁,舱壁之前设主桅座:长 105 厘米、宽 25 厘米、厚 18 厘米。中间开有 2 个 150 毫米×80 毫米×50 毫米的桅夹柱孔,孔距 150 毫米。前桅座与主桅座制作讲究。宁波宋船在结构上的一个特点是:全部用樟木制成"抱梁肋骨",制作规整,宽度一般在底部为 160—250 毫米,越向上越窄。其厚度仅 70—100 毫米。在此处如若加舱壁,则舱壁加在此"抱梁肋骨"之上。它是船体横向结构的主要部分,由于是用樟木制成的,所以保存都较完好。在底部,即与龙骨交接处,每档都有一个流水孔。

船壳板多用杉木制作,也有松、樟木的。壳板最宽达 420 毫米,最窄的 210 毫米,厚 60—80 毫米;壳板的纵向接头采用"滑肩同口"连接,接头的长度达 1.55 米以上。壳板横向边接缝以子母口榫合的方法,子母口高度为 20—40 毫米。壳板缝均施上桐油、石灰、麻丝捣成的捻料加以填充。

3. 宁波宋船上的减摇龙骨

宁波宋船的出土有一项惊人的发现,那就是该船竟装有现代海洋船舶经常装设的减摇龙骨。减摇龙骨由半圆木构成,最大宽度 90 毫米,贴近船壳板处的厚度为 140 毫米,残长达 7.10 米,用两排间隔 400—500 毫米的参钉固定在第 7 和第 8 列壳板的边接缝上。

此半圆木"正处在船的舭部,即使船舶在空载时它也不会露出水面。当船舶在风浪里做横摇动时,它会增加阻尼力矩从而能起到减缓摇摆的作用。它正是现代船舶中经常运用的舭龙骨,即减摇龙骨"②。

减摇龙骨通常是顺着流线安装在船体舭部,形似长板条,它是靠船舶横摇时的流体动力作用产生稳定力矩的一种被动式的减摇装置。按现代钢质扁平的舭龙骨计算,摇摆幅度比不设此舭龙骨可减小 25%。③ 可见,减摇龙骨的减

第五章

宋元时期的造船与海运

① 浙江省交通厅:《浙江省木帆船船型普查资料汇编》,1960 年。
② 席龙飞、何国卫:《对宁波古船的研究》,《武汉水运工程学院学报(2)》,1981 年,第 29 页。
③ 中华人民共和国船舶检验局:《海船稳性规范》,人民交通出版社 1981 年版,第 9 页。

摇效果是很显著的。

前苏联学者勃拉哥维新斯基针对外国的情况在《船舶摇摆》中写道："开始使用舭龙骨是在 19 世纪的头 25 年，即在帆船时代。""宁波出土的宋代海船说明，我国至晚在北宋（960—1127 年）末年，就实际应用了减摇龙骨，它比国外大约要早七百年。"①

经查阅，我国关于减摇龙骨这一技术也有文字记载和图形资料。清代道光六年（1826 年）刊印的《江苏海运全案》中有"沙船底图"，图中的梗水木即减摇龙骨。②

当船舶在风浪作用下横摇时，因梗水木有阻水的作用，从而产生阻尼力矩以减轻摇摆。用梗水木一词既确切，又形象。这幅图画得逼真，不失为我国古典图籍中之少有佳品。

讲到梗水木的《江苏海运全案》成书较晚。在北宋之前还有记叙船舶在风浪中具有较好适航性与耐波性的文献，即唐代李筌所撰《神机制敌太白阴经》。李筌在书中讲到海鹘船："头低尾高，前大后小，如鹘之状，舷下左右置浮板，形如鹘翅，其船虽风浪涨天，无有倾侧。"③海鹘船之所以能在风浪中有较好的御浪性能，在于"舷下左右置浮板，形如鹘翅"。这梗水木或减摇龙骨，是否就是李筌书中的"浮板"？ 如果从御浪机理来说，这梗水木确有改善耐波性的作用，当可自圆其说，但对浮板的"浮"字应作何理解也是值得进一步探讨的问题。

清代陈元龙的《格致镜原》引《事物绀珠》关于海鹘船的这样一段记载："海鹘船头低尾高，前大后小，左右置浮板，如翅。"同书同卷又引《海物异名记》，有"越人水战有舟名海鹘，急流浴浪不溺"④的记载。可见，各文献对海鹘船良好的抗风浪性能都是肯定的，同时也说明浙江地区所建造的海船有很好的航海性能。

越人所建造的海船具有良好航海性能并有相当的自信，这在文献上也有记载。宋代"孝宗隆兴二年（1164 年）五月二日，淮东宣谕使（张浚）言：去年三月都督府下明、温各造平底海船十艘，因明州（今宁波）言平底船不可入海，已获旨准"⑤。

宁波宋船实际应用了减摇龙骨这一技术，对改善船舶航海性能、保证航海安全起了重要作用。这一技术简单、经济，迄今仍在发挥重要作用，是我们祖先对世界航海事业的重大贡献之一。

---

① 席龙飞、何国卫：《中国古船的减摇龙骨》，《自然科学史研究》，1981 年，第 369 页。
② ［清］贺长龄撰：《江苏海运全案》第十二卷，道光六年（1826）刊行，光绪元年重印本。
③ ［唐］李筌：《神机制敌太白阴经·战具》，《守山阁丛书子集》（战具卷水战具篇第四十）。
④ ［清］陈元龙：《格致镜原》卷二十八，第六册。
⑤ ［清］徐松撰：《宋会要辑稿》，《食货》五十之二十。

二、传统造船技术的发展与成熟

在宋代 300 多年的期间里,造船技术有许多新的发展与成就,有些是对世界造船技术的重大发明与贡献。对此,既有许多历史文献加以记叙,又有出土文物提供了实物证据,有的两者互相印证,使人们信服与感叹。

(一)新船型的发展与船型的多样化

车轮舟技术到宋代得到相当的普及,车船不仅大型化而且系列化;有 4 车、6 车、8 车、20 车、24 车和 32 车等多种;最大的能载千余人,长 36 丈,后来都在长江上抗击金兵发挥了重大作用。姑且不计及 5 世纪祖冲之的千里船和 8 世纪李皋的二轮战舰,即使 12 世纪杨么起义军的车轮战船,就其规模、成就和出现时间之早等各方面而论,都堪称为世界之最。

在内河船方面,载量大而装卸方便并适于汴水的"歇怨支江船",到宋代则名之为汴河船。天津静海出土的宋代河船,则是适于运河浅河道的散装运粮船。在长江干流则有如《画墁集》所描述的万石船。

在海船方面,有类似于遣唐使船的航海客货船,又有大型的"神舟"与客舟。中国这些制作精良、装饰华焕的船舶,"魏如山岳,浮动波上,锦帆鹊首,屈服蛟螭"。到了外国则出现"倾国耸观,而欢呼嘉叹"的轰动场面。泉州湾出土的宋代海船,就是这类航海货船的典型实例。

(二)船舶航海性能的改善与提高

船舶作为水上航行的建筑物,保证浮性使船舶具有很可靠的水密性极为重要。自唐以来就应用桐油、石灰、麻丝的混合物作为捻料以保证良好的水密性和浮性。船舶航行中受碰撞、被搁浅、遭波浪袭击是不可避免的,"如船身触礁或触饿鲸而海水透入之事,其事常见"。由于中国在世界上首先创造了水密隔舱壁这一"用在防海险"的技术,使船舶具有"不沉性"或"抗沉性"。

船舶受风浪作用或受碰撞而翻沉的事件是时有发生的。中国不仅早已知道"短而广,安不倾危者也"这个船舶主尺度对稳定性至关重要的基本道理,到了唐代更懂得在船底加固定压载物以降低重心而确保船的安全。这就是所谓的"压重庶不欹倒也"。更为难能可贵的是,"任风浪涨天,船无有倾侧",这就是船舶的耐波性。"上平如衡,下侧如刃,贵其可以波浪而行也",这可以说是船舶的快速性。要船舶达到如此优越的性能,需在船型方面努力改进,有的还要加装相当的设备。总之,是要保证船的适航性。在宁波宋船上发现的减摇龙骨,就是改善耐波性的重要手段和措施。这已经为在 19 世纪末的船舶模型试验和实船航行实验所证实。然而,值得我们骄傲和自豪的是,早在 1826 年就有文献证实,我们早已经应用了"梗水木"这一减摇设备。在北宋年间的宁波海船上,我们发现了减摇龙骨;在唐代的海鹘船,除了船型上的措施之外,就是"舷下左右置浮板"。将此"浮板"理解成"梗水木",就减摇和改善耐波性的机理来说,是顺理成章的。如果与国外使用舭龙骨的年代相比较,则中国要提早了约 700 年;还有,"又于舟腹两旁,缚大竹为橐,以拒浪","若风涛紧急,则加游碇",这些都是改善耐波性的有效技术措施。

(三)船舶在结构上的特点和优点

内河船舶因吃水浅多设计成平底。从天津静海县出土的宋代内河船以及《清明上河图》表现的内河船看,都不设剖面很大的龙骨,但都设计成较强的封闭的横向框架,以增加横向强度,这对经常会遭受与码头、桥梁以及与其他船舶相碰撞的内河船来说,是科学而合理的。对于航海船舶,如在宁波宋船、泉州宋船所看到的,都有断面很大的龙骨。与之对应的船舶顶部,则设置有"大橄(拉)",相当于现代船舶的加厚的舷侧顶列板。底部的龙骨与顶部的"大橄",因距船舶中剖面的中和轴较远而能显著增大船舶的剖面模数,从而可使船体强度得到提高,这是中国船舶的传统优点。某些外国学者以我国内河船结构为特例,认定中国木船没有龙骨、没有纵向构件,这实在是一种误解,或者是以偏概全。

船舶外板的连拼,横向的边接缝有鱼鳞式搭接和对接之不同。对接者有平接和子母口榫接。对小型船用单层板,对大型船有用二重、三重板的实例。外板的纵向接缝有直角同口、斜角同口、滑肩同口等多种常用的形式。迄今尚未见到唐宋船舶有用"钩子同口"的,但在随后的元代船舶中就常会见到"钩子同口"技术,这说明结构形式也是日新月异的。

中国船舶设有许多道水密舱壁,这对强度有重要作用。泉州宋船的横舱壁,在底部和两舷均有肋骨予以环围,顺理成章可以相信在甲板下应有横梁与周边的肋骨构成封闭的框架。这既有利于水密,又能有效地使舱壁不至于移位。"值得注意的是,船中以前的肋骨都装在舱壁之后,船中以后的肋骨又都装在舱壁之前。如果再看看近代铆接钢船的水密舱壁及其周边角钢,对比之后可以发现,从功用到部位,古船与近代铆接钢船两者都非常一致。可以肯定地说:近代铆接钢船的周边角钢,完全是由古船的结构形式演变而来的。古船的这种极其成熟的设计,使今人也为之称赞不已。"①

————————

① 章巽:《中国航海科技史》,海洋出版社 1991 年版,第 75 页。

（四）造船工艺上的成就

除船体结构设计合理之外，选材也考究而适当。例如，在底部经常有积水而易腐蚀的部位常选用樟木或杉木，对强度要求高的构件也时而采用樟木等，对于一般的构件则常用并不昂贵的松木。

为了将外板与舱壁紧密地连接起来，开始用木钩钉或称为舌形榫头，后来则应用钩钉挂锔，工艺既简单且更增加了连接强度。

在论述两宋时期的造船工艺时，特别应提到金朝正隆年间（1156—1160年）张中彦创造的模型造船的技术。"舟之始制，匠者未得其法，中彦手制小舟才数寸许，不假胶漆而首尾自相钩带，谓之'鼓子卯'，诸匠无不骇服。"[①]张中彦采用的是船模放样的造船技术，与现代造船中的放样原理基本一致。宋代处州知州张矞，"尝欲造大舟，幕僚不能计其值，矞教以造一小舟，量其尺寸，而十倍算之"[②]。这也是放样原理的实际应用。

船渠修船法，也是宋代在修船实践中的创造。在熙宁（1068—1077年）年间，为修理金明池中的大龙舟的水下部分，宫官黄怀信献计，据龙舟的长宽尺度，先在金明池北岸挖一个大渠，渠内竖立木桩，上架横梁，然后将金明池与渠间凿通，水则入渠，然后引龙舟入渠就于木梁之上。再堵塞通道，车出渠内之水，龙舟便坐在横梁之上，即可施工修整船底。完工后再如前法放水入渠浮船。[③]

宋太宗年间（976—997年），因新造舟船常有被湍悍河流漂失之虞，《宋史·张平传》有张平创造了渠池泊船法："穿池引水，系舟其中"，即可免去守舟之役。

在宋代还创造和实际应用了舟船滑道下水的技术。《张中彦传》记有"浮梁巨舰毕功，将发旁郡民曳之就水。（张）中彦召役夫数十人，治地势顺下倾泻于河，取秫秸密布于地，复以大木限其旁，凌晨督众乘霜滑曳之，殊不劳力而致诸水"。这是近代船舶纵向下水的早期形式。文中所说"秫秸"即北方或黄河流域的高粱秸，新秫秸水分充足，抗压力强，摩擦系数较小，故"乘霜滑曳"时有"殊不劳力"之效。张中彦所用"乘霜滑曳"之法，必是多次实践中取得的成功经验。时至今日，在我国长江及内河一些小型船厂中，仍方便地应用润滑性良好的稀泥布于地，曳船下水，其理与张中彦同。

---

①　[元]脱脱等：《金史·张中彦传》，中华书局1977年版，第1789页。

②　[元]脱脱等：《宋史·张矞传》，中华书局1977年版，第11696页。

③　[宋]沈括：《梦溪补笔谈》，商务印书馆1937年版，第21页。

（五）船舶设备、属具的创造与进步

风帆，作为推进工具，在宋代又有所改进。"大樯高十丈，头樯高八丈。风正则张布帆五十幅，稍偏则用利篷。左右翼张，以便风势。大樯之颠，更加小帆十幅，谓之野孤帆，风息则用之。然风有八面，唯当头不可行。"这里说的是硬帆与软布帆同时使用，硬帆之上又加野孤帆，也是风正时用之，以增加船速。宋代的帆装考究而记述也较为详尽。这当是出使高丽的副使徐兢的亲历，言之确凿。

船舶有行有止，要止则须下碇。虽说东汉的陶船模型在船首曾悬有一只有锚爪和横杆的木石结合碇，但是，1975 年 4 月间在泉州法石乡晋江滩地出土的一件宋元碇石，还是使人兴奋。"这碇石长 232 厘米，中段宽 29 厘米，厚17 厘米，两侧对称地凿有 29 厘米×16 厘米×1 厘米的凹槽，用坚硬的花岗岩制成"①，现保存在泉州海外交通史博物馆。经研究和鉴定认为这是宋元碇石。该碇石加工细致。如果按北宋徐兢所撰的"石两旁夹以二木钩"的记叙，就能复原相当先进的宋代木石结合碇。当将石碇垂到海底时，如果任一木钩均未抓入海底泥土，则石碇必有一端支撑在海底并成为不稳定态势，只要碇索稍有摆动，则碇将翻转并必将使一只木钩抓入海底泥。碇石将有助于木钩抓泥并使碇的抓力增加数倍。

舵，是控制航向并保证船舶操纵灵活性的重要属具。自汉代已广泛应用舵以来，舵与风帆相配合，使船舶的航线大为扩展。到了宋代则出现了在舵杆之前也有部分舵叶面积的平衡舵，使转舵省力快捷，可保证操纵船舶航向的灵活性。

《清明上河图》中的船舵、天津静海县宋代内河船的舵，都是中国在北宋时期已出现平衡舵的实物证据。此外，其时的舵可以升降。深水时将舵降下，既可提高舵效，也可提高抗横向漂移的能力。浅水时将舵提起使舵得到保护。泉州宋船和宁波宋船的舵杆承座和绞车轴残段都是舵可以升降的实物证据。

水浮指南针盘，是中国对世界航海事业的一大贡献。在朱彧成书于 1119年的《萍洲可谈》中，在徐兢宣和四年（1122 年）所撰的《宣和奉使高丽图经》中，都记有水浮指南针盘的实际应用。12 世纪开始使用的水针罗盘，使得中国海员有可能作远洋航行和开辟新的对外贸易领域。欧洲人在 12 世纪末掌握了指南针，从而推动了他们的航海业。

在宋代，包括船型、船体构造、船舶属具和造船工艺等造船技术，更臻于成熟。伴随着海运业的发展，造船能力也获得大发展。经过元代较短一段时间

---

① 　陈鹏、杨钦章：《泉州法石发现宋元碇石》，《自然科学史研究（2）》，1983 年，第 173-174 页。

的承前启后,我国古代造船技术到明代初年即达到了鼎盛阶段。

第三节 元代的水师、海运与造船

蒙古军经过 40 多年的战争,于至元十六年(1279 年)消灭宋王朝而取得全国政权。以其骑兵骁勇的蒙古贵族统治者,在夺取全国政权的战争中,就建立起自己的水师。元世祖时还曾多次用兵于邻国。元朝的国祚虽不长,但却是当时世界上最强大、最富庶的国家,它的声威遍及亚洲并远震欧、非。由于中外交通的频繁,中国人发明的罗盘、火药、印刷术经过阿拉伯传入欧洲,中国所造的巨大海船由马可·波罗的传播而闻名于世。

一、元初的水师、战船与水战

(一)建立水师与攻灭南宋

蒙古军在消灭金军之后,与宋军相持并频繁交战。宋军常以水军控扼江淮、江汉防线,阻遏蒙古军南下。为了克服江河的屏障,蒙古军不得不建立自己的水师。蒙古窝阔台汗十年(1238 年),其将领解诚,"善水战,从伐宋,设方略,夺敌船千计,以功授金符,水军万户,兼都水监使"①。此盖为元代水军之始。

南宋根据其时的形势,采取了以汉中保巴蜀,以樊城、襄阳卫鄂州,以两淮卫长江的战略。宋宝祐四年(1256 年),时年 21 岁的文天祥中状元,理宗皇帝"亲拔为第一"。是年文天祥曾上书进言:"元人未必不朝夕为趋浙之计,然而未能焉,短于舟,疏于水,惧吾有李宝在耳……夫东南之计,莫若舟师,我之胜(金大将)兀术于金山者此,我之毙(金国主完颜)亮于采石者以此。"②文天祥对元军的评价代表了当时朝野几乎一致的见解,唯忽略了元军吸取金人因水战失利遭受溃灭的教训而迅速扩建水师的新动向。

对元世祖忽必烈,史称:"仁明英睿……思大有为于天下。延藩府旧臣及四方文学之士,问以治道。"③在忽必烈即位的中统元年(1260 年),即任命张荣实为水军万户兼领霸州,加上孟州、沧州及滨棣州海口、睢州等地诸水军将吏

① [明]宋濂:《元史·解诚传》,中华书局 1976 年第 1 版,第 3870 页。
② [宋]文天祥:《文山先生全集》。
③ [明]宋濂:《元史·世祖纪》,中华书局 1976 年第 1 版,第 57 页。

共 1705 人。① 还有先前的水军万户解诚是时统领的 1760 人,元水军已达 3460 余人。更为重要的是,忽必烈在向南宋大举进攻时,采纳了宋降将刘整 的"先事襄阳,浮汉入江"的进军策略。至元七年(1270 年)三月,"阿术与刘整 言:'围守襄阳,必当以教水军、造战舰为先务'。诏许之。教水军七万余人,造 战舰五千艘"。至元十年(1273 年)三月,"刘整请教练水军五六万及于兴元 (今陕西汉中市)金州(今陕西安康市西)、洋州(今陕西洋县)、汴梁等处造船二 千艘,从之"②。

对襄阳、樊城久攻未下。至元十年(1273 年)正月,元军用张弘范计,先切 断襄阳、樊城间水上联络,接着调炮队并集中水陆兵力猛攻樊城。"相地势,置 炮于城东南隅,重一百五十斤,机发,声震天地,所击无不摧陷,入地七尺。"③ 樊城攻陷后,襄阳守将开城降元。次年九月,元军出襄阳沿汉江南下。十二 月,伯颜率战舰数千艘克鄂州(今湖北武汉)。至元十二年(1275 年)七月,阿 术率战舰数千艘蔽江而下。宋廷重臣"贾似道迫于朝野压力,亲自督师,率诸 路军马十三万,号称百万,并战舰二千五百艘,迎击元军。两军在池州下游的 丁家洲遭遇,宋军未战而溃,丢弃战舰二千余艘,兵甲器仗无数"④。"镇江一 战,南宋溃不成军。元水军乘胜出长江口。在长江口收编了渔民武装首领朱 清、张瑄所部数千人,获海船 500 艘。然后,元军浮海南下,直捣临安。接着, 又进攻闽粤。""至元十六年(1279 年),元军以水军大举进攻南宋的最后基地 崖山(今广东新会以南)。宋军战败,陆秀夫负宋帝赵昺投海自尽。至此,统治 中国三百多年的赵宋王朝灭亡。"⑤

元灭宋之战,得力于水师,短短三年间就造战船 7000 艘(至元七年 5000 艘,至元十年 2000 艘)。这是按宋降将刘整的奏请并由刘整督造的;还为用兵 海外,从至元十一年到至元二十九年,共造海船 9900 艘。⑥ 此外,其间还命高 丽建造了 1900 艘。这就是至元五年(1268 年)要高丽"当造舟一千艘,能涉大 海可载四千石者"⑦。再有则是至元"十一年三月,命凤州经略史忻都、高丽军 民总管洪茶丘,以千料舟、拔都鲁轻疾舟、汲水小舟各 300,共 900 艘,载士卒 1.5 万,期以七月征日本"⑧。总之,海外用兵竟动用海船近 1.2 万艘。此项造

---

① [明]宋濂:《元史·兵志》,中华书局 1976 年第 1 版,第 2510 页。
② [明]宋濂:《元史·世祖纪》,中华书局 1976 年第 1 版,第 128、148 页。
③ [明]宋濂:《元史·阿老瓦丁传》,中华书局 1976 年第 1 版,第 4544 页。
④ 李培浩:《中国通史讲稿(中)》,北京大学出版社 1983 年版,第 193-194 页。
⑤ 张铁牛、高晓星:《中国古代海军史》,八一出版社 1993 年版,第 113、114、117 页。
⑥ 章巽:《中国航海科技史》,海洋出版社 1991 年版,第 79 页。
⑦ [明]宋濂:《元史·高丽传》,中华书局 1976 年第 1 版,第 4614 页。
⑧ [明]宋濂《元史·日本传》,中华书局 1976 年第 1 版,第 4628 页。

船任务工程巨大,为造船要大举伐木。元人当时有诗感叹此情景:"万木森森截尽时,青山无处不伤悲,斧斤若到耶溪上,留个长松啼子规。"①

(二)几次出师海外的失败

元世祖忽必烈雄心壮志,在国内战争尚未完全结束的情况下,就着手进行海上战争的准备。为适应海上作战的需要,在福建建立了沿海水军万户府,招募水兵,练习海战。为征日本,在至元五年(1268年),就曾诏谕高丽"当造舟一千艘,能涉大海可载四千石者"。两年后,"于高丽设置屯田经略司",又诏谕高丽"兵马、船舰、资粮,早宜措置",甚至指责高丽"往年所言括兵造船至今未有成效"。②

至元十一年(1274年)和至元十八年(1281年),元两次与日本发生战争;至元十九年(1282年),从海上进攻占城(今越南南部);至元二十四年(1287年),又从海上进攻安南(今越南北部);至元二十九年(1292年),跨海南征爪哇。这5次海上用兵,动用了大量兵力,官兵少则5000人,多则14万人;战船少则500艘,多则3400艘。但是,这几次渡海作战,都由于指挥失误、缺乏后援等原因而遭到重大损失,败师而归。从此,元水军便一蹶不振了。

二、元代的海外交通与远洋船

(一)海上交通往来频繁

元朝是一个强大的帝国,在成吉思汗及其继承者们率领下的蒙古大军东征西讨,到处诉诸武力;在政治和文化上,吸收了许多被征服者的宝贵传统,并大力加以发扬。在海上交通方面尤其如此。

元世祖忽必烈灭宋以后,收纳了南宋许多和航海事业有关的人才。其中,最著名的有曾在南宋时任提举泉州市舶30年、拥有大量海舶的蒲寿庚。蒲寿庚降元后,大受宠信,先后升任到闽广大都督兵马招讨使、江西省参知政事、中书左丞等职,并受命诏谕海外,以复互市。《元史·世祖纪》记有:至元十五(1278年)八月,"诏行中书省唆都、蒲寿庚等曰:'诸番国列居东南岛屿者,皆有慕义之心,可因蕃舶诸人宣布朕意。诚能来朝,朕将宠礼之。其往来互市,各从所欲'"③。此外,还有南宋末年长江口的崇明人朱清和嘉定人张瑄。他俩全是渔民出身,一同贩过私盐,也做过海盗,官吏搜捕紧急时,则航海北逃到

---

① 吴葳兰:《元代的造船事业》,《中国造船工程学会成立四十周年论文集》,1983年,第3-6页。
② [明]宋濂:《元史·高丽传》,中华书局1976年第1版,第4614、4618页。
③ [明]宋濂:《元史·世祖纪》,中华书局1976年版,第204页。

渤海一带，"往来若风与鬼，影迹不可得"，他们十分熟悉海道与航海业务。被忽必烈收用后，曾随元丞相伯颜浮海南下攻灭南宋，后来成为"大元海运"的主持人。

元承宋制。宋代的诸海港，仍是元代的重要海港。元代也和宋代一样，在全国几个重要海港分设市舶司，主要有三处，即泉州、广州、庆元（今宁波）之市舶提举司。除此之外，其他设立过市舶司的还有上海、澉浦、温州、杭州等处。元代这些设立市舶司的地方，都在长江口以南；在长江口以北的海上交通运输，主要是兴办"海运"。

元代重视对外的经济与文化交流，海外来中国的各界人士甚众，且多受到元朝廷的优厚礼遇，有的还在元朝位居要职。同时，元朝也不断派出使节、游历家等至海外通好。其中，影响较大的有亦黑迷失、杨庭璧、周达观、汪大渊等。

亦黑迷失，今新疆维族人，是元初的著名航海家和外交家。他曾任兵部侍郎，荆湖、占城等处行中书参知政事，两次奉诏参与元朝对东南亚的军事行动。至元九年（1272年）起，屡次出使僧伽刺（今斯里兰卡）、八罗孛国（今印度东南部泰米尔纳德邦境）等国家和地区，"偕其国人以珍宝奉表来朝"。以后又至占城（今越南南部）、南巫里（今苏门答腊西）、苏木都刺（苏门答腊）等国家和地区。密切了元朝与海外诸国的关系，扩大了元朝在海外的影响，官至平章政事为，仁宗念其屡使绝域，诏封"吴国公"。[①]

杨庭璧，是元代出使海外的外交家中成绩最为显赫的一员，"（至元）十六年十二月，遣广东招讨司达鲁花赤杨庭璧招俱兰（今印度西南端的奎隆）。十七年三月至其国。国主必纳的令其弟肯那却不刺木省书回民字降表，附庭璧以进，言来岁遣使入贡"[②]。在杨庭璧等屡次出使俱兰及南海诸国和地区的影响下，到至元二十三年（1286年），与中国建立航海贸易关系的已有马八儿、须门那、僧急里、南无力、马兰丹、那旺、丁呵儿、来来、急兰亦带、苏木都刺等十个国家和地区。

元朝廷在遣使沟通西洋航路的同时，还派人加强同邻近的真腊（今柬埔寨）和占城（今越南中部）的海上联系。元贞二年（1296年）周达观随使臣出使真腊，前后三年，谙悉其俗，返国后遂记其闻，撰成《真腊风土记》一书，约8500字。该书虽不长，但记载了柬埔寨13世纪末叶社会生活的情景，生动而翔实。

在周达观赴真腊30多年后，又有汪大渊两下西洋之举。在长期的远航活动中，汪大渊所到之处，凡"其目所及，皆为书记之"；据两次经历，撰成《岛夷志

---

① ［明］宋濂：《元史·亦黑迷失传》，中华书局1976年版，第3198页。

② ［明］宋濂：《元史·马八儿等国传》，中华书局1976年版，第4669页。

略》,记载他所到达之地有 200 余处,几乎包括现在的越南、柬埔寨、泰国、新加坡、马来西亚、印尼、菲律宾、缅甸、印度、斯里兰卡、马尔代夫、沙特阿拉伯、伊拉克、民主也门、索马里、坦桑尼亚、肯尼亚等广大地区。① 值得指出的是,汪大渊在当时仅为一介平民,其身世不见经传。他能够不畏艰险,独身附舶,远洋跋涉,遍游东西洋诸国和地区,实难能可贵。而他所撰《岛夷志略》,内容宏富,分条细致,记载翔实,可补正史之缺,纠前人之偏,成为中外海上交通珍贵史料,这也正标志着元代海外交通的发展。元代中国舶、商旅较之唐宋时期,更为频繁地进出与往返南海至东、西洋之间,遍游东西洋诸国。当时,中国对西方国家的了解也大大进了一步,无怪乎元顺帝曾遣外国人为使赴欧,其诏书提到"咨尔西方日没处,七海之外……"②。

(二)远洋船声名远播海外

元代的远洋海船,由马可·波罗的《东方见闻录》而远传海外。马可·波罗(MarcoPolo,1254—1324 年),在至元八年(1271 年)夏,随父、叔离开故乡威尼斯,1275 年(至元十二年)由陆路丝绸之路到达元朝的上都,觐见世祖,深得世祖之宠信,留仕元朝 17 年;至元二十八年(1291 年)初,为护送阔阔真公主一行,分乘 14 艘 4 桅 12 帆、配备两年食物的大船,从刺桐(今泉州)港起碇,赴伊儿汗国的都城。③

马可·波罗在他的游记中说道:"我郑重地告诉你们罢,假如有一只载胡椒的船去亚力山大港或到奉基督教国之别地者,比较起来,必有一百只船来到这刺桐(泉州)港。因为你们要晓得,据商业量额上说起来,这是世界上两大港之一。"关于中国船舶在结构上的特点和优点,马可·波罗说道:"船用好铁钉结合,有二厚板叠加于上。"若干大船舶"有大舱十三所,以厚板隔之,其用在防海险,如船身触礁或触饿鲸而海水透入之事,其事常见……至是水由破处浸入,流入船舶。水手发现船身破处,立将浸水舱中之货物徙于邻舱,盖诸舱之壁嵌甚坚,水不能透。然后修理破处,复将徙出货物运回舱中。"④马可·波罗对中国元代船舶的描述,已为泉州湾出土的沉于宋末(1277 年)的远洋海船所证实,由此更能领会舟船有"元承宋制"这一事实。

第五章

宋元时期的造船与海运

---

① 张铁牛、高晓星:《中国古代海军史》,八一出版社 1993 年版,第 111 页。
② 姚楠、陈佳荣、丘进:《七海扬帆》,中华书局 1990 年版,第 158 页。
③ 姚楠、陈佳荣、丘进:《七海扬帆》,中华书局 1990 年版,第 164 页。
④ 张星烺译:《马哥孛罗游记》,商务印书馆 1937 版,第 337-342 页;冯承均译:《马可·波罗行记》,中华书局 1954 年版,第 619-620 页。

第四节　元代的漕运与漕船

一、海上漕运与漕船

元代的海上漕运，突破以往任何一个朝代，由最初的至元二十年（1283年）的年运量 4 万余石到天历二年（1329 年）最高年运量达 350 余万石，前后经历 47 之久。元建都于大都（今北京），十分仰仗江南盛产的粮食，海上漕运正是每岁两运的经常而重要的任务。

《元史·食货·农桑》记有："太祖（成吉思汗）起朔方，其俗不待蚕而衣，不待耕而食，初无所事焉。世祖（忽必烈）即位之初，首诏天下：国以民为本，民以衣食为本，衣食以农桑为本。"《元史·食货·海运》记有："元都于燕，去江南极远，而有司庶府之繁，卫士编民之众，无不仰给于江南。自丞相伯颜献海运之言，而江南之粮分为春夏二运。盖至于京师者一岁多至三百万余石，民无挽输之劳，国有储蓄之富，岂非一代之良法欤。"

然而，早期为了要沟通北方的政治中心和东南的经济中心地区，元政府曾从事开通南北大运河，结果却未能完全满足需要，尤其是在粮运方面，不得不假道于海上。《大元海运记》记有："运浙西粮涉江入淮，由黄河逆水至中滦旱站，搬运至淇门之御河，接运赴都。次后创开济州泗河，自淮至新开河，由大清河至利津河人海接运。因海口沙壅，又从东阿旱站运至大清河至利津河及创开胶莱河道通海缆运。至元十九年（1282 年），太傅丞相伯颜见里河之缆运粮斛，前后劳费不赀而未见成效，追思至元十二年（1275 年）海中搬运亡宋库藏图籍物货之道，奏命江淮行省限六十日造平底海船六十只，听候调用。于是行省委上海总管罗璧、张瑄、朱清等依限打造。当年八月有旨，今海道运粮至扬州，罗壁等就用官船军人，仍令有司召顾梢碇水手，装载官粮四万六千余石，寻求海道。"①

元代海运的主要创行者，就是张瑄和朱清。据《大元海运记》卷下，海漕运粮数字逐年增加。例如，1283 年（至元二十年）为 4.6 万石，1284 年猛增到 29万石，1286 年为 57.8 万石，1290 年为 159.5 万石，1305 年为 184.3 万石，1310 年为 292.6 万石，1315 年为 243.5 万石，1320 年为 326.4 万石，到 1329年达到 352.2 万石，这是最高额。所用平底海船数额，在延佑元年（1314 年）时，由浙西平江路刘家港开洋者为 1653 艘，由浙东庆元路（今宁波）烈港开洋

---

① ［清］胡书农辑：《大元海运记》卷上，雪堂丛刻本。

者为 147 艘,合计共 1800 艘。此期船舶的载量是:小者 2000 余石,大者八九千石。

对于张瑄、朱清的海运业绩,有一些蒙古族官吏并不赞赏,也有的以朱、张为"南人"屡有谗言。还有阿八赤等人"广开新河"以运粮,"然新河候潮以人,船多损坏,民亦苦之"①。唯忽必烈始终重用张瑄和朱清。至元二十八年(1291年),世祖"罢江淮漕运,完全用海道运粮",更升迁张瑄为骠骑卫上将军、淮东道宣慰使兼领海道都漕运万户府事;朱清为骠骑卫上将军、江东道宣慰使兼领海道都漕运万户府事,中书省奏准合并设立海道都漕运万户府二处。②

元代海运的航线,有过两次重大变化。最初的航线(1282—1291年)是,从平江路刘家港(今江苏太仓浏河口)出航,经海门(今江苏海门)附近的黄连沙头及其北的万里长滩,一直沿着海岸北航,靠着山东半岛的南岸向东北以达半岛的东端成山角,由成山转而西行,到渤海湾西头进入界河(即今海河口),沿河可达杨村码头(今河北武清县),便是终点。这一航线因离岸太近,浅沙甚多,航行不便,时间要长达几个月之久,且多危险。

至元二十九年(1292年),朱清等决心"踏开生路",粮船出长江口以后便离开海岸,如得西南顺风,一昼夜约行 1000 多里到青水洋,过此后再值东南风四日便可到成山角,转过成山角,仍按原航线航抵渤海湾西头的界河。这一航线离开了多浅沙的近海,还利用了西太平洋自南向北的黑潮暖流,航行时间大为缩短。

至元三十年(1293年),千户殷明略又开新线,从刘家港出发,由长江口出海后即直接向东进入黑水大洋,再直奔成山角,再转向西由渤海南部以达界河口。风向顺利时只要十天左右便可航完全程。从连续 3 年间航线的两次变化,便可看出元代海运创办者们勇敢的探索精神。

海运漕船主要有遮洋船和钻风船两种。钻风船约可载 400 余石,遮洋船载货 800 石或 1000 石。遮洋船是行驶万里长滩、黑水洋及山东半岛北面的沙门岛(今长岛县)航道,风险不大,建造费用仅及出使日本海船的 1/10,尺度比运河漕船略大,但舵杆必用铁梨木制,坚固可靠。"凡海舟,元朝与国初运米者,曰遮洋船,次者曰钻风船。"③《水运技术词典》"遮洋船"条记有:"遮洋船容载一千石,船体扁浅,平底平头,全长八丈二尺,宽一丈五尺,深四尺八寸,共十六舱。其长宽比 5.4 弱,宽深比 3.1 强。设双桅,四橹,铁锚二。舵杆用铁力

① [明]宋濂:《元史·食货·海运》,中华书局 1976 年版,第 2364 页。
② [清]胡书农辑:《大元海运记》卷上,雪堂丛刻本。
③ [清]陈梦雷、蒋廷锡:《古今图书集成·经济汇编·考工典》,中华书局 1988 年影印版,第 96959 页。

木,百吊舵绳,便舵可升降。① 延祐以来,海运船已航驶在离岸深、航道上、船舶体型和载量均增大。小者二千余石,大者千石。当时以海关石计算,海关石等于154.5千克,说明延祐以来大小海船容量已是从300吨到1390吨了。"②

二、运河漕船

元代的运河漕船船体窄长,长宽比为7.6,载重量限为150—200料,约为12吨。这种标准船型的产生,与京杭大运河的航道管理有关。元代从至元十七年(1280年)便致力于开凿京杭运河,到至元二十八年(1291年)才全部完工。其中,从东平到临清一段叫会通河,是全程中的最高程,水源不足,河道浅窄,只准150料漕船通行。到了延祐初年,有些"权势之人并富商大贾,贪嗜货利,造三四百料船或五百料船,于此河行驾,以致阻碍官民舟楫",于是影响河道畅通。为此,都水监差官在这段会通河的南端沽头和北端临清两处建设闸门。闸口仅宽9尺,称作"隘闸",只有船宽8尺5寸的200料船才能通过。超过这个宽度的船,受隘闸所限,便不能在运河全程通航。

一些航商为了提高单船载货量,便在8尺5寸宽度的限制下,尽力增加船长。《元史·河渠志》记有:泰定四年(1327年)以后,"愚民膏利无厌,为隘闸所限,改造减舷添舱长船至八九十尺,甚至百尺,皆五六百料,人至闸内,不能回转、动辄浅搁,阻碍余舟,盖缘隘闸之法,不能限其长短"。因之河道拥塞问题仍未解决。经过访问造船工匠,得知二百料船,宽若限为8尺5寸时,船长应该是6丈5尺。其后又在隘闸旁再立中间距离为6丈5尺的两块石标,叫做"石则",船过闸时先要量长短,超过石者则不准入隘闸,即所谓"有长者罪遣退之"。

第五节　元代古船的发掘

虽然关于元代船舶研究的文献并不缺乏,但关于元代船舶的微观描述和较为准确的图样仍很难觅获。因此,对于在考古发掘中获得的元代实船,确有重大学术价值,可以从中使人们得悉中国船舶在设计、构造以及施工中的许多精湛之处。

迄今为止,已经出土并经过相当研究的元代古船有两艘:一是在韩国全罗南道木浦市新安海底打捞到的中国元代航海货船;一是在山东省蓬莱市水城

---

① 《水运技术词典·遮洋船条》,人民交通出版社1980年版,第25页。

② 吴葳兰:《元代的船舶事业》,《中国造船工程学会成立四十周年论文集》,1983年版,第3-7页。

发掘到的一艘元代末年的战船。此外,在河北磁县曾发现元代内河船。

一、韩国新安海底发现的中国元代航海货船

(一)新安船的发现、发掘及展出

1976 年,在韩国全罗南道新安郡道德岛海面作业的渔船,起网时发现了几件中国瓷器。以此为开端,韩国政府直接参与,由文化公报部所属的文物管理局组成调查团,由海军派潜水员协助,于 1976 年 11 月进行试发掘,查明确有木质船体遗存,沉船位置在北纬 35 度 01′15″,东经 126 度 05′06″。[1] 打捞采用方格栅法。方格栅为边长 2 米的正方形,以长 6 米、宽 4 米为一组并两两相连,将 76 个方格栅顺序布置在沉船上面,潜水员进入指定的方格栅打捞遗物并提供准确信息。随着发掘的深入,沉船的平面轮廓大致出现:残长约 28 米,宽 6.8 米,埋在深水海底,船身向右倾斜约 15 度,船体由 7 个舱壁分隔成 8 个舱,上半部已经腐朽,埋在海泥里的那部分船舱免于损坏,尚可辨认出原本的形状。

在 1976—1984 年的 9 年间,发掘打捞工作持续进行了 10 次,在 1984 年和 1987 年还有两次复查性打捞,所获文物异常丰富。[2] 其中,陶瓷器 20691 件,除仅有几件高丽青瓷和日本陶瓷之外,绝大多数是中国宋元时代的制品,其中有不少精品。此外,尚有金属遗物 729 件,石材 45 件,每件长 1—2 米的紫檀木 1017 件,还有船员日常用品 1346 件。值得重视的是,还有铜钱 28 吨又 19.6 千克,铜钱是用吸引软管打捞起的。这些铜钱都是中国铸造的。

新安沉船和相关文物的打捞,受到国际学术界的重视。1977 年在汉城,1983 年在日本,先后召开了两次"新安海底文物国际学术讨论会"。1991 年 12 月在上海召开的"世界帆船史国际学术讨论会"上,韩国学者发表了《关于新安海底沉船的学术报告》。

1994 年 12 月,在木浦市海滨建成"国立海事博物馆"(National Martime Museum),陈列了新安船及另一艘小型古船及相关文物。

(二)新安沉船的年代

所发掘的元代铜钱中有"至大通宝",这是元武宗至大三年即 1310 年铸造的,所以,1310 年当为沉船年代的上限。韩国尹武炳教授曾以未曾发现青花

---

① 〔韩〕尹武炳:《新安海底遗物の引扬ばとその水中考古学の成果,新安海底引扬ば》,《文物》,东京国立博物馆,中日新闻社 1983 年版。

② 韩国文化公报部文物管理局:《新安海底遗物(综合篇)》,高丽书籍株式会社 1988 年版,第 144 页。

瓷为依据,断定沉船的下限时间。据东洋陶瓷史的研究成果,青花瓷的制作始于元,一般认为是 1330 年。当然,以此为据并不是很严格的。关于沉船年代的下限,有人以明初实行海禁为据,定在元代末年。也有的以方国珍起义队伍劫夺海运为据,引《元史·顺帝纪》“(至正十二年)是岁海运不通”,把下限定在至正十二年即 1352 年。

在打捞到的瓷器中,发现一件龙泉窑的青瓷盘,在底面阴刻有“使司帅府公用”6 字①,这可作为判断沉船年代的重要依据。“使司帅府”当为“宣慰使司都元帅府”的简称。据《续资治通鉴》记载:于大德六年(1302 年)十月甲子,元朝的浙东道宣慰使改为“宣慰使司都元帅府”②,此青瓷盘应为该府成立以后烧制的。

由于在 1982 年打捞的表明货主的木签中,发现有两个墨书“至治三年”即 1323 年的木签,这应看做解决沉船年代问题的重要依据。这一年代与前述各种推断是可以统一起来的。

(三)新安沉船的目的港与始发港

弄清楚新安船的目的港与始发港对了解船舶是必要的。新安船的目的港是哪个国家,可以从船上运载的大量中国元瓷和中国铜钱找到答案。

大量的中国铜钱是运往日本的,这在两国的古文献中都能找到依据。虽然元政府曾有两次派兵征讨日本,但据日本历史的记载,元代日本赴中国的贸易船从未间断,而且“发现日元之间的交通意外频繁”③。《元史·日本传》则记有:“(至元)十四年(1277 年),日本遣商人持金来易铜钱,许之。”日本古文献《和语连珠集》则载有:“上古本邦无铜,以异邦输入之铜铸造。”④由之可见,日本输入铜和铜钱由来已久。

关于中国元瓷,韩国尹武炳教授和中央博物馆崔淳雨馆长都一致指出:13、14 世纪时的高丽是生产青瓷的主要国家之一,它没有必要输入元代中国瓷器,当时的日本倒是中国瓷器的主要进口国。⑤

鉴于瓷器中有 3 件高丽青瓷,于是有了高丽可能是中途港的议论。中国陶瓷专家冯先铭则认为,3 件高丽青瓷是在中国装船的。因为宋时的高丽青瓷和中国定窑白瓷都堪称天下名品,当时也有很多高丽青瓷流入中国。“在本世纪 50 年代以后,从安徽省、浙江省和北京的古墓中曾出土过高丽青瓷,安徽

① 李德金等:《朝鲜新安海底沉船中的中国瓷器》,《考古学报(2)》,1979 年。
② 〔清〕毕沅:《续资治通鉴(元大德六年)》,中华书局 1957 年版,第 5284 页。
③ 〔日〕木宫泰彦著、胡锡年译:《日中文化交流史》,商务印书馆 1980 年版,第 389 页。
④ 郭沫若:《出土文物二三事》,人民出版社 1972 年版,第 35 页。
⑤ 〔韩〕崔淳雨:《韩国出土的宋元瓷器》,《新安海底文物国际学术讨论会论文》,1977 年。

省出土的康津窑龙纹罐,其特征与在新安海底打捞到的完全相同。"①尹武炳的论文证实:3件高丽青瓷是从压在3个木箱下边的另一个木箱中发现的,这就排除了在高丽装3件高丽青瓷的可能性。

新安元船的始发港是何处呢? 比较集中的意见是浙江的明州(今宁波)和福建的福州。明州是我国著名港口,唐宋以来就是通向高丽和日本的主要港口之一,在新安船上发现一个镌有"庆元路"铭文的秤砣②,反映了该船与明州的密切关系。

另一种意见是从诸多瓷器的窑址去考察和分析。龙泉青瓷,其窑址包括浙江南部瓯江沿岸的龙泉、丽水、遂昌、云和以及永嘉。宋时青瓷的重要产地逐渐从瓯江下游移到上游。龙泉青瓷能方便地沿着松溪运到福建的福州,然后再由商船运往国外市场。新安沉船打捞到的瓷器,其窑址除设在浙江南部以外,就是江西和福建的北部。闽北的窑址分布在今沿松溪的松政,沿南浦溪的浦城,沿崇溪的崇安、建阳,沿建溪的建瓯、南平,沿富屯溪的光泽、邵武和顺昌。诸窑址的瓷器产品都可以沿闽江方便地运到福州。我国台湾学者陈庆光持这种见解。他指出:"元代的税局就设在泉州,商船为了逃税,往往从福州开航。"③沉船中没有发现位于泉州附近同安窑的瓷器。根据这一情况,新安船的始发港当是福州。"新安船是中国著名船型之一的福船,它的基地港主要是泉州和福州。说该船是由福州开出的将更为合理。"④

(四)新安船的船型特征及建造地点

新安沉船的船型特征和建造地点,一直引起学术界的注意。随着发掘工作的进展,几乎所有的学者逐渐都认为这是建造于中国的海洋货船。在 1977 年汉城"新安海底文物国际学术讨论会"上,担任新安海底遗物调查团团长的忠南大学博物馆馆长尹武炳教授著文指出:"造船专家、汉城大学工学院教授金在瑾认为有可能是中国人建造的船舶,特别是舱壁构造特征更显出是中国形式。"但同一文章中也指出:"没有任何东西可以确切地说明其国籍问题。"⑤

汉城大学金在瑾教授曾参与新安沉船的发掘与研究,在 1980 年 9 月的

---

① Feng Xian-ming(冯先铭):Problens Concerring Found off Coast。新安海底打捞文物 1983 年国际讨论会讲演摘要,1983 年。

② 〔韩〕尹武炳:《新安海底遗物的引扬ばとその水中考古学的成果:新安海底引扬ば》,《文物》,东京国立博物馆,中日新闻社 1983 年版。

③ 陈庆光:《福建输出的早期元瓷研究》,参见 1997 年新安海底文物国际学术讨论会论文,1977 年。

④ 席龙飞:《朝鲜新安海底沉船的国籍与航路》,海洋出版社 1985 年版,第 141 页。

⑤ 〔韩〕尹武炳:《新安古沉船之航路及有关问题》,汉城"新安海底文物国际学术讨论会"论文,1977 年。

《新安海底文物发掘调查报告书》中曾绘出初步复原图。他给出的复原尺度是：总长约 30 米，最大宽度约 9.4 米，型深约 3.7 米，水线长由侧面图可以看出约为 26.5 米，长宽比约为 2.8：1，宽深比约为 2.54：1。金在瑾认为："本船属高丽船的可能性甚少，更非日本船。以构造的方式也可几乎确认为中国船。"但是，他也认为："这类构造的方式是非常特殊的，是东西方古船中至今尚未见到过的。"

1982 年，在打捞中发现若干表明货主的木签，木签多数长约 10 厘米，宽 2.5 厘米，厚 0.5 厘米。木签表面墨书有货主的姓名。判读这些姓名时不仅发现确有日本人的姓名，而且还有（日本）"东福寺"这样的寺名。这是否意味着沉船是日本船呢？1983 年赴日参加学术讨论会的中国陶瓷专家冯先铭，在与会过程中曾发现有些日本学者疑为日本船，虽然他们并没有发表有关论文。1984 年 1 月 3 日，中国太平洋历史学会在北京人民大会堂召开成立大会，席龙飞发表《朝鲜新安海底沉船的国籍与航路》一文，确信新安沉船是中国建造的福船船型并陈述论据。韩国文化财管理局正式发掘报告《新安海底遗物》相继于 1981、1984、1985、1988 年分篇发表，日本船史专家多田纳久义在 1990 年对韩国木浦海底遗物的访问记[1]和韩国学者李昶根[2]、李昌忆[3]的学术论文等也相继发表。在 1991 年（上海）世界帆船史国际讨论会上还播放了新安船的发掘录像。席龙飞先生的《对韩国新安海底沉船的研究》[4]一文更以 8 点论据，确信新安海底沉船为建造于我国福建的福船船型：①新安船的主尺度比值与泉州宋船十分相近；②新安与泉州两古船的型线相似；③龙骨的构造、连接和线型具有福船的特色；④在龙骨嵌接处置入铜镜和铜钱实为福建民俗；⑤隔舱壁、舱壁肋骨的构造与装配，与泉州宋船的模式完全相同；⑥鱼鳞接搭式外板与舌形榫头连接，韩、日学者倍感惊奇地说"这类构造的方式是非常特殊的，是东西方古船至今尚未见到的"，"这种鱼鳞式构造在东方是迄今未采用过的"，其实，这种构造在中国古船中都能找到相应的例证；⑦前桅座和主桅座结构，与中国已出土的诸多古船基本一致；⑧有液舱柜的设置，这在北宋宣和年间（1119—1125 年）徐兢出使高丽时的著作《宣和奉使高丽图经》中已经有所反映，书中写道："海水味剧咸，苦不可口。凡舟船将过洋，必设水柜，广蓄甘

① 〔日〕多田纳久义：《韩国光州木浦の海底遗物保存馆走访ねて》。《关西造船协会览》，平成 2 年第 2 号，1990 年。

② 〔韩〕李昶根，Lee Chang-Kemu1991，The Conservation of a 14th Shipwteek. Conference of MA-HIR'91。

③ 〔韩〕李昌忆，Lee Chang-Euk1991，The Sunken Ship Salvaged OFF Shinan. Procedings of International SailingShips Conference(Shanghai)。

④ 席龙飞：《对韩国新安海底沉船的研究》，《海交史研究(2)》，1994 年，第 55-74 页。

泉,以备饮。盖洋中不甚忧风,而以水之有无为生死耳。华人自西绝洋而来,既已累日,(高)丽人料其甘泉必尽,故以大瓮载水,鼓舟来迎,各以茶米酬之。"①对中国船的壮观与完善,曾使高丽人惊叹不已,并有"倾国耸观而欢呼嘉叹"的盛况。该书的"客舟"条还特别提到水柜是设在舱底:"其中分为三处,前一仓,不安艒板(舱底铺板),唯于底安灶与水柜,正当两樯之间也。"

　　综合上述 8 点可知,在韩国全罗南道新安郡海底发掘的古船,无疑是在福建建造的中国船。这一精彩的实例,丰富了中国造船技术史的内涵。

　　韩国文化电视台为纪念全世界反法西斯战争胜利 50 周年,组织了对新安古船的复原与重建,由韩国学者复原设计,仿"新安古船"由福建省渔轮修造厂复原制造,现已建成并投入使用。据《船史研究》报道:仿"新安古船"的主要尺度是:"总长 31 米;最大宽度 9 米;型深 2.7 米;吃水 1.9 米。设 3 樯:主樯总长 21 米,主帆面积 11 米×6.5 米,首樯总长 17 米,首帆面积 9 米×6 米,帆采用竹席;后樯总长 10 米,后樯不挂帆"②。

二、山东蓬莱的元代战船

(一)蓬莱古船的发掘、研究与展出

　　1984 年 6 月,在全国重点文物保护单位蓬莱水城(登州港)进行了一次大规模的清淤工程。施工人员在港湾的西南隅 2.1 米深的淤泥中,发现了三艘古代沉船。蓬莱县(今蓬莱市)和烟台市的文物工作者将其中一艘较完整的古船进行了清理发掘。该船残长 28.6 米,残宽 5.6 米,残深 0.9 米,是我国目前发现的最长的一艘古船。③ 1987 年 11 月《蓬莱水城清淤与古船发掘报告》发表,1988 年 10 月全国性蓬莱古船与登州古港学术讨论会召开,1989 年 9 月会议论文集《蓬莱古船与登州古港》④出版,收录发掘报告及有关学术论文 15 篇,以及同时发现的石碇、木碇、四爪铁锚、缆绳等船具,还有铜炮、铁炮、石弹、灰弹瓶等武器和一部分瓷器等各种文物的照片 82 幅。1990 年 5 月,我国第一座古船博物馆在山东省蓬莱市建成开馆。⑤

①　[宋]徐兢:《宣和奉使高丽图经》卷三十三《供水》,上海商务印书馆 1937 年版,第 114 页。
②　船史研究会:《记韩国 MBC 电视台三次访问船史研究会》,《船史研究(11-12)》,1997 年,第 300 页。
③　邹异华:《蓬莱古船与登州古港·序言》,大连海运学院出版社 1989 年版,第 1 页。
④　席龙飞:《蓬莱古船与登州古港》,大连海运学院出版社 1989 年版。
⑤　舟桥:《我国第一座古船博物馆》,《舰船知识》,1990 年,第 10 卷第 10 期。

（二）蓬莱古船的年代及用途

首先，蓬莱水城的修建为古船的断代提供了线索。现在的蓬莱水城建于明洪武九年（1376 年），其水门实宽 8 米，水门至港内的平浪台的距离只有 44 米。像蓬莱古船这样大型的船只，若出入水门就相当费时费力，情况紧急时必将贻误战机。据此，经研究认为：蓬莱古船是在元朝末年明朝初年期间进入港内的。再者，从古船的地层看，该层文物都是元朝器物，如高足杯、瓷碗等，既没有宋朝的遗物，又未见明、清两朝的器物。而"高足杯是元代瓷器中最流行的器型"。"我们认为蓬莱古船是元朝建造使用的，其最晚使用期限不应晚于明初洪武九年，即 1376 年蓬莱水城修建以后。"①

蓬莱古船残长达 28.6 米，残宽只有 5.6 米，其长宽比接近 5.0，这比通常的航海货船大许多，说明它的用途与一般海洋货船有所不同。古船出土时船内外伴有石弹、铁炮、铜炮以及许多装有石灰的瓷瓶等武器，说明它应是一艘具有较高快速性的战船。

特别应当注意到，蓬莱水城在历史上就曾是驻扎水师的港埠。北宋庆历二年（1042 年）为抵御辽的南侵，登州郡守郭志高"奏置刀鱼巡检，水兵三百戍沙门岛，备御契丹"②。因其水师所驾驶的战船，形狭长酷似刀鱼，也称刀鱼战棹，此水寨也称"刀鱼寨"。元朝的蓬莱水城仍像北宋时期一样，照旧驻扎着水师，用于巡逻海面、出哨防洋，所用的战舰当为沿袭宋朝的"刀鱼战棹"。

刀鱼船船型源于浙江沿海，俗称钓槽船。"浙江民间有钓鱼船，谓之钓槽，其尾阔可分水，面敞可容兵，底狭尖可破浪，粮储器杖，置之簧版下，标牌矢石，分之两旁。可容五十卒者，而广丈有二尺，长五丈，率直四百缗。"③此类刀鱼战船长宽比值较大，吃水不深，造价也不高，对于沿海风涛不大的海域较为适用。北宋时曾将"措置合用刀鱼战船，已行画样，颁下州县"④制造。元代是中国在海上对外用兵的全盛时期，而且船也愈造愈大，但其船型一般仍是元承宋制。

综上所述，蓬莱古船应是沿用刀鱼战船型的海防战船。

（三）蓬莱古船的结构特征与工艺特点

蓬莱古船残骸的俯视及纵剖面图，其狭长的船身充分显示了刀鱼战船的

---

① 邹异华、袁晓春：《蓬莱古船的年代及用途考》，《蓬莱古船与登州古港》，大连海运学院出版社 1989 年版，第 75-76 页。

② ［清］《道光蓬莱县志》卷四。

③ ［宋］李心传：《建炎以来系年要录》卷七，上海商务印书馆 1936 年版。

④ ［清］徐松辑：《宋会要辑稿·食货五十之八》，中华书局 1957 年 11 月。

基本特征。

1.龙骨

龙骨是船体的主要部件,由两段方木以钩子同口加凸凹榫连接。主龙骨长 17.06 米,用松木制成;尾龙骨 5.58 米,用樟木制成,尾端上翘约 0.6 米,全长 22.64 米。龙骨截面很长一段为矩形,中最厚处为 300 毫米,向尾部逐渐过渡到 280 毫米,向首部逐渐过渡到 250 毫米。龙骨截面以在 6 号舱壁处最宽,为 430 毫米,到最尾部宽度减缩到 200 毫米。到首部 2 号舱壁处龙骨宽度过渡到平均约 375 毫米且呈上窄下宽的梯形。

由主龙骨支撑尾龙骨和首柱,这与泉州、宁波两艘宋代海船大体相一致,但是蓬莱古船采用的是带有凸凹榫的钩子同口连接,榫位长度达 0.72 米,约为宋代两船的 2 倍。更为突出的特点是,主龙骨与尾龙骨、首柱的接头部位增加了补强材,其长度各为 2.2 米和 2.1 米,其断面尺寸是宽 260 毫米、厚 160 毫米,"可以认为这是经过一二百年之后较宋代两艘古船的技术进步"[①]。主龙骨在船中部位略向上翘曲,但发掘时未能精确测量到其翘曲值。

2.首柱

首柱长 3.6 米,用樟木制成。后端受主龙骨支撑并与之采用带凸凹榫的钩子同口连接,连接长度约为 0.7 米。断面与主龙骨相同,向前则逐渐转化为锥体,其尖端约高出船底 2 米。在首柱与主龙骨连接部位的补强材上,又设有第 1、2、3 号舱壁,相互加固。

3.舱壁板

全船由 13 道舱壁隔成 14 个舱,舱壁板厚 160 毫米,用锥属木制成。其中,以第 3、第 5 号舱壁较为完整[②],尚存有 4 列壁板,总宽度约为 0.8 米。与出土的宋代船舶相比在技术上更显得先进的是,相邻的板列不是简单的对接,而是采用凸凹槽对接,相邻板列更凿有错列的 4 个榫孔,其尺寸是长 80 毫米、宽 30 毫米、深 120 毫米。显然,这种精细的构造有利于保持舱壁的形状,从而保持船体的整体刚性,当然也有利于保证水密性。

与中国古船的传统相一致,蓬莱古船虽然无舱壁周边肋骨,但在两舷舭转弯处均设有局部肋骨。以船体最宽处为中心,凡前于此处的肋骨均设在舱壁之后,凡后于此处的肋骨均设在舱壁之前。其作用显然是为了固定舱壁而有利于船体的刚度与强度,也有利于舱壁及外壳板的水密性。

4.外板

---

① 席龙飞、顿贺:《蓬莱古船及其复原研究》,武汉水运工程学院学报,1989 年第 3 期。

② 烟台市文物管理委员会、蓬莱县文化局:《山东蓬莱水城清淤与古船发掘》,《蓬莱古船与登州古港》,大连海运学院出版社 1989 年版,第 30 页。

外板用杉木制成。残存板列左右舷分别为10、11列。每列板最长为18.5米，最短为3.7米，最宽为440毫米，最窄为200毫米。因为腐蚀相当严重，厚度为120—280毫米不等，但以邻龙骨的板列为最厚。外板列数由首到尾是不变的，于是首部板列较窄，到中部则逐渐增宽。这与宁波古船是一致的。

蓬莱古船外板的连接较已发现的宋代各古船有显著的技术进步。最能引人注意的是，外板板列的端接缝，均选在横舱壁处，以舱壁对外板板列的强力支撑来增强接缝处的连接强度。特别是采用了带凸凹榫头的钩子同口连接，以尽量减少端缝处在连接强度上的削弱。

5. 桅座

桅座用楠木制成。前桅座紧贴在第2号舱壁板之前，长1.6米，宽460毫米，厚200毫米。前桅座上开有200毫米×200毫米的方形桅夹板孔，孔边最近距离为220毫米。主桅座紧贴在第7号舱壁板之前，长3.88米，宽540毫米；厚260毫米。中部有两个桅夹板方孔260毫米×260毫米，孔距320毫米。桅座也是用铁钉与外壳板、舱壁板相钉连。

6. 舵杆承座

舵杆承座现存有3块，均用楠木制成。三块舵杆承座板叠压在一起，长2.43米，宽400毫米。承座板厚度，上面两块为100毫米，下面一块为260毫米，舵承座孔径约为300毫米。

总之，蓬莱船为元代的海防刀鱼战船，其船型特征源于浙江沿海的钓槽船。[1] 如果注意考究其造船材料，则可发现多为南方优质木材：船壳板用杉木，桅座、舵承座用楠木，首柱、尾龙骨用樟木，主龙骨用松木；捻缝用的船料则采用的是"麻丝、熟石灰、生桐油"[2]。从船型特征看，蓬莱古船也与登州、庙岛群岛一带的方头方梢的船型大不相同。长岛县航海博物馆展出的许多原藏于该岛天妃宫内的船舶模型，与蓬莱古船也大相径庭。因而许多研究人员认为该船为南方所建造。据此，在复原时应多参照南方浙、闽沿海船型的特点。

① 辛元欧：《蓬莱水城出土古船考》，《蓬莱古船与登州古港》，大连海运学院出版社1989版，第69页。
② 顿贺、袁晓春、罗世恒等：《蓬莱古船的结构及建造工艺特点》，《武汉造船(1)》，1994年，第27页。

第六章

宋元时期的海上航线与海外交通

　　宋元时期手工业和商业有了显著的进步,尤其是造船业和航海技术的巨大发展和进步,使这一时期的航海事业比前代又获得更大的发展,沿海航线和远洋航线也随之有了更多的拓展。宋元政府在沿海主要的通商海港设立了市舶司、市舶务或市舶场等管理通商和海运的机构,促进了当时沿海航路的发展。元代的国土广阔,海疆绵长,在海上交通方面,无论在航行的规模、所达的地域范围、航海的技术上,还是在近海和远洋航路上,也都超过了唐、宋时代。

第一节　宋元时期的海洋知识与航海技术①

一、对海下地貌的认知

　　到宋朝,涉及海下地貌的记述骤然多了起来,如徐兢的《宣和奉使高丽图经》、赵汝适的《诸蕃志》等对此都有所记述。元初开展的黄渤海大规模航海漕运,促进了对我国海洋地貌认识的深人。总的说来,宋元时期人们对其航海所处的海洋环境、海下环境的认识,是较好地认识到了其对航海所可能带来的凶险,因此也就越发促使人们为了航海的安全而对海洋环境、海下地貌的认识的进一步深人。

　　今天的黄渤海,即历史上的东海和渤海。是黄河、淮河及长江的出口海,河水滚滚而下,携带着大量的泥沙,沉淀在大陆的边缘海区,所以这里多暗沙。"黄水洋,即沙尾也,其水浑浊且浅。舟人云,其沙自西南而来,横于洋中千余

---

① 　本节引见章巽:《中国航海科技史》,海洋出版社 1991 年版,第 209-322 页。

里，即黄河入海之处。"①元代开辟的三条海运航线，即是基于对海下地貌的认识、比较其利弊之后作出的抉择。第三条航线走黑水洋，虽远离海岸，但可以躲开近岸海域的暗沙、浅滩，改用下侧如刃、航速较快的海舶，不用平底缓慢的沙船。对黄海的暗沙等海下地貌的论述，明代崔旦伯说："登莱故道，风涛万里，洋礁帽集，势之险易殆悬绝矣。"②明代胡宗宪说："登莱之海，危礁暗沙不可胜测，非谙练之至，则舟且不保，何以迎敌！"③胡宗宪还进而指出浅滩之具体所在，"若白蓬头、槐子口、桥鸡、鸣屿、夫人屿、金嘴石、仓庙、浅滩乱矶，乃贼所必避，而我之所当远焉者也。"④海军军官出身的陈伦炯说，"登莱淮海稍宽海防者，职由五条沙为保障也"，"庙岛南，自如皋、通州至洋（扬）子江口，内狼山，外崇明，锁钥长江，沙坂急潮"，"而苏北海域，庙湾而上，则黄河出海之口，河浊海清，沙泥入则沉实，支条缕结，东向纤长，潮满则没，潮后或浅或沉，名曰五条沙，中间深处，呼曰沙行"⑤。清代顾祖禹说，"吴淞而南，虽有港汊，每多沙碛"，"海州之东北，有大北海，不惟道里迂远，且沙碛甚多，掘港、新插港之东，亦有北海，沙碛亦多，不堪重载"⑥，而登州的"成山以东白蓬头等处，危礁乱矶，伏沙险湍，不可胜纪"⑦。清代朱逢甲也说，"天险如山东江南沿海多铁板沙……舟触即败"⑧。对黄渤海海下地貌进行了论述的，还有一批文人官吏。其中，除杜臻曾以侍郎身份考察过沿海地区，写下了《海防述略》外，其他如姜宸英的《海防总论》、韩奕的《海防集要》等，都是在没有实地考察或亲历的情况下写成的，这说明宋元以降，该海区的地貌知识已经较为普及了。

既然黄渤海是航海的畏途，可以想象，元朝为从江南往北京运输漕粮而开辟黄渤海航线，困难是极大的。除选择航线和建造沙船外，还有即是利用航标。《大元海运记》曾记载了一件动人的事：有一位叫苏显的舟师用自己的船，抛泊在暗沙处，竖起旗帜当做航标，便利其他运粮河舶通过，"今苏显备己船二只，抛泊西暗嘴二处，竖中旗缨，指领粮船出浅，诚为可采。令画到图本，备榜太仓周泾桥路漕宫前聚船处所，晓谕运粮船户"⑨。这大概是有文字记载的"航标"图。

今天的东海，起自钱塘江口，其江口两侧的海下便潜伏着暗沙。燕肃

① 《宣和奉使高丽图经》卷 34。
② ［明］崔旦伯：《海运编》。
③ 胡宗宪：《海防图论·山东预备沦》。
④ 胡宗宪：《海防图论·山东预备沦》。
⑤ ［清］陈伦炯：《海国闻见录·天下沿海形势》。
⑥ ［清］顾祖禹：《读史方舆纪要》卷 19。
⑦ ［清］顾祖禹：《读史方舆纪要》卷 30。
⑧ ［清］朱逢甲：《沿海形势论》（小方壶舆地丛钞本）。
⑨ ［清］胡敬辑：《大元海运记》卷下"记标山浅"（此书辑自《永乐大典》本之《经世大典·海运门》）。

（961—1041年）在《海潮论》里便说，"海商船舶怖于上潬（潬，积沙）"，"盖下有沙潬"①。燕肃是论述产生钱塘江暴涨潮时说这些话的。沙潬对暴涨潮的产生究竟有多大影响，南宋的朱中有曾通过模拟实验研究了沙潬（即拦门沙）与钱塘江暴涨潮的关系："尝试与子于一沟之内观之。引水满沟，则其水必平进。于海之半，累碎石而为龃龉，从上流倾水，势必经龃龉，而斗泻于下，水之激涌无怪也。"他还进一步指出"钱塘海门之潬，亘二百里"②。明代宣昭则认为钱塘江外的沙潬"跨江西东三百余里"③。明代胡宗宪又把钱塘江口的沙洋与长江口的暗沙联系起来认识。这表明，这些认识都是建立在宋元时期对该地区海下地貌的认识的基础上的。

南海是我国海上活动频繁的海区，是中外交通的海上通道，中国与东南亚、印度洋各国的交往与贸易都是在这里展开的，其主要港口广州是我国最早的贸易港。所以，南海海区的海下地貌亦是我国了解海下地貌最早的地区之一。南宋的周去非较早地记载了这里的海下地貌。他说，"钦廉海中有砂碛，长数百里，在钦（州）境乌雷庙前直入大海，形若象鼻，故以得名。长砂也。隐在波中，深不数尺，海舶遇之辄碎。去岸数里其乃阔数大，以通风帆"，"尝闻之舶商曰，自广州以东，其海易行；自广州以西，其海难行；自钦廉而西，则尤为难行。若广西海岸皆砂土，无多港澳，风暴卒起，无所逃匿，至钦廉之西南，海多巨石，尤为难行"④。

对海南岛周围海域的海下地貌认识，要与周围皆海的特点相结合起来。其东路有文昌的潬门港、乐会的新潬那乐港、万州的东澳、陵水的黎庵港、崖州的大蛋港；其西路有澄迈的乌裊港、儋州的新英港、昌化的新潮港、感化的北黎港；在南海，航海者有句谚语："上怕七洲，下怕昆仑"⑤，对于"七洲"虽然有不同的看法，但作为"怕"的"七洲（州）"所在地，应该是今天的西沙群岛周围海区，而"昆仑"，即昆仑洋，指今越南南端昆仑岛周围海域，它们都位于中国往返南洋（东南以远）和印度洋的航线上。

南宋的赵汝适在论海南岛的地理形势时说："至吉阳，迈海之极，亡复陆涂。外有洲，曰乌里，曰苏吉浪。南对占城，西望真腊，东则千里长沙、万里石床，渺茫无际，天水一色。舟舶来往，惟以指南针为则，昼夜守视唯谨，毫厘之差，生死系焉。"⑥赵汝适最早描述西南沙群岛是航海的畏途。虽然此前描述

①　中国古潮汐史料整理研究组：《中国古代潮汐论著选译》，科学出版社1980年版，第98页。

②　朱中有：《朝赜》，《中国古代潮汐论著选译》，第126页。

③　[明]宣昭：《浙江潮候说》，《中国古代潮汐论著选译》，第164页。

④　[宋]周去非：《岭外代答》卷一《象鼻砂》。

⑤　[宋]吴自牧：《梦梁录》卷十二。

⑥　[宋]赵汝适：《诸蕃志》卷下《海南》。

了珊瑚礁屿的地貌,但没有如此清晰的文字。虽然《宋史》记载了北宋天禧一年(1018年)九月占城国王尸嘿排摩谍派遣的使臣罗皮帝加说起占城人航海到广州时"或风漂船至右塘,即累岁不达矣"①等语,但终没有如赵汝适那样概括的认识。所以,我们说赵汝适所记是最早的论说。在赵汝适之后,吴自牧又记载了"上怕"和"下怕"的谚语,于是给这两个地方增加了恐惧神秘的色彩。其实,我国渔民年年到那里捕鱼和捞取海参,并没有产生"怕"的心理,主要是渔民们熟识那里的海下地貌,同时具有轻舟驾熟的丰富经验。

南宋的周去非把历史上虚指的"尾闾"落实到南海诸岛的海域,"传闻东大海洋,有长沙、石塘数万里,尾闾所泄,沦入九幽,昔尝仃舶舟为人西风所引,至于东大海,尾闾之声,震洶天地,俄得大东风以免"②。

对于南海诸岛礁盘的形成,学者们比较一致的意见认为系大陆地脉延伸而成,元代汪大渊谓:"石塘之骨,由潮州而生,逦迤如长蛇,横亘海中,越海诸国,俗云万里石塘,以余推之,岂止万里而已哉!舶由玳屿门挂四帆,乘风破浪,海上若飞,至西洋,或百日之外,一日一夜行百里计之,万里曾不足。原其地脉,历历可考,一脉至爪哇,一脉至淳泥及古里地闷,一脉至西洋遐昆仑之地。盖紫阳朱子谓海外之地,与中原地脉相连者,其以观夫海洋,泛无挨涯,中匿石塘,孰得而明之!避之则吉,遇之则凶。故子午针人之命脉所系,苟非舟子精明,鲜不覆且溺矣。"③

二、对海水颜色与水深关系的认知

海水的颜色与深度有关。对此,在古代是有非常深刻的认识的。宋神宗元丰(1078—1085年)时庞元英记载说:"鸿胪陈大卿言:昔使高丽,行大海中,水深碧色,常以锻碯长绳沉水中为候,深及三十托已上,舟方可行。既而觉水色黄白,舟人惊号,已泊沙上,水才深入托。凡一昼夜,忽大风,方得出。"④南宋的吴自牧就水的颜色与地貌的关系作了归纳,他说:"相色之清浑,便知山之远近。大洋之水,碧黑如淀,有山之水,碧而绿;傍山之水,浑而白矣。"⑤吴自牧又把海水的颜色同海岛(山)的距离联系起来识别。这些认识对地文导航都有积极意义。我们已经知道,在今天的黄渤海海域,古代就是凭水的颜色分为黄水洋、青水洋与黑水洋的。这一海区正是长江、淮河和黄河的出口海,尤其是黄河携带着大量黄土泄入黄海,沉淀在海岸附近,所以黄海近岸海域沙多水

---

① 《宋史》卷四八九《占城》。
② [宋]周去非:《岭外代答》卷一。
③ [元]汪大渊:《岛夷志略·万里石塘》。
④ [宋]庞元英:《文昌杂录》卷三,中华书局1958年版,第25页。
⑤ [宋]吴自牧:《梦粱录》卷十二《江海船舰》。

浅,波浪激沙,使水呈黄色,"黄水洋,即沙尼山,其水浑浊且浅。舟人云,其沙自西南而来,横于洋中千余里,即黄河入海之处"①,故称黄水洋。青水洋离岸较远,海水较深,海底泥沙不容易被波浪卷起,水质清澈,故命名为青水洋。黑水洋离岸更远,海水更深,因而水色深邃幽暗,"其色黯湛渊沦,正黑如墨"②。元代的海运,一再改变航线,是因为船舶在"海中不畏风涛,唯惧靠阁"③,最后终于选择了经过黑水洋完成南北的航运。当然,这是从宏观的角度来分黄渤海的水色和地貌的关系,而对某一更具体的地方,同样要注意对水色的观察,找出船舶安全通过的航道。例如,属于黄渤海海域的芙蓉岛附近,朱彧说:"东海神庙在莱州府东门外十五里,下瞰海咫尺,东望芙蓉岛,水约四十里。岛之西水色白,东则与天接。"④徐兢在奉使高丽途中——一记载下海道情况多卷(第34卷至第89卷),其中多处记录了水的颜色,如卷 39 的"蛤窟"条说"海水至此,比之急水门,蛮黄白色矣",下一条"分水岭"则说"分水岭,即二山相对,小海自此分流之地,水色复浑"。

三、航海器具的发展——指南针、重锤

中国是四大发明的故乡。其中,指南针对世界的贡献最大。马克思认为它"打开了世界市场并建立了殖民地"。

北宋的曾公亮于 1044 年在《武经总要》提到"指南鱼"可用来辨别方向。指导行军,"若遇天景阴霾,夜色冥黑,又不能辨方向,则当纵老马前行,会识道路。或出指南车或指南鱼,以辨方向。指南车世法不传。鱼法以薄铁叶剪裁,长二寸,阔五分,首尾锐如鱼形。置炭火中烧之,候通赤,以铁钤钤鱼首出火,以尾正对子位,蘸水盆中,没尾数分则止,以密器收之。用时置水碗于无风处,平放鱼在水面令浮,其首常南向午也"⑤。指南鱼的灵敏度当然远远超过"磁勺"。以后,北宋伟大的科学家沈括(1031—1095 年)比较、研究了当时民间使用的几种指南针的不同装置,认为用新的单股丝悬吊的办法最好。⑥ 这种悬吊磁针的装置比较稳定、灵敏度也较高,因此指示的方向也比较准确、可靠,这就基本上确定了近代罗盘的构造。

指南针(或磁制指向性的器具)究竟何时应用于航海,谁也搞不清楚,也可能永远搞不清。一般见诸文字记载的,最早算是 1117 年成书的《萍洲可谈》。

---

① [宋]徐兢:《宣和奉使高丽图经》卷三十四《黄水洋》。
② [宋]徐兢:《宣和奉使高丽图经》卷三十四《黑水洋》。
③ [宋]朱彧:《萍洲可谈》卷二。
④ [宋]朱彧:《萍洲可谈》卷二。
⑤ 《武经总要·前集》卷十五。
⑥ 见《梦溪笔谈》卷二十四,胡道静校订本第 137 条。

作者朱彧曾跟随他父亲朱服在广州生活了很长一段时间。他记下了许多广州的见闻，其中有一段说到航海用的指南针："海舶大者数百人，小者百余人，以巨商为纲首、副纲首、杂事。……舟师识地理，夜则观星，昼则观日，阴晦观指南针。或以十丈绳钩取海底泥嗅之，便知所至。"①然而，朱彧没有说明白这究竟是什么样的指南针。因为磁针在罗经盘上的搁置方法不同，可以分为水针和旱针两大类。水针乃磁针用水浮法搁在罗经盘上；而旱针则不用水浮。据目前所知宋时多是水针。在徐兢于宣和五年（1123 年）出使高丽回来后撰成的《宣和奉使高丽图经》中，明确地提到浮针。他记载："是夜，洋中不可住维，视星斗前迈；若晦冥，则用指南浮针，以揆南北。入夜举火，八舟皆应。"②南宋的朱继芳曾作《航海》诗，其中有"沉石寻孤屿，浮针辨四维"③，说明当时航海用的指南针是水针。

李约瑟在《中国科学技术史》的物理卷中说：中国的堪舆家有两派。一派以赣州为中心，由唐代皇家堪舆家杨筠松（活动于 874—888 年）及其主要门徒曾文遄创立的，他们注重山的形势和水流的方向，与江西派集中于地文学不同。另一派为福建派，它与朱熹有关，是由王伋及其弟子叶叔亮创立的，他们注重卦、罗盘方位和星宿，而特别借助于磁罗盘。对福建省来说，它有特定的自然环境——环山面海，许多世纪以来，便是中国舟师的养成所，直到现代，中国大多数海军军官仍来自福建。福建派堪舆家很自然地会关注与航海息息相关的磁罗盘的研究。鉴于此，李约瑟提请大家注意，对磁罗盘应用于航海的研究，应把注意力集中到福建省，尤其在唐宋时期。

确实如此，在南宋嘉定（1208—1224 年）至宝庆年间（1225—1227 年）担任过福建路市舶提举的赵汝适，于 1225 年撰写了《诸蕃志》。他在该书中论述海南岛的形势时说："东则千里长沙、万里石床，渺茫无际，天水一色。舟舶来往，惟以指南针为则，昼夜守视惟谨，毫厘之差，生死系焉。"④

过了半个世纪，宋末元初的吴自牧亦论述了航海用的指南针："自入海门，便是海洋，茫无畔岸，其势诚险，盖神龙怪蜃之所宅。风雨晦冥时，唯凭针盘而行，乃火长掌之，毫厘不敢差误，盖一舟人命所系也。愚屡见大商贾人言此甚详悉。……但海洋近山礁则水浅，撞礁必坏船，全凭南针，或有少差，即葬鱼腹。"⑤吴自牧在这里首次提到航海指南针的"针盘"。但是，实际上，指南针应用于航海开始就带有"盘"。我们称之为"罗盘"，都是指带有指南针及书写

---

① ［宋］朱彧：《萍洲可谈》卷二。
② ［宋］徐兢：《宣和奉使高丽图经》卷三十四《半洋焦》。
③ 《两宋名贤小集》卷三一八。
④ ［宋］赵汝适：《诸蕃志》卷下《海南岛》。
⑤ ［宋］吴自牧：《梦粱录》卷十二《江海船舰》。

（刻）二十四个方位的底盘的，"斫木为盘，书刻干支之字，浮针于水，指向行舟"①。至于说"浮针于水"，乃指水罗盘。"托"，是测量海深的长度单位，人的两臂张开伸平约为一托，"方言，谓长如两手分开者为一托"②。所谓"打托"，乃重锤测深法。

重锤测深法是什么时候发明的，已不清楚。据目前能涉猎的文献看，较早见之于宋神宗元丰（1078—1085 年）时做过主客郎中的庞元英的《文昌杂录》。其中有这样一段记载（它可能是我国最早的有关这方面的航海技术学文献之一）："鸿胪陈大卿言：昔使高丽，行大海中，水深碧色，常以锻碙长绳沉水中为候，深及三十托已上，舟方可行。既而觉水色黄白，舟人惊号，已泊沙上，水才深入托。凡一昼夜，忽大风，方得出。"③此后，乃上面已引述的《萍洲可谈》。它没有提到托，只有一句"或以十丈绳钩取海底泥嗅之"。第三份文献是徐兢的《宣和奉使高丽图经》。它记载说："舟人每以过沙尾为难，当数用铅硾测其深浅，不可不谨也。"又记载："海行不畏深，惟惧浅阁，以舟底不平，若潮落，则倾覆不可救。故常以绳垂铅硾以试之。"④铅硾，有些文献作"铅锤"，是打水的器具。《顺风相送》称其为"掏"，《指南正法》则作"鉤"，《台海使槎录》称作"铅锤"，《海国闻见录》称作"线驼"。它用绳系之，铅锤用来测量水的深浅，名为打水，单位称之为"托"。这种种重锤测深法不仅我国使用，也长期为世界各国所使用。直到声呐（超声波回声测深仪）的发明和推广使用，才结束了重锤法的历史使命。

中国古代的重锤测深法还有另外的重要用途，这就是铅锤（或硾、掏、鉤、绳驼）底涂以腊油或牛油，可以粘着海底的沙泥，探知其土色。因海洋各处的底质是不同的，而不同的底质则可区别不同的海区，从而认定船舶之所在，以指导航线。同时了解底质尚可知道能否放碇（抛锚）停泊。对这些，文献记载说："测水之时，必视其底，知是何等泥沙，所以知近山有港。"⑤

四、宋元时代天文航海术的重大演进

人类最初的航海活动，"基本上是视界不脱离陆地的航海，非常害怕视界里丢失了陆地"⑥。我国原始社会的航海起步，也只能是从视界所及的沿岸或邻近的岛屿之间的航行开始。这不但是由于一旦失去熟悉的陆岸轮廓，就会

① ［明］巩珍：《西洋蕃国志·序》。
② ［明］张燮：《东西洋考》卷九。
③ ［宋］庞元英：《文昌杂录》卷三，中华书局 1958 年版，第 25 页。
④ ［宋］徐兢：《宣和奉使高丽图经》卷三十四《客舟》、《黄水洋》。
⑤ ［宋］吴自牧：《梦粱录》卷十二《江海船舰》。
⑥ 〔日］茂田寅男：《世界航海史》，日本《世界舰船》，昭和 56 年 6 月号。

失去航行的目标，而且还由于一旦在航行中发生什么困难与危急，就可以及时地回到安全的海湾进行避泊。从技术角度看，最方便、最明显的莫过于以大陆岸标、岛屿或礁石的轮廓为定位与定向的地文导航手段。但是，地文导航的局限性很大，难以适应远离海岸进行较长距离航行。

随着人们在海上生活与生产实践活动范围逐步扩大，他们逐步将在陆地上所经历的从"俯以察于地理"到"仰以观于天文"的认识过程应用到海洋上。"大海弥漫无边，不识东西，唯望日、月、星宿而进。"[1]在指南针未用于航海之前，天文导航成了远洋航行的唯一技术手段；即使在指南针用于航海之后，远洋航行中，"舟师识地理，夜则观星，昼则观日，阴晦观指南针"[2]，天文导航仍然是非常重要的技术手段之一。天文航海术与地文航海术、船舶操纵技术等一起，共同成为我国古代远洋航行的主要技术保证。

宋元时代的天文航海技术，在继承了唐代及唐以前历代的天体定向助航技术的基础上，出现了重大的进步，其主要的标志是，与远洋横渡航行至关密切的天文定位导航技术开始问世，并逐渐得到了广泛的应用。虽然据徐兢在《宣和奉使高丽图经》中所示的"是夜，洋中不可住维，视星斗前迈，若晦冥，则用指南浮针，以揆南北"[3]这一记载可知，在西太平洋近海做较短距离的惯常航行中，天文定向仍是天气良好时的主要导航手段，而指南浮针则是坏天气时的主要辅助导航手段，但是，随着宋代印度洋远航事业的突飞猛进，这种单纯的天文定向在应付横渡大洋的直航需求上就显得大为不够了。由于长时间远离海岸的大洋航行，不可避免地要受到海风与海流的影响与干扰，这种由自然界因素构成的风压差与流压差长期作用于船体，将使船只在若干时间后的实际船位远远地偏离单纯应用天文定向或航迹推算所确定的推算船位。而这种局面一旦出现，必将带来两个严重后果：或者失去航线，不能达到既定的航行目标；或触礁搁浅，倾覆沉没，发生重大海难事故。因此，为了保证大洋航行的安全与迅速，必须有一种能通过天体观测来确定较为准确的船位的技术手段。

(一)宋代天文定位导航技术

根据目前的研究结论，我们初步认为，中国古代航海史上的天文定位导航技术始于宋代。虽然该时代已出现了全天候定向导航仪器——水浮针(以及针盘)，并开始在磁针定向的基础上进行定量化的航迹推算，但是对于以开辟横渡印度洋航路为标志的宋代航海活动来说，仅止于此是很不够的。因为船

---

① 法显:《佛国记》。

② [宋]朱彧:《萍洲可谈》卷二。

③ [宋]徐兢:《宣和奉使高丽图经》。

队越洋横渡的航线基本为东西走向,对于航迹推算船位的最大干扰在于船舶因风、流压差而导致在南北方向上的横向飘移。如果掌握了可以判明南北位移的天文定纬度技术,那么,以磁针定向为基础的航迹推算精度就可以得到关键性的修正,从而使航海定位真正地成为可能。

有迹象表明,宋人在航海活动中已掌握并运用了天文定位导航技术。

北宋人朱彧在《萍洲可谈》中说:"舟师识地理,夜则观星,昼则观日,阴晦观指南针。"(这里"舟师识地理"的"地理"两个字很值得注意,它与《淮南子》与《法显传》中所载的"东西"是意义不同的。"地理"是一个不但有方向而且有位置的综合性概念,而"东西"则仅是一个简单的方向概念。)"舟师识地理",就是说"航海者判别航行到了什么地方"。如若是,则宋代航海者已开始将天文定向演进到天文定位技术阶段就不言而喻了。类似的推测在李约瑟关于中国古代天文航海术的研究中也不乏其例。例如,他在评论阿拉伯海员擅长天文航海的同时就指出:真实的情况是,中国人是观星鼻祖,不过他们的记述被包含在表意的语言之中,直到近代才被西方人所了解和重视。①"舟师识地理"正是这样的一种"表意的语言",其深层的含义应该引起学术界的了解和重视。

实际上,如前所述,根据观测天体高度来判断地球表面南北里程的理论与技术早在宋代之前就已产生。唐开元年间一行、南宫说等人就据实测得出:南北两地相差 351 里 80 步,北极高度相差 1 度。这一结论对于航海中的天文定纬度技术具有理论和实践上的双重指导意义。我们完全有理由根据朱彧的记载推测,在科技水平比唐代又大有进步的宋代,其时的海员已能够掌握通过测量天体的高度来确定船舶纬度的天文定位导航技术。

另从宋人记载的远洋航路,也可以为当时天文定位导航技术存在的客观可能性提供有力的反证。据周去非在《岭外代答》"大食国条"所述,有"麻里拔国"(今阿拉伯半岛南岸中部的卡马尔湾附近海岸),白兰里(今苏门答腊岛西北端亚齐)发船,"六方到此国"。这里的兰里—麻里拔航线,从航海学角度分析与计算,它只可能是一条横渡北印度洋的直达航线。② 如果宋代的航海者不掌握天文定位导航术的话,那么,这条横渡远洋航线的开辟是难以实现的,而既然这条远洋横渡航线业已作为史实而载入文献,则承认宋代天文定位导航技术的存在应是一种合理的推论。

(二)元代牵星术

到了元代,以测量天体高度来判认船位变化的记载就十分明确了。据马

---

① 参见〔英〕李约瑟:《中国科学技术史》中关于"航海术的三个时期"的论述。

② 孙光圻:《郑和是我国开辟横渡印度洋航线的第一人吗?》,《海交史研究》,1984 年,总第 6 期。

可·波罗乘坐中国海船的远航纪实文字可知,中国航海者已非常注意观测北极星的高度变化。在《马可·波罗游记》一书中,共有四处关于星体出地(或出水)高度的记载,其中三处有具体数值:"科马利(Comari,今科摩林岬)是印度之一国,在爪哇(Ja-va)看不见的北斗星,在距这里三十'迈尔'的海上,可见其出地平一'古密'";"这里(指马里八儿,Mazibar,今印度西南马拉巴海岸)北极星最高时达水面之上二'古密'";"这里(指胡荼辣,Gozurat,今印度卡提阿瓦半岛)北极星上升到六'古密'高";"这里(坎巴夷替,Cambaia,今印度坎巴)北极星更明,盖因更向西之故。"①鉴于《马可·波罗游记》在西方影响很大,故各种版本、译本众多,译法亦各有千秋,甚至有显著差异。这种情况在国内现存的译本中也反映了出来。上述引文与冯承钧②、张星烺③的译文从天文航海的角度看是一致的,但与陈开俊④等差别较大。问题的关键就在于对"north star"的理解和原本中有"Cubit"(肘尺)及"fathom"(英寻)之不同。"north star"究竟应译作"北极星"还是"北方星座"(或"北斗星")呢?从天文航海的角度看应以前者为宜。"北方星座"过于笼统,对海上导航并无必然的逻辑意义,而"北斗星"在地理纬度8度的科马利是完全可见的。故此,从"北方星部分可见"推断出"北方星座"即指的是"北斗星"的看法也是不能成立的。⑤ 相反的则是北极星在此处出地高度过低(最低时只有4度左右),能见度极易受大气影响,时而可见,时而不可见,或部分时候可见,部分时候不可见。关于北极星出地高度的度量单位,不论是"肘尺"还是"英寻",但总应该是统一的,而不应该是两种度量单位同时出现,否则所得出的相对结果将是不合情理的。例如,按照某些译本,在科马利所测星的高度是45—55厘米,而在比科马利纬度高2度的马里八儿,星的高度竟达到了4米半,陡然之间增加10倍。造成这一结果的原因,就是由于二者分别使用丁"肘尺"和"英寻"这两种不同的度量单位。那么,马可·波罗所乘的中国海船,究竟使用了何种测量方法呢?鉴于马可·波罗并不是天文或航海等方面的行家(这一点可以从他对北极星的模糊称呼"north star"及认为船愈行西北极星高度愈高这种错误认识看法推之),要妥帖地回答这个问题,仅凭马可·波罗的直接记述是远远不够的。

马可·波罗于1292年从福建泉州港起航,利用护送蒙古公主阔阔真去波斯的机会踏上了返回家乡的归途。元代的泉州港是国内最大的国际贸易港口,远洋船舶精良,航海技术人才汇集,马可·波罗一行千里迢迢选择此地登

---

① Hugh Murray, F. R. S. E; Travels of Marco Polo, 1845, New York.

② 冯承钧译:《马可·波罗纪行》,商务印书馆1936年版。

③ 张星烺译:《马可·波罗游记》,商务印书馆1937年版。

④ 陈开俊等译:《马可·波罗游记》,福建科技出版社1981年版。

⑤ John Masefield:The Travels Of Marco Poio,New York,1954.

船是很有道理的。《马可·波罗游记》中有关北极星高度的记载，很可能也正是当时福建泉州一带海员在远洋中观测天体高度所留下的记载。这一点，我们可以从前已提及的宋代泉州海员所拥有的量天尺中得到印证。该量天尺 1 尺共分 10 寸，其测星高度应以"寸"为单位进行计量，马可·波罗记述中之"古密"当为"中国尺寸之寸的欧洲译语"①。

（三）航海气象的观测与预报

到宋元时期，中国人的天文航海气象知识有了长足进步。当时的航海者已能"善料天时"，并"审视风云天时而后进"②。吴自牧在《梦粱录》的"江海舰船"条中说，宋代舟师已能"海洋中见日出入，即知阴阳；验云气，即知风色逆顺；远见浪花，即知气从彼来；见巨涛拍岸，即知次日必发南风。如此之类，略无小差"。北宋人徐兢在宣和年间乘船出使高丽时，曾写下了亲自考见的有关记录，如"星斗焕然，风幡摇动"，"四山雾合西风作"，"天色阴翳，风势走定"，"早雾昏曀，西南风作"③，等等。宋代科学家沈括，还曾对影响航行甚大的寒潮与暴日（又称风报日或飓日）做过研究。为了防范行船遇到大风，他在考察了风力日变化现象的基础上，根据航行实践经验之谈，提出了在风力较为平和的清晨与上午行船的办法。他在所著的《梦溪笔谈杂志二》中说："江湖间唯畏大风，冬日风作有渐，船行可以为备，唯盛夏风起于顾盼间，往往罹难。曾闻江国贾人有一术，可免此患。大凡夏日风景，须行于午后。欲行船者，五鼓初超，视星月明洁，四际至地皆无云气，便可行，至于巳时即止。如此无复与暴风遇矣。国子博士李元规云：平生游江湖，未尝遇风，用此术。"到元代，原先比较简单与零碎的航海天文气象预测知识开始趋向全面与系统，并采用了民间易于上口和记忆的歌诀来对之进行总结。例如，据以元人底本撰成的《海道经》所述，在远期预测中国沿海的风信规律方面，有"占风门"歌诀，说"春夏东南风，不必问天公；秋冬西北风，天光晴可喜"。对于一些可能危及航行的易刮大风天气的日期，"占风门"亦告诫说，"初三须有飓，初四还可慎；望月二十三，飓风君可畏"；"二月风雨多，出门还可记"；"七月上旬争秋风，稳泊河南莫开船，八月上旬候潮时，风雨随潮不可移"。在近期航海气象预报方面，《海道经》中也有各类歌诀。例如，"占天门"中说："朝看东南有黑云推起，东风一劳急，午前必有雨；暮看西北有黑云，半夜必有雨。""古云门"中却说："云势着鱼鳞，来朝云不轻；云阵两双尖，大飓连天恶；恶云半开闭，大飓随风至。""占日门"中说：

---

① 韩振华：《我国古代航海用的量天尺》，《文物集刊》1980 年 9 月。
② ［宋］徐兢：《宣和奉使高丽图经》卷三十四。
③ ［宋］徐兢：《宣和奉使高丽图经》卷三十四。

"早间日珥,狂风即起;午间日晕,风起北方;午后日晕,风势须防。""占虹门"中说:"断虹早挂,有风不泊。""占电门"中说:"辰阙电飞,有飓可期,远来无虑,迟则有危。"诸如此类,不胜枚举。宋元人对天文气象的知识,使航海船舶能较为及时地避开不利的航行天气条件,选择较为有利的航行天气条件;或者能在有必要通过不利天气条件下的海域时,事先做好精神与物质上的准备,借以变不利为有利,从而提高海上航行的安全度。

测潮汐表的发展,或者更明确地提出了潮汐与太阳运动的关系,于当时及以后的航海活动产生了重要而又深远的影响。

在航海活动兴盛的宋代,中国古代海洋潮汐学发展到了高峰时期。正如李约瑟所说:"在十一世纪中,即在文艺复兴时期以前,他们(指中国人)在潮汐理论方面一直比欧洲人先进得多。"①北宋的张君房发展了唐代窦叔蒙的潮时推算图。他以月亮在黄道上的视运动度数为横坐标,以十二时辰"著辰定刻"(一天为100刻)为纵坐标,从而使潮汐与月亮之间对应运动关系反映得更为精细。他与另一位北宋人燕肃对潮时逐日推迟所进行的计算结论,曾使李约瑟叹为观止:"怎么会精密到如此,我们是不清楚的。"②宋代对海洋潮汐认识的深化,还反映在沈括对潮迟现象进行了地区间的比较。他在《梦溪笔谈》中说:"予常考其行节每至月正临子午,则潮生,候之万万无差。此以海上候之,得潮生之时。去海远,即须据地理增添时刻。"③这一重要发现,证明了海港涨潮时间应随其离海远近做相应的推迟,从而为当代航海学所谓的"港口平均高潮间隙"奠定了科学认识的基础。在潮汐成因的研究上,燕肃、沈括等人纠正了唐人卢肇在《海潮赋》中忽视实际观测、过于夸大太阳运动在潮汐形成中的作用的说法,正确地强调了月球运动与潮汐起落之间的主要对应关系。徐兢在《宣和奉使高丽图经》中明确指出潮汐的"升降之数应乎月",而且"时有交变,气有盛衰,而潮之所至,亦因之为大小"。他还特别说明,"卯酉之月(农历四月与十月),则阴阳之交也,气以一交而盛出,故潮之大也,独异于余月。当朔望(农历初一与十五日)之后,则天地之变也,气以变而盛出,故潮之大也,独异余日"。

宋代虽在潮汐理论上无甚新树,但在实践应用中有了进一步的发展。例如,《海道经》中"占潮门"说:"北海之潮,终日滔滔,高丽涨来,一日一遭;莱州洋水,南北长落,北来是长,南退方觉。"《顺风相送》中有"定潮水消长时候",对从初一至三十日的潮长时辰均有具体记载,并指出:"船到七州洋及外罗等处,

---

① 李约瑟:《中国科学技术史》第四卷《天学》第二分册。
② 李约瑟:《中国科学技术史》第四卷《天学》第二分册。
③ [宋]沈括:《梦溪笔谈·补笔谈》卷二《象数》。

可算此数日流水紧慢,水涨水退,亦要审看风汛,东西南北,可以仔细斟酌,可算无误。"《指南正法》中亦有"逐月水清水涨时候"的说法。张燮《东西洋考》中亦有"占潮诀"四条,并对"漳人之候潮"的方法作了述录:"夜则以月,昼则以时。于指掌中从。日起时,顺数三位,长、半、满、退、半、尽,以六字操之,无毫爽。"他认为"驾舟洋海,虽凭风力,亦钡潮信,以定向往";"潮退则出,潮长则归"。他还注意到"海外之潮已平,而内溪犹长"的"港尾水"或"回流水"现象,指出"海口以潮平为度其穿达支流,仍以百里而缓三刻"。这些潮汐应用的经验总结,是中国古代航海技术的重要组成部分之一。

五、宋元时期的航海图

(一)中国古代航海图的发展概况

地图在我国非常久远。从远古到秦汉,我国古代地图,已从原始地图逐渐发展到具有相当绘制水平的地图。例如,长沙马王堆三号汉墓出土的三幅古地图,其内容相当丰富,绘制技术也达到相当熟练的程度。从西晋到明末,我国古代的地图朝着两个方向发展:一是科学的方向,一是艺术的方向。前者如裴秀创"制图六体",奠定了制图的理论基础,中经贾耽、沈括、朱思本、罗洪先,终于形成一套较完备的制图理论及方法,并在此基础上发展成具有我国特色"计里画方"的《广舆图》体系。在西方测绘入我国之前,这种体系在我国古地图中,其科学性是最强者。自魏晋南北朝以来,受山水画影响,遂在我国古代的传统地图中形成山水画地图。从制图理论及方法上来看,这种地图的科学性很差,但由于它比较直观,所以也长期延续下来,一直到清代。通过这一时期的发展,我国古代地图已有了较为完备的绘图理论及方法,作为我国传统的地图来说,其发展已臻于成熟。明末,利玛窦来我国,将西方的经纬度测绘技术传入我国。清朝前期,康熙和乾隆利用西方技术,在当时的全国范围内组织了大规模的经纬度测量,并在此基础上绘制了《康熙皇舆全览图》和《乾隆内府舆图》。由于经过实测,这两种地图都是相当准确的,有较高的科学性,从而使中国古代地图又有了新的发展,并接近于当时西方的先进水平。但上述中的一部分可能就带有原始航海图的性质[1],可见海图的出现在我国也很久远。

到了宋代,出现了比较明确的有关海图的记载,王应麟在《玉海》卷十六"太平兴国海外诸域图"条说:"(北宋太平兴国)三年(978 年)正月丁未,知广州李符献《海外诸域图》《岭表花木图》各一。……咸平六年(1003 年)五月乙卯,知广州凌策上《海外诸蕃地理图》。"广州是宋代海外交通的重要港口,作为

---

① 章巽:《记旧抄本古航海图》,载《中华文史论丛》第 7 辑,上海古籍出版社 1978 年版。

广州的地方官李符和凌策所献的有关海外诸域的地图,其内容可能多少与航海有关。宣和六年(1124年),徐兢从海道出使高丽,归撰《宣和奉使高丽图经》。我国古代所谓"图经",一般包括有地图和文字两个部分,这部书现在是经存图亡。但该书卷三十四云:"神舟所经岛、洲、苫、屿,而为之图。"可见该书所亡之图,应包括海道图在内。《玉海》卷一五"绍兴海道图"条说:"(南宋绍兴)二年(1132年)五月辛酉,枢密院言,据探报,敌人分屯淮阳军、海洲,窃虑以轻舟南来,震惊江浙,缘苏洋之南,海道通快,可以径趋浙江。诏两浙路帅司,速遣官相度控扼次第,图木闻奏。"从上述记载来看,该图的绘制目的是为了海防,但与海道多少还是有些关系。宝庆元年(1225年),赵汝适撰《诸蕃志》,他在该书自序中提到他所看到地图,"有所谓石床、长沙之险"①。"床"、"塘"音相近,"石床"即"石塘"。"石床"、"长沙"泛指南海诸岛。该书《志物》附载"海南条"称:"东则千里长沙、万里石床,渺茫无际,天水一色。舟舶往来,唯以指南针为则,昼夜守视唯谨,毫厘之差,生死系焉。""千里长沙、万里石床"亦泛指南海诸岛。该书将这一带的海域描写成航海的危险地区,要谨守罗针才能幸免,实与南海诸岛暗礁、险滩较多有关。综合上述记载来判断,赵汝适所见之图,是与南海的海域有关,也可能是用于航海。南宋末年,金履祥向宋廷建议:"进牵制捣虚之策,请以重兵由海道直趋燕蓟,则襄樊之师不攻自解,宋廷臣不能用。伯颜师入临安,得其书及图,乃命以宋库藏及图籍仪器山海道运燕京。其后朱清、张瑄献海漕之策,所由海道,视履祥图书咫尺无异。"②可见金履祥所绘的海道图已相当详细。元代继续发展海运事业,也绘有海上航行"图本"③。《金声玉振集》所收明初人著作《海道经》中的"海道指南图",是我们现在看到的比较早的海道图,该图大约就是根据元人的底本所绘的。④

(二)航海图的系统渊源

我国古代的海图(包括航海图、海防图和沿海图等),从绘制方法上来看,其系统渊源或受山水画形式地图的影响,或受《广舆图》的影响,大都不能自成系统,能自成系统者仅有针路图。

1. 山水画形式地图的影响

山水画形式地图在中国古代地图中是一个较大的系统。中国古代地图早就有画山水的传统,但从在地图上画山水发展成山水画形式的地图,是有其历

① 冯承钧:《诸蕃志校注》的赵汝适序,中华书局1956年版。此序函海本及学津讨原本均无。
② 胡敬辑:《大元海运记》卷下。
③ 章巽:《记旧抄本古航海图》,载《中华文史论丛》第7辑,上海古籍出版社1978年版。
④ 章巽:《记旧抄本古航海图》,载《中华文史论丛》第7辑,上海古籍出版社1978年版。

史过程的。魏晋南北朝时期,因中原的人口南迁,南方的山林川泽亦渐次开辟,又因佛、教、道教的盛行,佛寺道观多向山林建筑。由于描绘新开辟的山林、寺观、庭园、名胜,山水画在这一时期逐渐发达,遂影响及地图。我国古代的原始地图,本来就与图画有密切的关系。自此以后遂在我国古代地图中逐渐形成一种山水画形式的地图。这种地图是介于地图与图画之间,有时不能严格区分它们是山水画或是地图。有的图明明是地图,却画着相当精美的山水画;有的只画着粗略的山水。在我国古代地图发展的历史中,这一系统的地图虽然不是主流,但其范围很广、种类亦多,疆域、山川、水利、交通、城市、关隘、宫殿、官署、寺观、园林等类的地图均有,亦不容忽视。我国古代的海图,大都受这一系统的影响。例如,明代海防图籍中的图,其绘法有不少是受山水画形式地图的影响。比此更早的北宋时的《宣和奉使高丽图经》所佚亡之海道图,有人推测其"所经岛、洲、苫、屿"的绘法也可能与此类似。又如,《郑和航海图》虽属针路图系统,但图中许多要素的绘法亦受山水画形式地图的影响。

2.针路图系统

由北宋末年朱彧在《萍洲可谈》中关于"夜则观星,昼则观日,阴晦观指南针"的记载,和南宋末年吴自牧在《梦粱录》中所说"晦冥时唯凭针盘而行",可知罗盘已运用在航海上。有了罗针导航以后,在航海上出现了针路的问题。针路一般包括针位和航程。针位即罗盘方位,中国罗盘分为 24 个方位,同近代的 360 度罗盘相比较,每一方位相当于 15 度。航程一般用"更"来计算,一更约合 60 里(也有人认为一更为 40 里)。元代周达观在《真腊风土记》中说:"自温州开洋,行丁未针。……又自真蒲(在今巴地或头顿一带)行坤申针。""行丁未针"和"行坤申针"皆指罗盘方位,这是有关针位的最早记载。

我国古代很早就使用 24 方位,宋代指南针用于航海,才将 24 方位用于罗盘上。沈括在制图时将 24 方位用在地图的方位上,可能与当时使用罗盘有关。

第二节　宋代的海上航线与海外交通

宋朝结束了五代十国分裂割据的局面。国家统一,社会安定,生产力有所发展,尤其是城市的繁荣,使手工业和商业较之唐代有了显著的进步,为海运业的发展创造了有利的社会条件;加之当时造船业和航海技术的巨大进步,使宋代的航海事业比唐代又获得更大的发展,沿海航线和远洋航线也随之有了更多的拓展。宋代航海和海外贸易获得较大发展的一个重要标志,是政府在沿海主要的通商海港如广州、杭州、明州(今浙江省宁波市)、泉州,密州板桥镇

（在今青岛胶州湾地区）等地设立了市舶司、市舶务或市舶场等管理通商和海运的机构。北宋在山东省胶州境内的板桥镇设立市舶司，更以此为中心来管理沿海航运事务，促进了当时沿海航路的发展。

指南针被应用于航海，这一航海史上划时代的进步，对于当时南洋和印度洋航路的发展具有重要的意义。根据有宋周去非所撰《岭外代答》（淳熙五年，1178 年成书）和赵汝适所撰《诸蕃志》（宝庆元年，1225 年成书）两书中的记载，当时航海交通所及的国家，广泛分布于中南半岛、马来半岛、苏门答腊、爪哇、加里曼丹、菲律宾群岛、印度半岛、波斯湾、阿拉伯半岛、地中海、埃及和东非的沿岸区域。当时到东南亚、南亚、西亚和东非沿海国家的航线，在沿用唐代航线的基础上，又有新的延伸和发展。唐代贾耽记述的"广州通海夷道"中的印度洋航路，所涉及的非洲海岸国家仅三兰国，在今东非坦桑尼亚或索马里境内；而宋代《岭外代答》、《诸蕃志》等史籍所涉及的非洲沿岸国家，在北非有勿斯里国（在今埃及）、默伽猎国（在今摩洛哥，《诸蕃志》称默伽猎国，《岭外代答》称默伽国）、茶弼沙周（在今非洲西北角）、毗喏耶（在埃及和摩洛哥之间，或在突尼斯和的黎波里一带），在东非有弼琶啰国（在今东非索马里北部柏培拉附近）、中理国（在今索马里东北沿海并包括索科特拉岛）、层拔国（在今东非桑给巴尔海岸一带）、昆仑层期国（在今东非马达加斯加及其附近的海岸一带）。此外，又有木兰皮国（在今西班牙南部及非洲西北部一带）、斯加里野国（在今地中海西西里岛）等所在的区域，都是唐代在印度洋西航的行程中所不曾涉及的。

至迟到南宋时候，中国帆船远航阿拉伯半岛沿岸，除了从中国南方港口经印度半岛南端抵达波斯湾的传统航线外，还开辟了一条横渡印度洋，不经过印度半岛沿岸，而由苏门答腊岛西北端亚齐直航麻罗拔（亦称麻离拔，即马赫拉，在今阿拉伯半岛南部卡马尔湾附近的左法尔）的新航路。据周去非所撰《岭外代答》一书记载："有麻离拔国，广州自中冬以后发船，乘北风行，约四十日到地名兰里（今苏门答腊岛西北端亚齐——引者注）博买苏木、白扬、长白藤。住至次冬，再乘东北风，六十日顺风，方到此国。"①这里所记宋船自兰里乘冬季东北风 60 日可航抵麻离拔的航线，由于是一条横渡印度洋的直达航线，就是由中国南方港口城市到有名的香料产地麻离拔的航行时间大大缩短。由于这条新航路的开辟，宋船在冬季乘东北风从兰里只需两个月便直抵麻罗拔，翌年乘夏季西南风返航，一直可达广州或泉州，往返需时不到一年。这比传统航线必须在中途等候再一次信风来临始能继航，要节省一年左右时间。

----

① ［宋］周去非：《岭外代答·人食国条》。

一、近海航线①

密州板桥镇濒临胶州湾。胶州湾位于山东半岛西南沿,黄海中部海岸,具有十分优越的海陆交通条件。它是黄海外入内陆的天然海湾,湾内水深域阔,把胶州湾和黄海连接起来的湾口是一条宽约 3 千米、最大水深为 64 米的海峡。以此为中心,海路从黄海沿岸南下,与江苏、浙江、福建、广东、广西沿海主要港口有航线可通,陆路和国内华北、华中、西北、西南等广大腹地直接相连。唐宋以后,随着海上丝绸之路的发展,海运繁兴,胶州湾的海上交通也趋向发达。为了适应海上交通发展的需要,宋朝时又于胶州湾沿岸开凿运河,进一步沟通了胶州湾的水陆交通,使密州板桥镇逐渐繁荣起来,成为南北商贸荟萃之地,具备了设立市舶司的条件。据《宋史·食货志》记载:宋神宗元丰五年(1082 年)"知密州范锷言板桥濒海,东则二广福建淮浙,西则京东、河北、河东三路,商贾所聚,海舶之利,颛于富家大姓。宜即本州置市舶司,板桥镇置抽解务。六年,诏都转运使吴居厚条析以闻。元祐三年(1088 年),锷等复言,广南、福建、淮浙贾人航海贩物至京东、河北、河东等路运载钱帛丝绵贸易,而象、犀、乳香、珍异之物,虽尝禁榷,未免欺隐。若板桥市舶法行,则海外诸物,积于府库者,必倍于杭、明二州,使商舶通行,无冒禁罹刑之患,而上供之物,免道路风水之虞。乃置密州板桥市舶司"②。由此可见,当时两广、福建、淮浙与密州板桥镇之间的航线的开辟,为"广南、福建、淮浙贾人航海贩物至京东、河北、河东等路"创造了有利的条件,不仅促进了南北经济交流,繁荣了社会经济,而且为国家增加了不少的财政收入。

二、远洋航线

(一)与朝鲜、日本之间的航路③

明州(今浙江省宁波市)成为从中国起航的主要港口。北宋宣和五年(1123 年),宋朝政府巡路允迪等出使高丽,徐兢随行。在徐兢所撰《宣和奉陡高丽图经》一书中,详细记载了从明州出发及归航的情形。宋代驶往日本的商船,大都从明州出发,横渡东海,到达日本肥前的值嘉岛,然后再转航到筑前的博多;有些船只还从博多更深入日本海,驶抵越前的敦贺。在这条航线上,从中国外往日本、需要利用西南季节风航行,而从日本驶往中国,则要利用东北

---

① 引见章巽主编:《中国航海科技史》,海洋出版社 1991 年版,第 121-122 页。

② 《宋史》卷一八六《食货志·互市舶法》。

③ 引见章巽主编:《中国航海科技史》,海洋出版社 1991 年版,第 122-123 页。

季节风航行;在顺风条件下,只需一周左右的时间,便能横渡东海,驶抵彼岸。例如,延久四年(熙宁五年,1072年),日本人成寻赴宋时搭乘的便船,三月十九日从肥前松浦郡壁岛(今加部岛)出发,得到顺风,同月二十五日就到了苏州。① 这从一个侧面反映出,宋时中日间的海上航路,在利用季风横渡东海方面较前代有了一定的进步。

(二)与东南亚各国的海上交往②

宋代,和我国海上交往最频繁的首先要属东南亚各国。前引《云麓漫钞》中记载的绝大部分就是这些国家。其中最重要的是三佛齐,该国的统治者即有名山帝王朝,所以有人称它是夏连德拉帝国。大约在8世纪末,该国已代室利佛逝而兴,蔚为东南亚的大国。它占据了室利佛逝的绝大部分领土,控制了马六甲海峡两岸,掌握了东南亚海上交通的命脉。海上贸易的庞大收入,促成了该国的空前繁荣。当时该国文化也相当发达,是亚洲的佛教中心之一。阿底峡大师,在入西藏弘法之前,曾远涉重洋来金洲从法称学习佛教哲学达12年之久(1013—1025年)。阿拉伯作家如前述《中国印度见闻录》的增订者阿蒲塞德、哈桑以及马素地、伯鲁尼等人都颇为夸张地描绘过三佛齐神话般的富饶,并说该国人口稠密、军队众多。我国史籍对此有更为确切的记载,例如,《岭外代答》卷二称:"三佛齐国在南海之中,诸蕃水道之要冲也。东自阇婆诸国,西至大食,故临诸国,无不由其境而入中国者……蕃舶过境有不入其国者,必出师尽杀之,以故其富犀、象、珠玑、香药。"《诸蕃志》也称:"其(三佛齐)国在海中,扼诸蕃舟车往来之咽喉……若商船过不入,即出船合战,期以必死,故国之舟辐凑焉。"

三佛齐和中国的关系十分友好,唐朝末年就开始和中国往还。宋朝刚开国,建隆元年(960年)九月,三佛齐王就派遣使者带着礼物来访问中国。《宋史·三佛齐传》记载:"唐天佑元年贡物,授其使蒲诃栗宁远将军,建隆元年九月,其王悉利胡大霞里檀遣使李遮帝来朝贡。二年夏,又遣使蒲蔑贡方物。"计自唐末天佑(904年)至宋太宗太平兴国末年(983年),三佛齐先后曾遣使来中国达11次。淳化三年(992年)该国遭受爪哇侵略时,曾来宋朝求援。宋朝政府进行过调停工作。11世纪初叶,该国国势得到恢复后,又多次派遣使者来我国。如《诸蕃志》所谓:"自景德、祥符、天禧(1004—1021年)元丰、元祐(1078—1094年),贡使络绎,辄优诏奖慰之。"据《宋史》记载,三佛齐国王还派

---

① 〔日〕木宫泰彦著、胡锡年泽:《日中文化交流史》,商务印书馆1980年版,第246页。

② 本部分及以下(三)、(四)部分均引见汶江:《古代中国与亚非地区的海上交通》,四川省社会科学院出版社1989年版,第148—152。

使者来中国表示愿在"本国建佛寺以祝圣寿,愿赐名及钟"。宋真宗"嘉其意,诏以承天下万寿为寺额并铸钟以赐"。

阇婆国,在刘宋元嘉十二年(435年)就已遣使来中国,以后断绝。在北宋太宗淳化三年(992年),又派遣使者来我国,并和我国有贸易往还。阇婆人对我国人也很友好,"贾人至者,馆之宾舍,饮食丰洁"①。

渤泥在宋代才开始与我国交往。《宋史·渤泥传》:"渤泥国在泉(州)之东南,去阇婆四十五日程……去三佛各四十日程,去占城与麻逸各三十日程……太平兴国二年(917年)其王向打,遣使施弩、副使三甫西里、判官哥心等赍表贡……表云……渤泥国王向打稽首拜,皇帝万岁……愿皇帝万岁寿,今遣使进贡,向打闻有朝庭,无路得到。昨有商人蒲卢歇船泊水口,差人迎到州,言自中朝来,比诣阇婆国遇猛风,破其船,不得去。此时闻自中国来,国人皆大喜,即造舶船令捕卢歇导达入朝贡。每年修贡虑风吹至占城界,望皇帝诏占城令有向打船到,不要留臣,本国别无异物,乞皇帝勿怪。其表文如是,招馆其使于礼宾院,优赐以遣之。元丰五年(1082年)二月其王锡理麻喏复遣使贡方物,其使乞以泉州乘海船归国,从之。"

又据《云麓漫钞》的记载,菲律宾群岛中的麻逸(民大略岛)、三屿(卡拉棉、巴拉望、布桑加等三岛)在宋代也常有船舶来我国泉州贸易。

(三)通往印度的航线

宋代,印度与我国的交往仍然密切。北宋时不仅海道畅通,陆路也能通行。例如,乾德三年(965年)就有僧道园自西域归来。他是五代时天福(936—942年)年间去西域,旅途往返共18年,其间在印度6年。乾德四年(966年)又有僧人行勤等157人经西域去印度。现存的敦煌写本《西天路竟》就是他们旅行路线的简要记载。② 和他们同行的僧人继业也有行程,见于范成大《吴船录》③。迟至宋仁宗时天圣、宝元(在11世纪上叶)年间,还有沙门怀问三次去印度。

开宝八年(975年),东印度王子穰结说罗由陆道来中国,回印度却取海道,"诣南海,附贾人舶而归"。宋太宗太平兴国八年(983年),僧人法遇从印度取海道经三佛齐归国。后来他再次去印度时,仍取海道。宋太宗还赐给他

---

① 《诸蕃志·阇婆国条》。

② 黄盛璋:《敦煌写本"西天略竟"历史地理研究》,《历史地理》创刊号(1981年)。

③ 继业归来后在其峨眉牛心寺所藏《涅盘经》四十二卷中,每卷之后,分别记下其西域行程,后为范成大发现并收入其《吴船录》中。继业归程可能是取泥波罗吐蕃道,因为其行程中所证"一至泥波罗国,又至磨逾里,过雪岭,至三耶寺,由故道自此入阶州。"雪岭似指喜马拉雅山,三耶寺即西藏的乘耶寺。此后所记过于简略,无法考订。

沿途所经各国,如三佛齐、古罗、柯兰等国王的敕书。宋朝时,由印度来中国的不仅有佛教僧人,还有印度教徒,如雍熙年间(984—987年)来华的婆罗门僧永世。宋代泉州的那些"石笋",实即印度教的自在天的象征"天根"。近年在泉州还出土有印度教寺院遗址,以及"偏入天"、"大自在天"等印度教神祇的雕像,均可证明此事。

南宋时,中印之间的贸易交往就只有靠海上交通了。这时来华的国家大都是南印度的,如注辇、故临;或西海岸各地,如南毗(Malabar)、胡荼辣(Gujarat)、麻罗华(Malwa)等国。其中,故临国尤为重要,"其国有大食国蕃客寄居甚多"。大食人来华就得在此地换乘中国大船东航。

(四)与阿拉伯的海上交通

印度洋沿岸除南亚诸国外,宋时与我国海上交通最频繁的国家,仍然要算阿拉伯。宋初大食人东来还有少数取陆道,后来由于西夏日益强大,陆道梗塞,就只有取海道而来了。例如,《宋史》卷四九〇《大食传》载,大食"先是入贡道由沙州涉夏国,抵秦州。乾兴初(1022年)赵明德请道其国中,不许。至天圣元年(1023年)来贡,恐为西人钞略,乃诏自今取海道,由广州至京"。又《宋会要辑稿·蕃夷四》载:"天圣元年十一月,内侍省副都知周文质言……缘大食国比采皆泛海,由广州入朝,天圣元年禁(大食)由甘州出入。"又进而规定"只许产自广州入贡,更不得于西蕃出入"。这样,中国与大食间交往只有靠海上交通了。据现有资料,从辽天赞三年(924年)至宋开禧年间(1207年)约284年内,大食派遣使者到中国共43次,即平均每6年多就遣使一次。来华的使者中,有许多是来自阿拉伯各地的,如层檀国、麻罗拔、勿巡国等。宋时,中、阿关系也十分友好,可举一例说明。《宋会要·外国朝贡》称:"真宗咸平元年(998年)八月诏曰,敕大食国王,差三麻杰托舶主陀离于广州买钟,除约外,少钱千三百余贯,卿抚驭一方,恭勤万里,汛海常修于职贡,倾心远慕于声明,所示洪钟,虽亏估价,以卿素推忠肯,宜示优恩,特免追收,用隆眷柱,所欠钟钱,已降敕令蠲免,个故兹示论。"①《宋会要辑稿》上还记载对阿拉伯商人减税优待的事:"天禧元年(1017年)六月,诏大食国蕃客麻恩利等回示物色,免沿途税之半。"对阿拉伯的官方使者更为优待,如勿巡国的使者辛押陀罗回国时宋真宗"特赐白马一匹,鞍辔一副"。此人对中国也十分友好,他曾经表示愿意捐钱帮助修缮广州城垣,虽然宋朝政府没有接受他这番友好的建议,但也可说是中、阿人民友谊史上的佳话之一。

---

① 均见《宋会要辑稿》卷一九七《蕃夷四》。

（五）通往波斯湾、东非的航线①

从广州（或泉州）到达波斯湾，一般是在每年 12 月乘东北季风出航，经连续 40 天的航行，到达苏门答腊北端的兰里（亚齐），在那里进行贸易和休整。翌年，仍乘东北季风到达印度南部的故临，在那里与来自阿拉伯的单桅船进行贸易。如不能在东北季风结束前越过阿拉伯海而到达半岛南端的苏赫尔等港口，则在西南季风起后北航至上述各地，以换取来自波斯湾和阿曼的货物，并在马拉巴尔过冬，下年于西南季风期间返航。这条航线往返一次需时 18 个月。由于宋时中国的造船技术有了进一步的发展，所造船只更大、设备完善，阿拉伯人东来，多在印度南部换乘中国船。《岭外代答》卷二"故临"条载："中国船商欲往大食，必自故临易小舟而往。"同书卷三"航海外夷"条载："大食国（人）之来也，以小舟运而南行，至故临国易大舟而东行。"

另一条航线也是每年十一月或十二月从广州或泉州出航，经 40 天到苏门答腊的兰里。过年后仍乘东北季风经 60 天的长途航行，横越印度洋而到达佐法尔。然后或继续航行至亚丁，甚至东非沿岸。在换取亚丁湾、红海和东非的货物之后，仍乘当年西南季风返航。这条航线较为便捷，往返一次只需八九个月。这条新航线开辟的原因有两个：一是如前所述，宋朝政府采取种种措施鼓励缩短航行周期，返航早的船只便可以享受减免税的优待。二是阿拉伯世界的变化。12 世纪中叶阿尤布王朝建立之后，开罗已凌驾巴格达之上。12 世纪时亚丁湾已代替波斯湾而成为东西贸易的主要中转站，也成了中国船的主要贸易对象。红海地区、东非乃至北非流入中国的货物日益增多。② 有名的阿拉伯地理学家伊德里西（1099—1166 年）在其《旅途纪闻》一书中列举了中国船只常到的港口，除印度西海岸、印度河口以及幼发拉底河口诸港外，就是亚丁。他说："中国人每遇国内骚乱，或由于印度局势动荡，战乱不止，影响商业往来，便转到商奈建及其所属岛屿进行贸易。由于他们公平正直，风俗浮厚，经营得法，因而和当地居民关系融洽。该岛（翁古贾岛）人丁兴旺，外来者也能安居乐业。"翁古贾就在桑给巴尔岛上。这些记载，再加上考古学的发现（后详），足以证明宋代中国船远航东非之多。

① 引见章巽主编：《中国航海科技史》，海洋出版社 1991 年版，第 123-124 页。
② 沈福伟：《十二世纪中国帆船和印度洋航路》，《历史学》季刊 1979 年第 2 期。又，孙光圻：《郑和是我国开辟横赴印度洋航线的第一人吗？》，《海交史研究》1981 年第 6 期。张俊彦：《中古时期中国和阿拉伯的往来》，《北京大学学报》，1981 年第 3 期。

三、宋代有关海上交通的珍贵史籍①

随着海外交通的发展,宋代的公私著述中有关这方面的记载较之前代也大大丰富了。其中,弥足珍贵的两部著作则是周去非的《岭外代答》和赵汝适的《诸蕃志》。

(一)《岭外代答》

周去非,字直夫,浙江永嘉人。他是北宋孝宗隆兴元年(1163年)的进士,曾任桂林通判,后来卸任东归故里,大约于淳熙五年(1178)写成《岭外代答》一书。据其自序说:"仆试尉桂林,分教宁越,盖长边首尾之邦。疆场之事,经国之具,荒忽诞漫之俗,瑰诡谲怪之产,耳目所治,与得诸学士大夫之绪谈者,亦云广矣。盖尝随事笔记,得四百余条。"由于东归后亲朋来问岭外事者甚多,乃就旧稿,"因次序之,凡二百九十四条,应酬倦矣,有复问仆,用以代答"。因为本书是作者在岭南的耳闻目睹,翔实具体,历来受到学者的重视。《四库提要》说:"其书条分缕析,柳稽含(《南方草木状》)、刘恂(《岭表录异》)、段公路(《北户录》)诸书叙述为详。所纪西南诸夷,多据当时译者之词,音字未免舛讹。"在我们看来,正是由于这是作者亲自从译人那里直接访求得来的,所以弥足珍贵。

《岭外代答》卷三"大食诸国"条,对西亚和非洲的一些国家和地区有较详细的记载,现转引如下:

大食者,诸国之总名也,有国千余,所知名者特数国耳。有麻离拔国:广州自中冬以后发船,乘北风行约四十日,到地名兰里,博买苏木、白锡、长白藤,住至次冬,再乘东北风,六十日顺风方到。此国产乳香、龙涎、真珠、琉璃、犀角、象牙、珊瑚、木香、没药、血竭、阿魏、苏合油、没石子、蔷薇水等货,皆大食诸国至此博易。国王官民皆事天,官豪皆以金线挑花帛缠头搭顶,以白越诺金字布为衣,或衣诸色锦,以红皮为履,居五层楼,食面饼肉酪。贫者乃食鱼蔬。地少稻米。所产果实,甜而不酸。以蒲桃为酒。以糖煮香药为思酥酒,以蜜和香药作眉思打华酒,暖补有益。以金银为钱。巨舶富商皆聚焉。哲宗元祐三年十一月,大食麻罗拔国遣人入贡,即此麻离拔也。有麻嘉国:自麻离拔国西去,陆行八十余程乃到。此是佛麻霞勿出世之处。有佛所居方丈,以五色玉结瞪成墙屋。每岁遇佛忌辰,大食诸国王皆遣人持宝贝金银施舍。以锦绮盖其方丈。每年诸国前来就方丈礼拜,并他国官豪,不拘万里皆至赡礼。方丈后有佛墓,日夜常见霞光,人近不得,往往皆合眼而过。若人临命终时,取墓上土涂胸,即

---

① 引见张俊彦:《古代中国与西亚非洲的海上往来》,海洋出版社1986年版,第137-149页。

乘佛力超生云。有白达国：系大食诸国之京师也，其国王则佛麻霞勿之子孙也。大食诸国用兵相侵，不敢犯其境，以故其国富盛。王出，张皂盖金柄，其顶有玉狮子，背负一大金月，耀人目如星，远可见也。城市衢陌，居民豪侈，多宝物珍段。皆食饼肉酥酪，少鱼、菜、米。产金银、碾花、上等琉璃，白越诺布，苏合油。国人皆相尚以好雪布缠头。所谓软琉璃者，国所产也。有吉慈尼国，皆大山围绕、凿山为城，方二百里，环以大水。其国有礼拜堂百余所，内一所方十里。国人七日一赴堂礼拜，谓之除懺。其国产金银、越诺布、金丝锦、五色驼毛段、碾花、琉璃、苏合油、无名异、摩娑石。人食饼肉、乳酪，少鱼、米。民多豪富，居楼阁有五、七层者。多畜驼马。地极寒，自秋至春雪不消。寝寝近西北故也。有眉路骨惇国：居七重之城，自上古用黑光大石叠就。每城相去千步。有蕃塔三百余，内一塔高八十丈，内有三百六十房。人皆缠头搭项。寒即以色毛段为衣，以肉饼为食，以金银为钱。所谓鲛绡、蔷薇水、栀子花、摩娑石、硼砂，皆其所产也。有勿斯离国，其地多名山，秋露既降，日出照之，凝如糖霜。采而食之，清凉甘脆，此真甘露也。山有天生树，一岁生粟，次岁生没石子。地产火浣布、珊瑚。

这是一段描述西亚诸地情况的重要资料。但是，要了解它，首先应确定所提到的各个国家的位置。

关于麻离拔国。张星烺、冯承钧以及 1979 年版《辞海》的"麻离拔国"条等均认为麻离拔国系指印度马拉巴尔海岸。[①] 这就产生了问题：周去非在这里明明说的是"大食诸国"，而且在本书另一处又说"又其远为麻离拔国，为大食诸国之都会"，而马拉巴尔却从未属于大食。对此，张星烺解释为："此处列于大食更越西海，至木兰皮国，则其舟又加大矣。一舟容千人，舟上有机杼市井。或不遇便风，则数年而后达，非甚巨舟，不可至也。今世所谓木兰舟，未必不以至大言也。"又，本书还有一处在谈到远海航行时说："若夫默伽国、勿斯里等国，其远也不知其几万里也。"按《诸蕃志》有默伽猎国，即阿拉伯语 Mogreb-el-aksa 的对音，指马格里布。本书的默伽，当为默伽猎，传写中伪脱猎字；勿斯里则为 Misr 的对音，指埃及。由此可见，周去非对于北非诸国的情况是知道得较清楚的，当不至于一地而两名重出，分作两条来叙述。

此处所指的眉路骨惇，夏德认为是阿拉伯语 Muthid—n 的对音，亦即 In-fidels，意思是"并教人"，指当时属希腊人统治的小亚细亚的君士坦丁堡等地，亦即《诸蕃志》中所说的芦眉国（Rum）。他的意见是较中肯的。

关于勿斯离国，学者的意见也有分歧，有人说是指埃及（Mrsr），有人说是指摩苏尔（Mosul）。按本书有"勿斯离"、"勿斯里"二名，《诸蕃志》则干脆列有

① 陈开俊等译：《马可·波罗游记》，福建科技出版社 1981 年版，第 118-119 页。

"勿斯离"、"勿斯里"两条。学者认为《诸蕃志》的勿斯离国是指摩苏尔,而勿斯里国是指埃及。但《诸蕃志》"勿斯离国"条的内容,几乎是完全照抄《岭外代答》的文字,因此,这里的勿斯离国应指摩苏尔无疑。

周去非在本书中除了上述谈及北非木兰皮等地的内容外,还记载有东非的昆仑层期国(桑给巴尔 Zangibar)。他说:"西南海上有昆仑层期国,连接大海岛。常有大鹏飞,蔽日移晷,有野骆驼,大鹏遇则吞之。或拾鹏翅,截其管,堪作水桶。又有骆驼鹤,身项长六七尺,有翼能飞,但不高耳,食杂物炎火,或烧赤热铜铁与之食。土产大象牙、犀角。又海岛多野人,一身如黑漆,拳发,诱以食而擒之,动以千万,卖为蕃奴。"我们可以看到,这些描述基本上是符合东非情况的。这里所说的大海岛,当系指马达加斯加岛。关于该岛大鸟的奇闻,马可·波罗在他的《游记》中也曾说:"鲁克鸟(Rukh)的一片羽毛,确有九十指距,而羽茎部分围长有两掌尺长。"①

周去非在当时能够获得如此众多的有关西亚、非洲的情报,是与宋代时东西方海上交通的进一步发展相联系的。我们从《岭外代答》的叙述中可以发现,在宋代,东西方的海上往来已出现了新的航线。这时的航线,大体上有两条。一条是唐代贾耽所说的传统的由广州(或泉州)到波斯湾的航线,亦即周去非在本书所说的"故临国与大食国相迩。广四十日到兰里,住冬。次年再发舶,约一月始达"。"中国舶商欲往大食,必自故临易小舟而往,虽以一月南风至然往返经二年矣"。他又说,"诸番国之入中国,一岁可以往返,唯大食必二年而后可"。

从上述描写可知,中国的舶商大约每年的仲冬乘东北季风起航,经过连续40天的航行到达苏门答腊北端的兰里(今班达亚齐),在此贸易、休整,过年之后继续开航,经约1月而抵印度半岛南端的故临(今奎隆)。它是当时东西方贸易的一个重要中转站。从中国和西亚运来的货物,汇聚在这里进行交易。如果再从这里坐船去波斯湾,则需另换较小的船只,等待西南季风起后北航。因此,这段航程虽然也只需一月时间,但因回航先要借东北季风返回故临,然后再等西南季风才能返抵中国,因此往返一次,至少需时18个月以上。

但在宋代还另有一条横渡印度洋的新航线,即前引周去非所说的,"有麻离拔国,广州自中冬以后发船,乘北风行约四十里,到地名兰里……住至次冬,再乘东北风六十日,顿风方到"。这就是说,沿这条航线行驶,也是11月从广州或泉州出发,经40天到达兰里,与第一条航线基本相同。但过年后,则从兰里径乘东北风西行,横越印度洋,经过60天的顺风航行,便可直达阿拉伯半岛南端的哈达拉毛地区,一直到亚丁甚至东非沿岸;然后,在经过交易取得亚丁

---

① 参看张星烺:《中西交通史料汇编》第2册,第262页;冯承钧:《诸蕃志校注》,第31页。

湾、红海和非洲的货物后，即乘当年的西南季风返航。这样，在同年的八九月间就可以回到中国，往返一次需时不到 1 年，大大节省了航行的时日。这一项重要的突破正是由于造船和航海技术的进步使横越印度洋成为可能。随着11—12 世纪时小亚细亚地区的动乱，波斯湾头的商业通道被堵塞，当时从亚丁经埃及转运货物到地中海便成了重要的通道。因此，这条中国—麻罗拔航线就越来越兴盛了。

(二)《诸蕃志》

《诸蕃志》是宋代另一部有关东西方海上交通的珍贵史料。它的作者赵汝适生卒年代不详，我们只知道，他是宋太宗第四子商王元份的七世孙，在南宋嘉定至宝庆年间(1208—1227 年)曾任福建路市舶提举，在任职期间，大约是在宝庆元年(1225 年)写成此书。他自叙写此书的目的是："汝适被命来此，暇日阅诸蕃图，有所谓石床、长沙之险，交洋、竺屿之限，问其志则无有焉。乃询诸贾胡，俾列其国名，道其风土，与夫道里之联属，山泽之蓄产，译以华言，删其秽渫，存其事实，名曰：《诸蕃志》。"这说明其取材是访自外国来华商人之口。《四库提要》称："是书所记皆得诸见闻，亲为询访，宜其叙述详核，为史家之所依据矣。"这是其可贵之处。

但是细考全书，也不尽是得自贾胡之口，也有采自史传和《岭外代答》的记载，由于作者并未身历其境，所以就难免有穿凿附会的地方。然而，正如冯承钧所说，"本书除采赵汝适原书已佚，今本是从《永乐大典》四千二百六十二蕃字韵辑出"。1912 年德国学者夏德和美国学者柔克义曾出版此书的英译本，并综合大量西方资料做了注释。1937 年，冯承钧根据乾隆年间初刻函海本、学津讨原本及《四库全书》抄本对此书做了互校，又对照《通典》、《岭外代答》、《文献通考》、《宋史》等的记载，做了勘误，还参照夏德等的注释成《诸蕃志校注》，这是今天研究此书的较好版本。

《诸蕃志》所记载的海外诸国，列有专目的国家和地区就达 57 个，其卷下列外国物产达 47 种。本书内容虽然也有抄自前人的材料，但大约有一半以上是作者亲自采访所得的第一手资料。

例如，在西亚方面，赵汝适新记载了波斯湾和阿拉伯半岛的如下一些国家。

勿拔国(今米尔巴特，Mirbat)。"勿拔国近海，有陆道可到大食。王紫裳色缠头衣衫，遵大食教度为事"。

记施国(今基什，Kish)。"记施国在海屿中，望见大产半日可到。管州不多。王出入骑马，张皂伞，从者百余个。国人白净，身长八尺，披发打缠，缠长八尺，半缠于头，半垂于背。衣番衫，缴缦布，蹑红皮鞋。用金银钱。食面饼、羊、鱼、千年枣,不食米饭。土产真珠,好马。大食岁遣骆驼负蔷薇水、栀子水、水银、白铜、生银、朱砂、紫草、细布等,下船至本国,贩于他国。"

瓮蛮国(今阿曼,Oman)。"瓮蛮国人物如勿拔国,地主缠头,缴缦不衣,跣足。奴仆则露首跣足,缴缦蔽体。食烧面济、羊肉并乳、鱼、菜,土产千年枣甚多。沿海出真珠,山畜牧马,极蕃庶。他国贸贩惟买马与真珠及千年枣。用丁香、豆蔻、脑子等为货。"

弼斯罗国(今巴士拉,Basra)。"弼斯罗国地主出入骑从千余人,尽带铁甲。将官带连环锁子甲。听白达(巴格达)节制。人食烧面饼、羊肉。天时寒暑稍正,但无朔望。产骆驼、绵羊,千年枣。每岁记施、瓮蛮国常至其国般贩。"

如前所说,在 12 世纪时,中国已开辟了横越印度洋直航亚丁、非洲的航路,因此,这时与东非沿岸的贸易转趋繁盛。例如,西西里岛人伊德里西于 12 世纪中叶所写的《地理书》中曾说道,中国商人在 Zanej(按其地在今桑给巴尔)及其所属岛屿进行贸易,由于他们公平正直、风俗醇厚、经营得法,因而和当地居民关系融洽。正因此,在《诸蕃志》中我们也看到了不少有关东非沿岸国家的材料,如层拔国(今桑给巴尔,Zangibar):"层拔国在胡茶辣国(印度古吉拉特,Guzerat)南海岛中,西接大山(可能是指乞力马扎罗山)。其人民皆大食种落,遵大食教度、缠青番布,蹑红皮鞋。日食饭面烧饼、羊肉。乡村山林、多障岫层叠。地气暖无寒。产象牙,生金,龙涎、黄檀香。每岁胡茶辣国人及大食边海等处发船贩易,以白布、瓷器、赤铜、红吉贝为货。"按这里所说的瓷器,就是中国的物产。

中理国(今索马里,Somali)。"中理国人露头跣足,缠布不敢著衫,惟宰相及王之左右乃著衫缠头以别。王居用砖甓甃砌,民屋用葵茆苫盖,日食烧面饼,羊乳、骆驼乳。牛、羊、骆驼甚多。大食惟此国出乳香。人多妖术,能变身作禽兽或水族形,惊眩愚俗。番舶转贩,或有怨隙,作法咀之,其船进退不可知,与劝解方为释放,其国禁之甚严。每岁有飞禽泊郊外,不计其数,日出则绝不见影。国人张罗取食之,其味极佳。惟暮春有之,交夏而绝,至来岁复然。国人死,棺殓毕,欲殡,凡远近亲戚慰问,各舞剑而入,唳问孝主死故。'若人杀死,我等当刃杀之报仇。'孝主答以,'非人杀之,自系天命'。乃投剑恸哭。每岁常有大鱼死,飘近岸,身长十余丈,径高二丈余。国人不食其肉,惟剖取脑髓及眼睛为油,多者至三百余壜,和灰修舶船,或用点灯。民之贫者取其肋骨作屋桁,脊骨作门扇,截其骨节为臼。国有山与弼琶罗国(今柏培拉,Berbera)隔界,周围四千里,大半无人烟。山出血碣、芦荟,水出玳瑁、龙涎。其龙涎不知所出,忽见成块,或三五斤,或十斤,飘泊岸下,土人竞分之。或船在海中,蓦见采得。"

赵汝适在这里用了相当大量的篇幅来介绍中理国,可见此国当时在东非地位的重要。《马可·波罗游记》提到索科特拉岛是巫术盛行的地方,与此处所说情况相似,而中理国的国境又连接柏培拉,由此可见这个中理国的地域包括今索马里的大部分地区和索科特拉岛。龙涎,是抹香鲸因囫囵吞食伤了肠胃所分泌出的一种黄黑色腊状物,在宋代被视为极珍贵的香。周去非在《岭外代答》中说:"龙涎:大食西海多龙,枕石一睡,涎沫浮水,积而能坚,鲛人采之,以为至宝。新者色白,稍久则紫,甚久则黑。因至番禺,尝见之,不薰不莸,似浮石而轻也。人云龙涎有异香,或云龙涎气腥能发众香,皆非也。龙涎于香本无损益,但能聚烟耳。和香而用真龙涎焚之,一铢翠烟浮空,结而不散。"《诸蕃志》卷下"龙涎"条,几全抄周去非原文。宋人笔记中对此多有描述,如《铁围山丛谈》卷五说:"奉宸库者,祖宗之珍藏也……(哲宗)时于奉宸中得龙涎香二……又岁久无籍,且不知其所从来。或云柴世宗显德间大食所贡,又谓真庙朝物也。……香则多分赐大臣近侍,其模制甚大而质古,外视不大佳。每以一豆火爇,辄作异花气,芬郁满座,终日略不歇。于是太上大奇之,命籍被赐者,随数多寡,复收取以归中禁,因号曰'古龙涎'。"据宋人记载,有海贾求售所谓"真龙涎香",二钱就索价 30 万缗。从赵汝适此处记载,可知此香盛产于东非沿岸,正是当时东西方香料贸易中的一项重要物品。或许赵汝适正因此而不惜笔墨来描述该国。

关于北非,《诸蕃志》对埃及和摩洛哥也补充了新的材料。它正确地描述了埃及靠尼罗河水来灌溉田畴。赵汝适还说,徂葛尼(为阿拉伯语称亚历山大大帝 Phu-L-Karnern 的对音)当年曾在遏根陀国(亚历山大港 Alexand-ria)建高塔的故事,也同阿拉伯名史学家马苏弟在《黄金草原》所叙述的情况相类似。可见,当时我国对埃及已经有了进一步的了解。关于摩洛哥,赵汝适也有较充分的叙述:"默伽猎国王……每出入,乘马,以大食佛经用一函乘在骆驼背前。管下五百余州各有城市。有兵百万,出入皆乘马。人民食饼肉,有麦无米,牛、羊、骆驼、果实之属甚多。海水深三十丈,产珊瑚树。"

在《诸蕃志》卷下所记录的 47 种外国物产中,注明产自西亚、非洲或在西亚、非洲也有出产的,即达 22 种,主要有:"孔香、没药、血碣、金颜香、苏合香油、安息香、栀子龙、蔷薇水、沉香、笺香、丁香、没石子、木香、阿魏、芦荟、珊瑚树、琉璃、真珠、象牙、犀角、腽肭脐、龙涎。"这张物品单,大致也就是当时从西方运贩中国的主要货物。

第三节　元代的海上航线与海外交通①

　　13世纪蒙古崛起漠北,转瞬之间,称雄欧亚。东起太平洋畔,西至波斯湾之滨,南迄印度洋,北抵北极圈,皆隶属其版图。蒙古大军西征引起旧世界交通的空前变化。罗马帝国衰微之后,逐渐闭塞的中亚通道,又为蒙古铁骑所重新踏开,亚、非、欧三洲之间畅通无阻。广大的蒙古帝国领域内,均有宽阔平坦的道路。自朝鲜半岛南端以至太和岭(高加索)西,沿途遍设驿站,素称崎岖难行的西藏高原,也设有大小驿站37个。中原各地区的驿站更是"星罗棋布,脉络通通,朝令夕至,声闻必达②"。衔君命的使者,孜孜为利的商贾,不辞辛劳的传教士和探险家,往来如织。不仅官方文书能以每日400里的速度传递,③往来人士也可以沿途栖止。正如《元史·兵志·站赤》所说,"于是四方往来之使,止则有馆舍,顿则有供帐,饥渴则有饮食"。总之,元朝陆上交通设备的完善,在当时是无人相媲美的。元人王礼曾形容其方便说:"适千里者,如在庭户,之万里者,如出邻家。"无怪乎马可·波罗等西欧人士为之赞叹不止。④ 元代,不仅国土广大,疆域超过前代,在海上交通方面,无论在航行的规模、所达的地域范围、航海的技术上,还是在沿海和远洋航路上,也都超过了唐、宋两代。

一、近海漕运

　　元朝建都于大都(今北京市),当时经济上最发达的地区是在南方,特别是在长江下游及东南沿海一带。京城所需的大批粮食以及元初不断与外国进行战争所需的大量军粮,大多要靠南方供给。据《元史·食货志》记载,元朝1年

---

①　本节地一、二部分依次引见章巽主编:《中国航海科技史》,海洋出版社1991年版;汶江:《古代中国与亚非地区的海上交通》,四川省社会科学院出版社1989年版。

②　《永乐大典》卷一九四一六《站赤》。

③　《续文献通考》卷十六,"元设急递铺,以达,四方,文书之律来,亦谓之遍铺。自燕京至开平府,复自开平府至京兆,始验省地理远近、人数多寡,立急递铺。每十里或十五里设一铺,于各县州所管民户及。漏籍户内,金起铺兵,中统元年,诏随处官司,设传递铺,每铺置铺丁五人……铺兵一昼夜行四百里,"又,据马可·波罗记载,单是日间就行250—300哩,《元史·兵志》对国内务省所设"站赤"数目有详细记载,又《元史·地理志》除中国本部外,对高丽,安南等地所设站赤,也有记载。西北方面,如别失八里之下注有,"……(至元)十七年,以万户纂公真,戌别失八里,十八年从诸王阿只吉请,自太和岭至别失八里置新站三十二。"太和岭即高加索。

④　"此种驿站,备马逾三十万匹,供大汗使臣之用,驿邸逾万所,应供如上述之富饶,其事之奇,其价之巨,非笔墨所能形容也"。《马可·波罗行记》第394页。

征粮 12114708 石,其中江浙行省(江苏、安徽的江南部分,江西的一部分,浙江、福建两省)即占 4494783 石。① 所以,元朝政府十分重视南粮北运。在元朝初年即从事纵贯南北的大运河的开通,建造船只,充实漕运机构。但河运漕粮常因天旱水浅、河道淤塞,漕粮船不能按期到达,无法满足南粮北运的需求。为了改变这种局面,于是开辟了海上漕运线,成为元代沿海海运的主要航路。为了寻找一条既经济又安全的海上运粮线,自元至元十九年(1282 年)开辟第一条海运漕粮的航路后,到至元三十年的 12 年内,先后变更了三次航线。

(1)至元十九年开辟的第一条航线。自刘家港(今江苏省太仓县浏河)入海,向北经崇明州(今崇明县)之西,再北经海门县附近的黄连沙头及其北的了望长滩,沿海岸北航,经连云港、胶州,又转东过灵山洋(今青岛市以南的海面),沿山东半岛的南岸向东北航,以达半岛最东端的成山角,由成山角转而西行,通过渤海南部向西航行,到渤海湾西头进入界河口(今海河口),沿河可达杨村码头(今天津市武清县)。这一航线离岸不远,浅沙甚多,航行不便;加之我国东部的近海,自渤海以至长江口,全年均受由北向南的寒流影响,船逆水北上,航程迟缓,且多危险;沿岸航行,海岸曲折,使全程长达 6500 千米,再加上风信失时,往往要长达数月或近 1 年时间,才能到达。显然,这一航线也是不能满足漕运需要的。

(2)至元二十九年开辟第二条航线,自刘家港入海,过了长江口以北的万里长滩后,驶离近岸海域,如得西南顺风,1 昼夜约行 1000 余里,到青水洋,然后顺东南风行 3 昼夜,过黑水洋,望见沿津岛大山(在山东文登县南,又作延真岛或元真岛),再得东南风,1 昼夜可至成山角,然后行 1 昼夜至刘家岛(今刘公岛),行 1 昼夜至芝罘岛,再行 1 昼夜到沙门岛(今蓬莱县西北庙岛),最后再顺东南风行 3 昼夜就直抵海河口。这条航线,自刘家港至万里长滩的一段航程与第一条航线相同,但自万里长滩附近,即利用西南风向东北航经青水洋进入深海(黑水洋),利用东南季风改向西北直驶成山角。这一大段新开航路比较直,在深海中航行,不仅不受近海浅沙的影响,而且可以利用东南季风,还可以利用夏半年来临的黑潮暖流来帮助航行,这样就大大缩短了航行的时间,快的时候半月可到,"如风、水不便,迂回盘折,或至 1 月 40 日之上,方能到彼"②。这条新航线的开辟,突破了以往国内沿海航线只能近岸航行的局限性,使航行时间大为缩短,这不能不说是元代海上漕运业对沿海航路发展的一个重大贡献。

(3)至元三十年,即在第二条航线开辟后一年,第三条航路又开辟出来。

① 《元史》卷九三《食货志一·税粮》。

② 《新元史》卷七五《食货志》八。

新航路仍从刘家港入海,至崇明州的三沙直接向东驶入黑水大洋(深海),然后向北直航成山角,再折而西北行,经刘家岛、沙门岛,过莱州湾抵直沽海口。这条航线南段的航路向东更进入深海,路线更直,全航程更短,加以能更多地利用黑潮暖流,顺风时只用10天左右即可到达,使航行时间大大缩短。从此以后,元代海运漕粮皆取此路,没有再做重大的变更。[①]

元代海上运粮的规模是庞大的。据《续文献通考》卷三一载:"至元十二年既平宋,始通江南粮,以运河弗便,至十九年用巴延言,初通海道,漕运抵直沽,以达京师……初,岁运四万余石,后果至三百万余石。春秋分二运至,舟行风信,有时自浙西不旬日而达于京师。内外官府,大小吏士,至于细民,无不仰给于此。"[②]到至顺初期(1330年)运粮达3522163石(除去损耗外,实际运到大都的也有3340306石),约占元朝每年收粮总数的30%,规模之大可以想见。海运和我国北方人民生计发生如此重要关系,可说是自元朝开始。所以《续文献通考》又说:"海运之法,自秦已有之,而唐人亦转东吴粳稻以给幽燕,然以给边防之用而已。用之足国,创造于元也。"

对此,后世做过肯定性评价。例如,明代丘浚(1420—1495年)的《大学衍义补》曰:"考《元史·食货志》论海运有云,'民无辇输之劳,国有储蓄之富',以为一代良法,又云,'海运视河漕之费,所得盖多。'作《元史》者皆国初(明初)史臣,其人皆生长胜国时,习见海运之利,所言非无所征者。"又明代著名地理学家郑若曾在其《海运图说》中说:"元时海运故道……南自福建梅花所起,北自太仓刘家河起,迄于直沽。南北不过五千里,往返不逾二十日,不惟传输便捷,国家者(疑应作'省')经费之繁,抑亦货物相通,滨海居民咸获其利,而无盗之害。"他还大力提倡重开海运,并论海运与漕运的利害得失。[③]

二、远洋航路

元代在宋代的基础上又有进一步的发展,交通范围也较前更扩大了。元代后期曾两次附商舶游历东西洋的汪大渊,根据亲身经历,写成《岛夷志略》一书。此书分100条,记海内外诸国和地区计96条,记载海外国名、地名达220余个,都有航路可通,为汪大渊亲历之地。此外,大德年间(1297—1307年)陈大震等所修《南海志》,记载有海上贸易的国家和地区多达145个(其中有个别

----

① 以上引见章巽主编:《中国航海科技史》,海洋出版社1991年版,第124-126页。

② 罗有和:《元代海上运粮的研究》,载《亚洲文明》第一辑,对航线变迁,对每年运粮数字均有详细论述,很有参考价值。又,章巽:《元海运航路考》,载《地理学报》第23卷第1期(1957年2月),对其中三条航线也作过考证。

③ 以上引见汶江:《古代中国与亚非地区的海上交通》,四川省社会科学院出版社1989年版,第176页。

重复者），亦反映了当时远洋交通范围的广大。虽然汪大渊、陈大震等在其著述中没有一一记载往返各国和各地的海上航路，但记载当时海上航路的航海资料确曾流传到明初，并为郑和航海提供了宝贵的航路资料。据福建集美航海学校搜集到的《宁波海州平阳石矿流水表》中记载："永乐元年，奉使差官郑和、李恺、杨敏等出使异域，躬往东西二洋等处……较正牵星图样，海岛、山屿、水势，图形一本，务要选取能识山形水势，日夜无歧误山。"在《顺风相送》这本著名的海道针经中，也有类似的记载："永乐元年奉差前往西洋等国开诏，累次较正针路、牵星图样，海屿、水势、山形，图画一本，山为微簿。务要取选能谙针深浅更筹，能观牵星山屿，探打水色浅深之人在船。深要宜用心，反复仔细推详，莫作泛常，必不误也。"①这两段史料，前一段明确记载了永乐元年是郑和一行"较正牵星图样"，后一段则补充了当时在"较正牵星图样"外首先要做的事是"累次较正针路"。这里所谓针路，是指航海时用罗盘指向等方法所确定的行船路线，为一种对海上航路较精确的记录。郑和一行在为航海出使异域做准备时之所以要"累次较正针路"，正因为这些针路记录是元代流传下来的，只有通过在亲身航海实践中"累次较正"，发现并纠正其在流传过程中的失误之处，方能作为以后航海采取什么航路的依凭，而不致差之毫厘、谬以千里误了航海大事。反映郑和初期航海活动的这一段史实，说明了元代海上航路的发展，为郑和七下西洋进行大规模的航行奠定了重要的技术基础。②

（一）元代中国与南亚和东南亚的海上交通

元时南海诸国和中国官方交往的，仅《元史》所载就有 20 余国，其范围较前代为广。由于元世祖征爪哇一役，使大量中国人移民印度尼西亚各地。据北婆罗州（加里曼丹）当地人的传说，元朝还在那里设置过行省，中国人的足迹几乎遍达印尼各岛，从而大大促进了各岛与中国的关系。较偏僻的如文老古（即摩鹿加群岛 Maluka）、吉里地闷（即帝汶岛 Timor）都来与中国贸易；前所未闻的地方，如西里伯斯岛（Celebes）也与中国直接交往；至于马来半岛上各地以及苏门答腊，和中国的来往更为密切。

南亚和中国海上交往最密切的要算南印度及西印度各国。印度有船舶来泉州，中国船经常去俱兰、马八儿、古里、来来、下里等地。马可·波罗称马八儿与俱兰为前往中国最近之城，中国人到此地的特别多。中国和这些国家的贸易额很大，远远超过西亚各国。据马可·波罗称，俱兰"地中海东，阿拉伯诸国之商人，载货来此，获取大利"。又，马八儿国："来自蛮子船舶，用铜作压

①　佚名：《顺风相送序》，向达校注：《两种海道针经》，中华书局 1961 年版，第 22 页。
②　以上引见章巽主编：《中国航海科技史》，海洋出版社 1991 年版，第 126—127 页。

舱之物……此国输出之粗货香料，大半多运往蛮子大洲，别一部分则由商船西运至阿丹，复由阿丹运至埃及之亚力山大，然其额不及运往极东者十分之一。"

伊本·白图泰也称中国船常到俱兰、下里、古里三港；当他到达古里时，港内就泊有中国船 13 艘之多。中国船如在印度过冬时，多停泊于梵答剌亦纳（Fandarama）。《史元·食货志·市舶》载："元贞二年（1296 年）禁海商以细货于马八儿、咀喃（俱兰）、梵答剌亦纳三番国交易。"伊本·白图泰称中印之间海上交通都掌握在中国人手里，中国船舶坚固而且设备完善。

元时，中、印官方的交往也很密切。据《元史》载：马八儿、俱兰等国都曾遣使贡献方物，先后达十次之多。中国也九次遣使者报聘。元朝政府对这两国相当重视。《元史》讲到马八儿国时说："海外诸番国，惟马八儿与俱兰足以调领诸国，而俱兰又为马八儿后障。"而且马八儿国的一位王子孛哈里还亲自来中国入贡，元成宗曾赐他一位中国妻子蔡氏，后来孛哈里终身侨居泉州。此外，元朝还遣使去过德里。德里苏丹图格拉克曾派遣大旅行家伊本·白图泰奉使来中国报聘，后来由于中途覆舟，他才未能来华。元时中国和锡兰之间，也有使节往还。孟加拉在元时和我国也有交往。《元史》卷十九载："成宗大德三年（1299 年），奔奚里诸番以娑罗（Sala）大木舟来贡。"奔奚里即孟加拉之异译。

（二）元代中国和阿拉伯的往来

元时中国和阿拉伯的交往远不如唐、宋时之盛，因为 1257 年，巴格达为旭烈兀大军攻下之后，500 年的大食帝国就此沦亡。繁荣的伊斯兰世界的首都残破不堪、居民减少，阿拉伯文化中心已西移至埃及。大食故国生产被摧毁，商业凋零，海外贸易一蹶不振。不过，元代中、阿之间的人员和科学、技术交流仍然继续进行。旭烈兀大军攻下巴格达之后所委任的第一任总督就是中国将军高千，中国工程人员还参与治理幼发拉底与底格里斯两河的灌溉工程。中国的火器就是大约在 1258 年旭烈兀大军攻打巴格达时传入阿拉伯的。纳西尔·丁·土西受他的委托而在马拉加建立天文台时，旭烈兀曾派遣中国的天文学家傅孟吉等人前往协助。阿拉伯天文学家扎马鲁丁也曾受委派带着七种天文仪器贡献给忽必烈（事见《元史·天文志》）。此外，该书还提到阿拉伯人所制的地球仪："其制以木为圆球，七分为水，其色绿，三分为土地，其色白。画江河湖海，脉络贯串其中。画作小方井，以计幅之广袤，地里之远近。"这也许是传入中国最早的地球仪。

中、阿之间的医学交流，至迟在宋代就已开始，在元代更盛。元朝的太医院中，就有专门研究阿拉伯医药的"广惠司"，下设两个机构："大都回民药物院"和"上都药物院"，负责制造"御用回民药物及和剂"。蒙古军中，也有不少阿拉伯工匠,有名的"回民炮"(一种投石机)就是由阿拉伯人制造并传入中国的。

(三)元朝与波斯的关系

伊儿汗统治下的波斯和元朝的关系相当密切。大约在 1290 年,波斯国王阿鲁浑,在其妃子卜鲁罕死后,曾派贵族三人为使者来向元世祖忽必烈请婚。忽必烈同意这一请求,赐宗室女阔阔真与阿鲁浑为妃子,并特派马可·波罗等人护送,由海道前往波斯。马可·波罗一行除水手外共 600 人,分乘具有 4 桅、12 帆的大海船 13 艘,由福建出航,经爪哇及印度洋各地,辗转两年到达波斯后,阿鲁浑已死,阔阔真遂成为其子合赞汗的王妃。1297 年,法克儿哀丁以合赞汗使者的身份,由海道来中国,拜谒元成宗铁穆儿,颇受优待,并与一元朝贵族女子结婚。他留居中国很久,1305 年才回波斯。一般民间的交往也不算少,如伊本·白图泰在泉州见过波斯的伊斯法汗塔里不兹(Isphan Tabriz)地方的商人和教士。又元大德十一年(1307 年),护送合赞汗使者那怀的海运千户杨枢,也曾在波斯湾的忽鲁谟子(Hormaz,霍尔木兹)登陆。元朝时,此城已取代失拉夫而成为波斯湾中最重要的商业中心。伊本·白图泰曾到过此地,他说:"霍尔木兹是一沿海城市,对面海里是新霍尔木兹。两者相距为三法尔萨穆。不久,我们到达新霍尔木兹,这是一个岛屿,城名哲牢。是一座新的城市,有热闹的市场,是印度信德船只停泊口。从此将印度货物运往伊拉克、波斯和霍腊散。"杨枢最初本来是官本船的代理人。他率船队去海外贸易,返航时搭载了合赞汗的使者那怀等人来中国。那怀完成其使命后,仍请杨枢护送他回波斯。元朝政府同意这一请求,并封杨枢力忠显校尉海运千户。大德八年(1304 年)出发,大德十一年抵忽鲁谟子。"是役也,君往来于长风巨浪中,历五星霜,凡舟楫粮食器物之需;一出于君,不以烦有司。"杨枢还购买了大量波斯土特产,如白马、琥珀、葡萄酒等运回中国,并在宸英殿受到元武宗的召见。[①] 此外,访问过忽鲁谟子的使者,还有一位姓名失传的高级官员。新中国成立后在泉州发现了此人坟墓,碑文上写道:"入元进贡宝货,蒙圣恩赐赏,至于大德三年内悬金字海青牌面,幸使忽鲁谟子田地勾当。蒙哈赞大王转赐七宝货物,呈献朝廷,再蒙赏赐,至后回归泉州本家居住,不幸于大德八年……"这表明此人是一个曾经觐见过当时统治波斯的合赞汗的元朝使者。据杨钦章的考证,此人即不阿里(字哈里)。

319

第六章

宋元时期的海上航线与海外交通

---

① 《金华黄先生土文集》卷三三。见《王公墓志铭》。

(四)元代中国与非洲的关系

元时中国和非洲的交往比宋时密切。摩洛哥大旅行家伊本·白图泰来过中国,我国的汪大渊也访问过非洲。

伊本·白图泰,本名伊本·阿布都拉·穆罕麦德(Ibn Abdula Mahamed),元成宗大德八年正月(1304年2月24日)生于非洲摩洛哥的丹吉尔(Tangier)。20岁时辞亲远游,经历非洲及中东各地。1333年辗转至印度。曾在德里苏丹图格拉克宫廷供职8年。中国遣使至德里后,1342年白图泰奉图格拉克之命,携带国书及礼物前来中国报聘。不幸由于中途覆舟,未能到达目的地。但白图泰到俱兰觅船时,曾遇见中国遣赴德里的使者。后来白图泰到中国时,又再度遇见此人。这次邂逅相遇,可算是中非关系史上的一段佳话。白氏大约是在1345—1347年到达中国。① 一般认为,他曾游历过华南。他游记中关于华北部分可能得自传闻。他的游记中有关于中国港口、船舶及中国与印度间海上交通的记载。他还提到中国瓷器远销非洲:"这种瓷器运销印度等地后,直至我国马格里布,这是瓷器种类中最美好的。"又,白图泰曾在康阳府遇见过摩洛哥船主阿尔伯胥利(AL-Buschri Kiwan-eddin),又在杭州时曾遇见过埃及人鄂托曼·宾·阿凡(Ottman Bin Affan)的子孙。根据这些可以说明元代中国和非洲交往的密切,否则不会有这些非洲人士旅居中国。白图泰是古代罕有的旅行家。他漫游28年,经历124000千米。他的游记成书于1355年,是研究14世纪亚、非诸国的重要材料。②

三、元代中国的航海家③

元代中国航海家创造了新的远航记录。据《经世大典·站赤》记载,大德五年(1301年),元政府派出回人麦术丁为使臣赴木骨都束购买狮、豹等物,发给两年的路途口粮和经费。麦术丁的目的港木骨都束,就是今索马里首都摩加迪沙。明代郑和远航东非,应当就是麦术丁远航的继续。同年,元政府又遣使37人赴刁吉儿地采办异物,发给他们三年口粮和经费。从发放口粮的数目看,刁吉儿要比木骨都束远得多,它应当就是摩洛哥的丹吉尔城。元末摩洛哥

---

① 据伊木·白图泰本人记载,他于1317年已回到祖法尔(Zafar)。一则他来中国应在1345年。但按其游记中第二次游马尔代夫岛的日期而论,据王尔(H·yule)推算,巴氏来华应在1317年3月(至正七年二月),祖法尔应在1349年4月,可能巴氏的记载年代有误,这也是引起人们怀疑巴氏游记的真实性的原因之一。

② 以上引见汶江:《古代中国与亚非地区的海上交通》,四川省社会科学院出版社1989年版,第192-197页。

③ 本部分引见刘迎胜:《丝路文化·海上卷》,浙江人民出版社1995年版,第153-164页。

丹吉尔人旅行家伊本·拔图他到中国来之前想必听说过中国的消息。

（一）亦黑迷失

亦黑迷失是畏兀儿人。元灭宋以前，元世祖忽必烈已经有志于海外，于至元九年（1272年）派他出使"海外八罗孛国"，即今印度西南濒阿拉伯海之马拉巴尔。这是他第一次出海，此行往返两年，于至元十一年（1274年）携八罗孛国商使归国，向世祖奉表并进献珍宝。忽必烈十分满意，向他颁赐了金虎符。

次年，亦黑迷失第二次出海，再次奉使其国，与该国的"国师"一起归来，进献"名药"。元廷因功授以兵部侍郎。这两次出海时，江南尚未平服，亦黑迷失的船队当是从山东或苏北的港口出海。船队的舟师也应当是北方水手。两次出使印度南部使他对东南亚、印度洋航海积累了丰富的经验，掌握了许多海外诸番的知识。元灭宋后，元政府命他参议海外征服活动。

至元十八年（1281年）亦黑迷失奉命第三次出海，招谕占城，企图把占城变为元军继续向东南亚进攻的基地，但遭到占城的拒绝。亦黑迷失遂与唆都一起出兵占城。占城之役历时数年，元军虽占领占城沿海地区，但占城军队退至内地抵抗，设计破元军，元军统帅唆都未能生还。亦黑迷失任职于镇南王脱欢军中，他行事较为谨慎，其所部军队未受多少损失，全军而还。

在参加远征占城期间，忽必烈于至元二十一年（1284年）把亦黑迷失从占城前线召回，命他去"海外僧迦剌国"（今之斯里兰卡）"观佛钵舍利"，即参观斯里兰卡保存的释迦牟尼的舍利。"僧迦剌"为僧加罗语"狮子"之意，古称"师子洲"。斯里兰卡保存的释迦牟尼舍利是佛牙，举世闻名。唐代益州僧人明远法师曾浮海至那里，因仰慕佛牙，希望携回国内供养。佛牙是当地的至宝，当然不会轻易让予。于是，明远法师密谋偷窃，"既得入手，翻被夺将"。他几乎得手，但又被发现夺回。事泄后被当地人羞辱。据史料记载狮子洲人认为，若失佛牙，就会被罗刹（魔鬼）所吞食。为防止此患，防护得十分严密。佛牙供奉于高楼之上，有几道门锁，锁有泥封，由五人共掌；只要一道门开，"则响彻城郭"。僧伽剌国人"每日供养，香花遍覆"，据说如果"至心祈愿，则牙出花上"，有些人还说看见过异光。[1] 亦黑迷失的故乡畏兀儿在元代盛行佛教，他很可能是佛教徒[2]，在前两次出使印度南方时听说过僧伽剌国的佛牙，归国后又向忽必烈描述过，所以忽必烈才会把他从占城前线召回，专程去那里"观佛钵舍利"。1990年在参加联合国教科文组织举办的"海上丝绸之路"考察时，笔者在斯里兰卡曾亲眼见过那里收藏的佛牙。

第六章

宋元时期的海上航线与海外交通

---

① 义净：《大唐西域求法高僧传》，王邦维校注本，第67-68页。
② 北村高：《元朝色目人"亦黑迷失"的佛教活动》，《木村武夫教授古稀纪念·僧传的研究》。

至元二十四年(1287年),亦黑迷失第四次奉命出海,出使马八儿国,即印度南部之东南海岸,"取佛钵舍利"。因航海风阻,途中用了一年时间。他在马八儿寻得"良医善药",并用己资购买紫檀木殿材,携其国人"来贡方物"。此次归国后,元廷命他留驻泉州。

至元二十九年(1292年),亦黑迷失奉诏北上参与议征爪哇。世祖设立福建行省,命他与史弼、高兴并为平章。史、高二将负责军事征讨,亦黑迷失负责航海。忽必烈下旨,要他们征服爪哇后暂不回国,留于彼处,遣使至海外诸国招降,这是亦黑迷失第五次奉命出海。当元朝征爪哇大军行至占城时,亦黑迷失派出使臣至南巫里(今印尼苏门答腊岛北部)、速木都刺(亦在今苏门答腊岛北部)、不鲁不都①、八刺刺②等地招谕。次年,元军降服爪哇之葛郎国后,亦黑迷失又遣使至木来由③诸小国,各国均遣弟子来爪哇岛向元军投降。不久,元军被降而复叛的爪哇军队击败,在撤回时将这些东南亚的使臣也带回中国。据《元史·世祖纪》记载,这些国家的使臣被送入元,到至元三十一年(1294年)十月才被遣还。亦黑迷失在海上活动了20余年,5次出洋,其中4次前往印度、斯里兰卡,是元初中国杰出的少数民族航海家,为中外文化交流作出了贡献。

(二)杨庭璧

杨庭璧原是蒙古征南大将唆都的部下,元灭宋后任广东招讨司达鲁花赤。至元十五年(1278年)元灭宋后,唆都为福建行省左丞相,奉命遣使诏告海外,占城、马八儿诸国均遣使奉表称藩,但俱兰等国却未有回音。次年,世祖遣杨庭璧出使俱兰。杨庭璧一行于同年冬十二月启程,4个月后(至元十七年三月,)至其国。俱兰国主必纳的命其弟肯那却不刺木省用回文(波斯文)写下降表,随杨庭璧回国,并约以来岁遣使入元进贡。

至元十七年(1280)十月,元廷命哈撒儿海牙为俱兰国宣慰使,与杨庭璧一起第二次出使俱兰。至元十八年正月,杨庭璧等人从泉州出海,舟行三个月抵达僧伽罗国(今斯里兰卡)。这时北风已经停止,留原地等候季风耗费钱粮,所携给养不足应付。舟师郑震等人告以实情,建议利用南风渡海前往马八儿,估计可以从那里沿陆路去俱兰国。杨庭璧等一行遂于次月抵达马八儿国新村马

---

① 应当就是《大德南海志》卷七所提到的"没里琶都",位于今苏门答腊岛,亦可能指苏门答腊岛东岸外之布通岛(Pulau Buton),见陈佳荣、谢方、陆峻岭著:《古代南海地名汇释》,中华书局1986年版,第182、449页。

② 应是苏门答腊岛东北部古国Perlak的音译,今称为佩雷拉克(Peureulak),参见陈佳荣、谢方、陆峻岭著:《古代南海地名汇释》,第117页。

③ 即苏门答腊古国Malayu。

头登岸，受到马八儿宰相马因的的迎接。马因的告诉元朝使臣，马八儿的商舶在中国泉州曾受到中国官府的款待，愿尽力回报。杨庭璧等告以受命出使俱兰之事，要求从马八儿借道沿陆路前往其地。马因的借口道途不通而推辞。而后元使又会见了马八儿的另一位宰相不阿里，亦提出假道之事，不阿里也推托不再谈论。杨庭璧等不得已留住马八儿客馆，等候消息。

五月间的一个清晨，马因的、不阿里两人赶到客馆，屏退左右，向元朝使臣吐露实情。他们先向元朝使臣说明过去遣使元朝的真相，说派往元朝请降的马八儿使臣札马里丁是他们私下派出的，此事被马八儿国执掌文书的官员侦知，向马八儿国王举报。马八儿朝廷对马因的、不阿里等大臣里通外国的行为十分震怒，下令籍没他们的金银田产妻孥并欲处斩，马因的、不阿里等诡辞巧辩方得免死。

两位马八儿大臣还告诉元使臣，此时马八儿与俱兰的关系正十分紧张，其国君、亲王五人皆率兵在加一之地集结，准备与俱兰兵戎相见，所以无法借道。他们还说，马八儿国君得知元朝使臣来此，声称本国贫陋，实际上伊斯兰诸国的金珠宝贝尽出于此，其他西域国家也来此贸易。南印度诸国都有向元朝称臣的打算，如果马八儿能降附蒙古人，他们两位可派人持招降书去左近诸国。最后，杨庭璧等因未能借道，只得返回泉州。

同年冬北风起时，朝廷命杨庭璧以招讨使的身份第三次出海，单独前往俱兰。船行三个月，于至元十九年（1282 年）二月，抵达俱兰国。其国君与宰相出迎，杨庭璧向他们转交了元朝玺书。杨庭璧在俱兰停留了一个月。寓居俱兰国的也里可温（基督教）首领兀咱尔撒马里[①]得知元使臣来此，要求携七宝项牌一枚、药物两瓶一同赴中国进贡。而管领"木速蛮"（元代史书对伊斯兰教徒的异译）的首领马合麻适在其国，听说元朝使臣至此，也来相会，表示愿意"纳岁币，遣使入贡"。苏木达国（位于印度）恰派相臣那里八合剌摊赤出使俱兰国，闻知杨庭璧将回国，遂即做主代表其国君打古儿表示，愿派使臣奉表、携带指环、印花绮缎及锦衾随杨庭璧一起入元。杨庭璧答应了他们的请求。

至元十九年三月南风起时，杨庭璧等一行启程回国。俱兰派出使臣祝诃里沙忙里八的随杨庭璧等入元，所携礼品有宝货和黑猿一只。舟行一月至那旺国（即安达曼海西侧的尼科巴群岛），杨庭璧说服其国主忙昂遣使随同他一起去中国。因为其国无人识字，于是只"遣使四人，不奉表"。杨庭璧一行继续东行至苏木都剌国（今苏门答腊岛北部），其国君土汉八的亲自迎接元使。杨庭璧向他宣传中国的强盛和元廷有意扬国威于海外的打算，土汉八的当日即表示"纳款称藩"，派出使臣哈散、速里蛮随船队入元朝贡。同年九月，随杨庭

---

① 《元史·世祖纪》，作"兀咱儿撒里马"，未知孰是。

璧入元的诸国使臣抵达大都,受到忽必烈的接见。

至元二十年(1283年)正月,忽必烈委任杨庭璧为宣慰使,命他第四次出海奉使俱兰等国。到至元二十三年(1286年),响应杨庭璧要求先后来元入贡的海外诸番共有10国,它们是马八儿、须门那(即苏木达)、僧急里①、南无力(今苏门答腊北部)、马兰丹(今地不详)、那旺、丁呵儿(今马来西亚丁家奴)、来来②、急兰亦带(今马来西亚之吉兰丹)、苏木都刺。③

(三)列边·扫马

列边·扫马(Rabban Sauma)是第一位游历西欧并留下记载的中国旅行家。他是大都人,出身于信奉聂思脱里教的富家,母语是突厥语。父亲名昔班,是聂思脱里教会的视察员。列边(Rabban)在叙利亚语中意为"教师",扫马是他自己的名字。扫马自幼接受宗教教育,20余岁时出家入大都附近的一所十字寺中修行,后来成为著名教士。东胜州(今内蒙古托克托)人马忽思来向他求学。约在至元十二年,两人决意赴耶路撒冷朝圣,得到朝廷颁发的铺马圣旨,从大都出发,随商队西行,经中亚抵达伊利汗国都城蔑剌合,谒见了聂思脱里教会总主教马儿·腆合。

马儿·腆合命马忽思为大都和汪古部主教,改其名为雅八,但因伊利汗国与察合台汗国在阿母河一线发生战争,未能归国。1281年马儿·腆合去世,马忽思被推举为新任总主教,称为雅八·阿罗诃三世。

1287年,伊利汗阿鲁浑汗欲联合十字军攻取耶路撒冷和叙利亚,遣扫马出使罗马教廷及英、法等国。扫马经君士坦丁至罗马,恰逢教皇虚位,便继续西行抵巴黎,向法国国王腓力四世(PhilippeleBel IV)呈递了阿鲁浑汗的信件和礼品,受到法国政府的礼遇。他在巴黎逗留月余后,又到法国西南部的波尔多城,会见英国国王爱德华一世。英法两国国王都同意与伊利汗国建立联盟。1288年,扫马在回国途中获悉新教皇尼古拉斯四世已即位,便再至罗马呈交国书。教皇在接受伊利汗国书后,写了两封国书致阿鲁浑汗。第一封国书对阿鲁浑汗善遇基督教徒表示谢意;第二封国书赞扬了阿鲁浑汗打算攻下耶路撒冷后在那里接受洗礼的想法,并厚赠礼品遣归。

扫马完成出使任务后,受到伊利汗阿鲁浑汗的嘉奖,特许在桃里寺宫门旁建寺一所,命他管领。后来扫马移居蔑剌合,又建一所宏伟的教堂。1293年,扫马赴报达(今伊拉克首都巴格达)辅佐雅八·阿罗诃三世管理教务,直

---

① 今印度南部西海岸克朗加诺尔(Cranganore)的古名 Singili 之译音。

② 今印度古吉拉特(即胡茶辣 Gujarat)古国名的音译。

③ 《元史·世祖纪九》;《元史·马八儿等国传》。

至去世。

扫马的出使使罗马教廷更加相信元朝皇帝与各蒙古汗国的统治者均信奉基督教,推动了教廷进一步派传教士东来。扫马归回波斯后,用波斯文写作了旅行记,但原稿已佚。在 1887 年发现的无名氏自叙利亚文著作《教长马儿·雅八·阿罗诃和巡视总监列边·扫马传》中摘译了他旅行记中的部分内容,扫马的经历因而为世人所知。①

(四)杨枢与孛罗

上述几位中国航海家,如亦黑迷失、杨庭璧等人虽数次远航,但所至最远不过印度南端之西海岸。实际上,元代航海远远超此范围。在蒙古西北三汗国——察合台汗国、伊利汗国、钦察汗国中,元皇室与伊利汗王室同出于成吉思汗第四子拖雷,血缘关系最近,关系也最密切。旭烈兀及其后裔立国于波斯后,一直奉汉地的元王朝为宗主,以宗藩自居。双方之间的联系起初主要依靠陆路往来,至元初年发生海都叛乱后,东西陆路交通时断时通,于是航海交通在汉地与波斯的往来中所起的作用也越来越大。位于印度南端的马八儿国的大臣曾主动为往来于东西海路的忽必烈、伊利汗国两方的使臣提供给养。伊利汗国向元朝请婚的使团归国时曾带马可·波罗一家同行,他们在北风劲吹的冬季从泉州起航,航行两年余才抵达波斯。从波斯湾到泉州的海路除了官方使节以外,利用最多的是广东、福建民间的中国海商和西域的回人海商。《大德南海志》所罗列的前来贾贩的国度中,就有波斯湾诸地。元末任职于泉州清净寺的住持不鲁罕丁,就是搭便船从波斯来到中国的学者。在历史上留下名字的远航波斯湾的元代航海家不多,其中最出名的是两位官方使节:杨枢和孛罗。

杨枢是元朝的一位中级海运官员。他在 19 岁时于大德五年(1301 年)率领"官木船""至西洋",亦即马八儿②。他在那里遇见了伊利汗国合赞汗的使臣那怀。那怀一行是在前往元朝途中在马八儿歇脚的使团,于是他们一同启程航向元朝。

杨枢和那怀在马八儿与前往中国的航程中结下了友谊。那怀入元完成使命后,准备回波斯复命。返航前,他向元成宗提出仍派杨枢送他回国。他的请求得到元政府的批准,于是元政府加封杨枢为"忠显校尉海运副千户"。大德

---

① 参见其书英译本 A. W. Budge:The Monks of Kubilai Khan,York,1928(布基:《忽必烈汗的僧人们》,纽约,1928 年)。

② 有些学者认为此次杨枢所去之"西洋"即波斯湾,见孙光圻:《中国古代航海史》,第 422 页。不确。元代的"西洋"与明代"西洋"不同。元代"西洋"是一个有特定含义的地名,指印度南端东南海岸的马八儿。

八年(1304年)冬,杨枢再次举帆,与那怀一起远航波斯。此行历时三年,于大德十一年(1307年)方抵忽鲁谟子。杨枢在波斯购置了当地良种白马、黑犬、琥珀、葡萄酒等,满载而归,往返共历时五年。

航海除了路途艰险以外,出航前的准备也是一项细致的工作,不能有半点马虎。杨枢两次出海均为官差,但他在出航前准备舟楫、口粮、航海器具及各项杂物时,并不单纯依靠政府职能部门,而——亲自经办。他懂得航海既是一项充满风险的事业,行前准备不周,途中遇险将束手无策;也懂得航海是一项受气候制约的活动,从受命出使至西北风起的不长时间内,应抓紧作好一切准备,否则季节一过便无法航行。他亲自操办各项准备工作,说明他是一位经验丰富的航海家。杨枢后来晋升为"松江嘉定等处海运千户"①。

孛罗是蒙古朵儿边氏贵族,在忽必烈朝廷曾任大司农、御史大夫、枢密副使和丞相等职,是一位受朝廷信用、有很大权势的蒙古官僚。至元二十年(1283),他受命出使伊利汗国,其副手是在元廷任职的叙利亚人爱薛。当时正值海都之乱,叛王切断了东西陆路联系,孛罗一行遂取海道。他们于同年冬启程,于次年在忽鲁谟子登陆,与之同行的还有阿速人阿儿思兰。他们登岸后沿波斯法尔斯北上,于1284年10月到达阿兰(今阿塞拜疆境内),朝见了伊利汗阿鲁浑汗。

孛罗的杰出才华受到阿鲁浑汗的赞赏,所以阿鲁浑汗留下了孛罗,命爱薛回国复命。爱薛于1285年经陆路回到汉地。由于孛罗是忽必烈自幼一手培养起来的宫廷近臣,多年来一直受到朝廷的重用,居然留波斯不归,使忽必烈感慨不已,说:"孛罗生于吾土,食吾禄,而安于彼"。② 孛罗留在波斯受到历代伊利汗的重用,成为位居朝廷第四位的重臣,先后襄助过阿鲁浑、海合都、拜都、合赞和合儿班答五位伊利汗,成为中国与波斯文化交流史上最著名的人物之一。他向伊利汗王室详述蒙古先世的历史,因而被任命参与伊利汗国丞相拉施都丁主持编写的举世无双的历史著作《史集》的工作。他向伊利汗国介绍过许多中国的制度。伊利汗海合都在他的建议之下曾仿效元朝发行纸币,纸币上印有汉字、阿拉伯文古兰经引语和海合都汗的喇嘛教名字"亦邻朵儿只"。但当时波斯的经济尚未到使用纸币的阶段,结果此举遭到商人们的反对而失败。

(五)马八儿王子不阿里

不阿里原名撒亦的,祖籍西域哈剌哈底,即今阿曼东南角之故城 Qalhat

---

① 黄溍:《海运千户杨枢墓志铭》,《黄金华集》卷三五。

② 程矩夫:《拂林忠献王神道碑》,《程雪楼集》卷五。

遗址,该地与印度有着传统的贸易联系。撒亦的的远祖是专营波斯湾与南印度贸易的回人海商。他一家于宋末离开故土,移居西洋国,即印度南部东海岸之马八儿,在那里世以贾贩为生。撒亦的之父名不阿里,受到马八儿国王的信任。马八儿国王有兄弟五人,不阿里被称为"六弟"。不久,不阿里受命总领诸部,因此积聚了大量的财富。不阿里死后,撒亦的继承父业,并继续受到马八儿国王的信用。国王习惯以他父亲的名字"不阿里"称呼他,所以撒亦的这个名字反而不大用。

印度南部地处东方的中国与西方的波斯湾之间,当地的回人海商在东西航海的贸易中起着中介人的作用。在不阿里的时代,亚洲的形势发生了翻天覆地的变化,蒙古人的铁蹄首先横扫西亚,在波斯之地建立了伊利汗国,接着又征服了南宋。而宋朝和西亚的哈里发政权都是强大一时的政权,居然顷刻瓦解。从日出之地到日落处,从中国到西亚的空前辽阔的土地,均为蒙古人统治。印度的回人海商无论向东还是向西贸易,都必须与蒙古统治当局打交道。

当不阿里听说元灭宋后,曾说:"中国大圣人混一区宇,天下太平矣,盍往归之。"于是自作主张遣札马剌丁入朝以方物入贡,"极诸瑰异,自是踵岁不绝"。此外,不阿里又向"亲王阿八合、哈散二邸"遣使通好。所谓亲王阿八合、哈散即先后担任伊利汗的旭烈兀后裔阿八哈、哈桑。凡有元廷或伊利汗国的使臣航海往来于东西途经马八儿时,不阿里均为之准备舟楫,给予周济。不阿里这样做是因为蒙古人的武功对海外的回人巨贾产生了极大的影响,他希望与蒙古人保持良好的关系,以保护自己的商业利益。

不阿里擅自向元朝遣使的做法引起了马八儿统治者的严重不满,他们抄没了不阿里的田产,甚至准备处决不阿里,不阿里诡辞狡辩方得免。杨庭璧第二次出海途经马八儿时,不阿里曾对他谈起过这些事。不阿里在海外为蒙古政权效力的消息经往来于途的元朝、伊利汗国使臣传到忽必烈那里,他对不阿里大加赞赏。至元二十八年(1291年)元廷命别铁木儿、亦列失金为礼部侍郎与尚书阿里伯一起携带诏书前往马八儿召不阿里入元。不阿里因与马八儿国君意见不合,便舍弃自己的产业,率百人随元使来到中国。不阿里因其父在马八儿曾与国君以兄弟相称,故到中国来后以马八儿王子自居。

忽必烈授以不阿里资德大夫、中书右丞、商议福建等处行中书省事的官职,赐给他大量的钱财。后来不阿里从泉州移居大都,娶了一位中国女子为妻。丞相桑哥被处死后,其高丽籍夫人蔡氏被赐给不阿里为妻。蔡氏死后,不阿里又娶了一位中国女子。大德三年(1299年),不阿里逝于大都,他的遗体被运回穆斯林集中的泉州安葬。

不阿里这个阿拉伯家族从波斯湾的哈剌哈底移居南印度的马八儿,在那里落脚生根,与元朝和伊利汗国保持密切联系,最后又移居中国,娶高丽妇女为妻。这个家族的历史反映出宋元时代伊斯兰海商在东西海路上是多么活跃。

四、元代的海外志书①

(一)《大德南海志》

《大德南海志》又称《南海志》，元人陈大震所撰，刊于大德八年(1304 年)。《南海志》上距《诸蕃志》成书(1225 年)不过 70 余年，下迄《岛夷志略》成书(1349 年)不到半个世纪，恰可补充两者的不足。《南海志》描述的是元代广州地区的外贸情况。广州是华南的门户，与泉州共为我国中古时代最重要的对外贸易港，也是番货集散地。所以《南海志》有关舶货和与广州有贸易关系诸国诸地的记载，反映了元初华南与当时亚非诸国贸易的实际情况，是非常宝贵的记录。

《南海志》原书 20 卷，唯见《文渊阁书目》著录，其大部分今已亡佚。明《永乐大典》残本中仅存该书所载海外通商蕃国与地名 147 个。北京图书馆所藏残本亦仅存卷 6 至卷 10，其中卷 7"物产篇"罗列舶货与诸蕃国，但文字过于简略，难窥全貌，唯其地名之广博可作参勘印证之资料。

通过残存部分我们可以看出，元代华南海外贸易与宋代相比有很大发展。元代广州司舶部门把海外诸蕃分为几个区域：一是南海西岸至暹罗湾，以交趾、占城、真腊、暹国等国为首；二是小东洋，指菲律宾诸岛和加里曼丹岛北部，以佛坭国(今文莱)为首；三是大东洋，分为两部分，其东部指今菲律宾诸岛、加里曼丹岛东南海域，以单重布罗国为首，其西部指爪哇和小巽他群岛一带，以爪哇国为首；四是小西洋，指今马来半岛顶端和苏门答腊岛一带；五是西方诸国，包括今印度、斯里兰卡、阿拉伯海、波斯湾、红海、地中海沿岸之地。分区原则为：前四部分基本上以海船航线所经之地为依据，地理概念相当清楚，而最后一区则失之过广。元初广州港的通商范围东起麻里芦(今菲律宾)，西迄茶弼沙(Jabulsa)，即大食诸国中极西之地，今西班牙一带、马格里布(今摩洛哥)，囊括东南亚、南亚、东非、北非及欧洲的一部分，包括意大利和拜占庭帝国。

宋代的《岭外代答》和《诸蕃志》所记尚不出传闻，而《南海志》则是广州元初对外交往实录的总结，其可信性高于上述宋代两书。

《南海志》是研究海上丝绸之路的一份重要资料，以此与宋代记载和明代郑和航海资料相印证，可以窥见宋元以来东西方文化交流的概貌。

---

① 本部分引见刘迎胜：《丝路文化·海上卷》，浙江人民出版社 1995 年版，第 146-150 页。

（二）《岛夷志略》

《岛夷志略》，本作《岛夷志》，是元代杰出的民间航海家汪大渊的纪实性著作。该书原附于至正九年（1349 年）由吴鉴编撰的《清源续志》之后。次年，汪大渊在故居南昌又以《岛夷志》为名复刊其书，并请河东名士张翥写序，以广其传。汪大渊字焕章，南昌人，生于元武宗至大四年（1311 年）。他 20 岁那年，即 1330 年，从泉州第一次出海，沿西洋航线行，航到达印度洋诸地。他自述至顺庚午年（1330 年）泊于大佛山（今斯里兰卡的别罗里湾），继而西行进入阿拉伯海。此次航海历时约 5 年。归国后曾著有旅行记。此后不久，他又第二次从泉州启程，访问东南亚诸地。此次似从东洋航线行，从泉州渡海，先至我国台湾，然后赴小东洋诸地，即今菲律宾诸岛、文莱，再绕加里曼丹岛，转入大东洋西部的爪哇、帝汶诸地。据汪大渊自序，1349 年他路过泉州，适逢吴鉴受命修《清源续志》。吴鉴因汪大渊"知外事"，所以要他撰《岛夷志略》，作为《清源续志》的附录。他所撰写的《岛夷志略》融会了两次出洋的经历，所以与他第一次归国时所著游记已颇有区别。

汪大渊自己在后序中说："皇元混一声教，无远弗届。区宇之广，旷古所未闻。海外岛夷无虑数千国，莫不执玉贡琛，以修民职；梯山航海，以通互市。中国之往复商贩于殊庭异域之中者，如东西州焉。"元末吴鉴也说："中国之外，四海维之。海外夷国以万计，唯北海以风恶不可入，东西南数千万里，皆得梯航以达其地。"[1]这就是说，元人已经认识到，中国所在的大陆四面环海，高丽以北的"北海"即日本海、鄂霍次克海和北太平洋海区风涛大，沿岸是一片荒凉之地，中国人很少问津。而中国之东、南、西面，蕃国众多，皆得航海而至。蒙古人的武力所创造的横跨亚欧的大帝国，客观上为东西交往创造了有利条件。商贩往来于东西，有如在本国不同的州郡旅行一样。

汪大渊自述他在海外曾赋诗以记异国山川、土俗、风景、物产之诡异，其书中所记之事皆身所亲历、耳目所亲闻亲见，"传说之事，则不载焉"。该书收有汪大渊所访问过的地方共 99 个条目，最后一个条目系节录前人旧闻，名为"异闻类聚"，与其游踪无关。全书涉及亚、非、欧三大洲 220 多个国家与地名，记载生动翔实，文献价值很高，迄今全璧犹存，是考据元代远洋活动的最重要的原始资料。吴鉴评价说："以君传者，其言必可信。"[2]

该书上承宋代周去非的《岭外代答》和赵汝适的《诸蕃志》，下接明代马欢的《瀛涯胜览》和费信的《星槎胜览》等书。上述两部宋代著作虽然重要，但所

---

① 吴鉴：《岛夷志略序》。
② 吴鉴：《岛夷志略序》。

记不过是作者耳闻之事,而汪大渊所记则为其身历亲见。《岛夷志略》虽从写作体例上受周去非、赵汝适影响较大,但汪大渊年甫20便附舶浮海,一生曾两下东西洋,举踪之广古来罕见,远非周、赵可比。正如《四库全书总目》所评价的那样,"诸史外国列传秉笔之人,皆未尝身历其地,即赵汝适《诸蕃志》之类,亦多得之于市舶之口传。汪大渊此书,则亲历而手记之,究非空谈无征者比"。

明代马欢受汪大渊影响很大,他在自撰的《瀛涯胜览·序文》中说:"余昔观《岛夷志》,载天时气候之别,地理人物之异,慨然叹曰:'普天下何若是之不同耶!'……余以通译番书,亦被使末,随其所至,鲸波浩渺,不知其几千万里,历涉诸邦,其天时、气候、地理、人物,目击而身履之,然后知《岛夷志》所著者不诬。……于是采摭各国人物之丑美、壤俗之异同,与夫土产之别、疆域之制,编制成帙。"这说明马欢在出国前就研究过《岛夷志略》,随郑和出海后观察风俗,证实了汪大渊所记皆翔实可信,因而启发了他撰写《瀛涯胜览》的愿望。不过,他在书中只记载了20余个国家和地区,叙事虽然更详,但涉及地域远不如《岛夷志略》所述之广。

(三)《真腊风土记》

作者周达观,自号草庭逸民,浙江温州路永嘉县人。元成宗元贞元年(1295年)奉命随使赴真腊,次年至其地,在那里停留了一年有余。此次出使不见于诸史记载,世人依凭周达观本人的记载方知其始末。他返国后,根据亲身所历作此书。

10—13世纪是柬埔寨文明最灿烂的时代,也称为吴哥时代。《真腊风土记》便是反映吴哥时代情况的著作。它记载了13世纪末叶柬埔寨各方面的事物,既翔实又生动。书中所记的吴哥国都中的许多建筑和雕刻,是这个时代的文物精华。此外,该书还广泛地叙述了当地人民的经济活动,包括农业、手工业、贸易等,介绍了当地人民日常生活,如衣、食、住、行的情况。全书约8500字,分为城郭、宫室、服饰、官属、三教、人物、产妇、奴婢、语言、野人、文字、正朔时序、争讼、病癞、死亡、耕种、山川、出产、贸易、欲得唐货、草木、飞鸟、走兽、蔬菜、鱼龙、酝酿、盐醋酱、蚕桑、器用、车轿、舟楫、村落、异事、澡浴、流寓、军马、国主出入等40余节。这些记载是当时有关吴哥文化的唯一史料。

第七章

宋元时期的海外文化交流

宋元时期的经济、文化在盛唐的基础上又有了长足的进步,在当时世界上继续处于领先地位,因而吸引了东西方各国人民的目光。宋元时期海上交通的巨大发展,极大地促进了中西文化的交流。中国与东亚、东南亚、阿拉伯半岛、欧洲都有广泛的海路文化交流。中国的精神文化和器物文化对这些国家和地区产生了重大影响,对世界文化的发展起到了巨大的推动作用。同时,海外文化也传入中国,丰富了中国文化的内容。

第一节　宋代中朝文化交流①

一、人员往来

朝鲜的文化,到高丽王朝时期,继续向上发展。宋朝每与高丽朝有外交文书来往,"必选词臣著撰,而择其善者。所遣使者,其书状官必召赴中书,试以文,乃遣之"②。高丽国王一般都定期到国学去祭孔,以倡导对孔子的尊崇。上自国王,下至闾巷儿童,所受正式教育,以儒家经典为主。例如,1119 年八月初一,睿宗"御清讌阁,命翰林学士朴升中讲《书·洪范》",十一月辛亥,又命朴升中讲《中庸》;1134 年三月,高丽国王仁宗命以《孝经》、《论语》等儒经分赐给闾巷儿童,以广教化。高丽朝史家金富轼对仁宗的评价是:"自少多才艺,晓(汉文)音律,善(中国)书画。"

宋遣使赴高丽,大概是每年七八月;高丽朝廷遣使于宋的时期,则大概是

---

① 本节引见陈玉龙等著:《汉文化论纲》,北京大学出版社 1993 年版,第 221-234 页。

② 《高丽史》文宗世家二十六年六月甲戌。

六七月。渡航时期的选择,主要是根据季风的消长,但如有紧急事件,则不在此限。1074年(熙宁七年)以前,使臣来往多利用北路,由登州入贡,不拘于季风;但如改南道,由明州入贡时,则不得不利用季风。

高丽使臣在宋停居时间大部分是一年,这可能是为了等待季风。使臣带着珍贵的礼物,等到天气好的时候才出航。对航程言之,依据《宣和奉使高丽图经》,出明州,经过招宝山、虎头山、沈家门、梅岑、海驴焦、蓬莱山、半洋焦、白水洋、黄水洋、黑水洋(以上宋地名)、夹界山、五屿、排岛、白山、黑山、月屿、阑山岛(天仙岛)、白衣岛、跪苫、春草苫、槟榔焦、菩萨苫、竹岛、苦苫苫、群山岛、横屿、紫云苫、富用山、洪州山、蝎子苫、马岛、九头山、唐人岛、双女焦、大青屿、和尚岛、牛心屿、聂公屿、小青屿、紫燕岛、急水门、蛤窟、分水岭,到礼成港。路程很远,但如能利用季风,可很快到达。例如,徐兢一行,在5月16日起航,到6月13日即泊于礼成港。

993—1019年,高丽和契丹之间曾进行三次战争,使高丽的教育事业受到影响。为此,崔冲招收青年学子,进行教学,首开私人讲学之风,其行谊有似孔子,故被尊称为"海东孔子"。当时慕名而来的学生很多,乃至"填溢街巷",崔冲于是分设"九斋"以容纳这些学生。学习内容为《周礼》等九经及《史记》等三史。崔冲于七十高龄引退之前,曾官至门下侍中,死后谥"文宪",因此称他的学生为"侍中崔公徒"或"文宪公徒"。除崔冲外,还有侍中郑倍杰等11人相继在其他11处进行私人讲学,与国家开办的国子监并行,为国家培养出不少人才。当时指称这12门下的学生为"十二徒"。

自五代后梁末帝贞明年间至宋徽宗崇宁年间,据文献记载,中国曾有许多文人,也有少数武士,去高丽并在那里做官。919年、923年,吴越国先后就有文士酋彦规、朴岩投奔高丽。对投奔的中国文人武士,高丽朝廷除授予官职外,一般还赐予衣物、田庄。1005年,宋温州文士周伫投奔高丽,被授予礼宾注簿。1013年,宋闽人文士戴翼投奔高丽,被授予儒林郎守宫令,并得赐衣物、田庄。投奔高丽的文人,不少是已经有进士功名的人。1052年、1060年和1061年,先后被高丽朝廷授予秘书省校书郎的张廷、卢寅、陈渭,后来在高丽官至参知政事的慎修,都是宋朝的进士。武士陈养,则是已经在宋朝当了郎将,然后于1106年投奔高丽的。投奔高丽的文武人士,一般都要经过高丽朝廷的考试,然后才得到任用。1101年投奔高丽的宋人邵硅、陆廷俊、刘极,就经过高丽国王肃宗在文德殿的亲试之后,一同被授予八品官。对中国文武人士的投奔,高丽朝廷采取重酬重任的鼓励政策。宋进士张廷投奔高丽时,国王文宗就特别为此下了一道教书:"魏之乐毅,翼彼燕王。吴之陆机,归诸晋室。……汝二谢名流,三张世袭。……既谐得士之昌,深慰思贤之渴。授汝文职,辅余朝纲。"①其中把张廷比拟为乐毅、陆机，对张廷"输余朝纲"寄以重望。张廷到高丽的当年，即被任为右拾遗。朝鲜李朝时期对中国文士的投奔，仍采取鼓励政策。但此时中国当明清两代，社会较为安定，李朝虽然鼓励，投奔高丽的中国人却寥寥无几了。

在高丽王朝做官的一些中国文士，曾对朝鲜的文化教育事业作出过重要贡献，双冀就是其中之一。双冀，五代后周人。956年，随册封使到高丽。高丽的国王光宗爱其才，表请后周准他留在高丽。不久，光宗即授以文柄，委以重任。958年，在双冀的建议下，高丽王朝始设科举。双冀被任命为主考官知贡举，以诗赋颂策取进士。自此之后，高丽王朝定期举行科举考试，对振兴文风起了推动促进作用。

高丽到宋朝的文士，不少是青年学子。976年，高丽遣金行成至宋，入国子监学习。1099年，宋哲宗下诏允许高丽"举子宾贡"。1115年，高丽遣进士金端、甄惟底、赵爽、康就正、权适五人至宋，入大学，并上表曰："非质疑于有识，岂能成法于将来。"高丽青年学子到宋朝，是要就学术问题向有造诣的学者请教讨论的。金端等五人经宋徽宗亲试于集英殿，四人被赐"上舍及第"，权适更得恩宠，被特授以中华之籍贯。

二、书籍、书画及音乐交流

宋与高丽之间，书籍的交流是友好关系的主要内容之一。趁使节往来之便，宋帝经常赠送书籍给高丽国王，内容涉及各个领域，如《文苑英华》、《太平御览》、《神医补救方》以及佛经等。

书籍的交流，不只限于官方，还有民间渠道存在。1027年，宋江南人李文通等到高丽，献（卖给官方）书册，多达597卷。1087年，宋商又献《新注华严经》。对宋商带去的有价值的书籍，高丽朝廷往往付给高价，以资鼓励。1192年，宋商献《太平御览》，高丽朝廷赐白银60斤。宋商不只进行书籍贸易，1120年商人林清等还将令人赏心悦目的花木运到高丽，献给朝廷。

高丽王朝对书籍的刊印极为重视，许多书籍都是奉王命刊印的。1042年，东京副留守崔颢等奉王命新刊两《汉书》与《唐书》，进献朝廷后，都得到"赐爵"的封赏。

高丽刊印书籍的面很广。1045年，秘书省进新刊《礼记正义》、《毛诗正义》。1058年，忠州牧进新刊《黄帝八十一难经》、《伤寒论》、张仲景《五脏论》等。1059年，安西都护府使等进新刊《疑狱集》等，知南原府事进新刊《三礼图》、《孙卿子书》。这些新刊书籍，部分珍藏于王宫图书资料馆的御书阁、秘

第七章

宋元时期的海外文化交流

阁，部分分赐给文臣。

高丽新刊书籍时，往往加以校订。1151年，国王毅宗曾命宝文阁学士待制及翰林学士每日齐集于精义堂，校《册府元龟》。1192年，国王明宗曾命吏部尚书郑国俭、判秘书省事崔诜集书筵诸儒于宝文阁，校订《正续资治通鉴》。

高丽的书籍刊印事业发达，有时也赠送一些书籍给中国。早在959年，高丽就曾遣使到后周，赠送《别序孝经》一卷、《越王孝经新义》八卷、《皇灵孝经》一卷、《孝经雌雄图》三卷。高丽藏书齐全，并有不少被目为"好本"。1091年，高丽使臣李资义自宋回国，向国王宣宗启奏："皇帝（宋哲宗）知道我们高丽的书籍有很多好本，命（宾馆）馆伴开列皇帝所求的书目交给我，并说：'虽有卷第不足者，亦须传写附来。'"据《高丽史·宣宗世家》所载，宋朝所求之书目，计120余种，4980余卷。高丽方面满足了多少不得而知，但这在中朝文化交流方面，仍是一件值得怀念的盛事。

高丽王朝时期的书法，与新罗王朝时期相同，主流为圭角鲜明、笔势遒劲的中国欧（阳询）体。这种书体常用于碑文及写经。由于碑刻及写经，书体自然会产生某种变化，正如在高丽版《大藏经》中所见，产生了"高丽体"。①

高丽书法可细分为三期。

第一期：《玉龙寺宝灵塔碑》（金廷彦撰，释玄可书，释继默刻），极近《醴泉碑》，达到了以假乱真的程度。《净土寺弘法国师实相塔碑》（孙梦周撰，书者未详），近于《虞恭公碑》，饶有神韵，颇具风趣，古色浓郁，属高丽碑之精品。《灵鹫山大慈恩玄化寺碑》（周伫撰，蔡忠顺书，定真、慧仁、能会等刻），阳为楷书，阴为行书，蔡忠撰并书。楷为皇甫碑法，行书则系欧体。《奉先弘庆寺开创碑》（崔冲撰，白玄礼书），近于《皇甫碑》，运笔自在。《智谷寺真观禅寺碑》（王融撰，洪协善书），属欧体，淳厚古朴，颇有韵味。《燕谷寺玄觉禅师塔碑》（王融撰，张信元书），属欧阳通书体，却又含《皇甫碑》书法，颇具稚拙之天真味。《七长寺慧招国师碑》（金显撰，闵常济书），则可谓与《燕谷寺碑》在伯仲之间。《三川寺大智国师碑》（李灵翰撰，文宗御笔，碑阴书者未详）之阴，与前者亦可谓在昆季之间，而碑阳之御笔，则堪称与《净土寺弘法国师实相塔碑》相匹敌，实属欧体中之佼佼者。

与欧体不同之碑，可举《地藏禅院悟真塔碑》及《净土寺法镜大师慈灯塔碑》（二者均为崔彦㧑撰，具足达书），二碑笔致俊劲，显现出北魏奇伟书风之一斑。《五龙寺法镜大师普照慧光塔碑》（释禅扁书）亦显出北魏碑志之古拙。《法泉寺智光禅师塔碑》（郑惟彦撰，安民厚书）在欧法上又兼有虞世南《孔子庙堂碑》笔意。《凤岩寺真静大师碑》（李梦游撰，张瑞说书）堪称深得《孔子庙堂

---

① 〔韩〕金元龙：《韩国美术史》，汎文社1973年版，第284页。

碑》精髓之佳构。《高达寺园宗大师慧真塔碑》（金廷彦撰，张瑞说书并篆），此碑虽亦同为张瑞说书，但更近于欧体。二碑运笔自在，气韵清新，在高丽碑中颇具特色。

以集字碑而言，有兴法寺的《真空大师塔碑》。碑文系高丽太祖御制，崔光胤集唐太宗字。唐太宗的《晋祠铭》、《温汤（泉）铭》，由新罗真德女王的遣唐使金春秋（即后日的太宗武烈王）携回新罗。此外，唐太宗的屏风书、书翰等日后也留传至高丽朝。以故，时至高丽朝仍能临摹当时笔迹进行集刻。此碑现为四断片，所幸尚能看出全貌。高丽朝的硕学李齐贤赞誉此碑"字大小真行相间，鸾漂风泊，气吞象外，真天下之宝也"。

《太子寺朗空大师白月栖云塔碑》（崔仁渷撰，僧端目集金生字），碑文长达2500余字，差可窥见金生之书风全貌，被誉为"东方（高丽）羲之"、"海东（高丽）神晶第一"的金生之书风，运笔无浮滑之处，而具古涩之致。字形不长而扁方，乃写经之意趣。见金生之笔致，给人以再见羲之之感。古来称金生为朝鲜第一书家，则此碑亦可谓朝鲜之第一碑，当非过誉。碑之外，有龙头寺之幢竿记（962年造，金远撰并书，孙锡刻）。此铁铸幢竿之书刻，近于柳公权之笔致。

因契丹之入侵而雕刻的《大藏经》，开始于高丽朝的显宗，经德宗、靖宗，完成于文宗。此举乃欲借佛力，以排除辽患。日后，高宗亦为抵抗蒙古入侵，进行了相同之大业。不幸始刻于显宗，藏于大邱符仁寺的藏经版，在蒙古入侵时，毁于战火。其印本亦多散失，仅日本京都南禅寺尚存一部。据此，可知其与唐写经体近似。高宗时的藏经版，则属宋体。

高丽书法第一期。宗承中国六朝至唐的书法。在初唐三大家中，则侧重于欧阳询书体。高丽书法第二期。在与南宋的交往中，接触到宋代书法四大家。因而在宗承唐代书法四大家的基础上，高丽朝的书法又有进一步的发展。李奎报所称"神品四贤"中，这一时期就有两人。又高丽朝书法五名家中，这一时期有三人。李元符、崔诜宗承虞、欧的书体。吴彦侯宗承欧阳询的皇甫碑法，所书灵通寺大觉国师碑，竟能使人错觉为唐碑。释慧素宗承虞法。释英仅宗承褚法。释坦然宗承颜法，又习晋、唐的行书及李阳冰的铁篆，被誉为"海东神品四贤"中的第二，系高丽朝书法五大名家之一。《真乐公文殊院记》、《僧伽窟重修碑》、《北龙寺碑》，都是他的手笔。释机俊与释渊懿，坦然相似。《普贤寺创寺碑》，为具唐宋间风格的行书，系文公裕的手笔。崔踽被誉为神品第三，文克谦被誉为高丽朝书法五大家之一，李仁老亦这一时期书法名家，惜乎他们的遗笔未留传于今日，已不可见。高丽书法第三期。元与高丽间的文化交流，值得一提的是高丽忠宣王在元大都的万卷堂。忠宣王将王位让给忠肃王之后，翌年就在大都私邸建立万卷堂，收藏书籍，并在此常与元的大儒阎复、姚燧、赵孟頫、虞集以及本国高丽的李齐贤、李嵓等讲论学术。赵孟頫是以诗书画三绝名世的大家,李嵩在与赵密切的交往中,终于成为高丽最初深得赵体书法精髓的书艺名家。

这一时期高丽的书法名家有如下几位。金恂,以楷书书写的《桐华寺碑》,笔致典雅,有唐以前的古风;李亦以诗书画三绝闻名高丽,他的草书《朴渊瀑布诗》有赵体的飘逸笔致。李嵓深得赵体精髓,他以行书书写并篆的《文殊寺藏经碑》,给人以赵孟頫墨迹再现之感。碑阴为释性澄的楷书,他也是取法赵体,笔致古雅。《月精寺社施藏经碑》为释宗古的行书,亦系取法赵体。《演福寺铭》为成士达的楷书,笔法奇伟,有宋徽宗的书风。韩修,以晋楷书写《玄陵碑》、《正陵碑》、《桧岩寺指空大师碑》、《神勒寺懒翁和尚碑》、《安心寺舍利塔碑》,笔致饶有钟王之趣。权铸,与韩修相近,亦取法虞书。

《麟角寺普觉国师静照塔碑》,为王右军集字碑。此外,第二期《直指寺大藏殿碑》以及新罗《鍪藏寺碑》、《弘觉国师碑》均为王右军集字碑。《直指寺碑》为释坦然临摹,《麟角寺碑》为释竹虚临摹。以上四碑中,鍪藏寺碑为第一上品,直指寺碑第二,麟角碑第三,弘觉寺碑第四。①。

高丽王朝的绘画,属北宋画风。名画有李宁的《礼成江图》、《天寿寺南门图》,李栓的《海东耆老图》,《朴子云的二相归休图》,恭愍王的《普贤骑象图》、《鲁国公主真》、《天山大猎图》等。

李宁于高丽仁宗(1122—1146年)时来中国宋朝游学.宋徽宗命李宁画《高丽礼成江图》,深受徽宗嗟赏。徽宗曾命翰林待诏王可训等向李宁学画,足见其备受重视。

此外,李齐贤(1287—1367年)所作《骑马渡江图》亦值得一提。画面为五个身着胡服的人骑马走过冰封的江面的情景。江面从画面的中央蜿蜒伸向远方,并与白雪覆盖的山岭形成交叉。在近景的绝壁上,有充分体现南宋院体画风的虬曲的老松。就以这种大自然为背景,五个骑着马的人物,边闲聊边悠然自在地骑马走过冰封的江面。人物与山川的布局,堪称上乘,特别是马的画法不凡。赵孟頫为中国元代初期杰出的文人画家,擅长山水与骏马。李齐贤与赵孟頫相善,《骑马渡江图》之成为名画,与赵孟頫有很大关系。

李齐贤在中国元朝时期,于1319年33岁时,曾随高丽忠宣王游览江南地方。此时曾得元代画家陈鉴如为其画像。此画现存首尔中央博物馆,为研究中国元代肖像画的重要资料。

高丽时期的人物画,可举水落岩洞一号墓12支神像为例。这里的12支神像画,源于中国北宋时期李公麟的白描人物画。

汤垕(中国元代)《古今画鉴》载:"高丽画观音像甚工,其源出唐尉迟乙僧

---

① 〔韩〕金瑛显:《韩国书艺史》,《韩国文化史大系·美术史三》,汉城,1981年。

笔意,流而至于纤丽。"相同内容的记载亦见于夏文彦的《图绘宝鉴》,足见高丽绘画亦流传于中国。①。

对高丽画,郭若虚《图书见闻志》卷六评曰:"至于技巧之精,他国罕比,固有丹青之妙。"

宋朝和高丽朝在书法和绘画方面的交流,还曾留下一些佳话。1117 年,权适等高丽进士回国,曾携回宋徽宗亲制的嘉奖权适等上舍及第的诏书。徽宗的书画都颇有名,高丽睿宗因下令设置天章阁于王宫之内,以珍藏徽宗亲制的诏书和徽宗的亲笔书画,以后还曾向臣僚展示共同欣赏。1118 年,高丽重修的安和寺竣工。此前高丽曾趁使节赴宋之便,在宋求妙笔书写匾额。宋徽宗闻之,亲笔书写佛殿匾"能仁之殿",又命蔡京书写寺门额"靖国安和之寺",以赠高丽。后来高丽遣使赴宋,上表谢赐权适等上舍及第,并谢御笔诏书。表文是睿宗亲自草拟并手书的。这不仅是一般书法绘画的交流,还具有两国君主所体现的友好关系的重大政治意义。

高丽朝的音乐,大体分为乡乐、唐乐、雅乐。乡乐,指高丽固有的音乐。唐乐,指以前从中国陆续传入的音乐。雅乐,指 1114 年宋徽宗所赠的大晟乐。大晟乐传入高丽后,即作为正乐,用于郊祀、宗庙和朝廷典礼。

传入高丽的唐乐,歌曲有献仙桃、寿延长、五羊仙、抛球乐、莲花台等 40 多首,由着皂衫的舞队,与着黑衣幞头的乐官,和着黑衫红带的女伎,合着音乐的节拍舞蹈。乐器有方响(铁制 16 枚)、洞箫、笛、琵琶、牙筝、大筝、杖鼓、教坊鼓、拍板(6 枚)。

传入高丽朝的雅乐,歌曲有太庙乐章等 10 多首,由文武 6 佾舞队合着音乐的节拍舞蹈。文舞,48 人持籥(乐器)翟(雉尾)舞蹈。武舞,亦 48 人持干(盾牌)戚(大斧)舞蹈。文舞,前有纛旗。武舞,前有旌旗。乐器有金钟(编钟)、玉磬(编磬)、搏拊、一弦琴、三弦琴、五弦琴、七弦琴、九弦琴、瑟、笛、埙、篪、巢笙、和笙、箫、竽笙、晋鼓。

朝鲜是唯一从中国传入古典乐舞大晟乐的国家。

三、陶瓷器及医药交流

高丽青瓷始于何时,现在还不能作出准确回答。汉城梨花女子大学博物馆所藏淳化四年(993)铭的青瓷壶,仍然有中国唐代青瓷那种浅色调的灰绿色。据此可知,10 世纪中,严格意义上的高丽青瓷尚未产生。1123 年访问高丽王都开城的中国宋朝使臣徐兢撰著的《宣和奉使高丽图经》记载:"近年以来,制作工巧。"据此可知,12 世纪 20 年代高丽已能制作各种青瓷精品。《图

---

① 〔韩〕安辉濬:《韩国绘画史》,第 60、74、84、85 页。

经》记载："近年以来"，可知高丽青瓷的制作，不在 1123 年（徐兢到达开城时间）的百年之前。据此可推定高丽青绿色青瓷，产生于 11 世纪中叶，当无大谬。总之，10 世纪后半期至 11 世纪初叶，高丽已仿制出中国宋代越州窑系的青瓷。11 世纪中叶，高丽受到中国华南龙泉窑的影响，产生了真正的青绿色青瓷。

高丽青瓷的初期，为纯粹青瓷色、无纹、阳刻或阴刻的各种器物或动物形的青瓷。这一时期的青瓷，中国称之为秘色或翡色，并被中国列为"天下第一"的名品。①

涧松美术馆藏鸭形砚滴，其釉色、形态、纹样均堪称神妙，其造型亦可谓出类拔萃，系高丽初期青瓷中的杰作。

高丽时期的画青瓷，系受中国宋、元时期修武窑、磁州窑等的影响而产生的。

高丽白瓷，源于中国景德镇窑，于 12 世纪在高丽面世。景德镇当时制作的白瓷，泛有青色，即所谓的"影青"。高丽白瓷的胎土，也是使用白色高岭土，器壁很薄，器形、花纹等达到了与中国宋、元白瓷难于区别的程度。但至高丽后期，器壁逐渐变厚，釉色则变为宋代定窑特具的那种白色。这一特征后来为李朝所继承。

高丽朝时期陶瓷的器形，其主流不是承袭新罗朝的传统，而是在中国唐、宋、元的影响下制作出来的。唐代的器形如棱花形碗、广口细颈油瓶等。宋元器形如梅瓶、香炉等。其中，广口细颈油瓶乃至延续到李朝后期。

高丽铜镜，大部分是模仿中国宋、金、元及日本镜而制作的。除与高丽朝同时的宋、元镜以外，高丽还模仿中国汉、六朝以及唐代的铜镜。这当与中国宋代流行复古镜有关。汉、六朝式镜，如方格镜、日光镜、半圆半格神兽镜等。唐式镜，如圆镜、八棱、八花镜等。花纹，如瑞兽葡萄、树下弹琴、宝相花等。宋元式镜，花纹千差万别，有动物、人物、山水、航海、楼阁等。镜形有方形、四棱、六棱、八棱、抹角方形、叶形、钟形等。钮有双钮、三钮等。高丽铜镜甚至使用了中国镜的铭文。

高丽漆器。中国春秋战国时期的遗物中，已有漆器发现。在中国漆器影响下，朝鲜半岛上高句丽、百济、新罗三国鼎立时期开始生产漆器。高丽漆器以镶嵌贝壳、玳瑁、铜线的螺钿漆器闻名于世。此技源于中国唐代称作"平脱"的漆器金银装饰法。它在中国宋代称作"螺钿、螺填"或"螺钿戗金"。②

宋与高丽在医药方面，有小规模的交流。1072 年，宋遣医官王愉、徐先到

---

① 〔宋〕太平老人：《袖中记》："监书、内酒、端砚……高丽秘色……皆为天下第一。"

② 〔韩〕金煐泰：《韩国佛教史概说》，经书院出版社 1993 年版，第 285-286 页、290-295 页。

高丽。1073 年,王、徐回宋。1074 年,宋扬州医学助教马世安等 8 人到高丽,医官们受到高丽国王的优待和尊重。1080 年,宋遣医官马世安再到高丽,次年因宋神宗诞辰,高丽国王文宗特地下令设宴款待马世安,并馈赠了礼币。此外,宋朝曾应高丽的要求,派出有翰林医官参加的庞大医疗团到高丽为国王治病。1078 年,宋使回国,高丽国王文宗附表陈诉,因患风痹,请宋派遣医官,并赠送药品。1079 年,宋朝派出一个有翰林医官参加的 88 人庞大医疗团携带 100 种药到高丽。宋朝还派出医官往高丽进行医学教学。例如,1103 年宋遣医官牟介、吕晒、陈尔猷、范之才到高丽,馆于兴盛宫,"教训(高丽)医生",次年归国。

四、宗教文化交流

中国天台宗卉山祖师为智颢(538—597 年)。南岳慧思(514—577 年)与智颙为同门。新罗僧玄光曾受学于南岳慧思,他回国后却未能弘布此宗。到 11 世纪后期,高丽僧义天入宋,学天台宗教义,回国后才在高丽广泛传布。

大觉国师义天是高丽王朝文宗的第四个王子,俗名王煦,11 岁出家,1069 年 13 岁时即成为僧统。他上表请允准入宋求法。但因航海有风险,特别是当时辽为大陆北部强大政权,高丽与辽有宗藩关系,高丽朝恐得罪于辽,在多数宰臣的反对之下,义天未能获准访宋。他不得已,于 1085 年夏初,率弟子寿介等二人微服乘宋商船离高丽,安抵中国山东密州板桥镇,再入汴京,受到宋哲宗、皇太后、太皇太后的隆重礼遇。

义天得到宋哲宗的诏敕,开始在中国游方,向华严法师有诚、晋水法师、慈辩大师等问法。在杭州慧因禅院,义天曾出资"印造经论疏钞七千有余帙"。于是,禅院僧徒"晋仁等以状援例乞易禅院为教院"。次年,得宋哲宗诏准。由于母后等的催促,义天于 1086 年回到高丽,担任兴王寺住持,培养弟子,并在兴王寺设教藏都监,刊行从宋、辽、日本购来的佛教典籍中有关佛经的章疏,以及在高丽搜集到的佛经古籍 4740 余卷。其目录为《新编诸宗教藏总录》三卷。内题称"海东有本现行录"。这就是在经、律、论三藏正本之外,仅收录注释即章疏,并作成目录的嚆矢,亦称"高丽续藏"。

在此以前,高丽曾刊行过《大藏经》;为祈祷击退契丹,自 1021 年起,经 60 多年,完成了 6000 多卷。这些《大藏经》和《续藏经》的版本,都收藏在大邱的符仁寺,不幸于 13 世纪初蒙古军入侵时,全都毁于战火。自 1236 年起,经 16 年,高丽又重刻了 86600 多块《大藏经》版,比过去的更为精致,至今仍完好地保存于海印寺。高丽王朝时期,对《大藏经》、《续藏经》的刊行,不仅是世界佛教文化史上的盛事,也大大地促进了高丽印刷事业的发展,并终于促成了金属活字的发明,对人类文化作出了重要的贡献。

义天自宋回国后,仍继续与杭州慧因教院保持联系。义天曾"以青纸金书晋译《华严经》三百部"并(建)经阁之赏,托商船带给慧因教院。因此,慧因教院又称"高丽院"。1089年慧因教院的行者颜显到高丽,讣告晋水法师入寂,并带去法师的真影及舍利。义天特派其弟子寿介等往杭州祭奠,并带来黄金宝塔二座,表示对宋帝及太皇太后康宁的祈愿。但由于排佛论在中国抬头,遭到当时杭州知事苏轼(东坡)的压制,两座黄金宝塔被退回高丽,替义天传送物品书信的宋商被拘审,慧因教院的祭典被勒令停止,义天派来的弟子被驱逐出宋境。

第二节　宋代与日本的文化交流①

一、浙江与日本的佛教文化交流

浙江地处东海之滨,与日本一衣带水,文化交流,历史久远,宋又是浙江与日本文化交流最频繁的时期,在中日文化交流史上占有重要地位,佛教文化的交流尤甚,以天台山为宋佛教交流中心。

天台山,又名桐柏山,是仙霞岭向东北延伸的分文。据雍正《浙江通意·山川》载:天台山,"山有八重,四面如一,当斗牛之分,上应台宿,故曰天台"。以隋代智者(538—597年)大师于此山创立佛教天台宗而闻名中外。唐代,名僧辈出,率先成为日僧人浙江取经学佛的交流中心。

天台山与日本佛教文化的交流日益频繁。北宋时,来天台山巡礼的日本名僧主要有奝然、寂照、绍良、成寻等多人。

奝然,号法济大师,永观元年(983年),随北宋商人陈仁爽、宋仁满之船入宋;宽和二年(986年)随宋商人郑仁德船返日,留宋四年。他入天台山国清寺研习天台教规,学习《法华经》等,留居天台山约3个月,由天台使者陪他至汴京(今开封),晋谒宋太宗,太宗赏识他的才干,特赐号圆通大师。②

寂照,于咸乎元年(1003年)9月,受师父源信之托,率弟子念救、元灯、觉因、明莲等7人入宋,由明州起岸,到天台山住延历寺拜谒天台宗十七祖知礼大师,请求解释天台宗教义中的27条疑难之题,知礼大师专门为之撰写《问目二十七条答释》。景德三年(1006年),他又至汴京,真宗召见,寂照献银香炉、念珠5串、显密法门600余卷。真宗询问日本国的情况后,"赐紫衣束帛",赐

---

① 本节引见林正秋:《唐宋时期浙江与日本的佛教文化交流》,《海交史研究》1997年,第1期。

② 《宋史》卷四九一《外国·日本国》也有记载说:"奝然善隶书面不通华语。"

号"法智大师"。在场的三司使丁谓说苏州山水奇秀,任命他为苏州僧录司,住苏州吴门寺;景祐三年（1036年）圆寂于苏州。①

名僧成寻（1011—1081年）,俗姓藤氏,先出家于京都大云寺,后依天台寺门派,为智证大师之法孙。他博通佛经,早有入宋取经之志。他曾多次上书朝廷,请求巡礼中国两大佛教圣地——天台山与五台山。熙宁五年（1072年）,年过花甲的成寻,终于实现了夙愿,亲率弟子赖缘、快宗、圣秀、惟观等7人入宋,从明州登陆,经杭州等地至天台山,礼拜国清寺,求学天台教义,旋而巡视五台山。他在中国取经9年,拜访许多名僧与佛寺,撰成《参天台五台山记》一书。他在汴京时,宋神宗诏赐紫衣,授"善慧大师"称号。最后他圆寂于汴京,宋神宗敕令葬于天台山国清寺,建塔一座,赐题《日本善慧国师之塔》,以志留念。②

二、南宋杭州与日本佛教的交流

五代十国时期,杭州成为吴越国的首府,有"东南佛国"之誉。南宋定都临安府（今浙江杭州市）之后,杭州的社会经济与文化迅速发展,成为当时全国最为繁荣的地区。佛教在杭州得到进一步的传播,成为江南佛教中心之一。例如,南宋举行禅院五山和禅院十刹等多次评选活动;评选禅院五山,其中径山寺、灵隐寺、净慈寺在杭州地区;评选教院十刹,集庆寺、演福寺、普福寺三寺在杭城;评选教院五山时,上天竺、下天竺寺在钱塘县（今杭城）。由于杭州佛教寺院的增多,名僧汇集,自然成为南宋时期的浙江与日本佛教文化交流的中心。

杭州佛寺以径山寺、灵隐寺、净慈寺、天竺三寺（上、中、下）等成为日本名僧取经学佛的重要圣地。

杭州佛寺与日本佛教的最早交往,从目前见到的史料,可推算北宋至道元年（995年）。这一年,杭州奉先寺沙门源清曾托人把自己所撰《法华陈示指》、《十六观经记》等5部佛经送到日本比睿山延历寺,以求交换智者大师所撰《仁王般若经疏》、《弥勒成佛经疏》和荆大师所撰《华严骨目》等5部佛经,延历寺接到源清大师所赠5部佛经后,日本天台座主觉庆大师立即派人抄写智者大师与荆溪大师所撰的5部经书回赠。日本《本朝文粹》保存了《牒大宋国杭州奉先寺传天台智者教讲论和尚》一文。

余杭径山寺,是当时江南第一名刹,因寺前有路径通往天目山,故名径山

341

第七章

宋元时期的海外文化交流

---

① ［宋］江少虞:《宋朝事实奏苑》卷四三《仙释僧道》说他"身名寂照,号国通大师",《实用佛学辞典》说"真宗闻其高行,赐法智大师。"

② 〔日〕常盘大定:《日本佛教之研究》。

寺。该寺创建于唐代,南宋初丞相张浚特邀名僧宗果主持。他尽心努力,兴径山寺,寺僧多达 1700 余人。孝宗特赐"大慧禅师"之号。此后,寓僧辈出,有大禅了明、佛照德光、痴绝道冲、无准师范等名闻中外。日本名僧也慕名纷纷而来径山寺参谒求学,主要有圆尔辨圆、神子荣尊、妙见道姑、悟空敬念、一翁院豪、性才法心等 30 多人。其中,以无准师范收日僧为徒弟最多。据《径山志》载有 7 人。例如,圆尔辨圆(1202—1280 年),日本静冈县人,端平二年(1235年)入宋,先在明州天童寺,旋而至径山寺,拜无准师范为师,学习临济宗扬吱派禅法。住寺 7 年,他不仅勤学佛经,而且兼学了纺织、制作中药、打素面、做豆腐和种茶叶等日用手艺。他回到日本后,成为东福寺开山祖,被日本天皇封为"圣一国师"之称号。

性才法心(1196—1273 年),日本茨城县人。他入宋参谒径山寺,拜无准师范为师,坐禅达 9 年。据载,他骨臂肿烂,也毫不动心,最后终于嗣袭了无准师范的传统。他回国后成为松岛圆福寺开山祖。

神子荣尊(1195—1272 年),日本福冈县人。他入宋至径山寺,参拜无准师范为师,坐禅 4 年。他回国后,在日本肥前,亦以径山同名,创建兴圣万寿寺,报恩寺和妙乐寺等,影响很大,日本天皇赐以"种子禅师"的光荣称号。

圆通大应国师,名绍明,号南浦,日本骏河国安部人。他大约景远年间(1260—1264 年)入宋,先在杭州净慈寺,后随虚堂智愚师往径山寺修学,参禅达 6 年,在径山寺成为虚堂智愚的法统。他回国后,得到天皇诏令,入京都主持万寿寺,天皇北条贞时敬佩他的道誉,又请他主持建长寺。延庆初年病逝,享年 74 岁。①

灵隐寺,是杭州最古老的寺院,创建于东晋咸和元年(326 年),经隋唐五代时期发展,至南宋时寺盛僧众、声望在外。日本名僧慕名前来取经学佛,著名的有觉阿、金庆、无关普门、寒岩义尹、约翁德俭等 10 多人。灵隐寺住持慧远禅师,在佛学上多有创见,多次被皇帝召入宫内讲经。乾道六年(1170 年)宋孝宗赐他"佛海禅师"称号;乾道八年,宋孝宗巡幸灵隐寺,又赐号"瞎堂禅师"。日本睿山名僧觉阿及徒弟金庆于乾道七年来灵隐寺,拜瞎堂慧远为师,取经学佛达 4 年之久,于淳熙二年(1175 年)回国。寓杭州时,送给师父水晶降魔杵 1 根、念珠 2 串、彩扇 1 把等。他们师徒二人回国后,努力传播,开创了日本临济禅宗的新局面,颇有影响。日本高仓天皇闻知他高风亮节,召他入宫讲解临济禅宗的要点,受到日本佛教界的好评。

此外,日本名僧荣西、道元等均在灵隐寺取经。据宋代学者周密《癸辛杂识》记载,嘉定巳女年(1215 年),灵隐寺僧德明从山中采回一朵特大"奇菌",

---

① 〔日〕村上青精著、杨曾文译:《日本佛教史纲》,商务印书馆 1992 年版。

煮熟分给众僧吃食。不料"奇菌"有毒，食者中毒数 10 人，死者 10 余人。当时正在灵隐寺取经的日本名僧东京兴胜寺僧定心也不幸身亡。[1]

净慈寺，始建于五代，北宋时名僧辈出，声闻中外；南宋时寺僧多达千余人，为江南名刹，名僧断桥妙伦、虚堂智愚、无准师范等均在净慈寺住过数年。日本、高丽等国名僧都曾慕名来寺取经，尤其是日本，名僧无缘近照、南浦绍明、闻阳湛海、南洲宏海、无关普门、寒山义尹等数十人先后来净慈寺取经数年，均得要旨，回国后成为日本禅宗的巨匠。尤其是南洲宏海（即真应禅师）还在净慈担任"典宾"（负责接待宾客的和尚）数年。日僧正见，拜净慈寺四十二代主持断桥妙伦为师，回国前，赠黄金 10 两，在杭州雕版印刷《断桥妙伦师语录》一书，带回日本刻印广为流传。日本名僧永平道元来净慈寺，拜曹洞宗十三代祖长翁如净禅师为师，勤奋学习，尽得如净之法绕，回国后在日本福井县传教，建立永乎寺，劭日本曹洞宗，仍牵长翁如净为日本曹洞宗祖师。长翁如净后至天童寺圆寂，仍归葬南屏净慈寺后。日本《日中文化交流史》作者木宫泰彦在该书序言中说，他于 1940 年来杭州净慈寺考查时，在南屏山的杂草中尚有日僧墓塔三四十座。

下天竺寺。相传是印度慧理和尚东晋时来杭州创建灵隐寺不久，约在咸和五年（330 年），在莲花峰下创建下天竺翻经院。北宋时，杭州刺史薛颜从天台山邀请名僧遵式法师来住持下天竺寺后，名声大振，名僧云集。南宋时成为江南五大名刹与皇家的香火院。各国使者往来杭州时，南宋朝廷总是组织他们来下天竺烧香拜佛。庆元五年（1099 年）日僧不可弃芳（即大兴正国法师）入宋至天台山、明州而转至杭州下天竺寺，学习律宗数年。他很健谈，常与禅、教、律诸宗派名僧论道谈佛，互相切磋。他又多与朝廷官员往来友好。回国时，他带去杭州雕刻的佛经与儒家书籍多部，以及释迦三尊 3 幅碑文、16 罗汉 2 套 32 幅、贯休所曰的水墨罗汉 18 幅等，在日本广为流传。他接受了天皇后鸟羽与高仓的归依，并在京都东山创建了涌泉寺。他以涌泉寺为中心，刻印律宗佛典 10 多种，促进了日本律宗的传播。日本建仁年间（1201—1203 年）名僧安觉入宋在南宋留居达 10 年之久，也曾到下天竺寺。该寺古云粹讲师，托他带去北峰和尚的画像，赠给涌泉寺不可弃芳。[2]

护国仁王寺，是南宋抗金名将孟洪捐金买地在杭州扫带坞（今黄龙澜地）创建的寺院，邀请江西南昌黄龙山名僧慧开禅师为首任座主。1248 年，日僧源心入来到护国仁王禅寺拜慧开为师，取经学佛，颇得要领。此时他在杭州碰见日本入宋的名僧心地觉心（即法灯圆明禅师），便推荐说："慧远是一代宗师，

---

① 〔日〕木宫泰彦《中日文化交流史》也记载此事，稍有异处。
② 罗大经：《鹤林玉露》丙集四卷《日本国僧》。

可住参见。"经心源的介绍,敞开又收留了一位日本徒弟。法灯禅师学成回国不久,约于1256年托入宋僧友带水晶念珠1串、金子1条给慧开师父。①

三、宋代明州与日本佛教的交流

明州(今浙江宁波及舟山),是宋代的三大海港之一,社会经济发达,又是市舶出入日本、高丽签证之地,是日本、高丽入宋必经之城。宋代的日本入宋僧,大多是明州起岸,然后到其他各地取经学佛的。因此,明州的古刹阿育王寺、天童寺与雪窦寺、瑞岩寺以及舟山普陀寺等都成为日僧入宋取经佳地。据木宫泰彦《日中文化交流史》载,入宋僧有重源、希玄道元、明全、彻通义介、寂岩禅了、樵谷惟仙、约翁德俭、玉山玄堤、不退德温等数十人之多。

育王寺,位于明州育王山,始建于梁武帝普通三年(522年),唐朝时已有日僧足迹,是明州与日僧交往最早的寺院。乾道四年(1168年),日僧重源从明州入宋,原打算从明州直往五台山朝圣,但因五台山已成为金国的领土,无法如愿。于是,他决定在明州阿育王寺和天台国清寺取经。他在育王寺时,还从日本运来木材,营造育王寺的舍利殿。此外,还有日僧心地觉心、无缘静照、约翁德俭、樵谷惟仙等来育王寺取经学佛。

天童寺,创始于西晋永康元年(300年),是宁波最早的寺院之一;南宋时名僧辈出,是入宋僧取经人数最多的宁波寺院。前面提到的日僧重源,先在阿育王寺,后至天童寺,拜曹洞宗名僧长翁如净(1163—1228年)为师,研习曹洞宗佛典。

日本名僧荣西,先后两次入宋。第一次入宋为仁安三年(1168年)从明州起岸,访问了广慧寺后至天台山巡礼后回国,带去了许多天台宗的佛经。② 第二次入宋为治平三年(1187),从明州入宋。③ 他原想经中国再转到印度取经,但到了南宋都城临安府(今杭州)后,临安府以"关塞不通"而未允许,他只好作罢。他再入天台山,拜谒万年寺虚庵怀敞为师。虚庵怀敞,是临济宗黄龙派的第8代嫡孙,声望很高。不久,虚庵怀敞师迁往天童寺,荣西也随师至天童寺。此时正值天童寺千佛阁塌坏,荣西便托人从日本运采木材帮助重建,为时人所称赞。虚庵怀敞正式授给荣西正大戒,继承临济正宗的法脉。这次入宋计五年,于建久二年(1191年)回国。临别时,虚庵怀敞还赠僧伽梨衣作为附法的信衣。南宋朝廷还赐他"千光法师"的称号。他回国后,在博多建造建仁寺,请他为住持。当时日本一些僧人极力反对禅宗的流传,他便撰文《兴禅护国论》

---

① 林正秋:《南宋都城临安》第十一章《国际交往》。
② 林正秋:《南宋都城临安》第十一章《国际交往》。
③ 《日本佛教史纲》第15章《禅宗的传入和荣西禅师及其门徒》。

驳斥排难，名声大振。次年又在建仁寺内设真言院、止观院，安置天台、真吉、禅三宗，传播密、禅、律三宗，形成日本临济宗黄龙派传系，被日本尊为"千光国师"。

舟山普陀的"不肯去观音院"的建立，也是中日佛教文化交流史上重要之事。日本名僧惠萼，曾三次入唐学佛取经。唐代大中十二年（858年），他第二次入唐取经回国时，从五台山带去一尊观音菩萨像，从明州航海回国。不料，船到普陀山东边新罗礁时，海面突然出现了数百朵铁莲花，千姿百态，蔚为奇观。这些铁莲花连成一片，在海面上彼伏此起，阻挡住航船的通行。惠萼静坐念佛，顿悟到五台山观音不肯寓开中国故土，于是祈祷说："假使我国（日本）众生无缘见佛，当以所向建立精合（佛寺）。"相传祷毕，铁莲花立即退隐消失，海洋之面平静如初。惠萼以为观音菩萨显灵了，便在新罗礁附近的潮音洞建立一座供奉观音的佛寺，后人定名为"不肯去观音院"，成为舟山普陀最早的观音院。从此，普陀山与观音菩萨结下了因缘，崇拜观音菩萨的信徒越来越多，以观音为主的佛寺日益增多，成为四大名山之一。因普陀山，在唐代属于明州，故补述于此。

第三节　宋代中西文化交流[①]

一、中阿文化交流

北宋王朝时期，西夏长期控制河西走廊，宋朝与西域的陆路交通曾一度中断过。宋神宗时虽然得到恢复，却须绕道青海北部，由秦州（今甘肃天水）入境。以后由于形势的剧变，陆路交通遂成为十分困难的事业。

在这种情势下，海路交通便日益成为中西往来的主要途径；同时，中外经济交流的发展与频繁，也自然使海上交通逐渐取代陆上交通。宋代以后，中国瓷器出口越来越占重要地位，而沉重易碎的瓷器经陆路运输极易颠簸坏损。中亚诸邦形势很不稳定，旅途安全也成问题，陆道运输量也受限制，不利于国际间贸易的扩大。据估计，一支30匹骆驼组成的商队仅能驮9000千克货物，而一艘海船货运量可达60万—70万千克，相当于2000多匹骆驼。

宋代，特别是南宋政府十分重视和鼓励海外贸易。971年，宋太祖就在广州设立市舶司，以后宋朝政府又在泉州、杭州、明州、温州、秀州（今浙江嘉兴）、密州（今山东诸城）等沿海各地陆续设置市舶司。宋太宗时，还派人携带诏书

---

① 本节引见何芳川、万明：《古代中西文化交流史话》，商务印书馆1998年版，第72-88页。

和丝织品出海招徕外国商人来中国进行贸易。后来,许多"蕃商"(外国商人)定居中国,被称作"蕃客"。这些外商中,以阿拉伯人为最多。宋政府在广州还划定地段,设立"蕃坊",专供外商、外侨居住;并设有"蕃长"职务,由外商或外侨担任。

阿拉伯商人来东方和中国贸易,或合伙或自备船舶和船货独资经营。阿拉伯地理学家伊本·豪卡尔于 961 年在巴士拉遇见了一位名叫阿卜·贝克尔·阿赫迈德·西拉菲的富商,常常从自己的船队中装备一艘驶往印度或中国的货船。他把全部船货交给合伙人,从不索要报偿。在宋代记载中,阿拉伯的一些船主也是财大气粗,经常代表国王向宋朝馈赠象牙、犀角、香料和珠宝。宋太祖、太宗时期(960—997 年),阿拉伯商人、船主蒲希密·蒲押陁黎父子几度贡献礼物,其中有象牙、乳香、镔铁、吉贝、蕃锦等。11 世纪中叶,广州有一位在中国居留数十年的阿曼人辛押陀罗,积家资数百万缗。他身为蕃长,被宋朝封为怀化将军,在广州起着"开导种落,岁致梯航"的重要作用。他还曾捐资卖田,大力协助复兴郡学。南宋高宗(1127—1162 年在位)时,阿拉伯商人蒲里亚进贡大象牙 209 株、大犀角 35 株。另一位阿拉伯商人蒲罗辛则造船 1 只,运乳香到泉州,价 30 万缗。总之,从 968—1163 年的 200 年间,以哈里发名义来华进贡的阿拉伯商人有 49 人次之多。许多阿拉伯人因到过中国、通晓中国事务,而在自己的名字之后获得了"中国"(Sini)这一附名。例如,库法人伊卜拉辛·本·伊斯哈克由于长期在中国经商而得到"中国"的附名;出生在西班牙的宗教人士阿卜杜勒·哈桑·萨阿德·哈伊尔·安萨里从马格里布前往中国,也得到"中国"的附名;著名的圣训学家阿布·阿穆尔·哈米德则被称为"中国的哈米德"。大批阿拉伯富商、学人和宗教人士来华,对于伊斯兰文明在中国的传播起了很大的推动作用。例如,他们在广州、泉州、扬州修建的清真寺就成为传播伊斯兰文明的重要中心。

官营贸易之外,民间海外贸易也逐步发展起来。到了南宋时期,根据史书记载,与南宋通商的国家和地区有 50 多个,中国商人去海外贸易的国家业有 20 多个。海上丝绸之道沟通了亚、非、欧三大洲。

在不断扩大的对外交往中,中国对西亚诸国,特别是阿拉伯世界的了解更加精详。宋代周去非著《岭外代答》和赵汝适著《诸蕃志》在前人的基础上,广泛吸收来自海外商家、海员及有关著述的信息,在这方面又有很大的进步。例如,对于中西交通与贸易的重要国家埃及,《诸蕃志》在有关勿斯里国的介绍中就有相当详尽的记载:

国人惟食肉饼,不食饭,其国多旱。管下一十六州,周四六十余程。有雨则人民耕种反为之漂坏。有江水极清甘,莫知水源所出。岁旱,诸国江水皆消减,惟此水如常,田畴充足,农民借以耕种,岁率如此。

我们知道，尼罗河是埃及文明的摇篮。尼罗河的周期泛滥与三角洲农耕的富庶，在这里得到了清楚地叙述。

赵汝适又指出，"又有州名憩野，傍近此江"。"憩野"一名，是阿拉伯语开罗的对音译名。973年，法蒂玛人从北非征服埃及后建设了新都开罗（意为"凯旋城"）。到了萨拉丁创立阿尤布朝之后，埃及在伊斯兰世界的声望，由于抗击欧洲十字军而蒸蒸日上。埃及作为印度洋和大西洋、亚洲与欧洲之间的桥梁作用日益突出，开罗的名声已凌驾于巴格达之上。《诸蕃志》对此也有反映："其国雄壮，其地广袤。民俗侈丽，甲于诸蕃。天气多寒。雪厚二三尺，故贵毡毯。国都号蜜徐篱。据诸蕃冲要。"书中还记载说："市肆喧哗，金银绫锦之类种种萃聚。工匠技术咸精其能。"

赵汝适在书中还收集了阿拉伯的传说。例如，在"遏根陀国"条目中，记述了亚历山大著名的法鲁斯岛上的灯塔，说这座塔上下可容2万人，塔顶有镜，外国兵船入侵，很远即可照见，预作准备。"近年为外国人投塔下，执役扫洒数年，人不疑之。忽一日得便，盗镜抛沉海中而去。"这则故事曾有许多阿拉伯作家予以记述。13世纪学者拉泰夫将其收入自己的《埃及记闻》，广为流传，赵汝适的记述可能即以此为蓝本。

二、中国陶瓷文化的向西流播

海上交通的巨大发展，极大地促进了中西文化的交流。由于宋代经济、文化继大唐一脉并有长足的进步，在当时的世界上继续处于领先地位，因而吸引了西方各国人民的目光。伊斯兰世界对中华文化甚为仰慕，评价是极高的。10—11世纪的伊斯兰学者萨阿利比说："阿拉伯人习惯于把一切精美的或制作奇巧的器皿，不管真正的原产地为何地，都称为'中国的'。直到今天，驰名的一些形制的盘碟仍然被叫做'中国'。在制作珍品异物方面，今天和过去一样，中国以心灵手巧、技艺精湛著称。……他们在塑像方面有罕见的技巧，在雕琢形象和绘画方面有卓越的才能，以至于他们之中有一位艺术家在画人物时笔下如此生动，欠缺的只是人物的灵魂。这位画家并不因此而满足，他还要把人物画得呈现笑貌。而且他还不到此为止。他要把嘲弄的笑容和困惑的笑容区分开来，把莞尔而笑和惊异神态区分开来，把欢笑和冷笑区分开来。就这样，他做到了画中有画，画上添画。"[①]

这些评介，虽不乏溢美之处，却反映了阿拉伯世界吸收中华文明营养的渴求之情。

从中华文明向外传播方面看，如果说汉唐以来丝织品的输出和丝绸文化

---

① 萨阿利比：《珍文谐趣之书》，爱丁堡1968年版英译本，第141页。

的外流曾在很长的历史时期居主要地位,那么在此之后,这种情况被陶瓷品的输出以及陶瓷文化的远播所逐渐取代。学者们常常把海上丝绸之路称为丝瓷之路。

宋代华瓷的产量之大、品种之多、花色之繁、质量之优,均独步世界,加以适合海上巨舶运输,因而远销西方。据《萍洲可谈》记载,12世纪时,陶瓷已成为远洋出航商船的理想压舱物。"舶船深阔各数十丈,商人分占贮货,人得数尺许,下以贮物,夜卧其上。货多陶器,大小相套,无少隙地。"此时,因中国经济重心的不断南移,宋代南方各省陶瓷业有了很大发展,已逐渐超过北方,大大促进了海上经南海、印度洋的外销;更因南方各产地原料的优质,制造的瓷器细洁光泽,具有半透明度、观感白度和较高的强度和硬度,因此中国陶瓷远销西方。南宋时杭州有官窑;景德镇有定窑、均窑的仿制;越州、龙泉窑的青瓷;吉州窑的黑釉和釉下彩绘瓷;广州西村窑的青白彩,均各擅胜场。龙泉青瓷和景德镇青白瓷尤其闻名遐迩,畅销海外。

中世纪的亚、非、欧广大地区的人民都十分喜爱中国瓷器。各国的统治者在宫廷中收藏精美的中国瓷器;普通百姓则在日常生活中大量使用中国瓷器;诗人和作家们更在自己的作品中赞美中国瓷器。近代以来在阿拉伯地区的考古发掘表明,大量华瓷碎片属于宋代。例如,在伊拉克巴格达以北的古代宫殿等遗址,发现了许多晚唐到宋代的白瓷和青瓷片,在古城泰西封遗址则发现了南宋龙泉窑青瓷钵碎片;在叙利亚的哈玛遗址,发现了宋代德化窑白瓷片和南宋官窑生产的牡丹浮纹青瓷钵碎片;在黎巴嫩的贝卡谷地,发现了宋代龙泉窑莲花瓣花纹的青瓷碗碎片,等等。从唐代开始,中国瓷器还远销北非的埃及。华瓷从海路运到红海各港口上岸,然后集中到埃及南郊的富斯塔特,再从这里转运到亚历山大港、摩洛哥及马格里布。据20世纪初有关富斯塔特考古发掘的结果,在发掘出的数10万陶瓷残片中,已辨明的中国陶瓷有22000片。其中,年代最早的属于唐代,有著名的唐三彩、邢州的白瓷、越州的窑瓷;从唐末到五代,有越州的窑瓷和黄褐釉瓷等,有的瓷钵内面带有漂亮的篦雕花纹,偶尔还有少量的镂花,上着雅致的橄榄绿色釉;至于宋瓷,更是所在多有,大部分属于龙泉窑出产。

丝绸古道上的各国人民不仅喜爱中国瓷器,而且有条件的还纷纷仿制华瓷。13世纪时,波斯人仿制宋瓷碗,上面画有凤凰图案。埃及的能工巧匠们仿制中国瓷器,从法蒂玛王朝就开始了。一位名叫赛义德的工匠仿造宋瓷成功,并教授了众多的徒弟。最初仿制青瓷,后来又仿制青花瓷。瓷器的形状、花纹都模仿中国,仅瓷胎使用埃及当地陶土。据11世纪中叶到过埃及的伊朗宣教师纳绥尔·胡斯罗说,当时,仿制品已达到很高水平,它们"十分美妙和透明,以致一个人能透过瓷器看见自己的手"①。注重时尚的埃及工匠们,还随着舶来的华瓷品种的变异而不断更新自己的仿制品。当9—10世纪输入三彩陶瓷时,就模仿三彩陶瓷生产出多彩纹陶瓷;当输入白瓷时,便仿制了白釉陶瓷。到了11世纪以后,就逐渐仿制青瓷、青白瓷,还有青花瓷复制品。埃及瓷器制造数量极为巨大。在富斯塔特发现的数十万片陶瓷残片中,大部分是本地生产,而这些当地产品当中,又有70%—80%是华瓷的仿制品。以埃及为基地,华瓷和陶瓷技术又向欧洲流传:一路经马格里布传入西班牙;另一路经西西里传入意大利,传播到欧洲各地。

三、指南针与印刷术的西传

中国古代科技的几项伟大发明的西传,特别值得重视。

首先,是指南针的西传。至晚在公元前3世纪,中国已发现了磁石的吸铁功能。1世纪初,王充在《论衡》中指出了磁石的指极特性,发明了"司南"。宋代沈括在《梦溪笔谈》的记载中,已记述了四种试验,在各种不同的情况下应用指南针。其中的水浮法,用磁针横贯灯芯草浮在水上,最早使用在航运业中。沈括的亲戚朱彧,在《萍洲可谈》中追记了其父11世纪与12世纪之交时在广州见到的中国海船:"舟师识地理,夜则观星,昼则观日,阴晦观指南针。"这是指南针应用在航海上的首次记录。1123年,徐兢奉使高丽,也见到使用指南针,"惟视星斗前迈,若晦冥,则用指南浮针,以揆南北"。《诸蕃志》记载了出入泉州的海舶,已有这样的评述:"舟舶来往,惟以指南针为则,昼夜守视惟谨,毫厘之差,生死系矣。"9—10世纪以后,中国商船经常出没于波斯湾和阿拉伯海上。最早在航海中使用指南针的中国海员,在与自己的波斯、阿拉伯同行的交往中,将这一先进技术传播出去。有的中国海舶上甚至雇佣了阿拉伯等地的船长和水手,他们学习指南针技术就更直接、更便利,因而阿拉伯海员很快就掌握了航海罗盘导航的技术。波斯语和阿拉伯语中表示罗针方位的词"Khann",就是闽南话中罗针所示方向的"针"字。

航海罗盘的导航技术,在12世纪传入地中海,被意大利商船所采用。不久,英、法等水手也利用罗盘导航。英法等西欧民族,习于航海,对罗盘导航的兴趣极为浓厚。就现在所知,除中国以外,有关罗盘的记载,最早并非见于波斯和阿拉伯文献,而是英、法文献。1195年,英国的亚历山大·内卡姆在《论物质的本性》这部著作中,在欧洲首次论述了浮针导航技术。他提到的航海指南针最初也是用在阴沉的白天或黑暗的夜间分辨航向;办法是用磁化的铁针或钢针,穿进麦管,浮在水面,用来指明北方。可见,最初传到欧洲的指南针,

---

① 引自希提:《阿拉伯通史》,商务印书馆1979年版,第756页。

正是沈括所记述的水浮法的磁针。1205 年前后,法国人乔奥·普罗旺斯提到罗盘。1219 年,另一个法国人詹姆士·特维里,也提到东方的这种颇具实用价值的新发明。波斯人穆罕默德·奥菲编写的《故事大全》讲述磁性的指南鱼,已是 1230 年左右的事。13 世纪下半叶的一位阿拉伯作家记述说,当他乘船前往亚历山大港时,看见海员们借助磁针辨别方向,磁针一般是用木片或锡箔托浮在水面上。他还听海员们介绍说,航行在印度洋上的船长们不用这种木片托浮的指南针,而是用中空的磁铁制作一种磁鱼;磁鱼被投入水中之后浮在水面,头尾分别指示北方和南方。① 显然,这也是中国指南针西传的早期记载之一。指南针传入欧洲,为欧洲日后的地理大发现和新航路的开辟提供了必要的技术前提。

同指南针一样重要的,是印刷术的西传。大约在隋唐之际,我国发明了雕版印刷术。7 世纪 40 年代,玄奘大师印制普贤像,每年印数在万张以上。从 9 世纪开始,我国民间印书的风气渐开。著名诗人白居易等人的诗集,都在扬州、越州刊印。现在最早的印本书籍,就是 868 年王价刻印的《金刚经》。

中国的雕版印刷品.自然引起了来华的波斯、阿拉伯等地人士的注意,使这种先进的技术迅速西传。1880 年在埃及法雍地区出土的大量纸张等文物中,发现了 50 件不同时期的阿拉伯文印刷品。经鉴定,这些印刷品的时间分属 10—14 世纪。最早的一件,约在 900 年印制,内容是《古兰经》三十四章第一至第六节。所有上述印刷品都是伊斯兰教祈祷文或《古兰经》经文等。从外观上就可看出,这些印刷品同中国内地与新疆吐鲁番出土的印刷品极为类似。20 世纪 50 年代,在法雍又发现了 30 块镌刻阿拉伯文的木板。这些出土的木板,同中国的雕版完全相仿,连印刷的方法也同中国一样,在铺平的纸上使用刷帚蘸上油墨轻轻印刷,印成白底黑字或黑底白字,个别的甚至用红墨印刷。

在印刷术的西传中,阿拉伯人只是起了某种重要的中介作用。15 世纪中叶以后,欧洲出现了最早的雕版书籍。威尼斯在 15 世纪下半叶成了欧洲的印刷中心,除印刷纸牌、圣像等小件印刷品外,出版了许多的书籍。第一部用雕版印刷的阿拉伯文书籍便是在威尼斯印制的。1485—1499 年,在威尼斯从事印刷出版业的亚历山大·帕格尼尼神父,主持出版了阿拉伯文的《古兰经》流传到世界各地。这部阿拉伯文书籍,完全像中国书籍一样,每页只印一面,用的是烟炱的一种棕黄色油墨。非洲的基督徒也到意大利去印刷他们的经典。埃塞俄比亚的基督徒在罗马筹划出版《圣经》,并于 1513 年印制了《旧约》中的《诗篇》,1548—1549 年又印刷了《新约》。

①　贝伊拉克·卡巴扎吉:《商人辨识珍宝手鉴》,转引自周一良:《中外文化交流吏》,河南人民出版社 1987 年版,第 772 页。

北宋庆历年间(1041—1048年),毕昇发明了活字印刷术,完成了印刷技术上的一次飞跃,对世界文化作出了又一重大贡献。中国印刷术的西传欧洲,对于日后欧洲文艺复兴和资产阶级启蒙等文化活动具有极大的意义。

四、宋代泉州的中西文化交流①

频繁的贸易和人员往来,促进了泉州与亚非各国的经济文化交流。指南针、火药、印刷术三大发明是我国劳动人民勤劳智慧的结晶,其中指南针和火药,就是通过海外交通贸易经阿拉伯商人西传到欧洲的。② 12世纪初,我国在航海中已普遍应用指南针。宋时,阿拉伯和波斯商人来泉州、广州等地贸易,多在故临换乘抗风力强的中国海船。通过换船,彼此交流了船舶驾驶技术和经验,因而各自都熟知对方海船的设备、性能及其优劣,我国的航海指南针,就这样传到了阿拉伯。据赖诺德(Rei-naud)考定,阿拉伯的史书上记载,阿拉伯人使用罗盘针是在13世纪初,比我国晚了1个世纪。③

我国大量的瓷器经由泉州运销亚非各地。在埃及,曾出土宋代泉州出口的青瓷器。近几十年来,在波斯湾沿岸的巴斯拉(Basra)、乌孛拉(Ubora)、喜拉(Hira)、吉祈(Kish)、西拉夫(Sirab)等地,都曾发现经由浙闽沿海外销的宋代龙泉青瓷的碎片。④ 近年来,在斯里兰卡岛西北部的曼台发掘出一些我国古代陶瓷器碎片,有深绿、褐色和绿玉等色釉,并有突出的斑点和条纹的花饰。经鉴定这些瓷器是12—16世纪由中国输出的。⑤ 元代汪大渊的《岛夷志略》根据游历海外的见闻,记述元代我国的青白瓷器、青瓷器、青白花碗、青花碗和钧瓷等产品,运销51个国家或地区,其中有三岛、占城、罗斛、彭坑(马来半岛南部)、旧港、天竺、甘埋里以及天堂(麦加城)等地。

在埃及的开罗古城福斯特遗址,曾出土许多我国宋代(10—13世纪)的青瓷器和少量元明时代的青花、白瓷片。宋元青瓷大部分属于越窑系统的龙泉窑。中国瓷器深受当地人民的欢迎。自法蒂玛王朝(10—12世纪)起,埃及开始仿造中国瓷器。元代游历过泉州的摩洛哥旅行家伊本·白图泰说,当时中国的瓷器曾远销到他的故乡摩洛哥。当"丝绸之路"中断之后,波斯的船只仍往返于波斯和中国的南方港口,而中国的船队也不止一次地在波斯港口靠岸。

---

① 引见《泉州港与古代海外交通》编写组:《泉州港与古代海外交通》,文物出版社1982年版,第79-86页。

② 冯家升:《火药的发明和西传》,上海人民出版社1957年版,第50页。

③ 程溯洛:《中国古代指南针的发明及其与航海的关系》,《中国科学技术发明与科学技术人物论集》,三联书店1955年版,第30页。

④ 陈万里:《中国青瓷史略》,上海人民出版社1956年版,第54页。

⑤ 《斯里兰卡发现一些中国古代陶瓷》,《北京日报》1973年7月10日。

最近,考古工作者在伊朗发掘出大量中国瓷器。在伊朗的古勒斯坦宫,成对成对地摆着中国元、明两代的青花大瓷瓶和其他精美的中国古瓷器。在波斯语里,瓷器叫做"泰尼",意思是"中国的"①,可见中国瓷器在伊朗的影响之深。

宋代泉州的青瓷器输入日本,日本人之称为"珠光瓷",给予日本的瓷器制造以深刻的影响。

泉州出口的瓷器,也传到了欧洲。据说,第一件传到英国的中国瓷器,就是威尔海主教在1504年送给牛津新学院的青釉碗,是由漳州或泉州出口的龙泉产品。②

在医药方面,《宋会要辑稿》记载,经广州、泉州港输往亚、非、欧各地的中国药材有黄连、大黄、牛黄、当归、川芎、硃砂、甘草等60种。经由泉州港出口的川芎,因能防治头痛病,极受苏吉丹(今爪哇中部)和下里等地采椒工人的欢迎。③ 当时侨居泉州的阿拉伯人与波斯人与泉州民间医生结识,把我国的医术和药材带回本国。例如,阿拉伯名医阿维森纳的《医典》,其中许多医方是从我国医学著作里获得的。从阿拉伯、南洋等地输入泉州的乳香、龙涎香、木香、苏合香油、肉豆蔻、没药、蔷薇水、安息香等12种香药,其中有7种在宋时已入药,成为民间常用药品。例如,"苏合香油,出大食国。……番人多用以涂身。闽人患大风(麻风病)者亦做之。可合软食及入医用"(《诸蕃志》卷下);又"肉豆蔻散、治赤、白痢……其效如神,上吐下痢者亦治"④。

埃及朋友对泉州一带的制糖技术曾有过贡献。马可·波罗在《行纪》中记载,埃及人教温敢城(指福建永春县)居民用树灰净糖的方法。⑤

南宋嘉定十年(1217年),日本僧人庆政上人侨居泉州,归国时带回福州版的《大藏经》,对佛经和我国印刷术传入日本起了一定作用。⑥ 庆政上人还从泉州带回伊斯兰教徒所写的文字,称为"南蕃文字",先后经日本人羽田亨和法国汉学家考定,认为是古阿拉伯文的诗歌,是古阿拉伯文遗留于东方的最古的珍品。⑦

伴随大量阿拉伯人来泉州经商,他们信奉的伊斯兰教及其宗教艺术也传入泉州。至今留存在泉州涂门街的伊斯兰教寺——清净寺,创建于北宋大中

① 许博远:《我们的交往已有二千多年的历史——随中国考古代表团访问伊朗散记》,《福建日报》1977年11月29日。

② 陈万里:《中国青瓷史略》,第55页。

③ 《诸蕃志》"苏吉丹"条载:"采椒工人为辛气薰迫,多患头疼,饵川芎可愈";又《岛夷志略》"下里"条也有类似的记载。

④ 《洪氏集验方》卷一。

⑤ 《马可·波罗行纪》下册第601页。

⑥ 〔日〕木宫泰彦:《中日交通史》(陈捷译)下册,商务印书馆,第38页。

⑦ 刘铭恕:《宋代海上交通商史杂考》,《中国文化研究汇刊》第五卷,1945年9月。

祥符二年（1009 年）；元至大三年（1310 年），由耶路撒冷人阿哈玛特重新修茸。现存清净寺，有三重大门，入门甬道、门左侧的石构围墙和礼拜堂。大门高约11.4 米，宽 6.6 米，用青、白两色花岗石砌成。门楣作尖拱形，分为三层，其中内层象征天方形式。门与甬道顶上筑有高台，呈长方形，四面围有"回"字形的雉堞，称为望月台。礼拜堂（又称奉天坛）内有壁龛。寺的总体结构，具有典型的阿拉伯伊斯兰教式的建筑风格。大门的边墙、后墙、礼拜堂的正面墙和壁龛上，都刻有《古兰经》文句的浮雕或建寺的年代与修茸情况的记载。寺的细部结构，也吸收了我国古建筑结构的优点。现存的清净寺是研究古伊斯兰教建筑和中阿文化艺术交流的珍贵遗迹。

为了适应文化交流的需要，北宋末年，侨居广州、泉州的外国人，曾于大观、政和年间（1107—1118 年），向地方官府申请"建蕃学"，要求通过"蕃学"，学习中国汉语、汉字。[①] 例如，长期寓居泉州的阿拉伯人蒲寿庚之兄蒲寿威，就是精通汉文的一位诗人，著有《心泉学诗稿》。印度的佛教建筑艺术，在泉州也留下许多遗迹。例如，《诸蕃志》"天竺国"条载：北宋"雍熙间（984—987 年）有僧啰护哪航海而至，自言天竺国人，番商以其胡僧，竞持金缯珍宝以施，僧一不有，买隙地，建佛刹于泉之城南，今宝林院是也"。

南宋时，泉州开元寺的东西两塔，由砖塔改建为石塔，其中的东塔（镇国塔）在建造的过程中，就得到了寓居泉州的印度僧人的协助。据《开元寺志》记载，东塔在"嘉熙戊戌（1238 年），僧本供始易以后，仅一级而止，法权继之；至第四级化去。天竺讲僧（即印度僧，法名天锡），乃作第五级及合尖"。又，东西塔上共有 200 余幅浮雕佛像。其中在东塔的须弥座束腰部分有 40 幅浮雕佛教故事，就是取材于佛经和古印度民间神话传说，用我国宋代绘画、雕刻的艺术手法表现出来的。

第四节　元代的中朝、中日文化交流[②]

一、宋朝与高丽的文化交流

高丽金属活字是中朝文化交流的一项重要内容。据高丽朝李奎报《东国李相国集》记载：1234—1241 年，高丽朝权臣崔璃曾命用金属活字印刷崔允仪撰的《古今详定礼文》50 卷。高丽金属活字的发明，也是中朝文化交流的结

---

①　蔡僚：《铁围山丛谈》卷二。
②　本节引见陈玉龙等著：《汉文化论纲》，北京大学出版社 1993 年版，第 309-315 页。

晶。中朝文化交流密切而频繁,高丽在毕昇胶泥活字基础之上,发明金属活字,比德国用金属活字和中国用铜活字都要早,既是中朝文化交流的一大硕果,也是两国文化交流的又一佳话。1313 年,高丽忠宣王王璋将王位让给次子王焘即忠肃王。王璋是元世祖忽必烈的外孙,为世子时,曾长期在大都;1308 年即王位后,对国内的政事只是通过传旨处理。高丽臣民及元朝廷一再力促回国,即位五年后即征得元仁宗允许,让位给次子,自己留在元大都。1314 年,王璋建置万卷堂于大都私邸,与元朝名士姚燧、赵孟𫖯等交游。李齐贤是当时高丽被誉为"诗书画三绝"的大儒,也被王璋招到大都一同讲论诗书。高丽后期书法盛行赵(孟𫖯)体,据说亦与此有关。1319 年,王璋南游中国江浙,至普陀山而还,李齐贤等从行;从臣曾奉命记下所历山川胜景,成《行录》一卷。朝鲜现在还藏有元朝画师陈鉴如的作品《李齐贤像》。陈是元朝著名的人物画家。夏文彦的《图绘宝鉴》曾说陈"精于写神,国朝第一手也"。

王璋好贤嫉恶,以儒家的王道仁政为理念,常与儒士讲论前古兴亡,君臣得失,尤喜大宋故事;常命僚佐读《东都事略》,听到王旦、富弼、范仲淹、欧阳修、司马光诸名臣事,必举手加额,以表景慕;谈到丁谓、蔡京等奸臣事,无不切齿愤慨。王璋在位时,对高丽的弊政曾有所纠正;对其父王的错误旨意,亦敢于抵制。作为高王世子在大都时,曾参与除去左丞相阿忽台的行动,有功于武宗夺得帝位。1314 年,元仁宗赠给高丽书籍 4371 册,共计 17000 卷,都是原宋朝秘阁的藏书。元朝廷与高丽友好,文化交流因而也很密切。

程朱理学从元朝传入高丽。1289 年,高丽儒学提举安珦随忠烈王赴元,第一次见到《朱子全书》,认为是"孔门正脉",欣喜异常,于是全部抄下,并摹写孔子、朱子等的画像携带回国,在高丽传播,这被认为是程朱理学传入高丽之始。但在理论上对理学的普及传播作出进一步贡献的,则是略后的白颐正、禹倬、李齐贤等。白颐正与李齐贤是师生,两人都曾长期随忠宣王在元,与当时的中国名士从事经史方面的研讨。禹倬通过自学,对理学也颇有心得。后来,李齐贤门下出了李穑、郑梦周、李崇仁、郑道传等理学学者,郑梦周门下出了吉再等理学学者。理学传入高丽,对高丽的学术及政局的发展都产生过较大的影响。但朝鲜的理学高峰,则是出现在李朝时期。

棉花种植也自元传入高丽。1363 年,高丽使臣文益渐赴元。回国时,于中国境内路旁棉田取棉实十多枚带回高丽。1364 年,益渐回故乡晋州,以一半棉实交其舅郑天益种植,但仅一枚难以成活。当年秋,天益收获棉实达百余枚。天益年年繁育,至 1367 年,以所获棉种分给乡里,劝令种植。据传有一胡僧弘愿,至天益家,见到棉花,感泣曰:"不图令日复见本土之物。"天益盛情款待弘愿,因问纺织之术。弘愿无保留地详告,并制出工具交给天益。天益因教其家之婢织出朝鲜的第一匹棉布。从此,邻里相传,得传遍一乡,不十年而传遍朝鲜全境。1375年,高丽王召益渐,任命为典仪注簿,后官至左司议大夫;1398年卒,享年70岁,葬江城君。

二、元日文化交流

元代中日关系确实有与其他朝代不同之处。众所周知最主要是在元代中日之间有过两次大规模的战争,并都以元朝的失败而告终,但这毕竟不能不在日中关系上投下阴影。虽然,当时也有零星的日本商人来元贸易,但总的来说,因关系紧张、战云密布,过去作为中日间文化交流的先锋——僧侣们一时望而却步,互不往来。根据史籍记载:这两次战役后第一个日本僧人来元,是在1296年。而比较大规模来中国,是在1298年,战后元朝派遣第一个使僧一山一宁赴日以后,实际上是进入14世纪以后的事。这在一定程度上与赴日的元朝著名禅师们在渡日后所产生的影响有关。渡日的元僧都是禅僧(主要是临济宗,少数是曹洞宗)。按其渡日的原因,分三种类型。一是奉元朝朝廷派遣,肩负外交使命而去的,如一山一宁。再一种是应日本方面的邀请而赴日的,如清拙正澄、明极楚俊等。还有一种是为躲避战乱而去,他们虽然人数不算多(据木宫泰彦氏统计,史籍留有确切名姓者共13人[①]),但由于在元朝就是著名的高僧,到日本后历住镰仓、京都五山名刹,深受武家、朝廷的皈依,因而发挥了较大的影响。

例如,一山一宁(1247—1317年)去日本前曾为普陀山住持,元成宗曾赐以妙慈弘济大师封号。在第二次对日战争("弘安之役")失败之后,元成宗为了促使日本朝贡,知道日本是崇佛的国家,特派一山一宁为使节去日本。初到日本时,因其是"敌国"的使节,曾被软禁。后因他是著名高僧,迎为建长寺、圆觉寺、南禅寺住持,深受后宇多上皇、幕府执权北条贞时的皈依。他先后在京都、镰仓张法筵共20年,受朝野上下之笃信。他所住之处,常有缙绅士庶随喜,门庭若市。他死后,上皇赠以"国师"称号,并用"宋地万人杰,我朝一国师"的诗句来赞颂他。他是经过两次元日战争之后去日本的第一位使者。由于他声望卓著,不但逢凶化吉,而且深受朝野上下之尊崇。结果,为此后中日僧俗人等恢复来往,继续南宋末年日本摄取中国文化的态势起了继往开来的作用。由此可以看出,长期以来中日文化交流所形成的共同文化基础的巨大力量。

一山一宁不仅是元代中日文化交流的继往开来者,而且也是身体力行者。佛教方面,在他去日本之前,日本禅宗的传播主要在武家提倡之下,地域以镰仓周围为主,即所谓"武家禅";京都则由于天台教徒的干扰与反对,尚未得到

---

① 《清朝通典》卷九八"边防二"载:"广南,古南交地……往来商船,由厦门至广南过安南界,历七州洋,取广南外之占毕罗山,即入县境"。

发展。他去日之初,主要应邀历住镰仓的建长寺、圆觉寺等禅宗的老根据地。后来,1312年京都南禅寺住持出缺,后宇多上皇特降敕书,邀他到京都任南禅寺第三世住持。此后,上皇常入山问道,朝廷公卿多随之,致使日本的禅风颇有从镰仓的"武家禅"向京都的"朝廷禅"扩大发展的趋势。出于他门下的禅僧甚多,如雪村友梅、龙山德见、梦窗疏石、虎关师炼等,后来都成为五山禅林的代表人物。日本佛教史上一件颇为著名的事是,由于他责难虎关师炼不熟悉过去日本高僧的遗事,使虎关师炼痛下决心,编成了日本禅师的僧传性史书《元亨释书》三十卷,成为日本禅宗史上重要的巨著。一山学识广博,对于儒家、道家、诸子百家无所不通。据说,他把朱子学的新注解传到日本。他的弟子虎关师炼是日本最早钻研宋学者,当深受一山的启发。被仰为日本近世儒学泰斗的藤原惺窝是一山的弟子雪村友梅的法孙。

清拙正澄(1274—1329年)曾住江苏松江的真净寺,当时有许多日本入元僧集于他的会下,因而盛名能传到日本。1326年受北条氏的招聘去日本,历住建长、净智、圆觉、建仁、南禅诸寺;又曾应信浓守护小笠原贞宗的邀请,开创开善寺,为其开山第一祖。他在日本禅宗中,开创"清拙派",成为日本禅宗24个流派之一。他精通禅宗礼法规矩。中国禅宗自唐代以来由江西南昌府百丈山怀海制定《百丈清规》,为各地禅林所必遵循。他去日本后,一心在日本禅林中推行《百丈清规》。在建仁寺时,他仿照杭州灵隐寺的制度制定规矩。所以,可以说,日本禅林的规矩因他得以确立。信浓守护小笠原贞宗不仅笃信禅宗,而且讲究武家礼度。当他制定小笠原家礼法时,曾向清拙正澄请教,吸取禅林中严肃的规矩,形成小笠原派礼法。后来,被奉为武家礼法的正宗,不仅在武家中盛行,而且对后来各阶层及平民的礼度也有很大的影响。

再如明极楚俊、竺仙梵仙,在未去日本之前,都是江南名刹的有名禅僧。应邀去日本之后,在建长、建仁、南禅、净智诸寺,受幕府及朝廷公卿之皈依与笃信,对广被禅风起相当作用。再者,他们都善于诗文,影响所及,弟子、门人等很多人都成为"五山文学"汉诗文的骨干。

在去日本的元僧们的影响之下,日本许多僧人从13世纪末至14世纪70年代元末(1368)为止,据木宫泰彦的统计,共达220多人,有时竟至数十人一起联袂渡海。他们入元的主要原因,大多是在日本时就直接或间接受到来日的元僧们的影响或教诲,对元代中国禅宗抱有无限憧憬,于是渡海入元,历访中国著名禅林,参禅修道,艺业大进。迨继承名僧的法统回国后,往往充当京都、镰仓的名山巨刹的住持,或为其开山,受武士或朝廷贵族的皈依,发展其禅门宗派。也有的为了想体验江南禅林的生活,特别是领略江南山川风物之美,以提高文学修养的水平。当然,作为客观后果,他们也会把元代中国文化各领域的成果带回日本。

在中日禅僧互相来往的影响与作用下，日本的禅宗在一切制度方面都模仿中国。例如，中国在南宋宁宗(1195—1224 年)(相当于日本镰仓初期)仿效印度的办法，将最大的禅林，即径山、灵隐、天童、净慈、育王定为五山；五山之下又选取十大禅寺为十刹。而日本约在镰仓末期(相当于元代中期)，先将镰仓禅院排定五山。随着禅宗向京都发展的趋势，建武元年(1334)，又把京都、镰仓禅寺合在一起定出五山。后来，当中国元末时，镰仓、京都分别定出五山，以南禅寺居于五山之上，取十大禅寺为十刹。这些五山十刹的禅寺的一切任命，均取决于幕府或朝廷。这种办法，是幕府企图事实上把禅宗国教化，企图用它来对抗南都北岭的佛教势力(法相宗、天台宗)。武家企图通过这些来提高自己在文化上的地位，与朝廷并驾齐驱甚至超过它。

日本佛教又仿效中国隋文帝时令各州设舍利塔、南宋时下令每州设立报恩光孝禅寺之例，下令各国(相当于中国的州府)设立安国寺、利生塔，企图通过此办法把禅宗推向全国。幕府之所以特别提倡禅宗，对其他宗派则不闻不问，主要就是看中了可以通过禅宗输入中国文化。

日本的入元僧还从元朝带回若干部元版《大藏经》。其中，最著名的是现收藏在增上寺的 1277—1290 年刻印的杭州路余杭县南山大普宁寺版的《大藏经》。它是由以杭州为中心的各宗僧侣们共同校勘，由浙江省北部及江苏省东南部一带僧俗人等捐资刻成的。它曾参考了北宋的福州东禅寺版、开元寺版、南宋的思溪版等。今天的京都南禅寺、大慈寺、东福寺等处的《大藏经》，版本不尽相同。总的看来，收藏在今天京都、奈良等地大寺院的宋版或元版《大藏经》估计有十部以上。这些宋、元版《大藏经》的输入，必然为日本研究佛教经典提供了方便条件，也必然会刺激日本开版事业的发展。例如，从日本北朝的贞和(1345—1250 年)、观应(1350—1352 年)年间，史籍中不断见有为《一切经》开版成功而提升官吏的记载，即为明显例证。

日本的入元僧不仅带回《大藏经》等佛教经典，也同时带回其他种类有关禅籍。例如，他们往往带回他们师僧的《语录》、《年谱》、僧传《景德传灯录》、《五灯会元》等。与此同时，他们又把禅僧所写的诗文集以及中国诗人、文人所写的诗文集带回。他们不但带回日本，而且往往加以复刻，使之在日本广泛流传。

由于镰仓、京都的五山僧众的努力，再加上得到武家、朝廷在财力上的支持，日本入元僧的多方指导和募化支援，使得禅宗的"五山版"在日本的战国时代(元末明初)大为兴隆起来。其中，除了上述这些人的功劳之外，还要归功于中国赴日本的元朝雕刻工匠的努力。他们大多是在元末为躲避战乱，或因战乱而颠沛流离失业到日本的。其中，较著名的如俞良甫、陈孟荣等，至少有 30 余人。他们辛勤雕刻，大部分刻版出自他们之手，为日本文化的发展作出了贡

第七章

宋元时期的海外文化交流

献。

中国禅籍在日本的重刻出版，"五山版"的兴隆，给日本佛教、汉诗文等以多方面的影响。

中国南宋、元代的禅林中，流行着尊重师僧法语、偈颂的风气，上述许多著名禅僧语录的编辑出版就是一种表现。把这些著作带到日本并重刻再版，广为流传，影响甚大。

中国从唐代开始，在禅林中就兴起了以偈颂为中心的宗教文学；到宋代，更加发展。南宋时，有许多禅僧刊行了自己的诗文集。从南宋到元代，以文辞著称的禅僧不断涌现，如无学祖元、兀庵普宁、古林清茂等，他们的门下也有些人到日本。日本入元僧到元后向他们求教，这样，也就把禅僧中喜爱中国诗文、赋诗制文的风气带回日本，从而使日本的一些禅僧努力搜集中国禅僧的诗文集，并致力于中国诗文的创作，这成为禅林中"五山文学"兴起的重要契机，为后来室町、江户时代汉诗文及儒学之兴起打下了基础。

由于中国禅林中注重师徒相承的嗣法制度，为了明确自己的法统，需要回顾上代的师承渊源，于是出现了像《景德传灯录》、《五灯会元》那样的僧传体的佛教史文献。这些书籍流入日本，以及师僧们的教诲，影响所及，使得日本禅林界也兴起了关心师承关系和佛教史的风气。于是，出现了虎关师炼所撰写的《元亨释书》等类似的僧传体的佛教史著作，也为后世研究佛教史提供了重要史料。

中国的禅宗曾被人称为"士大夫的佛教"。就是说，中国的儒学与禅学相辅相成，士大夫一面钻研儒学（即程朱理学），一面参禅；禅僧则一面参禅，一面又同时钻研程朱之学。这种风气，也影响到日本。元代著名禅僧一山一宁，去日后传播宋学。在他的培养教导下，其弟子虎关师炼成了在日本传播宋学的先驱。例如，在《元亨释书》卷末附载的《智通论》以及他著的《济北集》中，都大谈儒佛二教一致说。再如，日本入元僧中岩圆月，不仅钻研宋学，对于诸子百家之学、天文、地理、阴阳之说也无不通晓。再如，义堂周信，他所著的《空华日用工夫略集》中，大讲其宋学。以上这三位禅僧都被人称为五山派宋学的泰斗。

中国南宋末年至元朝初年，在画坛上流行着注重写意、奔放的水墨山水画和以气韵为主的花鸟画、粗放简捷笔法的人物画。画坛多彩多姿，达到高度发达的水平。由于禅宗有师徒承嗣的习惯，在临别时赠师僧顶相画以为嗣法之凭证。顶相画上需"顶相赞"。这样，就同时带动了书法和绘画的发展。入元禅僧中绘画技法发展了，出现了既擅长书法又擅长绘画的雪村友梅。他在京都建仁寺中收藏的"出山释迦画赞"颇负盛名。可翁宗然、铁舟德济等的绘画都很有名。入元僧不仅从元携回师僧的顶相画，也携回释迦、观音、文殊、普贤、罗汉、达摩等佛画,以及竹、梅、马、牛、虎、龙、山水及人物等名画,使日本禅僧的名画手也向多样化方向发展。例如,铁舟德济擅画水墨兰花。这样,由原采画禅僧发展到画一般世俗人物,再及于竹、梅、花卉乃至于山水,逐步在禅僧的画坛中发展起一种淡泊、潇洒、清雅的水墨画。

日本南北朝时代(相当于中国的元代)流行起来的唐式茶会,从某种意义上说,可以说是在生活方式上中国情趣的大总汇与大检阅。据估计,这一风气最初可能是由元僧或日本入元僧从元朝传入日本,只流行在禅林中,后来逐渐在武士社会中盛行。茶亭设在风景优美的庭园内可以远眺的小楼上。客殿内正面装饰着释迦、观音、文殊、普贤之类的佛画,古铜的花瓶里插着红花或青莲,桌上放烛台、香炉之类,槁扇和四周墙壁上挂着许多宋元名画家所画的人物、花鸟、山水画,桌上放着精致的茶壶、茶碗等茶具。茶会先品尝点心、点茶。所谓点茶,即用猜茶的产地以定胜负,实际上是模仿元朝的斗茶。猜毕开宴,以管弦歌舞助兴。总之,无论是其所处的庭园风格、室内陈设或是茶会内容,都具有浓厚的中国情趣与淡雅的禅宗风格;后来,加以简单化,就成为民间流行的茶会。从这里可以看出,中国文化对日本生活方式的浸润以及禅宗所起的媒介作用。

第五节　元代的中西往来与文化交流[①]

元朝发达的中外交通为东西方之间的文化交流创造了极好的条件。许多中国人随元朝远征军移居海外,他们把中国的文化带到遥远的异域。高度发达的航海技术使中外贸易急速增长。大量西域人入元为宦、经商、传教、游历,他们中许多人在中国落地生根定居下来,带来了异域奇物和文明。元帝国区别于中国历朝历代的一个显著特征即它是一个世界帝国,这一时期的东西方文化交流也带有这个时代的特征。

一、火药的传播

火药发明以前,中国用于战争的纵火武器的主要成分是松香、草艾、油脂、硫黄等。这种火器在周代已经出现。希腊人大约在公元前 4 世纪开始使用火攻武器,这种技术后来经罗马人、拜占庭人传到阿拉伯人手中,阿拉伯人称之为"希腊火",其成分中含有石油和石脑油。五代时这种"希腊火"输入中国,当时译称"猛火油"。中国人注意到这种火器遇水火焰更炽的特性。在火药发明

---

① 本节引见刘迎胜:《丝路文化·海上卷》,浙江人民出版社 1995 年版,第 178-196 页。

以前,所有的火攻武器都不含硝,而所谓"希腊火"则是黏稠状液体,与近代火药无关。

火药是由炼丹家发明的。9 世纪时的炼丹学著作《真元妙道要略》已经提到,曾经发生过"以硫黄、雄黄合硝石并蜜烧之,焰起,烧手面及烬屋舍"的惨剧。炼丹家还注意到,硝石不可与硫黄、雄黄和雌黄合在一起燃烧,否则"立见祸事"。唐末时,火药在中国已经应用于军事,当时的火炮乃是一种用抛石机发射的火药包。宋代《武经总要》中所记载的黑色火药配方,已经与现代黑色火药配方十分接近。宋代的爆炸性火器中有一种"霹雳火球",在火药中掺入碎瓷片,使杀伤力大为增加。金代爆炸性火器的威力有所提高,可穿透牛皮、铁甲。金末还出现了管状发射性火器。

火药很早就传到海外。元代周达观曾出使真腊(今柬埔寨),看到那里的人民点放焰火爆竹。中国出口真腊的商品中有硫黄、焰硝等制造火药的原料。火药不仅传到东南亚,也传到遥远的西方。西方诸国不但进口中国火药成品,也学会按配方自制火药。大约在 13 世纪中叶阿拉伯人开始自制火药,成于13—14 世纪之际的阿拉伯文著作《焚敌火攻书》中已经有制造火药和火器的内容。制造火药的硝是中国重要的出口产品,成书于 1240 年的大食医生伊本·白图泰的著作《单药大全》提到了硝石,并称之为"中国雪"(ThaijSini),而波斯也把硝石称为"中国盐"(Namaki-Chini)。这说明阿拉伯、波斯诸国虽然能够制造火药,但主要原料之一——硝最初却从中国进口。

二、中国陶瓷文化的外播

据汪大渊记载,在"西洋国"之后,有一个地方称为"大八丹",元时商人曾去贸易。这里的"西洋国"之后的方位坐标中心是中国,说明航海从中国出发,先至"西洋国",再到"大八丹"。也就是说,"大八丹"应大致位于西洋以西不远处的海滨某处。我们已经提到"西洋"是马八儿国的汉文名称,马八儿位于今印度泰米尔那度州。"大八丹"既然在西洋之后,应当也位于泰米尔那度州一带。

约于 20 世纪 80 年代,印度泰米尔大学考古学教授苏拔拉雅鲁(Y. Subbarayalu)在与斯里兰卡满泰半岛相对的印度南端海滨的一个名曰帕里雅八丹(Pariyapattinam)的小村中发现了些 13—14 世纪的中国龙泉青瓷碎片和一些 14 世纪景德镇的青花瓷碎片。日本东京大学教授辛岛异认为,发现中国瓷器的这个小村 Pariyapattinam 就是"大八丹"。因为 pariya 在泰米尔语中意为"大",而"八丹"就是 pattinam 的音译,意为"港市"。1987 年印度考古学者对这个小村进行了发掘,共发现了 1000 多块中国陶瓷器残片;其中青瓷占 60%(龙泉青瓷占 35%,福建青瓷占 25%),白瓷占 15%(德化白瓷占 10%,景德镇白瓷为 5%），青花瓷为 10%，均为景德镇产品，褐釉瓷占 10%，其他陶瓷为 5%。最早的一片似为 9—10 世纪的邢州窑产品.

唐代中期以后,中国的陶瓷器已经开始远销西亚和北非。在埃及首都开罗城内的富士达特(al-Fustat,意为"帐幕")遗址是古代海外著名的陶瓷发现地。遗址中央的陶瓷碎片山积,数量在 60 万—70 万片以上。考古学家们从 1912 年开始对这里进行发掘。埃及把调查出土陶瓷残片的工作委托给日本学者。日本学者不仅从进口品中区分出了远东的陶瓷与叙利亚、伊朗、意大利、西班牙的陶瓷残片,也从埃及本土陶片中区别出模仿中国的陶片。

据日本学者小山富士夫和三上次男统计,除了埃及陶片以外,发现最多的就是中国陶瓷片,共发现约 12000 片,占全部发现的瓷残片的 1/50—1/60。在远东的陶瓷片中还有泰国、越南和日本伊万里制品。中国陶瓷残片的年代从 8—9 世纪的唐代至清代,其中以唐三彩的残片最早,此外还有邢州白瓷、越州瓷、黄褐釉瓷、长沙窑瓷等,而以越窑产品最多。至于宋瓷,多属影青瓷及龙泉窑瓷。这里发现的中国陶瓷多为华南制品,华北的极少,只发现了少量的"辽白瓷"。这一现象说明中国与红海地区的贸易港集中在华南。开罗发现中国瓷片的并非只有富士达特一处,如巴扑·达尔布·马鲁贺(BahDarbal-Mahruq)山丘就散布着许多中国陶瓷片,年代包括南宋、元、明时代的龙泉青瓷和景德镇青白瓷,也有元明清各代的青花瓷器。

在富士达特发现的中国器物制作非常精良,使参加研究工作的日本学者感到惊异。富士达特出土的同一时代的越窑瓷、黄褐釉瓷的碗内饰以各种花纹,还有少量的镂空制品,均为精品。日本北九州博多的和平台球场遗址,为唐末至五代时日本的鸿胪馆,这里也曾发现过大量越窑瓷片,估计为供外宾使用的珍贵餐具,但都是没有任何花纹的粗瓷器。就是被日本收藏家收藏的越窑观赏瓷,也很少有能够与富士达特出土的瓷器相比的。而伊朗东部的你沙不而(Nishapur)遗址、波斯湾沿岸和东非出土的中国越窑制品也多为粗瓷器。青花瓷器从元末开始流行,但当时产量尚不大。据日本学者小山富士估计,当今世界上现存的完整的元代青花瓷器只有 200 件左右,而富士达特发现的元青花器残片就有数百片之多。日本学者认为,这是当时埃及的富裕程度、进口规模远远超过日本和其他地方的反映。① 集中在富士达特的中国陶瓷被大食商贾们转贩至尼罗河河口处的亚历山大,然后再被转运至木兰皮(马格里布)诸国、地中海东岸诸地和欧洲。

黑衣大食的中心伊拉克是中国陶瓷器在西亚的主要销售地之一。宋元时代,中国瓷器仍然源源不断地被贩运到这里。在巴格达以北 120 千米处的撒

---

① 〔日〕三上次男著,李锡经、高喜美译:《陶瓷之路》,文物出版社 1984 年版,第 14-16 页。

玛拉（阿拔斯王朝在 836—892 年的都城），已进行过数次大规模调查与发掘，发现的中国陶瓷碎片有唐三彩式的碗、盘，绿釉和黄釉的瓷壶碎片；白瓷、青瓷片，多属晚唐、五代和宋代器物，其中不少为 9—10 世纪越窑瓷。巴格达东南处的阿比尔塔，考古学家也发现了 9—10 世纪制作的褐色越窑瓷和华南白瓷残片。① 巴格达以南 35 千米处的斯宾城遗址中也发现 12—13 世纪龙泉青瓷片。伊拉克南部的库特城（Kut）东南 70 千米处的瓦西特（Wasit）出土了外侧起棱的南宋青瓷碎片和内侧及中央贴花的元代龙泉窑青瓷残片。

阿拔斯王朝的其他地区、蒙古时代的伊利汗国及其周邻地区，也都有中国陶瓷的踪影。在叙利亚，1931—1938 年丹麦国家博物馆调查队在哈玛（Hamat）也发掘到元代白瓷、青花瓷、青瓷碎片；其中，有些被考古学家辨认为是宋德化窑白瓷片、南宋官窑的牡丹浮纹青瓷片和内侧及中央贴花的元代龙泉窑青瓷残片。在黎巴嫩贝卡谷地的巴勒贝克（Baalbek），发现了宋代龙泉窑莲花瓣纹青瓷碎片和元代花草图纹的青花瓷碎片。汪大渊在《岛夷志略》中曾提到，"青白花瓷"是天方所需的中国商品。在波斯湾地区和阿拉伯半岛南部的考古发现证实了汪大渊的记载。巴林，人们曾在卡拉托林之南的清真寺废墟和海滨收集到 28 块青瓷片和 58 块青花瓷片。另外，阿拉伯半岛南端的也门、阿曼的许多地方都出土过中国瓷片。

伊朗东部呼罗珊地区自古与中国关系密切。1936 年、1937 年、1939 年，美国纽约大都会博物馆三次发掘伊朗内沙布尔古城发现大量唐宋瓷器与残件，其中有唐代广东窑白瓷钵、碗残件。②

此外，波斯湾地区还发现过中国宋代铜钱。巴林对岸沙特达兰市附近的卡提夫出土过北宋铜钱"咸平通宝"（998—1003 年）、"绍圣元宝"（1094—1097年）和南宋的铜钱"绍定元宝"（1228—1233 年）。

陶瓷器是最受西亚、北非人民欢迎的中国商品。中国陶瓷器火候高，质地坚硬，花色品种多，造型优美，色彩柔和美丽，但因长途转输不易，能够用上中国舶宋品的只是少数豪富之家。巨大的销售市场吸引了西亚的能工巧匠，他们纷纷努力钻研，尽可能地模仿受人喜爱的中国陶瓷。1936、1938 年先后在 9世纪阿拔斯王朝都城遗址萨玛拉出土绿釉系、三彩系、黄褐釉系的陶器。这些都是当地陶工按中国式样的釉色仿制的陶器，其火候很低，只是一种软陶，质地虽然远不能与中国陶相比，但却受那些用不起真正中国陶器的人家的欢迎。

在埃及法蒂玛王朝，一位名叫赛义德的工匠以宋瓷为模式努力仿制，终于成功。他教授了许多弟子，形成流派。他们十分注意中国瓷器的变化，并不断

① 〔日〕三上次男著，李锡经、高喜美译：《陶瓷之路》，文物出版社 1984 年版，第 82 页。

② 沈福伟：《中西文化交流史》，上海人民出版社 1985 年版，第 208 页。

地更新自己的仿制品。最初仿制青瓷、白瓷，元以后又仿制青花瓷。他们从形制到纹样一概仿制。据11世纪中叶到过埃及的波斯人纳赛尔·火思鲁记载，这些仿制品"十分美妙、透明，以致一个人能够透过瓷器看见自己的手"①。从考古发现的器物看，11世纪以后的仿制品从外观上来看，的确与真品甚近。

尽管西亚、北非的工匠努力模仿中国产品，但他们的仿制品只是陶器而非瓷器。制瓷需要有两个必要条件。一是原料，瓷土是一种专门的土，称为高岭土。二是烧窑技术。制瓷的窑温比制陶高得多，这些异域工匠当时所追求的不过是形似。当时西亚没有发现制瓷的原料高岭土，当地的窑也无法烧到制瓷所需的高温，所以这些仿制品并不是瓷器而是陶器。中国青花瓷乃釉下彩，制作时涂画青花颜料氧化钴后便入窑烧制，出窑后上一层釉后再入窑烧制。这种产品色彩在釉之下，永远洗不掉。埃及仿制的青瓷、青白瓷和青花器，乍看上去，无论器形、颜色还是纹样均与中国原产品十分相似，但埃及仿制品的胎质为陶，硬度远低于中国瓷，釉普遍比中国产品厚，像一层玻璃覆盖在器物表面，其质量远远比不上正宗的中国货。这些仿制器物虽然质量不高，但毕竟满足了西亚普通百姓喜爱中国瓷器的心理。

埃及富士达特遗址堆积如山的残存陶瓷片中，有70%—80%是仿制中国器物的残片。入明以后，奥斯曼帝国所在的小亚细亚成为新的仿制中国青花瓷中心。这一流派的产品在西亚、北非许多地方都有发现，其中保存完好的珍品被世界上许多著名的大博物馆收藏，成为伊斯兰世界陶瓷业发展过程中的一个重要阶段。富士达特遗址的发现及其以后时代西亚、北非大量出现的中国瓷器仿制品证明，中国陶瓷的大量出口改变了西亚、北非的社会审美观，以致社会上流行的器皿审美观以是否与中国式样相近为准。因此从唐末以来，西亚、北非陶业界仿制中国陶瓷成为一种风气，成为一项极为有利可图的行业。数百年来长盛不衰。

埃及的富士达特是9—12世纪北非著名的陶瓷器集散地。这里的中国陶瓷应有相当部分来自位于今东非苏丹红海岸边的阿伊扎卜（Aydhab）。据12世纪后半期旅行家伊本·朱拜尔等人记载，10世纪以来，从印度驶往埃及的商舶均先抵达阿伊扎卜，舶货中以中国瓷器为大宗。至今在阿伊扎卜绵延约2千米的海岸边，到处散布着中国陶瓷碎片，其最早者为唐末器物，还有越窑青瓷、龙泉青瓷、白瓷、青白瓷、青花器、黑褐釉瓷等，年代从唐末至明初。在一些朴质无华的黑褐釉壶的残片内，可发现有"口清香"字样的戳印。这些发现证实了文献记载的可靠性。中国瓷器运抵阿伊扎卜后，一般使用驼队运到尼罗河中游的库斯和阿斯旺；从库斯可溯尼罗河而上，运抵埃塞俄比亚，从阿斯

---

① 参见希提著、马坚译：《阿拉伯通史》，商务印书馆1979年版，第756页。

旺可顺流而下,运往富士达特和尼罗河口。红海边另一个装卸中国瓷器的重要港口是埃及南部的库塞尔,距苏伊士湾口约 650 千米,至今那里尚可找到大量中国唐末宋初的越窑瓷、宋龙泉青瓷、景德镇青白瓷和元末明初的青花瓷碎片。

唐宋以后,瓜达富伊角以南的东非地区也成为中国陶瓷的重要销售市场。在东非沿岸的许多遗址,中国瓷片堆积之多简直可以整铲整铲地挖掘。① 这些中国陶瓷残片的发现、收集、整理和鉴定为研究中非经济文化史及东非本地经济发展史提供了宝贵的资料,以致一些学者认为:"东非的历史乃是由中国的瓷器所写成的。"②

中世纪时东非沿海地区的中国陶瓷转运港口极多。在索马里的主要有沙丁岛、伯贝拉、摩加迪沙、基斯马尤以及克伊阿马诸岛。在肯尼亚的主要有坦福德·帕塔、曼达岛、拉木岛、曼布尔伊、格迪、马林迪、基利菲、马纳拉尼、蒙巴萨等。其中,在格迪发现一只质量甚为精美的瓷瓶,饰以红钢色,学者们认为这是一件外交礼品。

在坦桑尼亚沿海发现中国陶瓷碎片的遗址有 46 处,主要有奔巴岛、马菲亚岛、基尔瓦岛等。其中,在基尔瓦岛出土有唐末到宋初的越州窑瓷,有白瓷碗,有元代描绘着凤凰蔓草花纹的青花瓷、素地雕花白瓷,还有大量 14—15 世纪的青瓷,种类繁多。这里还发现了 14—15 世纪的越南黑褐釉陶器、同时代的泰国宋加禄窑青瓷和一片日本古伊万里青花瓷残片。③ 而在基西马尼·马菲亚也发现了一只瓶,大致与在肯尼亚发现的瓷瓶属于同类,饰以红铜色和蓝白色。④

中国瓷器在东非不仅是生活日用品,而且成为建筑装饰品。在诸如肯尼亚的迪格、基利菲等许多沿海古老的清真寺遗址中,都可见到墙壁上隔一定距离便镶有一件中国瓷碗或瓷碟,有些寺院还把中国瓷器镶在大厅圆形的拱顶上;甚至在埃塞俄比亚距海岸遥远的冈达尔地区,宫殿的墙壁上也镶有中国瓷器。这证明在中世纪时东非上流社会中存在着建筑物中以镶嵌中国瓷器为美的风气,这种风气不仅在沿海地区存在,而且传到东非内陆。同时,东非这时期的许多墓碑也镶有中国瓷器,瓷器上的花纹有花、树、果、鱼、鸟兽等。

---

① B. DavidsOn: Old Africa Rediscovered, London, 1960.(戴维森:《古老非洲的再发现》,伦敦,1960 年,第 221 页。)

② G. S. Fncman-Grenvlle: The Medieval History of the Coast of Tanganika, Berlin, 1962.(弗里曼·格林维尔:《坦噶尼喀海岸地区中世纪史》,柏林,1962 年,第 35 页。)

③ 〔日〕三上次男著,李锡经、高喜美译:《陶瓷之路》,文物出版社 1984 年版,第 32 页。

④ 何芳川:《源远流长,前途似锦的中非文化交流》,《中外文化交流史》,第 815 页。

三、制糖技术的交流

中国是甘蔗的原产地。在漫长的历史岁月中,中国人不断比较中国土种甘蔗与海外甘蔗的优劣,从交趾、扶南、印度引进新蔗种。中国早期种蔗是用来榨取汁液。三国时孙权曾命匠人仿交趾方法制蔗糖。当时甩甘蔗汁直接熬成的糖是固体状的。后来印度以石灰为澄清剂的制糖法由海路传入中国,大约从5—6世纪,中国开始制造砂糖。砂糖的名称源于梵文 gula 或 guda,原意为"球",在佛经中译为糖或砂糖。

东汉时,印度、波斯的石蜜传到中国。唐太宗于贞观二十一年(647年)曾遣人赴印度摩揭陀(今印度比哈尔邦巴特那)学习石蜜制法。据《新修本草》记载,石蜜又称为乳糖,其制法是用砂糖(即固态糖)、水、牛乳、米粉混合,煎煮后成块。学习制糖的匠人从印度回来,唐太宗命扬州贡甘蔗,制出的石蜜比西域原产的还要好。

中国人在三国时代学会制作的砂糖应当是赤砂糖。白砂糖在相当长的时期内是稀罕的舶来品。《宋史·大食传》记载雍熙元年(985年)和至道元年(995年)大食人进献的贡品中均有白砂糖。《宋会要辑稿》中也记载咸平二年(999年)大食人进献白砂糖之事。宋末的《岭外代答》在记述"阇婆国"(今印尼爪哇岛)时说,其地出产红、白蔗糖,可见东南亚人先于中国人掌握制取白砂糖的技术。中国人既知白砂糖好于赤砂糖,遂开始引进制取白砂糖的技术。其过程大致是这样:首先是一些掌握制糖技术的异域人以一技之长定居中国,在中国以外国法制白砂糖,而后这种技术渐渐传播开来,为中国匠师所熟知。

白砂糖制取技术的引进约始于元代。元代在杭州设立砂糖局,任职者"皆主鹘,回民富商也"[①]。"主鹘"即波斯语 Juhud 的音译,元代又译作"术忽",意为犹太人。这就是说,元代在杭州主持制糖的都是犹太人。杨禹解释说,这些"主鹘"都是回族富商。他们应当都是掌握制糖术的西域商人,所以受到蒙古贵族的信用。元代制白砂糖最重要的地方是福建泉州的永春(Vunguen)。据马可·波罗记载,永春在元代并入蒙古版图以前,不知精炼白糖的技术,只能生产赤糖。入元以后,来自西亚的制糖匠在这里传授了用木炭灰脱色的技术,使这里成为蔗糖的主产地,供应大都的蒙古宫廷食用。西亚的制取白砂糖技术在泉州落地生根后迅速发展。14世纪40年代,摩洛哥旅行家伊本·拔图到中国后看到,中国出产大量的蔗糖,其质量较之埃及蔗糖有过之而无不及。[②] 制取白糖的技术从泉州逐渐向外传播,据福建莆田《兴化府志》记载,白

---

① 橱禹:《山居新语》,《癸辛杂识》外八种,《四库笔记小说丛书》,上海古籍出版社1991年版。

② 马金鹏译:《伊本·白图泰游记》,第545页。

砂糖制法源出泉州,正统年间(1436—1449年)莆田人学会此法。直至明末人们还知道白砂糖的制法来自海外。宋应星(1587—约1666年)在其《天工开物》中记载了制糖法,说所制的糖"最上千层五寸许洁白异常,名曰洋糖"。作者还说,"西洋糖绝白美,故名"。制白砂糖技术最初是在泉州传播开来的。

中国生产的白糖不但能满足国内市场的需求,而且出口海外。中国的白糖出口印度以后,深受当地富人喜爱,他们不再吃当地原产的赤砂糖。至今印地语称白糖仍为cini,意为"中国的"①。

冰糖生产技术为中国首创。据南宋王灼《糖霜谱》记载,唐大历年间(766—779年),一名邹姓僧人在四川遂宁传授冰糖生产技术。至宋时,外国尚无冰糖,冰糖是元代中国主要的出口商品之一。据元末汪大渊《岛夷志略》记载,冰糖已经出口印度。②

第六节　旅行家与元代中外文化交流③

在元代,往来于东西方海道上而又留下了记录的,除马可·波罗外,还有四位著名的旅行家。第一位是中国人汪大渊(活动年代在14世纪上半叶),他写下了《岛夷志略》;第二位是摩洛哥人伊本·白图泰(1304—1377年),留有《白图泰游记》;第三位是意大利教士鄂多立克(1286—1331年),留有《鄂多立克东游录》;第四位也是意大利教士,马黎诺里(活动年代在14世纪上半叶),著有《奉使东方追想记》。依据这些资料,我们略可考知他们的旅行事迹的一斑。

一、中国旅行家

汪大渊,字焕章,江西南昌人,生卒年月不详。据元人张翥为《岛夷志略》所写的序说:"西江汪君焕章,当冠年,尝两附舶东西洋。"张翥还说他本人曾亲自听到汪大渊谈论他所见海外情况。按《元史》卷一八六《张翥传》,张生于至元二十四年(1287年),死于至正二十八年(1368年)。而《岛夷志略》书中有两处载有日期:一是在"大佛山"条说"至顺庚午(1330年)冬十月十有二日,因卸帆于山下";二是在"遏"条说,该国在"至正己丑(1349年)夏五月降于罗斛"。据此,我们可以推知汪大渊的活动年代当在14世纪上半叶。他从20岁(冠

① 季羡林:《CINI问题——中印文化交流的一个例证》//《季羡林学术论著自选集》,北京师范学院出版社1991年版,第650-661页。
② 金秋鹏:《海事活动中的中外科技交流》,《中国与海上丝绸之路》,第13-15页。
③ 本节引见汶江:《古代中国与亚非地区的海上交通》,四川省社会科学院出版社1989年版,第158-165页。

时)起曾数次随商船出海,足迹遍及东、西洋(包括南洋群岛、南亚、西亚、东非各地)。当时中国远洋帆船一般是在仲冬(十一月)以后出海,而航行到达斯里兰卡至少需时两个月(还不计算在亚齐的休整时间)。据上述,汪大渊在 1330 年 10 月中旬已舣舟大佛山,那么,他的初航至迟也当始于 1329 年冬。据该书汪自写的"后序",他成书的时间大概是在 1349 年,即距初航已历时 20 年。其自序说:"大渊少年尝附舶以浮于海。所过之地,窃尝赋诗以记,其山川、土俗、风景,物产之诡异,与夫可怪可愕可鄙可笑之事,皆身所游览,耳目所亲见。传说之事,则不载焉。"《四库提要》指出:"诸史外国列传秉笔之人,皆未尝身历,即赵汝适《诸蕃志》之类亦多得于市舶之口传。大渊此书则皆亲历而手记之,究非空谈无征者比。"这是本书最可贵之处。

汪大渊在本书所列举经历的国家或地区计共 99 条,所载外国地名达 220 个,比诸后来的马欢《瀛涯胜览》、费信《星槎胜览》等都要丰富得多。由于此书是他根据本人亲身的经历写成,所以其纪录的地名译音很多出自新造,与我国古籍所记载的不同,不易还原,影响了对该书的评价和利用。现经苏继庼详为校释,使全书斐然可读。根据苏释,汪大渊踪迹所到的西亚、非洲各地,计有甘埋里(伊朗霍尔木兹岛)、马各涧(伊朗马腊格)、波斯离(伊拉克巴士拉)、麻呵斯离(伊拉克摩苏尔)、哩伽塔(也门亚丁)、天堂(沙特阿拉伯麦加),阿思里(埃及库赛尔)、麻那里(肯尼亚马林迪),层摇罗(坦桑尼亚基瓦尔基西瓦尼)、加将门里(莫桑比克克利马内)。这就是说,汪大渊的游踪几乎遍及波斯湾、红海、东非海岸各地。他在书中记载以上各地"贸易之货"多有我国出产的苏杭五色缎、云南叶金、青白花瓷、瓷瓶等物,说明元代时我国商舶海外贸易活动范围的广大。

《岛夷志略》中还记载在印度坦焦耳附近的讷加帕塔姆有一座宋代中国人所建造的砖塔:"居八丹之平原,木石围绕,有土砖甃塔,高数丈。汉字书云:'咸淳三年(1267 年)八月毕工'。传闻中国之人其年皈彼,为书于石以刻之,至今不磨灭焉。"关于此塔,亨利·玉耳在其《马可·波罗游记注释》中曾指出。此塔当地人称之为中国塔,1846 年时还残存 3 层,但到 1859 年已毁坏到不堪修复,现已不存在了。[①] 幸有汪大渊此处的记载,使我们可以证实此塔是宋代时中国人所建,也足以说明宋代时中印海上往来的繁盛。

二、外国旅行家

元代中西往来活动的高峰,当推马可·波罗(1254—1324 年)的访华。马可·波罗是意大利威尼斯人。他的父亲尼柯罗和叔父马菲奥曾经到东方经商,

---

① 参看 Henry Yule,The Book of SCr Marco Polo. Vol. 2,P336。

随着伊儿汗旭烈兀的使臣到达上都见到了忽必烈。忽必烈派他们前往罗马教廷进行联络。尼柯罗兄弟返回欧洲时，恰逢老教皇去世、新教皇未立之时，于是先返回家乡威尼斯。这时的马可·波罗已是 15 岁的少年。1271 年，他跟随父亲和叔父去谒见新教皇格里高里十世。然后，三人与教皇派出的两名使节同行，踏上前往东方的道路。途中，两名使节不耐劳苦，将教皇给忽必烈的信和出使特许状都交给了他们。马可·波罗和父亲、叔父继续前进，沿丝绸古道，经过三年半跋涉，终于在 1275 年到达开平（元上都，今内蒙古正蓝旗东）。马可·波罗在忽必烈宫廷中甚受信用。他在中国居留 17 年，经常奉命巡视各地，足迹遍及大江南北和长城内外。1291 年，马可·波罗奉命护送蒙古公主阔阔真远嫁波斯，从泉州出海，经苏门答腊、印度至波斯。然后，他由陆路取道两河流域至高加索，最后乘船经君士坦丁堡返回故乡威尼斯。后来，马可·波罗参加了威尼斯对热那亚的海战，在战争中被俘。他在监狱里把自己的东方见闻口述给难友听。以后，难友将马可·波罗的口述整理成书，这就是驰名世界的《马可·波罗游记》。这部书不仅是中西文化交流史上的一颗明珠，而且对世界历史也产生了深刻影响，它所叙述的中国富庶繁荣与文化昌明的情况，在当时处于相对落后的欧洲引起了轰动。

伊木·白图泰与马可·波罗、鄂多立克、尼哥罗康梯被称为中世纪时西方的四大游历家。伊本·白图泰的全名是阿布·阿卜杜拉·穆罕默德·伊本·白图泰，1304 年 2 月 14 日生于摩洛哥的丹吉尔。他在 1325 年，即 21 岁时开始其旅行事业，直到 1353 年才倦游归国，前后历时 28 年，死于 1377 年，终年 73 岁。在他生前，根据摩洛哥苏丹的命令，由苏丹的秘书穆罕默德·伊本·朱载记录下他所口述的全部旅游经历。该书于 1355 年 12 月完成。伊本·朱载在书末附言说："任何有头脑的人都会明白伊本·白图泰是我们时代的大旅行家，即使称他为整个伊斯兰世界的大旅行家也不为过。"[①]的确，伊本·白图泰在其漫游国外的 28 年中，足迹遍及北非、小亚细亚、东非沿岸、中亚细亚迤北到现在伏尔加河畔的喀山附近、南亚、东南亚、东亚；而在他从中国返回摩洛哥后，又横越直布罗陀海峡到了西班牙，然后又转回来，南越撒哈拉大沙漠，到达当时的马里帝国。最后因接到摩洛哥苏丹的命令才于 1353 年 12 月返抵波斯，结束了他的旅行事业。伊本·白图泰游历之范围连马可·波罗也不能望其项背，据亨利·玉耳的粗略计其全部行程超过 120675 千米。

白图泰的游记特别留意对各地社会生活的描写。他所记载的印度德里苏丹穆罕默德的性格特点，已为其他史籍的记录所证实是真实的；他所列举的马尔代夫群岛的 12 个岛屿的名称，大都可以同今天的地名相印证；他所说的中

① Henry Yule, Cathay and the Way Thither. VOl. 4, P. 41。

非黑人国的情况,更是今天我们能看到的有关该地区的最早的材料。

自然,由于他所处的时代的局限性,白图泰的游记中也有不少夸大失实之处。例如,他对于当时中国北部情况的描述,如一条大河自北京直达广州、中国北方用象来驮运东西、元顺帝时的宫廷斗争等,是与事实不符的。据玉耳的研究,白图泰在书中所说的他到中国和回国的时间前后不符,应为1345年冬从孟加拉启程来华,1346年夏到达中国,而在此年冬即离华回国,所以他在中国的游踪仅及江南一些地方,对于中国北方的情况不过得自传闻,当然就不确切了。但无论如何,他所记述的中国船只的构造、陶瓷的制作、排灌机械、纸币、木炭、商业活动、养老制度等都很生动具体,断不是附会捏造,而且所叙述的情况,有些还可同我国的史料相印证,如他所说在泉州见到的穆斯林人士,其中有的姓名就同元人吴鉴所写的《清净寺碑记》上说及的名字相吻合。因此,这仍然是一份很珍贵的资料。

鄂多立克为意大利弗留利人,是一位方济各会教士。他于1318年开始东游,1321年抵达西印度,然后从斯里兰卡的科伦坡坐上中国船经马六甲海峡、越南中部到达广州;再经泉州、福州,越仙霞岭到杭州,转南京赴扬州,沿大运河北上到达北京。他在北京逗留了3年之后,于1328年取道陆路,经我国陕西、四川、西藏,过中亚、伊朗而重返意大利。1330年,在意大利帕多瓦的圣安东尼教堂,由教士威廉记下了他口述的游历经过,即今天我们看到的《鄂多立克东游录》。本来他还想再去请求教皇准许他率领50名教士重来东方,但不幸因病于1331年逝世。

鄂多立克的游记比起马可·波罗和伊本·白图泰的记载来说,要简略得多,但他关于广东人嗜吃蛇肉、元代的驿站制度、元帝宫殿的巍峨壮丽、杭州富贵人家庭的奢侈以及西藏的天葬风俗等的记载,无疑是正确而且饶有兴趣的。

下面摘引一些他对于中国各地船只的描述:

广州:"该城有数量极其庞大的船舶,以致有人视为不足信。确实,整个意大利都没有这一个城的船只多。"

南京:"它的人口稠密,有大量使人叹为奇观的船只。"

扬州:"此城也有大量的船舶。"

明州(宁波):"此城的船只恐怕比世上任何其他城的都要好得多。船身白如雪,用石灰涂刷。船上有厅室和旅舍,以及其他设施,尽可能地美观和整洁。确实,当你听闻,乃至眼见那些地区的大量船舶时,有些事简直难以置信。"①

我们从马可·波罗、伊本·白图泰以及鄂多立克等对于中国船舶的印象深刻、不胜赞叹的记载中,也可以明白当时中国帆船之所以能独步印度洋上,

第七章

宋元时期的海外文化交流

———————————

① 何高济译:《海屯行纪、鄂多立克东游录、沙哈鲁遣使中国记》,第64、70、71页。

的确绝非偶然。

元代尊崇喇嘛教和道教,但对其他宗教也采取包容政策。马可·波罗记载忽必烈评论各种宗教的话说:"人类各阶级敬仰和崇拜四个大先知。基督教徒,把耶稣作为他们的神;撒拉逊人,把穆罕默德看成他们的神;犹太人,把摩西当成他们的神;而佛教徒,则把释迦牟尼当做他们的偶像中最为杰出的神来崇拜。我对四个大先知都表示敬仰,恳求他们中间真正在天上的一个尊者给我帮助。"①据《元史·百官志》载,在元代的官府机构中,不仅有管理佛教的宣政院,管理道教的集贤院,还专设有"崇福司,秩从二品。掌领马儿、哈昔、列班、也里可温、十字寺祭享等事"。"马儿"为叙利亚文 Mar 的对音,意指景教的主教;"哈昔"为叙利亚文 Kasis 的对音,意为"修士";"列班"为叙利亚文 Rabban 的对音,意为"法师","也里可温"并指基督教各个宗派,"十字寺"则是基督教各派(基督教、景教等)教堂的统称。因此,元代时来华的基督教徒,犹太教徒也不少。史料表明当时欧洲教皇确曾派遣过一些教士来华传教,而马黎诺里是其中留下了游记的一位。

马黎诺里,意大利佛罗伦萨人,仅知他大约生于1290年以前,逝世当在1357年以后。他也是一位方济各会教士,于1338年奉教皇本尼迪特十二世之命,与一群使者(据本人游记所载,来到北京的同行者共32人)携带教皇的书信和礼物,随同元帝派赴教廷的使者经由中亚来中国。他们一行在途中历时3年多,至1342年才到达北京,向元顺帝献上带来的书信和大马。马黎诺里说:"当大汗看到那些大马,教皇的礼物和有金色封泥的教皇的及罗伯特国王的书札,以及我辈等时,十分高兴,对这一切都极为欢悦,款待我们恩礼有加。"②

关于这次献马事件,在《元史·顺帝纪》中,可以看到如下记载:至正二年(1342年)秋七月,"是月,拂郎国贡异马,长一丈一尺三寸,高六尺四寸,身纯黑,后二蹄皆白"。这次献马成为元廷的一桩盛事。顺帝特命画工为马绘图,下诏群臣咏诗歌颂。一时,元廷的文人学士竞相吟诗作赋来取媚皇帝。周伯琦在所作《天马行》的序中形容牵马的人说"驭者其国人,黄须碧眼,服二色窄衣,言语不可通",说明来者确是欧洲人。这些记载从侧面证明了马黎诺里所写的《奉使东方追想记》是可信的。他在北京逗留3年多,然后取道江南,由泉州乘船经斯里兰卡,返抵忽里谟子,再经由小亚细亚和地中海,于1353年返抵当时教廷所在的法国阿维尼翁城,向教皇复命。

除了上述诸人之外,虽然没有留下游记但有遗札以及其他史料可以查明

① 陈开俊等译:《马可·波罗游记》,第87页。
② Henry Yule,Cathay and the Way Thither. Vol,8,PP. 213-214。

的元代时经海上来华的欧洲传教士，还有孟高维诺、杰拉都斯、佩雷格里奴斯、安德烈亚斯等人。

孟高维诺（1247—1328 年），意大利人，方济各会教士。他于 1289 年携带着教皇尼古拉四世致忽必烈的书札启程来华，由海道经印度到达中国。他在北京的传教工作，由于取得了忽必烈的信任而成绩卓著，先后建立了两所教堂，受洗者达 6000 多人。他还争取到当时汪古部的酋长高唐王阔里吉思率领全族的皈依。他致教廷的三封书信（一封发自印度、两封发自北京）现均保存。教廷在接到他的来信后，大为兴奋，特于 1307 年春设汗八里（北京）总主教区，即委孟高维诺为这区的总主教，授予极大权力。教皇克莱门特五世并于同年 7 月派遣方济各会教士杰拉都斯、佩雷格里奴斯、安德烈亚斯等 7 人（其余 4 人，1 人未成行，3 人途死于印度），由海道来华协助孟高维诺的工作。

杰拉都斯等 3 人抵北京后，因为当时住在泉州的一位亚美尼亚的富妇捐出巨款建立了一座壮丽的教堂，使泉州成为另一个基督教的据点，孟高维诺就先后委任他们 3 人担任泉州主教。安德烈亚斯于 1326 年曾自泉州发了一封信，详细叙述了他在中国的情况。他说，来华的外国人都由元朝政府发给一份生活费——阿拉发（Alafa），他所得的年俸值 100 金佛罗林（florins）。他把这些钱的大部分都用于在泉州另建一华丽舒适的教堂。他还提到与他同时来华的 2 人当时已死。这封信札现在也保存完好，它同孟高维诺的 3 封信同为研究当时东西方往来的珍贵资料。

孟高维诺于 1328 年在中国逝世，但安德烈亚斯却思乡心切，极想回国。恰巧 1336 年时，在中国的阿兰人（他们都信奉基督教）因孟高维诺死后北京久缺总主教，派出了一个 16 人的使团到教廷请派新人。该使团还带有元顺帝给教皇的信。安德烈亚斯即为该团成员之一，经由陆路于 1338 年到达阿维尼翁。教皇本尼迪克特十二世即因此派出上述马黎诺里等来华，但安德烈亚斯似没有再度来华。

第八章

宋元时期的海洋社会与海洋信仰

　　宋代把从事海外贸易的商人称为番商、海商或舶商。宋朝以后,中国海商势力有了很大发展,并且在贸易中发挥了主导作用。海商数量庞大,在贸易和中外关系中发挥了巨大作用,在海洋群体中扮演着最为重要的角色。宋元时期不仅由于远远超过世界其他国家的经济文化发展水平而吸引各国商人纷至沓来,而且宋元政府鼓励外商来华贸易,保护他们在华的商业利益和财产权利,给予外商学习、入仕等机会,因而来华的外商人数众多,贸易规模巨大,是这一时期海外贸易中不可忽视的力量。

　　宋元时海外贸易和海上交通运输的急剧发展,是海神信仰产生并迅速普及的重要原因。妈祖信仰产生于宋朝,并不断被晋升封号,反映了宋代以来航海事业的发展,也反映了宋元封建朝廷对发展航海贸易的关切和重视。

第一节　宋代的海商与外商[①]

一、宋代的海商

（一）宋代海商的兴盛

　　中国民间海商得到较大的发展是在 9 世纪中期以后。唐代后期民间海商出海贸易的次数不断增加。例如,在中日贸易中,唐代海商到日本的第一次记载是 842 年,此后,海商贸易的次数逐步增加,到 903 年共达 36 次。而整个唐

[①]　本节引见黄纯艳著:《宋代海外贸易》,社会科学文献出版社 2003 年版,第 98-103 页,第 106-115 页,第 120-122 页。

代,中日双方政府遣使只有 23 次。特别是遣唐使停派后,海商取代了遣唐使的作用,成为中日经济文化交流的主要承担者,而这其中又以唐朝的商人为主①,往来中日间的"几乎都是唐朝的商船"②。朴真奭对中朝经济文化交流史的研究也得出这样的结论:唐代中后期,中朝交往,"原为国家所控制的对外贸易逐渐转入私人手中"③。这种趋势延续发展,到宋代海商贸易已蔚然成风。

宋代民间海商贸易的次数较之前代有明显增长。北宋时期,有明确记载的宋海商赴日本贸易达 70 次。很多商人如孙忠、朱仁聪、周文德等都是多次往返于两国,孙忠赴日的次数不下 6 次。最初,日本政府按照唐代旧例,在鸿胪馆安置宋商,供给衣粮,后因来船太多,不胜负担,便不再设馆接待了,并规定每个宋商到日本贸易必须间隔两年,但很少有商人遵循。商人们往往以遇风漂至等各种借口提前来贸易。南宋时,日本源氏政权一改前代锁国政策,鼓励海外贸易,宋商赴日者更多了。南宋中叶以后日本僧人来华增多,知其姓名者有 120 余人,都是搭乘海商船只,由此可知这时期宋商赴日更加频繁了。朴真奭先生据《高丽史》统计,在 1012—1192 年,宋海商往高丽贸易共 117 次,其中能确知人数的有 77 次,共计 4548 人。与东南亚和印度洋沿岸各国的贸易是中外贸易的主要部分,前往这些地区的海商人数和规模比往日本和高丽者更多和更大,在此不再赘举。海商的贸易是民间性质,在史乘中留下记载的只是有限的一部分,实际的人数已湮没于历史的尘埃之中无法确考了,但远远超过文字的统计则自不待言。

(二)海商的构成

海外贸易的利润往往远远超过一般的贸易活动,"每十贯之数可以易番货百贯之物,百贯之数可以易番货千贯之物"④。丰厚的利润吸引着社会的各个阶层,富至百万之家,穷至如洗之民,贵至公卿大臣,重至拥兵大将,或亲自扬帆出海,或与人合股,或租船募人,远赴海外聚财殖货。在海商中有如"温州巨商张愿,世为海贾"⑤,"四明人郑邦杰以泛海贸迁为业"⑥,素以海外贸易为本业的。有像"建康巨商杨二郎,本以牙侩起家",转而为海商者,"数贩南海,往来十余年,累货千万"⑦。这类人本来就出身于商人阶级。

① 武安隆编著《遣唐使》,黑龙江人民出版社 1985 年版,第 172-175 页。
② 〔日〕木宫泰彦:《日中文化交流史》,商务印书馆 1980 年版,第 108 页。
③ 朴真奭:《中朝经济文化交流史研究》,辽宁人民出版社 1984 年版,第 35 页。
④ 《敝帚稿略》卷一《禁铜钱申省状》。
⑤ 《夷坚丁志》卷三。
⑥ [宋]郭彖:《睽车志》卷三,笔记小说大观本。
⑦ 《夷坚志补》卷二一。

　　海商中人数最多的是沿海农户和渔户。他们或为生计所迫，或为利欲驱使，出海逐利。加之宋政府对出海贸易的鼓励，沿海居民中经营海上贸易者日益普遍。"贩海之商……江淮闽浙处处有之。"①在明州一带，"濒海之地，田业既少"②。正如舒直诗中所说，"香火长存社，渔盐每夺农"③。人们难以在农业中获得更大的发展，因而多弃农从商，经商风气盛行。"小人多商贩，君子资官禄。""市列肆埒于二京。"④居民之中"籍贩枲者半之"⑤。台州有郑四客也是弃农经商者。他曾"为林通判家佃户，后稍有储羡，或出外贩贸纱帛、海物"⑥。福建路在宋代已是人多地少，人地关系紧张，沿海居民大都以海为生，为海商者较他路更多。史籍称："惟福建一路多以海商为业。"⑦"漳、泉、福、兴化滨海之民所造船乃自备财力，兴贩牟利。"⑧兴化一带"土荒耕老少，海近贩人多"⑨。泉州周围更是"贵贱惟滨海为岛夷之贩"⑩。两广之民做海商的也不少。广西濒海诸郡居民"或舍农而为工匠，或泛海而逐商贩"⑪。宋政府为有利于管理和收税，对这些民户专门编定户籍，即舶户。

　　涉足海外贸易的宗族、官吏、军将在海商中也占一定比例。宋政府明令限制现任官吏经营海外贸易，规定"官吏罔顾宪章，苟徇货财、潜通交易，阑出徼外"及"遣亲信于化外贩鬻者，所在以姓名闻"⑫。现任官以钱附纲首商旅过蕃买物者有罚。⑬市舶司所在地的"知州、通判官吏并舶司使臣等，毋得市蕃商香药禁物"⑭。亲自或托人出海及在国内贩易舶货都是被禁止的。但三令五申仍遏制不了厚利的诱惑。经商的宗族、官吏和军将时时有之。泉州南外宗正司的宗族男妇就有人从事海外贸易。⑮绍兴末年，宋政府"两宗司今后兴贩

①　《敝帚稿略》卷一《禁铜钱申省状》。

②　《宝庆四明志》卷五《商税》。

③　[宋]张津等撰：《乾道四明图经》卷八，舒直《和马粹老四明杂诗记里俗耳十首》之六，《宋元方志丛刊》本，中华书局 1990 版。

④　《乾道四明图经》卷一《风俗》。

⑤　[元]王厚孙、徐亮纂：《至正四明志》卷五，《宋元方志丛刊》本，中华书局 1990 版。

⑥　《夷坚支景》卷五。

⑦　《苏东坡全集》卷五六《论高丽进奉状》。

⑧　《宋会要》刑法二之一三七。

⑨　《后村先生大全集》卷四六。

⑩　《泉州府志》卷二一《田赋》。

⑪　《宋会要》食货六六之一六。

⑫　《宋会要》职官四四之三。

⑬　《文献通考》卷二六《市舶互市》。

⑭　《宋史》卷一八六《食货志下八》。

⑮　傅宗文：《后渚古船：宋季南外宗室海外经商的物记》，《海交史研究》1989 年，第 2 期。

番舶并有断罪论"①的禁令余音未了，又有"两外宗子商于泉者多横"②的报告。官吏经商者更多。例如，"燕瑛罢广漕还朝，载沉水香数十舰"（《张氏可书》）。郑公明知雷州时"三次搬运铜钱下海，博易番货"③。有臣僚职责赵伯东"昨守雷州，多破官钱，收买商货，航海而归"。理宗朝宰相郑清之的儿子曾"盗用朝廷钱帛以易货外国"④。苏轼也曾"贩数船苏木入川，此事人所共知"⑤。可见，官吏染指海外贸易者并不在少数，也不止于各港口的地方官。军将从事海外贸易者与官吏一样普遍。宋代军将经商是常见现象，"为将帅者不治兵而治财……披坚执锐之士化为行商坐贾者，不知其几"⑥。广西"邕、钦、廉州与交趾接，自守卒以下，所积俸余悉皆博易"⑦。南宋大将张俊曾派一老卒以50万贯为本，出海贸易，"逾岁而归，珠犀香药之外且得骏马，获利几十倍"⑧。刘宝所部"军籍不少"，"差人于荆湖、福建收买南货……在军中搜买珠玉珍奇之物"⑨。在广南路有摧锋军，以防海盗。"军中有回易所以养军。"参与贸易的兵士却常侵扰海商，以致"客舟往来，实受回易军兵之扰"，宋政府不得不下令"不许诸司别作名色，差拨下海，所有本军回易止许就屯驻营寨去处开置铺席、典质贩卖、庶几不为商贾之害"⑩。可见，军士出海经商现象是十分严重的。

　　不时还有僧道人员被诱出净土，远涉鲸波，加入海商的队伍。"杭僧净源者，归居海滨，与舶客交通牟利。"⑪"泉州人王元懋少时祇投僧寺"，后来"主舶贸易，其富不赀"⑫。"明州有道人……自云本山东商人，曾泛海遇风。"⑬温州道士王居常曾"贩海往山东"⑭。处州张道人"与一乡友同泛海"⑮。此类事例也并不止于以上列举的数例。

　　在为数众多、出自不同阶层的海商中，一部分以海外贸易为固定职业，另一部分，如官吏、军将及一些渔户、僧道只是在参与贸易时担当海商的角色，其

① 《宋会要》职官二〇之三〇。
② ［宋］何乔远：《闽书》卷一一六，明崇祯二年刻本。
③ 《宋会要》职官七四之四四。
④ 《宋史》卷四〇七《杜范传》。
⑤ 《长编拾补》卷六，熙宁二年十一月己巳。
⑥ 《系年要录》卷一八九，绍兴三十一年三月己卯。
⑦ 转引自陈智超编《宋会要辑稿补编》，第661页。
⑧ ［宋］罗大经：《鹤林玉露》卷三，笔记小说大观本。
⑨ 《系年要录》卷一八八，绍兴三十一年正月壬辰。
⑩ 《宋会要》食货六七之二。
⑪ 《长编》卷四三五，元祐四年十一月甲午。
⑫ 《夷坚三志己》卷六。
⑬ 《夷坚乙志》卷一三。
⑭ 《夷坚甲志》卷七。
⑮ 《夷坚甲志》卷一一。

他时候又各归本业。但这类人总体上数量庞大,贸易频繁,是海商队伍中极其重要的组成部分。

民间海商中资财丰薄不一,按照宋代的划分,"实系一百贯以下物货之人为小客"①。实际上,富裕海商的资财动以万计,海船以百数。"泉州杨客为海贾十余年,致赀二万万。"②辛道宗称,"家有青龙海船甚众"③,"番舶主"王仲圭一次能"差拨海船百艘"④。这些巨商大部分不再亲自出海,他们或出租海船,或雇人贸易。王元懋就曾雇佣"吴大作纲首,凡火长之屑,一图账者三十八人同舟泛洋"⑤。这些大舶商贩易所得也是批发给小商销售。宋人王巩在《随手杂录》中记载了一个李氏老姐为主人买珠子的事,李氏"所货珠子,归则失去,告其主以金十两偿之,其主不许"。她的主人就是批发经营舶货的大海商。百贯以下的小商往往只有"少或十贯、多或百贯"的本钱,而造一条载重700料左右的小型海船仅铁钉就需200斤⑥,这些小商是无法承担的。他们只能"转相结托,以买番货而归"⑦,合资经营。几人同租一船。"泉州商客七人,曰陈、曰刘……",就曾"同乘一舟俘海"⑧。也有小商租大商海船的仓位,出海贸易,在船上"分占贮货,人得数尺许,下以贮物,夜卧其上"⑨。

(三)海商在宋代中外关系中的作用

宋朝海商数量庞大、活动频繁,不仅成为中外经济贸易的桥梁,而且在政治、文化等方面的交流中也是不可或缺的角色,起到了十分重要的作用。我们可以从以下几方面概见。

1. 中外经济交流中的主力军

在宋政府较为宽松的政策鼓励下,宋代海商凭借领先的航海技术和造船技术,成为东西洋贸易活动中最活跃、最庞大的力量。前文我们谈到,宋商在中日、中朝贸易中都是独领风骚。在与东南亚及印度洋沿岸诸国的贸易中,宋商也居于主导地位。宋商所到之处常常受到热烈的欢迎。例如,宋商到达渤泥国,"其王与眷属率大人到船问劳……船回日,其王亦酾酒椎牛祖席"⑩。这

① 《宋会要》食货三八之三六。
② 《夷坚丁志》卷六。
③ 《系年要录》卷二一,建炎三年三月癸巳。
④ 《宋会要》食货五〇之二三。
⑤ 《夷坚三志己》卷六。
⑥ [宋]施彦执:《北窗炙輠录》卷上,学海类编本。
⑦ 《敝带稿略》卷一《禁铜钱申省状》。
⑧ 《夷坚三志己》卷二。
⑨ 《萍洲可谈》卷二。
⑩ 《诸蕃志》卷上。

充分说明了宋商的贸易活动在社会生活中的重要性。宋海商船每次到达,便在南海诸国中掀起一次贸易高潮。宋"商船入港,驻于官场前……当地的商贾丛至,随筏篱搬运货物而去……当地的商贾乃以其货转入他岛贸易"①。宋商成了这里的批发商。宋朝海商还担当了东西洋间贸易的纽带,把中国的物产输往东非、阿拉伯地区,通过阿拉伯商人传到地中海等地。宋商每年冬季在东南亚国家"住冬",目的是在这里"博买苏木、白锡、常日藤","次年再发船",转贩到阿拉伯地区②,再把东南亚和印度洋一带国家的货物贩易到日本、高丽以及北方的辽、金、西夏等。宋商销往日本的货物有"沉香、丁香、麝香等香药……鹦鹉、孔雀等"③,输往高丽的有"香药、沉香、犀角、象牙"④。宋商还积极招徕外商来华贸易,经常搭载来华的外商。宋政府对此也给予鼓励。"蕃商有愿随船来宋国者听从便。"⑤《宋会要·蕃夷》载,福州商人林振"自南蕃贩香药回茸……各有互市香药"。福州商人陈应、吴兵等"除自贩物货外,各为(占城)蕃首载乳蠹象牙等及使副人等"。仅吴兵的船为蕃首装载香药就达11万余斤。由于宋代朝贡贸易的减少,宋政府需要的外国所产的特需物品也常常委托海商代购。元丰七年政府发"朝旨,募商人于日本国市硫黄五十万斤"⑥。

2. 中外关系的使者

在前代完全由政府使节完成的政治交往,宋代由于政府遣使的减少,也部分由海商承担了。不少海商受政府委托,履行外交使命,以致"此年以来为奉使者不问贤否……多是市廛豪富巨商之子"⑦。熙宁八年(1075年),宋朝欲联合古城进攻交趾,曾"募海商三五人作经略司委曲,说谕彼君长"⑧。元丰六年(1083年)宋朝派使者到高丽,也是由商人先行,"蕃商人持牒试探海道以闻"⑨。第二年又"密谕泉州商人郭敌往(高丽)招诱(女真)首领"。有的海商主动为政府使节打前站。"福建、两浙有旧贩高丽海商,知朝廷遣使,争谋以轻舟驰报。"⑩海商中有些人还被其前往贸易的国家聘为使节,代表该国出使宋朝。泉州商人傅旋曾作为高丽使节"持高丽礼宾省帖,乞借乐艺等人"⑪。有

377

第八章

宋元时期的海洋社会与海洋信仰

----

① 《诸蕃志》卷上。
② 《诸蕃志》卷上。
③ 〔日〕藤家礼之助:《日中交流两千年》,北京大学出版社1982年版,第121页。
④ 《中朝经济文化交流史研究》,辽宁人民出版社,第53页。
⑤ 〔日〕《朝野群载》卷二〇,转引自陈高华、吴泰:《宋元时期的海外贸易》,第77-78页。
⑥ 《长编》卷三四三,元丰七年二月丁丑。
⑦ 《系年要录》卷一七一,绍兴二十六年二月丙子。
⑧ 《长编》卷二七一,熙宁八年十二月。
⑨ 《长编》卷三四一,元丰六年十一月己丑。
⑩ 《长编》卷二八九,元丰元年五月甲申。
⑪ 《长编》卷二六一,熙宁八年三月丙午。

些海商船只搭载外国使者来宋。元丰八年(1085 年),宋政府规定:"许海舶附带外夷入贡及商贩。"①前面提到的福州商人陈应就曾载有占城国"使副人等"。日本也曾遣使"附明州纲首以方物入贡"②。海商在贸易中传送政府间的牒文、信函更是十分频繁。宋高宗即位,宋商蔡世辛把即位诏书送到高丽。庆元府(即明州)与高丽交往的牒文也是由商人传送的:"本府与其(指高丽)礼宾省以文牒相酬酢,皆贾舶通之。"③宋商吴迪、侯林等都去高丽传送过明州的牒文。④ 有的海商还传送过多次,如孙忠就传送过至少四次宋日间的牒文。⑤宋政府对多次完成外交使命的海商予以奖励。密州商人平简因"三往高丽通国信"而被授予"三班差使"。⑥ 海商往来贸易,经常传递中外信息。建炎五年(1132 年),宋朝击败金军,改元绍兴的消息就是宋商卓荣传到高丽的。⑦ 宋太宗时,广西转运使报告交趾国君黎桓已死,宋太宗遣使查证,使者敷衍塞责,也报告黎桓已死,"未几有大贾自交趾回,具言桓为帅如故"⑧,太宗才得到真实的消息。宋朝罪犯鄂邻外逃,"广东商人邵保见军贼鄂邻百余人在占城"⑨,宋朝得报后将其捕回。这位邵保因此而得封为下班殿使、三班差使、监南剑州县酒税。

海商在宋与外国建立或恢复已中断的邦交上也起到了重要作用。阇婆国就是因建溪商人毛旭"数往来本国,因假其向导来朝贡"⑩。注辇国也因有"船舶商人到本国告称宋之有天下",而遣使道贺。⑪ 高丽与宋自天圣八年后中绝交往 43 年。熙宁初,神宗想再结高丽,于是"因贾舶以招来之"⑫,而高丽也有此意,委托泉州商人黄真、洪万持牒文来"令招接通好"⑬,中断了几十年的邦交因海商的媒介而得以再续。

3. 中外文化的传播者

学术文化的传播,前代主要由使节或政府派遣的留学生来完成。而到了宋代,他们的大部分职责被海商取代。海商们把大量中国书籍传到外国。宋

---

① 《宋会要》职官四四之一三。
② 《宋史》卷四九一《日本传》。
③ 《宝庆四明志》卷六《市舶》。
④ 朴真奭:《中朝经济文化交流史研究》,第 53 页。
⑤ 〔日〕木宫泰彦:《日中文化交流史》
⑥ 《长编》卷三四九,元丰七年十月癸未。
⑦ 朴真奭:《中朝经济文化交流史研究》,第 53 页。
⑧ 《宋史》卷四八八《交趾传》。
⑨ 《宋史》卷四八九《占城传》。
⑩ 《文献通考》卷三三二《四裔考九》。
⑪ 《文献通考》卷三三二《四裔考九》。
⑫ 《长编》卷四五二,元祐五年。
⑬ 《文献通考》卷三二五《高句丽》。

商郑仁德曾把日僧奢然在宋求得的《大藏经》带到日本。孙忠也曾把宋朝给日本朝廷的《法华经》及其他经书送到日本。奢然说，日本"有《五经》书及佛经、《白居易集》七十卷，并得自中国"①。高丽十分欢迎宋商贩运书籍。"每贾客市书至"，其王"则洁服焚香对之"②。福建海商徐戬"先受高丽钱物，于杭州雕造夹注华严经，费用浩汗，印板既成，公然于海舶载去交纳"。海商中"如徐戬者甚众"③。交趾国也十分热爱中国文化，然其国"不能造纸笔，求之省地"④，主要仰给商人从宋朝贩易。

　　另一方面，海商又把外国书籍或在中国已失佚而外国仍留存着的中国书籍传入中国。《朱子语类》载："尝见韩无咎说，高丽入贡时，神宗谕进先秦古书。及进来，有六经不曾焚者。神宗喜，即颁行天下。"《玉海》卷五二《艺文书目》也载："高丽献书多异本，馆阁所无。"日本也有不少宋朝已佚的中国古籍："其国多有中国典籍，奢然之来，复得《孝经》一卷、越王《孝经新义》第十五一卷。"⑤这些书都是宋朝已无存的古籍。这些书在宋朝当然是极受欢迎的，也是海商乐于贩易的商品。海商也常把外国书籍带到宋朝。日本僧人源信把自著的《往生要集》等书托宋商周文德带到中国宣传。⑥

　　外国僧人来宋一如往朝频繁。海商的船舶成为他们往来的桥梁。奢然及其弟子嘉因来往于宋日都是搭乘宋商船。宋商郑仁德曾四次搭载日僧。特别在南宋，中国禅宗兴旺，日僧来华学习者更多，记载中确知姓名的达120多人，他们绝大部分都是搭乘宋商船往返。高丽也有僧人来华。僧侣往来丰富和传播了宗教文化，而海商在其中起到了极为重要的作用。

　　在海商的贸易过程中，中国的科学技术也流播各国。1223年，日僧道元搭宋商船来华学习六年制瓷技术，回国后烧制了有名的"懒户烧"。火药技术也是由中国"江南海客"介绍到高丽。其他手工业、医学、航海等技术知识也通过海商广为传播。

　　4.海商的兴盛掀起了华侨迁移的高潮

　　宋代是中国文献中记载华侨事迹的最早时期。因为这一时期中国华侨迁移人数空前增多。宋朝称华人留居外国为"住蕃"。在日本、高丽及大部分东南亚国家都有华侨居住。在高丽，仅其王城就"有华人数百"⑦。而交趾"其国

① 《宋史》卷四九一《日本传》。
② 《宋史》卷四八七《高丽传》。
③ 《苏东坡全集》卷五六《论高丽进奉状》
④ 《诸蕃志》卷上。
⑤ 《宋史》卷四九一《日本传》。
⑥ 转引自陈高华、吴泰：《宋元时期的海外贸易》，第244页。
⑦ 《文献通考》卷三二五《高句丽》。

土人极少,半是省民",连"其祖(李)公蕴亦本闽人"①。这些华侨有的是自愿随商船出海,定居外国的。高丽王城数百名华人就是"多闽人因贾舶至者"②。有的是宋朝失意士人或罪犯,随商船远走海外。《宋会要》刑法二载:自元祐以来,"押贩海舶人,时有附带曾赴试士人及过犯停替胥吏过海入蕃,名为住冬,留彼数年不回。有二十年者,娶妻养子,转于近北诸国无所不至"。不少商人出海贸易,或出自愿,或由海难,留居外国。福建、广南就有很多商贾"至交趾、或闻有留于彼用事者"③。因海难而留居蕃国的为数甚多。《夷坚乙志》卷八记有一个福州商人遇海难,漂至一海岛,岛上的首领"与屋以居,后又妻以女,在彼十三年"。《夷坚甲志》卷七载,有泉州海贾"欲往三佛齐"不幸而"落礁土",漂至一岛,"与一女子成婚",居彼七八年,生三子。建州海贾周世昌遭风漂至日本,"凡七年得还"④。还有一些华侨则是被不法海商贩卖出国的。南方的海商常"诱人作婢仆担夫",然后转卖入交趾,"取黄金三两,岁不下数百千人,有艺能者金倍之,知文书者又倍"⑤。二广边郡直接"透漏生口"⑥也屡禁不绝。这些华侨出自不同阶层,以不同原因移居外国,但有一点是相同的,即几乎都是以海商为媒介而迁移。

入蕃的华侨有的是暂住七八年或一二十年,但大部分是"留卑终身"⑦,成为当地永久居民。他们的后代被称为"土生唐人",与当地人一样参与社会活动。占城统治者曾"差土生唐人及蕃人"一起招诱欲往宋朝的三佛齐使者佛记霞罗池等人的船只到占城。⑧ 中国当时的科学技术远远先进于海外诸国。不少出国的华侨都有一定的文化素质或工艺技能,所在国常"试其能诱以禄仕"⑨。交趾国对"闽人附海舶往者必厚遇之,同使之官,咨以决事"⑩,以致"所任乃多闽人",其土人因文化技术素质落后于华人而"无足倚仗"⑪。这些华侨带去中国先进的文化,对所在国政治经济文化的发展作出了巨大的贡献。宋政府在外交上虽然持收缩、被动的政策,而此时中外经济文化交往之盛却不差于前代,中外贸易比以往任何时代都繁荣。中国的丝绸、瓷器等产品同国外的

---

① 《文献通考》卷三三〇《四裔考七》。
② 《文献通考》卷三二五《高句丽》。
③ 《长编》卷二七三,熙宁九年三月壬申。
④ 《文献通考》卷三二四《四膏考一》。
⑤ 《文献通考》卷三三〇《四膏考七》。
⑥ 《宋会要》刑法二之一四七。
⑦ 《文献通考》卷三二五《高句丽》。
⑧ 《宋会要》蕃夷七之五〇。
⑨ 《文献通考》卷三二五,《高句丽》。
⑩ 《文献通考》卷三三零《四膏考七》。
⑪ 《长编》卷二一六,熙宁三年十月。

香药、珍宝以空前的规模相交易。印刷术、指南针、火药等技术也是这一时期远播西亚和欧洲的。此时，华侨的迁移也形成一个高潮。这一切都与宋政府的对外态度相背驰。在这个中外交往繁盛局面中扮演了十分重要角色的正是数以万计的宋朝海商。海商的活动加强了中外联系，缩短了中外人民的距离。正如当时的一位日本大臣所说的，"商客至通书，谁谓宋远"①？在中外关系史上我们的确不能不记下这些曾经使世界变得更加密切的宋代海商。

二、来宋的外商

(一)来宋的外商

据《诸蕃志》等书记载，与宋朝有贸易关系的海外国家共有五六十个，其中很多国家都有商人来宋贸易。《宋史·夏国上》也记载："稠若高丽、渤海，虽阻隔辽壤，而航海远来，不惮跋涉；西若天竺……大食……拂林等国……(南若)交趾、占城、真腊、蒲耳、大理滨海诸蕃，自刘铢、陈洪进来归，接踵修贡。"但商人来华最多、最频繁的国家主要有高丽、日本(主要在南宋时期)、交趾、占城、三佛齐、大食、注辇、真里富、真腊等国。高丽与宋关系时有波动，而其商人来华却从未间断。高丽商人和使节在熙宁七年以前主要由登州入宋，登州港被封后则由明州登陆。日本商人北宋时几乎无人来华。南宋时武家兴起，执政者改变了前代消极的外贸政策，积极鼓励日本商人与宋朝的贸易，日商来华者逐渐增多。《宝庆四明志》和《开庆四明志》有很多关于日商贩运木材、硫黄、黄金等商品来华的记录。交趾商人来华贸易主要集中在钦州。而占城商人在华贸易被宋政府限于广州一地，但占城商人来华者仍然很多。据张祥义先生统计，北宋时来华朝贡共计63次，南宋时仅高宗、孝宗两朝就有8次。在大多数时候朝贡只是商人为了获得优厚回赐的幌子，其实是一种贸易行为。三佛齐商人来华贸易不仅人数多，而且规模很大。三佛齐曾一度控制马六甲海峡，试图垄断东南亚与中国及西方的贸易。绍兴二十六年(1156年)，三佛齐商人莆晋携带的商品中仅乳香就有8万斤、胡椒万升、象牙40斛，名香宝器甚众，②规模十分可观。三佛齐商人在华定居的也不少："三佛齐之海贾，以富豪宅，生于泉者，其人以十数。"③大食商人也是来宋次数最多者之一。据统计，从太祖开宝元年至孝宗乾道四年，大食来华贸易有史可考的达49次。④ 在泉州、广

---

① [宋]江少虞：《宋朝事实类苑》卷四三，上海古籍出版社1981年版。

② 《系年要录》卷一七五，绍兴二十六年十月。

③ [宋]林之奇：《拙斋文集》卷一五《泉州东坂葬蕃商记》，《四库全书》本。

④ 林松：《泉州——我国伊斯兰教和回民民族的主要发祥地》，《海交史研究》1988年第2期。

州的蕃坊里有很多蒲姓外商。"蒲"即阿拉伯民族姓氏"阿卜"的汉译。这类外商绝大部分都来自大食。真里富商人也常赴宋朝贸易,其商人"欲至中国者,自其国放洋,五日抵波斯兰,经真腊,占城等国可到钦廉州"①。此外,阇婆、渤泥、注辇等国商人来华贸易的记载,史籍中可稽考者也不少。总体上,外商来华人数十分庞大。侬智高叛乱时从广州掠走蕃汉数万家,其中的蕃人大部分就是来华贸易而居留下来的外商。

来华的外商大都拥有雄厚的资本,其中的"富者赀累巨万"②,有"蕃商辛押陁啰者,居于州数十年矣,家赀数百万缗"③。熙宁年间。辛押陁啰还请求"进助修广州城钱粮",宋神宗"诏勿受其状"④。乾道四年(1168年),有一真里富大商死于明州城下,"囊资巨万"⑤。在泉州有位叫佛莲的番商"其家富甚,凡发海舶八十艘",死后家中仅珍珠就有130石。⑥ 这些番商"服饰皆金珠罗绮,用皆金器皿"⑦;所建屋宇"宏丽奇伟,益张而大,富盛甲一时";修造的伊斯兰教塔寺"高入云表",每到宴会则"挥金如粪土,舆皂无遗,珠玑香贝、狼藉坐上,以示侈"⑧。他们财富丰厚,生活富丽奢华。来华外商的贸易额动辄数十万贯。大食商人蒲啰辛一次贩到的乳香价值达30万贯。外商蒲亚里贩到的象牙、犀角等商品总价值之大,使市舶司所储的所有本钱都不够博买。蒲姓外商在泉州结成大海商集团,资财冠于诸商。"泉之诸蒲,为贩舶作三十年,岁一千万,而(贾似道)五其息"⑨,贸易额达到1000万贯。总之,来华的外商国别众多、人数庞大、资本雄厚,是中外贸易中的重要力量。

(二)外商在宋的生活

1. 外商的侨居

宋朝政府允许外商自由来往,"听其往还,许其居止"⑩。"诸国人至广州,是岁不归者,谓之住唐。"⑪不仅很多外商"住唐",而且不少外商还携家带口,

---

① 《宋会要》蕃夷四之九九。
② 《泉州府志》卷七五《拾遗》。
③ [宋]苏辙:《龙川略志》卷五,中华书局点校本。
④ 《长编》卷二三四,熙宁五年六月己巳。
⑤ 《攻媿集》卷八六《皇伯祖太师崇宪靖王行状》。
⑥ [元]周密:《癸辛杂识》续集卷下,津逮秘书本。
⑦ [明]顾炎武:《天下郡国利病书》卷一零四《广东八》,上海图书集成局铅印本。
⑧ [宋]岳珂:《桯史》卷一一《番禺海獠》,中华书局点校本。
⑨ [元]方回:《桐江集》卷六《乙女前上书本末》,《四库全书》本。
⑩ 《宋会要》职官四四之九。
⑪ 《萍洲可谈》卷二。

举家迁到中国，"每年多有蕃客带妻儿过广州居住"①。随迁的外国妇女也有一定的社会影响，"广中呼蕃妇为菩萨蛮"②。住唐的外商一般聚居在某一区域。宋政府在此设立蕃坊。外商居住最为集中的地方是广州和泉州。广州和泉州都设有番商所居的蕃坊。广州蕃坊的位置，桑原骘藏认为就在《桯史》、《萍洲可谈》两书所记的海山楼处。海山楼"在广州府城之南，珠江之北岸，蕃坊亦在此"③。泉州的蕃坊又称蕃人巷。《方舆胜览·福建路·泉州》载："诸蕃有黑白二种，皆居泉州，号'蕃人巷'。""蕃人巷"的位置在州城之南。乾隆《泉州府志》说，番商都"列居郡城南"。据泉州海外交通史调查组实地查证，宋元时期蕃客居住区在今泉州南门附近地区，东起青龙聚宝，经东桥市，西至富美与风炉埕，北从横巷起，南抵聚宝街以南的宝庵寺止的范围之内。④蕃坊中"置蕃长一人，管勾蕃坊公事"⑤。蕃长以蕃人中有威望者为之，由宋政府任命，是宋政府管理外商的代理人。蕃长同时还负有招徕外商的职责。在很多地方虽未正式设蕃坊，但居住的外商仍不少。这些地方的外商"多流寓海滨湾泊之地，筑石联城；以长子孙"⑥。海南岛有番商聚居的番浦、番村，开封有侨居的犹太人。宋朝并不鼓励外商常住，而希望他们不断地往来贸易。但从《宋会要》"职官四四之二零"所载可知，在华居住满五世的外商，死后若无财产继承人则"依户绝法，仍入市舶民事拘管"，可见世代在华常住的外商仍不少。

宋政府规定，对在华定居的番商，"不得卖与物业"⑦。"蕃商毋得多市田宅，与华人杂处。"⑧外商只能居于蕃坊，也不能在城内居住："化外人法不当城居。"⑨但番商结交中国官员，广行贿赂，即使有犯法违禁之事，"上下俱受赂，莫肯谁何"。泉州"有贾胡建层楼于郡庠之前。士子以为病，言之郡。贾赀巨万，上下俱受赂，莫肯谁何"，因官员受贿，偏袒番商，而不了了之。⑩泉州番商莆八官人漏舶偷税，官员林乔受其贿，为之说情。与此相同，番商城居和置产的禁令也并未得到实施。番商常杂居于汉民之中，在广州"胡贾杂居，俗杂五

---

① 《天下郡国利病书》卷一零四《广东八》。

② 《萍洲可谈》卷二。

③ 〔日〕桑原骘藏：《蒲寿庚考》，中华书局1954年译本，第55页。

④ 泉州海交史博物馆：《泉州海外交通史料汇编》第三辑。

⑤ 《萍洲可谈》卷二。

⑥ 《天下郡国利病书》卷一零四《广东八》。

⑦ 《宋会要》刑法二之二一。

⑧ 《长编》卷一一八，景祐三年四月辛亥。

⑨ ［宋］朱熹：《朱文公文集》卷九八《傅公（自得）行状》，四部丛刊初编缩本。

⑩ 《朱文公文集》卷九八《傅公（自得）行状》。

方"①。泉州也有"蕃商杂处民间"②。番商修房置产则更为普遍。广州番商修造的房屋"家家以篾为门"③。所建"屋室稍侈糜逾禁","层楼杰观,晃荡绵亘,不能悉举矣"④。

外商在华居住日久,很多习俗便同化于中国居民。"蕃人衣装与华异,饮食与华同",而蕃长则"巾袍履笏如华人",但他们也保持着很多自己原有的生活特色。广州的蕃客"至今但不食猪肉","蕃人非手刃六畜则不食","蕃坊献食,多用糖蜜脑麝,有鱼虽甘旨,而腥臭自若也"。波斯妇人仍然保持着食槟榔的习惯,娱乐、种花等也保持了本国的习俗。"广州蕃坊见蕃人赌象棋,并无车马之制,只以象牙、犀角、沉檀香数块,于棋局上两两相移,亦自有节度胜败。"蕃人所种的花品质优良。"制龙涎者无素馨花,多以茉莉代之……素馨唯蕃巷种者尤香,恐亦别有法耳。龙涎得以蕃巷花为正。"⑤

2. 外商在华的就学和婚姻

广州和泉州都先后设置了蕃学,接受番商子弟就学。神宗熙宁年间,程师孟知广州,"大修学校,日行诸生讲解,负笈而来者相踵,诸蕃子弟皆愿入学"⑥,但这时仍只是在州学之中吸收番商子弟。到"大观政和间,天下大治,四夷向风,广州泉南请建番学"⑦,专供番商子弟入学。蕃学的建立使番商子弟有机会学习先进的宋朝文化,也促进了中外文化交流。侨居宋朝的番商有的仍在本民族内通婚,如伊斯兰教大商佛莲就是泉州莆姓番商的女婿,但很多番商"渐与华人结姻"⑧。大商莆亚里到广州,当地华人"右武大夫曾纳利其财,以妹嫁之,亚里留不归"⑨,甚至有"广州蕃坊刘姓人娶宗女"⑩。泉州也有"贾胡莆姓求婚宗邸"⑪。由此可见,当时汉蕃通婚已十分普遍。

---

① 〔宋〕祝穆:《方舆胜览》卷三四。

② 《攻媿集》卷八八《汪(大猷)公行状》。

③ 〔宋〕庄季裕:《鸡肋编》卷中,中华书局点校本。

④ 《桯史》卷一一《番禺海獠》。

⑤ 《萍洲可谈》卷二。

⑥ 〔宋〕龚明之:《中吴纪闻》卷三,知不足斋丛书本。

⑦ 〔宋〕蔡绦撰,冯惠民、沈锡麟点校:《铁围山丛谈》卷二,中华书局 1983 年版。

⑧ 《天下郡国利病书》卷一〇四《广东八》。

⑨ 《宋会要》职官四四之一〇。

⑩ 《萍洲可谈》卷二。

⑪ 《后村先生大全集》卷一五五《礼部王郎中墓志铭》

第二节　宋元时期的海外移民

一、宋代华人移居海外的增多

宋时中国人往海外的比唐时多。除了每年都有中国商人前去东方的日本贸易外,中国人去印度尼西亚各岛的也为数不少。据阿拉伯作家马素地记载,早在唐末就有许多华人移民苏门答腊岛上。南宋时,印尼各岛几乎都有华人的踪迹。中国饮食在印尼各地很受当地群众喜爱,以致去该地经商的人,必须带一两位善于烹调的厨师同行,以为联络感情的手段。[①]中国钱币在印尼各岛也很受欢迎。宋朝政府虽然几次禁止铜钱出口,但流传海外的已为数不少。近代在爪哇的日惹、加里曼丹的沙劳越河口都曾发现过不少唐、宋古钱,足以证明当地和中国贸易之盛。马来半岛、新加坡附近还发现过中国坟墓,记有后梁(907—923 年)及南宋咸淳(1265—1274 年)的年号。

宋代中国人去南印度一带的也很多。近代在马拉八儿曾发现过中国钱币。《岭外代答》也有关于此地的记载,还在南印度卡弗里河口的八丹地方的古塔上还有中文题词,一直存留到 20 世纪中叶。元时汪大渊的《岛夷志略·土塔条》曾对此有所记载:"居八丹之平原,木石围绕,有砖瓷塔,高数丈,汉字书云,咸淳三年(1267 年)八月毕工,传闻中国人其年旅彼,为书于石刻之,至今不磨灭焉。"据欧洲人记载,南宋时有大批中国船来南印度贸易,并有中国人留居该地。又据锡兰历史记载,当时锡兰军队中甚至有中国人。南印度的故临国是中国和阿拉伯间的转运之所,已见《岭外代答》。

宋人的脚迹还遍及阿拉伯海沿岸各国以至印度洋西部。据阿拉伯作家伊德里西的记载,称中国船常至巴罗奇(即贾耽书中的拔旭)及印度河口、亚丁及幼发拉底河口等处,由中国贩来铁、刀剑、鲛革、丝绸、天鹅绒及各种植物织品。阿蒲尔费达地理书引 AzYza 在描绘波斯湾头的阿曼时称:"阿曼(Oman)系美丽城市,此地有海港,从印度、中国及僧祇(Zandj 又译为层拔,层期)诸国航来之商船为数颇多。"宋人对大食的记载比唐人详尽,不仅记载其首都白达(巴格达),而且还记载阿拉伯半岛以至非洲各地,如麻嘉(麦加)、勿拨(Mirbat,Merbat)以及甕蛮(阿曼)、记施(Kishi 即 Shiraz)、弼斯罗(Basra 即巴士拉)等

[①] 《诸蕃志·渤泥条》:"商贾日以中国饮食献其王,故舟往佛泥,必挟善庖者一二辈与俱。朔望并备贺礼,几月余方请其王与大人论定物检。"

地。①"官吏文书,商贾往来,皆取道于海。"②这说明宋代政治的稳定、移民的迁徙、经费的筹措都与商业的发展息息相关。而宋代海南岛的商业就是由海外贸易带动,并围绕海外贸易而展开。

二、潮汕移民③

潮汕海外移民,可分为几个历史时期。就整体而言,随着经济、政治环境的变迁及造船、航海技术的发展,国际环境呈波浪式发展状态;既有高峰,也有低谷,如浪潮起伏。宋元时潮汕移民开始发生;明清两朝,虽限于"海禁",却呈大量发展的趋势;近代以来,从汕头被列为对外通商口岸起发展至高峰,到新中国成立以后基本结束;中华人民共和国成立后仍有潮汕人移居外国,而且有新的浪潮发生,但情况和性质较之从前已大不相同。

潮汕地区经济的发展繁荣,是在宋代全国经济重心南移以后。这时,黄河流域战乱天灾相接踵,生灵涂炭,难以安居,中原人民大量南下,潮汕经济人文,得到迅速开发。社会生产力不断提高,社会分工不断扩大,民营手工业的兴盛,商品经济的发展等为素来崇尚于商业的潮汕人做海上生意提供了有利的条件。宋代海上多有船只来往,潮汕人出国经商自然增加,不少人通过经商渠道,在外国长期居留。南宋以后,船舶出海更见频仍,海舶大的可容纳数百人,小的也可容纳百余人。但当时的潮州并非对外开放之地,即使元朝数度开放对外贸易也仅限于泉州、明州、广州几个地方。因此,这一阶段越海移居的潮汕人虽然络绎不绝,人数却不可能很多。有的学者根据有关材料估计,潮汕人移居总数超不过1万人,主要到达菲律宾、真腊(今之柬埔寨)、暹罗(今泰国境内)、占城(今越南中部)、三佛齐(今苏门答腊岛东部)、爪哇等。

潮汕海外移民这一历史时期,约400年。促使潮汕人向海外迁移的因素主要有几方面。

1. 宋元两朝政府对海外贸易的支持和鼓励

两宋时代,中原和西夏、辽金长期对峙,除茶、马互相贸易交流之外,陆路交通几乎断绝,海外贸易的地位日趋重要。其时,海外贸易可分为朝贡贸易和市舶贸易。朝贡贸易兼有政治职能甚至以政治职能为主,通过蕃国携带贡物前来朝贡和朝廷厚馈回赠,以保持睦邻关系。市舶贸易则是海外贸易的主体。朝廷在各通商口岸设置市舶司管理和控制海上中外贸易,实施征收商税、海货专营、接待朝贡使团等职能。宋代竭力鼓励对外贸易,一方面招引番商来华贸

---

① 汶江:《古代中国与亚非地区的海上交通》,四川省社会科学院出版社,1989年版,第155-156页。

② [宋]苏过:《斜川集》卷五《论海南黎事书》,舒大刚、蒋宗许等校注本,巴蜀书社1996年版。

③ 引见潮汕历史文化研究中心编:《汕头历史文化小丛书》,汕头大学出版社1997年版,第12-17页。

易,另一方面鼓励中国商人出海贸易,目的都是为了增加财政收入。例如,绍兴二十九年(1159 年),仅闽、浙、广三市舶司就抽得"二百万缗"①,占当时朝廷财政收入的 1/5。国际贸易的来往,为人民的外移提供了进行的时机。

元初海上贸易制度基本承袭宋代,虽然从表面上看,对民众出洋的禁例似乎比宋代严厉,但如同宋代鼓励对外贸易并不主张移民却利于民众出国一样,其所重视的是财政收入,而对民众逃逸海外并不追究。

总的来说,宋、元两代政府对与周边国家贸易来往以及对商人流居境外比较放开,《宋刑统》中还规定了处理涉外遗产的基本原则。元也相对放宽对出入境的限制并立法为据。《元典章》中的《市舶司法》,就是元调整中外贸易关系和中外居民来往关系的法律专章。在这样的大环境下,潮汕人到东南亚各国做生意及外迁居住必然比较容易。经商队伍中,中小商人占绝大多数,这点与潮汕本地情况完全相同。

2. 宋元易代时潮州之战乱及元兵远征的失败

1278—1368 年,元朝统治潮汕,辖海阳、潮阳、揭阳三县。在这 90 年中,潮汕经历近 20 年的兵祸,留下惨烈的记忆。

至元十一年(1274 年)九月,忽必烈正式发动灭宋战争。宋恭帝赵㬎于十三年正月上表降元,宋朝宣布灭亡。一年后,追击南宋残存势力的元军到达闽、粤一带,战火随之蔓延到潮州境内。突兀而来的蒙古大兵和甘为蒙古充当前驱的北方汉人的残酷杀掠,盗贼的趁火打劫、山寨林立、互相攻击,依附蒙古人的地方豪强的纷争叛卖,使三阳大地兵连祸结、苦不堪言。至元十五年(1278 年)三月,元军由能征善战闻名的将领唆都率领进攻潮州城,潮州城知州马发率领士兵英勇拼战,终因寡不敌众而失败。潮州城破,元兵遂进行疯狂的抢、杀、烧、掠,痛失生命安全和生活所傍的潮州人和抗元失败后的残存者纷纷逃难于海外。

这场伴随着江山易代和异族入侵而来的战乱,对数百年未经大规模兵燹的潮汕人来说,无疑是一场天崩地裂一样的灾难。作为亡国之民,此时流亡到南洋各地的潮汕人,数量比较多。南宋末年,曾陪宋幼帝奔走于闽粤的左丞相陈宜中,在崖门陷落以后,就带了一批人逃到湄南河上游的暹罗国,一直到老死。南宋潮州都统、饶平人张达勤王失败,部分追随他的饶平人也在此时流离海外。② 其他朝臣如吏部尚书陈仲徽、参知政事曾渊等,"诸文武臣流寓海外,或仕占城,或婿交趾,或别流远国"③。他们走时,都有部下民众同行。宋末将

① 《建炎以来系年要录》卷一八三。
② 《饶平县志》第 29 篇"华侨华人、港澳同胞"。
③ [南宋]郑思肖:《心史》,《四库禁书》本,时代文艺出版社 2000 年版。

领张世杰率余部及百姓分乘舰舶百余艘,移居交趾、占城和真腊等处,这就形成了宋末元初从潮汕向海外移民的一次高潮。

　　至元三十四年(1297年),元战爪哇。打了胜仗以后,敌军假装投降,却于元军举行庆功晚筵时突然袭击,元兵大败,许多士卒逃向附近岛屿,流落于印尼、马来西亚等地,与土著杂居,成为华侨。史载"广其病卒百余,留养不归,后益蕃衍,故其地多华人"①。可以断定,元初勿里洞岛就开始有中国人的村落了,其中必有不少潮汕人。1297年,元朝为备战日本,再次到潮汕、闽南抽丁海战。这一役失败后,有些士兵散居于菲律宾等地,成为元朝初期从潮汕出洋的又一批移民。

　　3.“番国”对“唐人”的优待和欢迎。

　　华商出洋,也深得当地政府和人民的欢迎。在苏吉丹(爪哇中部)"厚遇(中国)商贾,无宿泊饮食之费"②。在占城,泉州海商王元懋"留居十年,占城妻以爱女,一时富贵无比"③。那时,华侨不但是中国与南洋贸易的主力,而且南洋区域间的贸易也主要通过他们之手,因此很受欢迎。南洋国家政府对于华商的优待政策,也使许多华商愿意在彼地留居。真腊国政府还规定:"蕃杀害唐人,即以蕃法偿死。如唐人杀蕃至死,即罚重金,如无金,即卖身取金赎。"④华人享有较高的法律地位。元人周达观出使真腊后所著《真腊风土记》书中提到"唐人"到真腊,先要娶当地妇女为妻。"唐人"水手,因真腊国中不著衣裳,且米粮易求,妇女易得,居室易办,器用易足,买卖易为,往往逃逸于彼。当时的南洋确有不少吸引华人前往的地方。"唐人"来了,与当地人杂居,生息繁衍、物质充裕,有的终身便不再返回家乡。宋代真腊国已有定居35年的老华侨,越南东部也有第二代华侨。潮籍商人主要集中的南洋群岛一带国家,那里实际上已经出现了潮汕人聚居的地方。许多人在那里娶妻养子,逐渐融入当地社会。

第三节　宋元时期的妈祖信仰⑤

　　妈祖信仰,历经千年,由莆仙和福建沿海的地方性民间乡土神升格为全国

---

① 《明史·外国列传,勾兰山》。
② ［宋］赵汝适:《诸蕃志》"苏吉丹"条。
③ ［宋］洪迈:《夷坚志》卷三。
④ 陈元靓:《事林广记》前集,卷五。
⑤ 本节引见李玉昆:《妈祖信仰在北方港的传播》,《海交史研究》1994第2期;彭德清:《中国航海史》,人民交通出版社1988年版,第240-242页。

性的航海保护神,进而过海越洋,远传海外,成为闪耀着中华传统文化光辉的世界宗教现象。综观妈祖信仰传播的历史流程,虽偶呈潮汐式的涨落曲线,但整体趋势是由陆出海、由近及远曲折前进。其传播历程可相对分为三个时期,出现过四次高潮:①两宋的发源普及期,在莆仙范围内出现第一次高潮;②元明时的拓展、远播期,在全国范围内出现了第二次高潮;③清代以来的鼎盛、升华期,在我国台湾海峡两岸和全球范围内出现了第三、第四两次高潮。对此,我国台湾地区多位学者已有深入研究和精辟论述。宋代莆田县内传播中心的数度兴废转移,元代的显赫累封、尊奉有加,明代的远拓海外、振微起衰,都留下了不少幽微曲折的史实事理,值得后人研究。追踪其传播轨迹,探寻其消长规律,揭示其与彼时彼地的社会经济、政治和文化背景的互动关系,对于认识妈祖信仰中所体现的经济基础与上层建筑之间的关系很有意义。

一、两宋妈祖信仰的普及与传播

湄州屿地处泉州港和福州马尾港之间,是南北航运良好的避风给水中间站,加上腹地有名的荔枝、蔗糖等农产品需要外销,因此,地方性的近海航运也颇具规模。这些渔民、船民和客商,在当时科学水平低下、航海技术有限的条件下,面对风涛险恶随时带来的海难威胁,无能为力,充满恐惧和不安,产生了祈求有超自然力的海神来保佑平安抵岸的强烈心理需要。这时,出生于湄洲屿、心地善良、乐于助人、治病消灾、帮助遇难船民脱险的娘妈,自然成为他们梦寐以求的救护神祇,迅速在闾里乡间传播开来。其间,信徒的风传渲染,儒士举子、宰辅邑吏以及林氏亲族的宣扬推动,都为初期的传播作出不可磨灭的贡献,以至于妃庙遍于莆,凡大墟市小聚落皆有之。在莆仙境内,达到几乎村村有庙,人人信仰的普及地步,从而形成传播初期在兴化军范围内的第一个高潮。

按今人的逻辑,既是降生地又是升天处的湄州祖庙,理应始终是信仰中心和主要传播地。事实则不然。据载,屿上小庙"仅落落数椽",虽"日无虚祷",诚心的也只是乡间人。后来据传有路过客商名三宝者"捐金创建",但即使其籍贯、姓氏亦无可考,其规模影响可想而知。这种与"圣地"的地位不相称的情况持续了近百年才出现转机。距此地百里的被称为莆田"南北洋货物进出的内外港"[①]的三江口宁海镇,于 1086 年出现了另一座祖庙——圣墩祖庙,其《庙记》中云:"神女生于湄州。至显灵迹,实自此墩始;其后赐额(指宣和五年

---

① 张大任:《宋代妈祖信仰起源探究》,朱天顺任主编《妈祖研究论文集》,鹭江出版社 1989 年版。

赐'顺济额')载诸把典,亦自此墩始。"①附录《右迎神》诗又云:"灵恍熄兮非一处,江之墩兮渭之屿。"潜台词显然是"显灵有两处,此墩胜彼屿"。也就是说,妈祖信仰从一开始,其传播中心就不在降生地,而在航运较之发达的另一港口圣墩。

又隔百年左右,传播中心再度由圣墩迁移到经济、航运更为发达的白湖。嘉泰元年(1201年),宰相陈俊卿之子陈右所建白湖庙,盛极一时。容于其《上梁文》自谓"白湖香火,几半天下"。上述圣墩《庙记》尚且把"江之墩"与"渭之屿"并称,而《上梁文》除敷衍一句"神正直聪明"外,只字未提分香所自的湄州祖庙,而是突出"香火"从白湖庙传播出去的范围之广。尽管"天下"一词可以有不同的理解,但经济条件更优越的白湖庙完全取代了相对弱势的圣墩庙(尽管是"赐额祖祖庙")的传播中心地位,则是确实无疑的。可叹圣墩从此衰微,至今无存。对此进行过深入考察的庄景辉、林祖良先生认为:"这是神灵本身从'宜馆我'于圣墩,到'宅于白湖'的一次有选择的迁移,是基于白湖既近郡城且为通商口岸而发端的。"②这种"有选择的迁移",在100多年后第三次出现。元至正十七年(1357年),兴旺一时的白湖庙又被迁入交通条件更好的城厢文峰宫而衰落坦废,遗迹难寻。妈祖信仰主要传播地几经变迁的原因,"说到底,妈祖信仰的消长,宫庙地位的兴替,也是社会经济发展的必然结果"。

从北宋妈祖信仰在莆仙境内的传播及其变迁过程,我们可以看到:

(1)林默,莆田湄洲屿人。其身世应以记载最早、最具权威的史料,绍兴二十(1150年)年廖鹏飞的《圣墩祖庙重建顺济庙记》为准,而不应该相信产生于明清之际那些附会牵强的"传记"。蒋维铁先生在《一篇最早的妈祖文献资料的发现及其意义》一文中所表现的严谨的治学精神,值得学者们敬仰。有论者因莆田北宋曾隶属泉州,而认为林默是泉州人,笔者以为不然。湄洲屿是林默降生和升天地,在信徒的宗教感情上是神圣和无可替代的。湄洲祖庙的"圣地"至高地位,不容置疑。近年的湄洲"朝圣"热潮,正是怀祖感恩、饮水思源美好感情的体现。

(2)圣墩、白湖、文峰诸庙消长兴替的事实证明,妈祖的诞生地并非必然就是妈祖信仰的主要传播地。主要传播地以百年左右为周期,以"托梦"的超自然宗教神话形式为推力,不断地迁移变动。而当揭去神话的外衣以社会学的科学立场加以审视时,便可得出一个结论:这种迁移变动,受到社会经济大背景的决定和制约,它不以人们意志为转移,哪里条件优越,有利于传播,哪里就

---

① [宋]廖鹏飞:《圣墩祖庙重建顺济庙记》。转引自蒋维锬编《妈祖文献资料》,福建人民出版社1990年版。

② 庄景辉、林祖艮:《圣墩顺济祖庙考》。

自然成为妈祖信仰的主要传播地。这种具有规律性的现象,在世界宗教史上屡见不鲜。

(3)在莆田人士的努力下,北宋妈祖信仰在兴化范围内出现了第一个高潮,为南宋向闽浙鲁粤沿海及以后更广阔范围的传播奠定了基础,功不可没。南宋到宋元之交,妈祖的继续传播面临着两对矛盾所造成的困境。第一对是后起之秀的妈祖与固有的福建沿海众多海神的矛盾。这些地方性民间海神除本县涵江的灵显侯、郡北的大官神、仙游的东匝神女外,更棘手的是,北边有凭借闽都著名海港优势的演屿"福州屿神",南边有存在已久的、挟着"官方主持"、"国家典制"位阶的"通远王神"。当时妈祖,"无论是'夫人',还是'妃爵',都不过是人间宫廷女宫的神化名位,还只是作为一般神祇"①。要克服这南北两大障碍,后来居上,甚或取而代之,实属不易。反观妈祖故乡兴化的社会经济条件和海上远洋交通能力,不管人们的主观愿望如何,比较而言,毕竟只是一县之利和国内的近海港口。或问:"兴化各海港能否传播妈祖信仰?"答曰:"能。"对此,可举出杭州良山、山东蓬莱、浙江宁波等一些沿海商埠由莆田行商建庙的例子。但其传播的规模、影响和速度,只能与兴化一县的经济、远航总水平相适应。这就出现了第二对矛盾,即妈祖信仰要走向全国、走出国门的大规模传播需求与其发源地的社会、政治、经济条件限制之间的矛盾。上述两对矛盾,一主一从,既有区别,又有交叉重叠。而矛盾的解决,有赖于新的社会、政治、经济因素的出现和介入,从而引发矛盾内部两个方面之间力量对比的消长变化。一般民间神祇与南北二神官方性质之间的矛盾是主要矛盾,只有取得官方更高一级的神格制封,才能超越对方甚或取而代之。大规模传播需求与发源地条件限制为次要矛盾,它的解决当然有其自身的内涵和过程,但主要矛盾若能解决,则可为次要矛盾的最后解决提供有利的外部条件。总之,妈祖信仰在热切地等待着一种强有力的政治支持,寻找着一种具备相对优越条件的传播载体,以便突破矛盾的制约,实现历史性的飞跃。

历史总是给成功者以机遇。新的社会、政治、经济因素,果然在南宋及宋元之交的年代出现了。这就是:①庆元二年(1196年)中国乃至世界最大海港泉州首建天妃宫;②朝代更迭的政治巨变;③以及随后之至元十五年新朝"制封泉州神女号天妃"的一系列举措。

南宋是妈祖信仰由莆田走向全国的过渡时期。随着福建商人北上的足迹,随着从福、泉、兴、漳大批征募来的"福建舟师"在江浙大败金人的凯歌,妈祖走出故乡,向江浙闽粤传播,但其范围与规模,也只限于一些外来海贾行商在几处海港商埠建立神庙祭祀,仅是"点"、"线"式的辐射,与渗透到当地民众

---

① 陈国强:《妈祖信仰与祖庙》,福建教育出版社1990年版,第44、54页。

生活的"面"的融合,不能同日而语。这时,在南线的传播中出现了重大的突破。庆元二年(1196年),在当时已超过广州而与埃及亚历山大港齐名、成为世界上两大海上贸易港口之一的泉州晋江边浯浦海潮庵,传说僧人觉全"梦神命作宫"①,于是建起泉州妈祖庙,即今之天妃宫。泉州天妃宫的建立在妈祖传播史上有深远的历史意义,预示着妈祖信仰的传播在闽南一带即将出现一个新局面。具体传入的路线,有陆、海两路。

(1)陆路。仙游枫亭于元符初(1098年前后)首建妈祖庙,妈祖信仰沿古官道南下,经螺阳城抵洛阳江口,再至晋江北南岸建庙,不但在地缘上是顺理成章的事,在人缘上也是有因果缘分的。丁统玲在《妈祖民俗文化的社区分析》中云,"我们在(惠安)沙格调查时发现,许多老太太穿大红衣裳。只有丈夫健在的妇女才有权穿红衣"、"传说妈祖升天时穿'朱衣',穿红衣是纪念妈祖"。而这习俗正是由仙游一带传入的,它恰是陆路传入的见证。南宋绍定三年(1230年),真德秀二次知泉州时即为惠安县管下天妃宫和龙宫山天妃祠各撰写一篇《祈雨祝文》。可见,在枫亭建妃庙至迟32年后,惠安这两地已出现天妃庙了。

(2)海路。晋江沿海渔民,每年汛期,都追逐鱼群北上湄洲、三都澳直至舟山,南下至潮汕等渔场作业。其间交往频繁仍有举族定居繁衍者。再如,现在浙江温州的仓南地区、广东揭阳地区就有闽南语的"飞地",该地供奉之妈祖即由泉州庙分香而来;与湄洲相去甚近的晋江口众多的海港渔村,由湄洲直接传入更是情理之中。再如,晋江出海口有座小岛屿大坠岛,就有一座妈祖庙。而且,由渔民从海路传入,显然比陆路更快更早。泉州南港安海湾的大盈庙名"顺济宫",显系依宋名,或可为宋代即传入之佐证。

泉州建天妃宫的前后,晋江下游妈祖信仰迅速发展。北岸的厂口、沟后、院前、法石、寻铺,南岸的蚶江、石湖、祥芝、安海湾的大盈、石井、安海、东石、金井、围头、永宁、梅林等乡镇,以及邻近的惠安、南安、同安、厦门、安溪等县,都先后建立数十座的妈庙。

泉州、闽南一带出现的妈祖热潮,表现了民众对同饮一湾水又曾有同乡之谊的道德高尚的林默怀有美好的感情和虔诚的信仰。泉州原来奉把的九日山海神"通远王"是香火盛极一时,远届海表的官定神祇,宋人王国珍云:"凡家无贫富贵贱,争像而把之,惟恐其后。"(真德秀《祈风文》)后又曾传播至金门、莆田、惠安等地。其中,莆田祥应庙早在五代时奉祀该神②,而其时林默尚未诞生。史载,北宋大观元年(1107年)泉州"纲首"(海商首领)朱纺还曾请祥应庙

---

① 《泉州府志·坛庙》。

② 李玉昆:《泉州海外交通史略》,厦门大学出版社1995年版,第126页。

香火随舟往三佛齐国奉把,盛况可想而知。泉州每年夏冬,市舶司都要在九日山上举行盛大的官方祈风仪式,所有官员都要出席,并勒石纪胜。泉州知府真德秀在所撰《祈风文》中云:"帷泉为州,所恃以足公私之用者,善舶也……是以国有典礼……一岁而再祷焉。"而这样一个国家法定的祈风典礼,泉州天妃宫建立50多年后的南宋末年,即停止举行,并逐步被妈祖祭典所取代,其意义在于,从实践说明,妈祖凭借着自身潜在的道德感召力量在南宋政府绍熙元年首封灵惠妃后仅仅六年,便已得到以泉州为中心的闽南民众的认可、接纳和崇信,顺利地克服了上述所面临的原来具有"国家典礼"名位的官方神祇造成的障碍,为第一对矛盾的最终解决奠定了现实基础。总之,以泉州天妃宫建立为转折点的闽南海神信仰对象的大变化,使妈祖信仰传播出现了一个新的活动大舞台,也可说是"神灵本身"继圣墩、白湖"托梦"之后第三次"托梦",为自己"选择"到一个越洋远播的最佳出海口。所谓"托梦""选择",当然只是现实需要的超自然说法。值得注意的是所"选择"的三处妈祖庙,前两处已衰落湮没,只有泉州庙独存,且在800年之后,还成为全国规格最高、规模最大、唯一为中央政府列为全国重点保护的妈祖文物古迹,其原因恰恰在于第三次"选择",选到了一个具备了妈祖向全国乃至海外诸蕃远播的经济人文条件的、经得起历史长河冲刷的最优载体。所以,与其说是神的"选择",毋宁说是历史的选择。

从本质上说,这次迁移与前两次都是经济发展不平衡性的产物,都符合上述以百年左右为周期、以神明托梦为形式等规律,有其相似之处,但又不是机械的重复。不同之处有二。一是地域文化圈的跨越。前两次都是在莆仙文化圈之内的近距转移,这次则是跨越方言限制,进入闽南文化圈的远距挺进。二是前两次是以此长彼消、互相取代的方式进行,不免令后人觉得遗憾。这次则是开拓新区、另建基地,原区的传播继续保存和发展。从妈祖信仰本身来说,这种螺旋式上升的新方式,显然对传播更有利得多。

二、宋代的祈风与祭海①

祈风与祭海对于海商来说是一项必不可少的、神圣而重要的活动。每当季风来临、海商将扬帆起航之时,必先举行盛大的祈风祭海仪式,乞求一帆风顺。在宋代,朝廷直接派遣官员出面主持这项活动,其意义是微妙而又深远的。宋政府借此成为航海活动的组织者,理所当然,也就成为航海活动的管理者。这既是宋朝政府重视海外贸易的表现,又是宋政府加强对海外贸易控制的重要措施和标志。

祈风与祭海活动首先起于民间。宋代的航海和造船技术较之前代虽然有

---

① 引见黄纯艳:《宋代海外贸易》,社会科学文献出版社2003年版,第81-82页。

了很大发展，但面对变幻莫测的海上自然环境，不虞之灾仍如头顶的悬剑，时时威胁着航海者的生命和财产安全。正如真德秀在《圣妃祝文》和《海神祝文》中所说，"天下之险，莫如海道"①。人们对这种无法抗拒的自然力充满了恐惧和敬畏，同时也希冀存在着能驾驭自然的神灵来操纵自然，保佑航海者的平安，于是产生了海商的祈风和祭海活动。沿海很多地方都有海商祈风祭海的场所。明州昌国县的宝陀山"海舶至此，必有祈祷"②。泉州南安的延福寺也是海商祈风的地方："每岁之春冬，商贾市于南海暨番夷者，必祈谢于此。"③潮州风岭港宋代有"三娘寺"，也是海商聚集祈祷之地。昌化军城西五十里，"有贞利侯庙，商舶祈风于是"。万安军城东有舶主都纲庙："人敬信，祷立应，舶舟往来，祭而后行。"④从北到南，沿海一带都有祈风祭海这一习俗。

海商祭祀的海神有多个。例如，泉州一带，主要祭祀通远王，或称崇应善利广福显济真君；广东一带也祭祀南海广利王，认为南海广利王可以使"田里之内愁叹小宽，岭海之间苗害不作"⑤。沿海地区祭祀最多的是天后。"凡家无贫富贵贱，争像而祀之，惟恐其后，以至海舟番舶，益用严格。"⑥一般认为，天后即福建莆田湄州岛林氏之女林默，生于北宋建隆元年（960年）。民间有很多关于林默"生而神异，能言人休咎"，"化草救商"，"托梦建庙"等传说⑦，由此形成了对林默的信仰和祭祀。人们相信："其妃之灵著，多于海洋之中，佑护船舶，其功甚大，民之疾苦，悉赖枑懞。"⑧"元祐间，邑人祀之，水旱疠疫，舟航危急，有祷辄应。"⑨海商把贸易中获得厚利之功"咸归德于神"，由此颂扬传播，以致"神之祠不独盛于莆，闽、广、浙、甸皆祠也"⑩。在宋代泉州有"天后宫，在府治门内"⑪。不只福建一带信仰，"广人事妃，无异于莆。盖妃之威灵远矣"⑫。据泉州海外交通史博物馆调查组北自辽宁、南至两广的实地调查，不仅我国沿海各省都有祭祀天妃的史迹，而且天妃信仰已经国际化，日本、朝鲜以及海外很多有华人居住的地区都有天妃信仰。莆田、泉州、福州、杭州、庙

---

① 《西山文集》卷五四《圣妃祝文》、《海神祝文》。

② ［宋］张邦基：《墨庄漫录》卷五，《四部丛刊》本。

③ 《泉州府志》卷一六《坛庙寺观》。

④ 《诸蕃志》卷下。

⑤ 《后村先生大全集》卷三六《谒南海广利王庙》，《四部丛刊》本。

⑥ 《安海志》卷二〇。

⑦ 泉州海外交通史博物馆调查组：《天后史迹的初步调查》，《海交史研究》1987年第1期。

⑧ ［宋］吴自牧：《梦粱录》卷一四，《丛书集成初编》本。

⑨ ［元］王元恭：《四明续志》，"宋元方志丛刊"本，中华书局

⑩ 《浙江通志》卷二一七《祠祀一》。

⑪ 《泉州府志》卷一六《坛庙寺观》。

⑫ ［宋］刘克庄：《后村先生大全集》卷三六《圣妃庙》。

岛和香港等地区东南沿海的天后宫都始建于宋代。① 这说明此时随着航海业的发展,祭海祈风活动空前盛行。

祭海祈风已成为海商贸易活动不可或缺的重要组成部分。在海商看来,这是关系其财运兴衰,以致生死攸关的大事。海神天妃在他们的生活中具有无上的权威。宋政府为了最大限度地获取贸易利益、把海外贸易控制在政府手中,便把民间久已盛行的祈风祭海活动变为国家的一项制度,委派市舶官员和地方官主理其事。真德秀在《祈风祝文》中很清楚地说明了宋政府主持、参与祈风活动的目的:"惟泉为州,所恃以足公私之用者,蕃舶也。舶之至时与不时,风也。而能使风之从律而不愆者,神也。是以国有典祀。俾守土之臣一岁而再祷焉。呜呼,郡计之殚至此,极矣。民力之耗亦既甚矣。引领南望日需其至,以宽倒垂之急者,唯此而已。神其大彰,厥灵俾波涛晏清。舳舻安行,顺风扬帆,一日千里,毕至而无梗焉。是则吏与民之大虑也。"②宋政府主持祈风的目的在于通过神的力量控制海商,增加财政收入。

宋政府把海商信仰之神及祭祀活动兴隆的地方都赐以封位和名号。嘉祐六年(1061年),册封南海神"诏有司制南海于利洪圣昭顺王庙",祭祀"所用冠服及三献官,太祝、奉礼祭服……如岳渎诸祠"③。绍兴七年(1137年)九月,又加封南海神为洪圣广利昭顺威显王。元符元年(1098),左谏议大夫安焘奏请:"东海之神已有王爵,独无庙貌,乞于明州定海为国县之间建祠宇,往来商旅听助营葺"④,得到批准。大观年间,宋政府给航海"商人远行莫不来祷"的莆田海商祈风之庙宇赐名"祥应"⑤。宣和五年(1123年),赐天后庙"顺济"匾额。封名赐号,实质上仍是政府干预和控制海外贸易的手段。把众民信奉的神灵给予官方的身份,使之接受皇帝的封赐,也是为了昭示皇帝高于一切的权威,使政府对海外贸易的控制变得更加巧妙和合理,从而也保证了政府对贸易深入、有力的干预。在皇权与神权结合的幌子下,宋政府可以更加名正言顺地把持祈风祭海活动。

祈风活动由市舶司主持,地方官员及商人参加。真德秀在《祈风文》中说:"俾守土之臣,一岁而再祷。"泉州市舶司"岁两祈风于通远王庙。"⑥祈风活动一年两次。李玉昆先生对泉州祈风石刻的研究表明,参加祈风典礼的市舶官员有提舶、提舶寺丞、监舶、提举杂事等,地方官有郡守、典宗、宗正、统军等。

①　泉州海外交通史博物馆调查组:《天后史迹的初步调查》,《海交史研究》1987年第1期。

②　《西山文集》卷五四《祈风祝文》。

③　《长编》卷一九三,嘉祐六年正月乙未。

④　《长编》卷二九四,元丰元年十一月戊子。

⑤　《福建通志》卷九《金石志》。

⑥　泉州海交史博物馆:《泉州海外交通史料汇编》,第25页。

祈风活动主要是配合海商的出海与归航,在冬夏两季举行。广州"五月祈风于丰隆神"①,就是蕃舶归来之时。祈风活动必有不少海商参加。祈风活动主要是针对他们的活动,或许他们是理应参加的人员,而且又是民间的身份,所以祈风石刻都未录其姓名。

祈风活动有宗教的意义,但它不单纯是一种宗教活动,而有浓厚的政治、经济因素。特别是宋政府的参与,把政府主持祈风作为固定的制度,使这一活动的政治色彩和经济目的更加显明。实际上,这是宋政府重视海外贸易总政策的一个侧面反映。

三、元代的妈祖信仰与传播

元代政权出于保护漕运的经济需要,首封天妃,在全国范围内掀起妈祖信仰传播的第二次高峰。元代妈祖信仰的传播,进入一个空前繁荣的拓展期,其特点是朝廷为祈求神女对王朝生命线海运的庇佑,首次把封号提高到当时至高无上的"天妃"。"褒封的规格有质的飞跃"②,从而将妈祖在宋代与诸多海神等同的地位突出到统御全部海神的最高地位。

元代七次赐封"天妃",其中四次最重要制封,其经济、政治大背景都与泉州海外贸易的空前发展、市舶司的相应建立、行政建制的提升息息相关,兹分述如下。

(1)首次加封,应上溯到至元十五年。《元史》卷十《世祖纪》载:"至元十五年八月乙丑,制封泉州神女号护国明著灵惠协正善庆显济天妃。"对此史料,论者或有异议,认为首封字数即达 12 字之多,有悖宋代每封仅加两字的规定,疑"十五年"乃"十八年"之误。窃以为,正史明文确凿,干支日月分明。下笔简要,与十八年册封诏书之文雅从容,遏然有别,不容混淆。且元代异族入主,新朝初立,有意不遵旧制,以示新朝新法,是常有的历史现象。再考查加封的历史背景。先是,至元十四年(1277 年),新朝重新在上海、泉州、庆元、浦建立四个全国性的市舶司;又至元十五年诏令蒲寿庚"招谕番人来市"③。同年,又"升泉州为泉州路总管府,辖诸州"④。以上三则背景资料表明,元朝对在海外贸易中具有特殊地位的泉州格外重视,多方优惠对待,目的当然是借"天妃"的威灵来稳定政权,加强漕运,发展海外贸易,增加财政收入,对"泉州神女"寄意甚殷。

---

① 《萍洲可谈》卷二。
② 陈国强:《妈祖信仰与祖庙》,福建教育出版社 1990 年版。
③ 《泉州府志·卷三》
④ 《泉州府志·卷三》。

（2）第二次加封是大家熟知的至元十八年。当时的历史背景是：至元十七年（1280年）五月，福建行省移泉州①，又一次提高了泉州行政建制的规格。《元史》卷十一又载："至元十八年九月，商贾市舶货物已经泉州抽分者，诸处贸易止令输税益。"避免重复抽税的措施，与十四年的"招谕番人来市"是一脉相承的，都是为了鼓励番商来泉州港贸易。这表明泉州市舶司已升格为相当于中国总海关的地位，为其他三市舶司所不及。所以，十八年的册封是一连串保护海道、发展海上贸易、加强海运的举措中重要的一环，兹录册封诏书如下：

元世祖十八年，封护国明著天妃。诏曰：朕恭承天麻，奄有四海⋯⋯惟尔有神，保护海道，恃神为命。威灵赫耀，应验昭彰。自混一以来，未遑封尔。有司奏请，礼亦宜之。今遣正奉大夫宣慰使左副都元师兼福建道市舶司提举蒲师文，册封尔为护国明著天妃。②

诏书突出盛赞海道险恶，恃神为命。对此，治运的组织机构——福建道市舶司及其负责人蒲师文（即"有司"）体会最深切。身负皇命，由他奏请加封，是顺理成章的分内职事。册封"天妃"，在妈祖传播史上是一个重大转折点，它标志着长期困扰妈祖传播的第一对矛盾的彻底解决，从而为在全国范围内掀起新的一轮传播热潮奠定了皇权加神权的基础。蒲师文既是奏请人，又是册封钦差大臣，是矛盾得以解决的关键人物，足见泉州港、泉州和泉州人在妈祖信仰传播拓展期的贡献与初期传播中莆田祖庙、莆田人士的贡献同样都是不可磨灭的。

蒲氏先祖自阿拉伯来泉经商并定居，第一代已是北宋善商集团大首领，"擅蕃舶利三十年"；第二代蒲寿庚承父"以舶为业，家资累巨万计"③。以番商巨头而任泉州太守，后又兼福建道市舶司提举，降元后仍受重用。蒲氏拥有庞大的远洋船队。景炎元年（1276年），南宋名将张世杰一次即抢走蒲氏海舶400余艘；至元十七年（1280年），福建省移泉州，命造船3000多艘；元代，在蒲氏家族为首的众多国内外海商集团的经营下，泉州海上航运和海外贸易进入全盛时期。与泉州有贸易交往的国家或地区，从南宋时的50多个增至100多个，有六条航线可抵东南亚、印度、阿拉伯半岛、亚丁湾、东非沿岸、朝鲜、日本。由泉州放洋经商的海商首领（称纲首）"以数十计"。元代泉州海商孙天富、陈宝生，长期从事海外贸易，来往于扶桑、高句俪与东南诸夷，以信取信于异国，被外国人称为"泉州两义士"④。他们经年航行于风狂浪恶的大洋，历险而能

---

① 《泉州府志·坛庙》天妃官条。
② 《天妃显圣录》。转引自蒋维锬：《妈祖文献资料》，福建人民出版社1990年版。
③ 有关蒲寿庚及"泉州两义士"资料均引自李王昆《泉州海外交通史略》，厦门大学出版社1995年版。
④ 徐恭生：《海神无后信仰与中琉友好来住》，转引自《海交史研究》1987年，第1期.

全身,自然对航海守护神妈祖灵应十分笃信并于经商地宣扬传播。元代经商琉球的福建海商还不多,但也已出现歌颂来自闽省神女昭昭灵应的元人记叙篇什:"后之灵昭昭,元人程瑞学之记叙甚备。而若'天后志',若'闽颂编',若'琉球诸使录',尤加详焉。"①总之,在泉州海外贸易进入全盛期的社会背景下,泉州妈祖庙首获"天妃"褒封是历史的必然。

(3)第三次加封是大德三年(1299 年)。《元史》卷二十《成宗本纪》载:"加封泉州海神曰护国庇民明著天妃。"此次加封的背景是大德元年(1297 年)"置福建平海行中书省,泉州为治所,辖诸州"(乾隆《泉州府志》)。这是行政建制上的第三次提升。本次加封的特点是在至元十五年制封"泉州神女"基础上加封"泉州海神"。

(4)第四次加封是天历二年(1329 年)敕令大祭天下 15 庙的盛举。"岁运江南粟以实京师"是元朝保证京师粮食供应、稳定局势的重大政治经济决策,漕运成为元朝的生命线。虞集《送词天妃两使者序》中云:"……于今五十年,运积至数百万石以为常。京师官府众多,吏民游食者至不可算数,而食有余,价常平者,海运之力也。"而海运凶险难测,"舟出洋已有告败者……覆溺者众"。天历二年(1329 年),损失达 70 万石。为维护其经济命脉畅通,最高统治者派遣官至集贤直学士兼国子祭酒经筵官的宋本等二人为"天使",专程奉诏南下向为匡扶国家海运作出重大贡献的天妃祭把致谢。致祭路线是逆着僧运航线自北而南,从海运终点天津直沽起,至清运出海口泉州压轴,十分慎重。致祭各点也经精心选择,有转运要冲淮安,有仓储重镇太仓之外港昆山,有财粮聚集"天藩"杭州。莆田白湖庙也在被选之列(列称为"广人事妃,无异于莆"的广东却一城未选)。专使奉有一篇总致祭的皇家"加封徽烈诏",诏曰"……河山永固,在国尤资转运之功",盛赞妈祖"屡救吾民之厄"、"常全蕃舶之危"和"御大灾、捍大患"的功德。然后,针对天下 15 庙的各自特点,以专使语气撰写各庙的祭文。最重要的是最后两站:降生地湄洲庙和漕运出海口泉州庙。

四、元代的祈风与祭海②

祈风与祭海,都是为了祈求风顺浪静航海安全,惯例由市舶司主持祭祀。宋代的泉州市舶司是在九日山祈风,在真武庙祭海。到了元代,便只祭海神天妃,不再祈风。天妃,名林默,福建莆田湄州屿人,据说生于北宋建隆元年(960 年),卒于雍熙四年(987 年)。当地传说林默生而神异,力能拯人于难,死后升化为神,专救舟航危急,庇佑海船安渡大海。以后,船民便在莆田湄州屿林

---

① 杨振辉:《明代妈祖信仰与其趋势》。

② 引见彭德清:《中国航海史》(古代航海史),人民交通出版社 1988 年版,第 240-242 页。

家故宅建立了圣塾,将她祀为海神。宣和四年路允迪奉使高丽时,在海上遇风,沉没其七,唯路允迪所乘之船,祈祷神护,幸得安全。回航后,请于朝廷敕赐庙额为"顺济庙"①;后又在泉州、仙游和杭州相继建庙祭祀。南宋绍兴二十五年(1155年)封林默为崇福夫人。绍熙元年(1190年)褒封为灵惠妃②,其庙遂改称为"顺济圣妃庙"。

到了元代,由于舟师远征海外和大规模海漕运粮,便把顺济圣妃尊为保佑航海的神灵,凡属于航海平安的祝愿,皆祈祷圣妃庇佑。后来逐渐把祈风、祭海的仪式都奉祀于圣妃一身,标志着到了元代中国航海界有了自己的护法女神。以后信奉者日增,影响不断扩大,元朝廷也不断提高女神的封号。至元十五年(1278年),敕女神封号为"护国明著惠协正善庆显济天妃"③,这是林默被封为天妃之始。后改封为"广佑明著天妃",尊号中的"护国"二字,扩大为"广佑",以示四海之内皆受其庇护之意,并把每年对天妃的祭祀列为国家正式祀典。按元朝礼制所定,凡名山大川、忠臣义士被列入祭祀者,均由所在地方官主持典礼。唯有天妃,"在直沽、周泾、泉、福、兴化等处皆有庙",由皇帝"岁遣使赍香遍祭"。天后是由从事航海活动的人们创造出来的一个海上护法神,天后女神的传说反映了中国封建社会后期航海事业大发展的状况。第一,当时的科学知识远不如今天,在航海者尚不能全面征服海洋的条件下,天后这位航海护法女神则能增强航海者敢于冒险的自信心,是战胜惊涛骇浪的朴素精神支柱。第二,林默由局限于湄州屿圣塾女神而至圣妃、天妃、天后,称号与日逐加隆崇,象征着自元代以来中国航海事业的日益繁荣。第三,天后宫遍及全国各通商口岸且庙貌日渐辉煌,而其海神祭祀仪式日益隆重,正反映着航海贸易的繁荣,天后宫庙宇则演变成国内外海商交流航海信息和进行商务组合与互助的交易场所。

---

① 《四明续志》,《天妃庙祀记》。

② 《敕封天后志》卷上。

③ 《元史·世祖本纪》。

第九章

宋元时期的海盗活动[①]

海盗活动是随着社会发展而发展的。中国海盗活动兴起后,经东汉至隋唐五代,历时 1000 多年,降及宋元,海盗活动进入发展阶段。这时期的海盗活动频繁,活动规模和范围扩大,并出现活动新动向。有的海盗集团在进行抢劫与反抗官府的同时,也从事海上及国外商业活动,或兼营海洋经济事业。这种情况赋予海盗活动以新的内容和特点。

第一节　宋代东南海上的海盗活动

一、东南沿海的社会状况

赵宋王朝是"与大夫为治"的政权,它给予官僚地主优厚的政治与经济特权。为了维护官僚地主的权益,宋王朝"田制不立"、"不抑兼并"[②],放任他们抢夺农民的田地。到宋仁宗时,"承平寝久,势官富姓占田无限,兼并冒伪,习以成俗","重禁莫能止"[③]。英宗时,全国垦田总计约 1500 多万顷,地主户占有耕地 2/3 以上。徽宗时,"六贼"之一朱劢在吴郡兼并土地,"田产跨连郡邑,岁入租课十余万石"[④]。南宋时期,土地兼并更为炽烈,富贵之家"吞噬千家之膏腴,连亘数路之阡陌,岁入百万斛,则自开辟以来未之有也"[⑤]。据统计,南

① 本章引见郑广南:《中国海盗史》,上海华东理工大学出版社 1998 年版,第 89-160 页。

② 王明清《挥尘后录余语》。

③ 《宋史》卷一百七十二《食货志·农田》。

④ 王明清:《玉照新志》卷三,"六贼",指北宋徽宗朝朱缅、蔡京、王黼、李彦、童贯、梁师成等六人,他们专权横行,时人称为"六贼"。

⑤ 刘克庄:《后村先生大全集》卷五十一《贴黄》三。

宋大地主占有田地多达 4500 万亩以上。广大农民失去土地,破产"流荡",不少人沦为佃农或奴婢,惨遭奴役。这种状况,导致了穷苦贫民与地主富人之间的矛盾与对抗。

宋代人民另一苦难是苛重赋役负担。官府横征赋税及各种苛捐杂税,贫民下户不堪重负,以致家破人亡。为了逃避徭役,有的人拆居、寄产、寄子、迁移,甚至"毁伤肢体"。贪官酷吏横行肆虐,更加深穷苦贫民的苦难。官逼民反,老百姓"相扇为盗"①。

北宋时,浙江"郡县皆边江湖,莞蒲啸聚,盖常有之"②。宣和年间,浙江睦州爆发方腊起义;福建建州爆发范汝为起义;广东南雄与英、韶、循、梅、惠等州人民反抗官府的武装起义,"动以万计"③。南宋嘉定年间,福建"漳、泉、福、兴四郡,濒海细民以渔为业,所得无几,州县官吏不恤,却行征取",所"征榷大苛"④,以致"人穷无赖者多,既赤地,遂入绿林",出海为盗⑤。

在各地人民起义风起云涌之际,沿海诸路穷苦贫民纷纷出海当海盗,抢掠海滨城乡,抢劫商船、市舶司船、盐纲船、过番货船和外国商船。对此,将官惊呼海盗横行,海疆不靖,要弭盗靖海而束手无策。

二、浙、闽的海盗活动

宋代,东南海洋为"梅寇之渊薮",海上"盗贼啸聚","盖常有之"⑥。北宋太宗淳化四年(993 年),长江下游江上及江口洋面发生江贼与海盗反乱事件。仁宗庆历元年至五年(1041—1045 年),海盗在泰州、通州与登州海上反抗官兵。福建"长溪、罗源、连江、长乐,福清六县皆边海,盗贼乘船出没"⑦。皇祐四年(1052 年),蔡襄知福州,见海盗"披猖",向朝廷上《乞相度开修城池》与《乞相度沿海防备海贼》两疏,请求采取措施,防御海盗攻略。神宗熙宁末年,曾巩知福州也为海盗问题而伤脑筋,派兵出海捕获海盗数十人。南宋高宗绍兴五年(1135 年)正月,福建海盗朱聪率领部众"犯泉州",随后驾船南下广南。当时,另一支海盗武装船队横行福州、兴化海上,首领为郑广与郑庆。据《宋会要》云,"广、庆皆良民"。他们居海滨,靠海为生,常与郑九驾船出海活动,后因

① 《宋会要辑稿》卷二万二千四百九十《兵》一三之二四。
② 苏颂:《苏魏公文集卷》十九《论东南不可弛备》。
③ 李纲:《梁溪先生文集》卷六十六《乞措置招捕虔州盗贼状》。
④ 《宋会要辑稿》卷一万九千三百九十三《刑法》二之一四四。
⑤ [明]林麟焻:《天妃显圣录》,清康熙二十年(1682)重新编辑,近有湄洲妈祖文化研究中心编印本。
⑥ 李焘:《续资治通鉴长编》卷三十四、卷一百三十四。
⑦ 《三山志》卷十九《兵防》二。

官府"收捉郑九在官,致怀疑贰,因下海作过"①。岳珂《桯史》记叙郑广出海为盗之事云:"海寇郑广陆梁莆、福间,帆驶兵犀,云合亡命,无不一当百,官军莫能制,自号'遭海蛟'。"②由此可见,郑广是个强悍的海盗首领,手下部众个个勇猛,擅长海战,锐不可当。

宋高宗闻知福建海盗横行,于绍兴六年(1136年)四月诏令福建安抚司发水军攻剿郑广、郑庆海盗。此时,福建"山海之寇并发",闽北范汝为农民起义刚平息,海上多股武装海盗在活动,势力强盛,剿灭不易。"朝廷以郑广未平",难以对付,便采取招安政策。八月九日,高宗命福建安抚使张致远招抚郑广、郑庆。按当时"要做官,杀人放火受招安"流行语的心态,郑广、郑庆乐意接受朝廷招安。

郑广、郑庆受抚后,各补保义郎,舟船移交官府,供水军使用,部众强壮者改编为官兵。据《三山志》云,"安抚司招得郑广、郑庆等人、船,存留强壮一百七十人,内拨五十人充荻芦寨水军,一百二十人充本州禁军,阙额于延祥寺置寨"③,其余之人遣散。郑广主延祥兵,"以徼南溟",为朝廷镇守海疆。

在宋王朝统治者看来,招安海盗"并非善举",而是羁縻之计,给郑广、郑庆一小顶乌纱帽是手段,不让他们在海上反乱是目的。张致远与福建提刑方庭实招安郑广、郑庆还有另一政治用意,就是借他们之力,去"以盗攻盗","引用郑广辈,得以盗御盗之法"④。官府为让海盗"自相杀戮",派遣郑广率众去攻"他郡诸盗,数月悉平"⑤。绍兴十三年(1143年),海盗陈小三以船60艘"犯福州"。安抚使薛弼拨兵300给郑广,"期三日破贼"。"广求济师,不听。属两日,大风,贼舟不能进退。广尽擒以献……积四年,凡平贼百七十部"⑥。郑广受招安后,甘当官府鹰犬,攻戮同类以邀功。

郑广虽做了官,为朝廷效力,"平贼"有功,进出福州安抚司帅府,可是在衙府群僚的心目中,他是个做过海盗的人,因而备受鄙视,无人与其交谈、议事。郑广遭受如此歧视与冷遇,甚不好受,终日郁郁不乐,伺机报复,以吐心中闷气。一日晨入未衙,群僚偶语风籁下,谈及诗句。郑广矍然起于坐说:"郑广粗人,欲有拙诗白之诸官可否?"众属耳。乃长吟曰:

郑广有诗上众官,

众官文武看来总一般。

---

① 《宋会要辑稿》卷二万二千四百九十《兵》一三之八。

② 岳珂:《桯史》卷四《郑广文武诗》。

③ 《三山志》卷十八《兵防类》一。

④ 黄仲昭:《八闽通志》卷三十六《名宦·方庭实》。

⑤ 黄仲昭:《八闽通志》卷三十六《名宦·张致远》。

⑥ 《重纂福建通志》卷二百六十六《宋外记》。

众官做官却做贼，

郑广做贼却做官。

吟罢，众官惭愧得脸红耳赤，哭笑不得，无地自容。

《桯史》作者岳珂为名将岳飞之孙，他在书中特地记录郑广这首《文武诗》。此诗虽俚俗，但嘲谑当时海疆文武官员贪赃枉法的丑行，不失为一首大快人心的诗作。因此，诗一出便广为流传，产生了政治影响。对此，岳珂在书中评论说："章以初好诵此诗，每曰天下士大夫愧郑广者多矣，吾侪可不知自警乎？"① 明人何乔远在所撰著《闽书》中也介绍海盗郑广的事迹，并辑录他的《文武诗》。② 清末，有人针对贪官污吏横行的政治状况，说郑广的《文武诗》"可以风世"③。

不过，郑广的诗虽然引人注意，但他为官府卖力，"平贼百七十部"，并没有"荡平"闽海的海盗，仍然有多股海盗在活动。绍兴十三年（1143年），海盗朱明与万少俭等组织武装船队"弄作"海上，攻略沿海郡县。

闽中自海盗朱明连岁乱，林元仲、俞檄明、万少俭等继之，环闽八郡皆被其毒。知福州兼福建安抚使叶梦得奉命自建康挟御前将士便道之镇，或招、或捕、或诱之相戕，三策并用。元仲、檄明、少佺皆受约束。凡平盗五十余群。④

在闽海诸盗中，朱明势力最强大，部众骁勇，击杀将官武功大夫张深。宋高宗见福建官兵无力讨捕朱明，即诏命叶梦得挟御前军开赴闽海征剿海盗。叶梦得至福建，施用诱降计，招降林元仲、俞檄明、万少俭等，讨平50多股海盗，孤立朱明。朱明势强不降。次年，高宗另遣侍卫马军司统领张守忠带兵赶赴福建，讨捕朱明。张守忠张黄榜，立重赏，"许其徒自相捕"，诱降其众。朱明部众离散，被迫投降官府。

宋孝宗时，浙江"海贼啸呼为患"⑤。隆兴元年（1163年）三月七日，"臣僚言，近闻明州象山昌国及秀州华亭，多有海贼"⑥。监司、郡守无力防备海盗，"明州韩仲通不能防御海寇，致昌国、定海诸县皆被其毒，而海道为之不通"⑦。乾道八年（1172年），浙江"海寇出没大洋劫掠，势甚张。"韩世忠长子彦直"授将领、土豪等方略，不旬日生擒贼首，海道为清"⑧。淳熙十年（1183年），温州、

---

① 岳珂：《桯史》卷四《郑广文武诗》。

② 何乔远：《闽书》卷一百四十九《萑苇志》。

③ 邱炜萲：《菽园赘谈》卷三《道盗》。

④ 《重纂福建通志》卷二百六十六《宋外纪》。

⑤ 王十朋：《梅溪王先生文集》，《梅溪先生廷试策并奏议》卷三《论广海寇札子》。

⑥ 《宋会要辑稿》卷二万二千四百九十《兵》十三之二二。

⑦ 王十朋：《梅溪王先生文集》，《梅溪先生廷试策并奏议》卷三《论韩中通俞良弼札子》。

⑧ 《宋史》三百八十四《韩世忠传》附子《彦直传》。

台州海盗反乱,势甚猛烈。孝宗闻警报,急忙诏令福建巡抚姜特立统兵北上征剿,"官舟既集,贼船舣水面,众甚惧"。由于海上风云突变,官军兵船处于有利地势,"乘风腾流",发起攻击,"获贼首,并擒其党,余四散奔溃"①。姜特立官兵获胜归闽。

当时,福建海盗反乱也很激烈。淳熙十二年(1185年),海盗与官兵在大洋交战,延祥寨正将郑华"深入大洋,与贼接战,生擒贼首蔡八等四十二人"②。宁宗嘉定户年(1208年)秋,"草寇"周六四纠众啸聚兴化海上,"舟船不可胜计"。因船冲礁搁浅,官兵攻击,周六四被俘,部众逃散。此时,海盗活动冲出海域界线,浙江海盗航海南下,联合福建海盗,共同行动;福建海盗南进广东,与粤洋海盗联动。这是因为福建地处南洋北海交通航线要冲,"本路海道北连两浙,南抵广南。自前盗贼多寇掠僻远及人船,稍众即突入本路"③。而且,泉州为海外通商贸易的重要海港城市,中外商船云集,货物山积,为海盗所注意。因此,福建南部海也就成为海盗活动的主要海域了。

嘉定年间,浙江温州"艚贼"首领王子清、赵希却等率领武装船队在浙洋"横行海岛多年",后来船队南驶福建。嘉定十一年(1218年)四月十九日,王子清、赵希却船队驶抵泉州洋面,"侵轶郡境",泊船晋江县围头澳。知泉州真德秀牒左翼军分兵前往防遏。他说:"是时,群贼泊舟围头澳,距州城百余里。官军星夜疾驰,至辰已间,猝与贼遇。贼徒椎牛大嚼,而官军犹未朝食,众寡劳逸,既皆不侔,故自将官邵俊以下俱有观望、羞缩之意。"④

邵俊等将官"见贼便走",引兵逃遁。左翼队将王大寿与秦淮军兵朱先、李从等六人战亡。五月九日,王子清与赵希却船队在晋江县水澳遭官军与地方民兵攻击,船队驶往金门料罗海心,又遭官军袭击,即掉柁转往同安县烈屿。烈屿头领方知刚与林枋等,"团结丁壮,排布矢石、棺板海岸",阻挡海盗上岸。方知刚等带领民兵400人、船32艘,"为官军助",联合攻击海盗船队。十三日,王子清、赵希却船队在漳浦县沙淘洋与官军、民兵交战,被击败,赵希却及王子清亲信林添二等四人,部属林从立等100余人,为官军俘获。王子清无法继续在闽海活动,便率领船队返航浙江,后为台州巡尉俘捕。

真德秀派兵出海攻剿王子清、赵希却船队,沙淘洋海战"俘获贼首林添二等,适皆杀害官兵之人。行刑之际,设大寿位于旁,令其子剖心以祭"⑤,"磔者

①《天妃显圣录》。
②《宋会要辑稿》卷二万二千四百九十《兵》十三之二五。
③《三山志》卷十八《兵防类》。
④[宋]真德秀:《西山先生真文忠公文集》卷八《申枢密院乞优恤王大寿》。
⑤[宋]真德秀:《西山先生真文忠公文集》卷八《申枢密院乞优恤王大寿》。

三人,诛死者二十余人,胁从者破械去。赵郎自称直檄阁子游孙希却也,毙于狱"①。

真德秀派兵出海攻剿海盗,并没有达到靖海目的;相反,海盗的反乱更加激烈,出海为盗的人数益众,"其始出海不过三两船,俄即添至二三十只;始不过三五十人,俄即添为数,以至千人"②。

宋理宗时,福建海盗周旺一等率领一支武装船队,"在海洋行动日久,所至官兵莫能禽戮"③。绍定五年(1232年)二月,周旺一率领"海寇犯泉州境",船泊晋江县围头澳。真德秀派左翼军将官贝旺"破走之"④。周旺一海盗船队驶向金门料罗湾,同官军进行海战。他亲率船8艘、部众500余人,围攻贝旺兵船。"贼船高大如山,旺船不及其半",官军处于劣势,"同行兵船无敢进者"。禅校吴宝驾小船救援贝旺,被周旺一部众击杀。贝旺带领被围困的官军拼死突围。后来,官军集中兵力反扑,周旺一战不利。他与几位头领被官军俘获,船队损失大半,余众驾船"出福建界,深入广东"⑤。对此,真德秀向尚书省申报说:

> 海贼递年往来漳、潮、惠州界上冲要海门,劫掠地岸人家粮食,需索羊酒。专候番船到来拦截行动。今来贼船已有一十二只,其徒日繁,于番船实关利害……证得贼船见泊深澳,正属广东界分正南北咽喉之地。其意欲劫米船以丰其食,劫番船以厚其财,掳丁壮、掳舟船以益张其势。用意叵测,为谋不臧。此猾贼之所为,非复寻常小窃之比。且自今年月料罗之败,只有五船,今又添至十二只,闻其贼众已近千人。若容养不除,事势日炽,未易剪灭。兼福、兴、漳、泉四郡全靠广米以给民食,而福建提舶司正仰番韶及海南船之来,以供国课。今为贼船所梗,实切利害。⑥

这支近千人的海盗武装势力,给广南与福建官府造成严重威胁。海盗海上抢劫,番船不通,国课亏缺;广东米船不至,福建军民乏食,海疆不宁。

广南、福建海盗反乱震撼海疆,朝廷急命广东经略安抚司调遣摧锋水军,福建安抚司调发水军联合会剿海盗。与此同时,朝廷又接连发下度牒15道,责令泉州府修造船,创立围头、宝盖等寨,修葺法石、永宁旧寨,添屯水军,增加石湖、小兜水军名额,修理器甲、兵船,以御海盗。枢密院亦札下福建安抚司与提刑司,在漳、泉二州和兴化军"严加措置",整顿水军,添造战船,葺理沿海诸

第
九
章

宋
元
时
期
的
海
盗
活
动

① 刘克庄《后村集》卷五十《宋资政殿学士赠银青光禄大夫真公行状》。
② [宋]真德秀:《西山先生真文忠公文集》卷十五《申枢密院修沿海军政》。
③ [宋]真德秀:《西山先生真文忠公文集》卷十五《申左翼军正将贝旺推赏》。
④ 《重纂福建通志》卷二百六十六《宋外纪》。
⑤ [宋]真德秀:《西山先生真文忠公文集》卷十五《申左翼正将贝旺推赏》。
⑥ [宋]真德秀:《西山先生真文忠公文集》卷十五《申尚书省乞措置收捕海盗》。

寨设备,严防海盗作过,攻剿海盗,肃清海道,以靖海疆。

南宋王朝虽然加强海防,但未能制止海盗活动。理宗开庆元年(1259年),海盗陈长五、陈长六和陈长七等人"作乱"兴、泉、漳海上。朝廷命宪使王熔克期征剿。陈长五率船三艘驶至莆田湄洲岛,遇暴风雨,船在沙浦上胶。王熔出兵攻击,陈长五被俘;陈长六船队在莆禧被郭敬叔官兵打败,遭捕俘;陈长七船队在福建洋面遭官兵袭击,被擒。陈氏三人被官府"磔于市"。

三、广南的海盗活动

宋代,广南与福建海盗反乱活动为海疆一大问题。北宋时,蔡襄上仁宗《乞遣广南福建状》陈述广南海盗反乱云,"广南海盗啸聚",为了扩大队伍,"掠百姓之少强者黥之,以为党众"①。黥刺本是宋王朝籍兵之法,广南海盗仿效而行之,黥刺党众作为其成员的标志,使他们无法脱离其群。南宋初年,广南海洋不靖,"多有海寇作过"。西路琼、雷、化、钦、廉诸州,自来不置水军,"海贼冲犯,如蹈无人之境"②。据史书志乘记,这时期的主要海盗有黎盛、大奚山岛寇和福建海盗在广南海上活动。

黎盛,南宋绍兴年间广南海盗首领,纵横东路和中路海上,攻掠沿海州县。

黎盛初犯广州城,纵火,官军莫敢前,潮、循、惠均受其害。③

海寇黎盛以绍兴三年癸丑犯潮州,焚民居。盛甫去,他寇旋起,布满山谷,梅州尤受其害。④

三年,海寇黎盛犯循、惠等州,命集诸路兵讨灭之。⑤

可见,黎盛武装势力强盛,他率领部众在广、潮、循、惠等州攻城略地,官军屡为所败。为扑灭黎盛海盗反乱,朝廷大动干戈,调集各路官军出海围剿,击溃黎盛船队。

绍兴五年(1135年)正月,福建海盗朱聪"犯泉州"后,率领200余人,海船30余艘航海往广南。据《宋会要辑稿》记叙云,朱聪率众"入广东诸县,杀人放火"⑥。他们的行动却获得"广东诸县"老百姓的支持,不少人参加其队伍,至八月,徒众骤增万数。广南地方告急,宋高宗诏命福建、广西帅司"措置招捕"。在几路官军的围剿中,朱聪作战失利,被迫投降,高宗"命补水军统领"⑦。

---

① 蔡襄:《蔡忠惠公全集》卷二十一《乞遣广南福建状》。
② 《宋会要辑稿》卷一万五千一百一十七《方域》一八之二。
③ 《惠州府志》卷一《郡事志》。
④ 《潮州府志》卷三十八《征抚》。
⑤ 《惠州府志》卷一《郡事志》。
⑥ 《宋会要辑稿》卷二万二千四百九十《兵》。
⑦ 《宋史》卷二十八《高宗纪》。

继朱聪之后，广南又爆发几起海盗反乱事件。绍兴二十九年（1159 年），海盗陈演添一支船队在廉州、雷州和高州海上"作乱"，攻廉州，"廉州大扰"①。随后，陈演添船队在高州、雷州海上活动，遭南恩州林观乡兵攻击，被俘杀。孝宗淳熙十五年（1188 年），广州海盗陈青军集结党徒，"在海掳掠商旅，上岸剽居民"②。知广州朱安国差李宝部辖官军出海讨捕，俘捕陈军等 16 人，投入狱中拘禁。几年后，广州海上爆发大规模大奚山"岛寇作乱"。

南宋宁宗庆元年间，广州大奚山列岛居民发动反抗官府的武装斗争，时人称为"岛寇作乱"。大奚山，在广州东莞东南大海中，为粤洋中路的重要岛屿③，岛上居民自称为东晋末年海盗卢循部众后裔。据《仓格军门志》云，大奚山"居民不事农桑，不隶征徭，以渔盐为生。宋绍兴中，招降其人来祐等，选少壮者为水军，老弱者放归立砦。水军使臣一员，弹压一员。无供亿宽鱼盐之禁，谓之醃造盐"④。庆元三年（1197 年）夏，提举茶盐徐安国遣人渡海到大奚山捕私盐人。岛民徐绍夔等人率众抗拒，"啸聚为盗"⑤。徐安国即出动官军讨捕。官军出海到大奚山，捕捉徐绍夔等人，肆行烧杀抢掠，"尽执岛民，戮之无唯类"⑥。事闻于朝廷，宁宗诏罢徐安国官职，以钱之望知广州。"时贼势猖獗"，官府束手无策，官军无力讨捕。此时，福建莆田县人郑岳馆广州，为钱之望朋友，建议奏请朝廷调动善海战的福建延祥水军，攻剿大奚山岛寇。翌年八月，朝廷差遣延祥将商荣统领福建水军开赴广南，直指大奚山。福建水军航海至大奚山洋面，"舳舻相接"而进。岛民见水军来势汹汹，奋起抗击，"岛寇巨舰衔尾而至，锐不可当，众惧"⑦。为防御水军兵船逼岸，"大奚山之人用木支格，以钉海港。军不知蹊径，竟不能入"⑧。岛民决定以攻为守，出动舰队直捣广州城。据宋人祝穆《方舆胜览》记述，大奚山海盗以舟师指城，民大恐。⑨《东莞县志》亦云："岛民用海舟载其兵弩，达于广州城下，州民散避。"岛民兵临城下，发起攻城战；同时，他们还在珠江上攻击水军兵船。在交战中，因岛民"首领船帆索被官兵斫断，船不能行。商荣用火箭射之，贼大败"⑩。官军乘势反

① 《廉州府志》卷二十一《纪事》。

② 《宋会要辑稿》卷二万二千四百九十《兵》十三之三六。

③ 大奚山，后有姓万者为酋长，因改称"老万山"。

④ 顾炎武：《天下郡国利病书》卷一百三《广东七》。

⑤ 祝穆：《方舆胜览》卷三十四《广东路·广州》。

⑥ 《东莞县志》卷三十《前事略二》。

⑦ 《天妃显圣录》。

⑧ 《东莞县志》卷三十《前事略》二。

⑨ 祝穆：《方舆胜览》卷三十四《广东路·广州》

⑩ 《东莞县志》卷三十《前事略》二。

扑,大肆杀戮,岛民"渠魁就擒,余凶或溺、或溃,扫荡无遗"①。至此,大奚山岛寇反乱平息。

第二节　南宋初年的抗金斗争与海盗活动

北宋南宋之际,宋军民奋起抗击金兵南侵。在抗金斗争中,也有海盗在海上进行抗金活动。

一、东南军民的抗金斗争与海盗活动

北宋徽宗宣和七年(1125 年),崛起东北的金国攻灭辽国,国力强盛,随后兴兵向南进攻宋王朝。腐败的北宋无力抗御,徽宗、钦宗不抗战,屈辱求和。是年十月,金国大将粘罕与翰离不统领两路大军进攻王朝。宋钦宗靖康元年(1126 年)十二月,金兵攻陷汴京(今河南开封),钦宗投降。次年四月初一,金兵将所俘的徽宗、钦宗及后妃、皇子、宗室贵戚,大臣 3000 多人押送北去;宫中金银、绢帛、礼器、浑天仪、漏刻、图册等物,被洗劫一空。北宋王朝至此灭亡。五月,宋康王赵构即帝位于归德,改元建炎,是为高宗,史称南宋。高宗害怕金兵,遂逃到扬州。建炎三年(1129 年)二月,金兀术等统兵南侵,攻下徐州,进抵淮河。高宗慌忙逃往镇江,又转走临安(今浙江杭州)。金兵攻陷扬州,将城里财帛抢劫殆尽,纵火烧城和屠城,事后居民余生者仅存数千人。十月,金兀术统兵渡江,攻占建康(今南京)。高宗逃奔越州(今浙江绍兴)。金兀术率金兵攻占临安。高宗逃往明州(今浙江宁波),因金兵追击,而逃出海。金兵在临安"纵火,三日夜烟焰不绝"②。金兵南侵的烧杀抢掠暴行激起各地人民的愤怒与反抗,他们靠山筑砦堡,近水结水寨,抗击金兵。抗金武装有王彦领导的太行山"八字军"③,河东、河北和山东的"红巾军",五马山寨义军和张荣的梁山泊水军。各地抗金武装汇成一支几十万人的大军,抗击金兵。

在各地人民抗金斗争的推动下,海盗也采取行动,投入南宋军民的抗金战斗。在宋代,福建海船、广南多桨船和浙江温、台捕鱼船,有的是海盗船或参与海盗活动的船只。抗金烽火燃起后,海船拥有者当中有许多人投身抗金斗争。宋高宗逃到临安,福建莆田县人林之平募船赴援,"建炎三年,车驾南渡,之平

① 《天妃显圣录》。

② 李心传:《建炎以来系年要录》卷三十一.

③ 王彦的抗金义军,为了表示抗金的决心,每人脸上都刺着"赤心报国,誓杀金贼"八字,故称"八字军"。

由海道赴行在。上以长江守御之策询群臣。议者陈招募海舟,为不虞之备。复诏之平历闽、广募六百余艘,由温、台赴行在"①。与此同时,浙西制置使韩世忠也"募海船百余船",组成一支兵船队②,布阵长江口,截击金兵。

建炎四年(1130年),南侵的金兵北撤,金兀术带领10万金兵北走至长江口,遭韩世忠伏兵阻击,"兀术坠马,几得之,驰而脱去。而战数十合,兀术大败,获其婿龙虎大王"③。韩世忠以8000兵抗击兀术10余万金兵,双方在黄天荡相持48天。韩世忠发挥水战优势,"海舰进泊金山下,预以铁绠贯大钩,授骁将健者。明旦,敌舟噪而前。世忠分海舟为两道,出其背,每绁一绠,则一舟沉之。兀术穷蹙,求会语,祈请甚哀"④。最后,韩世忠大败金兵,金兀术狼狈北逃而去,"兀术渡江北还,每遇亲识,必相持泣,诉以过艰危,几不免"⑤。黄天荡之战,沿海船民与海盗发挥其擅长水上活动与海战的本领,立下战功。海盗不但参加南宋军民的抗金战斗,而且也单独在海上进行抗金的武装活动。

二、山东海盗张清对金国的反攻

南宋初年,山东海盗张清率领船队航海到辽东,在金国腹地发动反抗斗争,这是南宋军民抗金战争中一重要历史事件。

山东密州,地近登州、莱州州界,为宋代"南北商贾所会去处"⑥,有通往辽东的海上航线。海南商船和蕃舶载货到这里转运往辽东。山东海盗熟悉通往辽东的海上航道。南宋初年,山东是抗金战争的重要战场。绍兴元年(1131年),金兵渡河,山东忠义军奋起抗击,统制忠义军马范温"率众驾船入海,据守福岛,每遇金贼,攘战获功"⑦。忠义军在海上开辟抗金战场,屡败金兵,义士立战功而补官者数百人。当时,忠义军在海上抗金得到海盗的支援。海盗在海上抗金活动比忠义军活跃。忠义军据守海岛,处于守势。而海盗张清则率领武装船队主动进击。绍兴九年(1139年),张清率领船队直捣金国后方,在辽东燃起抗金烽火,据宇文懋昭《大金国志》记载云:"山东海寇张清乘海船至辽东,诈称宋师,破蓟州。辽东士民及南宋被掳之人,多相率起兵应清者,辽东大扰。"⑧

---

① 《兴化府莆田县志》卷二十四《人物传·林之平》。
② 《镇江志》卷二十一《杂录·武事》。
③ 杨循吉:《金小史》卷三。
④ 《宋史》卷三百六十四《韩世忠传》。
⑤ 杨循吉:《金小史》卷三。
⑥ 《宋会要辑稿》卷二万一千七百七十八《刑法》二之六十二。
⑦ 《宋会要辑稿》卷一万一千八百六十六《兵》一八之三。
⑧ 宇文懋昭:《大金国志》卷十。

张清率领武装部众航海直捣辽东,破蓟州。他打出"宋师"旗号,以资号召,辽东士民及南宋被俘送到辽东的人纷纷起义响应,金国后院起火,"辽东大扰",这沉重地打击了金国统治集团。可惜的是,张清未能利用有利时机和形势,却匆忙"率众复归",辽东反金武装起义随即为金国官兵扑灭。

海盗张清率众直捣辽东,号召士民反金,堪称壮举。随后,南宋军民抗金斗争出现新局势。绍兴十年(1140年),刘琦八字军在顺昌(今安徽阜阳)大败兀术金兵;王德军攻下亳州(今安徽亳县);韩世忠领军收复海州(今江苏东海);岳飞军队屡战皆捷,收复洛阳、郑州、颍昌(今河南许昌)、淮宁(今河南淮阳),又在郾城大败兀术金兵。在此形势下,岳飞激励部属官兵说:"直捣黄龙(府),与诸君痛饮耳!"他发出此豪言壮语前一年,海盗张清已有航海直捣辽东之举了。

第三节　宋代海盗亦商活动的兴起

中国海盗同世界其他国家海盗一样,在历史上都曾经从事过亦商亦盗(或称半商半盗)的活动。"盗",指海盗以暴力手段进行活动,抢劫别人的财货;"商",属经济范畴,指海盗进行商业活动,经商牟利。当海盗将暴力抢劫与商业活动相结合的时候,人,既是海盗,又是海商;船,既是盗艘,又是商舡;海,既是战场,又是市场。在中国,海盗用武装船只在海上进行商业活动始于宋代。

一、海盗亦商活动的历史背景与社会基础

中国海盗亦商活动的兴起和进展,与社会经济发展是紧密联系的。从宋代起,旧史书所说的海盗"渊薮"乃工商业发达和商品经济繁荣的东南沿海地区。

中国封建社会发展到唐宋时期,进入了繁荣的历史阶段。唐代,社会经济繁荣,工商业有了长足发展,海外交通贸易兴盛。至宋代,社会经济重心南移,东南沿海成为富庶地区。随着东南沿海地区工商业进一步发展与商业经济繁荣,海外贸易有了新的发展。宋王朝为了增加财政收入及满足统治阶级的生活需要,十分重视海外贸易。北宋初年,沿袭唐代"旧法",在通商口岸设立市舶司,先后于广东广州、浙江杭州和明州、福建泉州、山东密州板桥镇(今青岛市胶州境)、江苏秀州华亭(今上海松江一带)等地设市舶司或市舶务。南宋时,又增设温州和江阴两处市舶务。市舶司掌管海外贸易,职务是"招徕岛

夷"，互市贸易。① 按规定：本国商船必须先向市舶司申请、具保，获得凭券，方可出洋兴贩；外国商船到达港口，必须向市舶司报告，接受检查，货物"抽解"1/10作为进口税。市舶司还负责"博买""番货"，属"禁榷"货物全部收购，其余货物部分收购。市舶司抽解与博买的货物，送缴朝廷。这样一来，市舶司就垄断了海外贸易。

海外贸易大利所在，事关国计，因此宋王朝统治者特别重视，皇帝亲自过问。北宋太宗曾经特遣内侍赍敕书，往海南诸国，勾招进奉，博买"番货"。南宋高宗亦注重海外贸易，他说："市舶之利，颇助国用，宜循旧法，以招徕远人，阜通货贿。"②为此特地在杭州设怀远驿，明州、温州设来远驿，招徕外国商人，鼓励他们前来通商；同时，还在广州和泉州专辟"番坊"，让外国商人居住，借以促进海外贸易。

在宋代，海外贸易获利颇丰，为各阶层所注目，因此，不少人竞相投身海外贸易活动。首先是大官僚经营海外贸易。大将张俊以钱百万为资本，令其士卒从事海外贸易，获得巨大商利。蒲寿庚掌管泉州市舶司 30 年，与其兄寿成兼经商业，拥有多艘海船，操纵海外贸易。他们利用职官权势经营海外贸易，成为官商。其次，衙役、胥吏与赴试士人亦有"过海入蕃"者。北宋政和二年（1112 年）六月二十二日，"臣僚言：访闻入蕃海商，自元祐以来，押贩海船人，时有附带曾经赴试士人及过犯停替胥吏，过海入蕃。或名为住冬，在彼国数年不回，有二十年者，取妻养子，转于近北番国，无所不至……"③由于士人出洋者众，宋王朝统治者为阻止他们"过海入蕃"，下令禁止曾预贡解及州县有学籍者，不得过海。这里所谓"入蕃海商"，指富有商人及一般商贾、船户。这里所说的富有商人，也就是知密州范谔所说的"富豪大姓"，他们仗其财力与权势，专"海舶之利"④。至于一般商人和船户，即拥有一定数额资财的商人和拥有海船的船户，他们致力于海外交通贸易，为正宗海商。

在中国历史上，"海商"这一经济名词始见唐人王建的诗篇中。王建在《送于丹移家洺州》诗中的"贩海翁"，也就是他在《汴路即事》诗中所说的"海商"⑤。至宋代，随着东南沿海地区工商业和海上交通贸易的发展，海商阶层及其经济实力壮大，在商业经济领域中异军突起，成为"经济新人"。史书中有许多有关这类人从事"海事兴贩"的记载：

---

① 《宋会要辑稿》卷一万九千三百九十二《刑法》二之一四四。

② 《宋会要辑稿》卷一千一百二十四《职官》四四之二四。

③ 《宋会要辑要》卷二万一千七百七十七《刑法》二之三九.

④ 《宋史》卷一百八十六《食货志》八。

⑤ 王建：《王司马集》卷一与卷三。他在《汴路即事》诗中云："草市迎江货，津桥税海商。"

福建一路，多以海商为业。①

自朝家承平总一海内，闽、粤之贾乘风航海不以为险，故珍货远物毕集于吴之市。②

初，知密州范谔上言："板桥濒海，东则二广、福建、淮浙，西则京东、河北，商贾所聚……"谔等复言："广南、福建、淮浙贾人航海贩物至京东、河东、河北等路，载钱帛、丝绵贸易，而象犀、乳番、珍异之物，虽尝禁榷，未免欺隐。"③

泉州人稠峪瘠，虽欲就耕无地辟；州南有海浩无穷，每岁造舟通夷域。④

漳、泉、福、兴化，凡沿海之民所造舟船，乃自备财力兴贩牟利而已。⑤

大商贾人言此甚详悉，若欲驾船泛往外国买卖，则自泉州便可出洋……便可放洋出海，泛往外国也。⑥

以上所引的几则历史资料，反映了宋代海商从事海外贸易的盛况。由于海商的海外贸易是民间的自由贸易，它不可避免地会与宋王朝市舶司的贡市贸易和官商贸易发生矛盾和斗争，因而遭到官府的限制与禁止。在这种情况下，不少海商被迫铤而走险，加入海盗海上武装贸易活动的行列。海商参加海盗的贸易活动，赋予宋代海盗活动以新的内容和特点。

二、海盗亦商活动概况

宋代，广南广州与福建泉州是对外交通贸易的重要港口城市，中外商船穿梭往来，闽、粤海洋因此而成为海商与海盗活动的中心海域。海上通商贸易繁盛，伴随而来的是海盗抢劫猖獗，官府视为"海道之害"。

二广及泉、福州，多有海贼啸聚。其始皆由居民停藏资给，日月既久，党众渐炽，遂为海道之害。如福州山门、潮州沙尾、惠州漈落、广州大奚山、高州硇州，皆停泊之所。官兵未至，村民为贼耳目者往往前期报告，遂至出没不常，无从擒捕。⑦

二广与福建沿海充斥海盗"耳目"，"停隐贼人及与贼贸易"，这反映二广与福建海滨村民与海盗之间关系密切，他们不但"为贼耳目"，"与贼贸易"，而且还参与抢劫船货的行动，正如李纲在《论福建海寇札子》中所说：

广南、福建路近年多有海寇作过，劫掠沿海县镇乡村及外国海舡、市舶司

---

① ［宋］苏轼：《苏东坡》卷六《论高丽进奉状》。
② 朱长文：《吴郡图经续记》卷二《海道》。
③ 《宋史》卷一百八十六《食货志》八。
④ 王象之：《舆地纪胜》卷一百三十《福建路·泉州》。
⑤ 《宋会要辑稿》卷一万九千三百九十二《刑法》二之一七三。
⑥ ［宋］吴自牧：《梦粱录》卷十二。
⑦ 《宋会要辑稿》卷二万二千四百九十《兵》十三之二二。

上供宝货,所得动以巨万计⋯⋯掳掠船舶既多,愚民嗜利喜乱,从之者众,将浸成大患,如晋孙恩,不可不为备。①

从实际情况来看,宋代福建海盗所抢掠的是沿海乡镇富豪的财物、粮食及外国海舶、市舶司"上供宝货",并没有侵犯沿海人民。正因为如此,故"愚民""从之者众",乐于同海盗交通。随着海盗亦商活动的开展,东南沿海民间海上自由贸易随之进行。

在福建泉州郡城外围的石井津,即安海港及附近港澳,海上民间自由贸易活动很活跃。安海港在泉州郡城南部 30 里,位于金门围头海湾,唐代已成港市,名"湾海",居民多从事海上交通贸易。由于进出安海港澳海船为数颇多,需导航,从安海至围头数十里海岸建造七座灯塔,由此可见当时海上交通贸易的盛况。至宋代,安海港市更加繁荣,港澳进出海船千帆百舸,客商云集,唐货、番货山积,市场交易颇为繁盛。据《安海志》记载:

安海于宋全盛时,东有旧市,西有新市。因竞利而后设镇,市曰安海市,镇曰安海镇。今市散处,直街曲巷,无非贸易之店肆,约有千余座。盖因四方射利者所必趋,随处成交。②

《晋江县志》亦有类似记叙:

安海城,在八都濒海,人烟辏集。古名湾海。唐安金藏之后连济徙居于此,因易湾为安。宋为安海市,客舟自海到者,州遣吏榷税于此,号石井津。③

航海至安海港的海舶,称为"客船"、"客舟",即外地商船,其中包括"番舶"(外国商船)。安海港市全盛时,海舶进出频繁,州官派遣税吏驻港征税。海盗从事海上商业活动,是不会向官府纳税的。他们为避开官府的干扰和税收,泊船于安海港外澳围头,澳围头由此成为海盗进行海上贸易活动的据点。南宋宁宗嘉定年间,知泉州真德秀到任即惊呼"海盗披猖","所有海贼船只递年往来漳、潮、泉州界","拦截行劫"市舶船。可是,当他出巡泉州外围诸港澳,在围头澳亲眼目睹商船与盗艘同港停泊,海盗与当地居民交易货物的另一番景象。他说:

围头去州一百二十余里,正阚大海,南北洋舟船往来必泊之地。旁有支港可达石井。其势甚要,前此未尝措置,此控扼之未尽得其所也⋯⋯围头去永宁五十里,视诸湾澳为大,往来可以久泊。访之土人,贼船到此,多与居民交易⋯⋯寻常客船、贼船自南北洋经过者,无不于此梢泊。盖其澳深阔,可以避风,一也。海中水咸,不可饮食,必须于此上山取水也。当处居民亦多与贼徒

---

① 李纲:《梁溪先生文集》卷八十二《论福建海寇札子》。

② 《安海志》残本。

③ 《晋江县志》卷二《规制志·城池》。

交通贸易,酒食店肆,色色有之,二也。居常客船、贼船同泊于此。①

围头澳地处海隅僻陬,泉州市舶司管辖不及,客船与"贼船"同港而泊;居民设置诸色店肆,交易繁盛,海上民间自由贸易在这里悄然兴起。海盗亦商活动给围头居民带来经济利益,因此"贼船"入港贸易颇受欢迎。

在广南,海盗也积极开展亦商活动及反抗宋王朝市舶司的斗争。据正德《琼台志》云,南宋度宗咸淳三年至十年(1267—1274 年),海盗陈明甫与陈公发领导的一支几十艘船组成的武装船队,据崖州临川镇,控制 50 余村税户,从事海外贸易与进行反抗官府的斗争。陈明甫与陈公发大书文榜,自号"三巴大王"。这支海上武装队伍与陆地人民起义军联盟,共同开展反抗官府的斗争。临川镇距军城百里,陈明甫与陈公发占据为活动基地,他们"倚强黎为党援,萃逋逃为渊薮",五六十年间,官府不敢与问,官兵惧而不往。陈明甫、陈公发得到临川镇人民的拥戴与支持,得以据镇称王。

关于陈明甫、陈公发组织武装船队从事海外贸易与领导反市舶司斗争的史事,邢梦《璜记》有详细记述:

咸淳三年,二凶盗陈明甫、陈公发窃据临川据之。前此所未敢为者,彼肆意为之。建屋于鹿回头胜地,自驾双龙头大船,衣服、器用瑜法越制。大书文榜,自号三巴陈大王。此为何意?狼贪虎暴,睥睨军印,敢于陵铄朝廷之州郡,系累军卒,追取州民钱粮,包占本军五十余村税户。自是,崖之民无宁岁,鲸吞鳍舞,出没海岸,敢于剽灭朝廷之舶货,连年商贾能有几归舟?诸司舶务殆为虚器。远而漳、潮、恩、广,近而钦、廉、雷、化为海岸居民,岁掠数百人,入外番贸易……三、四年间,部檄省符行下,经、宪两司督趣琼笺剪荡,卒视为难事。②

这则文字记载说明了两个问题。其一,陈明甫、陈公发领导海盗反抗宋王朝官府的武装斗争旗帜鲜明,他们藐视宋王朝的"法制","睥睨军印,敢于陵铄朝廷之州郡"政权,据地占税户,取钱粮,张榜称王。其二,陈明甫、陈公发据临川镇港为基地,招募广南、福建沿海诸郡居民,"入外番贸易"。如此广泛招募航海和经商人员,大规模进行民间海外自由贸易,这在中国历史上还是首次。

海盗从事民间海外自由贸易势必同市舶司官商发生矛盾与冲突。陈明甫、陈公发领导海盗武装在广南西路海上开展反对市舶司垄断海外贸易的斗争,武装船队出没洋面及沿海口岸,"剽灭朝廷之舶货",抢劫官商货船,严重打击官府市舶贸易,使"诸司舶务殆为虚器"。这种行动和斗争,从贸易史的角度来说,实是海上官私的"贸易战"。这在中国经济史和海盗史上是值得重视的现象。咸淳十年(1274 年)三月十八日,琼管帅马成旺遣其子抚机应麒总制军

① [宋]真德秀:《西山先生真文公文集》卷八《申枢密院措置沿海事宜状》。
② 转引自《琼台志》卷二十一《海寇》。

马,申命钤辖云从龙协赞,统领官兵攻陈明甫、陈公发船队。官兵乘船驶抵临川港,陈明甫出动海船数十艘迎战。官兵易小船突袭。陈明甫、陈公发作战失利,闭栅固守。总制应麒派官兵从东南海岸进攻,拔寨桩;另一支官兵从东岸登陆,强攻连珠寨,又命义兵从西岸夹击。陈明甫、陈公发指挥部众抗击官兵。总制应麒为流矢所中,官兵拼死猛攻大寨。寨陷,陈明甫、陈公发部众死者"不可胜计"。官兵纵火烧寨,"烟焰炽天,连日不绝"。陈公发率众退往上江峒,被官兵擒捕。陈明甫带领部众往黄流峒,因官兵追击,遁走占城(今越南南部),继而转往交趾(今越南中部和北部)。官兵尾追攻击,陈明甫率领部众返回南宁军南村远峒。总制应麒驱兵追至南村,陈明甫率众迎战,寡不敌众而败,他与儿子庭坚及孙儿六人被官兵俘捕。五月,宋度宗诏令广右帅臣严刑处决俘虏,陈明甫儿孙及被俘部众,"悉砟斧之",而将陈明甫、陈公发钓脊挂竿示众,继而"悬髻、窒吭、穿足、钉手、炮烙其肤,脍缕其肉,运刀纷纭"①。官府用如此残暴酷刑处死陈明甫、陈公发,"见者骇汗"。陈明甫、陈公发死后,他们的海上活动便告结束。

第四节　南宋末年军民的抗元斗争与海盗活动

一、南宋末年的抗元形势

13世纪初,中国北方蒙古族崛起。南宋宁宗开禧二年(1206年),成吉思汗建立蒙古帝国。南宋理宗景定元年(1260年),成吉思汗孙子忽必烈在开平(今内蒙古自治区多伦)即汗位,建元中统。中统四年(南宋景定五年,1264年),忽必烈迁居燕京,于至元八年(南宋咸淳七年,1271年)称帝,改国号为元,为元世祖。随后,元世祖举兵攻南宋王朝,至元十六年(南宋赵昺祥兴二年,1279年)攻灭南宋政权。元军所到之处,屠城烧村,甚至"杀人煎膏取油以作炮"②,抢掠财物。"诸将市功,且利俘获。往滥及无辜,或强籍新民,以为奴隶。"③元军的暴行,激起南宋军民的愤怒与反抗,"东南大蠢凯倖之徒,相煽以动,大或数万,小或千数,在在为群"④。当时,南方人民反元起义多达数百处,

① 《琼台志》卷二十一《海寇》。
② 陈作霖:《江苏兵事纪略》卷下。张弘范《淮阳集》中有首《过江》诗,诗中讲到元军南进杀戮暴行,"我军百万战袍红,尽是江南儿女血。"
③ 《元史》卷一百七十《雷膺传》。
④ 姚燧:《牧庵集》卷十九《参知政事贾公神道碑》。

最大的起义军数十万,声势浩大,使元王朝"兵兴无宁岁"①,穷于应付。

至元十一年(1274年),河北、河南和山东等地爆发多起人民反元起义。至元十三年(1276年)四月,福建长汀县黄广德起义,自称天下都大元帅,又立为广德皇帝。五月,沙县谢五十起义,称将军。在湖北蕲州、鄂州,湖南永州、潭州,四川与广东等地爆发人民起义,攻杀长吏。至元十五年(1278年),浙东处州张三八、季文龙、章焱等人起义,杀赵知府及庆元达鲁花赤也速台。至元十七年(1279年)春,江西都昌杜万一起义,自称天王,建元万乘,有众数万。在福建漳州,陈桂龙与陈吊眼领导10万人起义。建宁黄华起义,有众20万,据政和县,称宋祥兴五年;浙东吴提刑起兵响应,也用祥兴年号。至元十八年(1281年),福建剑南州丘细春起义,行镇国开国大王,建元泰昌。至元十九年(1282年),安徽爆发几起人民起义,宣州与徽州起义军"僭号"、署官,攻郡县,烧官府,杀长吏。至元二十一年(1284年),浙东台州仙居县王仙人起义,招立十将,置寨,抗官军。至元二十二年(1285年),四川赵和尚起义,称宋福王广子广王。至元二十三年(1286年),浙东永康县陈巽起义。至元二十四年(1287年),福建汀州畲民钟明亮起义。至元二十七年(1290年),浙东婺州、处州叶五万、杨六和刘甲、刘乙等人起义。至元二十九年(1292年),广西上恩州黄圣许起义,他死后族人坚持反抗斗争30多年。各地人民起义此起彼伏,元世祖在位期间"未获殄灭"②。当时领导起义的领袖,有的以恢复宋朝为号召,有的称王、建号、署官,抗元军,杀长吏。各地人民的反元起义影响了当时的海盗活动。③

在各地人民反元起义的过程中,东南沿海人民纷纷出海,聚众占据海岛,组织武装船队,在海上进行反元斗争,元王朝官府视他们为海盗。海盗在海上的武装活动与陆地人民的反元起义互相呼应。有识之士注意到海盗的力量,认识到他们可以在抗元战争中发挥作用。宋浙西提刑洪起畏劝谕海盗为国效力,投身抗元战争。元初,各地人民纷纷起义反抗元王朝的统治,海盗也投入反元斗争。对此,明人张溥在《元史论》中也评说:宋元之际,国难当头,"当是时,不惟贱盗而反幸有盗"。

二、两浙军民的抗元斗争与海盗活动

在元军大举进犯江南时,南宋军民奋起抗击。在这样的形势下,海盗与渔民、船户也一齐行动起来,他们出力、出船支援南宋官兵抗击元军,南宋官兵因

---

① 陈邦瞻:《元史纪事本末》卷一《江南群盗》。
② 张溥:《元史论》卷一《江南群盗之平》。
③ 张溥:《元史论》卷一《江南群盗之平》。

此而拥有大量船只。至元十二年(南宋恭帝德祐元年,1275年),宋元"焦山之役",宋水军战船万余艘屯焦山,5000艘屯铜陵丁洲,与元军对阵。临安失陷后,南宋"行朝有船千余艘,内大船极多"。由于得到海盗与渔民、船户的支持,"行朝以游舟数出,得小捷"[①];同时,也使张世杰水军能"长风驾高浪,偃蹇龙虎姿"[②]。而元军情况则相反,"北人乍登舟,呕晕,执弓矢不支持,又水道生疏,舟工进退失据。使敌初至,行朝乘其未集击之,蔑不胜矣"[③]。元军北船的舟工皆浙、闽水手和海盗,"其心莫不欲南",不愿为元军效力。正因为如此,使张世杰、陆秀夫得以从海上护送益王赵昰、广王赵昺南下福建、广东。

元世祖忽必烈"一统"天下后,海盗参加人民反元起义。至元十八年(1281年),浙洋海盗支持原宋都统崔顺,组成一支数千人、战舰百艘的武装船队,屡次航海北上,攻略山东沿海州县。与此同时,浙东象山县海盗尤宗祖拥有一支上万人的武装船队,在海上进行反抗官府的活动。至元二十六年(1289年)二月,台州宁海海盗杨镇龙起义反抗官府。《经世大典序录》记叙杨镇龙反乱事迹云:

二十六年二月,台州宁海人杨镇龙反。居(据)玉山二十五都,伪称大兴国皇帝。置其党厉某为右丞相,楼蒙才为左丞相,以黄牌书其后门曰大兴国,年号安定。乘黑轿、黄绢轿,军黄伞。得良民刺额为"大兴国军"四字。二月一日,杀马祭天,受伪天符举事。蒙才等拜呼万岁。[④]

杨镇龙建立大兴国,自为皇帝,铸二印宝:一为"皇帝恭膺天命之宝";一为"护国威权法令奉命之印"。

杨镇龙有众12万人。他派遣7万人攻东阳、义乌,其余部众攻嵊县、新昌、天台、永康等地。元朝廷闻警,即遣宋王瓮吉斛与浙东宣尉使史弼,统兵征剿。镇龙战败而亡,部众溃散。

三、广东军民的抗元斗争与海盗活动

广东南海是南宋王朝的最后地盘,军民在这里进行了一场既激烈又悲壮的抗元战争。在广东抗元战争中,海盗黎德的武装势力最强大,为抗元的主力军。

至元十三年(南宋德祐二年,1276年)二月,元军攻陷临安,南宋恭帝及宗室官员被俘北去。张世杰、陆秀夫等人护卫益王赵昰、广王赵昺由海道南下福

第九章

宋元时期的海盗活动

---

① 文天祥:《文信公集杜诗》,《祥兴》第三十六。
② 文天祥:《文信公集杜诗》,《张世杰》第四十二。
③ 文天祥:《文信公集杜诗》,《祥兴》第三十六。
④ 《经世大典序录》,《元文类》卷四十一。

建,转往广东。粤地南宋"遗民"推原工部侍郎马南宝为帅,副以制置使黎德、招讨使梁起莘等以迎驾。① 次年十二月,赵昰舟师抵惠州海丰,趋广州,欲进城未成,还师海上。至元十五年(南宋景炎三年)二月,南宋端宗赵昰病亡,张世杰、陆秀夫等复立幼主赵昺。至元十六年(南宋祥兴二年),赵昺流徙崖山(在新会南海中),张世杰以巨舰千余艘及许多舻舳在海上结水营。赵昺即帝位,"闽、广响应"②。元世祖诏命大将张弘范统兵追击赵昰舟师。新会海民出动乌蛋船千艘救援南宋舟师。③ 张世杰率兵力战失利,陆秀夫负赵昺投海而死,南宋王朝灭亡。

南宋王朝灭亡后,广东人民和海盗反抗元王朝的斗争并没有停止。至元十七年(1280年),海盗霍光明、郑仲龙起义反元。至元十八年,南海渔民李梓起义,称宋年号。至元二十年三月,广州新会盐户陈良钤、林桂芳等聚众万人起义,建号罗平国,称延康年号。这支起义军不少人来自"东莞、香山、惠州负贩之徒"④。陈、林起义军遭元王朝广东都转运盐使、招讨使答失蛮的攻剿而遗败,余众多投奔海盗黎德与欧南喜起义军。

欧南喜,南海县民,发动和领导一支10万人起义军,称宋将军,攻城略邑。增城蔡大老、侯大老和唐大老等人聚众,响应欧南喜起义,声势颇盛,"岭海骚动","占城粮运"被遏绝。广东都转运盐使合剌普华与都元帅课儿伯海牙、宣慰使都元帅百佐及万户王守信等分兵攻剿。未几,合剌普华为右丞相唆都征占城、交趾军队护卫粮道,在东莞、博罗两县交界处,为欧钟起义军击杀。

欧南喜在清远县据地称王后,遣部将马帅、陆帅与徐帅率众攻广州城,为王守信官兵所败,死千人,三帅被杀,数十壁为官兵所破。欧南喜见形势不利,即率众转移新会,与海盗黎德队伍会合,组成水陆联军,共同抗击官兵。

黎德,新会县人。在迎驾赵昰时,他"已集船至七千艘,众号二十万"⑤,为粤洋一支强大的军事力量,在海上反抗元王朝官兵。至元二十一年(1284年),元世祖闻知广东军情紧急,即诏遣张玉统兵1万,会同江西行省参知政事云丹密实官兵进剿。黎德指挥部众应战,官兵"屡为所败"⑥。在双方交战的紧要时刻,梁起莘叛变,投降万户王守信,遁回冯村。黎德遣部将吴林率船800艘攻冯村。王守信出动兵船350艘,满载木材,直冲吴林船队。吴林坠海死,船队溃散。次年十一月,云丹密实驱官兵大举进攻,黎德战败遭杀害,其弟

---

① 柯维骐:《宋史新编》卷十四《端宗帝昺纪》。
② 《元史》卷一百五十六《张弘范传》。
③ 《新会县志》卷十三《事略》上。按:新会"乌蛋船"一部分为海盗船。
④ 《元史》卷一百九十三《合剌普华传》。
⑤ 姚燧:《牧庵集》卷二十三《皇元故怀远大将军同知广东尉司事王公神道碑》。
⑥ 《新会县志》卷十三《事略》上。

黎洁及招讨吴兴等被俘,槛押去京师大都。欧南喜战败,踰岭逃遁。

此后,广东人民与海盗的反元斗争持续了很长时间。

对上述广东人民的反元起义与海盗活动,张溥在《元史论》中评论说:宋亡,"忠臣义士入海,罔有余脐不植,而间阎强暴奋臂一呼,众辄数万"。对这些海上造反者和海盗,"抑以大宋观之,亦有殷多士之伦也"①。《新会县志》编纂人对海盗黎德的评论,亦持类似观点,说"黎德在元为顽民,在宋亦不失名义民"②。

第五节　元初海盗朱清与张瑄的海漕航运与港市经营

朱清、张瑄是宋元之际活跃于东海、黄海和渤海的著名海盗,同时也是元代海漕航运的开拓者和太仓港的营建者。他们的海上活动事迹为历史学家所重视。几十年前,浙江大学文学院第三集集刊刊载夏定域一篇题为《元朱清张瑄事迹录》的文章,辑录他们生平事迹的史料。1989 年,广州暨南大学朱杰勤教授为福建泉州海上交通博物馆建馆 30 周年纪念专刊撰文,特别提醒"海事史研究者应重视对海盗朱清、张瑄开拓元代海运事业的研究,并适当予以评价"③。此说甚是。历史事实表明,在中国海盗史上,最先在经济建设及开拓海运事业上有所建树者,首推朱清、张瑄二人。

一、朱清、张瑄的身世及其海上活动事迹

南宋末年,政权腐败,官吏肆虐,赋役苛繁,土地兼并严重,农民破产、流亡,生活困难,难以存活。东南沿海穷苦人民为求生计,铤而走险,亡命海上为盗者甚众。在入海为盗的人群中,出现两位著名的海盗首领:朱清与张瑄。元人陶宗仪《辍耕录》云:"宋季年,群无赖子相聚,乘舟钞掠海上,朱清、张瑄最为雄长,阴部曲曹伍之。"④

朱清,字澄叔,浙西崇明州姚沙人。⑤ 南宋末年,濒海姚沙初涨,朱清母亲集亲旧十余家。"缚芦为屋,捕鱼以给衣食。"⑥朱清家境贫寒,少时随母捕鱼和樵采、贩柴为生。张道《定乡小识》有诗咏朱清早年担柴贩卖事:"柴担归来

---

① 张溥:《元史论》卷一《江南群盗之平》。
② 《新会县志》卷十三《事略》上案语。
③ 朱杰勤:《中国航海史研究回顾与展望》,《海交史研究》1989 年 2 月纪念刊。
④ 陶宗仪:《辍耕录》卷五《朱张》。
⑤ 柯邵忞:《新元史》卷一百八十二《朱清张瑄传》。
⑥ 柯邵忞:《新元史》卷一百八十二《朱清张瑄传》。

月满门,樵翁尚住贵人村;桥边不见朱宣尉,谁买春醪醉老温。"诗注云,"老温"即僧温日观(名子温),他与朱宣尉(朱清)有交情。"元朱清,官宣尉。贱时以樵自给。朱桥其担柴路也。僧温日观嗜酒,善画葡萄。一日乘醉为朱宣尉画讫,题云:'昔有朱买臣,今有朱宣尉,两个担柴夫,并为金紫贵。'朱大喜曰:'我果然曾卖芦柴,和尚知我。'遂厚酬之。"①这位"担柴夫"同崇明沙民穷小子一样,没有社会地位,被人目为"少年无赖"②。他们一无所有,"其人性刚而气猛,好胜而轻生",因此有苏州诸邑,"惟崇明之人为最悍"的说法③。朱清属此类人,富有反抗精神。《新元史》有一则朱清的传说:

先是,宋宰相贾似道征相士张锦堂观气色。似道将坐拂几茵者三。锦堂语曰:"公忧民忧国,颜色未知,请俟异日。"似道使门客数请,辄曰:"未可"。后使亲密问之。锦堂曰:"一尘尚不容,安能治天下?"似道怒,欲杀之。锦堂望紫气在东北海上,乃易姓名,潜至太仓,渡海寓于崇明,寻其地,乃新涨姚刘沙也。见三、五少年皆顾伟,及见清身长八尺,貌如彪虎。锦堂乃拜于地曰:"不图今日得见贵人。"清母及诸妇争笑之。锦所见少年,即黄刘、殷、徐、虞五万户也。④

当然,传说非信史,不足据,但它反映了朱清确实是众望所归的人物。当时,江南人民不满南宋王朝的黑暗统治,盼望有英雄强人出来带领众人反抗官府,摆脱苦难。

朱清本人是为反抗富豪与官府的压迫而走上造反道路的。他早年因家庭贫困,为谋生计到富豪杨氏家当雇工。这个姓杨的东家拥有几艘沙船⑤,驾沙船经商致富,成为富豪。杨为富不仁,压榨雇工。朱清不堪受其压迫与凌辱,愤恨之下,"夜杀杨氏,盗其妻子、财货去"。朱清在海上"亡命集党,为之渠魁,操舟贩鬻私盐,兼事剽盗"⑥。后来,朱清贩运私盐入吴淞江,到新华镇易米,遇张瑄,意气相投,"结为兄弟",一同驾船出海当海盗。

张瑄,平江(今江苏苏州)嘉定八都新华村人。他自幼失去父亲,"从母乞食。及长,丰姿魁岸,膂力过人,好饮博,乡里以恶少年目之"。张瑄与朱清结伙,"同枭其群",从事贩私盐与海盗活动,反抗官兵。后来,朱清与张瑄被巡盐官吏逮捕,同时被捕18人,投入平江军狱,于法当死。浙西提刑洪起畏监刑。

---

① 张道:《定乡小识》卷十六《定乡续咏》。
② 屠寄:《蒙兀儿史记》卷一百一十三《朱清张瑄列传》。"沙民",浙西人对居住海中沙洲岛屿人的称呼。
③ 陈仁锡:《皇明世法录》卷七十六《江南倭防·崇明县总论》。
④ 柯邵忞:《新元史》卷一百八十二《朱清张瑄列传》。
⑤ 沙船,浙西一种平底货船,适宜于长江及近海航行和运输。
⑥ 陶宗仪:《辍耕录》卷五《朱张》。

行刑前,起畏见朱清、张瑄气宇非凡,"奇其状貌",私下赦免其死,因谕之曰:"今中原大乱,汝辈皆健儿,当为国家立恢复之功。"随后遂释放他们。①

朱清、张瑄出狱后,继续在海上活动,因尉司捕急,被迫携老幼乘船出海,率众驾船扬帆东行,三昼夜经沙门岛,向东北航行过高句丽水口见文登、夷维诸山,北见燕山与碣石。他们在海上活动,"南自通州,北至胶莱,往来飘忽,聚党至数千人,海舶五百艘。所至骚然,濒海沙民富家苦之,官吏莫如何也"②。这支由500艘海船和数千人组成的海盗武装队伍,斗争矛头直指官吏和"沙民富家",而不侵犯穷苦民众,因而获得贫穷沙民的拥护与支持。

从宋代海盗亦商活动的发展情况来看,朱清、张瑄堪称为其继承人。他们以海洋为经济活动场所,经营和发展海上贸易事业,把亦商活动从东南海上扩展到北洋,"入外番贸易"的范围也大为扩展,从南洋各国到日本、朝鲜等国,广泛开展通商贸易活动,打开亦商活动新局面。

与此同时,朱清、张瑄颇为注意开辟与发展海上交通航道。他们责令船队部属驾船航行,务必留意观测东海与黄海、渤海各处航道深浅、海水流向以及缓急,记识海中泥沙浅角、岛屿、礁石、河洲的方位,驾船者人人心中有张"航海图",保证船只航行迅速与安全。朱清、张瑄船队在海上活动十五六年,积累了丰富的航海经验,熟悉南北海道,摸清了长江口与海洋交汇水域中向来被视为"不可渡越"的"料角"险滩的具体情况③,从而使船只进出航行畅通无阻。在这里,必须着重说明的是,朱清、张瑄在开辟与发展海上航道的事业上做出了不可磨灭的功绩。

朱清、张瑄纵横海上时,正值宋元易鼎之际。元王朝大军南进,遇到过江渡海作战的难题。朝廷廷议招抚朱清、张瑄,利用他们的海船和部众,以解决兵船不足与海上行军、作战等问题。

元朝廷首先招降朱清,命令他携老幼和部众泛海至胶州受降。随后,参政董文炳派招讨使王世强与董士选招降张瑄。朱清、张瑄既降,元朝廷授予行军千户职,其下属则授百户、总把等军职,隶元军左翼。至元十三年(1276年)二月,元朝宰相伯颜统领元军大举进攻南宋。朱清、张瑄受命率所部攻上海,入吴淞江。三月,伯颜元军攻陷临安掠宫殿及诸省、院、寺的乐器、祭器、郊天仪仗、宝册、图书等物。由于当时淮东地区仍为南宋军队驻守,元军所掠夺诸物无法取道运河运往京师大都(今北京)。伯颜乃命朱清、张瑄将所掠之物用海

① 柯邵忞:《新元史》卷一百八十二《朱清张瑄列传》。
② 屠寄:《蒙兀儿史记》卷一百一十三《朱清张瑄列传》。
③ "料角",据陶宗仪《辍耕录》卷五《朱张》注文云:"相传朐山海门水中流积泥淤江沙,其长无际。浮海者以竿料浅深,此浅生海角曰'料角'"。

船载运,从崇明由海道运至渤海湾直沽(在今天津境内),再由陆路转运往京师。① 至元十六年至二十七年(1279—1290 年),朱清、张瑄从都元帅张弘范追击南宋景炎、祥兴二帝,以及剿平反元义军和"海中群盗"而立军功。朱清由千户擢升万户,张瑄迁沿海招讨使。至元二十年(1283 年),朱清、张瑄从元帅阿塔海东征日本,至八角岛,无功而返。次年,复与出征占城、交趾。至元二十九年(1292 年),又随从远征爪哇。可见,当时元军在东南沿海以及出兵海外的一连串军事行动中,朱清、张瑄几乎无役不与且屡立军功。不过,朱清、张瑄最重要的事迹仍是开拓海上漕运。

二、兴办海上漕运

海上漕运,即从海上运输漕粮。在元代,京师大都官民所需粮食及官兵粮饷,依赖东南地区供应粮谷,用船载粮,从海上运输到京师大都。海上运输漕粮,简称为"海漕"。海上运输粮谷,早已有之。据史书记载,海上运输粮谷始于秦代。《广舆图》云:"海运之法,自秦已有之。"②明人丘濬在其著作《大学衍义补》中讲得甚为详细。他说:"秦以欲攻匈奴之故,致负海之粟,输河北之仓,盖由海道以入河也……秦致负海之粟,犹是资以行师,而目都之漕,尚未讲也。"③唐代,也通过海道转运东吴粮谷至燕幽。陶宗仪在《辍耕录》中引杜甫《出塞》、《昔游》诗谈论唐代军需海运。④ 杜甫《出塞》诗云:"渔阳豪侠地,击鼓吹笙竽。云帆转辽海,粳稻来东吴。越罗与楚练,照耀舆台躯。"《昔游》亦云:"幽燕盛用武,供给亦劳哉。吴门转粟帛,泛海陵蓬莱。"⑤纵观从秦至唐的海运,主要是为了"边方之用",即供边兵粮帛之需,非漕运。⑥ 海上漕运作为财经"国计","用之以足国"则"始于元焉"⑦,而元海运"自朱清、张瑄始"⑧。

兴办海上漕运是关系到元代社会经济生活的大事,也是巩固全国统一的政治需要。元朝京师大都是全国的政治中心,在地理形势上有其优越地位,但它缺乏经济基础,"食货"皆"仰给于江南"⑨。宋代以来,全国经济重心南移,农业生产发展,有"苏湖熟,天下足"的谣谚。而北方农业生产比南方落后,粮食不足。元王朝建立在北方,经唐末、五代、宋、辽、金、夏,长达数百年战乱之

① 王逢:《梧溪集》卷四《张孝子诗序》云,元军攻陷临安后,将宋朝的图籍、重器,船运"自海入朝"。
② 危素:《元海运志》附录《广舆图》。
③ 丘濬:《大学衍义补》卷三十三《漕挽之宜》上。
④ 陶宗仪:《辍耕录》卷十一《海运》。
⑤ 杜甫:《出塞》(诗第三首)与《昔游》见《杜工部集》卷三。
⑥ 丘濬:《大学衍义补》卷三十三《漕挽之宜》上。
⑦ 郑若曾:《郑开阳杂著》卷二《论海运之利》。
⑧ 叶子奇:《草木子》卷三《杂制篇》。
⑨ 危素:《元海运志》。

后，社会经济遭受严重破坏。元初，北方经济虽有所恢复，但与南方经济比较，相差甚远。郑所南说，南方城市比北方城郭繁荣，"北地称真定府为繁华富庶……曾不及吴城十之一、二，他州城郭，更荒凉，不足取"①。《元史·食货志》的统计数字也说明了北方经济的落后状况：元王朝一年的粮食额为 12114708 石，其中腹里地区（今河北等地）2271449 石，各行省 9843258 石，而江浙行省（今江苏、安徽两省的江南地，江西一部分以及浙江和福建两省）就占 4494783 石。② 就是说，江浙行省征收粮谷数额将近各行省征收粮谷总额的 1/2，占全国征收粮谷总额 1/3 强。在这种情况下，京师大都官、军、民生活所需粮、帛等物资，得倚东南地区运输供应。魏源《元史新编》谈论这个问题时说："世祖定都于燕，及平江南后，百司庶府之繁，卫士、编民之众，数倍国初，无不仰给于东南。"③在当时，要解决南粮北运问题，非海盗出身的朱清、张瑄莫属。

至元十二年（1275 年），"始运江南粮"至大都。平定江南后，粮谷"自浙西涉江入淮，由黄河逆水至中滦旱站，陆运至淇门，入御河，以达于京"④。粮谷这样辗转运输，劳费既大，而且由于"运河溢浅，不容大舟"，运输量大受限制；⑤邳河淤塞，"漕舟不通"，影响江南粮谷北运。为解决漕运问题，朝臣集议，决定调集民工，"开济州泗河，自淮至新开河，由大清河至利津河入海。因海口沙壅，又从东阿旱站运至临清，入御河。又开胶莱河道通海。"结果"劳费不资，卒无成效"⑥。

正当元朝君臣束手无策之际，朱清与张瑄向伯颜"建言海漕事"，建议由海道运输漕粮。伯颜认为海道运粮事可行，便上奏朝廷。此事，元世祖忽必烈甚为重视，即诏命上海总管罗璧和朱清、张瑄造 60 艘平底船运粮，于至元十九年（1282 年）装载粮谷 46050 石，从平江刘家港发运。首次海上漕运，缺少经验，漕船航行沿山求屿，难免风信失时，以致至第二年才抵达直沽，运到大都的粮谷 42172 石。海漕首航成功，获得海上运输漕粮的实践经验。海漕航线既通，元朝廷即罢河运，行海道，立万户府工，以朱清为中万户，赐虎符，张瑄为千户，忙兀（角得）为万户符达鲁花赤，主持海漕事务。⑦ 至元二十三年（1286 年），元朝廷以昭勇大将军、沿海招讨使张瑄与明威将军管军万户兼管海道运粮朱清，

---

① 郑所南：《心史》卷下《大义略叙》。

② 《元史》卷九十三《食货志·税粮》。

③ 魏源：《元史新编》卷八十七《食货志·海运》。

④ 《元史》卷九十三《食货志·海运》。

⑤ 胡长儒：《何长者传》，《元文类》卷六十九。

⑥ 《元史》卷九十三《食货志·海运》。

⑦ 《元史》卷十四《世祖纪》九。

并为海道运粮万户,仍佩虎符。① 至元二十四年(1287年),元朝廷设立行泉府司,专掌海运并增置两万户府。元世祖忽必烈以朱清、张瑄海漕功,授予宣慰使。随着对漕粮需求量增加,元王朝更加重视海上漕运。至元二十五年(1288年),内外分置两漕运司:内为京都畿漕运使司,主管大都九仓收支粮斛并站东趱运等事务;外为都漕运使司,每年江南粮斛到达直沽时,中书省即派重臣专程前往"接运"。至元二十八年(1291年),元朝廷又根据朱清、张瑄主持海漕事务的需要,其下属设有千户、百户等官,分为各翼,以督岁运。新机构的建立与朱清、张瑄为加强海漕事务有关,故云"漕运万户之有府有官,始朱、张"②。

随着京师大都及京畿地区对"江南米"需要量的增加,海漕运量也随之逐年增大,从至元十九年(1282年)漕运46000余石,至二十三年(1286年)增加到58万石,至二十七年(1290年)突破百万石大关,北运粮谷达159万石。成宗大德七年(1303年),朱清、张瑄获罪,由罗璧掌管海漕,海漕运量继续增长。武宗至大二年(1309年),海漕运量增加到246万石。仁宗延祐以后海漕"岁运三百六十万石"(历年海漕运量详见《元代海漕年运表》)。海漕运量额如此巨大,反映了元朝京师大都"内外官府大小吏士,至于细民,无不仰给于此"③。

海漕新业创兴,遇到不少困难。由于海上气候变化莫测,加上海洋地理环境复杂,开辟海道及漕运屡遇艰险,因此必须寻找和开辟安全、便捷的海上漕运航线。从至元十九年至三十年(1282—1293年)10年间,航道先后变更了3次。据危素《元海运志》与《元史·食货志》云,最初的海上漕运航线从平江路刘家港(今江苏太仓东刘河镇)入海,经扬州路通州海门县黄连河头、万里长滩开洋,沿山屿而行,抵淮安路盐城县,历西海州、海宁府东海县、密州与胶州界,放灵山洋,投东北路,多浅沙,行月余,始经成山而抵直沽。至元二十九年(1292年),朱清等人以这条航线险恶,另开辟一条航道,自刘家港开洋,至撑脚沙,转沙嘴,至三沙洋子江,过扁担沙、大洪,再过万里长滩,放大洋至青水洋,经黑水洋至成山,过刘家岛,至芝罘、沙门二岛,放莱州大洋抵界河口,"其道差为径直"④。翌年,千户殷明略又开新道,避开近海浅河,取道远海航行,凭风力走太平洋西部、黑潮暖流西边的支流流向。漕船从刘家港入海,至崇明州三沙进入深海,向东行,入黑水大洋,取成山转西,经刘家岛、登州沙门岛,过莱州大洋,入界河。此航道较前既短且快。漕船俟"四、五月南风起,起运得便

① 《元史》卷十四《世祖纪》十一。

② 柳贯:《柳侍制文集》卷九《元故海道都漕运副万户咬童公遗爱颂序》。

③ 《经世大典序录》,《元文类》卷四十。

④ 《元史》卷九十三《食货志·海运》。

风,十数日抵直沽交卸"①。盖自海上至直沽杨村码头,计水程"一万三千三百五十里",航程时间从两个月余缩短为"十数日"。这样,海上漕运更加方便、快速,运量大增。

创行海上漕运是项经济大事业,需要投入大量人力和物力。对此,"元世祖举全台而付之清、瑄辈,黄金虎符万户以下,出入其手,召募遍东南而莫之间"②。在元世祖的授权与支持下,朱清、张瑄调动诸色人的力量,参加海上漕运。首先是利用自己的海船与海盗旧部众,招募盐枭、灶丁、沙民、船户以及开河卫军、手水共数10万人,投入海上漕运营业。再是任用东南富豪及有志从事海上漕运之士,特请长兴李福四为押运;授高德试管领海船万户,殷实与陶大明副之。由此兴办海上漕运是利国益民之举,加上在朱清、张瑄诚招各方人的感召下,有不少人自荐而至。例如,顾观捐家资之半,招徕侠士王子才,赞助海上漕运;钱塘人杭和卿自愿徙居太仓,充漕户;上虞人杭仁为参与海上漕运而定居太仓。众多人力的投入,推动海上漕运蓬勃发展,运量大增。

元初所开创的海上漕运,经过几代漕户、船民的努力开拓与经营,航道畅通,漕运繁盛。至大四年(1311年),朝廷接纳船民苏显的建议,在西暗沙咀设置航标船,竖标旗,指导海船进出长江出海口。延佑元年(1314年),朝廷又采纳船民袁源的建言,在江阴夏港等九处,设置标旗,指引行船。四年(1317年),在龙山庙前高筑土堆,土堆四周用石块砌垒,土堆上每年从四月十五日开始,白天高悬布幡,夜间悬点灯火,作为航标,为漕船导航,以确保漕运安全。这在中国航海史上堪称一项创举。

当然,创行海上漕运的意义不只是促进海运事业的发展,更为重要的是它给社会带来巨大的经济效益,"海漕之事,其有关国计,为甚重矣"③。《元史·食货志》称海上漕运为"一代良法",因"兴办海漕,民无輓输之劳,国有储蓄之富"④,故"终元之世,海运不废"⑤。明人丘濬在《大学衍义补》书中将漕粮海运同陆运、河运作了比较,说明其优点及经济效益。他说:

自古漕运所从之道有三:曰陆、曰河、曰海。陆运以车,水运以舟,而皆资乎人力,所运有多寡,所费有繁省。河漕视陆运之费省计三、四;海运视陆运之费省计七、八。⑥

海漕与河漕虽同为"水运以舟",但海上漕运之利远胜江河漕运。华乾龙

① 叶子奇:《草木子》卷三《杂制篇》。
② 王宗沐:《海运详考序》。
③ 柳贯:《柳侍制文集》卷九《元故海道都漕运副万户咬童公遗爱颂序》。
④ 《元史》卷九十三《食货志·海运》。
⑤ 郑若曾:《郑开阳杂著》卷二《论海运之利》。
⑥ 丘濬:《大学衍义补》卷三十四《漕輓之宜》。

与严如熤在他们的《海运说》文中强调海上漕运利厚,指出"河漕虽免陆行,而人輓如故;海运虽有漂溺之患,而省牵卒之劳……所得益多"①,使元王朝自至元迄至正百年间享海上漕运之利,入明,国家也"享元初之饶"②。顾炎武在《天下郡国利病书》中列举海上漕运有运量大、省费、国计足等"十二利"③。海上漕运不仅有经济利益,而且还有军事意义,"海运无剥浅之费,无挨次之守,而国家亦有水战之备,可以制伏……边海之人,诚万世之利也"④。这里,应当说明一点的是,昔人纵论元代海上漕运之利,实际上就是肯定朱清、张瑄的功绩。

朱清、张瑄创行海上漕运还有两大利:一是推动造船工业和航海业的发展;二是加强南北经济联系,促进社会经济的繁荣发展。

元代海上漕运年运量从几十万石增至三百几十万石,运输如此巨大数量的漕粮,需要动用许多大型海船。朱清、张瑄初办海上漕运时,即打造 60 艘平底船,用于装载运输漕粮。此后,随着漕运量逐年增加,建造和投入海运的漕船艘数逐年增多,投入海上漕运的海船每年千余艘。据《大元海记》云,延佑元年(1314 年)和天历二年(1330 年),海上漕运船多达 1800 艘。为适应海上漕运发展的需要,漕船也逐渐由小型号向大型号发展。初时,漕船载粮仅 300 石左右,后因漕运量大增和漕船航行外洋深海航线,需要打造和使用尖底大型海船⑤。尖底海船,大者可载漕粮八九千石,小者亦可载两千石。这种大型海船时人称之为"万斛龙骧"和"巨舻大舶",不但宜用于海上漕运,而且还可以用于海外交通贸易。在元代,驾驶海上漕船的船户为数众多,有的是临时应征的,也有固定的专业船户(约 8000 户)。众多的船户拥有自己的海船,以航海漕运为业,他们积累了丰富的航海经验,并传给后人。明初,郑和七次下"西洋"的"宝船"多是元代船户后裔子孙打造的,梯航"西洋"的大副、舵工、水手,也多是元代船户的后裔子孙。

元代海上漕运航线,成为南北经济联系的大动脉。江、浙、闽、粤等东南行省所产的农、工货物及海外"番货",汇集朱清、张瑄开府的太仓,然后用船载运,从刘家港航海北上直沽,转运至京师大都;漕船返航时,又将北方的豆、谷和梨、枣、皮毛等土特产运回南方。这样一来,便形成了一条从太仓、刘家港到直沽的海上交通运输航线。这条海上航线在促进南北货物交流,加强经济联

① 华乾龙:《海运说》,《娄东杂著》。
② 徐光启:《徐光启集》卷一《漕河议》。
③ 顾炎武:《天下郡国利病书》卷四十四《海运详考》。
④ 丘濬:《大学衍义补》卷三十四《漕輓之宜》。
⑤ 据丘濬《大学衍义补》说:"海舟不畏深而畏浅,不虑风而虑礁。故制海舟者必为尖底,首尾俱制柁,卒遇暴风,转帆为难,亟以尾为首,纵其所人。"

系中,发挥了积极作用。不仅如此,航线再向南延伸,带来的经济效益更大,"迤南,番船皆从此道贡献,仿效其路矣"①,"番货贡道通"②。这样一来,形成了一条从南海,经东海,北上黄海与渤海的海上交通运输航线。航线向境外延伸就是中外海上交通贸易的国际航线了。

朱清、张瑄创作海上漕运,既富国计,亦利民生,"非独可以足国,自此京城百货骈集,而公私俱足矣"③。不但北方"公私"得益,于南方亦然。"国家者经费之繁,抑亦货物相通,海滨居民咸获其利。"④在吴疆,"太仓,滨海通漕,商贾辏集,民以富庶"⑤,港市由此兴盛。

三、营建太仓港市

营建太仓港市,是朱清、张瑄的一大历史功绩。太仓,在苏州府昆山县东南 30 里,"濒大海,枕长江,阻三泖,恃五湖"⑥,古娄县之惠安乡,"本田畴之村落","古为斥堠之区,人文罕著"⑦。两晋至唐宋期间,"此地严田畴未辟",居民不满百家,这里江海交汇,具有兴办、发展水运交通的地理条件。至元十九年(1282 年)朱清、张瑄"建海漕议"实现时,选择太仓为兴办海上漕运基地口岸,自崇明徙居于此,着手营建太仓港市。他们筹集银钱,征调民工、工匠,大起宅第和琳宫梵宇,塞盐铁塘,修筑衢路,自刘家河至南薰关筑长堤 30 余里。经过一番兴工营建,太仓已具规模,成为繁荣昌盛的港市,"名楼列市,番贾如归,武陵桥由此得名"⑧。武陵桥当时为"番贾"之通衢。朱清宅第就在桥北。陈伸撰《太仓事迹自序》一文,描叙太仓港市的繁荣景象,盛赞朱清、张瑄的功绩。他说:

元初,藉朱司农营卜第宅,邱墟遂成圌(口贵)。港汊悉为江河,漕运万艘,行商千舶,集如林木,高楼大宅,琳宫梵宇,列若鳞次,实为东南富域矣……

元初,朱清自崇明至太仓,开海运道直沽,舟师货殖通诸蛮,遂成万家之邑……四方谓之天下第一码头。⑨

太仓由一个不满百户的海陬僻壤村落,一跃而为"万家之邑","穷乡顿成

---

① 《海道经》。
② 严如熤:《洋防辑要》卷二十二《海运说》。
③ 郑若曾:《郑开阳杂著》卷二《论海运之利》。
④ 郑若曾:《郑开阳杂著》卷九《海运图说》。
⑤ 《太仓州志》卷一《封域》上。
⑥ 《太仓州志》卷五《水利》。
⑦ 龚特宽:《太仓考自序》,民国《太仓州志》卷末《旧序》。
⑧ 《太仓州志》卷十七《顾观传》。
⑨ 陈伸:《太仓事迹自序》,民国《太仓州府》卷末《旧序》。

巨市"①,号称"天下第一都会"。朱清、张瑄以太仓作为海上漕运基地和对外交通贸易港口。太仓崛起,成为新兴港市,它像一块大磁铁吸引了成千上万的商贩、工匠、漕户、船民、富人竞趋而来;众多的海外商人,驾"番舶"前来交易,太仓港市因此日益繁荣昌盛。

朱清、张瑄一向重视海外贸易事业,早在从事海盗活动时就已同高丽、日本等国商人进行贸易。后来,他们归降元王朝,在主办海上漕运的同时,也积极开展海外贸易活动。

为招徕外国商人到太仓交易,朱清、张瑄疏浚娄江(刘家河)。娄江原是一条从太仓境内流通长江、入大海的河流,宋末以来,江道泥沙湮塞,"民围垦为田",江道不通。至元二十四年(1287年),朱清、张瑄调集军民,疏通娄江,"通海运,循娄江故道导由刘家港入海"②。《崇明县志》云,疏通娄江,"外国番舶"进出太仓,航行无阻,促进海外贸易发展。

疏通娄江,刘家港与太仓同步繁荣发展起来,形成母子港。刘家港地处"娄江之尾",濒临大海,港口深广,"元初,太仓、刘家港及诸港汊,潮汐汹涌,可容万斛之舟"③。娄江疏通后,朱清、张瑄广为招徕外国商人,鼓励他们驾船载运"番货"前来互市。"海外诸蕃因得于此交通市易,是以关居民间阎相接,粮艘海舶,蛮商夷贾辐辏而云集,当时谓之六国码头。"④江海航道畅通,海船、"番舶","万艘云,群集港口",因而有"六国码头"雅号。这反映了当时对外贸易的盛况。

海外贸易发展,朱清、张瑄以及他们的家族成员乘时"遣舶商海外"⑤,载运货物出洋兴贩,"巨艚大舶,帆交蕃夷中"⑥,获得大量"财货","番夷珍货,文犀翠羽,充斥府库"⑦,因而"以雄东南"⑧,富倍王室。在对外贸易的事业上,朱清、张瑄并没有利用权势进行独断,而是鼓励东南富人积极参与海外贸易活动,并信任他们,加以重用。对此,明人徐光启曾评论说:

清、瑄所用东南富人,通市外洋者,舟则舟,人则其人也……所用富室,力保足任其人。⑨

东南富人参加海外贸易活动,促进了元代对外贸易的发展,"邻诸郡与远

① 屠寄:《蒙兀儿史记》卷一百一十三《朱清张瑄列传》。

② 《太仓州志》卷五《水利》。

③ 《太仓州志》,卷十《诗文》。

④ 《太仓州志》卷一《沿革》。

⑤ 《元史》卷一百五十六《董士选传》。

⑥ 胡长孺:《何长者传》,《元文类》卷六十九

⑦ 屠寄:《蒙兀儿史记》卷一百一十三《朱清张瑄列传》。

⑧ 《元史》卷一百七十七《吴元硅传》。

⑨ 徐光启:《徐光启集》卷一《漕和议》。

夷蕃民往复互易舶货"①。这帮人实际上是海商，而朱清、张瑄则是他们的首领。

太仓海上交通运输及对外贸易的发展，推动了昆山地区的经济繁荣，人口户数大增，地方官署随之升格。延佑元年（1314年），州治迁到太仓。明洪武初年，明王朝在太仓设市舶司，管理海外贸易和贡市事务。明成祖时，郑和几次下"西洋"的船队都在刘家港停泊，再扬帆出洋。这一切都与朱清、张谊营建太仓与刘家港的业绩是分不开的。

随着太仓港市经济的繁荣，文明落后的状况也发生了变化，文化日益昌盛。

太仓服在海隅，粤昔海运隆兴，文物毕洽，美哉，名胜区也。②

太仓环江濒海，其风俗淳美，人材渊茂，蔚为八黉之弁。③

往昔"人文罕著"的太仓，至明清时期文人哲士学者辈出，著述丰富，"文物彬彬称盛"④，为东南海滨文教之区。

四、朱清与张瑄家族的兴衰

朱清、张瑄创行海上漕运于国有功，备受元世祖与成宗宠眷，而得高官厚禄及某些特权⑤。从至元至大德年间，朱清、张瑄及其亲人、部属，因海上漕运劳绩与军功，逐步迁职擢升。朱清由管军千户升总管、行海道运粮万户府事，授镇国上将军，又加骠骑上将军，赐银印，授资善大夫、河南行省参知政事，擢大司农，迁行省左丞，赐玉带。张瑄由管军千户升招讨使、海运千户，授资善大夫、江南行省参知政事，迁左丞。"清、瑄两家子弟佩金银符者百余人。"⑥朱清子济与显祖均为海运千户。朱虎历任都元帅、昭勇大将军、都水监，督治海漕。虞龙为明威将军、海运都漕运万户。朱旭为千户、忠显校尉。养子朱日新授海道千户，累迁宣武将军、婺州路江州路总管。女婿虞应文为海运副万户。外甥黄成授保义校尉，运粮千户，迁忠显校尉升千户。张瑄子文虎授忠显校尉、管军总把，佩银符，迁武略将军、管军千户，佩金符⑦，升定武将军、怀远大将军、庆元路总管，兼领海船万户，擢嘉议大夫、户部尚书，拜中奉大夫、湖广行省参

---

① 《经世大典序录》，《元文类》卷四十。

② 周凤岐：《太仓州志序》。

③ 王建鼎：《太仓州志序》。

④ 《太仓州志原修例略》。

⑤ 据叶子奇《草木子》说：朱清、张瑄兴办海上漕运，元"朝廷因二人之功，立海运万户府以官之，赐钞印听其自印，钞色比官钞加黑，印朱如红"。

⑥ 柯邵忞：《新元史》卷一百八十二《朱清张瑄列传》。

⑦ 据柯邵忞《新元史》云：张文虎于至元二十一年督饷输京师，丞相引见。上嘉叹，诏去帽，抚其颅曰："真我国能臣也"。

政、京畿漕运使、江浙行省参政、领江淮财赋都总。① 其旧部属与海运同事者亦皆显贵,佩金银虎符者百计。黄真官至昭武大将军、海道都漕运正万户,佩三珠虎符。刘必显官至信武将军、海运副万户。徐兴祖为昭武大将军、海运副万户,追封东海郡侯,谥宣惠。朱明达为海运上千户。杨茂春为松江嘉定所千户。范文虎、杨良弼等俱海运千户。对朱清、张瑄及他们的家族、姻亲和旧部属、仆从在官场的"亮相",胡长孺在《何长者传》文中做了评述:朱、张"二人者,父子致位宰相,弟侄甥婿皆大官。田园宅馆遍天下,库藏仓庾相望,巨艘大舶,帆交番夷中。舆骑塞隘门巷,左右仆从皆佩于菟金符。为万户、千户,累爵和资意气自得"②,真可谓满门富贵,骄横天下矣。

朱清、张瑄两家得到元王朝历朝皇帝的恩宠,权势煊发。他们跻身于元王朝统治集团,参与压迫和剥削人民。不过,朱清、张瑄同其他权贵与贪官污吏有所不同,他们曾经做了一些善举。据《至正直记》云,溧阳官府征役敛赋扰民,地主兼并农人,吏胥肆虐乡里。朱清闻知其情,即接纳逃避官府横征暴敛与田主掠夺而献田土的农民为"户计",并奏请朝廷蠲除溧阳民岁课,使官府"一切科役无所预焉"。朱清这一做法虽类似"影占"农民田土,但农民却"乐而从之"。当时"或两争之田,或吏胥之虐者,皆往充户计,则争者可息,虐者可免。由是民皆乐而从之也"③。与此同时,朱清还奏请蠲免建康淘金税役。元初,建康等处有淘金夫7365户,金场70余所。可是,其地无金可产,淘金夫失业,还要负担荷繁的税役,生活困苦。事经朱清奏陈,朝廷遂罢金户。对待穷人,朱清、张瑄亦能"多贷与民钱"④,收低息;或施钱物扶助贫民,救济饥民。有记载称:"江南北二人夫妇,父子施钱处往往而在。"⑤朱、张两氏能"施贫赈乏",贫民自然会将他们视为"保护伞"。

出身贫贱又当过海盗的朱清、张瑄及亲属一旦致仕显宦,富贵赫奕,难免会为怀奸权贵与鄙劣俭人所妒忌与眼红,招致诽谤攻讦、阴谋陷害。这样的处境,朱清心里是明白的。他曾经说过:"吾故贫贱,宋平始官,赖先世(指元世祖)、今圣(即元成宗)之德,致位将相。吾亦不知吾尝所由以来,义不可为,不得吾铢两于所宜为,丘山之石不爱焉。自吾得者自吾尽之,不犹愈于鄙出而力守,甚爱而厚藏。一日子孙不能有,皆归之官耶。"姚燧称赞这席话为"熟于世故,明理之言。"⑥以后的事实证明,朱清确实是熟悉官场宦海世故,有先见之

---

① 王逢:《梧溪集》卷四《题元故参政张公画像》。
② 胡长孺:《何长者传》,《元文类》卷六十九。
③ 转引夏定域:《元朱清张瑄事逮录》,前浙江大学文学院集刊第三集。
④ 《元史》卷一百七十《吴鼎传》。
⑤ 胡长孺:《何长者传》,《元文》卷六十九。
⑥ 姚燧:《牧庵集》卷九《天宝坛记》。

明的。

至元末年，朝中有人忌虑朱清、张瑄利海岛，谋抑其权势。接着，又有"俭人姚衍诬二氏濒异志"。元世祖不为谤言所惑，"诏丞相完泽曰：'朱、张有大勋劳，朕寄股肱，卿其卒保护之'"①。元贞元年（1295 年），"有飞书妄言朱清、张瑄有异图者"。元成宗知属谤言，"诏中外慰勉之"。次年，又颁诏行省台，"凡朱清有所陈列，毋辄止之"②。这是元世祖与成宗对朱清、张瑄的庇护。

但是，封建王朝的政治斗争是很复杂的。官场似战场，谤言是政敌攻讦的一种常见手段，它似刀枪，常置人于死地。大德六年（1302 年），僧祖芊诬告朱清、张瑄"不法十事"，并有"逆谋"。这事件有其政治背景："成宗嗣位，末几，疾后专政。枢密断事官曹拾得以隙踵前诬。后信，辄收之。丞相完泽奉先帝遗诏诤，莫解。"③其实，诬陷乃枢密院断事官曹拾得秉承帝后意旨而发，并得中书省大臣的支持，乃由御史台诘问。随后即遣发朱清、张瑄二人妻子赴京，封籍家产，拘收军器、海舶等。朱清蒙受大冤，叹说："我世祖旧臣，宠渥逾众，岂同叛逆？不过新宰相（指脱脱）觊我家资，欲以危法中我耳。"他遂发愤以首触石而死，年六十有七。张瑄与子文虎及朱清子虎并弃市。"两家妇女没人官，男子长者窜漠北。"④朱、张同僚也多被禁锢，不少官员遭连坐，元老重臣太傅右丞相完泽也受牵连，诬加"受朱、张贿赂"的罪名，民间无辜坐逮者甚众。为了进行清算，朝廷特设"朱张提举司"，抄籍户口、财产数百万计。司官对朱、张两家所发放的贷券，即使已偿还，仍照样验证征理，使"民不能堪"；对户计农民，则隶为佃籍，增租加赋倍于常民，横加掠夺与压迫。朱、张事件殃及农民。

朱清、张瑄构祸受罪，这是元代一桩大冤案。此冤案不仅株连者众，而且阻碍海上漕运和对外交通贸易。因此，朝野许多人为朱、张两家鸣冤叫屈，要求朝廷为他们昭雪、平反。

大德九年（1305 年）春，张瑄、孙天麟将冤狱讼之省台，不受理；继而伏阙诉冤，历陈张家为谗佞构陷状。元成宗审其冤情，敕中书省召还窜者，改张文龙昔日本贾船，迁都水监。至大三年（1310 年）元武宗昭雪朱、张两家之冤，以朱清子完者都为枢密院判官，子孙悉还太仓还其田宅，仍治海漕事，重振家业。

从中国的海盗史来看，朱清、张瑄的事迹及两家的兴衰说明了这样一个问题：海盗飞帆海上，劈波斩浪，纵横自由；但当他们接受元王朝的招抚，由盗而官后，最终以沉没于宦海而收场。

---

① 王逢：《梧溪集》卷四《张孝子诗序》。
② 《元史》卷十八、卷十九《成宗纪》。
③ 王逢：《梧溪集》卷四《张孝子诗序》。
④ 屠寄：《蒙兀儿史记》卷一百一十三《朱清张瑄列传》。

第六节　元末农民起义与海盗活动

一、元末"海内大乱"

元王朝自世祖忽必烈去世后,历代皇帝昏庸无能,群臣专横,吏治败坏。皇族内部为争夺权位而互相残杀。元文宗至顺三年(1332年),宁宗即位不久即死,顺帝嗣位。此时,元王朝政治黑暗,"纲维日紊"①,"奸佞专权","官法乱,刑法重,黎民怨"②。有人指出,政局"今乃坏乱,不可救药"③。

以顺帝为首的统治集团生活骄奢淫逸,"生民脂膏,纵其所欲"④。官府大肆搜刮人民财物,除正税外,又设各种苛捐杂税,横征暴敛,甚至"税人白骨";徭役繁重,人民不胜负担,又滥印交钞,掠夺民财,民不聊生。州县贪官污吏横行肆虐,压榨平民百姓,"夷墓扬骨,荼毒居民"⑤。官僚地主仗其权势,兼并土地,拥有"鸦飞不过的田地",重租剥削农民。贵族在江南霸占大量良田,有的岁收租谷50万石,也有多达百万石者。失去土地的农民有的沦为佃户或奴婢,有的成为流民,苦难深重。当时人民在受人祸之害,还遭天灾之苦。文宗至顺元年(1330年),关陇大饥,民多流徙。顺帝元统元年(1333年),江苏、浙江、河南、河北、陕西、甘肃等地水旱为灾,京畿饥民40万人。次年,两淮、江西、湖广、山东、辽东水旱灾。三月,杭州、常州、松江饥荒,饥民57.2万户,八月,浙江地区饥民59.05万多户。至元元年(1335年)以后,东自沿海区域、长江两岸、黄河中下游,北至山西、辽东,西至陕西、甘肃、四川、河南及湖广地区,天灾频仍,饥荒严重,民不聊生。人民的生存危机,必然引发元王朝的统治危机。

各地人民纷纷起来造反,反抗元王朝的黑暗统治,"近自畿辅,远至岭海,倡乱以百数"⑥。

山东、燕南(今河北南部)人民起义300多处。明人郎瑛在《七修类稿》书中谈到元末各地人民起义反元的情况:"至元初,伯颜变乱旧章,遂有江西朱光卿、广东罗天麟、陈积万、湖广吴天保、浙东方国珍,相继煽乱。又贾鲁开河,生

---

① 顾祖禹:《读史方舆纪要》卷八《历代州城形势》八。
② 陶宗仪:《辍耕录》卷二十三《醉太平小令》。
③ 《元史》卷一百八十六《陈祖仁传》。
④ 《元史》卷一百七十六《张硅传》。
⑤ 《元史》卷三十九《顺帝纪》。
⑥ 顾祖禹:《读史方舆纪要》卷八《历代州城形势》。

民嗷嗷；石人之事兴，则韩林儿、徐寿辉、芝麻李三枝起，而蔓延天下，若福建陈友定、怀庆周全、临川邓忠、安陆俞君正、浙西张士诚、陕西金娘子、江西欧道人、襄阳莽张、岳州泼张、安庆双刀赵、濠州孙德崖，纷纷不一，皆东南贼也。长、淮以北，则山东又有王信、陕西李思齐、陇西李思道、太原王保保。"①浙东方国珍是率先"煽乱"人之一。他纠众出海，组织武装船队，在浙洋树旗反抗元王朝。

二、浙西的海盗活动与浙东"海精"方国珍的海上起兵

终元之世，海盗活动一直很活跃。元初，海盗曾经参加南宋军民的抗元斗争。元王朝统一全国后，海盗在海上进行武装活动，与陆地人民的反元起义互相呼应。

元仁宗时，浙西有海盗进行反元起义活动。元祐元年（1314年），江苏太仓有个疯乞丐，堆髻额上，身披皂衣，赤足，手携一只大瓢，在府水军万户寨及张京码头一带奔走呼叫"牛来了，牛来了!"并在寨木及富户门壁上连书"火"字。是年冬，海盗牛大眼率众驾船，"自刘家河至太仓，大肆剽掠，水寨、张京镇人家，俱被烧毁"②。疯乞丐在海盗牛大眼攻掠太仓前，在府水军万户寨及富户空门壁上书"火"字，为海盗攻击和抢劫指点目标。这种活动方式和做法，为后来松江人民发动反元起义所仿效。据陶宗仪《辍耕录》云，顺帝至正十六年（1356年），松江流传一首"满城都是火"的《民间谣》③。这"火"是海盗牛大眼率先点燃的。

至正八年（1348年）二月，太仓饥民聚集海岛，参加海盗活动，"劫海舶"，元朝廷命浙东副元帅销住统兵出海征剿。至正十年（1350年），海盗攻袭太仓，元水军出动数百艘兵船追剿。太仓是元代海上漕运和商业重要港市，为海盗攻掠的目标。每当海盗犯境，官府便出兵"剿捕"，以保护海上漕运安全、畅通。

在浙东，海盗反元武装活动是从《温台处树旗谣》拉开序幕的。这首歌谣歌词云：

天高皇帝远，
民少相公多。
一日三遍打，

---

① 郎瑛：《七修类稿》卷八《元末扰乱》。

② 高德基：《平江纪事》。

③ 陶宗仪：《辍耕录》卷一《松江官号》云，至正十六年，松江民谣曰："满城都是火，府官四处躲；城里无一人，红巾府上坐。不二月城破，悉如所言。"

不反待如何！

这首歌谣是鼓动反元起义的。据黄溥《闲中古今录摘抄》云，元朝末年，吏治败坏，"任非其人，酷刑横敛。台、温、处之民树旗村落"。旗上大字书写这首歌谣歌词，故称《树旗谣》。它是台、温、处人民对元王朝官府暴行的控诉，歌谣尾句号召人民起来造反，起到煽风点火的作用。"由是谋反者各起。黄岩方国珍因而肇乱，江淮红巾遍四方矣。"台、温、处三州地滨海洋，乃海盗活动之区，《树旗谣》号召造反，最先响应者为方国珍①。

方国珍，浙东台州黄岩县洋山澳人。他出身贫穷佃农家庭，父亲方伯奇是个善良、勤劳的农民，有五个儿子，长国馨，次国璋，国珍排行三，四国瑛，五国珉。伯奇家贫，人口多，无田地，生活艰苦，佃耕陈氏农田。元代，佃农遭受地主重租剥削，饱受歧视与压迫。"黄岩风俗，贵贱分等甚严，若农家种富室之田，名曰佃户，见田主不敢施揖，伺其过而复行。"②方伯奇生性柔懦，每为陈氏田主欺侮。方国珍见状，愤恨不平，对父亲说："彼亦人耳，事之为何？"③后来，方伯奇逝世，诸子长大成人，"粗豪有气力"，"兄弟戮力"，"鱼盐负贩"④，家庭渐富裕。方国珍成长为身健力强的青年，史书说他身长七尺，貌魁梧，面黑，体白如瓠，性坚毅沉勇，力能逐奔马，是一条好汉⑤。他嫉恶贪官污吏，仇恨田主，与兄弟兴贩鱼盐，团结渔民、船户，结伙活动，众推举为首领。台州海中有个不长草木的荒屿，叫杨屿，方国珍占为据点。当时，浙东沿海流传一首"杨屿青，出海精"的歌谣。⑥ 这道歌谣为方国珍海上揭竿起义作舆论准备。

至正八年（1348年），方国珍同里人蔡乱头聚众横行海上，劫掠商旅，与方氏兄弟"争贩相仇"。方国珍诉于官府，"州（官）不与直"，总管焦鼎纳蔡乱头贿，开脱其罪。方国珍愤恨地说："蔡能为盗，我岂不能邪？"怨家陈氏借机向官府诬告"国珍与寇通"，坐海分赃。十一月，台州府派遣巡检领兵捕方氏兄弟。官兵来捕，方国珍正在吃饭，右手举桌自卫，左手握门关格杀捕者，并杀巡检。"遂与其兄国璋、弟国瑛、国珉及邻里之惧祸逃难者，亡于海中，旬日间得数千人。"⑦这数千人都是"海岛贫民"⑧，他们是为官府所逼而逃亡出海的穷人。方国珍兄弟逃亡于海中后，"州县无以塞责，妄械齐民为国珍党，海上益骇，由是

①　黄溥：《闲中今古录摘抄》。方国珍名字，因明太祖朱元璋字国瑞，避讳而改为"谷珍"。
②　黄溥：《间中今古录摘抄》。
③　朱国祯：《皇明大事记》卷二《平方国真》因避明太祖庙讳，方国珍改为"方国真"。
④　郎瑛：《七修类稿》卷八《方国珍始末略》。
⑤　见《明史》卷一百二十三《方国珍传》。
⑥　朱国祯：《皇明大事记》卷二《平方国真》。
⑦　柯邵忞：《新元史》卷二百二十七《方国珍传》。
⑧　《嘉定县志》卷十五《兵防考·海寇》。

亡之"①,投奔方国珍。方国珍在海上树旗造反,成为众望所归的首领。

方国珍海上起兵后,率领部众,"劫掠漕运。元兵讨之不克,势遂炽"②。元朝廷为之震惊,地方官府甚为惶恐,急忙"募人击海贼"。可是,"所司邀重贿",应募者有功却不得酬赏,忿恨而去投附方国珍,"从国珍者益众"③。方国珍势力强盛,人众船多,拥有"巨舰千余"。

至正十年(1350年)十一月,方国珍率领舰船千艘泊松门港,攻略温州及沿海诸县。元朝廷檄令万户府监军哈剌不花与浙江行省左丞孛罗帖木儿会集官兵与战船,攻剿方国珍船队。十二月二十八日,方国珍船队驶进海门,攻竹马坊,官兵望风逃窜。次年一月,孛罗帖木儿与昌国州判赵观光等,一起引兵出海,阃帅军民兵同会灌门洋。方国珍率船百余艘猝至,官兵"众皆儒(懦)缩不敢前"。方国珍指挥船队直冲官兵战船,官兵溃散,赵观光被击杀④。六月,元王朝官兵出海,在大闾洋遭方国珍船队阻击,战船被焚毁,官兵赴水死者过半,孛罗帖木儿与郝万户被俘。元朝廷见官兵屡败,便改变策略,招安方国珍,授予庆元定海尉。但"国珍虽受官,还故里,而聚兵不解,势亦横暴"⑤。元王朝企图削弱江浙海上反叛势力,下令招舟师。方国珍复据黄岩,反抗元王朝。至正十二年(1352年)三月,方国珍率舰船千余艘,突入刘家河,"烧海运船无算"⑥,直逼太仓。太仓是元王朝海上漕运发运粮谷港口,势在必争。元廷参政宝哥(一作保格)等领兵数千赴太仓救援。官兵在张泾遭方国珍截击,狼狈奔逃,"贼大获金帛而归"⑦。随后,元朝廷又命台州路达鲁花赤泰不花领兵攻剿方国珍,双方战于黄岩港,泰不花兵败被杀。

此时,全国各地人民起义风起云涌。至正十一年(1351年)五月,韩山童、刘福通在颍州(今安徽阜阳)发动红巾军起义,迅速攻占安徽、河南许多州县。芝麻李起义于徐州。彭莹玉、徐寿辉起义蕲州(今湖北蕲春),攻占湖北、湖南和江西等地。各地人民起义,"海内大乱","元不能制"。在这样的形势下,元王朝统治者力图争取方国珍,期以其舟船运粮供应,维持政权。至正十三年(1353年),元朝廷两次遣使诏谕方国珍,授予徽州路治中、国璋广德路治中、国瑛信州治中。但方国珍"不受命",自立水军都万户府于昆山,"拥船千艘,阻

---

① 《象山县志》卷八《海防》。
② 顾祖禹:《读史方舆纪要》卷九《历代州城形势》。
③ 柯邵忞:《新元史》卷二百二十七《方国珍传》。
④ 《舟山志》卷三《人物传》附《赵观光传》。
⑤ 柯邵忞:《新元史》卷二十五《惠宗纪》。
⑥ 《太仓志》卷十四《兵防》。
⑦ 《嘉定县志》卷十五《兵防考·海寇》。

绝粮运"①,对元王朝构成严重威胁。至正十四年(1354年),元朝廷命浙右丞阿儿沙统兵征剿方国珍。方国珍率众迎击,大败官兵,俘捉元帅也忒迷失,守臣宋伯颜不花、赵宜等逃遁。元王朝军事上无力战胜方国珍,再次授予高官以羁縻之。先是授方国珍为海道漕运万户府、兼衢州路总管,继任都镇抚兼行枢密院判官,复迁浙江行省参知政事。方国珍借此时机,把军事进攻目标转向平江(今江苏苏州)的张士诚。

张士诚,泰州白驹场(今江苏东台)人。至正十三年(1353年),他乘社会动乱之机起兵高邮,建国号曰周,自称诚王。至正十六年(1356年),张士诚出兵攻占平江与浙东湖州。方国珍见张士诚以兵进逼,便统领温、台、明三州兵五万往击。张士诚闻报,即遣其将吕珍等领兵七万赴昆山,驻防斋子桥一带。双方交战之际,漕户儿蓬头率众内应,与方国珍配合,内外夹攻,大败张士诚军队,吕珍等人弃马而遁,仅以身免。方国珍挥师掩杀,七战七捷,乘胜追击,兵临平江城下。张士诚兵败后,归降元王朝。方国珍再次兴师讨伐张士诚。张士诚与元兵联军攻击方国珍。此役,方国珍战败,伤亡惨重,"浮尸蔽江,江水为之不流"②。战后,形势遽变,朱元璋进军江东,直逼张士诚与方国珍。

朱元璋,濠州(今安徽凤阳)钟离人。他于至正十二年(1352年)参加郭子兴红巾军。至正十五年(1355年),郭子兴死,朱元璋继承红巾军领导权,韩林儿任命他为副元帅,继为吴国公。至正十六年(1356年)三月,朱元璋出兵攻克集庆路,改名应天府,建立江南行省,韩林儿任命他为行省平章,旋升丞相。随后,朱元璋派兵攻占安徽宁、徽、池三州。至正十八年(1358年)十二月,朱元璋统领十万大军攻婺州(今浙江金华),元王朝守将开城门迎降。此后,方国珍成为朱元璋与元王朝争取的对象。

至正十九年(1359年),朱元璋遣蔡元刚往庆元招谕方国珍。方国珍召集诸将商议对策。他分析形势说,"方今元运将终,豪杰并起,惟江左号令严明,所向无敌,今又下婺州,恐不能与抗。况与我为敌,西有张士诚,南有陈友定。莫若姑示顺从,藉为声援,以观其变。"众以为然。随即遣使献金币,并致书朱元璋说:"惟明公倡义濠、梁,转渡江左,据有形势,以制四方,奋扬威武,以安百姓。国珍向慕风义,欲归命久矣。"③同时,他还表示要合兵攻灭张士诚,并遣使献温、台、庆元三郡地,且以次子方关为质。此时,朱元璋接连兴兵攻陈友定与张士诚,无暇对浙东用兵,对方国珍采取笼络策略,故以诚相待,厚赐方关,遣送返家。至正二十四年(1364年)九月,方明善率兵攻平阳。朱元璋参将胡

---

① 高岱:《鸿猷录》卷四《平方国珍》。
② 《嘉定县志》卷十五《兵防考·海寇》。
③ 《明太祖实录》卷七己亥岁正月乙卯。

琛应土豪周宗道的请援,出兵击退方明善。不久,胡琛统兵攻下乐清,俘获方国珍镇抚周清等人。元王朝利用朱、方之争,特授方国珍为淮南行省左丞,分省庆元;次年改任江浙行省左丞,国璋、国瑛、国珉及明善俱平章政事。对此,朱元璋不能容忍。吴元年(元至正二十七年,1367年),朱元璋兴师讨伐方国珍,兵分三路:一路由参将朱亮祖领兵攻台州;一路由征南将军汤和与副将吴桢带兵攻庆元;一路由廖承忠率水师阻海道。九月,朱亮祖攻台州,方国瑛走黄岩。十月,汤和攻庆元,方国珍战败,向吴王朱元璋投降,赴应天(今南京),受礼待,授广西行左丞,"但不之官,食禄于朝",数年而卒。①

朱元璋扫平浙东方国珍势力后,即帝位,国号明,改元洪武。洪武三年(1371年),明太祖朱元璋"藉方国珍所部三府军士及船户,凡十一余万人,隶各卫为军"。此举,壮大了朱元璋最后统一全国和巩固海疆的军事实力。方国珍的军士与船户,"适是为新主资矣"②。

元末,方国珍起义浙洋,率领庞大的武装船队纵横海上20年。在元末群雄集团中,方国珍领导浙东反元斗争时间最长,有力地冲击了元朝的统治,加速其灭亡。可是,方国珍却遭人责骂了600多年之久。如今,对方国珍其人其事及其功过,历史学家应给予客观而公正的评判。

最早骂方国珍的是朱元璋。吴元年,朱元璋攻灭张士诚,即赍书历数方国珍"十二过"(十二条罪状),指责他称兵倡乱,鸱张海隅,怀诈反复,归而不降,仍图反抗。其实所谓"十二过"多属攻讦之词。以第一"过"为例,朱元璋责骂方国珍说:"当尔起事之初,元尚承平天下,谁敢称乱? 惟尔倡兵海隅。元官皆世袭子弟顾惜妻子,其军久不知战,故临阵而怯,尔得鸱张海隅。及天下乱,尔遂陷三州之地,扼海道之冲,窃据山岛二十余年。朝送款于西,暮送款于北,岂大丈夫之所为。尔一过也。"③这同他在《平周榜》中咒骂红巾军的言词可以说是"异曲同工"④,反映了他的政治偏见。

在元末群雄逐鹿争斗之时,朱元璋责骂与非难方国珍是不足为奇的,但至今在某些历史著作中仍然将方国珍说成是个诡计多诈、时降时叛的人。对此,有必要加以辨明。方国珍虽然几次接受元王朝招抚和受官,但"非真降也"⑤;国珍虽受元官,实拥兵自固,不受元调发。⑥ 至于他后来归附朱元璋吴政权,

第九章

宋元时期的海盗活动

---

① 郎瑛:《七修类稿》卷八《方国珍始末记》。

② 戚学标:《台州外书》卷九《兵患》。

③ 《明太祖实录》卷二十三吴元年四月丙午朔。

④ 朱元璋在《平周榜》中诬骂红巾军为"烧香之党,根蟠汝、颖,蔓延河洛,妖言既行,凶谋遂逞,焚荡城郭,杀戮士夫,荼毒生灵,千端万状"。见吴宽《平吴录》。

⑤ 《元史》卷一百八十六《归旸传》。

⑥ 谷应泰:《明史纪事本末》卷五《方国珍降》。

则出于顺应形势发展的政治选择。正如他赴应天时对朱元璋所说:"天下无道,乘桴浮于海,天下有道,束带立于朝。"①因此方国珍归吴时,得到朱元璋"谯让",受礼遇。有人说,方国珍在元末农民起义过程中的表演,"可谓丑恶之极"。这种说法对方国珍是不公正的。历史事实表明,元末农民起义的烈火是方国珍首先点燃的。当时,朝廷监察御史张桢说过,"盗贼蜂起,海盗敢于要君阃帅,敢于玩寇"②。他所说的海盗就是方国珍。谷应泰在《元史纪事本末》书中谈到方国珍"敢于要君阃帅",率先在海上"揭竿倡乱"之事云:"元至正八年,方国珍以黄岩黔赤,首弄潢池,揭竿倡乱,西据括苍,南兼瓯越。元兵屡讨,卒不能平,以致五年之内,太祖起濠城,士诚起高邮,友谅起蕲、黄,莫不南面称雄,坐拥剧郡,则国珍者,虽圣王之驱除,亦群雄之首祸也。"③

方国珍为元末群雄"首祸"之说,始出刘基之口。至正十三年(1353年),刘基为元朝浙东行省都事,他说"海内大乱",方国珍为"首乱",建议朝廷"捕斩之"。其实,就元末人民为推翻元王朝统治的大起义来说,方国珍"首乱",决非"祸",也不是"过",而是功。他于至正八年(1348年)在浙东树旗造反,各地群雄尾随其后。四年后刘福通、彭莹玉、徐寿辉起义,五年后郭子兴、朱元璋起义,六年后张士诚起兵。方国珍"首乱"推动群雄起义,加速了元王朝的崩溃,这是应该肯定的。

就军事势力而言,方国珍不如红巾军,但他起义得到浙东贫民、船户、渔民、盐徒及文士的拥护与支持。④ 方国珍起义后,据温、台、庆元三郡,固守地方,"保境安民",为浙东父老辟一方"乐土"。由于方国珍有别于群雄,他是海盗,军队主力是一支千艘舰船的武装船队,海洋为其重要战场,因此在反元武装斗争中发挥着一种特殊的作用,即阻断海道漕运,给予元王朝以致命打击。海道漕运是元王朝的"生命线",元京大都(包括京畿)官、军、民所需粮谷及军国之需,倚赖占天下7/10的江、浙地区供应。方国珍起义浙洋,海道漕运不通,元王朝陷于困境,"元京饥穷,人相食,遂不能师矣","而国已不国矣"⑤。情况正如顾祖禹在《读史方舆纪要》书中所说,"国珍拥巨舰千余,据海道,阻绝粮运,元人始困"⑥,最终由困致亡。由此可见,方国珍在推翻元王朝政权的武装斗争中,确实起了重大作用。

正因为如此,所以朱元璋在责骂方国珍之后,也不得不改变口吻,称赞他

---

① 柯邵忞:《新元史》卷二百二十七《方国珍传》。

② 《元史》卷四十二《顺帝纪》。

③ 谷应泰:《明史纪事本末》卷五《方国珍降》。

④ 据柯邵忞:《新元史》卷二百二十七《方国珍传》云,方国珍"敬礼文士"。

⑤ 叶子奇:《草木子》卷三《克谨篇》。

⑥ 顾祖禹:《读史方舆纪要》卷八《历代州城形势》八。

的为人及其"功业",肯定他为"一时之豪杰"。朱元璋说:"自元政既微,乃有智勇之士乘时而兴,思建功业。及天下兵起,遂角逐一隅,以为民人之保障,其后果得所归,以全富贵,是亦可谓豪杰者矣。以尔方国珍,材器雄毅,识虑深远,知世道将不可为,乃奋于东海之滨。二十年间,与其兄弟子侄分守三郡,而威行海上,得非一时之豪杰乎!"①

朱元璋这席话是他对方国珍的评价,所言符合历史实际情况。历史事实说明,方国珍是元末"威行海上"的英雄豪杰。

还应注意一点的是,明人看到方国珍浙东起义在推翻元王朝所起的作用,因而重视"为国咽吭"的东南地区,于是有争天下"始事者盛于东南"、"发于东南"之说。②

三、元末广东的反元起义与海盗活动

元末"中原兵起,岭海骚动"③。在各地人民反抗元王朝斗争风浪的推动下,海盗亦在海上发难,据海岛,从事劫掠与反抗官府、抗击官兵活动。广州香山县(今广东中山市)地濒海洋,海盗活动向来活跃,海中岛屿多为海盗占据。大横琴山"幽峻,为寇所伏",元末,海寇王一据之三灶山为"海寇刘进据之。"北大山,"元末,海贼李祖山、卢实善相继劫掠"④。李祖山、卢实善、王一与刘进等人,元末聚众据海岛,进行海盗活动,至明初才为官兵剿灭。

据北大山的海盗卢实善,广东南海人。元至正十三年(1353年),卢实善与三山人邵宗愚出海为元起义,自称无帅,各自率领部伍,联合反抗官府。至正二十一年(1361年),广东廉访使八撒剌不花尽杀廉访司官,据广州自行为政。"于是诸邑豪民各逐其长,一时并起。"邵宗愚居广州,赵可仁据三山,卢实善据龙潭。至正二十二年(1362年),海盗攻清远县,俘促主簿,官府急忙筑城防守。次年十月,邵守愚攻陷广州城,擒杀八撒剌不花,击毙守将何深,"余皆弃城走"⑤。此时,东莞乡绅何真联合豪"集义兵",保乡里。乱兵据惠州,何真带"义兵"攻之,以功授惠州通判,旋升同知,晋宣慰使司都元帅。邵宗愚据广州城,何真驱兵攻城,宗愚败走。至正二十五年(1365年),何真以"讨贼"军功,迁广东分省参政,擢江西福建行省左丞。是年十月,邵宗愚率众再次攻下广州城,因粮尽,退回三山。明洪武元年(1368年)二月,明太祖朱元璋命廖永忠为征南将军、朱亮祖为副帅,统领舟师由海道进广东。何真归降,并协同明

---

① 程敏政:《皇明文衡》卷一《方国真除广西行省左丞诰》。
② 张溥:《元史论》卷一《东南丧乱》,与《明史论》卷一《平定东南》。
③ 《东莞县志》卷五十五《人物略·何真》。
④ 《香山志》卷一《山川》。
⑤ 《重修广州府志》卷七十七《前事略》三。

朝官兵攻剿海盗及邵宗愚。宗愚兵败被杀，"其徒皆弃市"①。

　　在廉州、高州与琼州海上，海盗也开展反抗元王朝官府的斗争。至正九年（1349年）二月，一支海盗船队从交趾乘风攻合浦，进逼琼山。广东宣慰司檄廉州、高州、琼州和化州官兵联合攻剿。海盗船队与官兵在澄迈县石矊港交战，"番兵"（黎族军士）不愿战，"赴水走"。海盗"乘胜四合，诸（路）官兵皆溃"，化州通判游宏道与先锋张友明、石湾主簿木叶飞、武德将军廉州路同知罗仕显等"俱陷于阵"②。至正十年（1350年），海盗麦福率船攻陷高州府城，进袭信宜。高州路同知黄子寿"力战却之"。麦福"攘（官）印而去"，船队驶往吴川县，攻占硇洲。至正十五年（1355年），麦福联合陆地起义军，共同抗击官兵，"山海贼麦伏（福）、黄应宾、潘龙等聚徒，据雷州路"。至正十九年（1359年），化州路枢密院同佥罗福领兵攻剿"山海贼"，"诸贼败走"。罗福以功升化州都元帅，"专制其地"，至明洪武元年（1368年），他以高、雷二州归附明王朝③，而这股"山海贼"仍继续进行反乱活动。

---

① 《明太祖实录》卷三十洪武元年二月乙卯。
② 《廉州府志》卷二十一《纪事》。
③ 《高州府志》卷四十八《事纪》。

第十章

宋元时期的海洋文学

宋元时期是海洋文学发展繁荣的一个高峰期。这主要体现在宋诗词以及元曲上。就宋词来说，其在涉海方面呈现出几个特点。一是诗词大家名人写海的很多，宋代词坛上有名的人物几乎都有很好的写海或涉海的作品问世。二是写海或涉海的作品数量极为可观。三是海洋意象入诗入词，蕴涵十分丰富多彩，我们从中感受到的对人生哲理的领悟、对社会现实的把握、对审美感知与愉悦的追求，可谓处处惹人叹然。宋词中海的意象之丰富、寓含之深博、境界之空阔、格调之浪漫，绝非其他任何文学样式可以比拟，它的理想化色彩终将被历史证为千古绝唱。

元代是我国戏曲艺术大发展、大繁荣的时代，所谓"唐诗、宋词、元曲、明清小说"，一个时代有一个时代的文学；其中，海洋文学的发展状况也是如此。元代的海洋文学，最突出的现象是叙事性作品如小说、戏剧的发展繁荣；相比之下，诗词作品的地位就远不及了。

第一节　宋代的海洋文学①

宋代诗词中，写海的可观之作就相当多。我们仅从宋词词牌中填写的一些调名如"望海潮"、"醉蓬莱"、"渔家傲"、"渔父乐"、"渔父家风"、"水龙吟"等，也可以想见它们在产生和形成上，其中必然有不少与吟咏海洋有密切的关联。由此可知，人们对海洋现象或海洋与江口相互作用的现象以及海上生活有着浓厚的兴趣和普遍的认知。像朱敦儒的《好事近·渔父词》：

---

① 本节引见乎双双：《唐诗宋词中海的审美意象初探》，载曲金良主编：《海洋文化研究》第二卷，海洋出版社 2000 年版，第 138-145 页。

拨转钓鱼船，江海尽为吾宅。恰向洞庭沽酒，却钱塘横笛。醉颜禁冷更添红，潮落下前碛。经过于陵滩畔，得梅花消息。

所写于江于海沽酒醉钓的"渔父"，一句"江海尽为吾宅"，好语惊人，意境高远。女词人李清照一首《渔家傲》，以海入词，海事、海心，尽收其中：

天结云涛连晓雾，星河欲转千帆舞。仿佛梦魂归帝所，闻天语，殷勤问我归何处。我报路长嗟日暮，学诗谩有惊人句。九万里风鹏正举，风休住，蓬舟吹取三山去。

哪是海，哪是天，哪是人间，哪是仙界，在词人心中，在词人笔下，竟是这般使人着迷。

再如张元干的《念奴娇·题徐明叔海月吟笛图》：

秋风万里，湛银潢清影，冰轮寒色。八月灵槎乘兴去，织女机边为客。山拥鸡林，江澄鸭绿，四顾沧溟窄。醉来横吹，数声悲愤谁测。飘荡贝阙珠宫，群龙惊睡起，冯夷波激。云气苍茫吟啸处，鼍吼鲸奔天黑。回首当时，蓬莱万丈，好个归消息。而今图画，谩教千古传得。

新奇引人。如辛弃疾的《摸鱼儿·观潮，上叶丞相》：

望飞来、半空鸥鹭，须臾动地鼙鼓。截江组练驱山去，鏖战未收貔虎，朝又暮。诮惯得、吴儿不怕蛟龙怒。风波平步。看红旆惊飞，跳鱼直上，蓦踏浪花舞。凭谁问，万里长鲸吞吐。人间儿戏千弩。滔天力卷知何事，白马素车东去。堪恨处。人道是、子胥冤愤终千古。功名自误。谩教得陶朱，五湖西子，一舸弄烟雨。

写钱塘江潮，气魄好生了得，自有特色。其《木兰花慢·中秋饮酒》也写海写月，"谓洋海底问无由，恍惚使人愁。怕万里长鲸，纵横触破，玉殿琼楼"。且因用天问体赋满篇发问，豪气勃发，海阔天空。

宋代诗词中写观潮者甚多；还有写海市的，如苏轼的《登州海市》，亦真亦幻，气度、意象非凡，令人入胜：

予闻登州海市旧矣。父老云："常见于春夏，今岁晚，不复出也。"予到官五日而出，以不见为恨，祷于海神广德王之庙，明日见焉。乃作是诗。

东方云海空复空，群仙出没空明中。

荡摇浮世生万象，岂有贝阙藏珠宫。

心知所见皆幻影，敢以耳目烦神工。

岁寒水冷天地闭，为我起蛰鞭鱼龙。

重楼翠阜出霜晓，异事惊倒百岁翁。

人间所得容力取，世外无物谁为雄。

率然有请不我拒，信我人厄非天穷。

潮阳太守南迁归，喜见石廪堆祝融。

自言正直动山鬼,岂知造物哀龙钟。

伸眉一笑岂易得,神之报汝亦已丰。

斜阳万里孤岛没,但见碧海磨青铜。

新诗绮语亦安用,相与变灭随东风。

柳永的《煮海歌》,吟咏煮海盐工的生活。

再如,陆游的《航海》、杨万里的《海岸七里沙》、文天祥的《二月六日海上大战》等,不一而足。

文学来源于生活。宋诗词中的海洋文学作品出现了如此繁荣发展的局面,除了文学自身的积累式发展及其繁荣的规律外,宋代海洋事业和海洋文化的整体发展,宋时人们的海内外海洋生活的丰富多彩,是其社会基础和根源。①

宋词中海的审美意象,可以分为以下几种类型。

1. "海客"形象

海之神秘,引人向往;海之魄力,荡人心神;海在文明古国面前展示着它的恢弘与大度。唐宋时,人们已经走出探海的迷惑,亲海、近海、颂海、咏海成为时代的主题。"海客"的出现可为代表。如苏轼的《鳆鱼行》"东随海舶号倭螺,异方珍宝来更多"②,苏轼的《鹊桥仙·七夕送陈令举》"客槎曾犯,银河波浪,尚带天风海雨",勾勒出一派高阔迷茫意境。

2. 海之壮阔:宋词中的"大"海

朱敦儒《好事近·渔父词》中"拨转钓鱼船,江海尽为吾宅",虽有浪迹江湖、自由漂泊的潇洒与无奈,亦可见词人气量之恢弘、心胸之壮大。想象一下洞庭沽酒、钱塘横笛的飘逸,胸中了无丘壑的快慰,简直羡煞世人!像张元干《水调歌头·同徐师川泛太湖舟中作》"平生颇惯,江海掀舞木兰舟",《水调歌头·丁丑春与钟离少翁,张元鉴登垂虹追和》中"元龙湖海豪气,百尺卧高楼",戴复古《望江南》"四海九州双脚底,千愁万恨两眉头",刘克庄《贺新郎·九日》"老眼平生空四海,赖有高楼百尺",都体现了冲天的傲气,让人心神为之激荡。

中国天人合一的整体功能宇宙观决定了崇高事物中"乐"的成分。诚如孔子云"智者乐水,仁者乐山",宋人对海的感受是一种对崇高事物的崇敬;所谓"高山仰止,景行行止,虽不能至,然心向往之",人与自然、海合一的向往,产生崇敬和愉快。这种崇高是对自然壮美的海的崇敬,这种愉快是对自己本源的皈依。令人崇敬的海永远只能作为人生的理想,在追求的无限中流动着它静默的高贵。

---

① 见曲金良主编:《海洋文化概论》,青岛海洋大学出版社 1999 年版,第 190-193 页。
② 郭振:《古诗文中的"海客"形象》,见《文史知识》,1994 年 12 月。

3. 海与伤感

精神与自然的分离产生感伤性,但若抛却了沉思与内省,这样的文人存在还有什么价值呢? 理想中的自然真趣与朴实无华反衬出现实中的堕落与罪恶时,感伤性就应运而生了。海以其空阔辽远出现在如此心境之下的文人视野中,其况味、意境颇值得赏玩与回思。宋词中的涉海作品,绝大多数表现的都是文人感时、身世、浮沉的人生哲学,他们用时空的交汇与定格来把握抽象的人生,感叹属于他的成或败、喜或忧、舒泰或穷蹙、恢弘或卑微的心理境况,在瞬息即兴而感发;或在回首来程、追踪往昔中流露感情最本色的底蕴,赢得读者由衷的共鸣。

宋词重感情抒发,重意境表现,"词家多以景寓情"①,"不以虚为虚,而以实为虚,化景物为情思,从首至尾,自然如行云流水"②。宋词中的海洋作品也同样具有这种创作特征。如柳永的《玉蝴蝶》:

望处雨收云断,凭阑悄悄,目送秋光,晚景萧疏,堪动宋玉悲凉。水风轻,频花渐老;月露冷、梧叶飘黄。遣情伤,故人何在? 烟水茫茫。难忘,文期酒会,几孤风月,屡变星霜。海阔山遥,未知何处是潇湘? 念双燕,难凭音信;指暮天,空识归航。黯相望,断鸿声里,立尽斜阳。

词人独立秋光,怅思怀想湘中故人,只是隔海越山,相会无期。频花、月露、梧叶分别着以"老"、"冷"、"黄"视觉、肤觉等饰词,愈加诱发怀人思绪。秦观《千秋岁》"春去也,落红万点愁如海",以海比愁思之深,更兼伤春万点落红,心境凄清、苦楚,只因"忆昔西池会"。似海深愁,何以化解缠绵悱恻的思念,让人心动。

忆旧怀人词中,吴文英有一阕凄迷哀艳的词,历来为词评家所称赏,这就是《莺啼序·春晚感怀》:

殷勤待写,书中长恨,蓝霞辽海沉过雁。漫相思,弹入哀筝柱。伤心千里江南,怨曲重招,断魂在否?

抒发凭吊情怀,望而不见,感叹衰老;检点旧物,倍增物在人亡之感。欲裁笺书恨,海天茫茫,何处可寄? 徒然将离思谱入哀筝,可叹海路无处续,断魂亦难招⋯⋯凄婉欲绝。全词笔致曲折、开阖,诚如陈廷焯所评"梦窗精于造句,超逸处,则仙骨珊珊,洗脱凡艳;幽索处,则孤怀耿耿,别缔古欢"③,"梦窗之妙,在超逸中见沉郁"④,写悲欢离合之情,词彩纷呈,脉络井然。

---

① 王国维《人间词话》,见《中西美学与文化精神》,第 242 页。
② 范晞:《对床夜话》。
③ [清]陈廷焯:《白雨斋诗话》,转引自《全宋词简编》,第 280 页。
④ 《全宋词简编》,唐圭璋选编,上海古籍出版社 1986 年版,第 667 页。

反映宦游羁思仕途漂流之感的,如周邦彦《满庭芳·夏日溧水无想山作》"年年,如社燕,漂流瀚海,来寄修椽",以社燕自悯飘零、寄人篱下,"瀚海"既言风雨飘摇之意又兼任天潇闲之致,使全词文思荡漾、转折跌宕,于"沉郁顿挫中别绕蕴籍"①。

　　婉约一派的"海味"往往因身世之感、仕途之患而阴郁气重,怎一个"愁"字了得;豪放词人则借助海的气势,更加突出了抒情成分,显示出了一种有所借待而又不执著于借待的逍遥观,苏、辛词中的海洋作品可为代表。

　　苏轼《临江仙·夜归临皋》中云:"夜阑风静縠纹平,小舟从此逝,江海寄馀生。"词人将一己融于大自然的怀抱之中,江海引发对自我存在的反思,遗憾于不能自主生命而陷入尘缘劳碌、风露奔走的境地,因生超拔羁縻而遁身江海之遐想:江海泛舟,悠游洒脱,委天任远,无适不可,从而熔铸出一个风韵萧散的抒情主人公形象,体现了他昂首尘外、恬然自适的自我意识和生命哲学,富有禅宗意味。以一己之心面对整个宇宙人生,结果就必然是一种对整个宇宙人生的空漠感,"苏一生并未退稳,也从未真正'归田',但他通过诗文所表达出来的那种人生空漠之感,却比前人任何口头上或事实上的'退隐'、'归田'、'遁世'要更深刻更沉重"。这是一种"对整个存在、宇宙、人生、社会的怀疑,厌倦,无所希冀,无所寄托"的空漠感无待的逍遥与人生的空漠感,形成了苏轼非常浓厚的人生如梦的感受:"世事一场大梦,人生几度秋凉"(《西江月》)②。

　　再看"有不可一世之慨……屹然别立一宗"的辛词。其云"湖海平生,算不负,老髯如戟","问人间,谁管别离愁,杯中物",五湖四海,浪迹一生,而今已是苍髯如戟、离愁别绪、人生困顿,唯有杯中之物尚能消解,"鲸饮未吞海,剑气已横秋"(《水调歌头·和马叔度游同波楼》)。词人忧国忧民的壮心抱负未酬,平添了几多"遗恨",几多愁情。"此事费分说,来日且扶头",也闪动着人生如梦的消极念头。

　　4.海与仙化理想

　　与感伤性的海形成鲜明对比的是优美、雄奇、瑰魅的海,为世人所艳羡、向往的理想仙境的海。像苏轼在《水龙吟》中描绘的"云海茫茫"的"道山绛阙"以及"蓬莱神山"、"谪仙风采",一派人间天上、仙乐袅袅的胜景。"驾云""骖凤"的恣肆,与"骑鲸"的豪气前后照应。

　　古来云海茫茫,道山绛阙知何处。人间自有赤诚居士,龙幡凤举。清净无为,坐忘遗照,入篇奇语。向玉霄东望,蓬莱崹蔼,有云驾,骖凤驭。行尽九州四海,笑纷纷,落花飞絮。临江一见,谪仙风采,无言心许。八表神游,浩然相

---

①　唐圭璋:《全宋词简编》,上海古籍出版社 1986 年版,第 667 页。

②　李泽厚:《美的历程》,见《中西美学与文化精神》,第 159 页。

对，酒酣箕踞。待垂天赋就，骑鲸路稳，约相将去。

"清壮顿挫，能起人妙思。"①

苏门四学士之一的晁补之是这样写海的："青烟幕处，碧海飞金镜。"《洞仙歌》)"碧海"飞"金镜"，与"海上生明月"如出一辙，然处不同之角度，感觉差异如此之大，让人不胜欷歔。词人一腔热情却被"远神京"，故而只能"将许多日月，付与金尊"：美轮美奂的海边，胸中又有如许哽咽，莫怪乎冯煦称其词"无子瞻之高华，而沉咽则过之"②。再看张元干的一首《念奴娇》：

秋风万里，湛银潢清影，冰轮寒色。八月灵槎乘兴去，织女机边为客。山拥鸡林，江澄鸭绿，四顾沧溟窄。醉来横吹，数声悲愤谁测。

飘荡贝阙珠宫，群龙惊睡起，冯夷波激。云气苍茫吟啸处，龟吼鲸奔天黑。回首当时，蓬莱方丈，好个归消息。而今图画，谩叫千古传得。

仙女、月中为客、沧溟、横笛、龙宫、仙山，似幻而真，亦虚亦实的意象，展示了词人异常丰富的想象力，描绘出一个神仙逸境。心中不快尽诉诸横笛，悲愤之情也随笛声、随流水而逝，且做一个快乐神仙，岂不妙哉？

词是浑厚与空灵的艺术，词境界中思想内容的深刻、广阔，情感的真挚清健，艺术形象的丰满鲜明，情寓象中，象中具情，使得境界变得蕴藉无限，通过寄言，"得屈子之缠绵悱恻，又得庄子之超旷空灵"。

第二节　元代的海洋文学③

元代的海洋文学，最突出的是戏剧的发展繁荣。在元曲中的涉海戏曲里，我们不能不提到著名的海洋神话剧《张生煮海》。而且很有意思的是，元杂剧的著名剧作家尚仲贤和李好古，两人居然都写过《张生煮海》，可见张生煮海的故事具有多么大的吸引力。今存本《张生煮海》是题李好古为作者。

《张生煮海》剧的全题是《沙门岛张生煮海》。沙门岛，自然在海中；作为神话剧，自然在仙山蓬莱附近，实际上也恰恰是这样。古登州蓬莱附近的海中，的确有个沙门岛，而且自古有名。《宋史·刑法志》记载，宋初的"犯死获贷者，多配隶登州沙门岛及通州海岛"；《水浒传》里奸相蔡京也对其下属嚷嚷，你们若给我捕获不到劫取生辰纲的人，就罚你们"去沙门岛走一遭"。宋代诗词文大家苏轼曾经在密州、登州做过官，对海滨海岛多有游历，其《北海十二石记》

---

① 唐圭璋：《全宋词简编》，上海古籍出版社 1986 年版，第 153 页。

② 《全宋词简编》，第 269 页。

③ 本节引见王庆云：《中国古代海洋文学历史发展的轨迹》，《青岛海洋大学学报》，1999 年第 4 期。

所写,就包括了对沙门岛的描述:"登州下临大海,目力所及,沙门岛、鼍矶、车牛、大竹、小竹凡五岛,唯沙门最近,兀然焦枯,其余紫翠咚绝,出没涛中,真神仙所宅也。"①"兀然焦枯",是否就是人们想象出"煮海"的"依据"？这自然难以考得确切,我们暂不管它,反正人们对它充满了兴趣。有意思的是,我们注意到《元诗选》里有宋无的一首《沙门岛》诗,《元诗纪事》里还有宋无的《鲸背吟·沙门岛》一词,看来这位苏州人氏宋无对沙门岛情有独钟。而值得指出的是,作为戏剧,宋代已经有《张生煮海》院本了,只可惜剧本无存,我们无从具体得知其面貌。

元杂剧《张生煮海》的大体情节大略为:青年书生张羽自幼习读诗书,无奈功名不遂,一天,他带着家僮到东海边游玩,来到一座古寺,名石佛寺,喜爱其幽雅环境,便向长老借居一室,以温习经史。天色渐晚,便让家童拿出一张琴抚奏起来。这时,恰巧东海龙王的三女儿琼莲也到海边散心,闻琴心动,便和侍女循着琴声来到石佛寺,见张生道貌仙丰,顿生爱恋之意;张生也发现了琼莲的到来,二人一见钟情,遂私定终身,并约定八月十五日中秋节成亲。二人道别后,张生等不到中秋,一直想及早再见到琼莲,便来到海边寻找,遇到仙姑毛女,知琼莲乃东海龙王的女儿,想那东海龙王生性暴戾,怎肯嫁女给他一介书生,不禁伤悲起来。仙姑见状,心生同情,愿成全张生与龙女的好事,便授予张生三件法宝:一只银锅、一文金钱、一把铁勺,并授其方法:用铁勺将海水舀进银锅,将金钱放进水内,然后将锅内海水煮煎,锅内海水煎去一分,海中水深便减去十丈,煎去二分,海中水深便会减去二十丈。如此煎煮下去,东海龙王肯定会无法生存,因而肯定会向张生求救,张生以其允诺嫁女为条件,他肯定答应。于是,张生沙门岛架锅煮海,锅内海水滚沸。浩瀚韵海水随之翻滚沸腾,眼见渐少,东海龙王大惊失色,忙请长老调停求情。张生未得龙王允诺嫁女,哪肯罢休？最后龙王只得答应嫁女给张生,张生这才罢煮,由长老引路,来到东海龙宫,洞房花烛,成了东海龙王的东床快婿。这时,东华上仙来到龙宫,告知张生龙女原是天上瑶池边的金童玉女,因互相爱慕而一个被贬脱胎于凡间,一个被贬脱胎于水界,现宿怨已偿,应还瑶池天上。于是,这对新婚冤家便被带回了上天。

一是张生莺莺式的一见钟情,一是为婚姻自由向封建势力的争斗,一是大获全胜后证以仙缘,这其中的喜剧、悲剧意义全有,适应了中国人对传统艺术的审美鉴赏习惯。而将大海作为展示这种浪漫审美理想的舞台,天地便更加广阔了许多。人间—海底—天上,一人一龙一神仙。

顺便在此提及的是,写凡人与龙女恋爱的,还有出于唐传奇《柳毅转》的元

第十章

宋元时期的海洋文学

---

① 《苏轼文集》卷十二。

杂剧《柳毅传书》，只是《柳毅传书》中柳毅为之传书的不是海龙王之女，而是洞庭湖龙王之女罢了。其实考究起来，为龙女传书的故事，也有说是为海龙女的。唐《广异记》里的三卫（警卫官名）故事，就是给海龙王之女传书。① 这两出元杂剧都很有影响。十分有意思的是，到了清初大戏剧家李渔那里，他便将这两出杂剧故事给"有机"地合二为一了，名《蜃中楼》：洞庭龙王前往东海为其兄东海龙王祝寿，其女舜华与父亲同往，在东海龙宫里见到了堂妹、东海龙王之女琼华，姐妹二人感于龙宫的寂寞，欲往东海边游玩，东海龙王便想了一个既不让她们接触凡间又可遂了二龙女心愿的"万全之策"，即命虾兵蟹将嘘气吐涎，在海上结成一座海市蜃楼，供二姐妹上去游玩便是。结果，因张生、柳毅、舜华、琼华原都是仙人，二姐妹到了蜃楼之后，大罗仙子巧为安排，将手杖化作一座仙桥，并经几番周折，遂使得张生与琼华、柳毅与舜华两对有情人终成了眷属。这一故事到了明代，仍有小说铺衍，如《西湖二集》中的《救金鲤海龙王报德》即是。

元杂剧里还有一出涉海戏很值得一提，那就是《争玉板八仙过沧海》。八仙的故事自然早有，但八仙们过沧海、大闹龙宫的故事却是在元杂剧里得以系统完备的。我们至今普遍地说"八仙过海，各显神通"，大概就来自于此，至少是因受其影响才这么普及的。

第三节　宋元海洋文学的时代特征②

海洋文学是海洋文化的一个组成部分。它在宋元时代的发展与成熟，不仅是文学史上的一次创新与发展，也是文化史上的一次思想深化。海洋文学所体现出来的时代特征，充分表现出宋元时代海洋文化鼎盛时期的社会特质和文化模式。

一、海洋文学的创新发展

宋元时期的海洋文学现象比较复杂，海洋文学是伴随沿海地区开发和海上活动而兴起的。在中国历史上曾有两次著名的北人南渡，促进了南方经济成长和历史地位的确立。一是晋人南渡，中原世家大族大规模迁转南方，南方地区出现第一次大规模的开发，标志着此后近三个世纪南北对峙局面的开始。

① 见《太平广记》卷三百。
② 本节引见赵君尧：《宋元海洋文学的时代特征》，《福建师范大学学报》哲学社会科学版 2001 年第 2 期。

二是宋人南渡,中央政府整体转移南方,出现了自魏晋南北朝以来的第二次大规模开发,不仅原来已经得到比较充分开发的长江三角洲地区有了更进一步的发展,而且原来尚未得到充分开发的荆楚地区、闽越地区以及只有初步开发的南粤地区都得到很大发展。整个南方经济呈现全面繁荣的局面,并孕育着社会发展的新机缘。宋元海洋文学正是在这种新的历史条件下,继承了自春秋战国以来以海洋为题材的海洋文学,并把它作为一种文化现象加以自觉追求,在中国海洋文学发展和深化的历史进程中予以创新和发展。中国虽是一个位于大陆的国家,但又是一个有着漫长海岸线的国家,中国人自古就对大陆边缘的海洋进行过不懈的探索。《诗经·大雅·江汉》载:"于疆于理,至于南海。"①这说明当时人们已开始从内陆向南方边缘尽头广阔海域探索,逐渐从遥远渺茫、神秘莫测到亲近清晰,直至撩去海洋神秘的面纱。尽管海洋对古代中国人来说显得很遥远,但它那无与伦比的浩瀚、壮阔、无涯,在人们的心目中却有着深切的印象和真实的感受。《庄子·秋水篇》曰:

　　秋水时至,百川灌河,泾流之大,两涘崖之间,不辨牛马。于是焉河伯欣然自喜,以天下之美为尽在己。顺流而东行,至于北海,东西而视,不见水端,于是焉河伯始旋其面,望洋向若而叹曰:"今我睹子之难穷也,吾非至于子之门,则殆矣,吾长见笑于大方之家。"

　　话语言表,流溢出对大海辽阔无垠之壮观美貌的惊羡、叹服和由衷的崇敬之情。及至东汉建安十二年(207年)《三国志·魏书·武帝纪》载曹操北征乌恒"八月,登白狼山。……斩蹋顿及名王已下,胡、汉降者二十余万口","九月,公引兵自柳城还",作《步出夏门行·观沧海》。诗人写出了沧海平静时和起风时的状态,赞美东海边山岛巍巍耸立、草木繁盛以及大海吞吐日月、包孕群星的壮阔气势。宋元之前,以海洋为题材的文学多表现对海洋浩瀚无边、广博壮观、吞吐日月、包孕群星之浩大气势的惊叹和崇敬。及至宋元时期,以海洋为题材的文学已大大拓宽了表现的领域,更多地反映出人与海洋的关系,既有人与海洋的和谐相处,又有人对海洋的征服和利用,大大促进了宋元海洋文学的创新与发展。

　　宋人南渡标志着中国经济重心南移的彻底完成,这一时期不仅出现了民间商业资本与海洋贸易自然紧密的结合,而且中央政府更加重视与海外国家关系和贸易的发展,丰富多彩的海洋题材使得宋元海洋文学出现了异常繁荣的局面。诗、赋、词、曲、笔记、游记等如百花争艳,描绘了宋元时期以海洋为背景的波澜壮阔的社会历史画卷。有描写海潮起落全过程的,如范成大的《望海亭赋》:"又若潮生海门,万里一息;浮光如线,涛头千尺。方铁马之横溃,倏银

────────────────

① 斯塔夫里阿诺斯:《全球通史》,上海社会科学院出版社2000年版,第438—440页。

山之崩坼。气平怒霁,水面如席;吴帆越樯,飞上空碧。"有描写盐民艰辛生活和备受盘剥惨景的,如柳永诗的《煮海歌》:"煮海之民何所营?妇无蚕织夫无耕。衣食之源太寥落,牢盆煮就汝输征。自从潴卤至飞霜,无非假贷充食侯粮;秤入宫中得微值,一缗往往十缗偿。煮海之民何苦辛,安得母富子不贫,本朝一物不失所,愿广皇仁到海滨。"有展示海洋贸易繁荣景象的,如李昂英的《水调歌头·题斗南楼和刘朔斋韵》描绘广州海港:"万倾黄湾口,千仞白云头。一亭收拾,便觉炎海豁清秋。潮候朝昏来去,山色雨晴浓淡,天末送双眸。绝域远烟外,高浪舞连艘。风景别,胜滕阁,压黄楼。胡床老子,醉挥珠玉落南州。稳驾大鹏八极,叱起仙羊五石,飞佩过丹丘。一笑人间世,机动早惊鸥。"有塑造充满开拓冒险精神的海商形象的,如乔吉的散曲《中吕·满庭芳·渔父》:"疏狂逸客,一樽酒尽,百尺帆开。划然长啸西风快,海上潮来。入万顷玻璃世界,望三山翡翠楼台。纶竿外,江湖水窄,回首是蓬莱。"有描绘在大海中航行情景的,如陆游诗《感惜》:"行年三十忆南游,稳驾沧溟万斛舟。当记早秋雷雨后,柁师指点说流求。"有盛赞妈祖女神的,如黄公度诗《题顺济庙诗》:"枯木肇灵沧海东,叁差宫殿山卒晴空。平生不厌混巫媪,已死犹能效国力。万户牲醪无水旱,四时歌舞走儿童。传闻利泽至今在,千里桅樯一信风。"如果说先秦以来人们对以海洋为题材的文学创作还仅仅处于一种朦胧的追求,那么宋元时代以海洋为题材的文学创作则是一种自觉文化的追求现象。

宋元海洋文学的创新发展,绝不仅仅在于形式,而是超迈开放的海洋意识下海洋文学艺术表现内涵深化的体现。宋朝时,对外贸易量远远超过以往任何时候。这一贸易迅速发展的基础是前所未有的经济增长率。航海技术得以极大改进——其中包括指南针、带有可调中心垂直升降板的平底船以及布帆代替竹帆的使用。港口,首次成为中国同外界联系的主要媒介。宋朝时期,中国人大规模从事对外贸易,不再主要依靠外国中间商。因而,宋朝时的中国正朝着成为一个海上强国的方向发展。元朝建立了与前代统治者所建立的基本相同的行政机构,采取与宋朝基本相同的对外政策,还进一步采取了使官办、民办与官本民营三种并行的海洋政策,大力发展海洋贸易事业,致使出现了"东西南数千万里,皆得梯航以达其道路","虽天际穷发不毛之地,无不可通之理"①的远航盛景。

宋元时期海洋文学发展的超迈势头,主要表现在东南沿海的闽、粤、浙等地区,其主要原因是这些地区人口骤增、经济发展,与之相伴随的是地区开发以及海洋贸易的兴盛。宋元两朝的各种海洋活动都不同程度地在以海洋为题

① 吴鉴:《岛夷志略·序》,元汪大渊《岛夷志略》,苏继庼校释本(中外交通史籍丛刊),中华书局1981年版。

材的文学作品中得到反映,尤其是远洋航行、海外贸易更是体现出宋元时代超迈开放的海洋意识。航海是一项极具冒险性的活动,而东方的海洋更是台风肆虐的暴风之海,航行十分危险。中国有漫长的海岸线,濒临东海、南海、黄海、渤海,尤其是东南沿海的闽、粤、浙沿海一带海商,勇敢地探索从近海到远洋的海上航行,反映了中国人的开拓精神及其在征服海洋方面的勇气。由于时代与历史诸因素的驱使,宋朝政府大力推行海洋贸易政策,海外贸易大利所在,事关国计,连皇帝都亲自过问。北宋太宗曾经特遣内侍赍敕书,往海外诸国,勾招进奉,博买"番货"。南宋高宗也很注重海外贸易,他说:"市舶之利,颇助国用,宜循旧法,以招徕远人,阜通货贿。"①为缩短海船航行周期,增加市舶收入,以支撑江河日下的国库,南宋孝宗隆兴二年(1164 年)设立"饶税制",规定:"若在五月内回船,与优饶抽税;如满一年内,不在饶税之限;满一年以上,许以本司根究。"在这种政策的强烈刺激下,宋代海商为求得既能经略远货,牟取高利,又能及时返回免征重课,以不避艰险的勇敢精神航行于大海之中,往返于东西方港口之间。其时,由于蒙古人发动了横扫亚欧大陆的远征,在 13世纪中期建立了包括中国、中亚、西亚和东欧的大帝国,为中国和欧洲海商之间进行海洋贸易提供了空前便利的条件。宋元这种社会政治经济开放的背景,大大促进了宋元海洋文学的开放性,不少诗人词人吟诗赋词歌颂东南沿海人民的超迈开放的海洋意识、商品意识和冒险精神。例如,释大圭诗赠商人曹吉:

君今浮舶去,因识远游心,衣食天涯得,艰难客里禁。春帆连海市,暮鼓起香林,一笑归来好,高高寿百金。

诗中表现海商将"浮舶"、"远游",虽要经历一番艰难,但"衣食"得之"天涯"。当他们归来时,片片船帆筑起海上市场,"一笑归来好,高高寿百金"反映了当时海商的观念和对理想的追求。诗人熊禾在《上致用院李同知论海舶》写道:

矧此贾舶人,入海如登仙,远穷象齿徼,深入骊珠渊。大贝与南琛,错落万斛船,取之人不伤,用之我何愆。

这首诗高度赞扬了海商的冒险精神,视波涛汹涌的汪洋大海如同仙境,"入海如登仙"。为获得"大贝与南琛",海商不畏艰险,敢于"深入骊珠渊"。元人乔吉在其散曲《中吕·满庭芳·渔父》中写道:

疏狂逸客,一樽酒尽,百尺帆开。划然长啸西风快,海上潮来。入万顷玻璃世界,望三山翡翠楼台。纶竿外,江湖水窄,回首是蓬莱。

"百尺帆开"写海船之大,尽管"划然长啸西风快,海上潮来",波涛滚滚,浪

---

① 《宋会要辑稿》卷一千一百二十四,《职官》四四之二四。

高风急,但海船如"入万顷玻璃世界",一个充满开拓冒险精神的海商形象跃然纸上。元朝的统一大大促进了国内各沿海港口的贸易,如东南沿海福建的商船可以自由地往返于北方港口。闽中诗人咏道:"海连辽碣八千里,山隔燕云百万重。九重天阙连三岛,万斛风舟等一毫。"福州诗人咏道:"百货随潮船入市,千家沽酒户垂帘。"一派南北沿海贸易的繁荣景象。此时,中外海洋贸易更是得到长足的发展。李昂英的《水调歌头·题斗南楼和刘朔斋韵》描绘出广州作为中外通商港口的情景:

> 万顷黄湾口,千纫白云头。一亭收拾,便觉炎海豁清秋。潮候朝昏来去,山色雨晴浓淡,天末送双眸。绝域远烟外,高浪舞连艘。风景别,胜滕阁,压黄楼。胡床老子,醉挥珠玉落南州。稳驾大鹏八极,叱起仙羊五石,飞佩过丹丘。一笑人间世,机动早惊鸥。

"黄湾",即韩愈《南海神庙碑》所云:"扶胥之口,黄木之湾"的黄木湾,在今广州东郊黄埔,是珠江口呈漏斗状的深水湾。唐宋时期,这一带已成为广州的外港,中外商船来往贸易均在此停泊。"潮候朝昏来去,山色雨晴浓淡"一写海潮的早晚涨落,一写山色的雨晴变化,写出临海特有的景色。人们可以从这早晚来去的海潮,想到在万顷烟波之外的那些遥远国度,看到那些在波浪中起伏的无数船只来往于异国他邦。"绝域"二句写出了中外通商贸易的繁忙和开放景象,为宋词中所仅见。南宋初庄季裕《鸡肋编》云:"广州波斯妇绕耳皆穿穴带环,有二十余枚者。"妇女穿耳戴长环饰乃伊朗萨珊王朝时期盛行的风俗,这是对当时中国对外开放的最好说明。宋元时代海洋文学之所以体现出超迈开放的海洋意识特征,与当时开放的社会历史背景分不开的,体现了中国海洋文化模式中的开放意识和勇于探索的冒险精神。

二、海洋经略的价值取向

宋元之前以海洋为题材的文学作品较少,主要原因是人们直接涉及海洋的活动尚不够广泛,其所反映的价值取向主要表现为单纯对浩瀚海洋的赞叹。宋元海洋文学所表现出来的海洋经略的价值取向,则注重于人与海洋的关系,表现出这一时期宋元海洋文学特有的文化品位。海洋文学之所以在宋元时代创新并发展,一个重要因素是因为宋元时代重海洋经略的价值取向和社会政治历史的需要。

两宋时,北方与辽、金、西夏对峙,中原动荡,经济重心的南移东进加快,不仅使民间商业资本与海洋贸易自然、紧密地结合,而且中央政府(朝廷)更加重视与海外国家的关系,北宋开始兴起较大规模的海上贸易,南宋海外贸易有了更大的发展,在南宋的财政收入中占有重要的地位。当时和南宋通商的国家和地区有50多个,南宋商人泛海去贸易的也有20多个国家和地区。元朝在南宋基础上，发展同南海西洋诸国的关系，发展海外贸易。伴随这一过程的是海洋采集、近海渔业、制盐业、造船业、航海技术、海洋兵器制造业、海洋战争、海神崇拜的勃然兴起。

以海洋经略为价值取向的宋元海洋文学，在中国文学史、中国海洋文化史上更显一枝独秀。宋元海洋文学创作始终体现着艺术家的海洋经略价值取向，为了使这种价值取向获得更充分地表现，宋元海洋文学的创作题材力图包容人们进行海洋活动所涉及的领域，其意蕴更为丰富、深刻，主要表现在以下几方面。

其一，叹大海之浩瀚，哀民生之多艰。

宋元时代实行开放的海洋政策，海洋的巨大利益进一步推动官府和老百姓民间的海外贸易，使人们对海洋有了进一步的认识，更感叹海洋的博大、神奇和浩瀚。例如范成大的《望海亭赋》，其中一段描写海潮起落的全过程："又若潮生海门，万里一息；浮光如线，涛头千尺。方铁马之横溃，倏银山之崩坼。气平怒霁，水面如席；吴帆越樯，飞上空碧。"范成大曾于淳熙六年起知明州（今浙江宁波市），兼沿海制置使，对海洋有细致的观察，对海上航行也有深切的体验。《望海亭赋》这段写海口生潮，万里海疆同时起落，海面闪耀的光芒有如长长的丝线，海潮掀起的浪头高达千尺，犹如披上盔甲的战马在战场上纵横驰骋，又像百丈之高的银山突然崩溃。当风平浪静，海面则平坦如席，吴越之地的渔船又驶向大海，有如飞翔在蓝天之中。言语之中体现了作者对大海神奇、博大的赞颂之情。

海洋虽然给人类带来利益，但盐民、渔民的艰辛生活和社会地位的低下更令人同情，如柳永诗的《煮海歌》：

煮海之民何所营？妇无蚕织夫无耕。衣食之源太寥落，牢盆煮就汝输征。
年年春夏潮盈浦，潮退刮泥成岛屿；风干日曝盐味加，始灌潮波增成卤。
卤浓盐淡未得间，采樵深入无穷山；豹踪虎迹不敢避，朝阳出去夕阳还。
船载肩擎未遑歇，投入巨灶炎炎热；晨烧暮烁堆积高，才得波涛变成雪。
自从潴卤至飞霜，无非假贷充餱粮；秤入官中充微值，一缗往往十缗偿。
周而复始无休息，官租未了私租逼；驱妻逐子课工程，虽作人形俱菜色。
煮海之民何苦辛，安得母富子不贫！本朝一物不失所，愿广皇仁到海滨。
甲兵净洗征输辍，君有余财罢盐铁。太平相业尔惟盐，化作夏商周时节。

柳永担任过浙江定海晓峰盐场的监督官，对盐民生活有所了解，成为他写《煮海歌》的现实基础，以展现盐民的辛劳过程。潮涨潮落，盐分积淀泥中，盐民匍匐刮泥，堆成"岛屿"，让它风吹日晒；然后上山砍柴，不论远近，不避虎豹，早出晚归，船载肩扛，运柴归来，用于熬卤成盐。白花花的盐是盐民经历千辛万苦得来的。元代王冕作《伤亭户》及清代吴嘉纪作《风潮行》，都以海边盐民煮海为题材真实反映盐民的辛苦。《煮海歌》成为这类诗的先驱。宋元时期的海洋捕捞业有很大发展，虽然渔民在大海中的捕捞历经艰险，但他们的社会地位仍很低下，如蒲寿宬的《矣欠乃词·赠渔父刘四》写道："白头翁，白头翁，江海为田鱼作粮。相逢只可唤刘四，不受人呼刘四郎。"蒲寿宬，大食人，数代在中国经商，曾与其兄蒲寿庚协助南宋剿平海盗，被任为梅州知事，掌管海外贸易、通商及渔业，一定程度上了解渔民的艰辛生活，其诗从一个侧面反映出当时沿海渔民社会地位低下的现实生活状况。

其二，叙水战之恢宏，颂民族之气节。

宋绍兴三十一年（1161年），金主完颜亮大举攻宋，直至长江。宋虞允文到采石犒师，见军无主帅，既召集众将聚议，激励将士，迎击金军。金军以为采石无备，贸然渡江，及见设防，欲退不能。虞允文遣众将奋勇出击，以海鳅船猛冲金船，大获全胜。次日宋水师迫扬林河口，射退敌骑，焚毁余船，同时山东、河南义军纷起袭击金军后方，完颜亮在军中被部将所杀，金军乃退。宋光宗绍熙年间，时任江东转运副使、权总领江东军马钱粮的杨万里作《海鳅赋》：

蒙冲两艘……下载大屋，上横城楼……海鳅万艘，相继突出而争雄矣！其迅如风，其飞如龙。俄有流星，如万石钟；陨自苍穹，坠入波中；复跃而起，直上半空。……人物咫尺而不相辨，贼众大骇而莫知其所从。于是海鳅交驰，搅西蹂东；江水皆沸，天色改容；冲飙为之扬沙，秋日为之退红。贼之舟楫，皆蹒藉于海鳅之腹底。吾之戈铤矢石，乱发如雨而横纵。马不必射，人不必攻；隐显出没，争入于阳侯之珠宫。……右采石战舰：曰蒙冲，大而雄；曰海鳅，小而驶，其上为城堞屋壁，皆恶之。

杨万里热情讴歌绍兴三十一年采石矶之役抗金斗争胜利，形象再现抗金水战的恢宏场面。马积高《赋史》中说："这是赋史中唯一描写反侵略斗争的名作。"又如刘克庄《满江红·夜雨凉甚，忽动从戎之兴》云："铁马晓嘶昔壁冷，楼船夜渡风涛急。"短短14个字生动描绘出金兵南犯和宋军抗御的战争场面。

至元二十年（南宋恭帝德祐元年，1275年），宋元发生"焦山之役"，宋水军战船万余艘屯焦山，5000艘屯铜陵丁洲，与元军对阵。1276年正月，元兵前锋到达临安（今杭州），宋恭帝奉表请降，张世杰、陆秀夫从海上护送益王赵日正、广王赵昺南下福建、广东。五月，益王即帝位于福州，改元景炎，是为瑞宗。九月，元兵分道进攻闽、广。十一月，元兵入福建。在秋天，宋的大势已去。诗人皇甫明子见国亡无日，不愿做新朝的顺民，为表气节，以海为归宿，蹈海而死。诗人蹈海之前于元至丙子（1276年）秋天写下《海口》这首诗：

穷岛迷孤青，飓风荡顽寒。不知是海口，万里空波澜。

蛟龙恃幽沉，怒气雄屈蟠，峥嵘扶秋阴，挂席潮如山。

茨感表南纪，天去何时还？云旗光惨淡，腰下青琅玕。

谁能居甬东，一死谅非难。呜呼朝宗意，会见桑土干。

这首诗不是墨写的诗歌，而是血写的誓词。读此诗，能感受到诗人那种视死如归、凛然不可犯的正气。

德祐二年春，南宋恭帝降元，时居礼部侍郎的陆秀夫与张世杰等先后立度宗的两个庶子赵昰、赵昺为帝。自温州、福州而南海各地继续抗元三年，最后退至今广东新会南面的崖山。祥兴二年二月，元将张弘范据海口绝汲道，强攻崖山，张世杰腹背受敌，败走帝昺舟中，复断缆夺港而走，秀夫度不可脱，乃杖剑驱妻子入海，即负王赴海死，年四十四。《宋史·忠义传》中诗人方凤作哭陆秀夫诗：

祚微方拥幼，势极尚扶颠；鳌背舟中国，龙胡水底天。

巩存周已晚，蜀尽汉无年；独有丹心皎，长依海日悬。

咏吟此诗，使人感到一股磅礴正气从大海中涌起。

主要表现之三，举船业之盛然，祈海神之福佑。

南宋时，由于江、海防任务突出，水战日显重要。不仅战船产量有所提高，而且船上兵器的制造业也有重要发展。陆游《老学庵笔记》载当时船有车船，有桨船，有海鳅头，军器有斧子，有鱼叉，有木老鸦、斧子、鱼叉。以竹竿为柄长二三丈，短兵不能敌。木老鸦一名不籍，木取坚重木为之，长才三尺许。锐其两端，战船用之尤为便捷。灰炮用极脆薄瓦罐置毒药、石灰、铁蒺藜于其中，临阵以击贼船。灰飞如烟雾，贼兵不能开目。

宋元时期，福建一直是中国的海船制造中心，尤其是远洋海船的制造中心。宋词人蔡伸在《满江红》中写道："十幅云帆风力满，一川烟暝波光阔。"由此可见宋朝就已有挂十面大帆的大海船。南宋诗人陆游在《盛惜》诗中咏道："行年三十忆南游，稳驾沧溟万斛舟。当记早秋雷雨后，舵师指点说琉求。"陆游在其另一首诗《出万里桥门至江山》咏道："常忆航巨海，银山卷浪头。一日新雨霁，微茫见流求。"这些诗是陆游在福建沿海航行时写成的，从诗句中可见海船之大、航行之稳。宋代福建造的闽船使用榫接、铁钉、桐灰填缝等多项技术，这都是同时代海外诸国所少见的。当时海外各国由于制铁技术比不上中国，铁器生产有限，他们的船舶无法使用铁钉，船板的连接多是靠藤条串绑，它的坚固程度无法和福建大船相比。南宋时，福建泉州地区造船事业兴旺发达，诗人谢履曾作诗咏道："州南有海浩无穷，每岁造舟通异域。"这从元代闽人张以宁《题日本僧云山千里图》诗中可见一斑：

天东日出天西人，万里虬鳞散原隰；日东三僧渡海来，袖里江山云气湿。

原乘云气朝帝乡，大干世界观毫芒；却骑黄鹤过三岛，别后扶桑枝叶老。

到了元代，福建的造船业更是发展到一个新的更高阶段，时任福建闽海道肃政廉访司知事的诗人萨都剌咏道："三山云海几千里，十幅蒲帆挂烟水。"萨都刺所乘坐的这种十桅以上的大帆船，其载重量可达千吨，正如摩洛哥旅行家伊本·白图泰在其游记中对中国海船的描述："中国船只共分三类，大船有十帆，每一大船役使千人，其中海员六百，战士四百，此种巨船只在中国的刺桐城建造。"

随着中国航海业日趋鼎盛，航海技术不断提高，指南浮针得到广泛的应用。南宋朱继芳的航海诗咏道："沉石寻孤屿，浮针辨四维。"元灭宋之战，得力于水师。短短三年间就造战船7000艘。至元七年建造5000艘，至元十二年建造2000艘。从至元十一年到二十九年，共造海船9000艘。至元五年，要高丽造舟1000艘能涉大海可载4000石者。至元十一年三月，命凤州经略史忻都，高丽军民总管洪荣丘，以干料舟。拔都鲁轻疾舟，汲水小舟各300，共900艘，载士卒1.5万，期以七月征日本。总之，海外用兵竟动用海船近1.2万艘。此项造船任务工程巨大，为造船大举伐木。元人有诗感叹因海外用兵造船而大肆伐木破坏自然生态的情景："万木森森截尽时，青山无处不伤悲。斧斤若到耶溪上，留个长松啼子规。"

造船业的发达促进了海洋航行，伴随远洋航行的繁荣，人们在与海洋的搏斗和对海洋的探索中产生了对海神的崇拜。宋代以后，东南沿海的民众创造了许多海神，如福建泉州的通远王、福州的演屿神、莆田的祥应庙神等。对妈祖神的崇拜也不断发展，宋代诗人黄公度《题顺济庙》咏道：

枯木肇灵沧海东，参差官殿崒晴空。平生不厌混巫媪，已死犹能效国力。

万户牲醪无水旱，四时歌舞走儿童。传闻利泽至今在，千里桅樯一信风。

到了元代，海运更加发达，从事海运的人员需要妈祖的保佑。据《殊域周咨》卷八云："元至元间，显圣于海，以护海运。万户马哈德奏请立庙，庙号天妃以大牢。"[1]当时，泉州是中国最大的海港，对中国航海界影响巨大。马可·波罗在其游记中说，泉州市舶收入是大汗重要的财政来源之一，而当时泉州进贡朝廷的财宝都是通过海路运输，海路运输容易失事。既然来自泉州的财宝对朝廷有这么重要的意义，所以元世祖忽必烈于至元十八年（1281年）"遣正奉大夫宣慰使左副元帅兼福建道市舶提举蒲师文，册尔为'护国明应天妃'"，使妈祖成为海洋的最高保护神。随着时间的推移，妈祖信仰的影响逐步扩大，至今已成为国际性的、典型的华人信仰。宋元时期之所以成为海洋文学最活跃繁荣的时期，并呈现出多元的审美价值取向，与其特定的社会历史背景分不开。其中一个重要原因，是宋元海洋文学的创造者大都直接融入与海洋有关的社会生活实践中去。例如，范成大曾知明州（今浙江宁波市）兼沿海制置使；柳永担任过浙江定海晓峰盐场的监督官；蒲寿宬任过梅州知事，掌管海外贸

---

[1]　陈登原：《国史旧闻》卷四十四《天妃》。

易、通商及渔业;杨万里曾任江东转运副使,权领江东军马钱粮;陆游曾在福州任决曹,即汉郡佐官(司理参军);萨都剌曾任闽海道肃政廉访司知事;苏轼曾被贬谪海南为官,等等。这些人都是著名的文学高士,见识高远,才华横溢,在从政的同时创作出富有时代特色和文化内涵的海洋文学。

概而述之,宋元海洋文学的时代特征体现出了宋元海洋文学的独特视野,展现出了这一时期中国海洋文化的光辉。

参考文献

1. 张炜,方堃. 中国海疆通史[M]. 中州古籍出版社,2002

2. 黄纯艳. 宋代海外贸易[M]. 北京:社会科学文献出版社,2003

3. 郑端本. 广州外贸史[M]. 广州:广东高等教育出版社,1996

4. 廖大可. 福建海外交通史[M]. 福州:福建人民出版社,2002

5. 林仁川. 福建对外贸易与海关史[M]. 福州:鹭江出版社,1991

6. 郑端本. 广州港史(古代部分)[M]. 北京:海洋出版社,1986

7. 郑绍昌. 宁波港史[M]. 北京:人民交通出版社,1986

8. 天津港史编委会. 天津港史(古近代部分)[M]. 北京:人民交通出版社,1986

9. 登州古港史编委会. 登州古港史[M]. 北京:人民交通出版社,1994

10. 席龙飞. 中国造船史[M]. 武汉:湖北教育出版社,2000

11. 章巽. 中国航海科技史[M]. 北京:海洋出版社,1991

12. 汶江. 古代中国与亚非地区的海上交通[M]. 成都:四川省社会科学院出版社,1989

13. 张俊彦. 古代中国与西亚非洲的海上往来[M]. 北京:海洋出版社,1986

14. 刘迎胜. 丝路文化·海上卷[M]. 杭州:浙江人民出版社,1995

15. 何芳川,万明. 古代中西文化交流史话[M]. 北京:商务印书馆,1998

16. 泉州港与古代海外交通编写组. 泉州港与古代海外交通[M]. 北京:文物出版社,1982

17. 陈玉龙等. 汉文化论纲[M]. 北京:北京大学出版社,1993

18. 潮汕历史文化研究中心. 汕头历史文化小丛书[M]. 汕头:汕头大学出版社,1997

19. 彭德清. 中国航海史[M]. 北京:人民交通出版社,1988

20. 郑广南. 中国海盗史[M]. 上海:华东理工大学出版社,1998

21. 曲金良. 海洋文化研究·第二卷[M]. 北京:海洋出版社,2000

22. 彭德清. 中国航海史(古代航海史)[M]. 北京:人民交通出版社,1988

23. 王晓秋. 中日文化交流史大系·历史卷[M]. 杭州:浙江人民出版社,1996

24. 斯塔夫里阿诺斯. 全球通史[M]. 上海:上海社会科学院出版社,2000

25. 安京. 中国古代海疆史纲[M]. 哈尔滨:黑龙江教育出版社,1999

26. 安京. 海疆开发史话[M]. 北京:中国大百科全书出版社,2000

27. 张铁牛,高晓星. 中国古代海军史[M]. 北京:八一出版社,1993

28. 李露露. 妈祖神韵[M]. 北京:学苑出版社,2003

29. 陈在正. 台湾海疆史研究[M]. 厦门:厦门大学出版社,2001

30. 马大正. 中国边疆经略使[M]. 郑州:中州古籍出版社,2000

31. 林国平等. 福建民间信仰[M]. 福州:福建人民出版社,1993

32. 陈炎. 海上丝绸之路与中外文化交流[M]. 北京:北京大学出版社,1996

33. 林金水. 福建对外文化交流史[M]. 福州:福建教育出版社,1997

34. 吴振华. 杭州古港史[M]. 北京:人民交通出版社,1989

35. 张墨. 中国古代海战水战史话[M]. 北京:海洋出版社,1979

36. 田汝康. 中国帆船贸易和对外关系史论集[M]. 杭州:浙江人民出版社,
    1987

37. 刘南威. 中国古代航海天文[M]. 广州:科学普及出版社广州分社,1989

38. 章巽. 我国古代的海上交通[M]. 北京:商务印书馆,1986

39. 张俊彦. 古代中国与西亚非洲的海上往来[M]. 北京:海洋出版社,1986

40. 方豪. 中西交通史(上)[M]. 长沙:岳麓书社,1987

41. 方豪. 中西交通史(下)[M]. 长沙:岳麓书社,1987

42. 朱国宏. 中国的海外移民——一项国际迁移的历史研究[M]. 上海:复旦大
    学出版社,1994

43. 陈尚胜,陈高华. 中国海外交通史[M]. 中国台北:文津出版社,1997

44. 房仲甫等. 海上七千年[M]. 北京:新华出版社,2003

45. 房仲甫等. 中国水运史[M]. 北京:新华出版社,2003

46. 李士豪. 中国渔业史[M]. 北京:商务印书馆,1998

47. 金陈宋. 海门港史[M]. 北京:人民交通出版社,1995

48. 杨德春. 海南岛古代简史[M]. 长春:东北师范大学出版社,1988

49. 杜瑜. 海上丝路史话[M]. 北京:中国大百科全书出版社,2000

50. 常任侠. 海上丝路与文化交流[M]. 北京:海洋出版社,1985

51. 吴玉贤. 海神妈祖[M]. 北京:外文出版社,2001

52. 蔡北华. 海外华侨华人发展简史[M]. 上海:上海社会科学院出版社,1992

53. 陈达生,王连茂. 海上丝绸之路与伊斯兰文化[M]. 福州:福建教育出版社,
    1997

54. 陈霞飞,蔡渭洲. 海关史话[M]. 北京:社会科学文献出版社,2000

55. 陈高华,吴泰. 宋元海外贸易史[M]. 天津:天津人民出版社,1981

参考文献

56.陈瑞德.海上丝绸之路的友好使者・西洋篇[M].北京:海洋出版社,1991

57.陈希育.中国帆船与海外贸易[M].厦门:厦门大学出版社,1991

58.丛子明等.中国渔业史[M].北京:中国科学技术出版社,1993

59.邓瑞本,章深.广州对外贸易史[M].广州:广东高教出版社,1996

60.喻常森.元代官本船海外贸易制度[J].海交史研究.1991(2)

61.林正秋.唐宋时期浙江与日本的佛教文化交流[J].海交史研究,1997(1)

62.李玉昆.妈祖信仰在北方港的传播[J].海交史研究,1994(2)

63.赵君尧.宋元海洋文学的时代特征[J].福建师范大学学报,2001(2)

64.邓端本.试论元代的海禁[J].海交史研究,1990(1)

65.陈高华.元代的航海世家澉浦杨氏——兼说元代其它航海家族[J].海交史研究,1995(1)

66.陈佳荣.宋元时期之东西南北洋[J].海交史研究,1992(1)

67.刘成.唐宋时代登州港海上航线初探[J].海交史研究,1985(1)

68.孙光圻.《马可・波罗游记》中的中国古代造船文明与航海文明[J].海交史研究,1992(2)

69.高荣盛.元代航运试析[J].元史及北方民族史研究集刊.1983,7

70.刘惠孙.泉州湾宋船的航线与航向的进一步探讨[J].海交史研究,1978(1)

71.泉文.泉州湾宋代海船有关问题的探讨[J].海交史研究,1978(1)

72.杨槱.对泉州湾宋代海船复原的几点看法[J].海交史研究,1982(4)

73.林禾杰.泉州湾宋代海船沉没环境的研究[J].海交史研究,1982(4)

74.陈振端.泉州湾出土宋代海船木材鉴定[J].海交史研究,1982(4)

75.李国清.泉州湾宋代海船的碾料使用[J].海交史研究,1986(2)

76.刘伯午.我国古代市舶制度初探[J].天津财经学院学报,1983(3)

77.高伟浓.唐宋时期中国东南亚之间的航路综考[J].海交史研究,1987(1)

78.汶江.元代的开放政策与我国海外交通的发展[J].海交史研究,1987(12)

79.袁晓春.略谈蓬莱元朝战船及登州港[J].海交史研究,1990(2)

80.陈希育.宋代大型商船及其"料"的计算法则[J].海交史研究,1991(1)

81.胡沧泽.宋代福建海外贸易的管理[J].福建师大学报,1995(1)

82.胡沧泽.宋代福建海外贸易的兴起及其对社会生活的影响[J].中国社会经济史研究,1995(1)

83.吴泰,陈高华.宋元时期的海外贸易与泉州港的兴衰[J].海交史研究,1978

84.文尚光.中国风帆出现的时代[J].武汉水运工程学院学报,1983(3)

85.周世德.中国造船史上的几个问题[J].自然科学史研究,1983(1)

86.叶文程.宋元时期中国东南沿海地区陶瓷的外销[J].海交史研究,1984(1)

87. 李知宴,陈鹏. 宋元时期泉州港的陶瓷贸易[J]. 海交史研究,1984(1)

88. 彭友良. 宋代福建海商在海外各国的频繁活动[J]. 海交史研究,1984

89. 周庆基. 玻璃输入与"海上丝绸之路"[J]. 海交史研究,1985(1)

90. 卢苇. 宋代海外贸易和东南亚各国关系[J]. 海交史研究,1985(1)

91. 徐明德. 明代宁波港的海外贸及其历史作用[J]. 浙江师院学报,1983(2)

92. 吴泰. 略论安海在宋元时期泉州港海外贸易中的地位[J]. 海交史研究, 1985(5)

93. 陆韧. 论市舶司性质和历史作用的变化[J]. 海交史研究,1988(1)

94. 傅宗文. 中国古代海关探源[J]. 海交史研究,1988(1)

95. 郭宗宝. 市舶制度与海关制度比较[J]. 海交史研究,1988(1)

96. 关镜石. 市舶原则与关税制度[J]. 海交史研究,1988(1)

97. 陈存广. "舶"与"市舶"及其他[J]. 海交史研究,1988(1)

98. 杜石然. 宋元算书中的市舶贸易算题[J]. 海交史研究,1988(1)

99. 连心豪. 略论市舶制度在宋代海外贸易中的地位和作用[J]. 海交史研究, 1988(1)

100. 陈苍松. 市舶管理在海外贸易中的作用和影响——从宋代广州和泉州的 海外贸易谈起[J]. 海交史研究,1988(1)

101. 张健. 宋元时期温州海外贸易发展初探[J]. 海交史研究,1988(1)

102. 夏秀瑞. 唐宋时期中国同马来群岛各国的友好贸易关系[J]. 海交史研究, 1988(2)

103. 傅宗文. 后渚古船——宋季南外宗室海外经商的物证[J]. 海交史研究, 1989(2)

参考文献